"十二五"普通高等教育本科国家级规划教材

普通高等教育"十一五"国家级规划教材

# 理论力学

第5版

主 编 贾启芬 刘习军
参 编 曹树谦 丁 千 吴志强 钟 顺 张素侠
修 订 刘习军 张素侠

机 械 工 业 出 版 社

本书是“十二五”普通高等教育本科国家级规划教材。

全书共三篇，分别讲述静力学、运动学和动力学的基本原理和实际应用。书中贯穿牛顿力学和分析力学两条主线，重点介绍了最具有理论力学课程特点的基本内容；以不同层次和角度论述了基本概念、基本原理和基本方法。

本书的特色是：

1. 引入了二维码链接资源实现“助教”功能。为了使读者更深入了解理论力学的重点内容，二维码链接的资源对主要知识点利用微视频进行了重点讲解；同时对相关例题、习题对应的机构通过二维码链接了动画，以利于读者对机构运动的了解。

2. 为了使读者学习方便，更易理解与掌握本书的内容，采取了双色印刷，对重点部分进行了标注，在结构图和机构图中对不同的构件采取不同的颜色绘制，使读者更容易理解它们的构成。

3. 将部分解题思路与技巧加以总结，以附录的形式附于书后，以便初学者参考。

本书采用模块式结构，内容丰富，通俗易懂，由浅入深，以务实、应用为根本，可供高等院校工科各专业及高职、高专相关专业的理论力学课程使用，同时也可供工程技术人员参考。

**图书在版编目（CIP）数据**

理论力学/贾启芬，刘习军主编. —5版. —北京：机械工业出版社，2023.6

“十二五”普通高等教育本科国家级规划教材　普通高等教育“十一五”国家级规划教材

ISBN 978-7-111-72347-9

Ⅰ.①理…　Ⅱ.①贾…②刘…　Ⅲ.①理论力学-高等学校-教材　Ⅳ.①O31

中国国家版本馆CIP数据核字（2023）第037283号

机械工业出版社（北京市百万庄大街22号　邮政编码100037）

策划编辑：张金奎　　责任编辑：张金奎

责任校对：郑　婕　周伟伟　　封面设计：王　旭

责任印制：任维东

北京富博印刷有限公司印刷

2023年6月第5版第1次印刷

184mm×260mm · 24.25印张 · 599千字

标准书号：ISBN 978-7-111-72347-9

定价：69.90元

电话服务　　网络服务

客服电话：010-88361066　　机　工　官　网：www.cmpbook.com

010-88379833　　机　工　官　博：weibo.com/cmp1952

010-68326294　　金　　书　　网：www.golden-book.com

**封底无防伪标均为盗版**　　机工教育服务网：www.cmpedu.com

# 第5版前言

本书是普通高等教育“十一五”国家级规划教材、“十二五”普通高等教育本科国家级规划教材，是天津大学理论力学国家级精品课程、国家级资源共享课程和国家级一流课程的应用教材。第 4 版于 2017 年出版，为突出重点，采用了双色印刷，增加了网络支持功能。为适应线上、线下教学的新需要，编写了第 5 版。

第 5 版保留了第 4 版的双色印刷和网络支持功能，在此基础上，对网络应用功能进行了改进；对各章节增加了重点提示和思考题；对部分内容和习题做了必要的增删和修改，使体系更加完善和全面。

首先，在网络应用方面，改进的二维码扫描方式使其应用更为方便，并修改、更新了 163 个动画，在运动学、动力学章节中，做到了动画全覆盖，使读者更容易了解机构运动的传动关系。同时为适应线上、线下教学的新需要，将微视频进行了修改、更新，每个章节都增加了重点部分的讲课视频 57 个，将主要知识点、解题难点、解题技巧、需要注意的问题应用视频进行了讲解，使学生自学起来更加容易掌握要点及解题技巧。全书还包括例题讲解微视频 33 个、习题讲解微视频 17 个、补充例题微视频 52 个，以供大家选择学习。

其次，对各章节增加了重点提示和思考题。对静力学、运动学、动力学普遍定理、动力学专题四部分进行了简单小结，重点讲解了解题技巧等问题，对读者普遍认为比较难的知识点，如动量定理、动量矩定理和动能定理的综合应用等分别做了解题思路导图，以视频形式穿插于有关章节，以对有些重要的知识点进行强化讲解，使解题思路更加清晰明确。对于想深入了解理论力学的读者，还以视频形式讲解了几个视野比较广的知识点，比如相对于动点的动量矩定理等，仅供参考。

最后，为了更好地用党的二十大精神指导教学，使读者了解理论力学在工程上的应用和创新，了解学科前沿问题，进而提高读者的学习积极性，将原来碰撞和振动章节的内容采取混编的方式，以工程实例为背景，引出理论的推导及应用，将基本概念融入实例当中，让读者以自己身边的事例感受学习本课程的重要性，在掌握基本理论和方法的同时，也能体会到理论与前沿工程的紧密关系和发展趋势，以提升育人效果。

本次改版同时修订了教师用教学课件，教师可登录机械工业出版社教育服务网（www. cmpedu. com）免费下载使用；并为读者配套出版了《理论力学同步学习辅导与习题全解》，并将部分解题思路与技巧加以总结，以附录的形式附于书后，供学习时参考。

第 5 版的修订工作和二维码内容是由刘习军教授、张素侠副教授执笔完成的。河北工业大学的李欣业教授进行了审阅；天津科技大学的霍冰副教授，太原理工大学的刘鹏副教授、崔福将讲师，天津大学的部分教师参加了对修改内容的讨论；太原理工大学的崔福将讲师、天津大学的田冲博士制作和修改、更新了动画，在此表示感谢。

本书虽经多次修订，但限于水平，难免有错误和不妥之处，望读者不吝指正。读者如有任何宝贵的意见和建议，可随时联系我们（lxijun@ tju. edu. cn），在此致谢。

编　者

2023 年于天津大学

# 第4版前言

本书第1版于2002年出版，被评为普通高等教育“十一五”国家级规划教材。第2版于2007年出版，被评为“十二五”普通高等教育本科国家级规划教材。第3版于2014年出版，增加了部分内容，扩展了教材的使用范围。为适应教学发展的需要，编者编写了第4版。

第4版在文字方面保留了第3版的体系和风格，对全书的内容和习题做了必要的增删和修改，使体系更加完善和全面，同时修正了第3版中的错误。

在本版中，编者主要进行了两方面的改进。一方面，为了学生自学方便，能够快速掌握章节的重点，采取了双色印刷技术，对文字中的重点部分利用双色进行了标注，使重点更加突出；在结构图和机构图中对不同的构件采取不同的颜色绘制，使学习者更容易看懂。

另一方面，本书具备了网络支持功能，是传统纸质教材与移动网络教学有机结合的多媒体教材，从而实现了移动学习功能。扫描二维码可获得微视频、动画、试卷等。例如：①对主要知识点引入了微视频（51个）进行讲解；②在运动学部分，引入了与例题、习题相对应机构的动画；③给出了自测试卷，并附有详解，以检测学生对知识掌握的程度，该试卷也可作为学生平时的作业。此外，本书还配有《理论力学同步学习辅导与习题全解》，读者可以在各大网站购买学习。

第4版的修订工作和二维码内容是由刘习军教授执笔和完成的。教研室的张素侠副教授等部分教师参加了对修订内容的讨论。

本书虽经多次修订，但限于水平，难免有错误和不妥之处，望读者不吝指正。

在教材中利用二维码进行辅助教学，对我们来说还是首次尝试，难免有一些不尽如人意的地方，但二维码的内容可以随时进行修改，读者如有任何宝贵的意见和建议，可随时联系我们（lxijun@tju.edu.cn 或 ajiang2001@sina.com）进行修改，在此致谢。

编　者

2017年1月于天津大学

# 第3版前言

本书第1版于2002年出版，第2版于2007年出版，本版为第3版。

第3版继承了第2版的体系和风格，其适应的教学课时数更为广泛，通过不同章节的选择可为48、64、80学时使用。本书符合教育部高等学校力学教学基础力学课程教学指导分委员会最新制定的《理论力学课程教学基本要求（A类）》。

为了更适于教师讲授和学生自学，本次同时修订了教师用《理论力学多媒体课堂教学软件》和学生用《理论力学学习指导多媒体软件》，教师可登录机械工业出版社教育服务网（www. cmpedu. com）免费下载使用；并于2012年配套出版了《理论力学辅导与习题解答》。

在本版中，我们对全书的内容和文句做了必要的增删和修改，并修正了第2版中的印刷错误。根据读者的需求，在此次修订中，新增加了“*”号章节——“第15章碰撞”，可以根据专业及学时的不同类型需要选取，扩展了本书的使用范围。

本次修订和编写的具体分工是：曹树谦负责第1、2两章，吴志强负责第3、4两章，钟顺负责第5~7三章，刘习军负责第10~13四章，丁千负责第8、14两章，贾启芬负责第9、15两章，总体框架、第3版前言、绪论和全书的统稿由贾启芬和刘习军负责。为了提高出版质量，第2版中的部分附图由钟顺重新进行了绘制，最后由张琪昌教授对全书进行了审校。

本书虽经修订，但限于水平，仍有错误和不妥之处，望读者不吝指正。

编　者

2014年1月于天津大学

# 第2版前言

2002年出版的第1版《理论力学》，得到了国内一些院校的选用，在教学实践中受到了广大师生的欢迎。2006年通过教育部专家组的评审，本书被确立为普通高等教育“十一五”国家级规划教材。

第2版保持了第1版的体系和风格，其适应的基本教学课时为64学时，符合基础力学课程教学指导委员会新修订的《高等学校工科本科理论力学课程教学基本要求》。在此次修订中，增加了“*”号章节，如“刚体绕两个平行轴转动的合成”“拉格朗日第二类方程”等，可以根据专业及学时的不同需要选取，扩展了本书的使用范围。

为了更适于教师讲授和学生自学，本次同时配套出版教师用《理论力学多媒体课堂教学软件》（教师可通过 http://www.cmpedu.com 注册后免费下载使用）和学生用《理论力学学习指导多媒体软件》随书光盘。

在本版中，我们对全书的内容做了必要的增删和修改，并修正了第1版中的错误。在修订时，注意了工科院校的特点，在内容叙述和定理推证方面力求物理概念清晰，各章内容尽量从工程实际引出，并增加了联系实际的例子和一些基本题目的习题，扩展了题目类型。

为了提高出版质量，对第1版中的部分附图重新进行了绘制。

第2版的修订工作是由贾启芬和刘习军教授执笔和完成的。修订的内容由第1版参编的教师参加讨论。最后由张琪昌教授、王春敏教授对全书进行了审核。

本书虽经修订，但限于水平，难免有错误和不妥之处，望读者不吝指正。

编　者

2007年2月于天津大学

# 第1版前言

本书是作者在近几年教学改革研究、实践的基础上，结合天津大学理论力学教研室几代人的教学经验编写而成的。本书适合于中学时的理论力学课程，以面向21世纪高等教育改革的要求为主要目标。本书的显著特点是：

1. 教材理顺了将理论力学作为一门技术基础课所应涵盖的主要内容及在培养学生能力方面的地位和作用。内容包含静力学、运动学、动力学三个部分。理论力学所涉及的力学规律一方面具有相对的稳定性；另一方面现代力学的研究又以前所未有的方式将经典力学规律与计算机分析相结合，以解决现代工程问题，也使经典力学内容的重要程度发生了变化。因此，教材强化了静力学、运动学和动力学过程分析的程式化教学模型的建立。

2. 为突出培养学生面对工程正确建立模型的能力及正确处理力学模型以得到力学性态的能力，书中增加了大量从工程实际中简化而来的习题及在自然界和日常生活中的问题，充分发挥力学课程对培养这种能力所具有的得天独厚的条件，特别是要求学生自己选择研究对象并列写微分方程的习题比比皆是，这种解题方法是对学生习惯于运用公式求解方法的一个飞跃，迈上了一个新台阶。

3. 本书适用于中学时理论力学课程类型，是为高等工科院校各类学生编写的教材，符合各专业的理论力学课程标准大纲。它既广泛联系工程实际，又适应高等工科应用类专业的教育，是教学活动、学科知识和学习经验的综合反映，在课程内容的取舍和构造方式上具有针对性、应用性和综合性。

本书分为三篇，共14章。第1~4章介绍了刚体静力学的主要理论应用；第5~7章重点讨论了运动学基础和点的合成运动、刚体的平面运动，为动力学的研究打下基础；第8~14章分别对牛顿定律、普遍定理以及分析力学基础进行了论述。一般工科院校中学时类型的理论力学课程，使用本书可以讲授全部内容；少学时的理论力学课程可选用部分内容。为便于教师讲授，本书配备了《理论力学多媒体电子教案》。

本书由天津大学理论力学教研室教师编写，其具体分工是：曹树谦负责第1、2两章的编写，吴志强负责第3、4两章的编写，贾启芬负责第5、6、7、9四章的编写，刘习军负责第10~13四章的编写，丁千负责第8、14两章的编写。总体框架、前言、绪论和全书的统稿由贾启芬和刘习军负责。

天津大学理论力学教研室的张琪昌、叶敏参与了课程体系和内容的讨论。张琪昌教授担任主审。张文德同志对有关实验内容提出了建议，郎作贵同志参加了文字、图表的编辑工作，在此谨向他们致以衷心的感谢。本书在编写过程中参考了国内外一些优秀教材，并选用了其中的部分例题和习题，在此也向这些教材的编者们一并致谢。

限于水平，难免有错误和不妥之处，望读者不吝指正。

编　者

2002 年 3 月于天津大学

# 主要符号表

| 符号 | 量的名称 |
|---|---|
| $\boldsymbol{a}$ | 加速度 |
| $\boldsymbol{a}_{\mathrm{a}}$ | 绝对加速度 |
| $\boldsymbol{a}_{\mathrm{e}}$ | 牵连加速度 |
| $\boldsymbol{a}_{\mathrm{r}}$ | 相对加速度 |
| $\boldsymbol{a}_{\mathrm{C}}$ | 科里奥利加速度(科氏加速度) |
| $\boldsymbol{a}_{\mathrm{t}}$ | 切向加速度 |
| $\boldsymbol{a}_{\mathrm{n}}$ | 法向加速度 |
| $\boldsymbol{a}_{BA}^{\mathrm{t}}$ | 点 $B$ 相对于基点 $A$ 的切向加速度 |
| $\boldsymbol{a}_{BA}^{\mathrm{n}}$ | 点 $B$ 相对于基点 $A$ 的法向加速度 |
| $\boldsymbol{a}_{\mathrm{r}}$ | 径向加速度 |
| $\boldsymbol{a}_{\varphi}$ | 横向加速度 |
| $A$ | 面积 |
| $c$ | 黏阻系数 |
| $C$ | 质心,重心 |
| $d$ | 力偶臂,直径,距离 |
| $e$ | 恢复因数,偏心距 |
| $E$ | 机械能,弹性模量 |
| $f$ | 频率,动摩擦因数 |
| $f_{\mathrm{s}}$ | 静摩擦因数 |
| $\boldsymbol{F}$ | 力 |
| $\boldsymbol{F}_{\mathrm{T}}$ | 柔性约束力 |
| $\boldsymbol{F}_{\mathrm{N}}$ | 法向约束力 |
| $\boldsymbol{F}_{\mathrm{R}}$ | 主矢,合力,阻尼力 |
| $\boldsymbol{F}_{Ax}$、$\boldsymbol{F}_{Ay}$ | $A$ 处的约束力分量 |
| $\boldsymbol{F}_{\mathrm{I}}$ | 达朗贝尔惯性力(惯性力) |
| $\boldsymbol{F}_{\mathrm{Ie}}$ | 牵连惯性力 |
| $\boldsymbol{F}_{\mathrm{IC}}$ | 科里奥利力(科氏力) |
| $g$ | 重力加速度 |
| $G$ | 重量 |
| $\boldsymbol{I}$ | 冲量 |
| $I_x$、$I_y$、$I_z$ | 冲量在 $x$、$y$、$z$ 轴上的投影 |
| $J$ | 转动惯量 |
| $k$ | 弹簧刚度系数 |
| $\boldsymbol{L}_O$ | 质点系对点 $O$ 的动量矩 |
| $L_x$、$L_y$、$L_z$ | 质点系对 $x$、$y$、$z$ 轴的动量矩 |
| $m$ | 质量 |
| $m_{\mathrm{eq}}$ | 等效质量 |
| $\boldsymbol{M}_O$ | 力系对点 $O$ 的主矩 |
| $\boldsymbol{M}_O(\boldsymbol{F})$ | 力 $\boldsymbol{F}$ 对点 $O$ 之矩 |
| $\boldsymbol{M}$ | 力偶矩 |
| $M_x$、$M_y$、$M_z$ | 力系对 $x$、$y$、$z$ 轴的转矩 |
| $\boldsymbol{M}_{\mathrm{f}}$ | 滚动阻力偶 |
| $n$ | 转速 |
| $P$ | 功率,重量 |
| $\boldsymbol{p}$ | 动量 |
| $q$ | 分布载荷 |
| $q_1,q_2,\cdots,q_N$ | 广义坐标 |
| $Q_1,Q_2,\cdots,Q_N$ | 广义力 |
| $R$、$r$ | 半径 |
| $\boldsymbol{r}$ | 位置矢量(位矢) |
| $s$ | 路程,弧长,弧坐标 |
| $t$ | 时间 |
| $T$ | 周期,动能 |
| $T_{\mathrm{d}}$ | 衰减振动周期 |
| $\Delta E$ | 能量损失 |
| $v$ | 速度 |
| $v_{\mathrm{a}}$、$v_{\mathrm{e}}$、$v_{\mathrm{r}}$ | 绝对速度、牵连速度、相对速度 |
| $v_{\mathrm{r}}$、$v_{\varphi}$ | 径向速度、横向速度 |
| $v_{BA}$ | 平面图形上点 $B$ 相对基点 $A$ 的速度 |
| $V$ | 势能,体积 |
| $W$ | 功 |

| 符号 | 量的名称 | 符号 | 量的名称 |
| --- | --- | --- | --- |
| $\boldsymbol{W}$ | 重量 | $\lambda$ | 频率比 |
| $\alpha$ | 角加速度 | $\omega$ | 角速度,角频率 |
| $\delta$ | 滚动摩阻因数 | $\omega_0$ | 固有圆频率 |
| $\rho$ | 曲率半径,回转半径,密度 | $\omega_x$、$\omega_y$、$\omega_z$ | 角速度沿 $x$、$y$、$z$ 轴的分量 |
| $\zeta$ | 阻尼比 | | |

# 目 录

## 第2篇　运　动　学

## 第3篇 动 力 学

# 绪　论

理论力学是研究物体机械运动一般规律的科学。机械运动是指物体的空间位置随着时间而变化的过程。具体地说，理论力学的任务是研究：

（1）描述物体机械运动的方法。

（2）产生机械运动的物理因素。

（3）物体做机械运动的条件。

运动是物质的固有属性，包括宇宙中发生的一切变化和过程。机械运动是物质运动的最简单的形式，也是人们随时都可见到的一种运动形式。固体的运动和变形、流体的流动均属于机械运动。理论力学属于经典力学的范畴，所研究的内容是速度远小于光速（$3.0\times10^8\mathrm{m/s}$）的宏观物体的运动，也就是说，理论力学的理论不适用于原子、电子等微观粒子的运动，也不适用于接近光速运动的物体。经典力学的应用范围是有局限性的。但是，在工程技术中所遇到的物体都是宏观物体，其速度远低于光速，所以有关的力学问题都可应用经典力学的理论来解决。

在日常生活和工程技术中，处处可以看到机械运动。学习理论力学，懂得机械运动的规律，就能够理解周围许多机械运动现象。例如，公路和铁路在转弯处，为什么外侧要比内侧高？直升机的尾部为什么要安装一个小螺旋桨？发射人造地球卫星至少需要多大的速度？卫星怎样围绕地球运动？等等。这些问题都可由理论力学的原理得到解答。

但是，学习理论力学的主要目的，不在于解释日常所见的机械运动现象，而在于掌握并应用机械运动的规律，更好地服务于工程实际。因为，从土建、水利工程的结构物的设计和施工，机械的制造和运转，直到人造卫星、宇宙飞船的发射和运行，都有着大量的力学问题。尽管这些问题并不是单靠理论力学知识就能解决，但在解决这些问题时，理论力学的知识却是不可缺少的。

理论力学中关于机械运动规律的基本理论又是别的许多学科（如材料力学、结构力学、弹性力学、流体力学、振动理论、机械原理等）的基础，学习理论力学，也是为学习这一系列学科做好准备。

理论力学研究内容主要包括：

（1）**静力学**：主要研究受力物体平衡时作用力应满足的条件。

（2）**运动学**：从几何的角度来研究物体运动的变化规律。

（3）**动力学**：研究受力物体的运动与作用力之间的关系。

在形成理论力学的概念和系统理论的过程中，抽象化和数学演绎这两种方法起着重要的作用。客观事物总是复杂多样的。在我们获得大量来自实践的材料之后，必须根据所研究问题的性质，抓住主要的、起决定作用的因素，撇开次要的、偶然的因素，深入事物的本质，了解其内部联系。这就是力学中普遍采用的抽象化方法。例如，当物体运动的范围远远大于其本身的大小，或它的形状对其运动的影响可以忽略不计时，那么可将该物体简化为有质量而无几何尺寸的点，这种力学模型称为**质点**。例如，在研究天体或卫星在空间的运动轨道时，可将它们定义为质点。如果物体的运动与其尺寸有关，则可将物体定义为由多个质点组成的系统，称这类力学模型为**质点系**。如果在研究物体的运动时，物体的变形可忽略不计，那么该物体力学模型为一种特殊的质点系，即物体内任意两点的距离保持不变，称这类质点系为**刚体**。多个刚体组成的系统称为**刚体系**。例如，在对大量的机械、车辆等对象进行运动分析时，当构成工程对象各部件的变形对其运动性态影响可不予考虑时，各部件的力学模型可定义为刚体，整个对象为刚体系。质点、质点系、刚体与刚体系通称为**离散系统**，它是理论力学的研究对象。

理论力学是一门技术基础课，对多数工科专业的学生来说，理论力学又是从纯数理学科过渡到专业学科过程中要学习的与工程技术有关的第一门力学课程。本课程的**显著特点**是：

（1）理论系统完整，数学演绎严密，逻辑性强。这个特点的形成与学科的发展历史密切相关。力学是古老的学科，如我们所知，艾萨克·牛顿于1666年发现万有引力定律，并在总结前人研究成果的基础上，提出动力学的基本定律，奠定了动力学的理论基础。微积分出现后，力学的研究方法很快地完善起来。许多著名的科学家集数学与力学的研究于一身，数学与力学学科蓬勃发展、齐头并进，很难将这两个学科区分开。在这个时期，约翰·伯努利于1696年解析性地研究受重力的质点在各种不同曲线上运动时开创了变分法，并于1717年精确表述了力学基本原理——虚位移原理；欧拉建立了刚体运动微分方程；达朗贝尔建立了著名的达朗贝尔原理；拉格朗日出版了用严格数学分析方法处理力学问题的《分析力学》一书，等等。这些科学家的建树，创立了有逻辑结构的、完美的力学体系，使力学成为严密的理论科学；由对实际现象的综合、观测和归纳，得到经过实践检验为正确的理论的研究方法，转变为以牛顿定律为基础，利用数学演绎得出结论并受实践检验的研究方法，从而与数学学科具有类似的特点。

这里应着重指出，在以基本定律为基础进行数学演绎的研究方法的同时，应重视实验研究。在力学发展的过程中，开普勒、伽利略通过大量的观测和实验，总结出关于行星运转、落体及抛射体等物理现象的理论（一般称为现象性理论）。这表明在牛顿以前，观测和实验为经典力学的建立起到不可磨灭的作用。同样，牛顿定律成为人们普遍接受的基本定律，不是在其提出之日，而是在数次重大的天文观测中，它都经得住考验之时。其中的一次是在1864年，即牛顿发表《自然哲学的数学原理》的177年之后，法国科学家勒威耶根据牛顿定律的计算，提出在天王星之外还有海王星的预言。通过天文观测，果然发现了这颗新的行星，而且其位置的日心经度的观察值与理论值之间只差0°52′！这也就在实践中检验了牛顿定律的正确性。随着科技水平的提高，以及实验仪器和技术的日益完善，实验成了力学研究中的重要方法，它可以对各种自然条件进行精密的控制，对某些现象和因素进行独立的研究，从而摆脱许多偶然因素的干扰。

（2）理论密切联系工程实际，培养学生工程概念，是大学本科中第一门联系工程实际的理论课程。从力学的发展历史看，理论力学原是数学物理中的一个分支，由于它的一些原理和理论在自然科学和工程技术中有着广泛的应用，使它逐步发展成为一门独立的学科。可以说，理论力学起源于工程技术，并和它一起发展。事实上，力学在理论上的每一重大进展都具有工程背景。18 世纪，由于航海事业的发展，提出了关于船舶的摇摆运动规律问题，推动了刚体定点运动的研究，欧拉建立了刚体定点运动微分方程，形成了以牛顿-欧拉方程为代表的矢量方法。其后，随着机器生产的迅速发展，将自由度较多的受约束系统动力学的研究提到日程上来，分析力学便应运而生，产生了以拉格朗日方程为代表的数学分析方法。20 世纪 50 年代以后，由于现代科学技术的发展，出现了多个刚体组成的且做大位移运动的机械系统，如航天器、机器人等。与此同时，也出现了计算速度高的数字计算机，在这种背景下产生了力学新分支——多刚体系统动力学。总之，力学与生产实践密切结合，随着生产的发展而发展。显然，探索力学的内在规律也是力学发展的动力。

从另一个角度看，一般的机器与机械或者是传递、转换某种运动，或者是实现某种特定的运动，它们都是物体或物体系统机械运动的具体体现。因此，理论力学的习题，绝大多数都是从工程实际中简化而来的，或者习题本身就是一个简单的工程实际问题。在自然界乃至人类的日常生活中，物体的机械运动到处可见，这是在技术理论课程中少见的。

需要指出的是，除了工业部门的工程外，还有一些非工业工程也都与力学密切相关，体育工程就是一例。棒球在球棒击打前后，其速度大小和方向都发生了变化，如果已知这种变化即可确定棒球受力；反之，如果已知击球前棒球的速度，根据被击后球的速度，就可确定球棒对球所需施加的力。赛车结构为什么前细后粗，为什么车轮也是前小后大？这些都是力学的广义工程的概念。

（3）建立力学模型和描述其数学物理方程的研究方法是理论力学课程的第三个特点，也是大学本科中，第一门需要学生自己选择研究对象，并对其进行合理地简化，然后建立描述研究对象力学特征数学方程的课程。自然界和工程技术中的实际问题是复杂多样的，理论力学课程阐述的内容都依据问题的性质和所要求的精度，略去次要的和偶然的因素，进行合理简化，经过受力分析和运动分析，列写运动微分方程来描述它。建立模型和建立数学方程是科技和工程技术人才必备的本领，是业务素质的重要组成部分。本课程对培养这种能力创造了得天独厚的条件，特别要求学生自己选择研究对象并列写运动微分方程的习题比比皆是，这种解题方法是对学生习惯于运用公式求解方法的一个飞跃，可以说迈上了一个新台阶。

课程简介

绪论

# 第 1 篇

# 静 力 学

## 引 言

**静力学**是研究物体受力及平衡一般规律的科学。所谓**物体的平衡**，是指物体相对某一惯性参考系保持静止或匀速直线平移的运动状态。今后，如不特别说明，均以固结在地球表面的参考系作为惯性参考系。

理论力学的研究对象是从实际中抽象出来的理想化模型。静力学研究的基本对象是刚体。所谓**刚体**，是指在力的作用下，其内部任意两点之间的距离永远保持不变的物体。事实上，在受力状态下不变形的物体是不存在的。不过，当物体的变形很小，在所研究的问题中把它忽略不计，并不会对问题的性质带来本质的影响时，就可以近似将其看作刚体。刚体是在一定条件下研究物体受力和运动规律时的一种科学抽象，这种抽象不仅使问题大大简化，也能得到足够精确的结果。几个刚体通过一定联系组成的系统称为**刚体系**，又称**物体系统**或**物系**。静力学中所说的物体或物系均指刚体或刚体系，所以静力学也称为**刚体静力学**。

静力学研究以下三个基本问题：

**1. 物体的受力分析** 根据物体受到的约束情况，对物体所受外力进行分析，并以受力图的形式反映出来，称为**物体的受力分析**。事实上，物体的受力分析不仅是静力学的基本问题，也是整个理论力学的一个基本问题。

**2. 力系的简化** 作用于物体上的一群力称为**力系**。如果两个力系对物体的作用效果相同，称此二力系为**等效力系**。用一力系去等效代替另一力系，称为力系的**等效替换**。

**力系的简化**是以最简单的力系与原来较复杂的力系进行等效替换，由此分析原力系的作用效果。

如果一个力系可以简化为一个力，则称此力为原力系的**合力**，原力系中各力为合力的**分力**。将力系简化为一个力的过程称为**力系的合成**，反之称为**力的分解**。

**3. 力系的平衡条件及其应用** 根据力系简化的结果可以导出力系的平衡条件。当物体处于平衡时，其所受的力系称为**平衡力系**。此时，力系中的力应满足一定的关系，这种关系称为**力系的平衡条件**。表示这种平衡条件的数学方程称为**力系的平衡方程**。平衡方程揭示了作用于物体上的力的关系。通过求解这些方程，可以得到待求的各种未知量，如力、几何性质或其他力学量。这是静力学的核心任务。

研究力系的平衡有着广泛的意义。在工程实际中，许多问题是物体的平衡问题。例如，机械设计中零部件的静强度计算，工程中房屋、桥梁、水坝、闸门、船体、车体的强度设计等，都需要依据静力学的平衡条件求各物体所受的力。对于一些速度变化不大的物体，也可以近似按静力学方法分析研究，得到满足一定精度要求的结果。

静力学的理论体系是在静力学公理的基础上建立起来的。静力学有以下五个公理：

**公理 1 力的平行四边形法则**

作用于物体上同一点的两个力可以合成为一个合力，此合力仍作用于这一点，其力矢由此二力为邻边所作平行四边形的对角线来决定。

如果取该平行四边形的一半作为二力合成法则，则称为力的三角形法则。

这一公理提供了一种最简力系合成或分解的方法。

**公理 2 二力平衡公理**

作用于刚体上的两个力平衡的必要与充分条件是：此二力大小相等、方向相反、作用线相同，简称为等值、反向、共线。

只受二力且平衡的刚体称为**二力杆**或**二力构件**，而不管刚体的形状如何。

这一公理给出了最简平衡力系的平衡条件。

**公理 3 加减平衡力系公理**

在任意力系中加上或减去任何平衡力系，并不影响原力系对刚体的作用效果。

由上述三个公理可以得到下面两个推论：

**推论1　力的可传性**

作用于刚体上某一点的力可沿其作用线移至该刚体上的任一点而不改变该力对刚体的作用效果。

**推论2　三力平衡汇交定理**

刚体受不平行的三个力作用而平衡时，此三力的作用线必共面，且汇交于一点。

**公理4　作用与反作用定律**

两物体间的作用力与反作用力总是大小相等、方向相反、作用线相同，分别作用在相互作用的两物体上。

**公理5　刚化原理**

变形体受某力系作用而处于平衡时，若将此变形体刚化为刚体，则平衡状态不受影响。

此公理表明，处于平衡状态的变形体，完全可以视为刚体来研究其平衡的规律性。这一公理在力学研究中具有重要地位。其一，它为研究物系平衡提供了一个基础；其二，它是由刚体静力学过渡到非刚体静力学的桥梁。

静力学引言

# 第1章 静力学基础

静力学研究作用在物体上力的平衡及物体间相互作用的关系，本章主要研究内容包括：力（力、力偶和力矩）的计算方法、静力学的基本概念（刚体和载荷的概念）、物体模型（物体间的连接与接触方式、约束和约束力）、力学模型（物体的受力分析、相互作用力的表达方式、受力图的画图方法）。这些是理论力学极为重要的关键基础知识。

## 1.1 力与力的投影

### 1.1.1 力的概念

力是物体之间的相互机械作用，这种作用使物体的运动状态发生变化或使物体变形。前者称为**力的外效应**或**运动效应**，后者称为**力的内效应**或**变形效应**。一般来讲，这两种效应是同时存在的。静力学的研究对象是刚体，所以，不考虑力的内效应，只研究力的外效应，以及由此引出的力作用于刚体时的一些特殊性质。至于力的内效应，将在材料力学、结构力学、弹性力学等后续课程中论述。

按照相互作用的范围来区分，力可以分为集中力与分布力两类。**集中力**是作用于物体某一点上的力；**分布力**则是作用于物体某一线、面或体上的力。事实上，集中力是一个抽象出来的概念，任何两物体之间的相互作用不可能局限于无面积大小的一个点上，只不过当这种作用面积与物体尺寸比较很小时，可以近似认为作用在一个点上。另外，对刚体而言，一些分布力的作用效果可以用一个与之等效的集中力来代替，以使问题得到简化。例如，重力可用一等效集中力作用于刚体重心上来表示。

尽管集中力是抽象的结果，但它却是最重要、最普遍的一种力，大多数力的作用可以用集中力来描述。今后，如不特别说明，所说的力均指集中力。

力对物体的作用效果与三种因素有关：力的大小、方向和作用点。这三个因素称为**力的三要素**。因此，力是矢量，且是定位矢量。所以，可以用一个定位的有向线段来表示力，如图1-1所示。线段的长度代表力的大小（一般地定性表示即可），线段的方位和指向代表力的方向，线段的起点（或终点）表示力的作用点。线段所在的直线称为**力的作用线**。在书写中，通常用明体大写字母上加箭头作为力的矢量符号，如$\vec{F}$。在出版物中，用黑体大写字母$\boldsymbol{F}$表示力矢量，用明体字母$F$表示力的大小。

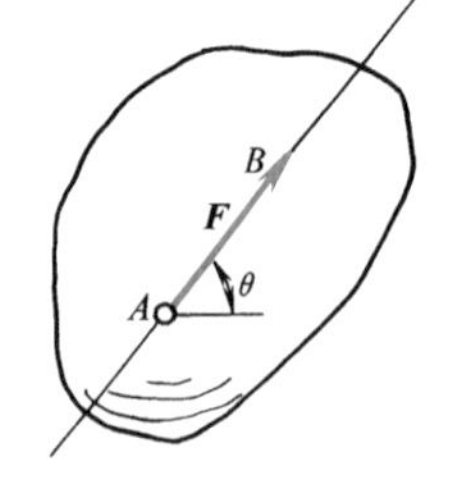

图 1-1

在国际单位制中，力的单位为 N 或 kN。

### 1.1.2　力的投影

**力在轴上的投影**定义为力与该投影轴单位矢量的标量积，是代数量。设任一投影轴的单位矢量为 $\boldsymbol{e}$，则力 $\boldsymbol{F}$ 在此轴上的投影为

$$F_e = \boldsymbol{F} \cdot \boldsymbol{e} \tag{1-1}$$

如果笛卡儿坐标系 $Oxyz$ 的单位矢量为 $\boldsymbol{i}$、$\boldsymbol{j}$、$\boldsymbol{k}$，则力 $\boldsymbol{F}$ 在各轴上的投影分别为

$$\left.\begin{aligned} F_x &= \boldsymbol{F} \cdot \boldsymbol{i} = F\cos\alpha \\ F_y &= \boldsymbol{F} \cdot \boldsymbol{j} = F\cos\beta \\ F_z &= \boldsymbol{F} \cdot \boldsymbol{k} = F\cos\gamma \end{aligned}\right\} \tag{1-2}$$

式中，$\alpha \in [0,\ 180°]$；$\beta \in [0,\ 180°]$；$\gamma \in [0,\ 180°]$，如图 1-2a 所示。在笛卡儿坐标系中力 $\boldsymbol{F}$ 的矢量式为

$$\boldsymbol{F} = F_x\boldsymbol{i} + F_y\boldsymbol{j} + F_z\boldsymbol{k} \tag{1-3}$$

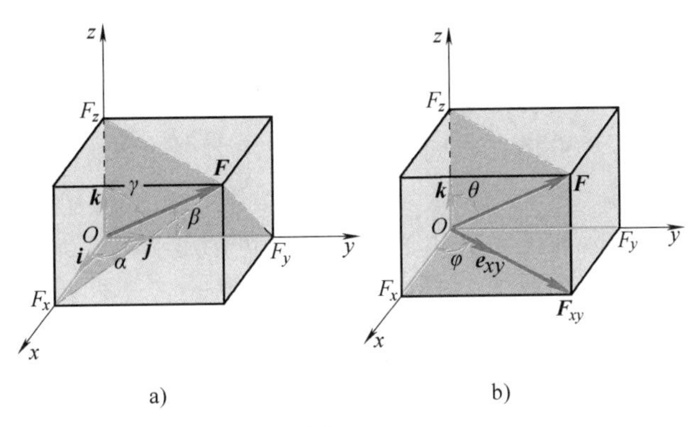


图　1-2

若已知力 $\boldsymbol{F}$ 在直角坐标轴上的三个投影，则其大小和方向分别为

$$F = \sqrt{F_x^2 + F_y^2 + F_z^2} \tag{1-4}$$

$$\cos\alpha = \frac{F_x}{F},\ \cos\beta = \frac{F_y}{F},\ \cos\gamma = \frac{F_z}{F} \tag{1-5}$$

但不能确定力 $\boldsymbol{F}$ 的作用点。

根据式（1-2）求力在各坐标轴上投影的方法称为**直接投影法**。另一种方法是**二次投影法**。通过矢量 $\boldsymbol{F}$、$\boldsymbol{k}$ 作一平面，此平面内与 $\boldsymbol{k}$ 正交的单位矢量用 $\boldsymbol{e}_{xy}$ 表示，如图 1-2b 所示。先将 $\boldsymbol{F}$ 在 $\boldsymbol{k}$ 和平面 $xOy$ 上投影，得到

$$\boldsymbol{F}_{xy} = F_{xy}\boldsymbol{e}_{xy} = F\sin\theta\ \boldsymbol{e}_{xy}$$

$$F_z = F\cos\theta$$

注意**力在平面上的投影** $\boldsymbol{F}_{xy}$ 为矢量。再将 $\boldsymbol{F}_{xy}$ 投影到 $x$、$y$ 轴上，得力 $\boldsymbol{F}$ 在各轴上的投影，即

$$\left.\begin{aligned} F_x &= F\sin\theta\cos\varphi \\ F_y &= F\sin\theta\sin\varphi \\ F_z &= F\cos\theta \end{aligned}\right\} \tag{1-6}$$

式中，$\theta \in [-180°,\ 180°]$；$\varphi \in [0,\ 360°]$。

事实上，在按图求力的投影时，无论是直接投影法还是二次投影法，一般直接将力与轴（或面）之间夹角取为锐角，再根据图判断并给投影冠以正负号。

### 1.1.3　力的投影和力的分解

将力 $\boldsymbol{F}$ 沿笛卡儿坐标轴方向分解为

$$\boldsymbol{F}=\boldsymbol{F}_x+\boldsymbol{F}_y+\boldsymbol{F}_z$$

与式（1-3）比较，力 $\boldsymbol{F}$ 沿笛卡儿坐标轴分量与在相应轴上投影有以下关系：

$$\boldsymbol{F}_x=F_x\boldsymbol{i},\ \boldsymbol{F}_y=F_y\boldsymbol{j},\ \boldsymbol{F}_z=F_z\boldsymbol{k}$$

即力的投影与力的分量的大小相等。

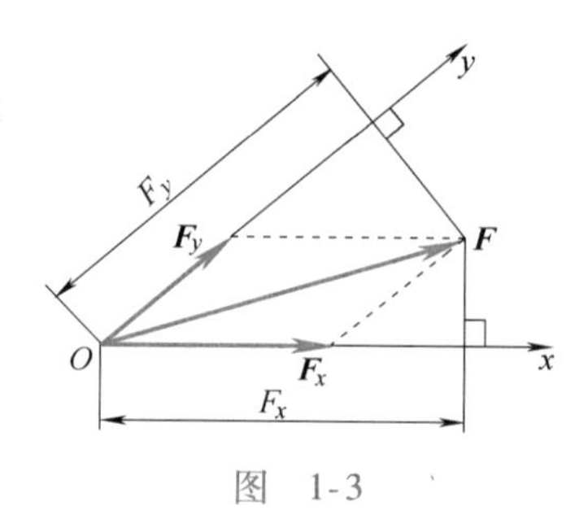


图　1-3

值得注意的是，以上各式是在笛卡儿坐标系中推导的，在非笛卡儿坐标系中并不成立，如图1-3所示。

力在轴上的投影是一个重要的概念，应用投影的概念，可将力的合成由几何运算转换为代数运算。

---

**例1-1**　在图1-4中，长方体三边长分别为 $a=b=\sqrt{3}\text{m}$，$c=\sqrt{2}\text{m}$。长方体上作用三个力 $F_1=100\text{N}$，$F_2=200\text{N}$，$F_3=300\text{N}$，方向如图所示。求各力在三个坐标轴上的投影。

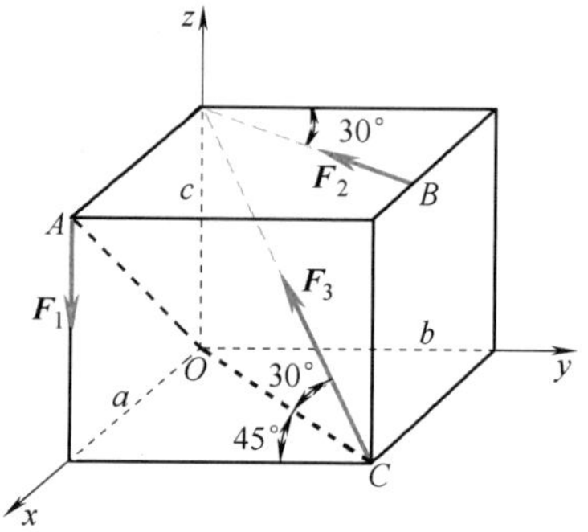

图　1-4

**解：**$\boldsymbol{F}_1$、$\boldsymbol{F}_2$ 两力与坐标轴正向夹角比较明显，可用直接投影法求其投影。力 $\boldsymbol{F}_3$ 宜用二次投影法求其在坐标轴上的投影。

力 $\boldsymbol{F}_1$ 沿 $z$ 轴的负向，它在各坐标轴上的投影为

$$F_{1x}=0,\ F_{1y}=0,\ F_{1z}=-F_1=-100\text{N}$$

力 $\boldsymbol{F}_2$ 与 $x$ 轴负向夹角为60°，与 $y$ 轴的负向夹角为30°，它在各坐标轴上的投影为

$$F_{2x}=-F_2\cos60°=-100\text{N}$$

$$F_{2y}=-F_2\cos30°=-100\sqrt{3}\text{N}$$

$$F_{2z}=0$$

力 $\boldsymbol{F}_3$ 与 $xOy$ 平面的夹角为30°，$\boldsymbol{F}_{3xy}$ 与 $x$、$y$ 轴的负向夹角均为45°，它在各坐标轴上的投影为

$$F_{3x}=-F_3\cos30°\sin45°=-75\sqrt{6}\text{N}$$

$$F_{3y}=-F_3\cos30°\cos45°=-75\sqrt{6}\text{N}$$

$$F_{3z}=F_3\sin30°=150\text{N}$$

---

## 1.2　力矩与力偶

工程实际中，存在着大量绕固定点或固定轴转动的问题。例如，汽车变速机构的操纵杆，可绕球形铰链转动；用扳手拧螺栓，螺栓可绕螺栓中心线转动，等等。当力作用在这些

物体上时，物体可产生绕某点或某轴的转动效应。为了度量力对物体作用的转动效应，人们在实践中，建立了力对点之矩、力对轴之矩的概念。力对点之矩、力对轴之矩统称为力矩。

### 1.2.1 力对轴之矩

在图1-5中，力 $\boldsymbol{F}$ 作用在物体的 $A$ 点上，促使该物体绕 $z$ 轴由静止开始转动。经验表明，力 $\boldsymbol{F}$ 在 $z$ 轴方向的分力 $\boldsymbol{F}_z$ 不能使物体绕 $z$ 轴转动，转动效应只与力 $\boldsymbol{F}$ 在 $xOy$ 平面上的投影 $\boldsymbol{F}_{xy}$ 和其至 $z$ 轴的距离 $h$ 有关，从而可用二者的乘积来度量这个转动效应。注意到它有两种转向，于是，可以给出力对轴之矩的定义如下：力对轴之矩是代数量，它的大小等于力在垂直于轴的平面上的投影大小与此投影至轴的距离的乘积，它的正负号则由右手螺旋规则来确定，即从 $z$ 轴正向看，逆时针方向转动为正，顺时针方向转动为负。由图1-5看出，力 $\boldsymbol{F}$ 对 $z$ 轴之矩可由△$Oab$ 面积的两倍表示，即

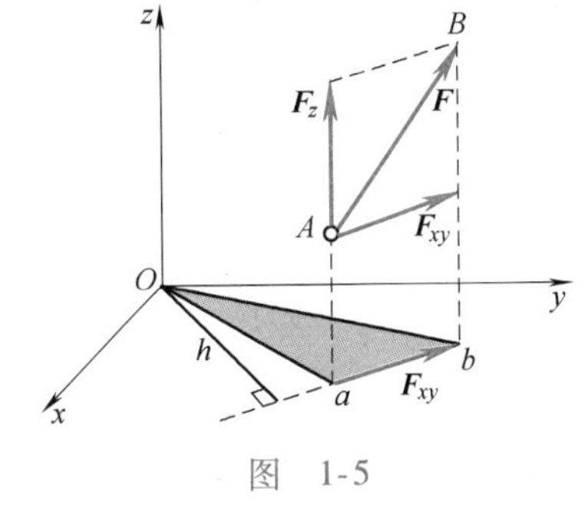

图 1-5

$$M_z(\boldsymbol{F}) = \pm F_{xy}h = \pm 2S_{\triangle Oab} \tag{1-7}$$

由此看出，当力与轴平行（$F_{xy}=0$）或相交时（$h=0$），亦即力与轴共面时，力对轴之矩等于零。

在国际单位制中，力对轴之矩的单位为N·m或kN·m。

### 1.2.2 力对点之矩

在图1-6中，设力 $\boldsymbol{F}$ 的作用点为 $A$，自空间任一点 $O$ 向 $A$ 点作一矢径，用 $\boldsymbol{r}$ 表示，$O$ 点称为**矩心**，力 $\boldsymbol{F}$ 对 $O$ 点之矩定义为矢径 $\boldsymbol{r}$ 与力 $\boldsymbol{F}$ 的矢量积，记为 $\boldsymbol{M}_O(\boldsymbol{F})$，即

$$\boldsymbol{M}_O(\boldsymbol{F}) = \boldsymbol{r}\times\boldsymbol{F} \tag{1-8}$$

力对点之矩是矢量，且是定位矢量，有大小、方向、作用点三个要素。其大小为

$$|\boldsymbol{M}_O(\boldsymbol{F})| = |\boldsymbol{r}\times\boldsymbol{F}| = Fr\sin\alpha = Fh = 2S_{\triangle OAB} \tag{1-9}$$

图 1-6

式中，$h$ 为矩心 $O$ 至力 $\boldsymbol{F}$ 的垂直距离，称为**力臂**。力对点之矩的方向用右手螺旋规则确定，即 $\boldsymbol{r}\times\boldsymbol{F}$ 的方向 $On$ 为此矢量的方向；力对点之矩的作用点在矩心上。

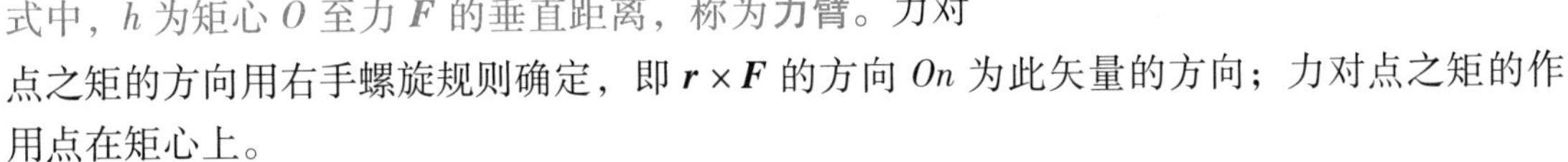

力的作用线过矩心时，力对点之矩为零。

力对点之矩的单位为N·m或kN·m。

在笛卡儿坐标系 $Oxyz$ 中，力的作用点 $A(x, y, z)$ 的矢径为 $\boldsymbol{r}=x\boldsymbol{i}+y\boldsymbol{j}+z\boldsymbol{k}$，力为 $\boldsymbol{F}=F_x\boldsymbol{i}+F_y\boldsymbol{j}+F_z\boldsymbol{k}$。力对点之矩的矢量积表达式（1-8）可写为行列式形式

$$\boldsymbol{M}_O(\boldsymbol{F}) = \begin{vmatrix} \boldsymbol{i} & \boldsymbol{j} & \boldsymbol{k} \\ x & y & z \\ F_x & F_y & F_z \end{vmatrix} \tag{1-10}$$

它的展开式为

$$\boldsymbol{M}_O(\boldsymbol{F})=(yF_z-zF_y)\boldsymbol{i}+(zF_x-xF_z)\boldsymbol{j}+(xF_y-yF_x)\boldsymbol{k} \tag{1-11}$$

式中，单位矢量 $\boldsymbol{i}$、$\boldsymbol{j}$、$\boldsymbol{k}$ 前面的系数分别为力对点之矩矢量在三个坐标轴上的投影。

设力 $\boldsymbol{F}$ 作用在 $xOy$ 平面内，即 $F_z\equiv0$，$z\equiv0$，如图 1-7 所示。力 $\boldsymbol{F}$ 对此平面内任一点 $O$ 之矩，实际上是此力对通过 $O$ 点且垂直于 $xOy$ 平面的 $z$ 轴之矩，即

$$\boldsymbol{M}_O(\boldsymbol{F})=\boldsymbol{r}\times\boldsymbol{F}=(xF_y-yF_x)\boldsymbol{k} \tag{1-12}$$

此时，力 $\boldsymbol{F}$ 对 $O$ 点之矩总是沿着 $z$ 轴方向，可用代数量来表示，即

$$M_O(\boldsymbol{F})=M_z(\boldsymbol{F})=\pm Fh=\pm2S_{\triangle OAB} \tag{1-13}$$

所以，在平面问题中，力对点之矩为代数量，一般规定逆时针为正，顺时针为负。

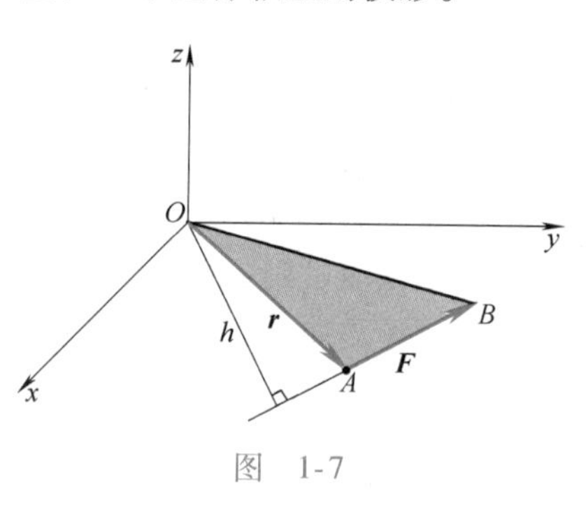


图　1-7

### 1.2.3　力对点之矩与力对过该点的轴之矩的关系（力矩关系定理）

容易证明，力对点之矩在过该点任意轴上的投影等于力对该轴之矩，这一关系称为**力矩关系定理**。设过任一点 $O$ 的笛卡儿坐标轴为 $x$、$y$、$z$，考虑式（1-11），有

$$\left.\begin{aligned}M_x(F)&=yF_z-zF_y\\M_y(F)&=zF_x-xF_z\\M_z(F)&=xF_y-yF_x\end{aligned}\right\} \tag{1-14}$$

这表明，力对点之矩在过该点任意轴上的投影等于力对该轴之矩。

### 1.2.4　合力矩定理（伐里农定理）

力 $\boldsymbol{F}_1$、$\boldsymbol{F}_2$ 作用于物体的 $A$ 点上，其合力为 $\boldsymbol{F}_\mathrm{R}$，如图 1-8 所示，即

$$\boldsymbol{F}_\mathrm{R}=\boldsymbol{F}_1+\boldsymbol{F}_2 \tag{1-15}$$

自矩心 $O$ 作 $A$ 点的矢径 $\boldsymbol{r}$，$\boldsymbol{r}$ 与式（1-15）的两端做矢量积为

$$\boldsymbol{r}\times\boldsymbol{F}_\mathrm{R}=\boldsymbol{r}\times\boldsymbol{F}_1+\boldsymbol{r}\times\boldsymbol{F}_2$$

即

$$\boldsymbol{M}_O(\boldsymbol{F}_\mathrm{R})=\boldsymbol{M}_O(\boldsymbol{F}_1)+\boldsymbol{M}_O(\boldsymbol{F}_2) \tag{1-16}$$

将上式在过 $O$ 点某一轴 $z$ 上投影，并考虑到式（1-14），得

$$M_z(\boldsymbol{F}_\mathrm{R})=M_z(\boldsymbol{F}_1)+M_z(\boldsymbol{F}_2) \tag{1-17}$$

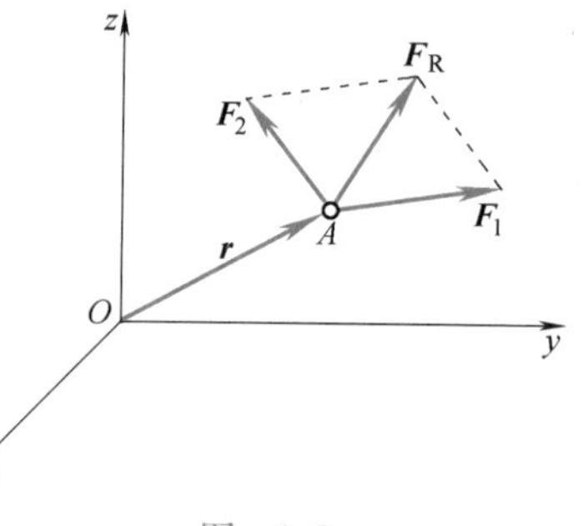


图　1-8

以上两式表明，作用于同一点的两个力的合力对一点（或轴）之矩等于这两个分力对同一点（或轴）之矩的矢量和（或代数和）。这一结论称为**合力矩定理**或**伐里农定理**。

合力矩定理提供了求力矩的另一种方法。事实上，任一力系若有合力，合力矩定理都成立。

---

**例 1-2**　试求例 1-1 中力 $\boldsymbol{F}_3$ 对各坐标轴和 $O$ 点之矩。

**解：** 应用合力矩定理直接求出力 $\boldsymbol{F}_3$ 对各坐标轴之矩。将力 $\boldsymbol{F}_3$ 分解为沿 $z$ 轴方向及 $xOy$ 平面内的两个分力，分力对各坐标轴之矩的代数和等于其合力对相应轴之矩。其中 $\boldsymbol{F}_3$ 在

$xOy$ 平面内的分力的作用线过 $O$ 点，与三个轴都相交，对 $O$ 点及三根坐标轴之矩都为零，只有沿 $z$ 方向的分力，对 $x$、$y$ 轴和 $O$ 点有力矩，则

$$M_x(\boldsymbol{F}_3) = F_3\sin30° \cdot b = 150\sqrt{3}\text{N} \cdot \text{m}$$

$$M_y(\boldsymbol{F}_3) = -F_3\sin30° \cdot a = -150\sqrt{3}\text{N} \cdot \text{m}$$

$$M_z(\boldsymbol{F}_3) = 0$$

由此得到力 $\boldsymbol{F}_3$ 对 $O$ 点之矩的表达式为

$$M_O(\boldsymbol{F}_3) = (150\sqrt{3}\boldsymbol{i} - 150\sqrt{3}\boldsymbol{j})\ \text{N} \cdot \text{m}$$

### 1.2.5　力偶

大小相等、方向相反、作用线平行但不重合的两个力称为**力偶**。例如，汽车驾驶员转动转向盘、钳工用丝锥攻螺纹等，如图 1-9 所示，力 $\boldsymbol{F}$、$\boldsymbol{F}'$组成一个力偶，记为（$\boldsymbol{F}$, $\boldsymbol{F}'$），这里 $\boldsymbol{F} = -\boldsymbol{F}'$。此二力作用线所决定的平面称为**力偶的作用面**，两作用线的垂直距离 $d$ **称为力偶臂**。

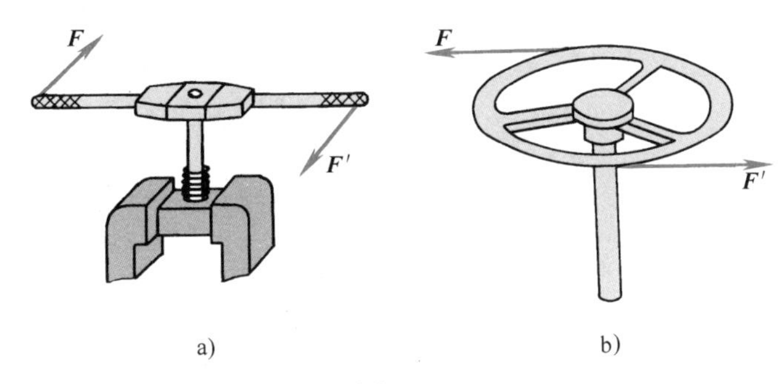


图　1-9

力偶是一种特殊的力系。虽然力偶中每个力具有一般力的性质，但是，作为整体考虑时，则表现出与单个力不同的特殊性质。由于力偶中的两个力等值、反向、平行、不共线，它们不是一对平衡力，也无合力。所以，力偶本身既不平衡，又不能与一个力等效。力偶是另一种最简单的力系，与力一样，力偶是一种基本力学量。力偶对刚体的作用，只有转动效应，没有平移效应。

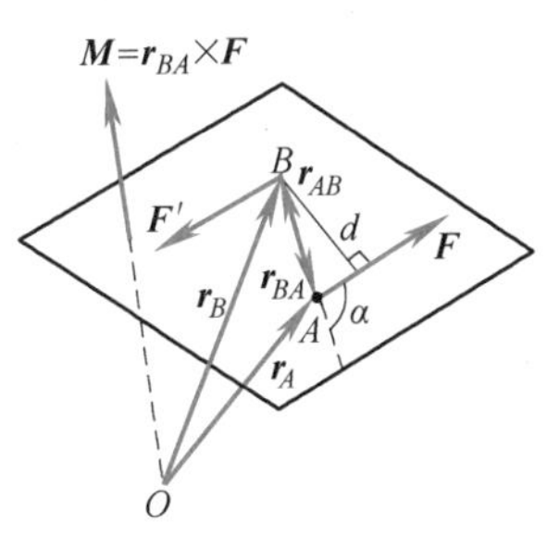


图　1-10

设 $\boldsymbol{r}_{BA}$和 $\boldsymbol{r}_{AB}$分别表示图 1-10 中的矢径 $\overrightarrow{BA}$和 $\overrightarrow{AB}$，矢量

$$\boldsymbol{M} = \boldsymbol{r}_{BA} \times \boldsymbol{F} = \boldsymbol{r}_{AB} \times \boldsymbol{F}' \tag{1-18}$$

称为力偶（$\boldsymbol{F}$, $\boldsymbol{F}'$）的**力偶矩矢量**，简称为**力偶矩矢**，记为 $\boldsymbol{M}$。下面考察力偶矩矢量的力学特征。

图 1-10 中，在空间任取一点 $O$，$A$、$B$ 两点的矢径分别用 $\boldsymbol{r}_A$、$\boldsymbol{r}_B$ 表示，$\boldsymbol{r}_{BA} = \boldsymbol{r}_A - \boldsymbol{r}_B$。力偶对 $O$ 点之矩为

$$\boldsymbol{M}_O(\boldsymbol{F},\boldsymbol{F}') = \boldsymbol{M}_O(\boldsymbol{F}) + \boldsymbol{M}_O(\boldsymbol{F}') = \boldsymbol{r}_A \times \boldsymbol{F} + \boldsymbol{r}_B \times \boldsymbol{F}' = (\boldsymbol{r}_A - \boldsymbol{r}_B) \times \boldsymbol{F} = \boldsymbol{r}_{BA} \times \boldsymbol{F}$$

即

$$\boldsymbol{M}_O(\boldsymbol{F},\boldsymbol{F}') = \boldsymbol{M}$$

分析结果：

（1）力偶矩矢量 $\boldsymbol{M}$ 与矩心的选择无关，因而是一个自由矢量。

（2）力偶矩矢的大小 $M = r_{BA}F\sin\alpha = Fd$，单位也是 N · m 或 kN · m，方向为力偶作用面的法线方向，由右手螺旋规则确定。因此，决定力偶矩矢的三要素为：力偶矩的大小、力偶作用面的方位及力偶的转向。

（3）因为力偶矩矢是自由矢量，在保持这一矢量的大小和方向不变的条件下，可以在空间任意移动而不改变力偶对刚体的作用效果，称为**力偶的等效性**。力偶的等效性还可以更具体地表达如下：在保持力偶矩矢不变的条件下，力偶可以在其作用面内任意平移或转动，或同时改变力偶中力与力偶臂的大小，或将力偶作用面平行移动，都不影响力偶对刚体的作用效果。由于力偶矩矢的等效性，常将一个具体的力偶（$\boldsymbol{F}$，$\boldsymbol{F}'$）用其力偶矩矢 $\boldsymbol{M}$ 表示。

与力对点之矩相同，力偶矩在平面问题中视为代数量，记为 $M$，则

$$M = \pm Fd \tag{1-19}$$

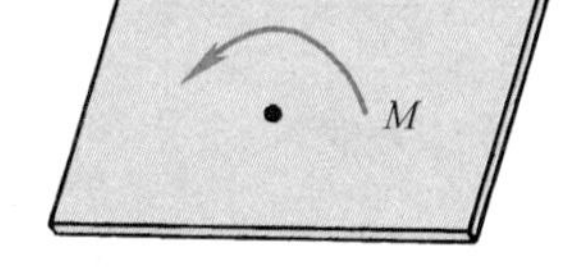

图　1-11

这里正负号分别由力偶的转向为逆时针或顺时针决定。根据力偶的等效性，平面力偶也常以其力偶矩 $M$ 直接表示，并且在称呼上不加区分。平面力偶画法如图 1-11 所示。

补充例题 1-1

补充例题 1-2

补充例题 1-3

补充例题 1-4

## 1.3 约束与约束力

物体按照运动所受限制条件不同可以分为两类：一类是，物体在空间的位置完全自由，不受任何限制，这种物体称为**自由体**，如飞行中的飞机、火箭等；另一类是，物体在空间的位置（或运动）受到周围物体对它的一定的限制，这种物体称为**非自由体**。后一类物体在工程实际中占绝大多数，如在气缸中运动的活塞受到气缸的限制等。对非自由体的某些运动起限制作用的物体称为**约束**。这里只讨论约束的力的性质，至于约束的运动学与动力学性质，将在虚位移原理中讨论。

受约束物体所受的力可分为如下两类。一类力主动地使物体产生运动或使物体有运动趋势，称为**主动力**，如重力、水压力、风压力、燃油燃烧后的气体对活塞的推力、电磁力、切削力等。主动力一般已知，又称为**载荷**，它是设计计算的原始数据。另一类力是约束给物体的反作用力，称为**约束力**，通常是未知的。求约束力是静力学乃至动力学的重要内容。

约束给被约束物体的约束力通过接触来实现，这种接触可以是点、线或面的接触，其中只有点接触是集中力。对于非点接触的分布约束力，可按力系等效的原则，将其简化为集中的约束力。

约束力既然用集中力的形式表现出来，便可以进一步分析它的三要素。约束力与已知的主动力有关，因而，其大小要通过静力学或动力学方程求解；其方向则由约束本身的性质决

定，而与主动力的方向没有直接关系。事实上，约束力的方向总是与物体受阻止的运动或运动趋势的方向相反；约束力的作用点是被约束物体与约束的接触点，当然，这种作用点有时做了等效简化。

将工程中常见的约束抽象出来，根据其特征，亦即约束力的性质，分成若干典型约束。在学习下面的内容时，请注意以下几点：①约束结构；②约束简图；③约束力性质；④约束力画法。其中，约束简图与约束力的符号已形成一种约定的画法，今后在进行物体的受力分析时，一律采用这些约定。

### 1.3.1　柔性体约束

柔软、不可伸长的约束物体称为**柔性体约束**，如绳索、链条、传动带等。如不特别指明，这类约束的截面尺寸及重量一律不计。这类约束的特点是：只能限制物体沿柔性体约束拉伸方向的运动，即它只能承受拉力，不能承受压力。柔性体的约束力是沿其中心线的拉力，通常用字母 $\boldsymbol{F}_{\mathrm{T}}$ 表示，如图 1-12 所示。

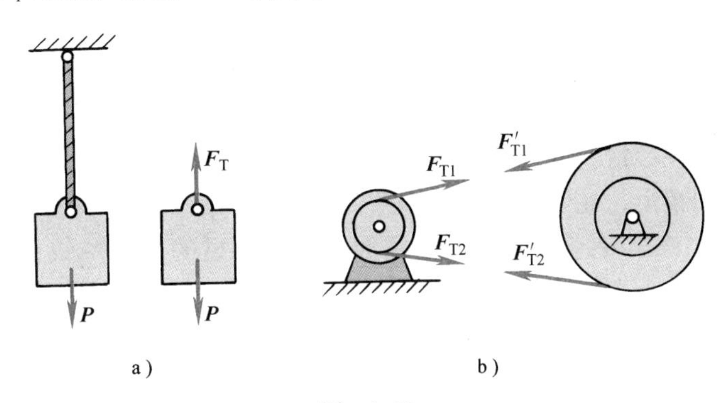


图　1-12

### 1.3.2　光滑面约束

与物体相接触的是另一物体的光滑表面，称为**光滑面约束**。绝对光滑是一种理想化的情形。事实上，两物体接触时，总有摩擦存在，不过，当略去这种摩擦不会影响问题的基本性质时，就可以将这种接触表面视为光滑面约束。这种约束只能限制物体沿接触处的公法线，且指向光滑面一方的运动。此类约束力的性质与光滑面和物体之间的接触形式有关，只能承受压力。点接触时，约束力为集中力，如图 1-13 所示。若是线或面接触，如图 1-14 所示，

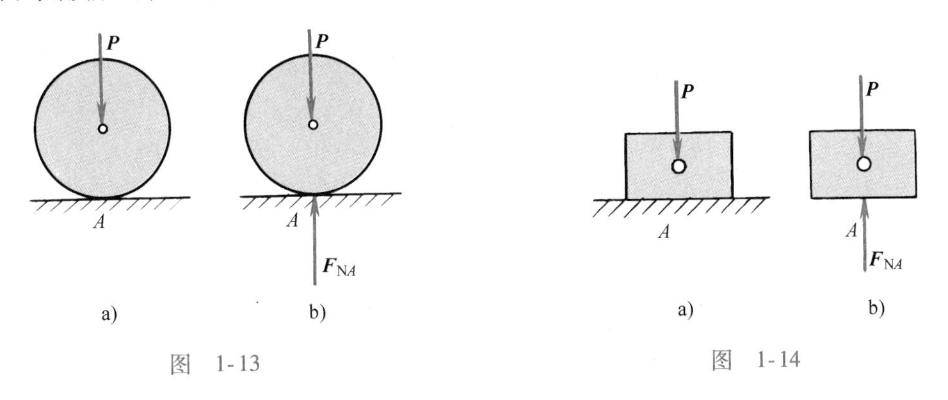


图　1-13　　　　图　1-14

约束力虽为分布力，如上所述，一般总用分布力的合力来表示，其作用点与物体所受的主动力有关，要由力学条件来确定。由此可知，光滑面约束的约束力为集中力，方向沿接触处的公法线，指向物体。一般用字母 $F_{NA}$ 表示，下标 $A$ 通常用来说明接触部位。

上面所讲光滑面约束与柔性体约束，只能限制物体沿一个方向的运动，而不能限制相反方向的运动，这种约束称为**单面约束**。单面约束的约束力方向一般均能事先确定。另外一种约束称为**双面约束**，如图 1-15a 中限制滑块运动的滑道，可以限制滑块向上或向下运动。因此，对于双面约束的约束力而言，其作用线的方位已知，但其指向事先难以确定。这时，画其约束力时，可以先假设它的指向，如图 1-15b 所示。

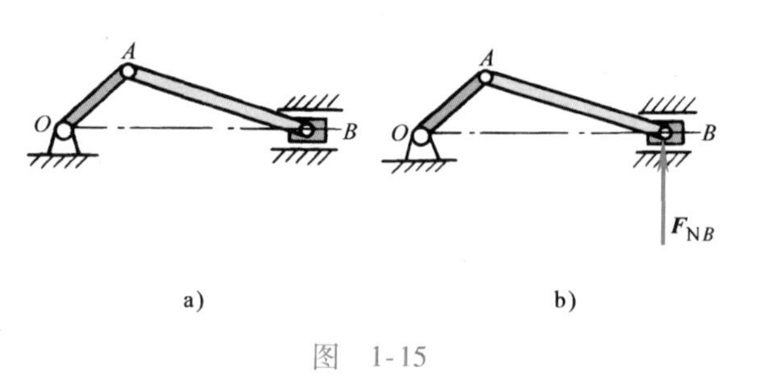


图 1-15

### 1.3.3 光滑铰链约束

**光滑铰链约束**的本质是光滑面约束，它大量地用于工程实际中，其结构形式比较典型，因此，将其单独列为一类约束。光滑铰链约束简称**铰链**，按结构形式可分为两种基本类型：**光滑球铰链和光滑圆柱铰链**，分别简称为**球铰链和柱铰链**。球铰链一般用于空间问题，柱铰链可用于空间或平面情形，尤以平面问题常见。

**1. 光滑球铰链** 汽车变速箱的操纵杆底部是一个典型的光滑球铰链约束，如图 1-16a 所示。操纵杆的下端有一个圆球，嵌放在底座球窝内。球窝由两个半球壳组成，其上、下均有缺口，以便球与操纵杆和变速器相连。球窝对球的约束作用是限制其沿任一方向的平移而只允许其绕球心转动。这种作用实质是光滑面约束，约束力作用于接触点，方向沿径向指向球心，如图 1-16b 所示。实际上，接触点的位置与主动力有关，一般事先不能确定。因此，约束力在空间的两个方位角未知。但是，不论接触点在哪里，约束力的作用线总是通过球心。因此，一般球铰链的约束力画在球心上，以三个大小未知的正交分力 $F_{Ax}$、$F_{Ay}$、$F_{Az}$ 表示，下标 $A$ 表明是铰链 $A$ 的约束力。球铰链的简图如图 1-16c 所示，其约束力如图 1-16d 所示。

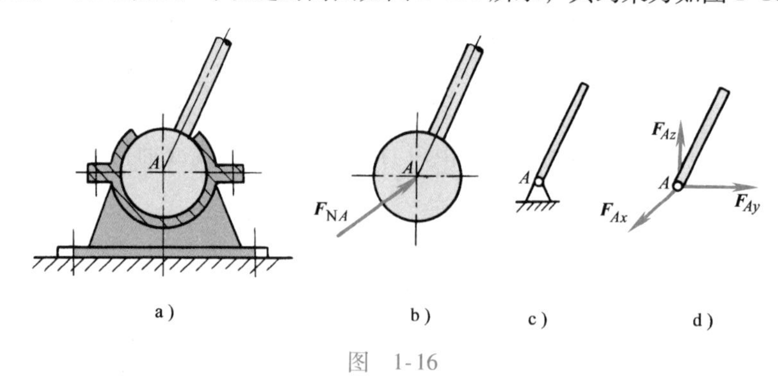


图 1-16

物体之间若用铰链连接，这种铰链称为**中间球铰链**，如图 1-17 所示。

**2. 光滑柱铰链** 图 1-18a 中，两个构件通过一个圆孔，用一个圆柱形销钉联接起来，便构成一个光滑柱铰链。它只允许两构件绕销钉轴线有相对转动，销钉对构件的约束力的作用点在接触处，总是沿销钉的径向，指向其中心，如图 1-18b 所示。在一般情形下，柱铰链

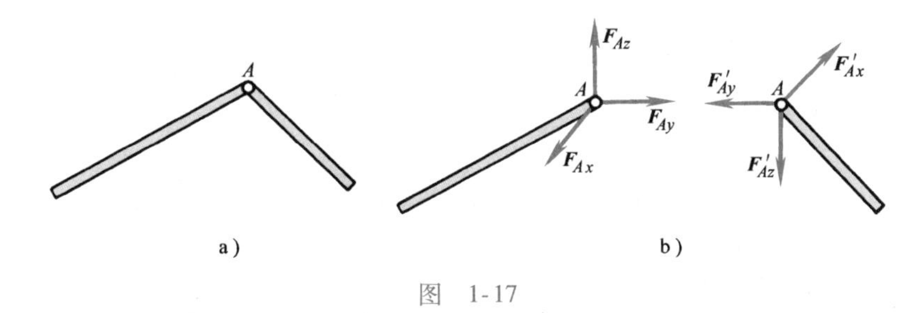


图 1-17

约束力的作用点及其大小，仅由约束本身的特征是不能确定的。不过它的作用线总是通过销钉中心，因此，通常将光滑柱铰链约束力用两个大小未知的正交分力表示，其作用点在圆柱的中心上。柱铰链约束的简图与约束力的画法如图1-18c、d所示，一般用符号 $\boldsymbol{F}_{Ax}$、$\boldsymbol{F}_{Ay}$ 表示。这种铰链称为**中间柱铰链**，与中间球铰链一起称为**中间铰链**。

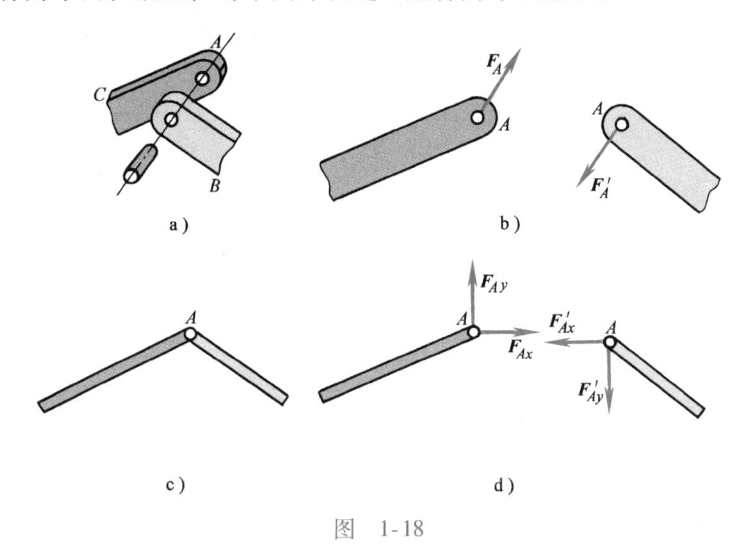


图 1-18

如果将上述用中间柱铰链相连的两构件之一固定在支承物上，此种约束则称为**固定柱铰链支座**，简称为**固定铰链**或**铰链支座**，如图1-19a、b所示。铰链支座简图及约束力的画法如图1-19c所示。

工程中有时要求物体不仅可绕某轴转动，还可沿垂直于轴的方向平移，由此设计出**滚动柱铰链支座**，简称**滚动支座**或**可动铰链**，如图1-20a所示。它是在铰链支座的下面安装了几

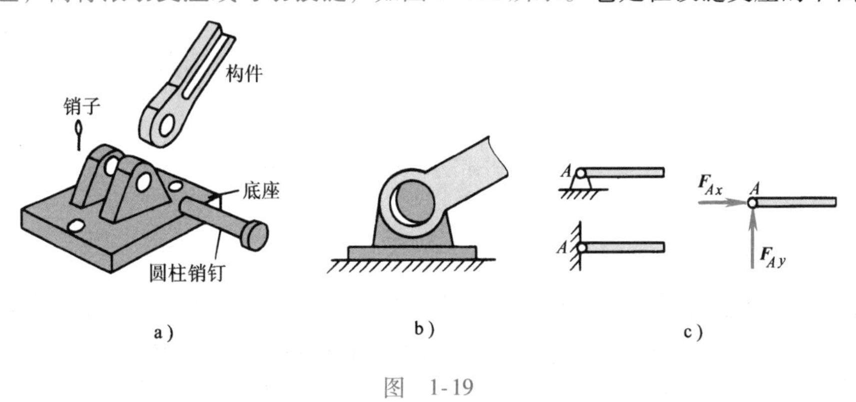


图 1-19

个辊轴，又称**辊轴支座**，它可以是单面的，也可以是双面的。这种约束只限制物体沿支承面法线方向的运动，类似于光滑面约束。滚动支座约束力的方向沿支承面法线，作用点在铰链中心。一般用符号 $\boldsymbol{F}_{NA}$ 表示。

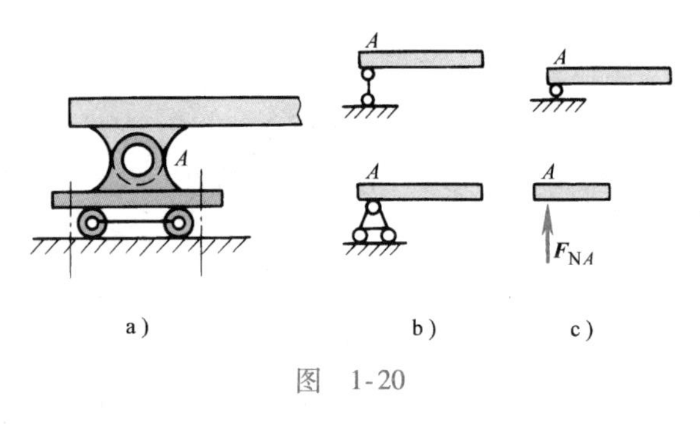


图　1-20

另外，常见的两种轴承也被列入铰链约束一类中。一种是**向心轴承**，它限制转轴的径向平移，并不限制它的轴向运动和绕轴转动。它相当于铰链支座，如图1-21a所示，向心轴承的约束力用两个大小未知的正交分力表示。另一种是**向心推力轴承**，它限制转轴的径向平移，又限制它的轴向运动，只允许绕轴转动，如图1-21b所示。用三个大小未知的正交分力表示其约束力。不过，轴向分力的指向不能任意假定，必须根据其结构特征来确定。

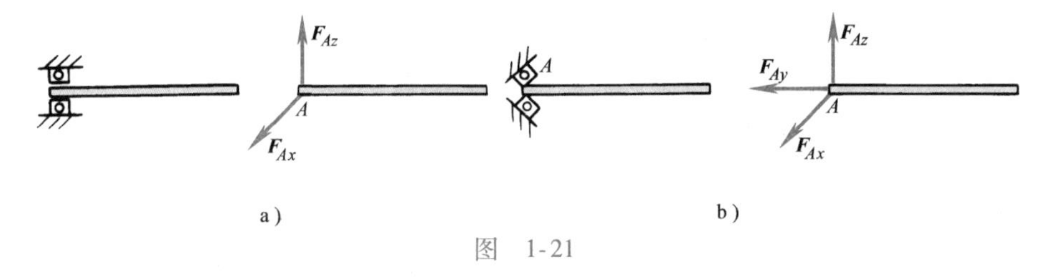


图　1-21

### 1.3.4　二力构件约束

两端用光滑铰链与物体连接，中间不受力（包括自重在内）的刚性构件称为二力构件，若二力构件为直杆则称为链杆或二力杆，如图1-22a所示。二力构件约束只能限制物体上与二力构件连接的那一点（图1-22中的 $C$ 点）沿两个铰链连线方向的运动。二力构件既能受拉，又能受压，因此，二力构件的约束力沿其两个铰链连线的中心线方向，指向事先难以确定，通常假设它受拉，再由其计算结果的正负号来确定是受拉还是受压。二力构件的约束简图与约束力（一般用符号 $\boldsymbol{F}$ 表示）的画法如图1-22b所示。

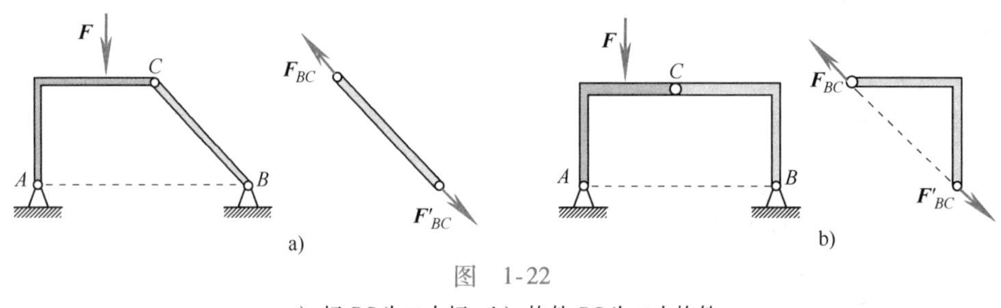


图　1-22

a）杆 $BC$ 为二力杆　b）构件 $BC$ 为二力构件

### 1.3.5　固定端约束

上面介绍的四类约束均限制物体沿部分方向的运动，有时物体会受到完全固结作用，如深埋在地里的电线杆、紧固在刀架上的车刀等，如图1-23a所示。物体在空间各个方向上的运动（包括平移和转动）都受到约束的限制，这类约束称为**固定端约束**。固定端约束的简图如图 1-23b 所示，其约束力可这样理解：一方面，物体在受约束部位不能平移，因而受到一约束力 $\boldsymbol{F}_A$ 作用；另一方面，也不能转动，因而还受到一约束力偶 $\boldsymbol{M}_A$ 作用，如图 1-23c 所示。约束力和约束力偶统称为约束力。约束力 $\boldsymbol{F}_A$ 和约束力偶 $\boldsymbol{M}_A$ 的作用点在接触部位，而方位和指向均未知。所以，在画固定端约束的约束力和约束力偶时，通常将其分别向笛卡儿坐标轴上分解，如图 1-23d 所示，分别为 $\boldsymbol{F}_{Ax}$、$\boldsymbol{F}_{Ay}$、$\boldsymbol{F}_{Az}$和 $\boldsymbol{M}_{Ax}$、$\boldsymbol{M}_{Ay}$、$\boldsymbol{M}_{Az}$。可见，对空间情形，固定端约束的约束力有六个独立分量。

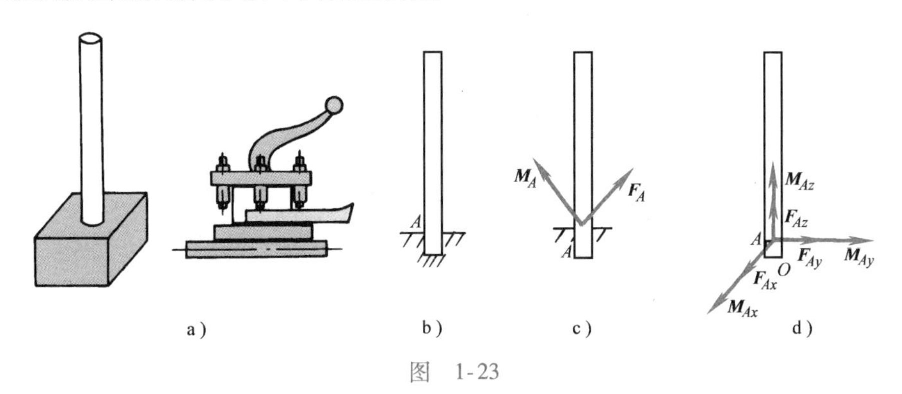


图 1-23

对平面情形，固定端约束的约束力只剩下三个分量，即两个约束力分量和一个约束力偶，如图 1-24 所示。

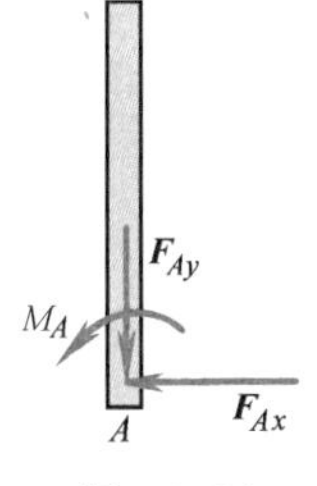


图 1-24

在工程实际中，约束是各种各样的，本节介绍的典型约束没有概括所有情形。更详细的约束类型可参见附录 B。

### 1.3.6　工程实物与约束类型的对应分析

图 1-25a 所示是一种滚动柱铰链支座，图 1-25b 所示是滚动柱铰链支座的示意图，图 1-25c 所示是其简化模型。

图 1-26a 所示是一种固定柱铰链支座，图 1-26b 所示是构件与支座连接示意图，图 1-26c 所示是其简化模型。

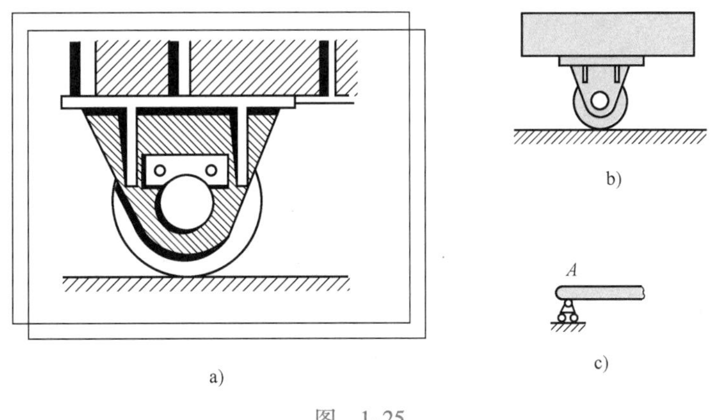


图 1-25

图 1-27a 所示是推土机的结构图。推土机刀架的 $AB$ 杆可简化为链杆。图 1-27b 所示是刀架的简化模型图。链杆只能阻止物体上与链杆连接的一点（$A$ 点）的运动，所以约束力是

沿链杆中心线指向或背离链杆，如图1-27c所示。

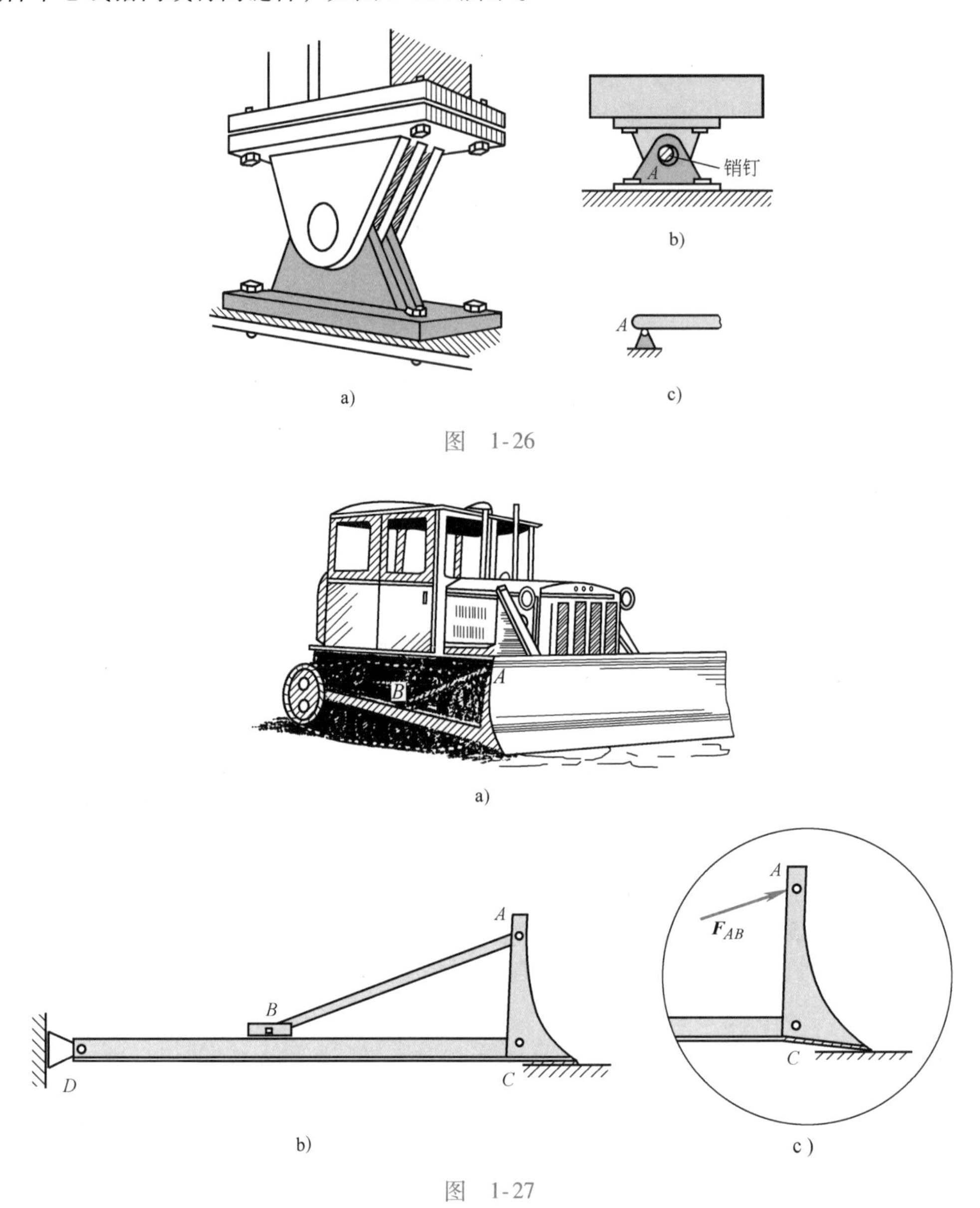


对于任何一个实际问题，在抽象成为力学模型，做成计算简图时，一般需从三方面加以简化：尺寸、载荷（力）和约束。例如，在图1-28a所示的房屋上屋顶结构的草图中，在对屋架（工程上称为桁架）进行力学分析时，考虑到屋架各杆件断面的尺寸远比其长度小，因而可用杆件中线代表杆件；各相交杆件之间可能用榫接、铆接或其他形式连接，但在分析时，可近似地将杆件之间的连接看作铰接；屋顶的载荷由桁条传至檩子，再由檩子传至屋架，非常接近于集中力，其大小等于两桁架之间和两檩子之间屋顶的载荷；屋架一般用螺栓固定（或直接搁置）于支承墙上，在计算时，一端可简化为铰支座，另一端可简化为辊轴支座。最后就得到如图1-28b所示的屋架的计算简图。这样简化后求得的结果，对小型结构来说，已能满足工程要求，对大型结构则可作为初步设计的依据。

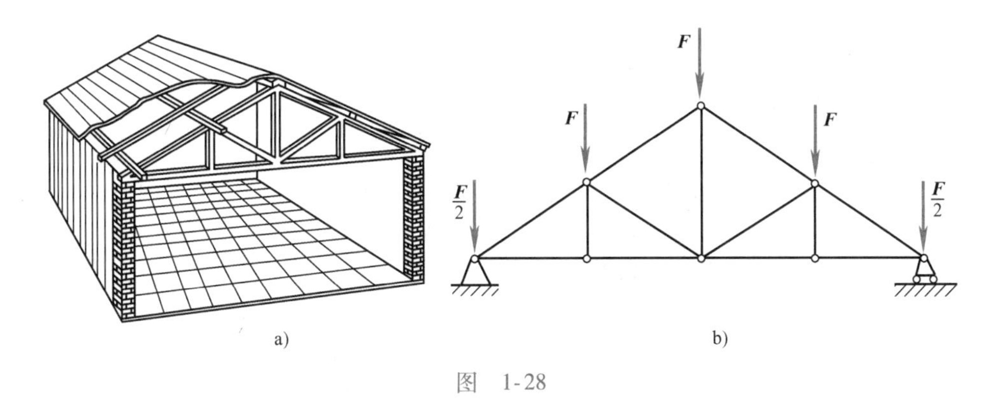


图　1-28

图 1-29a 所示是自卸载货汽车的实物图。在进行分析时，首先应将原机构抽象成为力学模型，构成计算简图。对于自卸载货汽车，由于翻斗对称，首先可简化成平面图形。再由翻斗可绕与底盘连接处转动，故此处可简化为铰连接；油压举升缸筒则可简化为链杆。于是得翻斗的计算简图如图 1-29b 所示。

图 1-30a 所示是装载机的实物图，由于装载斗的支承是对称的，可将装载斗及其支承简化成图 1-30b 所示的平面机构模型图。其中各构件连接处均为铰连接，液压筒则简化为链杆 1 和链杆 2。

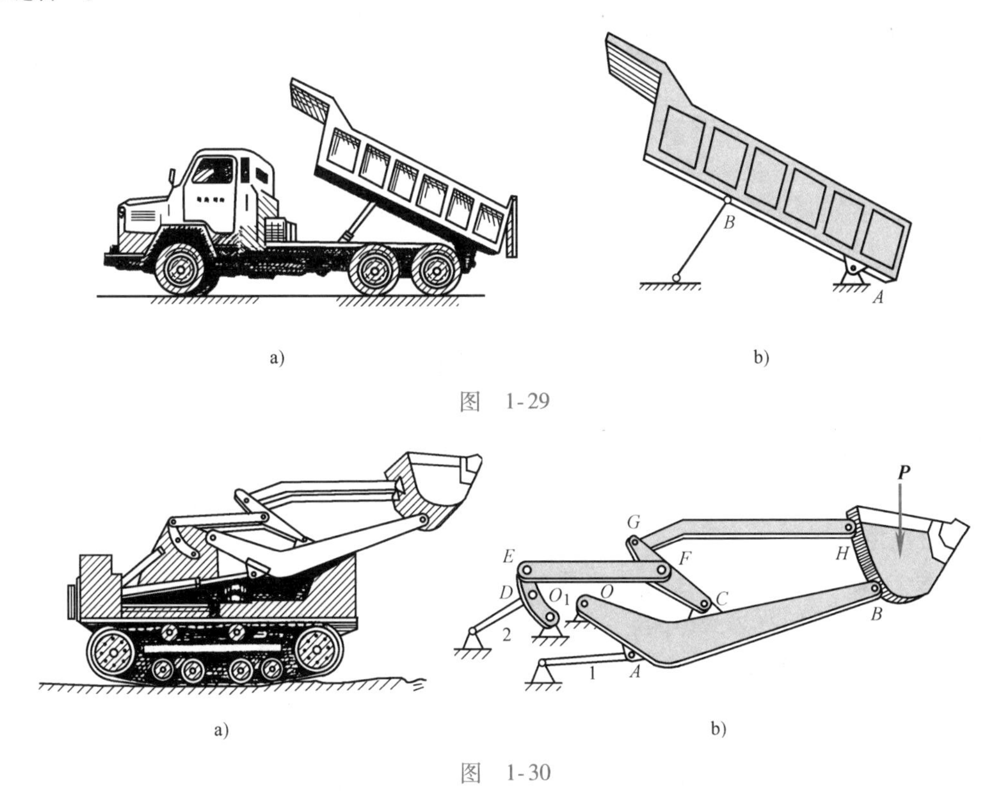


图　1-29

图　1-30

图 1-31a 所示是挖掘机的实物图。根据其工作特点可简化成图 1-31b 所示的力学模型简图。其中Ⅰ、Ⅱ、Ⅲ为液压缸，$A$、$B$、$C$ 处均为铰。挖斗重 $P$，构件 $AB$ 和 $BC$ 分别重为 $P_1$、$P_2$。在工程上，可根据图 1-31b 所示的模型图进行有关的计算与设计。

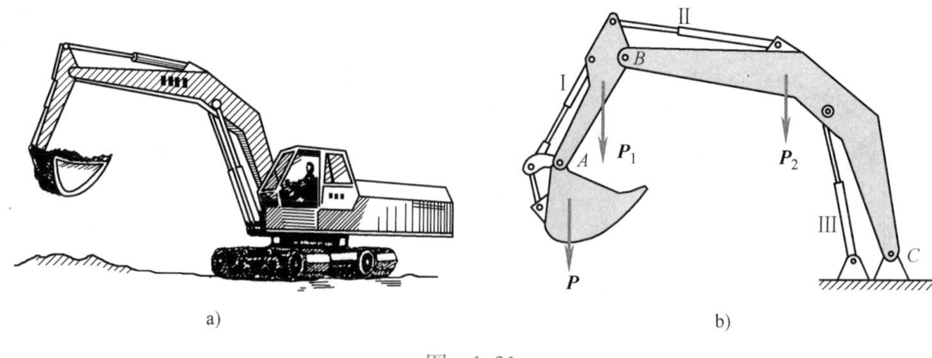


图 1-31

图 1-32a 所示是折臂式自升塔式起重机的实物图形，根据受力特点可得力学模型如图 1-32b 所示。在对起重机进行受力计算和稳定性设计时，用图 1-32b 为计算简图进行设计计算。

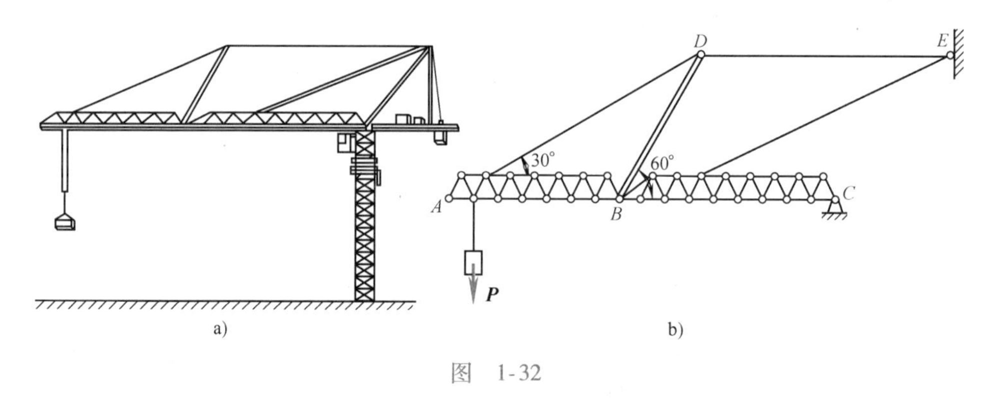


图 1-32

## 1.4 物体的受力分析和受力图

将所研究的物体或物体系统从与其联系的物体中分离出来，然后分析它的受力状态，这一过程称为**物体的受力分析**。它包括两个步骤：

**1. 选择研究对象，取分离体** 待分析的某个物体或物体系统称为**研究对象**。一旦明确了研究对象，需要解除它受到的全部约束，将其从周围的约束中分离出来，并画出相应的简图，称为**分离体**。

**2. 画受力图** 在分离体图上，画出研究对象所受的所有力，并标明各力的符号及各位置符号，这一受力简图称为**受力图**。

受力分析是整个理论力学的基础，为了能够正确地画出研究对象的受力图，画受力图时，应注意以下几点：

（1）先逐一画出它所受的主动力，再逐一画出所受的约束力。

（2）一定要按照上节所讲的约束类型去画各约束力的作用线和指向，一般不要按照主动力去判断约束力的真实作用线与指向。

（3）在物系问题中，若需要画几个受力图，各分离体之间的相互作用力必须满足作用与反作用定律的关系。

（4）一个受力图中所画之力均为其所受的外力，因其内力总是成对出现的，故不要在该受力图中画出。

（5）如果分离体与二力杆相连，一定要按二力杆的特点去画它对分离体的作用力。一般情况下，二力杆的两端为铰链，在去掉铰链约束之处，此作用力宜画成沿此二力杆两铰链连线的方向。

（6）切忌在一个结构图中画多个受力图。

---

**例 1-3**　简支梁 $AB$ 两端分别固定在铰链支座与滚动支座上，如图 1-33a 所示。在 $C$ 处作用一集中力 $\boldsymbol{F}$，梁的自重不计。试画出此梁的受力图。

**解：** 取梁 $AB$ 为研究对象，解除 $A$、$B$ 支座的约束，画分离体简图，如图 1-33b 所示。先画主动力 $\boldsymbol{F}$，再画约束力。$A$ 处为铰链支座，约束力用两个正交分力 $\boldsymbol{F}_{Ax}$、$\boldsymbol{F}_{Ay}$ 表示；$B$ 处为滚动支座，约束力 $\boldsymbol{F}_{NB}$ 沿铅垂方向向上。

注意到梁 $AB$ 受三个力作用而平衡，由三力平衡汇交定理可知，如果作出力 $\boldsymbol{F}$、$\boldsymbol{F}_{NB}$ 作用线的交点 $D$，则 $A$ 处约束力 $\boldsymbol{F}_A$ 的作用线必过 $D$ 点。由此可确定 $\boldsymbol{F}_A$ 作用线的方位如图 1-33c 所示。

以上两种画法都是正确的，一般采用前一种画法。

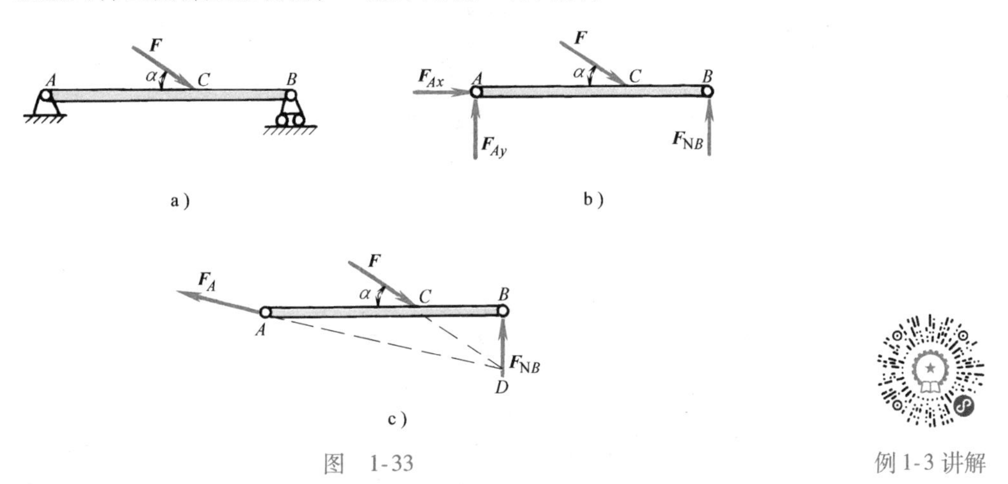


图　1-33

例 1-3 讲解

**例 1-4**　在图 1-34a 中，多跨梁 $ABC$ 由 $ADB$、$BC$ 两个简单的梁组合而成，受集中力 $\boldsymbol{F}$

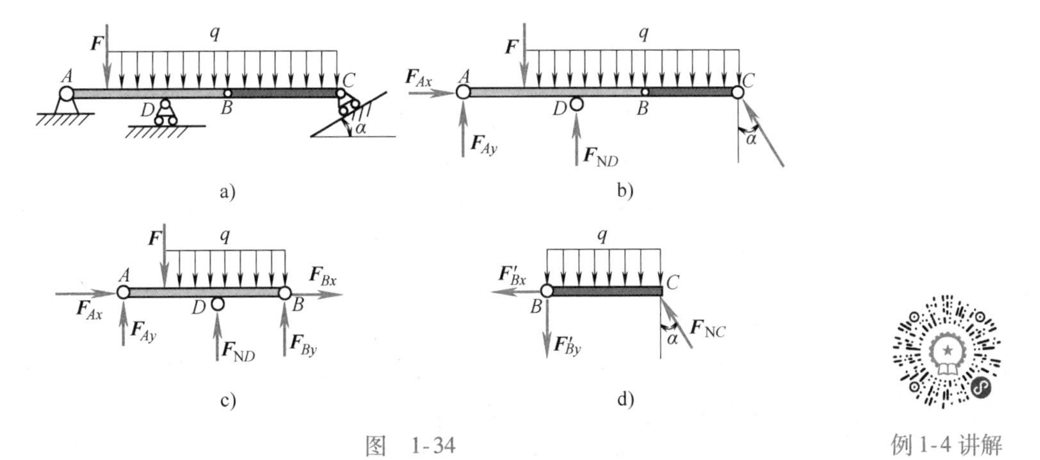


图　1-34

例 1-4 讲解

及均布载荷 $q$ 作用。试画出整体及梁 $ADB$、$BC$ 段的受力图。

**解**：（1）取整体的分离体，如图 1-34b 所示。先画集中力 $\boldsymbol{F}$ 与分布载荷 $q$，再画约束力。$A$ 处约束力分解为两个正交分量，$D$、$C$ 两处的约束力分别与其支承面垂直，$B$ 处约束力为内力，不能画出。

（2）取 $ADB$ 段的分离体如图 1-34c 所示。先画集中力 $\boldsymbol{F}$ 及分布载荷 $q$，再画 $A$、$D$、$B$ 三处的约束力 $\boldsymbol{F}_{Ax}$、$\boldsymbol{F}_{Ay}$、$\boldsymbol{F}_{ND}$、$\boldsymbol{F}_{Bx}$、$\boldsymbol{F}_{By}$。

（3）取 $BC$ 段的分离体如图 1-34d 所示。先画分布载荷 $q$，再画出 $B$、$C$ 两处的约束力，注意 $B$ 处的约束力与 $ADB$ 段 $B$ 处的约束力是作用力与反作用力的关系，$\boldsymbol{F}'_{Bx}=-\boldsymbol{F}_{Bx}$，$\boldsymbol{F}'_{By}=-\boldsymbol{F}_{By}$；$C$ 处的约束力 $\boldsymbol{F}_{NC}$ 与斜面垂直，画出其方向角 $\alpha$。

**例 1-5**　图 1-35a 所示的构架中，$BC$ 杆上有一导槽，$DE$ 杆上的销钉 $H$ 可在其中滑动。设所有接触面均光滑，各杆的自重均不计，试画出整体及杆 $AB$、$BC$、$DE$ 的受力图。

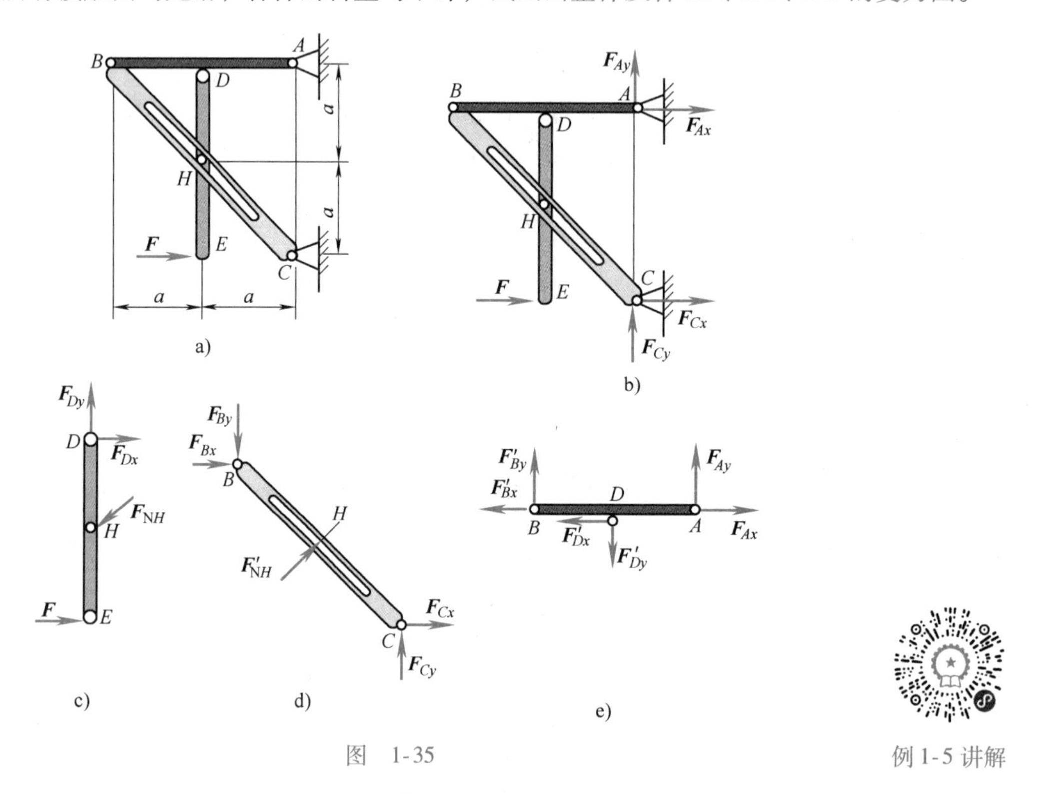


图　1-35

例 1-5 讲解

**解**：（1）取整体为研究对象，如图 1-35b 所示。先画集中力 $\boldsymbol{F}$，再画 $A$、$C$ 两处的约束力，分别用两个正交分量表示。$B$、$D$、$H$ 三处的约束力均为内力，不画。

（2）取 $DE$ 杆的分离体如图 1-35c 所示。先画集中力 $\boldsymbol{F}$，再画销钉所受之力。销钉 $H$ 可沿导槽滑动，因此，导槽给销钉的约束力 $\boldsymbol{F}_{NH}$ 应垂直于导槽。$D$ 为中间柱铰链，用两个正交分力 $\boldsymbol{F}_{Dx}$、$\boldsymbol{F}_{Dy}$ 表示。

（3）取 $BC$ 杆的分离体如图 1-35d 所示。先画销钉 $H$ 对导槽的作用力 $\boldsymbol{F}'_{NH}$，它与上面的力 $\boldsymbol{F}_{NH}$ 是作用力与反作用力的关系；再画铰链支座 $C$ 的约束力 $\boldsymbol{F}_{Cx}$、$\boldsymbol{F}_{Cy}$，它应与整体图 1-35b 中的一致；中间柱铰链 $B$ 用两个正交分力 $\boldsymbol{F}_{Bx}$、$\boldsymbol{F}_{By}$ 表示。

（4）取 $AB$ 杆的分离体如图 1-35e 所示。铰链支座 $A$ 的约束力应与整体图 1-35b 中的一致；中间柱铰链 $D$、$B$ 的约束力与图 1-35c、d 中 $D$、$B$ 的约束力是作用力与反作用力的关系。

**例 1-6** 图 1-36a 所示结构中，固结在 $I$ 点的绳子绕过定滑轮 $O$，将重为 $P$ 的物体吊起。各杆之间用铰链连接，杆重不计。试画出下列指定物体的受力图：（1）整体；（2）杆 $BC$；（3）杆 $CDE$；（4）杆 $BDO$ 连同滑轮和重物；（5）销钉 $B$。

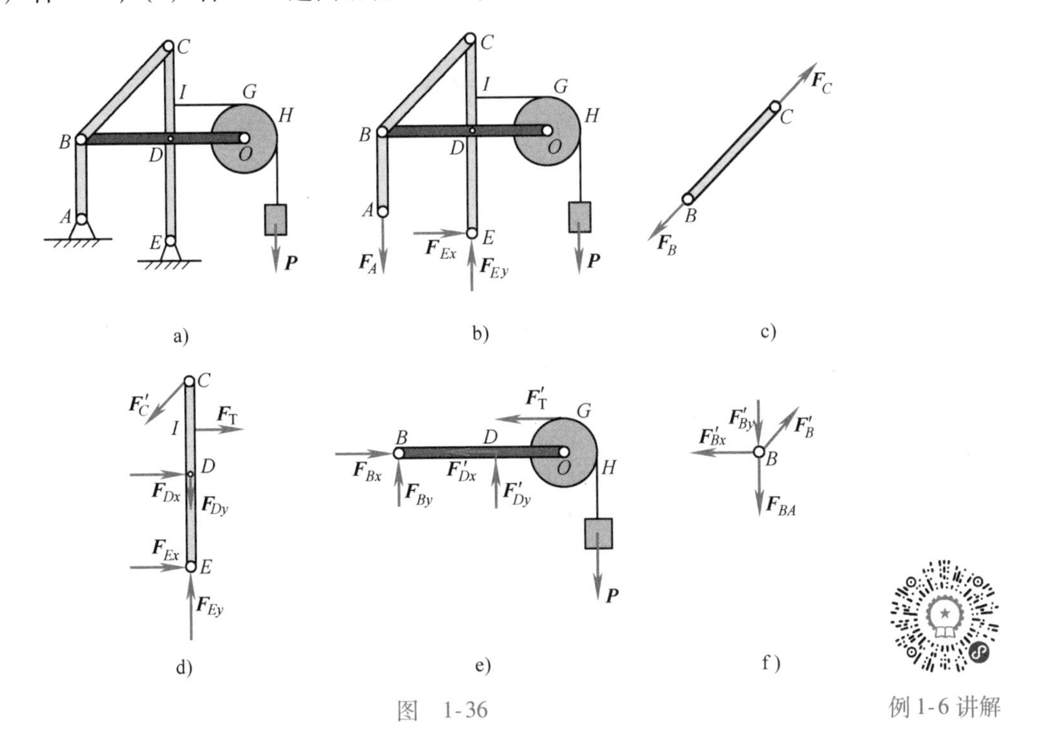


a) b) c)

d) e) f)

图 1-36

例 1-6 讲解

**解：**（1）取整体为研究对象，如图 1-36b 所示。先画主动力 $\boldsymbol{P}$，再画 $A$、$E$ 两处的约束力。其中 $A$ 处的约束力 $\boldsymbol{F}_A$ 由二力杆 $AB$ 确定，$E$ 处的约束力为 $\boldsymbol{F}_{Ex}$、$\boldsymbol{F}_{Ey}$。

（2）取 $BC$ 杆为研究对象，如图 1-36c 所示。$BC$ 杆为二力杆，只受约束力 $\boldsymbol{F}_B$、$\boldsymbol{F}_C$ 作用而平衡。

（3）取 $CDE$ 杆为研究对象，如图 1-36d 所示。$C$ 点受的力 $\boldsymbol{F}'_C$ 与图 1-36c 中 $BC$ 杆 $C$ 点所受的力 $\boldsymbol{F}_C$ 是作用力与反作用力的关系。$I$ 点承受绳子的拉力 $\boldsymbol{F}_{\mathrm{T}}$。$D$、$E$ 两处均为铰链，均用正交约束力表示，其中 $E$ 处的约束力应与整体受力图 1-36b 中的一致。

（4）取杆 $BDO$ 和滑轮、重物部件为研究对象，如图 1-36e 所示。先画出重力 $\boldsymbol{P}$。绳索截断处画拉力 $\boldsymbol{F}'_{\mathrm{T}}$，它与图 1-36d 中 $I$ 处的拉力是作用力与反作用力的关系。$B$、$D$ 为铰链，该杆在销钉 $D$ 处的约束力与 $CDE$ 杆在销钉 $D$ 处的约束力是作用力与反作用力的关系，用 $\boldsymbol{F}'_{Dx}$、$\boldsymbol{F}'_{Dy}$ 表示。$B$ 处约束力用 $\boldsymbol{F}_{Bx}$、$\boldsymbol{F}_{By}$ 表示。

（5）将销钉 $B$ 单独取出来，如图 1-36f 所示。它分别与 $AB$、$BC$、$BDO$ 三杆形成作用与反作用关系。$BC$ 杆给销钉 $B$ 的作用力 $\boldsymbol{F}'_B$ 与图 1-36c 中的 $\boldsymbol{F}_B$ 为作用力与反作用力的关系；$BDO$ 杆给销钉 $B$ 的作用力 $\boldsymbol{F}'_{Bx}$、$\boldsymbol{F}'_{By}$ 与图 1-36e 中的 $\boldsymbol{F}_{Bx}$、$\boldsymbol{F}_{By}$ 为作用力与反作用力的关系；$\boldsymbol{F}_{BA}$ 为杆 $AB$ 给销钉 $B$ 的约束力。

**例 1-7** 图 1-37a 中，连续梁 $ABC$ 受集中力 $\boldsymbol{F}$、力偶 $M$ 作用，$A$ 为固定端约束，$B$ 为中

间铰链，$C$ 为可动铰链。试画出下列物体的受力图：（1）梁 $AB$；（2）梁 $BC$；（3）销钉 $B$；（4）梁 $AB$ 连同销钉 $B$；（5）梁 $BC$ 连同销钉 $B$。

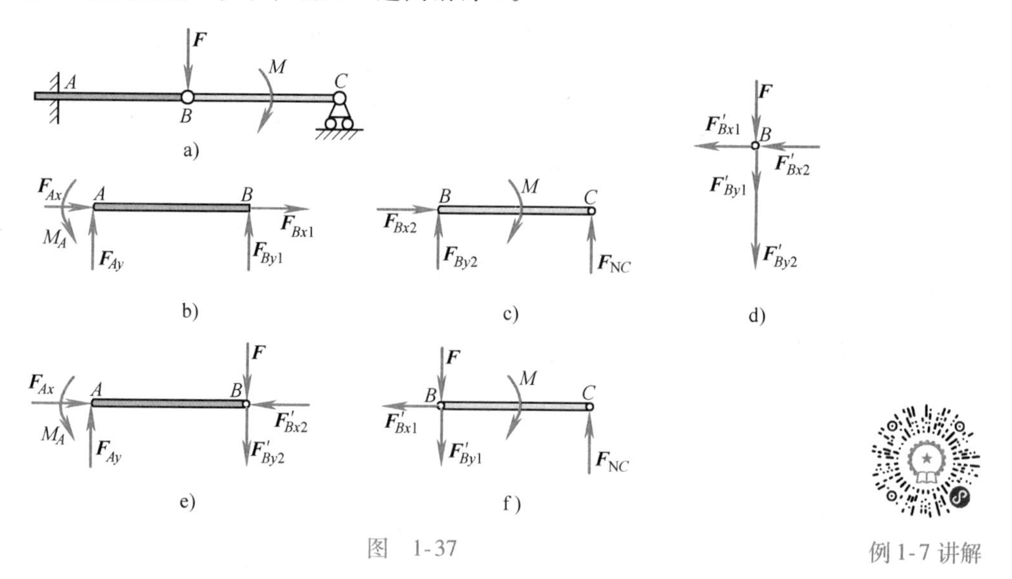


图　1-37

例 1-7 讲解

**解**：（1）梁 $AB$。$A$ 为固定端，此处有两个正交约束力 $\boldsymbol{F}_{Ax}$、$\boldsymbol{F}_{Ay}$ 和一个约束力偶 $M_A$；$B$ 处为中间铰链，梁 $AB$ 在此处受到销钉 $B$ 所给的两个正交约束力 $\boldsymbol{F}_{Bx1}$、$\boldsymbol{F}_{By1}$ 作用，如图 1-37b 所示。

（2）梁 $BC$。先画主动力偶 $M$，再画各约束力，如图 1-37c 所示，注意梁 $BC$ 在 $B$ 处受到销钉 $B$ 所给的两个正交约束力 $\boldsymbol{F}_{Bx2}$、$\boldsymbol{F}_{By2}$ 作用。

（3）销钉 $B$。其所受主动力为 $\boldsymbol{F}$，约束力分别为梁 $AB$ 和梁 $BC$ 给销钉 $B$ 的作用力，即 $\boldsymbol{F}_{Bx1}$、$\boldsymbol{F}_{By1}$ 的反作用力 $\boldsymbol{F}'_{Bx1}$、$\boldsymbol{F}'_{By1}$ 和 $\boldsymbol{F}_{Bx2}$、$\boldsymbol{F}_{By2}$ 的反作用力 $\boldsymbol{F}'_{Bx2}$、$\boldsymbol{F}'_{By2}$，如图 1-37d 所示。

（4）梁 $AB$ 连同销钉 $B$。因研究对象包含销钉 $B$，故此分离体的受力图中应包含主动力 $\boldsymbol{F}$。此外，$B$ 处所受约束力为梁 $BC$ 给销钉 $B$ 的作用力，即 $\boldsymbol{F}'_{Bx2}$、$\boldsymbol{F}'_{By2}$，如图 1-37e 所示。

（5）梁 $BC$ 连同销钉 $B$。因研究对象包含销钉 $B$，故此分离体的受力图中应包含主动力 $\boldsymbol{F}$。此外，$B$ 处所受约束力为梁 $AB$ 给销钉 $B$ 的作用力，即 $\boldsymbol{F}'_{Bx1}$、$\boldsymbol{F}'_{By1}$，如图 1-37f 所示。

由此题可看出，当中间铰链受有集中力作用，与其相连物体在包含和不包含该中间铰链时的受力图是不同的。另外，当中间铰链连有 3 个或 3 个以上物体时，也有相同结论，如例 1-6 所示。

## 重点提示

（1）力、力矩和力偶都是矢量，通过投影将其几何（矢量）运算转化为代数（标量）运算，所以投影定理是一个非常重要的概念。（2）根据约束的性质画出约束力，是受力分析的重要内容，受力分析是理论力学的重要基础，受力图是受力分析的结果，必须按步骤和要求画出。（3）受力图中的一般约束力要按约束类型画出，不需要按照主动力去判断约束力的真实方向，真实方向应由计算结果所决定。（4）受力图中不能出现内力，注意对二力构件的分析，切忌在一个结构图中画多个受力图。

力的概念及计算　　约束及受力图的画法　　画受力图的例题

1. 凡是两端用铰链连接的构件都是二力构件吗?
2. 力的投影有几种方法?力的投影与力的分解是一回事吗?
3. 二力平衡条件与作用和反作用定律都说二力等值、反向、共线，两者有什么区别?

## 习　题

1-1　图 1-38 中设 $AB=l$，在 $A$ 点受四个大小均等于 $F$ 的力 $\boldsymbol{F}_1$、$\boldsymbol{F}_2$、$\boldsymbol{F}_3$ 和 $\boldsymbol{F}_4$ 作用。试分别计算每个力对 $B$ 点之矩。

1-2　如图 1-39 所示正平行六面体 $ABCD$，重为 $P=100\text{N}$，边长 $AB=60\text{cm}$，$AD=80\text{cm}$。今将其斜放使它的底面与水平面成 $\varphi=30°$角，试求其重力对棱 $A$ 之矩。又问当 $\varphi$ 等于多大时，该力矩等于零。

答：$M_A(\boldsymbol{P})=6\text{N}\cdot\text{m}$。当 $\varphi=36°52'$时 $M_A(\boldsymbol{P})=0$。

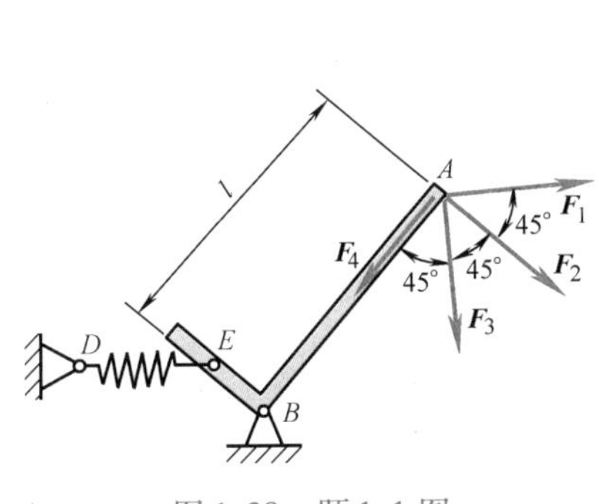

图 1-38　题 1-1 图

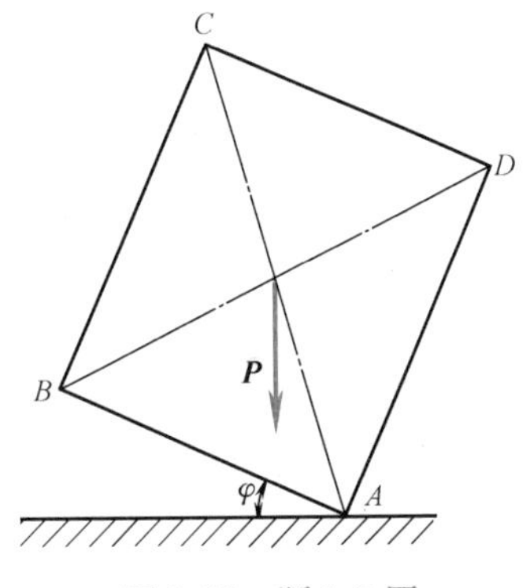

图 1-39　题 1-2 图

1-3　作用在悬臂梁上的载荷如图 1-40 所示，试求该载荷对点 $A$ 之矩。

答：$M_A=-667000\text{N}\cdot\text{m}$。

1-4　60N 的力作用在圆盘边缘的点 $C$ 上，试用两种方法求此力对 $O$、$A$ 和 $B$ 三点之矩。尺寸如图 1-41 所示。

答：$M_O=13\text{N}\cdot\text{m}$，$M_A=27.5\text{N}\cdot\text{m}$，$M_B=20.49\text{N}\cdot\text{m}$。

1-5　如图 1-42 所示，有一力 $\boldsymbol{F}$ 作用在手柄的 $A$ 点上，该力的大小和指向未知，其作用线与 $xOz$ 平面平行。已知 $M_x(\boldsymbol{F})=-3600\text{N}\cdot\text{cm}$，$M_z(\boldsymbol{F})=2020\text{N}\cdot\text{cm}$。求该力对 $y$ 轴之矩。

答：$M_y(\boldsymbol{F})=-3030\text{N}\cdot\text{cm}$。

1-6　图 1-43 所示柱截面，在 $A$ 点受力 $\boldsymbol{F}$ 作用。已知 $F=100\text{kN}$，坐标如图所示。求该力对三个坐标轴之矩。

答：$M_x(\boldsymbol{F}) = -12.5\text{kN}\cdot\text{m}; M_y(\boldsymbol{F}) = -5\text{kN}\cdot\text{m}; M_z(\boldsymbol{F}) = 0$。

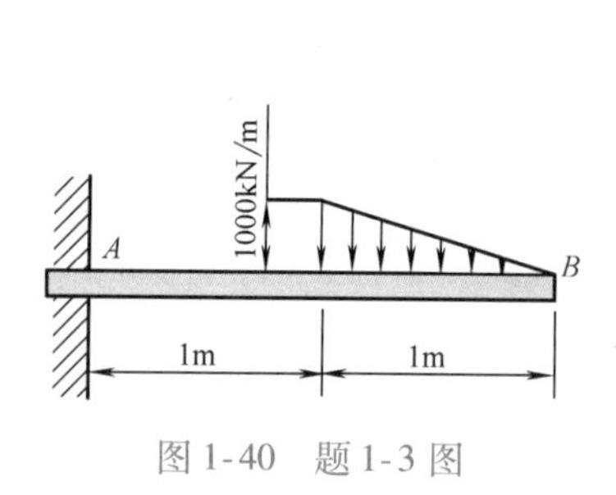


图1-40 题1-3图

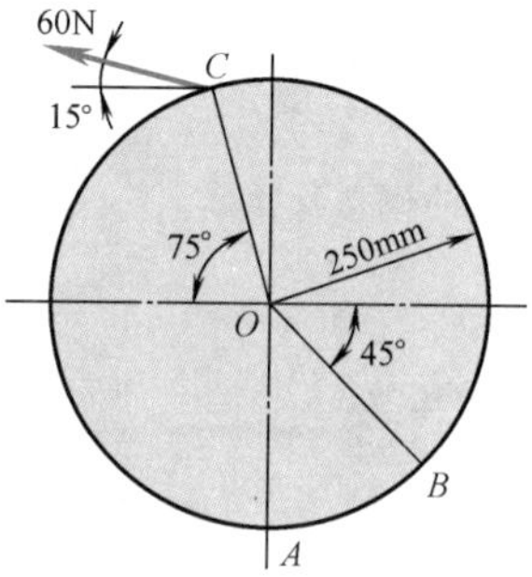

图1-41 题1-4图

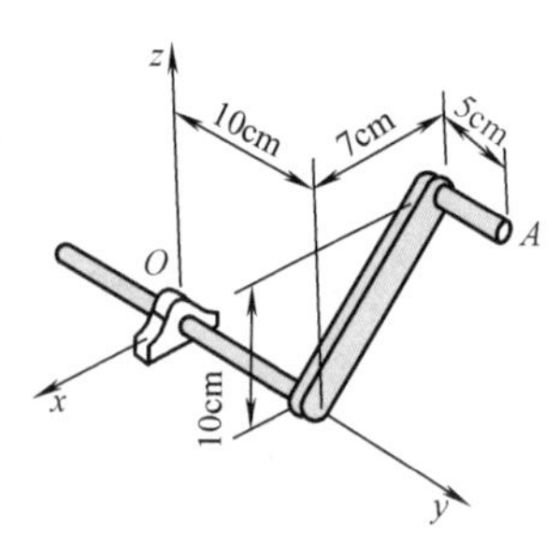


图1-42 题1-5图

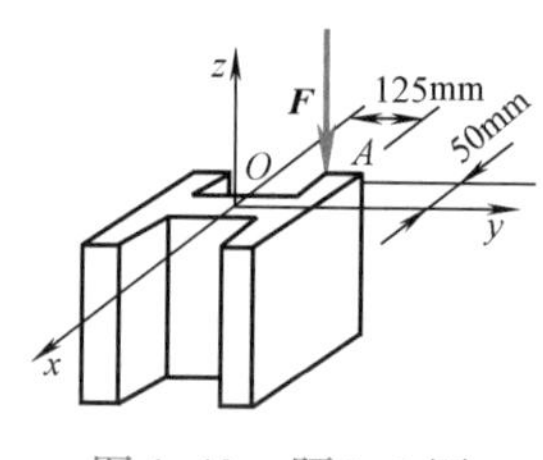


图1-43 题1-6图

1-7 长方体三边长 $a = 16\text{cm}$，$b = 15\text{cm}$，$c = 12\text{cm}$，如图1-44所示。已知力 $\boldsymbol{F}$ 大小为100N，方位角 $\alpha = \arctan\dfrac{3}{4}$，$\beta = \arctan\dfrac{4}{3}$，试写出力 $\boldsymbol{F}$ 的矢量表达式。

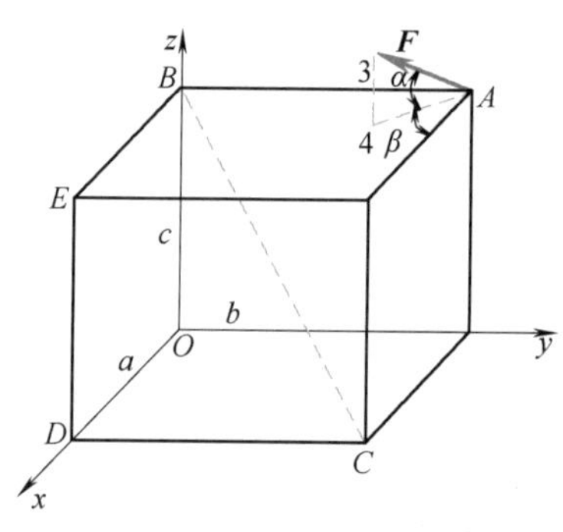


图1-44 题1-7图

答：$\boldsymbol{F} = 4(12\boldsymbol{i} - 16\boldsymbol{j} + 15\boldsymbol{k})\text{N}$。

1-8 图1-45所示 $V$、$H$ 两平面互相垂直，平面 $ABC$ 与平面 $H$ 成45°角，$\triangle ABC$ 为直角三角形。求力 $\boldsymbol{F}$ 在平面 $V$、$H$ 上的投影。

答：$F_H = F_V = 0.791F$。

1-9 两相交轴夹角为 $\alpha(\alpha \neq 0)$，位于两轴平面内的力 $\boldsymbol{F}$ 在这两轴上的投影分别为 $F_1$ 和 $F_2$。试写出 $\boldsymbol{F}$ 的矢量式。

答：$\boldsymbol{F} = \dfrac{(F_1 - F_2\cos\alpha)}{\sin^2\alpha}\boldsymbol{e}_1 + \dfrac{(F_2 - F_1\cos\alpha)}{\sin^2\alpha}\boldsymbol{e}_2$。

1-10　求题 1-7 中力 $\boldsymbol{F}$ 对 $x$、$y$、$z$ 三轴，$CD$ 轴，$BC$ 轴及 $D$ 点之矩。

答：$M_x(\boldsymbol{F})=16.68\text{N}\cdot\text{m}, M_y(\boldsymbol{F})=5.76\text{N}\cdot\text{m}, M_z(\boldsymbol{F})=-7.20\text{N}\cdot\text{m}$；

$M_{CD}(\boldsymbol{F})=-15.36\text{N}\cdot\text{m}, M_{BC}(\boldsymbol{F})=9.216\text{N}\cdot\text{m}$；

$M_D(\boldsymbol{F})=(16.68\boldsymbol{i}+15.36\boldsymbol{j}+3.04\boldsymbol{k})\text{N}\cdot\text{m}$。

1-11　位于 $xOy$ 平面内的力偶中的一力作用于（2m，2m）点，投影为 $F_x=1\text{N}$，$F_y=-5\text{N}$，另一力作用于（4m，3m）点。试求此力偶的力偶矩。

答：$M=11\text{N}\cdot\text{m}$，逆时针。

1-12　如图 1-46 所示，在△$ABC$ 平面内作用力偶（$\boldsymbol{F}$，$\boldsymbol{F}'$），其中力 $\boldsymbol{F}$ 位于 $BC$ 边上，$\boldsymbol{F}'$作用于 $A$ 点。已知 $OA=a$，$OB=b$，$OC=c$，试求此力偶的力偶矩及其在三个坐标轴上的投影。

答：$M(\boldsymbol{F},\boldsymbol{F}')=-\dfrac{F}{\sqrt{b^2+c^2}}(bc\boldsymbol{i}+ac\boldsymbol{j}+ab\boldsymbol{k})$；

$M_x(\boldsymbol{F},\boldsymbol{F}')=-\dfrac{Fbc}{\sqrt{b^2+c^2}}$，$M_y(\boldsymbol{F},\boldsymbol{F}')=-\dfrac{Fac}{\sqrt{b^2+c^2}}$，$M_z(\boldsymbol{F},\boldsymbol{F}')=-\dfrac{Fab}{\sqrt{b^2+c^2}}$。

**下列各题中均假定物体接触处光滑。物体重量除图上标明外，均略去不计。**

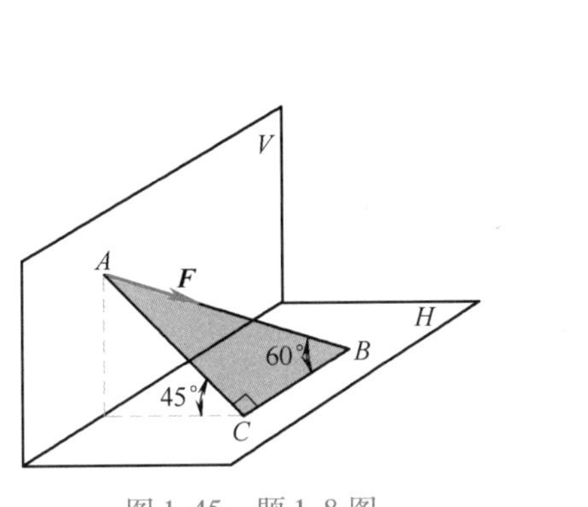

图 1-45　题 1-8 图

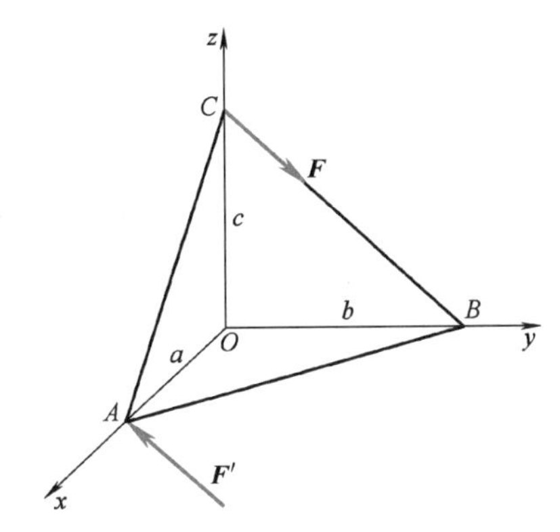

图 1-46　题 1-12 图

1-13　画出图 1-47a、b、c、d、e、f 所示中各单个物体的受力图。

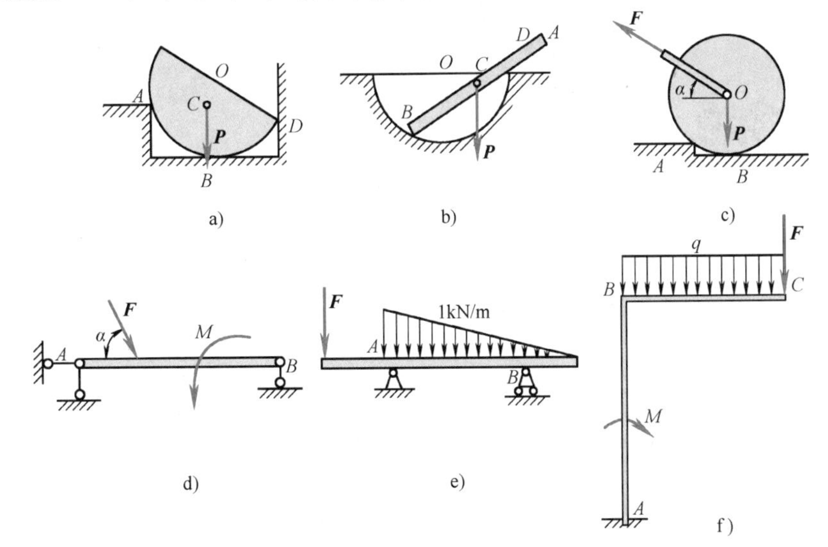

图 1-47　题 1-13 图

1-14　画出图1-48所示各简单物系中指定物体的受力图。

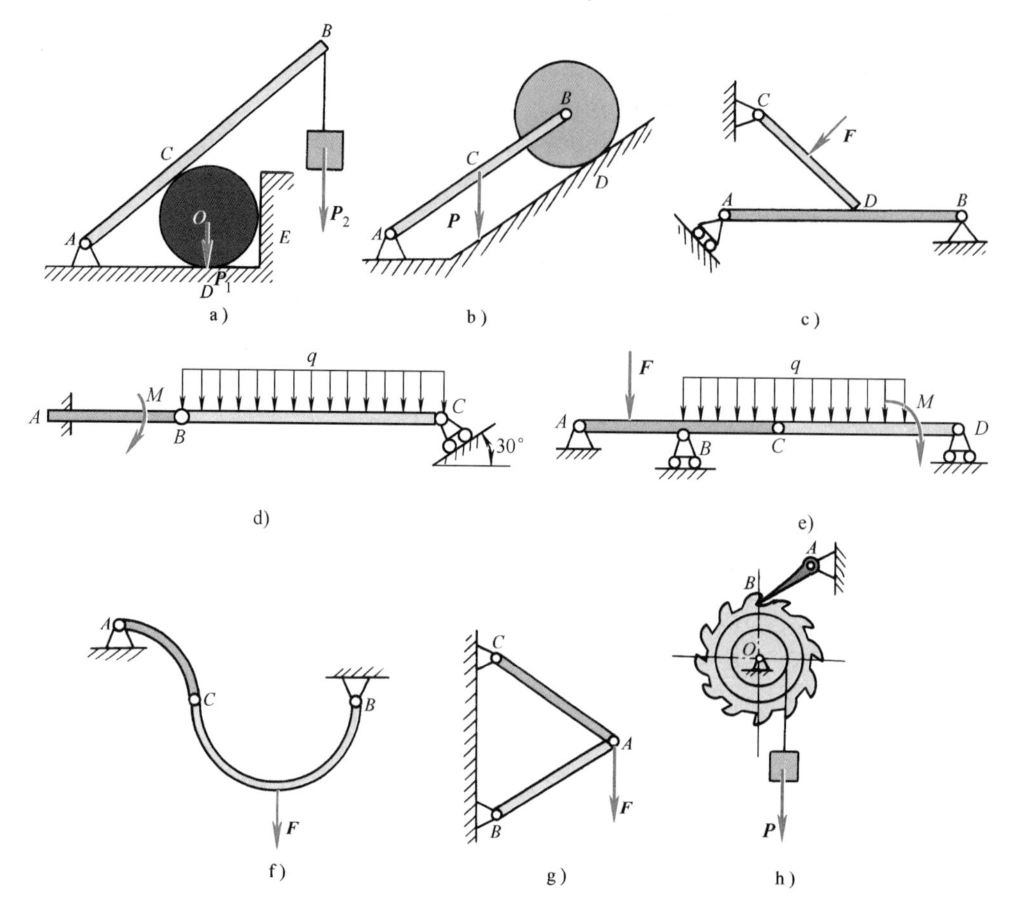


图1-48　题1-14图

a）杆 $AB$，轮 $O$，整体　b）轮 $B$，杆 $AB$，整体　c）杆 $AB$，杆 $CD$，整体　d）杆 $AB$，杆 $BC$，整体　e）杆 $AC$，杆 $CD$，整体　f）曲杆 $AC$，曲杆 $BC$，整体　g）杆 $AB$ 连同销钉 $A$，销钉 $A$，整体　h）棘轮，整体

习题1-14c）讲解

习题1-14f)、g）讲解

习题1-14h）讲解

1-15　画出图1-49所示各复杂物系中指定物体的受力图。

习题1-15d）讲解

习题1-15e）讲解

1-16　画出如图所示各构件的受力图，不计各构件的自重。其中图1-50a中 $BCHI$ 为一曲杆。

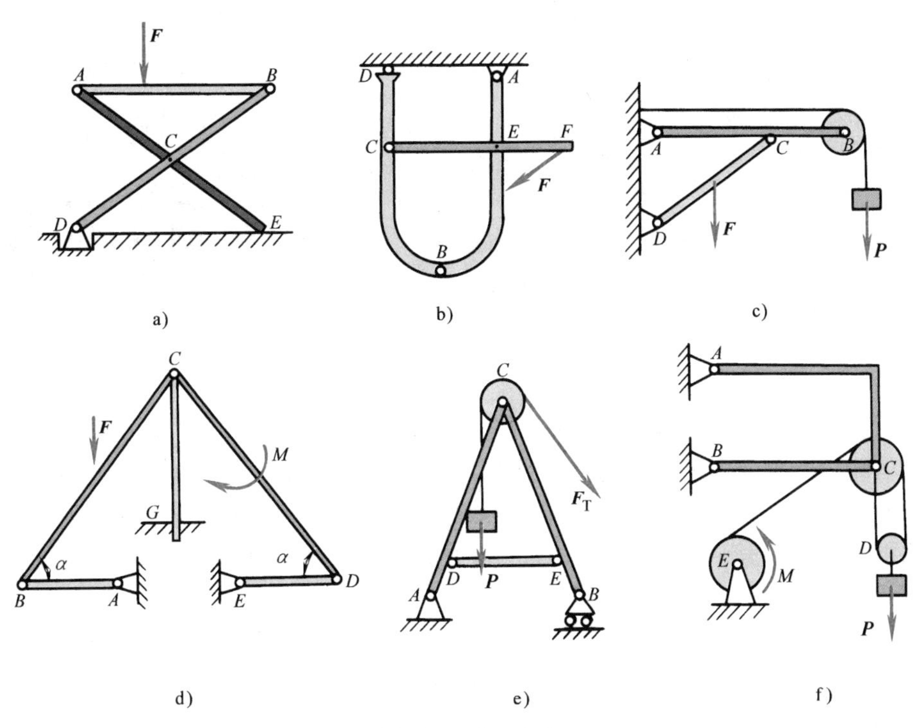


图1-49 题1-15图

a）整体，杆 $AB$，杆 $BD$，杆 $AE$ b）整体，杆 $CEF$，杆 $AEB$ c）杆 $AB$ 连同滑轮，杆 $AB$，整体 d）整体，$ABC$ 部分，$CDE$ 部分，杆 $CG$ e）整体，杆 $AC$，杆 $BC$ 连同滑轮 $C$ 及重物 f）整体，杆 $AC$，杆 $BC$ 连同滑轮 $C$，滑轮 $E$

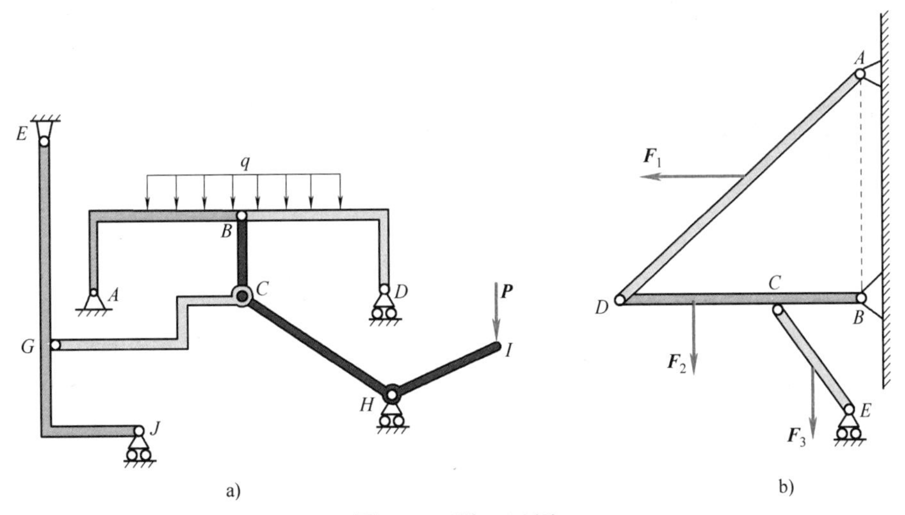


图1-50 题1-16图

# 第2章 力系的简化

在通常情况下，如果物体只受一个力或力偶，判断物体的运动趋势（移动或转动）就很容易；若物体同时受多个力（力系）作用，它的运动趋势则很难判断。因此，对力系进行简化，依据简化结果就可知道力系的作用效果。所以研究力系的简化有两个目的：一是可根据力系的简化结果考察原力系的作用效果，二是根据力系的简化结果可导出力系的平衡条件，进而得到力系的平衡方程。

按照力在空间位置的分布情况，力系分为平面力系和空间力系。各力在同一平面内的力系称为**平面力系**，在空间分布的力系称为**空间力系**。按照各力作用线是否具有特殊关系（汇交或平行），力系分为汇交力系、平行力系和任意力系。若各力作用线汇交于一点称为**汇交力系**，相互平行称为**平行力系**，否则称为**任意力系**（或**一般力系**）。力偶系是一种特殊的平行力系。这两种分类方法是独立的，相互交叉可得到各种力系，如平面任意力系、空间汇交力系等。本章首先研究空间汇交力系与空间力偶系的简化，在此基础上推导空间任意力系的简化结果。空间平行力系与平面任意力系作为空间任意力系的特例加以介绍。

## 2.1 汇交力系

### 2.1.1 几何法

设汇交于 $A$ 点的力系由 $n$ 个力 $\boldsymbol{F}_i(i=1, 2, \cdots, n)$ 组成，如图 2-1a 所示，记为 $\boldsymbol{F}_1$，$\boldsymbol{F}_2$，…，$\boldsymbol{F}_n$。根据力的平行四边形法则，将各力依次两两合成，即 $\boldsymbol{F}_1+\boldsymbol{F}_2=\boldsymbol{F}_{R1}$，$\boldsymbol{F}_{R1}+\boldsymbol{F}_3=\boldsymbol{F}_{R2}$，…，$\boldsymbol{F}_{R,n-2}+\boldsymbol{F}_n=\boldsymbol{F}_R$，$\boldsymbol{F}_R$ 为最后的合成结果，即合力。将各式合并，则汇交力系合力的矢量表达式为

$$\boldsymbol{F}_R = \sum_{i=1}^{n} \boldsymbol{F}_i \tag{2-1}$$

如果不画出上述合成的中间过程 $\boldsymbol{F}_{R1}$，$\boldsymbol{F}_{R2}$，…，$\boldsymbol{F}_{R,n-2}$，则得到图 2-1b 所示的力多边形 $abcd\cdots mn$，力多边形的封闭边 $an$ 即为合力 $\boldsymbol{F}_R$。它是共点二力合成的平行四边形法则或力三角形法则的推广，称为**力多边形法则**。这种求汇交力系合力的方法称为**几何法**。

由此看出，汇交力系的合成结果是一合力，合力的大小和方向由各力的矢量和确定，作用线通过汇交点。

### 2.1.2　解析法

汇交力系各力 $\boldsymbol{F}_i$ 和合力 $\boldsymbol{F}_R$ 在笛卡儿坐标系中的解析表达式为

$$\boldsymbol{F}_i = F_{xi}\boldsymbol{i} + F_{yi}\boldsymbol{j} + F_{zi}\boldsymbol{k}$$
$$\boldsymbol{F}_R = F_{Rx}\boldsymbol{i} + F_{Ry}\boldsymbol{j} + F_{Rz}\boldsymbol{k}$$

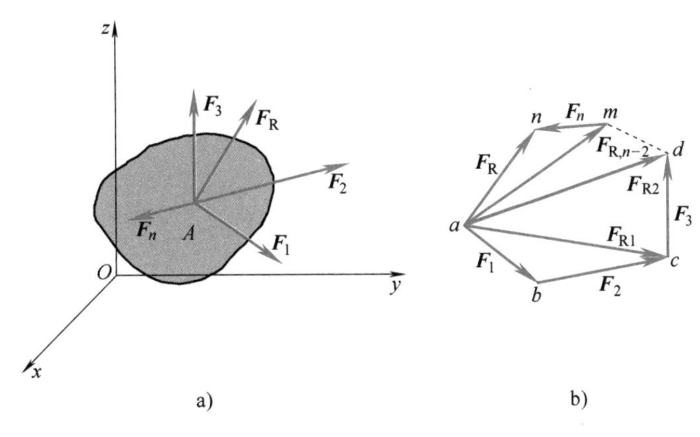


图 2-1

代入式（2-1），等号两端同一单位矢量的系数应相等，即

$$F_{Rx} = \sum_{i=1}^{n} F_{xi},\ F_{Ry} = \sum_{i=1}^{n} F_{yi},\ F_{Rz} = \sum_{i=1}^{n} F_{zi} \tag{2-2}$$

这表明：汇交力系的合力在某轴上的投影等于各力在同一轴上投影的代数和，称为**合力投影定理**。应用这一定理，得到汇交力系合力的大小和方向余弦分别为

$$\left.\begin{aligned} &F_R = \sqrt{F_{Rx}^2 + F_{Ry}^2 + F_{Rz}^2} \\ &\cos\langle \boldsymbol{F}_R, \boldsymbol{i}\rangle = \frac{F_{Rx}}{F_R},\ \cos\langle \boldsymbol{F}_R, \boldsymbol{j}\rangle = \frac{F_{Ry}}{F_R},\ \cos\langle \boldsymbol{F}_R, \boldsymbol{k}\rangle = \frac{F_{Rz}}{F_R} \end{aligned}\right\} \tag{2-3}$$

合力作用线通过汇交点。这是求解汇交力系合力的另一种方法，称为**解析法**。

合力投影定理虽然是从汇交力系推导出来的，但是，它适用于任何有合力的力系。

## 2.2　力偶系

设刚体上作用有力偶矩矢 $\boldsymbol{M}_1$，$\boldsymbol{M}_2$，…，$\boldsymbol{M}_n$，这种由若干个力偶组成的力系，称为**力偶系**，如图 2-2a 所示。根据力偶的等效性，保持每个力偶矩大小、方向不变，将各力偶矩矢平移至图 2-2b 中的任一点 $A$，则刚体所受的力偶系与上面介绍的汇交力系同属汇交矢量系，其合成方式与合成结果在数学上是等价的。由此可知，力偶系合成结果为一合力偶，其力偶矩 $\boldsymbol{M}$ 等于各力偶矩的矢量和，即

$$\boldsymbol{M} = \sum_{i=1}^{n} \boldsymbol{M}_i \tag{2-4}$$

合力偶矩矢在各坐标轴上的投影为

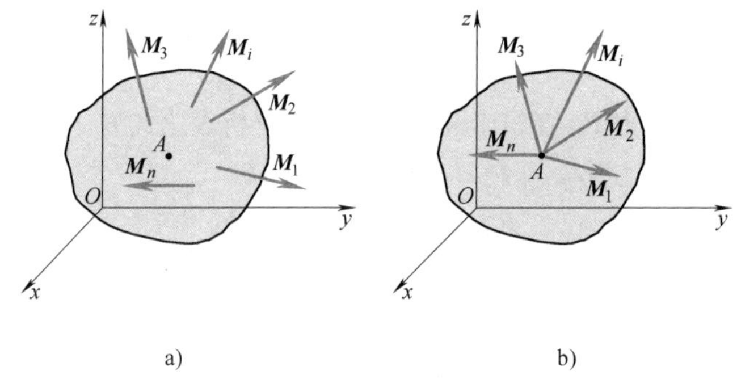


图 2-2

$$M_x = \sum_{i=1}^{n} M_{xi},\ M_y = \sum_{i=1}^{n} M_{yi},\ M_z = \sum_{i=1}^{n} M_{zi} \tag{2-5}$$

合力偶矩的大小和方向余弦分别为

$$\left.\begin{aligned} &M = \sqrt{M_x^2 + M_y^2 + M_z^2} \\ &\cos\langle \boldsymbol{M},\boldsymbol{i}\rangle = \frac{M_x}{M},\ \cos\langle \boldsymbol{M},\boldsymbol{j}\rangle = \frac{M_y}{M},\ \cos\langle \boldsymbol{M},\boldsymbol{k}\rangle = \frac{M_z}{M} \end{aligned}\right\} \tag{2-6}$$

对于平面力偶系 $M_1$，$M_2$，…，$M_n$，合成结果为该力偶系所在平面内的一个力偶，合力偶矩 $M$ 为各力偶矩的代数和，即

$$M = \sum_{i=1}^{n} M_i \tag{2-7}$$

## 2.3 任意力系

空间任意力系不是汇交矢量系，因而不能像汇交力系和力偶系那样直接做矢量和得到最终简化结果。为了能应用前两节的结果，首先介绍任意力系简化的一个基础定理——力的平移定理。

### 2.3.1 力的平移定理

设力 $\boldsymbol{F}$ 作用于刚体的 $A$ 点上，如图 2-3a 所示。$O$ 为力 $\boldsymbol{F}$ 作用线以外任意的一点，试将力 $\boldsymbol{F}$ 向 $O$ 点平移。为此，在 $O$ 点加一对平衡力 $\boldsymbol{F}'$、$\boldsymbol{F}''$，且 $\boldsymbol{F}' = -\boldsymbol{F}'' = \boldsymbol{F}$，如图 2-3b 所示。可以看出，$\boldsymbol{F}$、$\boldsymbol{F}''$组成一力偶 $\boldsymbol{M}$，可用图 2-3c 表示，$\boldsymbol{M}$ 称为**附加力偶**，其力偶矩

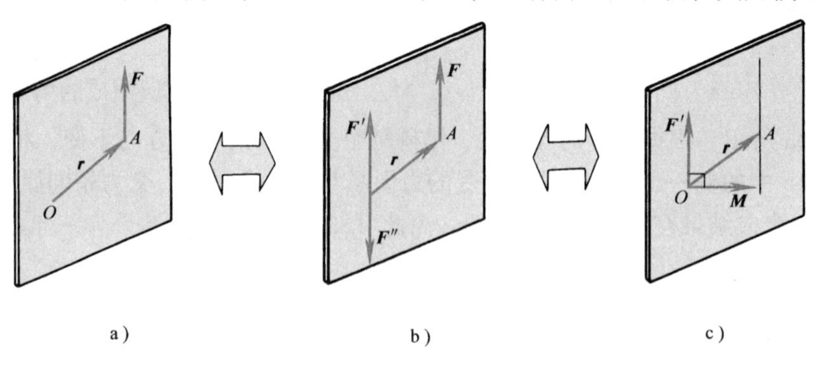


图 2-3

$$\boldsymbol{M}=\boldsymbol{r}\times\boldsymbol{F}=\boldsymbol{M}_O(\boldsymbol{F}) \tag{2-8}$$

垂直于 $O$ 点与原力 $\boldsymbol{F}$ 作用线所在的平面。上述过程全部为等效替换，从而得出**力的平移定理**：作用于刚体上的力向其他点平移时，必须增加一个附加力偶，附加力偶的力偶矩等于原力对平移点之矩。

上述过程的逆过程也是成立的。当一个力与一个力偶的力偶矩矢垂直时，该力与力偶可合成为一个力，力的大小和方向与原力相同，但其作用线平移。如图 2-3 中从图 2-3c 到图 2-3a 的变换过程，力 $\boldsymbol{F}'$平移的方向为 $\boldsymbol{F}'\times\boldsymbol{M}$ 的方向，平移的距离为$\frac{M}{F'}$。

应用力的平移定理可分析力的作用效果。例如，图 2-4a 中，作用于厂房柱子上的偏心载荷 $\boldsymbol{F}$，等效于图 2-4b 中作用在立柱轴线上的力 $\boldsymbol{F}'$与力偶 $\boldsymbol{M}$，$\boldsymbol{F}'$使立柱受压，而 $\boldsymbol{M}$ 使立柱产生弯曲。又如，用丝锥攻螺纹时，双手用力相等，形成一个力偶，使丝锥只有转动效应。如果单手用力（图 2-5a)，丝锥除了受到一个力偶 $\boldsymbol{M}$ 作用外，还受到一个横向力 $\boldsymbol{F}'$的作用（图 2-5b)，这易导致丝锥折断，因此，在操作规程中，不允许用单手扳动铰杠。

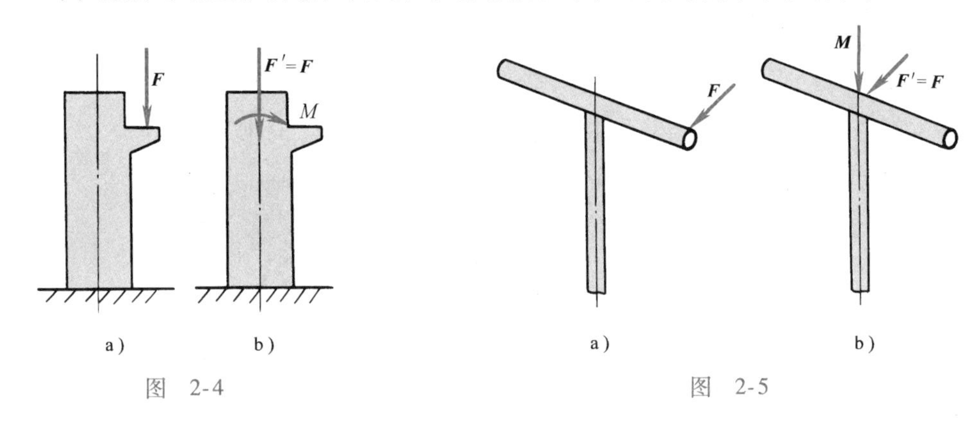


图　2-4　　　　图　2-5

### 2.3.2　力系向一点简化　主矢和主矩

设刚体上作用一任意力系 $\boldsymbol{F}_1$，$\boldsymbol{F}_2$，…，$\boldsymbol{F}_n$，如图 2-6a 所示。任选一点 $O$ 称为力系的**简化中心**。依据力的平移定理，将力系中诸力向 $O$ 点平移，得到作用于 $O$ 点的一汇交力系 $\boldsymbol{F}_1'$，$\boldsymbol{F}_2'$，…，$\boldsymbol{F}_n'$ 和一力偶系 $\boldsymbol{M}_1$，$\boldsymbol{M}_2$，…，$\boldsymbol{M}_n$，如图 2-6b 所示。这里

$$\boldsymbol{F}_i'=\boldsymbol{F}_i,\ \boldsymbol{M}_i=\boldsymbol{M}_O(\boldsymbol{F}_i)\quad (i=1,\ 2,\ \cdots,\ n)$$

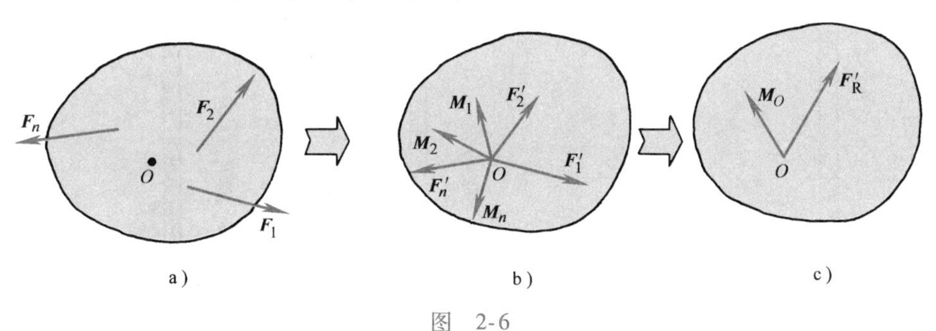


图　2-6

分别将汇交力系与力偶系合成，如图 2-6c 所示，得到作用于简化中心 $O$ 的力矢 $\boldsymbol{F}_\mathrm{R}'$ 与力偶矩矢 $\boldsymbol{M}_O$，即

$$\left.\begin{aligned} \boldsymbol{F}'_{\mathrm{R}} &= \sum_{i=1}^{n}\boldsymbol{F}'_i = \sum_{i=1}^{n}\boldsymbol{F}_i \\ \boldsymbol{M}_O &= \sum_{i=1}^{n}\boldsymbol{M}_i = \sum_{i=1}^{n}\boldsymbol{M}_O(\boldsymbol{F}_i) \end{aligned}\right\} \tag{2-9}$$

式中，$\boldsymbol{F}'_{\mathrm{R}}$ 称为该力系的**主矢**；$\boldsymbol{M}_O$ 称为该力系对简化中心 $O$ 的**主矩**。

由此可知，任意力系向一点简化的结果为作用于该点的一个力和一个力偶。这个力是力系的主矢，等于力系中各力的矢量和；这个力偶是力系的主矩，等于各力对该点之矩的矢量和。

从式（2-9）看出，主矢的大小、方向与简化中心无关，称为**力系的第一不变量**；主矩的大小、方向与简化中心有关。为了说明这一点，将图2-6c中的 $\boldsymbol{F}'_{\mathrm{R}}$ 向另一点 $O'$ 等效平移，则必须增加一附加力偶 $\boldsymbol{r}'\times\boldsymbol{F}'_{\mathrm{R}}$（图2-7a），它与原有的主矩 $\boldsymbol{M}_O$ 合成（图2-7b），得到

$$\boldsymbol{M}'_O = \boldsymbol{M}_O + \boldsymbol{r}'\times\boldsymbol{F}'_{\mathrm{R}} \tag{2-10}$$

它相当于选 $O'$ 点为简化中心时的主矩。在一般情形下，$\boldsymbol{M}_{O'}\neq\boldsymbol{M}_O$。

将式（2-10）两边与 $\boldsymbol{F}'_{\mathrm{R}}$ 做标量积，由于 $\boldsymbol{F}'_{\mathrm{R}}\cdot(\boldsymbol{r}'\times\boldsymbol{F}'_{\mathrm{R}})=0$，则

$$\boldsymbol{F}'_{\mathrm{R}}\cdot\boldsymbol{M}'_O = \boldsymbol{F}'_{\mathrm{R}}\cdot\boldsymbol{M}_O = 常量 \tag{2-11}$$

这表明，主矢与主矩的标量积与简化中心无关，称为**力系的第二不变量**。

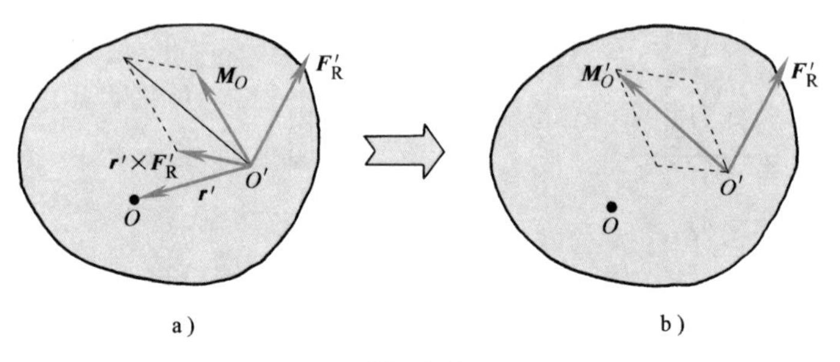


图 2-7

力系的不变量反映了力系的固有特性，一旦力系确定，力系的两个不变量也随之确定。

应用任意力系向一点简化的理论，可以说明固定端约束力的表示方法。事实上，固定端约束的约束力是一个任意分布的约束力系，如图2-8b所示。根据任意力系的简化结果，将其向物体与固定端相连的 $A$ 点简化，得到力 $\boldsymbol{F}_A$（主矢）与力偶 $\boldsymbol{M}_A$（主矩）（图2-8c），其

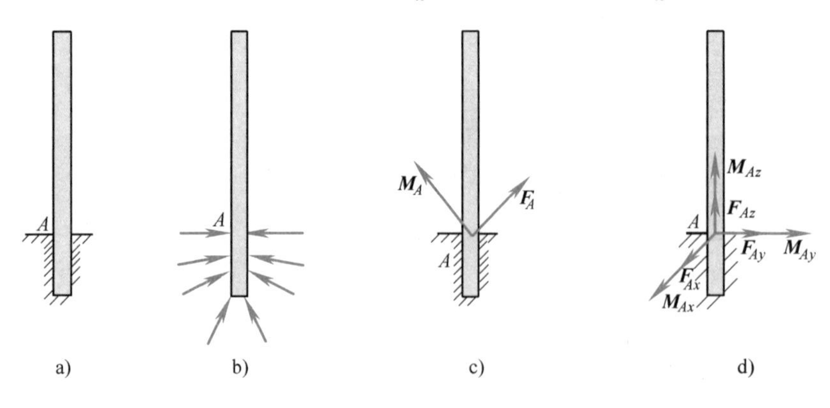


图 2-8

大小、方向均未知。将其沿笛卡儿坐标轴分解，即得到作用于 $A$ 点的三个约束力分量 $\boldsymbol{F}_{Ax}$、$\boldsymbol{F}_{Ay}$、$\boldsymbol{F}_{Az}$与三个约束力偶分量 $\boldsymbol{M}_{Ax}$、$\boldsymbol{M}_{Ay}$、$\boldsymbol{M}_{Az}$，如图 2-8d 所示。

### 2.3.3 力系的简化结果分析

任意力系向一点简化后，得到主矢 $\boldsymbol{F}'_{\mathrm{R}}$ 与主矩 $\boldsymbol{M}_O$，这还不是力系的最简单的结果，进一步讨论如下：

1. $\boldsymbol{F}'_{\mathrm{R}} \cdot \boldsymbol{M}_O = 0$，分四种情形讨论

（1）$\boldsymbol{F}'_{\mathrm{R}} = \boldsymbol{0}$，$\boldsymbol{M}_O = \boldsymbol{0}$。力系平衡，即力系的平衡条件，详见下一章。

（2）$\boldsymbol{F}'_{\mathrm{R}} = \boldsymbol{0}$，$\boldsymbol{M}_O \neq \boldsymbol{0}$。力系简化为一合力偶 $\boldsymbol{M}$，力偶矩 $\boldsymbol{M} = \boldsymbol{M}_O = \sum \boldsymbol{M}_O(\boldsymbol{F}_i)$，由式（2-10）知，此时，其大小、方向与简化中心无关。

（3）$\boldsymbol{F}'_{\mathrm{R}} \neq \boldsymbol{0}$，$\boldsymbol{M}_O = \boldsymbol{0}$。力系简化为作用于简化中心 $O$ 的一合力 $\boldsymbol{F}_{\mathrm{R}}$，$\boldsymbol{F}_{\mathrm{R}} = \boldsymbol{F}'_{\mathrm{R}} = \sum \boldsymbol{F}_i$。

（4）$\boldsymbol{F}'_{\mathrm{R}} \neq \boldsymbol{0}$，$\boldsymbol{M}_O \neq \boldsymbol{0}$，且 $\boldsymbol{F}'_{\mathrm{R}} \cdot \boldsymbol{M}_O = 0$，故即 $\boldsymbol{F}'_{\mathrm{R}} \perp \boldsymbol{M}_O$。由前面介绍力的平移定理的逆过程知，$\boldsymbol{F}'_{\mathrm{R}}$ 与 $\boldsymbol{M}_O$ 可进一步合成为一合力 $\boldsymbol{F}_{\mathrm{R}}$，且 $\boldsymbol{F}_{\mathrm{R}} = \boldsymbol{F}'_{\mathrm{R}}$，此时，合力作用线沿 $\boldsymbol{F}'_{\mathrm{R}} \times \boldsymbol{M}_O$ 方向偏离简化中心 $O$ 一段距离 $OO' = d = \dfrac{M_O}{F'_{\mathrm{R}}}$，如图 2-9 所示。

由于作用于 $O'$点的合力 $\boldsymbol{F}_{\mathrm{R}}$ 与力系等效，今对 $O$ 点取矩，$\boldsymbol{M}_O = \boldsymbol{M}_O(\boldsymbol{F}_{\mathrm{R}})$。由式（2-9）的第二式又有 $\boldsymbol{M}_O = \sum\limits_{i=1}^{n} \boldsymbol{M}_O(\boldsymbol{F}_i)$，因此有

$$\boldsymbol{M}_O(\boldsymbol{F}_{\mathrm{R}}) = \sum_{i=1}^{n} \boldsymbol{M}_O(\boldsymbol{F}_i) \tag{2-12}$$

这便是有任意力系的合力矩定理：当力系有合力时，合力对任意点之矩等于各分力对同一点之矩的矢量和。

如果在简化中心 $O$ 点上建立笛卡儿坐标系 $Oxyz$，如图 2-10 所示，合力 $\boldsymbol{F}_{\mathrm{R}}$ 作用点 $O'$的矢径用 $\boldsymbol{r}$ 表示，则由

$$\boldsymbol{M}_O = \boldsymbol{r} \times \boldsymbol{F}_{\mathrm{R}} \tag{2-13}$$

可确定合力 $\boldsymbol{F}_{\mathrm{R}}$ 的作用线，式中的 $\boldsymbol{F}_{\mathrm{R}} = \boldsymbol{F}'_{\mathrm{R}}$ 与 $\boldsymbol{M}_O$ 由式（2-9）决定。其解析表达式为

$$\left.\begin{aligned} M_{Ox} &= yF_{\mathrm{R}z} - zF_{\mathrm{R}y} \\ M_{Oy} &= zF_{\mathrm{R}x} - xF_{\mathrm{R}z} \\ M_{Oz} &= xF_{\mathrm{R}y} - yF_{\mathrm{R}x} \end{aligned}\right\} \tag{2-14}$$

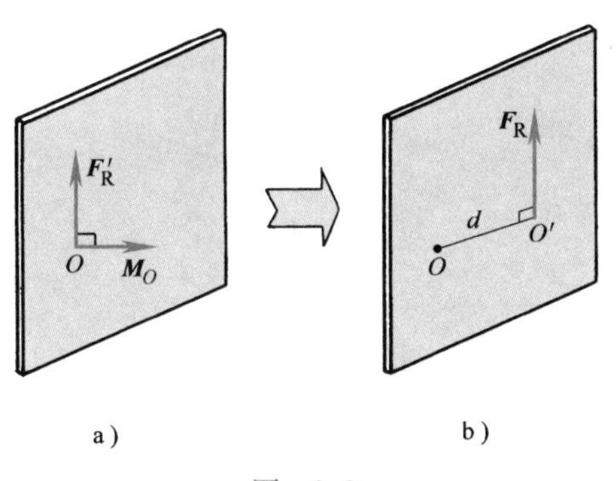


图 2-9

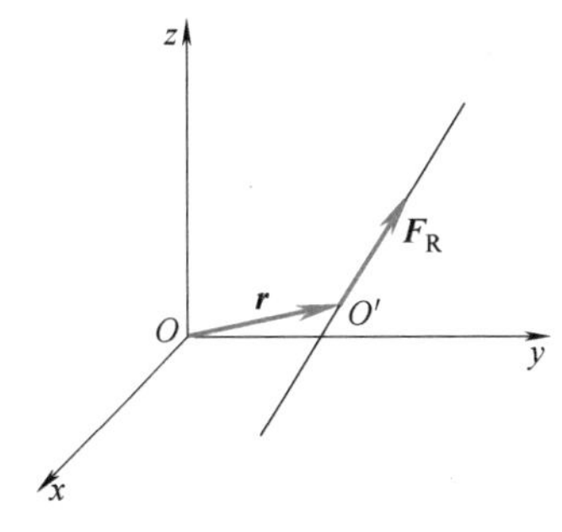


图 2-10

其中独立的两个方程为该力系的合力作用线方程。

由此可知，当力系的第二不变量 $\boldsymbol{F}'_{\mathrm{R}} \cdot \boldsymbol{M}_O = 0$ 时，力系的简化结果有三种：平衡、合力偶或合力；其中当力系的第一不变量 $\boldsymbol{F}'_{\mathrm{R}} \neq \boldsymbol{0}$ 时，力系简化为一合力。

2. $\boldsymbol{F}'_{\mathrm{R}} \cdot \boldsymbol{M}_O \neq 0$，分两种情形讨论

（1）$\boldsymbol{F}'_{\mathrm{R}} /\!/ \boldsymbol{M}_O$。此时力系不能再进一步简化，$\boldsymbol{F}'_{\mathrm{R}}$ 与 $\boldsymbol{M}_O$ 组成一个**力螺旋**，如图2-11所示。因此，力螺旋也是一种最简单的力系。如果 $\boldsymbol{F}'_{\mathrm{R}}$ 与 $\boldsymbol{M}_O$ 同向，即 $\boldsymbol{F}'_{\mathrm{R}} \cdot \boldsymbol{M}_O > 0$，称为**右力螺旋**，如图2-11a所示；反之，$\boldsymbol{F}'_{\mathrm{R}}$ 与 $\boldsymbol{M}_O$ 反向，即 $\boldsymbol{F}'_{\mathrm{R}} \cdot \boldsymbol{M}_O < 0$，称为**左力螺旋**，如图2-11b所示。力 $\boldsymbol{F}'_{\mathrm{R}}$ 的作用线称为**力螺旋的中心轴**。

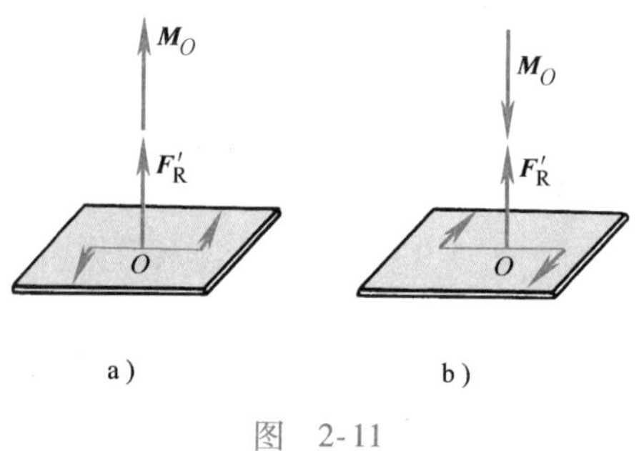

图　2-11

工程中力螺旋的例子很多，用手拧螺钉旋具时，手的作用与螺钉的阻力作用；飞机螺旋桨上的推力作用与空气的阻力作用，这些都是力螺旋，如图2-12所示。

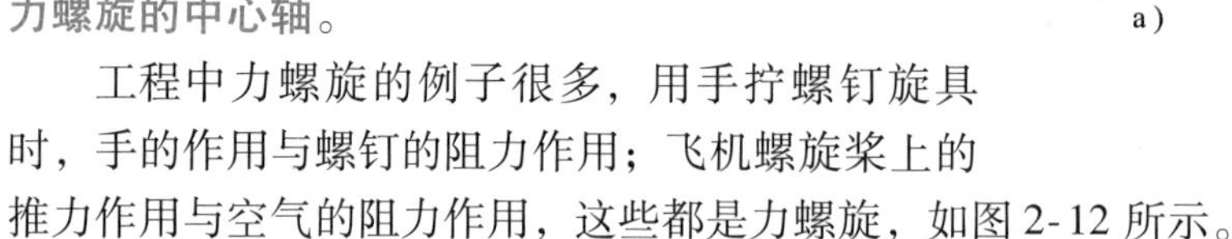

图　2-12

（2）$\boldsymbol{F}'_{\mathrm{R}}$ 与 $\boldsymbol{M}_O$ 成任意角 $\alpha$。这是力系简化的最一般情形，如图2-13所示。将 $\boldsymbol{M}_O$ 分解为与 $\boldsymbol{F}'_{\mathrm{R}}$ 平行的力偶 $\boldsymbol{M}'_O$ 和与 $\boldsymbol{F}'_{\mathrm{R}}$ 垂直的力偶 $\boldsymbol{M}''_O$，则

$$\left.\begin{aligned} \boldsymbol{M}'_O &= \frac{(\boldsymbol{F}'_{\mathrm{R}} \cdot \boldsymbol{M}_O)\boldsymbol{F}'_{\mathrm{R}}}{F'^2_{\mathrm{R}}} = \frac{\text{力系两个不变量之积}}{\text{第一不变量之平方}} \\ \boldsymbol{M}''_O &= \boldsymbol{M}_O - \boldsymbol{M}'_O \end{aligned}\right\} \tag{2-15}$$

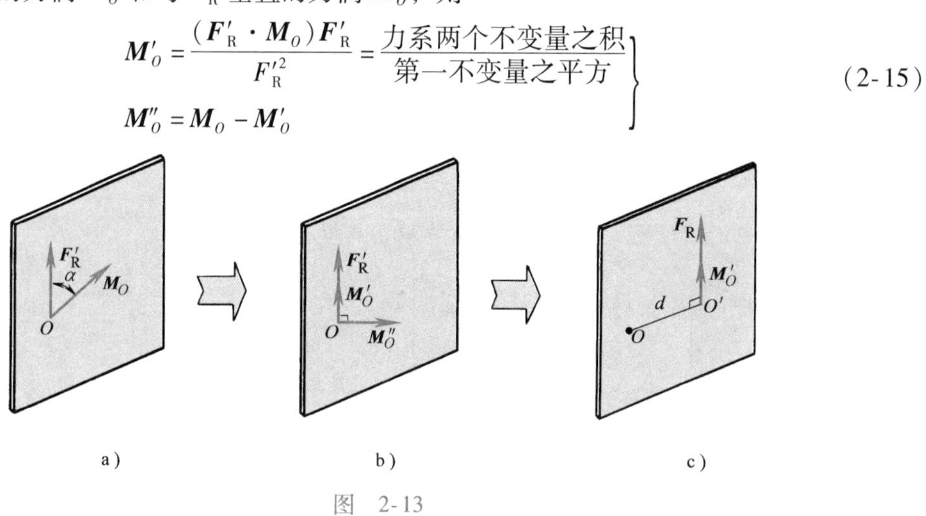

图　2-13

$\boldsymbol{F}'_{\mathrm{R}}$ 与 $\boldsymbol{M}''_O$ 进一步合成为 $\boldsymbol{F}_{\mathrm{R}}$，$\boldsymbol{F}_{\mathrm{R}} = \boldsymbol{F}'_{\mathrm{R}}$，作用线沿 $\boldsymbol{F}'_{\mathrm{R}} \times \boldsymbol{M}''_O$ 偏移 $d$，$d = \dfrac{M''_O}{F'_{\mathrm{R}}} = \dfrac{M_O \sin\alpha}{F'_{\mathrm{R}}}$。将力偶 $\boldsymbol{M}'_O$ 平移至 $\boldsymbol{F}_{\mathrm{R}}$ 作用线上，得 $\boldsymbol{F}_{\mathrm{R}}$ 与 $\boldsymbol{M}'_O$ 组成的力螺旋，即力系的简化结果。在此情形

下，力 $\boldsymbol{F}_{\mathrm{R}}$ 的作用线是力螺旋的中心轴，其作用线方程为

$$\boldsymbol{M}_O'' = \boldsymbol{r} \times \boldsymbol{F}_{\mathrm{R}} \tag{2-16}$$

由此可知，当力系第二不变量 $\boldsymbol{F}_{\mathrm{R}}' \cdot \boldsymbol{M}_O \neq 0$ 时，力系简化为力螺旋。

---

**例 2-1**　大小均为 $F$ 的六个力作用于边长为 $a$ 的正方体棱边上，如图 2-14 所示。求此力系的简化结果。

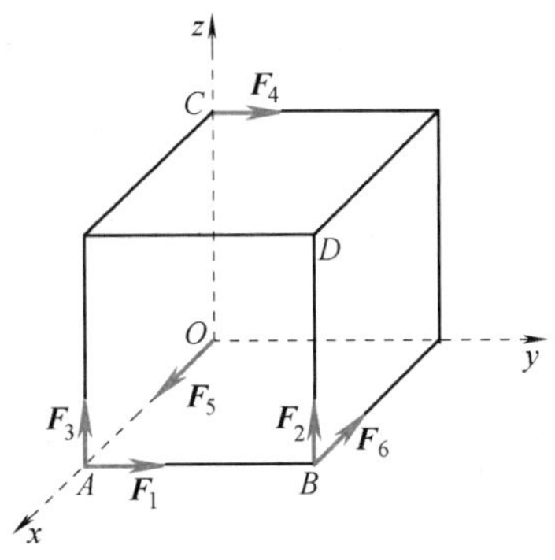


图　2-14

**解**：选 $O$ 点为简化中心。$\boldsymbol{F}_5$、$\boldsymbol{F}_6$ 组成一力偶，其力偶矩大小 $M = M_z = Fa$。主矢 $\boldsymbol{F}_{\mathrm{R}}'$ 在坐标轴上的投影为

$$\left.\begin{aligned} F_{\mathrm{R}x}' &= F_5 - F_6 = 0 \\ F_{\mathrm{R}y}' &= F_1 + F_4 = 2F \\ F_{\mathrm{R}z}' &= F_2 + F_3 = 2F \end{aligned}\right\} \tag{a}$$

$$\boldsymbol{F}_{\mathrm{R}}' = 2F\boldsymbol{j} + 2F\boldsymbol{k} \tag{b}$$

主矢 $\boldsymbol{F}_{\mathrm{R}}'$ 的大小和方向余弦用式（2-3）计算，即

$$F_{\mathrm{R}}' = \sqrt{F_{\mathrm{R}x}'^2 + F_{\mathrm{R}y}'^2 + F_{\mathrm{R}z}'^2} = 2\sqrt{2}F$$

$$\cos\langle \boldsymbol{F}_{\mathrm{R}}', \boldsymbol{i}\rangle = 0，\cos\langle \boldsymbol{F}_{\mathrm{R}}', \boldsymbol{j}\rangle = \frac{\sqrt{2}}{2}，\cos\langle \boldsymbol{F}_{\mathrm{R}}', \boldsymbol{k}\rangle = \frac{\sqrt{2}}{2}$$

主矩 $\boldsymbol{M}_O$ 在坐标轴上的投影为

$$\left.\begin{aligned} M_{Ox} &= \sum_{i=1}^{6} M_x(\boldsymbol{F}_i) = F_2 a - F_4 a = 0 \\ M_{Oy} &= \sum_{i=1}^{6} M_y(\boldsymbol{F}_i) = -F_2 a - F_3 a = -2Fa \\ M_{Oz} &= \sum_{i=1}^{6} M_z(\boldsymbol{F}_i) = M_z + F_1 a = 2Fa \end{aligned}\right\} \tag{c}$$

$$\boldsymbol{M}_O = -2Fa\boldsymbol{j} + 2Fa\boldsymbol{k} \tag{d}$$

主矩 $\boldsymbol{M}_O$ 的大小和方向余弦用式（2-6）计算，即

$$M_O = \sqrt{M_{Ox}^2 + M_{Oy}^2 + M_{Oz}^2} = 2\sqrt{2}Fa$$

$$\cos\langle \boldsymbol{M}_O, \boldsymbol{i}\rangle = 0, \cos\langle \boldsymbol{M}_O, \boldsymbol{j}\rangle = -\frac{\sqrt{2}}{2}, \cos\langle \boldsymbol{M}_O, \boldsymbol{k}\rangle = \frac{\sqrt{2}}{2}$$

将式（b）、式（d）代入式（2-11），得此力系第二不变量，即

$$\boldsymbol{F}_{\mathrm{R}}' \cdot \boldsymbol{M}_O = 0 \times 0 + (2F)(-2Fa) + (2F)(2Fa) = 0$$

这表明力系简化的最后结果为一合力，$\boldsymbol{F}_{\mathrm{R}} = \boldsymbol{F}_{\mathrm{R}}'$。将式（a）、式（c）代入式（2-14），得

$$0 = 2Fy - 2Fz$$
$$-2Fa = z \times 0 - 2Fx$$
$$2Fa = 2Fx - y \times 0$$

整理并舍去不独立的方程，此力系的合力作用线方程为

$$x = a$$
$$y = z$$

即合力作用线通过 $A$、$D$ 两点。

**例 2-2** 试简化图 2-15 中由 $\boldsymbol{F}_1$、$\boldsymbol{F}_2$ 组成的力系。已知 $F_1=F_2=F$，$OA=OD=a$，$OB=OC=2a$。

**解**：选 $O$ 点为简化中心。各力矢量及力作用点矢径为

$$\boldsymbol{F}_1=-\frac{\sqrt{2}}{2}F\boldsymbol{i}+\frac{\sqrt{2}}{2}F\boldsymbol{k}$$

$$\boldsymbol{F}_2=-\frac{\sqrt{2}}{2}F\boldsymbol{j}+\frac{\sqrt{2}}{2}F\boldsymbol{k}$$

$$\boldsymbol{r}_A=a\boldsymbol{i},\quad \boldsymbol{r}_B=2a\boldsymbol{j}$$

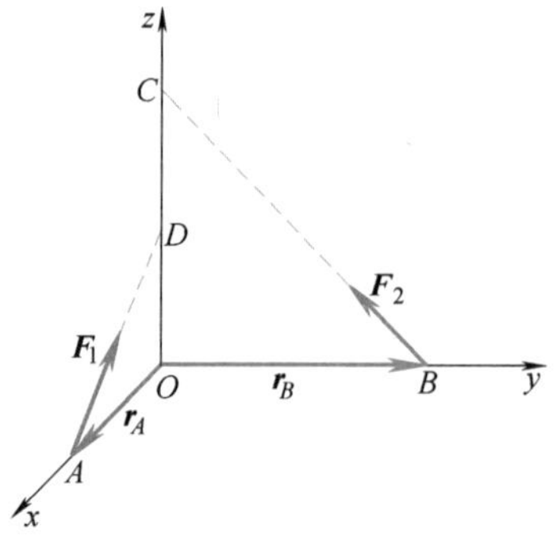

图 2-15

则力系的主矢 $\boldsymbol{F}'_{\mathrm{R}}$ 与主矩 $\boldsymbol{M}_O$ 分别为

$$\boldsymbol{F}'_{\mathrm{R}}=\sum_{i=1}^{2}\boldsymbol{F}_i=-\frac{\sqrt{2}}{2}F(\boldsymbol{i}+\boldsymbol{j}-2\boldsymbol{k}) \tag{a}$$

$$\boldsymbol{M}_O=\sum_{i=1}^{2}\boldsymbol{M}_O(\boldsymbol{F}_i)=\sum_{i=1}^{2}\boldsymbol{r}_i\times\boldsymbol{F}_i=\frac{\sqrt{2}}{2}Fa(2\boldsymbol{i}-\boldsymbol{j}) \tag{b}$$

将式（a）、式（b）代入式（2-11），得力系第二不变量，即

$$\boldsymbol{F}'_{\mathrm{R}}\cdot\boldsymbol{M}_O=-\frac{1}{2}F^2a<0$$

所以，力系简化的最后结果为左力螺旋，力螺旋中的力 $\boldsymbol{F}_{\mathrm{R}}$ 与力偶 $\boldsymbol{M}'_O$ 分别为

$$\boldsymbol{F}_{\mathrm{R}}=\boldsymbol{F}'_{\mathrm{R}}=-\frac{\sqrt{2}}{2}F(\boldsymbol{i}+\boldsymbol{j}-2\boldsymbol{k})$$

$$\boldsymbol{M}'_O=\frac{(\boldsymbol{F}'_{\mathrm{R}}\cdot\boldsymbol{M}_O)\boldsymbol{F}'_{\mathrm{R}}}{F'^2_{\mathrm{R}}}=\frac{\sqrt{2}Fa}{12}(\boldsymbol{i}+\boldsymbol{j}-2\boldsymbol{k})$$

---

### 2.3.4 平面任意力系的简化

平面任意力系是空间力系的一种特殊情形，平面任意力系向一点简化的结果仍为主矢 $\boldsymbol{F}'_{\mathrm{R}}$ 与主矩 $\boldsymbol{M}_O$，而且 $\boldsymbol{F}'_{\mathrm{R}}\perp\boldsymbol{M}_O$，即该力系的第二不变量 $\boldsymbol{F}'_{\mathrm{R}}\cdot\boldsymbol{M}_O\equiv 0$。所以，平面任意力系的最终简化结果只有平衡、合力偶和合力三种情形。

在平面力系中，力偶的方位恒垂直于该力系所在平面，只有逆时针、顺时针两种转向，因此，可视为代数量。于是，式（2-9）改写为

$$\left.\begin{aligned}\boldsymbol{F}'_{\mathrm{R}}&=\sum_{i=1}^{n}\boldsymbol{F}_i\\ M_O&=\sum_{i=1}^{n}M_O(\boldsymbol{F}_i)\end{aligned}\right\} \tag{2-17}$$

当第一不变量 $\boldsymbol{F}'_{\mathrm{R}}\neq\boldsymbol{0}$ 时，力系有合力 $\boldsymbol{F}_{\mathrm{R}}=\boldsymbol{F}'_{\mathrm{R}}$，其偏移 $O$ 点的距离 $OO'=d=\left|\frac{M_O}{F'_{\mathrm{R}}}\right|$，偏移的方向由 $M_O$ 的转向来确定，如图 2-16 所示。合力作用线方程只是

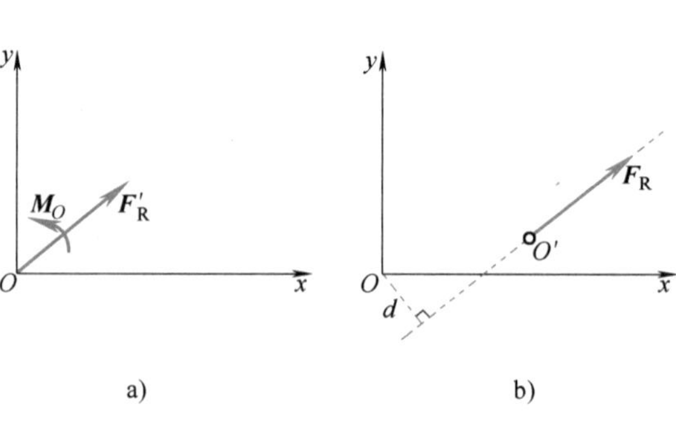

图 2-16

式（2-14）中的第三式

$$M_O = xF_{Ry} - yF_{Rx} \tag{2-18}$$

例 2-3　为校核重力坝的稳定性，需要确定在坝体截面上所受主动力的合力作用线，并限制它和坝底水平线的交点 $E$ 与坝底左端点 $O$ 的距离不超过坝底横向尺寸的 $\frac{2}{3}$，即 $OE \leqslant \frac{2}{3}b$，如图 2-17所示。重力坝取 1m 长度，坝底尺寸 $b = 18\text{m}$，坝高 $H = 36\text{m}$，坝体斜面倾角 $\alpha = 70°$。已知坝身自重 $P = 9.0\times10^3\text{kN}$，左侧水压力 $F_1 = 4.5\times10^3\text{kN}$，右侧水压力 $F_2 = 180\times10^3\text{kN}$，$\boldsymbol{F}_2$ 力作用线过 $E$ 点。各力作用位置的尺寸 $a = 6.4\text{m}$，$h = 10\text{m}$，$c = 12\text{m}$。试求坝体所受主动力的合力、合力作用线方程，并判断坝体的稳定性。

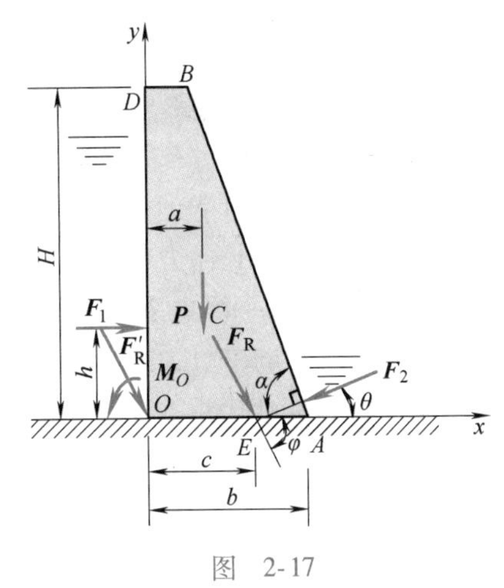


图　2-17

解：选 $O$ 为简化中心，建立图 2-17 所示坐标系 $Oxy$。图示 $\theta = 90° - \alpha = 20°$。力系向 $O$ 点简化得到主矢 $F'_R$ 和主矩 $M_O$ 分别为

$$F'_{Rx} = \sum F_{xi} = F_1 - F_2\cos\theta = 4.331\times10^3\text{kN}$$

$$F'_{Ry} = \sum F_{yi} = -P - F_2\sin\theta = -9.062\times10^3\text{kN}$$

$$F'_R = \sqrt{F'^2_{Rx} + F'^2_{Rx}} = 1.004\times10^4\text{kN}$$

$$\varphi = \arctan\frac{F'_{Ry}}{F'_{Rx}} = -64°27'$$

$$M_O = \sum M_O(\boldsymbol{F}) = -F_1h - Pa - F_2\sin\theta\cdot c = -1.033\times10^5\text{kN}\cdot\text{m}$$

所以力系的合力 $\boldsymbol{F}_R = \boldsymbol{F}'_R$。将上面结果代入式（2-18），得合力作用线方程为

$$2.092x + y - 23.85 = 0$$

令 $y = 0$，得 $x = 11.40$，即合力作用线与坝底交点 $E'$ 至坝底左端点 $O$ 的距离 $OE' = x = 11.40\text{m} < \frac{2}{3}b = 12\text{m}$。所以该重力坝的稳定性满足设计要求。

## 2.4 平行力系与重心

### 2.4.1　平行力系的简化　平行力系的中心

平行力系是任意力系的一种特殊情形，其简化结果可以从任意力系的简化结果直接得到。根据力的平移定理，平行力系向一点简化时，附加力偶总是与力垂直。因此，平行力系向一点 $O$ 简化时，主矢 $\boldsymbol{F}'_R$ 与主矩 $\boldsymbol{M}_O$ 总是互相垂直的，即力系的第二不变量 $\boldsymbol{F}'_R\cdot\boldsymbol{M}_O \equiv 0$。所以，平行力系简化的最后结果只有平衡、合力偶和合力三种情形。由于各力平行，平行力

系中的力可用代数量表示，规定沿力线某一方向为正，反向为负。由式（2-9），平行力系向一点 $O$ 简化的主矢 $\boldsymbol{F}'_R$ 与主矩 $\boldsymbol{M}_O$ 可表示为

$$\left.\begin{aligned}\boldsymbol{F}'_R &= \sum_{i=1}^{n}\boldsymbol{F}_i\\ \boldsymbol{M}_O &= \sum_{i=1}^{n}\boldsymbol{M}_O(\boldsymbol{F}_i)\end{aligned}\right\}\tag{2-19}$$

上面的第一式退化为代数式。当力系第一不变量 $F'_R\neq0$ 时，平行力系有合力 $\boldsymbol{F}_R$，$\boldsymbol{F}_R=\boldsymbol{F}'_R$，且与各力平行。在各力的作用点均已知的情形下，不仅可以确定合力作用线方程，还可以求出合力作用点的具体位置。平行力系合力作用点称为**平行力系的中心**。

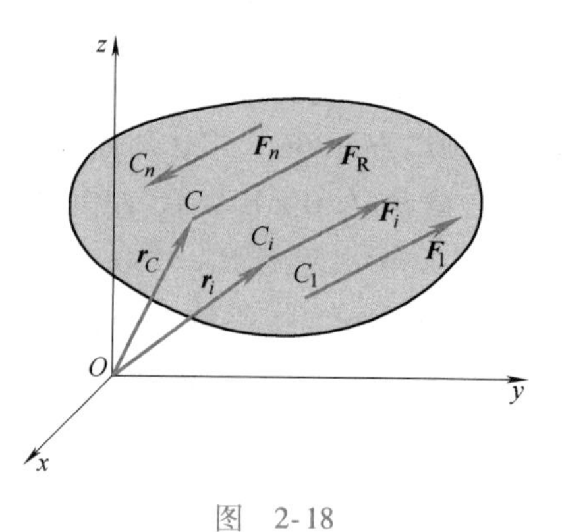

图 2-18

在图2-18所示的平行力系中，任一力 $\boldsymbol{F}_i$ 作用点的矢径为 $\boldsymbol{r}_i$，合力 $\boldsymbol{F}_R$ 作用点 $C$ 的矢径为 $\boldsymbol{r}_C$。根据合力矩定理表达式（2-12），得

$$\boldsymbol{r}_C\times\boldsymbol{F}_R=\sum_{i=1}^{n}(\boldsymbol{r}_i\times\boldsymbol{F}_i)\tag{a}$$

取力作用线的某一方向为正向，单位矢量为 $\boldsymbol{e}$，则 $\boldsymbol{F}_R=F_R\boldsymbol{e}$，$\boldsymbol{F}_i=F_i\boldsymbol{e}$。代入式（a）得

$$\left(F_R\boldsymbol{r}_C-\sum_{i=1}^{n}F_i\boldsymbol{r}_i\right)\times\boldsymbol{e}=\boldsymbol{0}\tag{b}$$

注意 $\boldsymbol{e}$ 为非零的单位矢量及坐标原点的任意性，由式（b）得

$$F_R\boldsymbol{r}_C-\sum_{i=1}^{n}F_i\boldsymbol{r}_i=\boldsymbol{0}\tag{c}$$

所以

$$\boldsymbol{r}_C=\frac{\sum F_i\boldsymbol{r}_i}{F_R}=\frac{\sum F_i\boldsymbol{r}_i}{\sum F_i}\tag{2-20}$$

在笛卡儿坐标轴上投影为

$$x_C=\frac{\sum F_ix_i}{\sum F_i},\ y_C=\frac{\sum F_iy_i}{\sum F_i},\ z_C=\frac{\sum F_iz_i}{\sum F_i}\tag{2-21}$$

式中，“$\sum$”表示“$\sum\limits_{i=1}^{n}$”。这就是平行力系合力作用点，即平行力系中心的矢径方程和坐标方程。这两组方程说明，平行力系的中心只取决于各力的代数值和作用点的位置，与各力作用线的方位无关。由平行力系的中心可引出物体重心的概念与坐标公式。

对于平面平行力系来说，简化后的主矢与主矩是式（2-19）的特殊情形，即此两式都退化为代数表达式，故有

$$\left.\begin{aligned}F'_R &= \sum_{i=1}^{n}F_i\\ M_O &= \sum_{i=1}^{n}M_O(\boldsymbol{F}_i)\end{aligned}\right\}\tag{2-22}$$

如果 $F'_R\neq0$，一定有合力 $\boldsymbol{F}_R$，$\boldsymbol{F}_R=\boldsymbol{F}'_R$，作用线偏离 $O$ 点的距离 $OO'=d=\left|\dfrac{M_O}{F'_R}\right|$，偏移的方向由 $M_O$ 的转向决定。

沿直线分布的分布载荷是工程实际中常见的一种平行力系。在求解这类问题时，往往需要知道这种分布载荷的合力大小及作用线位置，这正是上述结果的具体应用。

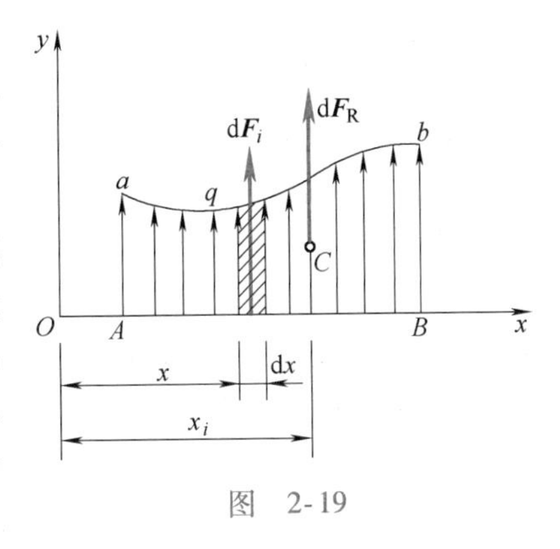

图 2-19

图2-19中，在$AB$线段上作用一铅垂向的分布载荷。取坐标系$Oxy$的$y$轴与分布载荷平行。任意位置$x$处的载荷集度为$q$。在位置$x$处取微元$dx$，在此微小长度上的分布力可以近似看作均匀分布，其合力大小$dF_i = qdx$。此分布载荷可看作是由无数个微小集中力$dF_i$组成的平行力系，其合力大小为

$$F_R = \int_A^B dF_i = \int_A^B q dx \tag{2-23}$$

此即$ABba$载荷图形的面积。合力作用点即平行力系中心的$x$坐标为

$$x_C = \frac{\sum x dF_i}{F_R} = \frac{\int_A^B x dF_i}{F_R} = \frac{\int_A^B xq dx}{\int_A^B q dx} \tag{2-24}$$

此即$ABba$载荷图形形心的$x$坐标。

由此可知：对于沿直线分布的铅垂向分布载荷来说，其合力的大小等于分布载荷图形的面积，合力作用线则通过该图形的形心。这表明，一旦知道了铅垂分布载荷图形的面积与形心，也就知道了分布载荷的合力。对常见的简单图形，如矩形分布载荷、三角形分布载荷等，可不必通过积分，而是直接通过上述规律得到其等效合力，如图2-20a、b所示。对于载荷图形比较复杂的分布载荷，可以把它分割为几个简单的载荷图形，直接得到几个相应的等效合力。

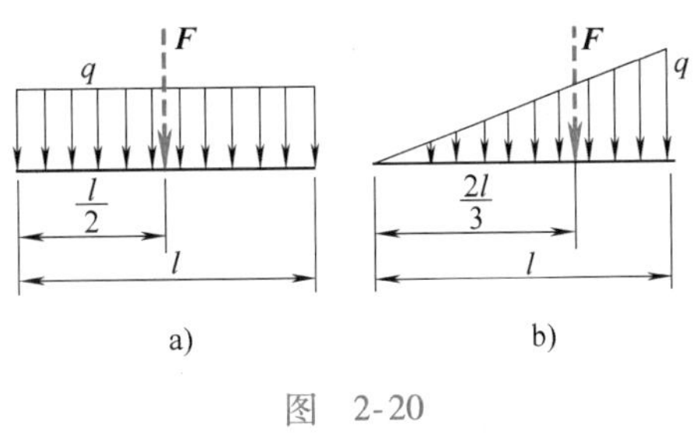

图 2-20

**例2-4** 求图2-21所示分布载荷的合力及对$A$点之矩。

**解：** 将分布载荷图形分成两个三角形，每个三角形分布载荷合力大小分别为

$$F_1 = \frac{1}{2}qa, \quad F_2 = \frac{1}{2}qb$$

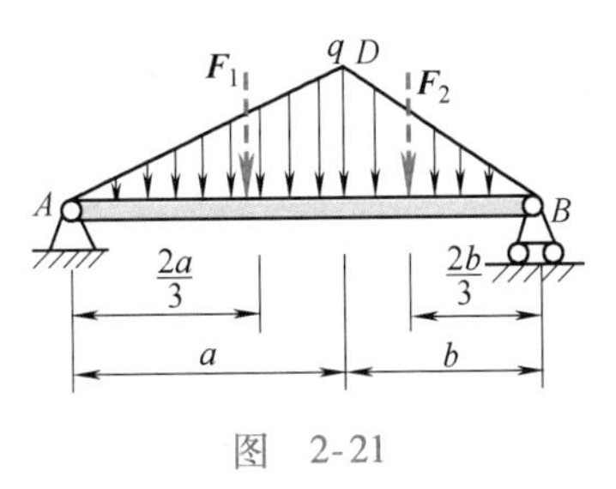

图 2-21

作用线位置如图2-21所示。整个分布载荷的合力大小为

$$F_R = F_1 + F_2 = \frac{1}{2}q(a+b)$$

由合力矩定理，总体分布载荷对$A$点之矩为

$$M_A = -\frac{1}{2}qa \times \frac{2}{3}a - \frac{1}{2}qb\left(a + \frac{b}{3}\right) = -\frac{1}{6}q(2a^2 + 3ab + b^2)$$

### 2.4.2　物体的重心

重心的位置对于物体的平衡或运动有重要的意义。起重机重心设计得不好，将导致失去平衡而翻倒；高速转子的重心偏离转轴中心线，运行时会产生剧烈的振动，甚至酿成重大事故；在设计直线振动筛、振动给料机、振动输送机等振动机械时，振动体的重心必须在激振力的作用线上，否则，就不能保证振动体平移；至于各种高速车辆、航天器等，对重心的设计要求就更为严格。

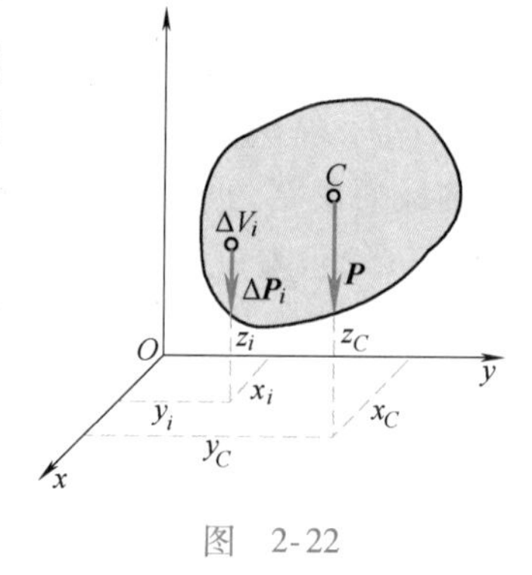


图　2-22

物体所受的重力是一种体积分布力。将图2-22中所示的物体分割成无数个微元体 $\Delta V_i$，每个微元体受到的重力为 $\Delta \boldsymbol{P}_i$，其矢径 $\boldsymbol{r}_i = x_i\boldsymbol{i} + y_i\boldsymbol{j} + z_i\boldsymbol{k}$，则物体所受重力系可看作由无数个微元体的重力 $\Delta \boldsymbol{P}_i$ 组成的平行力系[⊖]。该平行力系的合力即物体的重力 $\boldsymbol{P}$，其大小即其重量 $P$。此平行力系的中心即物体的重心。由此可知，重心在物体中是一个确定的点，与物体放置的方位无关。根据平行力系中心公式（2-20），重心 $C$ 的矢径

$$\boldsymbol{r}_C = \frac{\sum \Delta P_i \boldsymbol{r}_i}{\sum \Delta P_i} \tag{2-25}$$

这里的“$\sum$”是对所有微元体求和，$\sum \Delta P_i = P$。写成笛卡儿坐标形式为

$$x_C = \frac{\sum \Delta P_i x_i}{P},\ y_C = \frac{\sum \Delta P_i y_i}{P},\ z_C = \frac{\sum \Delta P_i z_i}{P} \tag{2-26}$$

事实上，式（2-26）中的 $\Delta P_i$ 可以是物体中任一部分的重量，而不仅限于微元体。对由简单形体组成的物体，可用这种方法求重心，称为**分割法**。

对于连续分布的物体，$\Delta P_i = \rho g \Delta V_i$，或写成 $\mathrm{d}P = \rho g \mathrm{d}V$，其中 $\rho$ 为物体的密度，则式（2-25）可以写成积分形式，即

$$\boldsymbol{r}_C = \frac{\int_V \boldsymbol{r}\mathrm{d}P}{\int_V \mathrm{d}P} = \frac{\int_V \rho\boldsymbol{r}\mathrm{d}V}{\int_V \rho\mathrm{d}V} \tag{2-27}$$

此即物体的质心公式。若物体还是均质的，则 $\rho$ 为常量，从而上式变为

$$\boldsymbol{r}_C = \frac{\int_V \boldsymbol{r}\mathrm{d}V}{\int_V \mathrm{d}V} \tag{2-28}$$

此即物体的形心公式。这表明，对均质物体，物体的重心与形心重合。

对二维板壳状物体和一维杆状物体，其重心、质心和形心具有与式（2-27）、式（2-28）相同的形式，只是要把积分域由体积 $V$ 改为面积 $S$ 或长度 $L$ 即可。

上述用矢径表述的公式均可写出其对应的投影表达式。

---

⊖ 严格地说，重力是汇交于地心的空间汇交力系。不过，工程中的物体一般并不大，即使在水平方向延伸30m，其两端重力作用线之间的夹角也不到1″，因此，将重力系看作平行力系，足以满足精度要求。

凡是具有对称面、对称轴或对称点的均质物体，其重心在对称面、对称轴或对称点上。

对于简单形状物体的重心，可以由上述公式直接积分得到。附录 D 的图中列出了常见简单均质体的重心公式。对于形状比较复杂、但可分割成数个简单形体的组合体，可根据式（2-26）用分割法求其重心。为分割方便，简单形体也可以是空的部分，如孔、洞等，只要将其重量 $\Delta P_i$ 或相应形体量（面积或体积）视为负值，仍可应用分割法。

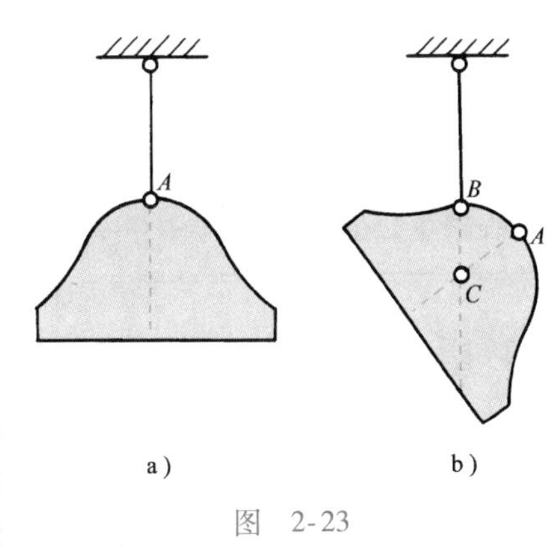

图　2-23

如果物体的形状很复杂或质量非均匀分布，用上述计算方法求重心十分困难。这时，可用实验方法确定重心的位置。工程中确定重心的实验方法有悬挂法和称重法。悬挂法适于求平面薄板的重心。图 2-23 中分别将薄板悬挂两次，在薄板上画出每次悬挂点的铅垂线，它们的交点即物体的重心。称重法可以确定一些大型三维物体的重心，需通过求解平衡方程得到。

**例 2-5**　求图 2-24 所示振动器偏心块的重心。已知 $R=10\text{cm}$，$r=1.7\text{cm}$，$b=1.3\text{cm}$。

**解**：用分割法求重心，偏心块看作由三部分组成：半径为 $R$ 的半圆 $S_1$、半径为 $r+b$ 的小半圆 $S_2$ 和半径为 $r$ 的圆孔 $S_3$，其中 $S_3$ 为负面积。由于对称性，偏心块重心的 $x$ 坐标为 $x_C=0$。下面分别求出三部分简单形体的面积及其重心 $y$ 坐标。

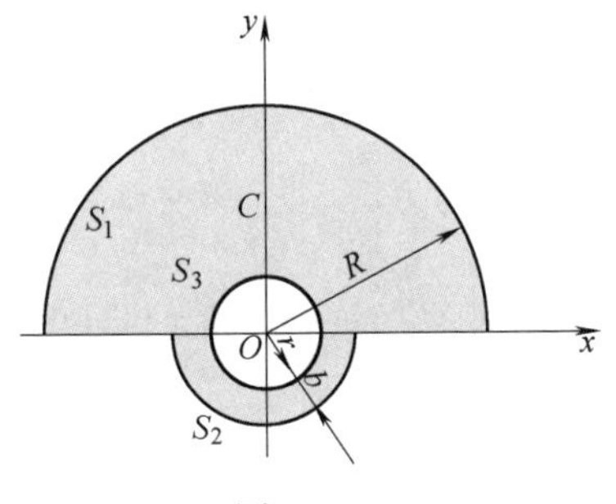

图　2-24

例 2-5

$$S_1=\frac{\pi R^2}{2}=157.1\text{cm}^2$$

$$S_2=\frac{\pi(r+b)^2}{2}=14.14\text{cm}^2$$

$$S_3=-\pi r^2=-9.079\text{cm}^2$$

$$y_1=\frac{4R}{3\pi}=4.244\text{cm}$$

$$y_2=-\frac{4(r+b)}{3\pi}=-1.273\text{cm}$$

$$y_3=0$$

偏心块重心的 $y$ 坐标为

$$y_C=\frac{\sum_{i=1}^{3}S_iy_i}{\sum_{i=1}^{3}S_i}=\frac{157.1\times4.244+14.14\times(-1.273)-9.079\times0}{157.1+14.14-9.079}\text{cm}$$

$$=4.001\text{cm}$$

故偏心块重心坐标为（0，4.001cm）。

## 重点提示

（1）力的平移定理主要是解决力的作用线平移后力的等效问题，力的可传性主要是解决力沿作用线移动后力的等效问题。（2）主矢不是力，主矩不是力偶，主矢和主矩是描述力系在简化中心对物体作用。主矢与简化中心的选择无关，主矩与简化中心的选择有关，因此主矢是力系的一个不变量，主矩随简化中心而改变，对于力系的主矩必须指出它是力系对于哪一点的主矩。（3）空间任意力系简化的最后结果有四种可能情形：合力、合力偶、力螺旋及平衡。（4）平面任意力系简化的最后结果有三种情形：合力、合力偶和平衡。（5）力系的简化作用效果仅适用于刚体，对于变形体则有一定限制。

力系的简化

## 思考题

1. 本章所涉及的力学矢量比较多，一般分为三类：定位矢量、滑动矢量、自由矢量。那么主矢、主矩分别属于哪一类矢量？

2. 合力一定比分力大，对吗？

3. 平面汇交力系，平面力偶系，平面平行力系，平面任意力系，空间汇交力系，空间力偶系，空间平行力系，空间任意力系，它们的最后简化结果分别是什么？

4. 两个质量不同的均质物体，其形状和大小均相同，那么它们的重心位置相同吗？

## 习题

2-1 三力作用在正方形板上，各力的大小、方向及位置如图2-25所示，试求合力的大小、方向及位置。分别以 $O$ 点和 $A$ 点为简化中心，讨论选取不同的简化中心对计算结果是否有影响。

答：$F_R=4\sqrt{2}\text{N}=5.66\text{N}$，$\theta_x=45°$，合力作用线过 $A$ 点。

2-2 图2-26所示为等边三角形板 $ABC$，边长为 $l$，现在其三顶点沿三边作用三个大小相等的力 $\boldsymbol{F}$，试求此力系的简化结果。

答：力偶，$M=\frac{\sqrt{3}}{2}Fl$，逆时针。

2-3 沿着直棱边作用五个力，如图2-27所示。已知 $F_1=F_3=F_4=F_5=F$，$F_2=\sqrt{2}F$，$OA=OC=a$，$OB=2a$。试将此力系简化。

答：力偶，$M=Fa\sqrt{19}$，$\cos\langle\boldsymbol{M},\boldsymbol{i}\rangle=\cos\langle\boldsymbol{M},\boldsymbol{k}\rangle=-\frac{3}{\sqrt{19}}$，$\cos\langle\boldsymbol{M},\boldsymbol{j}\rangle=-\frac{1}{\sqrt{19}}$。

2-4 图2-28所示力系中，已知 $F_1=F_4=100\text{N}$，$F_2=F_3=100\sqrt{2}\text{N}$，$F_5=200\text{N}$，$a=2\text{m}$，试将此力系简化。

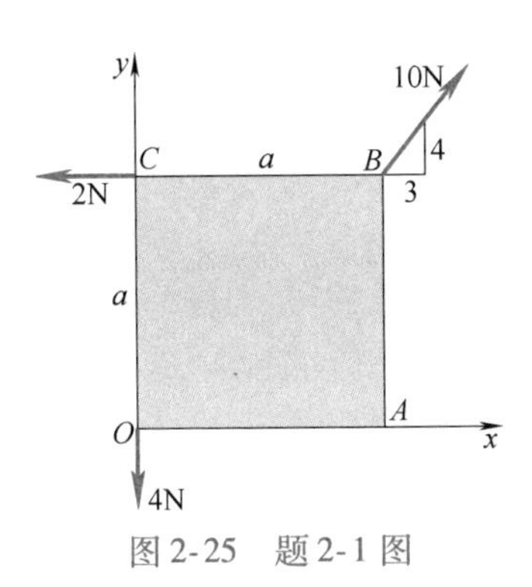

图2-25 题2-1图

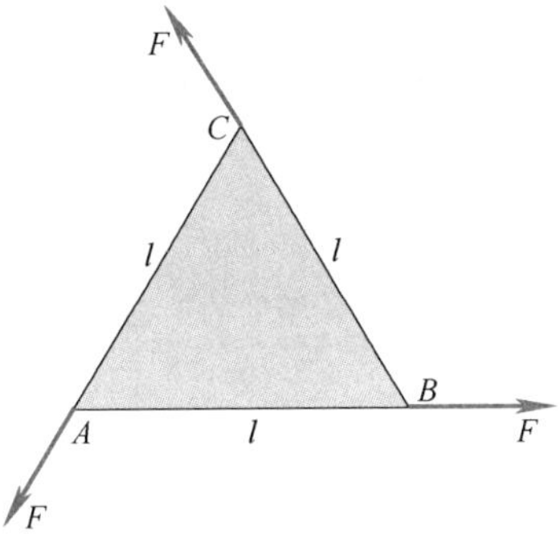

图2-26 题2-2图

答：力，$F_R=200\text{N}$，与 $y$ 轴平行。

2-5 图2-29所示力系中 $F_1=100\text{N}$，$F_2=F_3=100\sqrt{2}\text{N}$，$F_4=300\text{N}$，$a=2\text{m}$，试求此力系的简化结果。

答：力螺旋，$F_R=200\text{N}$，平行于 $z$ 轴向下，$M=200\text{N}\cdot\text{m}$。

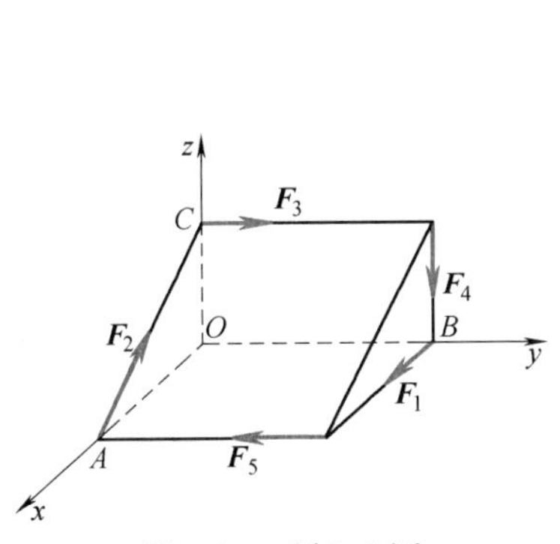

图2-27 题2-3图

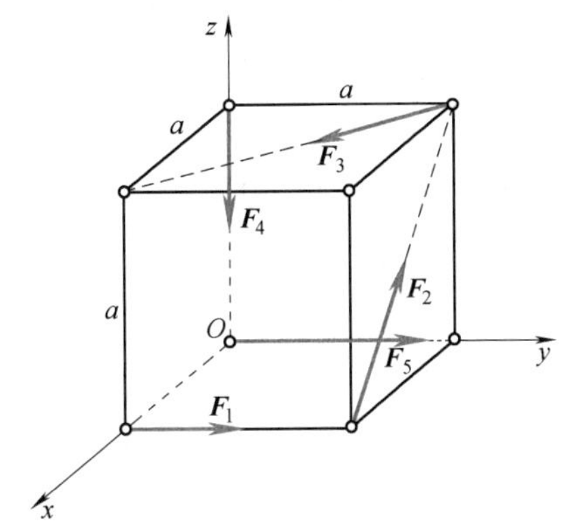

图2-28 题2-4图

2-6 化简力系 $F_1(F,2F,3F)$、$F_2(3F,2F,F)$，此二力分别作用在点 $A_1(a,0,0)$、$A_2(0,a,0)$。

答：力螺旋，$F_R=4F\sqrt{3}$，$M=aF\sqrt{3}$。

2-7 求图2-30所示平行力系合力的大小和方向，并求平行力系中心。图中每格代表1m。

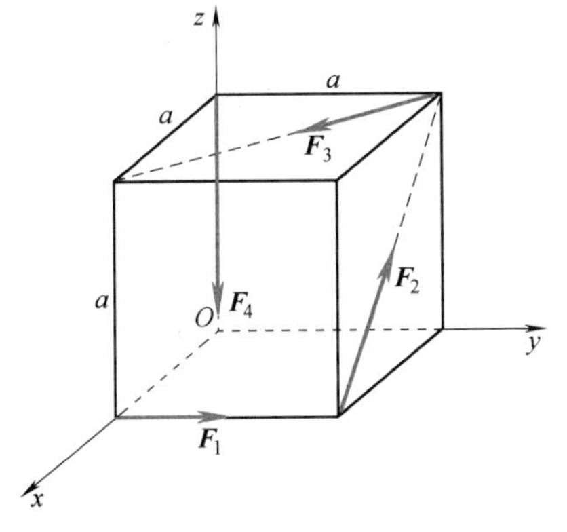

图2-29 题2-5图

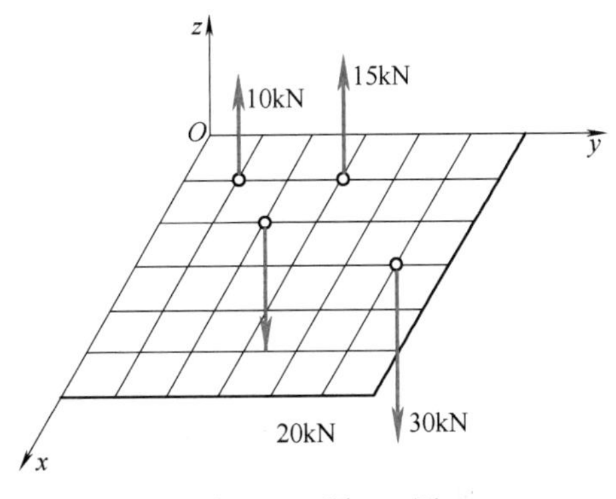

图2-30 题2-7图

答：力，$F_R=25\text{kN}$，向下，平行力系中心（4.2，5.4，0）。

2-8 将题2-7中15kN的力改为40kN，其余条件不变。力系合成结果及平行力系中心将如何变化?

答：力偶。无平行力系中心。

2-9 用积分法求图2-31所示正圆锥曲面的重心。

答：$x_C=y_C=0$，$z_C=\frac{1}{3}h$。

2-10 求图2-32所示图形的重心。

答：$x_C=1.67\text{m}$，$y_C=2.15\text{m}$。

2-11 求图2-33所示由正方形 $OBDE$ 切去扇形 $OBE$ 所剩图形的重心。

答：$x_C=y_C=\frac{2a}{3(4-\pi)}$。

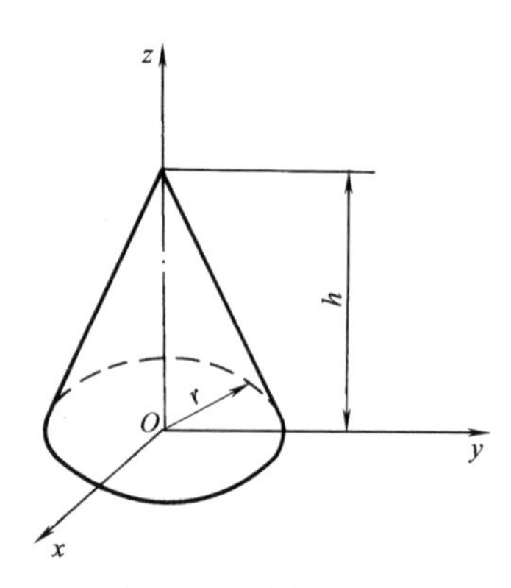


图2-31 题2-9图

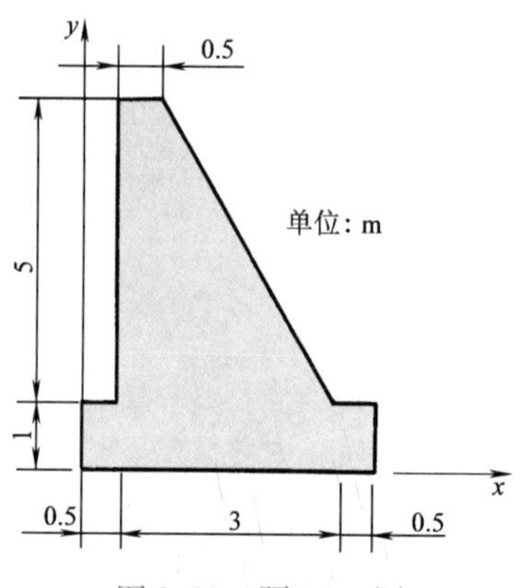


图2-32 题2-10图

2-12 图2-34所示为由正圆柱和半球所组成的物体内挖去一正圆锥，求剩余部分物体的重心。

答：$x_C=y_C=0$，$z_C=6.47$。

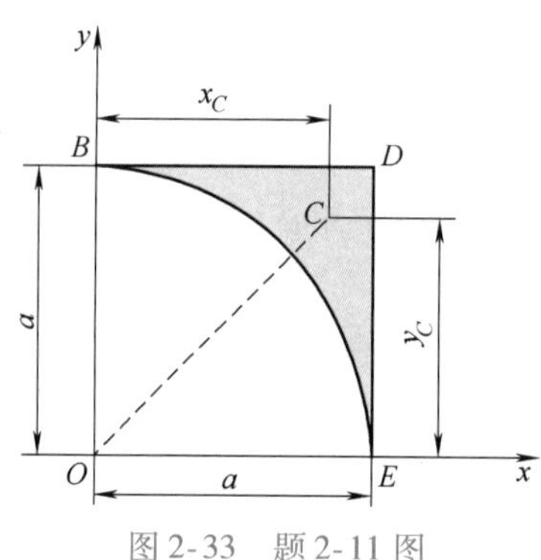


图2-33 题2-11图

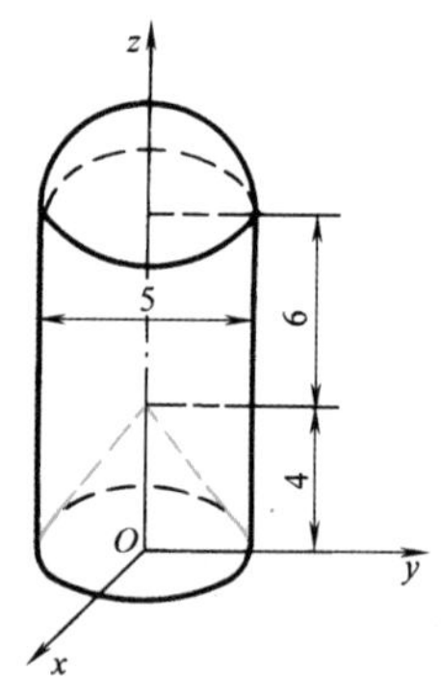


图2-34 题2-12图

2-13 已知图2-35所示均质长方体长为 $a$、宽为 $b$、高为 $h$，放在水平面上。过 $AB$ 边用一平面切削去楔块 $ABA'B'EF$，试求能使剩余部分保持平衡而不倾倒所能切削的 $A'E$（$=B'F$）的最大长度。

答：$(A'E)_{\max}=0.634a$。

2-14 如图2-36所示为粗细相同的均质金属丝弯成的折杆，杆的每一段长度均为 $b$，求出折杆的重心坐标。

答：$x_C=\frac{b}{5}$，$y_C=\frac{3b}{10}$，$z_C=\frac{2b}{5}$。

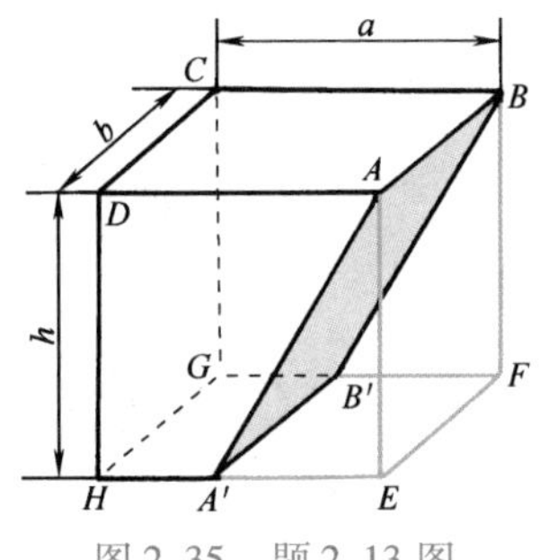


图 2-35　题 2-13 图

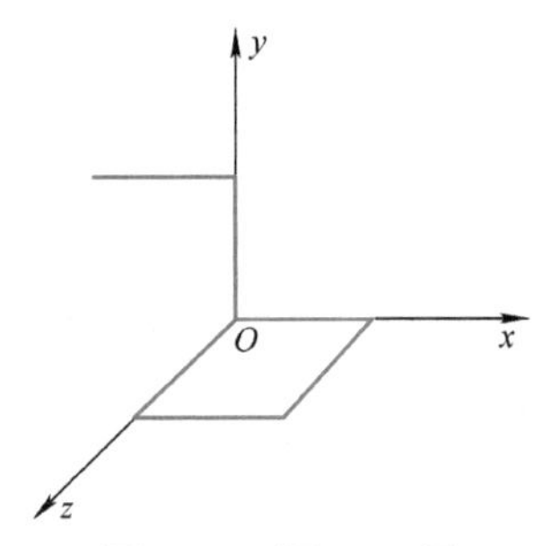


图 2-36　题 2-14 图

2-15　求以下两种平面图形（阴影部分）的重心坐标：(1) 大圆中挖去一个小圆（图 2-37a）。(2) 两个半圆拼接（图 2-37b）。

答：(1) $y_C=0$，$x_C=-\dfrac{r^2 l}{R^2-r^2}$；(2) $x_C=-\dfrac{4(R^3-r^3)}{3(R^2+r^2)\pi}$，$y_C=\dfrac{r^2(R-r)}{(R^2+r^2)}$。

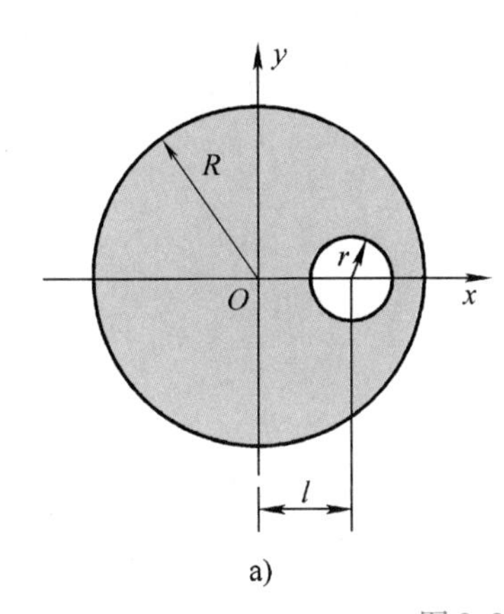


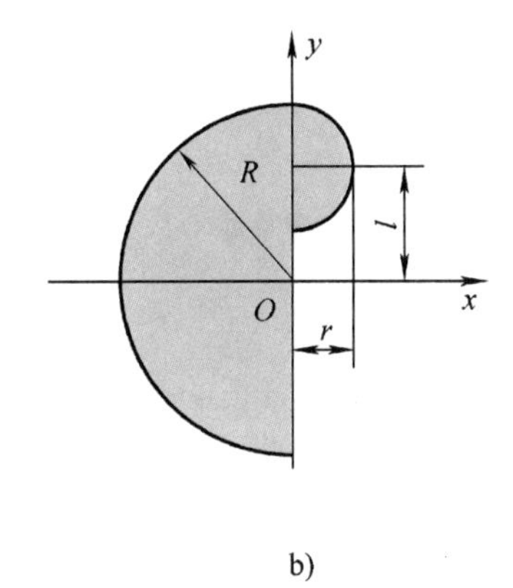


图 2-37　题 2-15 图

# 第3章 力系的平衡

本章在前面有关章节的基础上，给出了空间力系、平面力系的平衡条件，分析了物体受力作用平衡时，各物体之间的相互作用力关系，进而利用平衡条件列写平衡方程，通过已知的主动力求解出未知的约束力及物体之间的相互作用力。通过研究单个刚体和简单的多刚体系统，讲解在解题过程中如何选取研究对象及利用平衡条件列写平衡方程的解题技巧。

## 3.1 平面力系的平衡

### 3.1.1 平面一般力系平衡方程的基本形式

将平面任意力系向任一点简化后，如果主矢不等于零，力系总是可以简化为一个力；如果主矢等于零，而主矩不等于零，则力系简化为一个力偶。在这两种情形下，力系都不平衡。如果主矢、主矩均为零，即 $\boldsymbol{F}_{\mathrm{R}}'=\boldsymbol{0}$，$M_O=0$，表明汇交于简化中心 $O$ 的平面汇交力系是平衡的，平面力偶系也是平衡的，这就保证了与它们等效的平面力系是平衡的。这是平面力系平衡的充分条件。

如果平面力系是平衡的，那么，它既不能合成为一个力，也不能合成为一力偶，因此，力系向任意点简化的主矢、主矩都要等于零，这是平面力系平衡的必要条件。由此可知，**平面力系平衡的充分与必要条件为：力系的主矢 $\boldsymbol{F}_{\mathrm{R}}'$ 和对任意点的主矩 $M_O$ 均等于零**，即

$$\boldsymbol{F}_{\mathrm{R}}'=\boldsymbol{0},\quad M_O=0 \tag{3-1}$$

或

$$\sum F_x=0,\quad \sum F_y=0,\quad \sum M_O(\boldsymbol{F})=0 \tag{3-2}$$

这就是平面力系平衡方程的基本形式，它表明：**平面力系各力在任意两正交轴上投影的代数和等于零，对任一点之矩的代数和等于零。**

方程组（3-2）的三个方程是相互独立的，运用它能解三个未知量。

### 3.1.2 平面一般力系平衡方程的其他形式

应该指出，投影轴和矩心是可以任意选取的。在解决实际问题时适当选择矩心与投影轴可以简化计算，尤其是在研究物体系统的平衡问题时，往往要解多个联立方程。因此为了简化运算，力系平衡方程组中的投影式可以部分或全部地用力矩式替代。这样在解题中投影轴

的取向、矩心或取矩轴位置可以灵活选择，以便做到列一个平衡方程就能求出一个未知量，避免出现列出全部平衡方程再联立求解全部未知数时的困难。灵活选择的原则是：轴的取向应与某些未知力垂直；矩心要选在未知力的交点上；取矩轴与某些未知力共面等。这样就可构成其他形式的平衡方程。但是，只有当所选投影轴与取矩轴满足一定条件时，所得的平衡方程组才是相互独立（线性无关）的。

**1. 二力矩形式的平衡方程**

$$\sum M_A(\boldsymbol{F})=0,\quad \sum M_B(\boldsymbol{F})=0,\quad \sum F_x=0 \tag{3-3}$$

即两个力矩式和一个投影式，其中 $A$ 和 $B$ 是平面内任意两点，但连线 $AB$ 不垂直于投影轴 $x$。

这是因为平面力系向已知点简化只可能有三种结果：合力、力偶或平衡。力系既然满足平衡方程 $\sum M_A(\boldsymbol{F})=0$，则表明力系不可能简化为一力偶，只可能是作用线通过 $A$ 点的一合力或平衡。同理，力系如又满足方程 $\sum M_B(\boldsymbol{F})=0$，则可以断定，该力系合成结果为经过 $A$、$B$ 两点的一个合力或平衡。但当力系又满足方程 $\sum F_x=0$，而连线 $AB$ 不垂直于 $x$ 轴，显然力系不可能有合力。这就表明，只要适合以上三个方程及连线 $AB$ 不垂直于投影轴的附加条件，则力系必平衡。

**2. 三力矩形式的平衡方程**

$$\sum M_A(\boldsymbol{F})=0,\quad \sum M_B(\boldsymbol{F})=0,\quad \sum M_C(\boldsymbol{F})=0 \tag{3-4}$$

即三个力矩式，其中 $A$、$B$、$C$ 是平面内不共线的任意三点。这一结论请读者自行论证。

以上讨论了平面任意力系的三种不同形式的平衡方程，在解决实际问题时可以根据具体条件选取某一种形式。

### 3.1.3 平面特殊力系的平衡方程

平面汇交力系、平面力偶系和平面平行力系等特殊平面力系的平衡条件及平衡方程可以从平面力系的平衡条件及平衡方程中推导出来。

**1. 平面汇交力系** 在平面汇交力系中，对汇交点建立力矩方程，则有 $\sum M_O(\boldsymbol{F})\equiv 0$，因此，平面汇交力系平衡方程为

$$\sum F_x=0,\ \sum F_y=0 \tag{3-5}$$

于是，**平面汇交力系平衡的必要与充分的解析条件是：力系中所有各力在两个坐标轴中每一轴上的投影的代数和等于零**。这两个独立的方程可以求解两个未知量，它们可以是力的大小，也可以是力的方向。

若作用于刚体上的平面汇交力系用力的多边形法则合成时，各力矢所构成的折线恰好封闭，即第一个力矢的起点与最末一个力矢的终点恰好重合而构成一个自行封闭的力多边形，它表示力系的合力 $\boldsymbol{F}_R$ 等于零，于是该力系为一平衡力系。反之，要使平面汇交力系成为平衡力系，必须是它的合力为零，即力多边形自行封闭。由此可知，**平面汇交力系几何法平衡的必要与充分条件是：力系中各力矢构成的力多边形自行封闭，或各力矢的矢量和等于零**。以矢量式表示为

$$\boldsymbol{F}_R=\boldsymbol{0}\quad 或\quad \sum \boldsymbol{F}=\boldsymbol{0} \tag{3-6}$$

用几何法求合成与平衡问题时，可图解或应用几何关系求解。图解的精确度取决于作图的精确度，因此要注意选取适当的比例尺，并认真作图。应用平面汇交力系平衡的几何条件，根据矢序规则和自行封闭的特点可以求解两个未知量，并决定未知力的指向。

**2. 平面平行力系** 当平面平行力系的主矢和主矩同时等于零时，则该力系处于平衡，选 $y$ 轴与力系平行，则其平衡方程为

$$\sum F_y = 0, \quad \sum M_O(\boldsymbol{F}) = 0 \tag{3-7}$$

由此可知，**平面平行力系平衡的必要与充分条件是：力系中所有各力的代数和等于零，以及各力对于平面内任一点之矩的代数和等于零。**

和平面任意力系一样，平面平行力系的平衡方程亦可表示为二力矩形式，即

$$\sum M_A(\boldsymbol{F}) = 0, \quad \sum M_B(\boldsymbol{F}) = 0 \tag{3-8}$$

其中，$A$、$B$ 两点连线不与各力的作用线平行。

可见，应用平面平行力系的平衡方程可求解两个未知量。

**3. 平面力偶系** 在力偶系中，若 $M_O = 0$，即合力偶矩等于零，则该力偶系平衡。由此可知，平面力偶系平衡的必要与充分条件是：**力偶系中各力偶矩的代数和等于零**，即

$$\sum M = 0 \tag{3-9}$$

式（3-9）称为**平面力偶系的平衡方程，**应用平面力偶系的平衡方程可以求解一个未知量。

另外，根据力的可传性，还可以推证出**三力平衡汇交定理**。即刚体受不平行的三个力作用而平衡时，此三力的作用线必共面，且汇交于一点。它是不平行三力平衡的必要条件。当刚体受不平行三力而处于平衡时，利用这个定理可以确定未知力的方向。其推证过程不再赘述。

---

**例 3-1** 图 3-1a 所示外伸梁 $ABC$ 上作用有均布载荷 $q = 10\text{kN/m}$，集中力 $F = 20\text{kN}$，力偶矩 $M = 10\text{kN}\cdot\text{m}$，求 $A$、$B$ 支座的约束力。

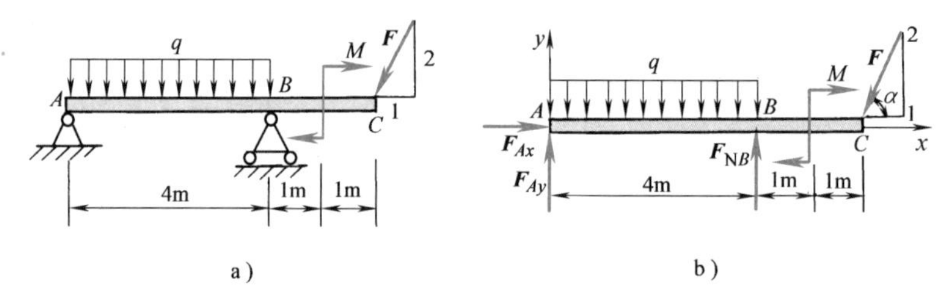


图 3-1

解：画受力图如图 3-1b 所示，并标明坐标轴 $x$、$y$ 的正向。

一般可选列力矩方程，矩心应选在两个未知力的交点，如图中 $A$ 点或 $B$ 点。

在单个物体上遇有分布载荷时，可先将分布载荷简化为合力 $F_q = \sum q$ 来计算。本题 $F_q = q \times 4\text{m} = 40\text{kN}$，作用线在 $AB$ 的中点。

如何对待力偶，应注意：

（1）在投影方程中，根本不用考虑任何力偶的投影。

（2）在力矩方程中，无论矩心在哪里，只要将所有力偶矩的代数值统统列入即可。注意，$\cos\alpha = \dfrac{1}{\sqrt{5}}$，$\sin\alpha = \dfrac{2}{\sqrt{5}}$。

现列平衡方程如下：

$$\sum M_A(\boldsymbol{F}) = 0, \; F_{NB} \times 4\text{m} - q \times 4\text{m} \times 2\text{m} - M - F\sin\alpha \times 6\text{m} = 0$$

所以

$$F_{NB} = \frac{1}{4\text{m}}(q \times 4\text{m} \times 2\text{m} + M + F\sin\alpha \times 6\text{m}) = 49.3\text{kN}$$

$$\sum F_x = 0,\ F_{Ax} - F\cos\alpha = 0$$

所以
$$F_{Ax} = F\cos\alpha = 8.94\text{kN}$$

$$\sum F_y = 0,\ F_{Ay} - q \times 4\text{m} + F_{NB} - F\sin\alpha = 0$$

所以
$$F_{Ay} = q \times 4\text{m} - F_{NB} + F\sin\alpha = 8.56\text{kN}$$

可以用方程$\sum M_B(\boldsymbol{F}) = 0$进行验算。

**例 3-2**　起重机的尺寸如图 3-2 所示，其自重（平衡重除外）$P_2 = 400\text{kN}$，平衡重 $P_1 = 250\text{kN}$。从实践经验可知，当起重机由于超载即将向右翻倒时，左轮的约束力等于零。因此，为了保证安全工作，必须使任一侧的轮（$A$ 或 $B$）的向上约束力不得小于 50kN。求最大起吊重量 $P$ 为多少?

**解**：画支座约束力 $\boldsymbol{F}_{NA}$与 $\boldsymbol{F}_{NB}$。令 $F_{NA} = 50\text{kN}$。列平衡方程为

$$\sum M_B(\boldsymbol{F}) = 0,\quad P_2 \times 0.5\text{m} + P_1 \times 8\text{m} - F_{NA} \times 4\text{m} - P \times 10\text{m} = 0$$

所以
$$P = 200\text{kN}$$

如果为空载，仍应处于平衡状态，故

$$\sum M_A(\boldsymbol{F}) = 0,\quad F_{NB} \times 4\text{m} + P_1 \times 4\text{m} - P_2 \times 3.5\text{m} = 0$$

所以
$$F_{NB} = 100\text{kN}$$

符合题意要求。

解这类问题时，应注意到平面平行力系的独立平衡方程只有两个，只能解两个未知数。如果本题 $F_{NA}$、$F_{NB}$与 $P$ 均为未知，则解不出来。因此，就要联系实际情况加以考虑，具体如何规定，要到实际中调查研究。以往分别以 $F_{NA} = 0$ 和 $F_{NB} = 0$ 来确定最大起吊重量 $P$ 的值，其结果仍然是不安全的。

**例 3-3**　图 3-3 所示为可沿铁路行驶的起重机，本身自重 $P_2 = 250\text{kN}$，其重心在 $E$ 点。最大起吊载荷 $P = 200\text{kN}$，在 $C$ 点起吊。为防止机身向右翻倒，在左端 $D$ 有一平衡重 $\boldsymbol{P}_1$，$\boldsymbol{P}_1$ 的重心距支点 $A$ 的水平距离为 $x$。$P_1$ 与 $x$ 必须计划适当，使得既能在 $C$ 点满载时防止机身向右翻倒，又能在空载时机身不致向左翻倒。为保证安全，必须使任一侧的轮（$A$ 或 $B$）的向上约束力不得小于 50kN。设 $b = 1.5\text{m}$，$e = 0.5\text{m}$，$l = 3\text{m}$，求 $\boldsymbol{P}_1$ 与 $x$ 的适当值。

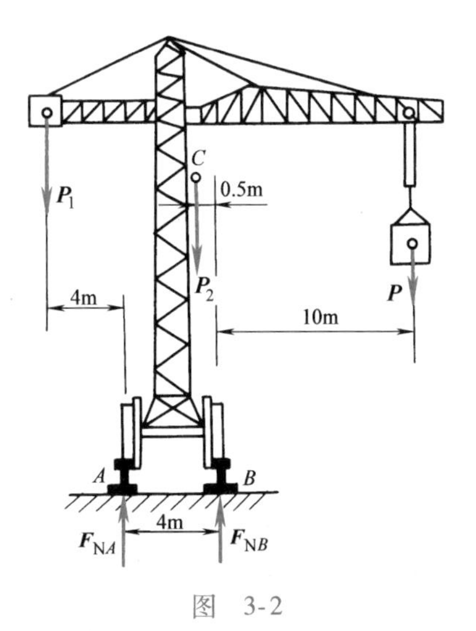

图　3-2

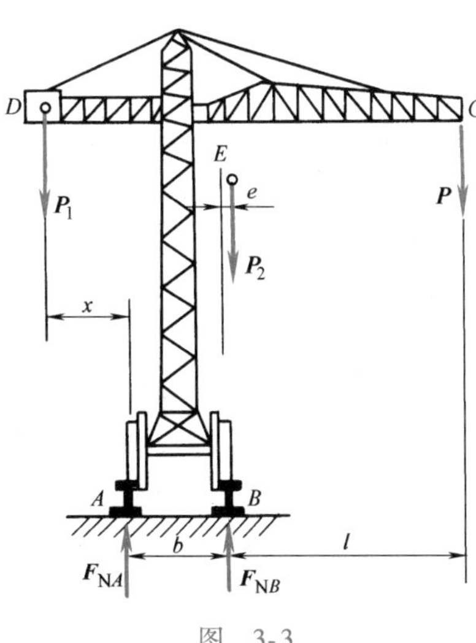

图　3-3

解：起重机平衡时有

$$\sum M_B(\boldsymbol{F})=0,\quad P_1(x+b)-F_{NA}b-P_2e-Pl=0 \tag{a}$$

$$\sum M_A(\boldsymbol{F})=0,\quad P_1x+F_{NB}b-P_2(e+b)=0 \tag{b}$$

为保证安全要求，则附加条件为

$$F_{NA}\geqslant 50\text{kN} \tag{c}$$

$$F_{NB}\geqslant 50\text{kN} \tag{d}$$

联立式（a）、式（c）可解得

$$P_1\geqslant\frac{800\text{kN}\cdot\text{m}}{x+1.5\text{m}} \tag{e}$$

联立式（b）、式（d）可解得

$$P_1\leqslant\frac{425\text{kN}\cdot\text{m}}{x} \tag{f}$$

因此 $P_1$、$x$ 的选择应该满足：

$$\frac{800\text{kN}\cdot\text{m}}{x+1.5\text{m}}\leqslant P_1\leqslant\frac{425}{x}$$

即（$P_1$，$x$）应位于图 3-4 中标 $S$ 的区域。若将（$P_1$，$x$）选在区域 $S$ 的边界上，制造和安装的微小误差都可能使（$P_1$，$x$）位于非 $S$ 区域，从而无法保证具有足够的安全裕度。因此，从设计的角度看，将（$P_1$，$x$）选在区域 $S$ 的边界上绝非是一种合适的选择。

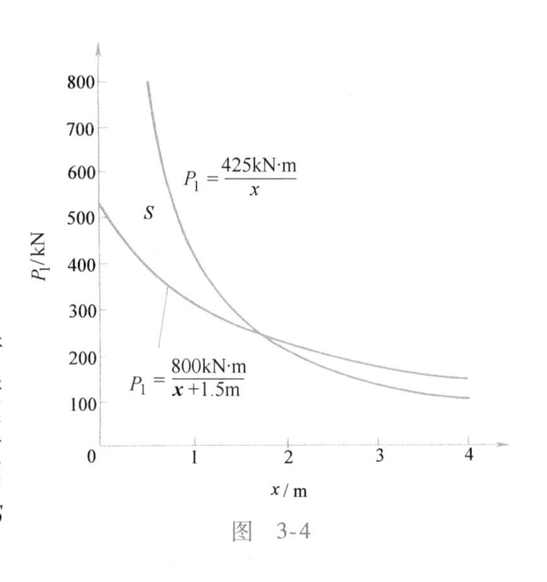


图　3-4

通过对以上三个例题的分析，平面力系的解题步骤可归纳如下：

（1）根据题意选择研究对象。

（2）分析研究对象的受力情况，正确地画出其受力图。要注意研究对象与其他物体相互连接处的约束，按约束的性质表示约束力；正确地运用二力杆的性质和三力平衡定理来确定约束力的方位；两物体之间相互作用的力要符合作用与反作用定律。

（3）应用平衡条件求解未知量。用几何法求解时，应按适当比例尺作出闭合的力多边形或力三角形，未知力的大小可按同一比例尺在图上量出；对于力三角形也可运用三角公式进行计算。用解析法求解时，应适当地选取坐标轴。为了避免解联立方程，一般可选取坐标轴与未知力垂直。列出平衡方程，求解未知量。根据计算结果的正负号来判定所假设未知力的指向是否正确。

## 3.2 静定问题与超静定问题

在工程实际问题中，往往遇到由若干个物体通过适当的约束相互连接而成的系统，这种系统称为**物体系统**，简称**物系**。在物体系统问题中，每个分离体上的力系，它的独立方程的数目是一定的，可求解的未知数也是一定的。如果单个物体或物体系未知量的数目正好等于它的独立的平衡方程的数目，通过静力学平衡方程可完全确定这些未知量，这种平衡问题称为**静定问题**；如果未知量的数目多于独立的平衡方程的数目，仅通过静力学平衡方程不能完全确定这些未知量，这种问题称为**超静定**或**静不定问题**。这里说的静定与超静定问题，是对整个系统而言的。若从该系统中取出一分离体，它的未知量的数目多于它的独立平衡方程的数目，并不能说明该系统就是超静定问题，而要分析整个系统的未知量数目和独立方程数目。

图 3-5 所示是单个物体 *AB* 梁的平衡问题，对 *AB* 梁来说，可列三个独立的平衡方程。图 3-5a 中的梁有三个约束力，等于独立的平衡方程的数目，属于静定问题；图 3-5b 中的梁有四个约束力，多于独立的平衡方程的数目，属于超静定问题。图 3-6 所示是两个物体 *AB*、*BC* 组成的连续梁系统。*AB*、*BC* 都可列三个独立的平衡方程，*AB*、*BC* 作为一个整体虽然也可列三个平衡方程，但是并非是独立的，因此，该系统一共可列六个独立的平衡方程。图 3-6a、b 中的梁分别有六、七个约束力（力偶），于是，它们分别是静定、超静定问题。

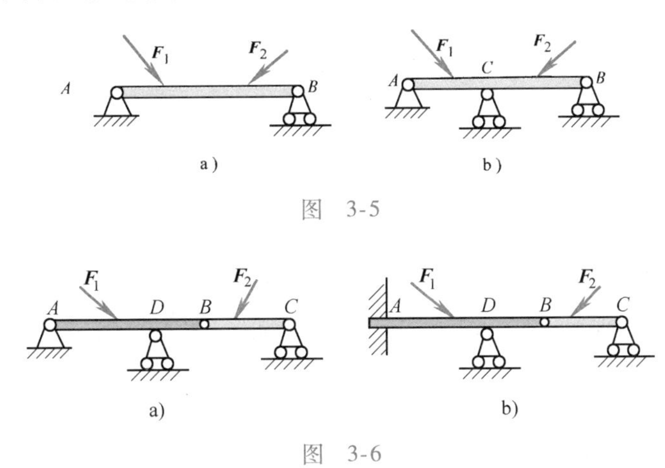


图　3-5

图　3-6

超静定问题之所以不能完全确定它的未知量，是因为在静力学中，把研究对象抽象为刚体的缘故。如果在超静定问题中考虑物体的变形，还是能够完全确定它的未知量。工程中很多结构都是超静定结构，与静定结构相比，超静定结构能较经济地利用材料，且较牢固。本书中只讨论静定问题。

## 3.3 物系平衡问题的应用

物系在力系作用下处于平衡状态，这意味着系统整体、部分物体的组合及每个物体都处于平衡状态。对于由 $n$ 个物体组成的系统，若系统是静定的，受平面任意力系作用的每个物体可列写三个独立方程，求解出 $3n$ 个未知量。虽然需要求解联立方程，但是在理论上和技术上已不存在困难。现在的问题是如何使过程最简捷，这需要恰当地选取研究对象，熟练地进行力的分析，并有一定的技巧性。

对于平衡的物系，可提供选取的研究对象大于 $n$ 个，因而不必拘泥于以每个物体为研究对象。这样，解题的原则是选取恰当的研究对象求出一些未知量。显然，以建立的平衡方程只包含一个未知量为最佳，即尽量做到列一个平衡方程就能解出一个未知量。之后再选取另外的研究对象求出有关未知量，连续求解，直至求得全部的未知量。所以在解题之前要先制定出解题步骤。此外，在求解过程中应注意以下几点：

（1）首先判断物体系统是否属于静定问题。

（2）恰当地选择研究对象。在一般情况下，首先以系统的整体为研究对象，这样则不出现未知的内力，易于解出未知量。当不能求出未知量时应立即选取单个物体或部分物体的组合为研究对象，一般应先选受力简单而作用有已知力的物体为研究对象，求出部分未知量后，再研究其他物体。

（3）受力分析。

1）首先从二力构件入手，可使受力图比较简单，有利于解题。

2）解除约束时，要严格地按照约束的性质画出相应的约束力，切忌凭主观想象画约束力。对于一个销钉联接三个或三个以上物体时，要明确所选对象中是否包括该销钉，解除了哪些约束，然后正确画出相应的约束力。

3）画受力图时，关键在于正确画出铰链约束力，除二力构件外，通常用两个分力表示铰链约束力。

4）不画研究对象的内力。

5）两物体间的相互作用力应该符合作用与反作用定律，即作用力与反作用力必定等值、反向和共线。

（4）列平衡方程，求未知量。

1）列出恰当的平衡方程，尽量避免在方程中出现不需要求的未知量。为此可恰当地运用力矩方程，适当选择两个未知力的交点为矩心，所选的坐标轴应与较多的未知力垂直。

2）判断清楚每个研究对象所受的力系及其独立方程的个数及物系独立平衡方程的总数，避免列出不独立的平衡方程。

3）解题时应从未知力最少的方程入手，尽量避免联立求解。

4）校核。求出全部所需的未知量后，可再列一个不重复的平衡方程，将计算结果代入，若满足方程，则计算无误。

---

**例3-4** 图3-7a所示结构中，$AD=DB=2\text{m}$，$CD=DE=1.5\text{m}$，$P=120\text{kN}$，不计杆和滑轮的重量。试求支座$A$和$B$的约束力及$BC$杆的内力。

**解：** 解除约束，画整体受力图如图3-7b所示，显然图中绳的张力$F_T'=F_T=P$。列平衡方程为

$$\sum M_A(\boldsymbol{F})=0,\quad F_{NB}\cdot AB-F_T'(AD+r)-F_T(DE-r)=0$$

所以

$$F_{NB}=\frac{F_T(AD+DE)}{AB}=\frac{120(2+1.5)}{4}\text{kN}=105\text{kN}$$

$$\sum F_y=0,\quad F_{Ay}+F_{NB}-F_T'=0$$

所以

$$F_{Ay}=F_T'-F_{NB}=15\text{kN}$$

$$\sum F_x=0,\quad F_{Ax}-F_T=0$$

所以

$$F_{Ax}=F_T=120\text{kN}$$

可用$\sum M_B(\boldsymbol{F})=0$，验算$F_{Ay}$如下：

$$\sum M_B(\boldsymbol{F})=0,\quad F_T'(DB-r)-F_T(DE-r)-F_{Ay}\cdot AB=0$$

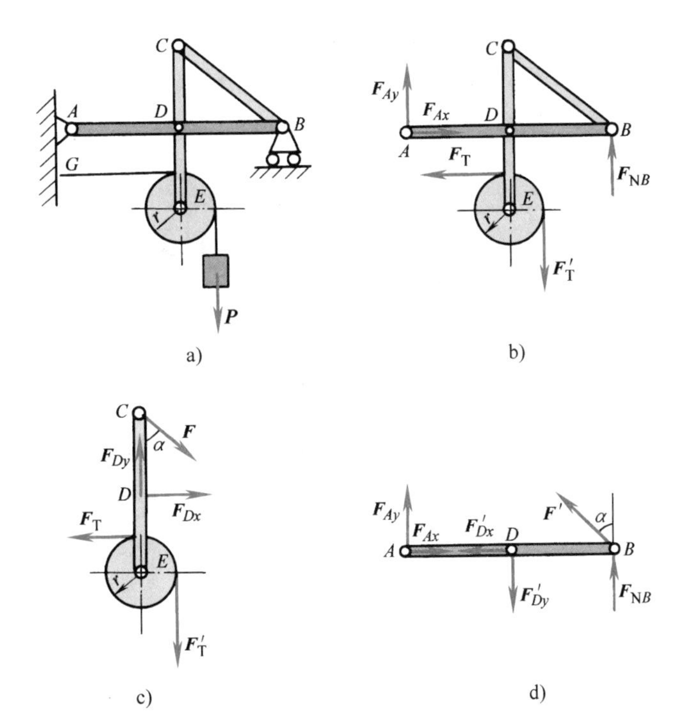


图　3-7

所以
$$F_{Ay}=\frac{F_T(DB-DE)}{AB}=15\text{kN}$$

为求 $BC$ 杆内力 $\boldsymbol{F}$，取 $CDE$ 杆连同滑轮为研究对象，画受力图如图 3-7c 所示。列方程为

$$\sum M_D(\boldsymbol{F})=0,\quad -F\sin\alpha\cdot CD-F_T(DE-r)-F'_Tr=0$$

因为
$$\sin\alpha=\frac{DB}{CB}=\frac{2}{\sqrt{1.5^2+2^2}}=\frac{4}{5}$$

所以
$$F=-\frac{F_T\cdot DE}{\sin\alpha\cdot CD}=-150\text{kN}$$

其中负号说明 $BC$ 杆受压力。

求 $BC$ 杆的内力，也可以取 $ADB$ 杆为研究对象，画受力图如图 3-7d 所示。

$$\sum M_D(\boldsymbol{F})=0,\quad F'\cos\alpha\cdot DB+F_{NB}\cdot DB-F_{Ay}\cdot AD=0$$

因为
$$\cos\alpha=\frac{CD}{CB}=\frac{1.5}{\sqrt{1.5^2+2^2}}=\frac{3}{5}$$

所以
$$F'=\frac{F_{Ay}\cdot AD-F_{NB}\cdot DB}{DB\cdot\cos\alpha}=-150\text{kN}$$

比较以上求 $BC$ 杆内力 $\boldsymbol{F}$ 的两个不同研究对象，可以看出以 $ADB$ 杆为对象必须先求出 $\boldsymbol{F}_{Ay}$ 与 $\boldsymbol{F}_{NB}$ 才能解出 $\boldsymbol{F}'$，而以 $CDE$ 杆连同滑轮为研究对象则不必。如果只需求 $BC$ 杆内力，一开始就应选 $CDE$ 杆连同滑轮为研究对象，解题速度就会提高。

**例 3-5**　曲轴压力机由飞轮、曲轴、连杆和滑块组成，其中飞轮和曲轴固连成一体，如图 3-8a 所示。曲轴受到由传动机构（图中未画出）作用的力偶矩为 $M$。曲柄长 $OA=r$，$A$、$B$、$O$ 可以作为光滑铰链。在图示位置，曲柄 $OA$ 和连杆 $AB$ 分别与铅垂线成 $\varphi$ 和 $\psi$ 角。此时滑块上受到的冲压力 $\boldsymbol{F}$ 大小已知，各部件重量可以略去不计。求系统平衡时力偶矩 $M$ 的值。

**解：** 本题的刚体系统由曲轴（连同飞轮）、连杆、滑块组成。

（1）考察滑块的平衡，滑块的受力图如图 3-8b 所示，其中力 $\boldsymbol{F}_{\mathrm{N}}$ 为导轨的约束力，力 $\boldsymbol{F}_{\mathrm{S}}$ 为连杆作用于滑块的力，力 $\boldsymbol{F}$ 为冲压力（工作的约束力）。在题设条件下，连杆是二力杆，故力 $\boldsymbol{F}_{\mathrm{S}}$ 应沿着 $AB$ 连线。这三力组成一平衡汇交力系。不难由力三角形求得

$$F_{\mathrm{S}}=\frac{F}{\cos\psi}$$

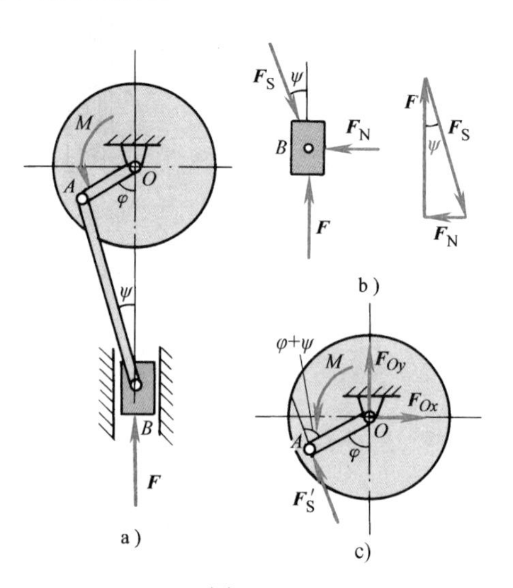


图 3-8

（2）考察曲轴（连同飞轮）的平衡，它们的受力图如图 3-8c 所示，其中力 $\boldsymbol{F}'_{\mathrm{S}}$ 为连杆作用于曲轴的力。根据连杆的平衡条件易知 $\boldsymbol{F}'_{\mathrm{S}}=-\boldsymbol{F}_{\mathrm{S}}$。由平衡方程

$$\sum M_O(\boldsymbol{F})=0,\quad M-F'_{\mathrm{S}}r\sin(\varphi+\psi)=0$$

求得

$$M=F_{\mathrm{S}}r\sin(\varphi+\psi)$$

将已求得的 $F_{\mathrm{S}}$ 值代入，得到

$$M=Fr\frac{\sin(\varphi+\psi)}{\cos\psi}$$

**例 3-6** 某厂厂房用三铰刚架制成，由于地形限制，铰 $A$ 及 $B$ 位于不同高度，如图 3-9a 所示。刚架上的载荷已简化为两个集中力 $\boldsymbol{F}_1$ 及 $\boldsymbol{F}_2$。试求 $A$、$B$、$C$ 三处的约束力。

**解：** 本题是静定问题，但如以整个刚架作为考察对象（图 3-9a），不论怎样选取投影轴和矩心，每一平衡方程中至少包含两个未知数，而且不可能联立求解（读者可自己写出平衡方程，进行分析）。即使用另外的方式表示 $A$、$B$ 两处的约束力，例如，将 $A$、$B$ 两处的约束力分别用沿着 $AB$ 线和垂直于 $AB$ 线的分力来表示，这样可以由 $\sum M_A(\boldsymbol{F})=0$ 及 $\sum M_B(\boldsymbol{F})=0$ 分别求出垂直于 $AB$ 线的两个分力，但对进一步的计算并不方便。因此，将 $AC$ 及 $BC$ 两部分分开来考察，受力图分别如图 3-9b、c 所示。虽然就每一部分不能求出四个未知数中的任何一个，但联合考察两部分，分别以 $A$ 及 $B$ 为矩心，写出力矩方程，则两方程中只有 $F_{Cx}(=F'_{Cx})$ 及 $F_{Cy}(=F'_{Cy})$ 两个未知数，因而可以联立求解。现在根据上面的分析来写出平衡方程。

由图 3-9b，得

$$\sum M_A(\boldsymbol{F})=0,\ F_{Cx}(H+h)+F_{Cy}l-F_1(l-a)=0 \tag{a}$$

由图 3-9c，得

$$\sum M_B(\boldsymbol{F})=0,\ -F'_{Cx}H+F'_{Cy}l+F_2(l-b)=0 \tag{b}$$

联立求解式(a)及式(b)，可得

$$F_{Cx}=F'_{Cx}=\frac{F_1(l-a)+F_2(l-b)}{2H+h}$$

$$F_{Cy}=F'_{Cy}=\frac{F_1(l-a)H-F_2(l-b)(H+h)}{l(2H+h)}$$

其余各未知约束力，请读者自己计算并进行校核。

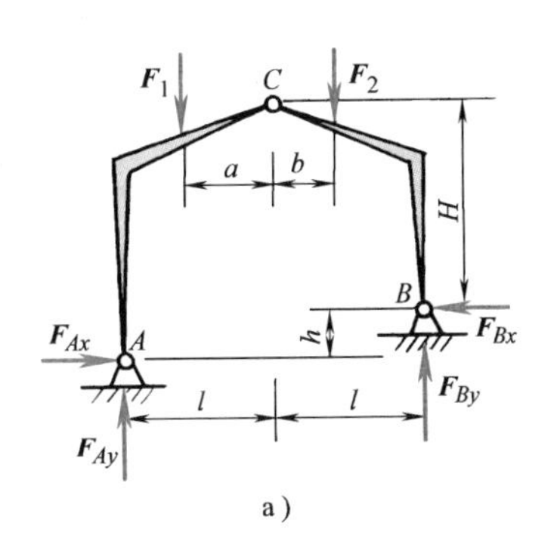


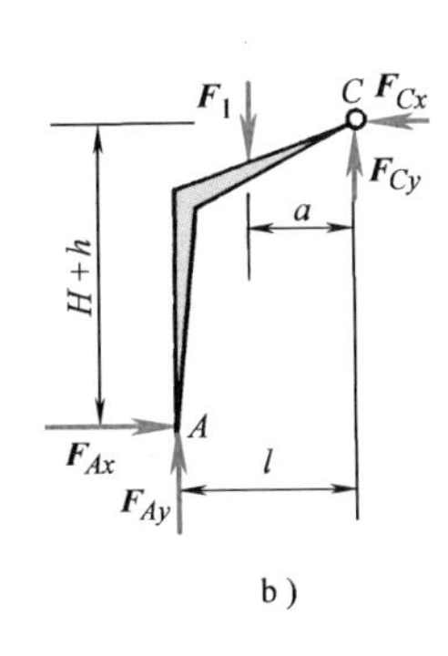


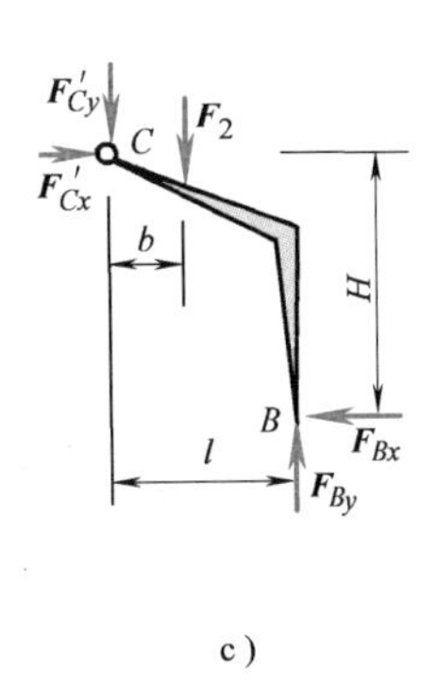


图 3-9

如果只需求 $A$、$B$ 两处的约束力而不需求 $C$ 处的约束力，请考虑怎样用最少数目的平衡方程求解。

如果 $A$、$B$ 两点高度相同（$h=0$），又怎样求解最为简便?

**例 3-7** 已知结构如图 3-10a 所示，其上作用载荷分布如图所示，$q_{1\max}=3\text{kN/m}$，$q_2=0.5\text{kN/m}$，力偶矩 $M=2\text{kN}\cdot\text{m}$，试求固定端 $A$ 与支座 $B$ 的约束力和铰链 $C$ 的内力。

**解：** 本题如以整体为研究对象，固定端约束力有 $\boldsymbol{F}_{Ax}$、$\boldsymbol{F}_{Ay}$ 与 $M_A$，支座 $B$ 约束力有 $\boldsymbol{F}_{NB}$ 共四个未知量。又考虑到还要求铰链 $C$ 的内力，故且先分开 $BC$ 部分，画受力图（图 3-10b）来求解。

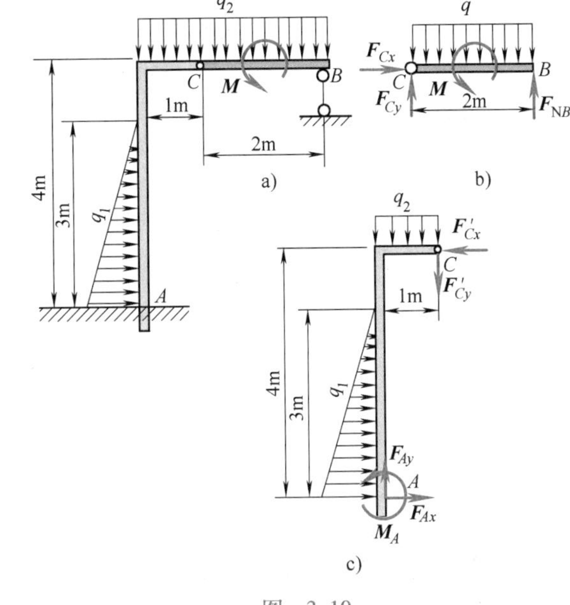


图 3-10

$BC$ 上的均布载荷可简化成合力 $F_q=q_2\times 2\text{m}$。现列方程如下：

$$\sum M_C(\boldsymbol{F})=0,\quad F_{NB}\times 2\text{m}+M-q_2\times 2\text{m}\times 1\text{m}=0$$

所以

$$F_{NB}=\frac{q_2\times 2\text{m}\times 1\text{m}-M}{2\text{m}}=-0.5\text{kN}$$

$$\sum F_y=0,\quad F_{Cy}+F_{NB}-q_2\times 2\text{m}=0$$

所以

$$F_{Cy}=q_2\times 2\text{m}-F_{NB}=1.5\text{kN}$$

$$\sum F_x=0,\quad F_{Cx}=0$$

再取 $AC$ 部分画受力图如图 3-10c 所示，列方程如下：

$$\sum M_A(\boldsymbol{F})=0,\ F'_{Cx}\times 4\text{m}-q_2\times 1\text{m}\times\frac{1}{2}\text{m}-q_1\times 3\text{m}\times\frac{1}{2}\times 1\text{m}+M_A-F'_{Cy}\times 1\text{m}=0$$

所以

$$M_A=-F'_{Cx}\times 4\text{m}+q_2\times 1\text{m}\times\frac{1}{2}\text{m}+q_1\times 3\text{m}\times\frac{1}{2}\times 1\text{m}+F'_{Cy}\times 1\text{m}$$

$$=6.25\text{kN}\cdot\text{m}$$

$$\sum F_y=0,\ F_{Ay}-F'_{Cy}-q_2\times 1\text{m}=0$$

所以

$$F_{Ay}=F'_{Cy}+q_2\times 1\text{m}=2\text{kN}$$

$$\sum F_x=0,\ F_{Ax}+q_1\times 3\text{m}\times\frac{1}{2}=0\ (F'_{Cx}=0)$$

所以

$$F_{Ax}=-q_1\times 3\text{m}\times\frac{1}{2}=-4.5\text{kN}$$

在练习题中如遇到集中载荷加在中间铰链的情形，可做以下两种处理：

（1）当不需要计算受集中力的中间铰链的约束力时，此铰链与集中力可以任意地加在某一部分分离体上。

（2）当需要计算受集中力中间铰链的约束力时，宜把中间铰链销钉单独作为一分离体，集中力则作用在销钉上来处理。

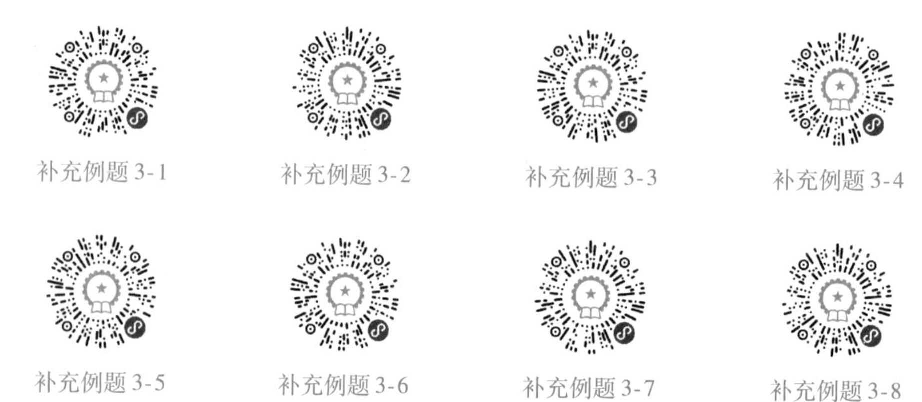


## 3.4 空间力系的平衡

空间一般力系平衡的充分必要条件与平面一般力系平衡的充分必要条件相似，也应是力系的主矢和主矩同时为零。即物体在空间一般力系作用下平衡，必须且只需不沿任选的$x$轴、$y$轴、$z$轴方向移动，也不绕这三个坐标轴转动。由此得到空间力系的平衡方程为

$$\left.\begin{array}{l}\sum F_x=0,\sum F_y=0,\sum F_z=0\\ \sum M_x(\boldsymbol{F})=0,\sum M_y(\boldsymbol{F})=0,\sum M_z(\boldsymbol{F})=0\end{array}\right\}\quad(3\text{-}10)$$

此即，物体若平衡，则必须满足上述方程。反之，空间力系如满足上述六个方程，则物体必然保持平衡状态（即相对静止或做匀速运动）。所以式（3-10）表示了**空间力系平衡的必要和充分条件，即各力在三个坐标轴上投影的代数和以及各力对此三轴之矩的代数和都必须同时等于零。**

空间任意力系的平衡条件包含了各种特殊力系的平衡条件，由空间任意力系的平衡方程（3-10）可以导出各种特殊力系的平衡方程。

**1. 空间汇交力系**　如果使坐标轴的原点与各力的汇交点重合，则式（3-10）中的$\sum M_x\equiv\sum M_y\equiv\sum M_z\equiv 0$，则空间汇交力系平衡方程为

$$\sum F_x=0,\quad \sum F_y=0,\quad \sum F_z=0\quad(3\text{-}11)$$

**2. 空间平行力系** 如果使 $z$ 轴与各力平行，则式（3-10）中的 $\sum F_x \equiv 0$，$\sum F_y \equiv 0$，$\sum M_z \equiv 0$，则空间平行力系的平衡方程为

$$\sum F_z = 0,\quad \sum M_x(\boldsymbol{F}) = 0,\quad \sum M_y(\boldsymbol{F}) = 0 \tag{3-12}$$

上式表明，空间平行力系平衡的必要与充分条件是：该力系中所有各力在与力作用线平行的坐标轴上的投影的代数和等于零，以及各力对于两个与力作用线垂直的轴之矩的代数和等于零。

**3. 空间力偶系** 式（3-12）中，$\sum F_x \equiv 0$，$\sum F_y \equiv 0$，$\sum F_z \equiv 0$，则空间力偶系的平衡方程为

$$\left.\begin{aligned}\sum M_x(\boldsymbol{F}) = 0\\ \sum M_y(\boldsymbol{F}) = 0\\ \sum M_z(\boldsymbol{F}) = 0\end{aligned}\right\} \tag{3-13}$$

在空间力系问题里，物体所受的约束，有些类型不同于平面力系问题里的约束类型。它们的简化记号及可能作用于物体的约束力或力偶见附录 B。

---

**例 3-8** 水平传动轴上安装着带轮和圆柱直齿轮，如图 3-11a 所示。带轮所受到的紧边胶带拉力 $\boldsymbol{F}_{T1}$ 沿水平方向，松边胶带拉力 $\boldsymbol{F}_{T2}$ 与水平线成 $\theta = 30°$ 角，如图 3-11b 所示。齿轮在最高点 $C$ 与另一轴上的齿轮（未画出）相啮合，受到后者作用的圆周力 $\boldsymbol{F}_t$ 和径向力 $\boldsymbol{F}_r$。已知带轮直径 $d_1 = 0.5\text{m}$，齿轮节圆直径 $d_2 = 0.2\text{m}$，啮合角 $\alpha = 20°$，$b = 0.2\text{m}$，$c = e = 0.3\text{m}$，$F_t = 2\text{kN}$，零件自身重量不计，并假设 $F_{T1} = 2F_{T2}$。转轴可以认为处于平衡状态。试求支承转轴的向心轴承 $A$、$B$ 的约束力。

**解：** 画出转轴的受力图。作用在转轴上的力有：胶带拉力 $\boldsymbol{F}_{T1}$、$\boldsymbol{F}_{T2}$，齿轮啮合力 $\boldsymbol{F}_t$、$\boldsymbol{F}_r$ 和轴承 $A$、$B$ 的约束力，后者各用两个正交分力 $\boldsymbol{F}_{Ax}$、$\boldsymbol{F}_{Az}$ 和 $\boldsymbol{F}_{Bx}$、$\boldsymbol{F}_{Bz}$ 来表示。取笛卡儿坐标系 $Axyz$ 如图所示。列出图示空间力系的平衡方程如下：

$$\sum F_x = 0,\quad F_{Ax} + F_{Bx} + F_{T1} + F_{T2}\cos\theta + F_t = 0 \tag{a}$$

$$\sum F_z = 0,\quad F_{Az} + F_{Bz} - F_{T2}\sin\theta - F_r = 0 \tag{b}$$

$$\sum M_x(\boldsymbol{F}) = 0,\quad F_{Bz}(c+e) - F_r c + F_{T2}\sin\theta \cdot b = 0 \tag{c}$$

$$\sum M_y(\boldsymbol{F}) = 0,\quad F_t\frac{d_2}{2} - F_{T1}\frac{d_1}{2} + F_{T2}\frac{d_1}{2} = 0 \tag{d}$$

$$\sum M_z(\boldsymbol{F}) = 0,\quad -F_{Bx}(c+e) - F_t c + F_{T1} b + F_{T2}\cos\theta \cdot b = 0 \tag{e}$$

本题中各力在 $y$ 轴上的投影均为零，故平衡方程 $\sum F_y = 0$ 成为恒等式，共得五个独立的平衡方程。胶带拉力间有题设的关系：

$$F_{T1} = 2F_{T2} \tag{f}$$

齿轮圆周力和径向力的合力与圆周力的夹角为啮合角 $\alpha$，因此，圆周力与径向力间有如下关系：

$$F_r = F_t\tan\alpha \tag{g}$$

将已知数据代入，从式（d）、式（f）得

$$F_{T2} = F_t\frac{d_2}{d_1} = \left(2 \times \frac{0.2}{0.5}\right)\text{kN} = 0.8\text{kN}$$

$$F_{T1} = 2F_{T2} = 1.6\text{kN}$$

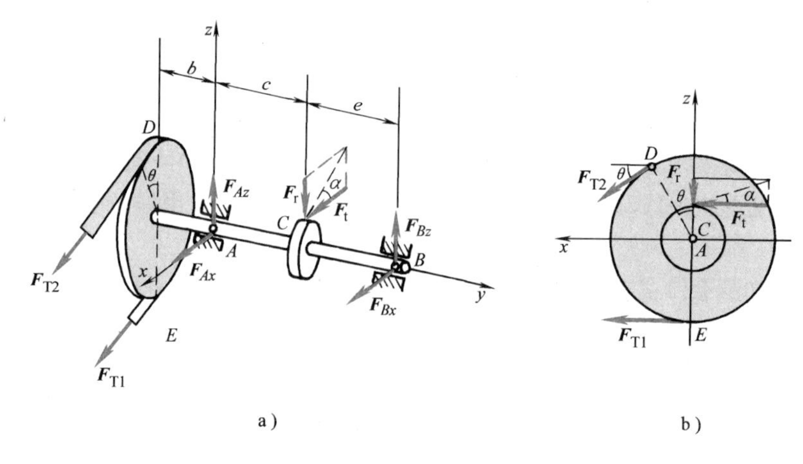


图　3-11

由式（e）和式（a）得

$$
\begin{aligned}
F_{Bx} &= \frac{-F_t c + (F_{T1} + F_{T2}\cos\theta) b}{c + e} \\
&= \frac{-2 \times 0.3 + (1.6 + 0.8\cos30^\circ) \times 0.2}{0.3 + 0.3}\text{kN} \\
&= -0.2357\text{kN}
\end{aligned}
$$

$$
\begin{aligned}
F_{Ax} &= -(F_{Bx} + F_{T1} + F_{T2}\cos\theta + F_t) \\
&= (0.2357 - 1.6 - 0.8\cos30^\circ - 2)\text{kN} \\
&= -4.057\text{kN}
\end{aligned}
$$

由式（g）有

$$F_r = 2\tan20^\circ\text{kN} = 0.7279\text{kN}$$

将此值代入式（c）和式（b），可得

$$
\begin{aligned}
F_{Bz} &= \frac{F_r c - F_{T2}\sin\theta \cdot b}{c + e} \\
&= \frac{0.7279 \times 0.3 - 0.8 \times 0.2 \times \sin30^\circ}{0.3 + 0.3}\text{kN} \\
&= 0.2306\text{kN}
\end{aligned}
$$

$$
\begin{aligned}
F_{Az} &= -F_{Bz} + F_{T2}\sin\theta + F_r \\
&= (-0.2306 + 0.8\sin30^\circ + 0.7279)\text{kN} \\
&= 0.8973\text{kN}
\end{aligned}
$$

轴承约束力一般还需要求出其合力的大小，它们为

$$F_{RA} = \sqrt{F_{Ax}^2 + F_{Az}^2} = \sqrt{(-4.057)^2 + (0.8973)^2}\ \text{kN} = 4.155\text{kN}$$

$$F_{RB} = \sqrt{F_{Bx}^2 + F_{Bz}^2} = \sqrt{(-0.2357)^2 + (0.2306)^2}\ \text{kN} = 0.3298\text{kN}$$

## 重点提示

（1）若整体平衡，组成整体的每一个局部也必然平衡，即组成系统的每一个刚体必然

平衡。(2) 在求解物系的平衡问题时，受力分析是解决力学问题成败的重要部分，只有当受力分析正确无误时，其后的分析计算才能取得正确的结果。(3) 列写方程的形式多种多样，但每个研究对象的独立方程数是一定的（如平面一般问题是3个，空间一般问题是6个），多余的方程是共容的，只能起到相互校核作用。(4) 列写方程时要注明投影轴（非水平、垂直轴要在图中画出投影轴）和矩心。(5) 求解物系问题时，巧妙选取分离体、投影轴或矩心，使每一个方程中未知数尽量少，避免解大型联立方程组。(6) 超静定问题是由于未知量个数多于独立方程数而不能求解，需要利用材料力学知识列写补充方程才能求解。

单个物体的平衡　　物系的平衡　　物系平衡的例题

## 思考题

1. 平面汇交力系，平面力偶系，平面平行力系，平面任意力系，空间汇交力系，空间力偶系，空间平行力系，空间任意力系，它们的平衡条件各有几个?

2. 物体系统处于平衡状态，此系统一定静止吗?

3. 一个物体系统，受力系作用后做匀速直线平行移动，则作用在此刚体上的力系是（　　）。(A) 汇交力系　(B) 平行力系　(C) 平面力系　(D) 平衡力系

## 习题

3-1　图3-12所示简易起重机用钢丝绳吊起重为2kN的重物。不计杆件自重、摩擦及滑轮尺寸，$A$、$B$、$C$三处简化为铰链连接，试求杆$AB$和$AC$所受的力。

答：a) $F_{AB}=2.73\text{kN}$, $F_{AC}=-5.28\text{kN}$; b) $F_{AB}=-0.414\text{kN}$, $F_{AC}=3.15\text{kN}$。

3-2　均质杆$AB$重量为$P$、长为$l$，两端置于相互垂直的两光滑斜面上，如图3-13所示。已知一斜面与水平方向成角$\alpha$，求平衡时杆与水平方向所成的角$\varphi$及距离$OA$。

答：$\varphi=0.5\pi-2\alpha$，$OA=l\sin\alpha$。

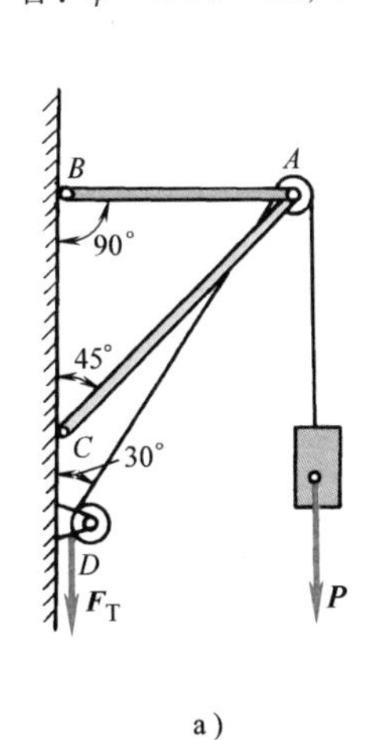

a)　　b)

图3-12　题3-1图

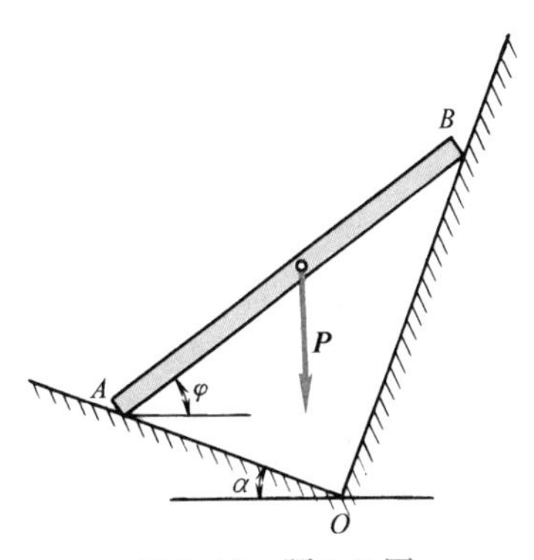


图3-13　题3-2图

3-3　构件的支承及载荷情况如图3-14所示，求支座A、B的约束力。

答：a）$F_{NA}=F_{NB}=1.5\text{kN}$；b）$F_{NA}=F_{NB}=\sqrt{2}Fa/l$。

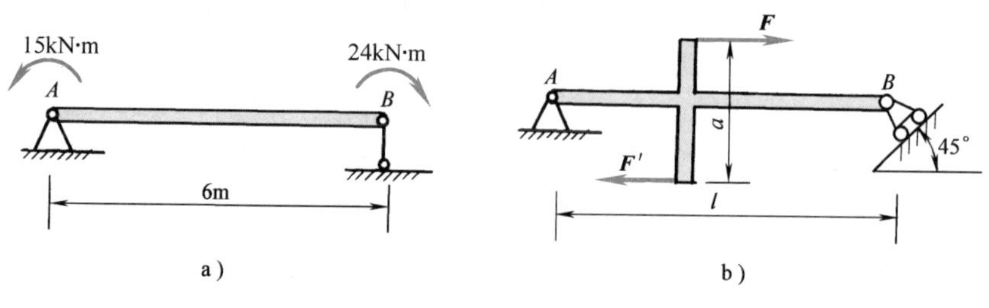


图3-14　题3-3图

3-4　图3-15所示为炼钢电炉的电极提升装置。设电极HI与支架总重量为P，重心在C点，支架上三个导轮A、B、E可沿固定立柱滚动，提升钢丝绳系在D点。求电极被支架缓慢提升时钢丝绳的拉力及A、B、E三处的约束力。

答：$F=P$，$F_{NA}=F_{NB}=Pa/b$，$F_{NE}=0$。

3-5　杆AB重量为P、长为2l，置于水平面与斜面上，其上端系一绳子，绳子绕过滑轮C吊起一重为W的重物，如图3-16所示。各处摩擦均不计，求杆平衡时的W值及A、B两处的约束力。α、β均为已知。

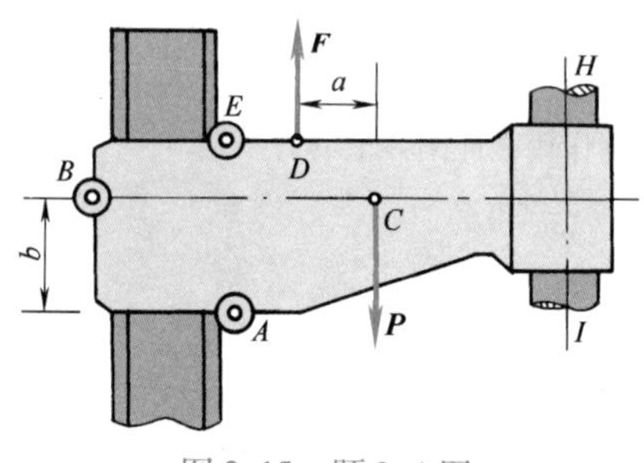


图3-15　题3-4图

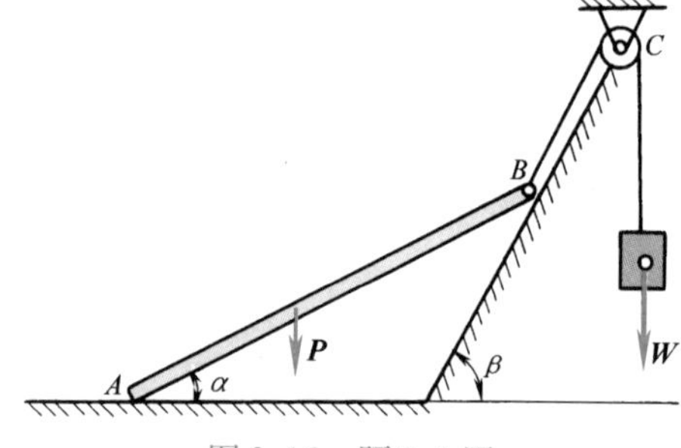


图3-16　题3-5图

答：$W=0.5P\sin\beta$，$F_{NA}=0.5P$，$F_{NB}=0.5P\cos\beta$。

3-6　在大型水工试验设备中，采用尾门控制下游水位，如图3-17所示。尾门AB在A端用铰链支持，B端系以钢索BE，绞车E可以调节尾门AB与水平线的夹角θ，因而也就可以调节下游的水位。已知$\theta=60°$、$\varphi=15°$，设尾门AB长度为$a=1.2\text{m}$、宽度$b=1.0\text{m}$、重量$P=800\text{N}$。求A端约束力和钢索拉力。

答：$F_{Ax}=-3055.11\text{N}$，$F_{Ay}=3255.97\text{N}$，$F_T=2315.8\text{N}$。

3-7　重物悬挂如图3-18所示，已知$P=1.8\text{kN}$，其他重量不计，求铰链A的约束力和杆BC所受的力。

答：$F_{Ax}=2.4\text{kN}$，$F_{Ay}=1.2\text{kN}$，$F_{BC}=848\text{N}$。

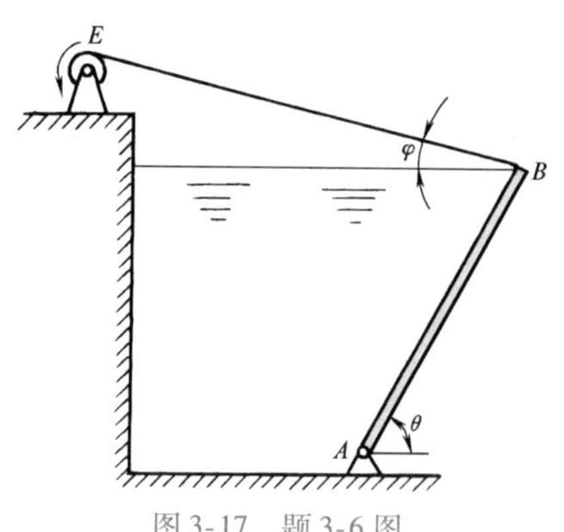


图3-17　题3-6图

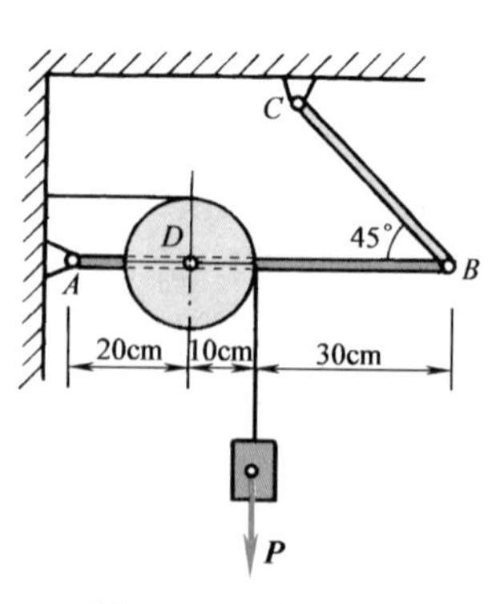


图3-18　题3-7图

3-8　求图3-19所示各物体的支座约束力，长度单位为m。

答：a）$F_{NA}=3.75\text{kN}$，$F_{NB}=-0.25\text{kN}$；

b）$F_{Ax}=0$，$F_{Ay}=17\text{kN}$，$M_A=43\text{kN}\cdot\text{m}$。

3-9　图3-20所示铁路起重机，除平衡重$P_1$外的全部重量$P_2=500\text{kN}$，中心在两铁轨的对称平面内，最大起重量$P=200\text{kN}$。为保证起重机在空载和最大载荷时都不致倾倒，求平衡重$P_1$及其距离$x$。

答：$0<x<1.25$，$\dfrac{825}{x+1.5}\leqslant P_1\leqslant\dfrac{375}{x}$。

3-10　半径为$a$的无底薄圆筒置于光滑水平面上，筒内装有两球，球所受重力均为$P$，半径为$r$，如图3-21所示。问圆筒的重量$W$多大时圆筒不致翻倒？

答：$W=2P(a-r)/a$。

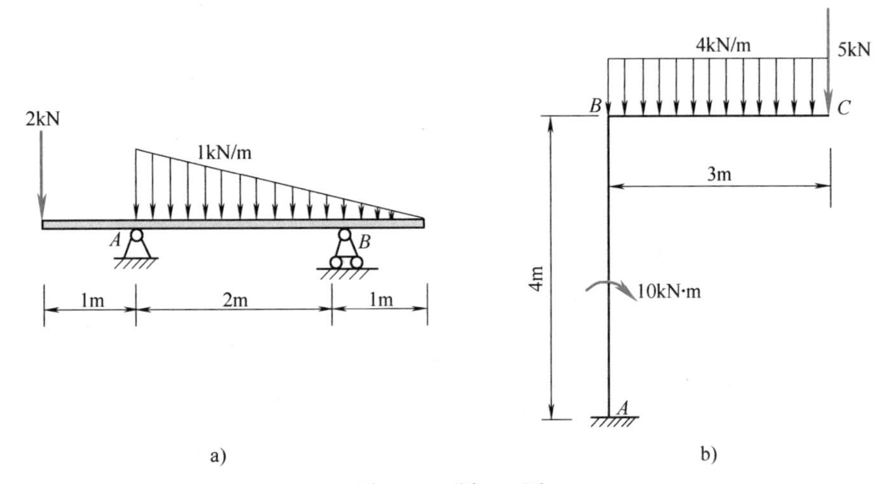


图3-19　题3-8图

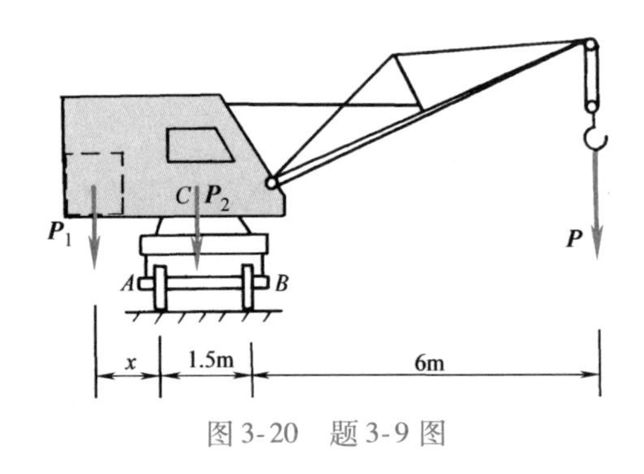


图3-20　题3-9图

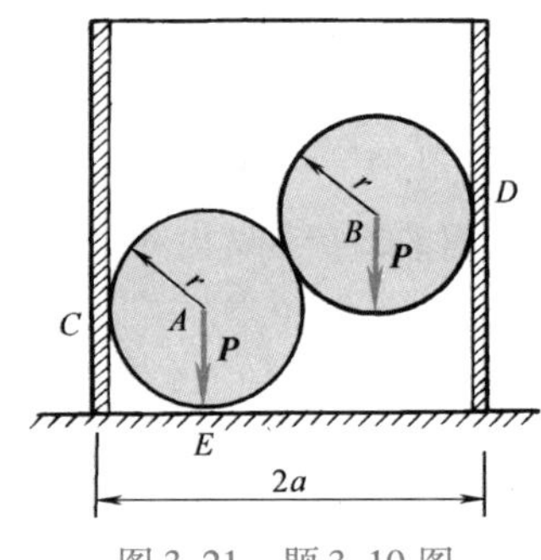


图3-21　题3-10图

3-11　静定刚架载荷及尺寸如图3-22所示，求支座约束力和中间铰的压力。

答：$F_{Ax}=7.69\text{kN}$，$F_{Ay}=57.69\text{kN}$；$F_{Bx}=-57.69\text{kN}$，$F_{By}=142.3\text{kN}$；$F_{Cx}=-57.69\text{kN}$，$F_{Cy}=42.31\text{kN}$。

3-12　静定多跨梁的载荷尺寸如图3-23所示，长度单位为m，求支座约束力和中间铰的压力。

答：a）$F_{Ax}=34.64\text{kN}$，$F_{Ay}=60\text{kN}$，$M_A=220\text{kN}\cdot\text{m}$，$F_{Bx}=-34.64\text{kN}$，$F_{By}=60\text{kN}$，$F_{NC}=69.28\text{kN}$；

b）$F_{Ay}=-2.5\text{kN}$，$F_{NB}=15\text{kN}$，$F_{Cy}=2.5\text{kN}$，$F_{ND}=2.5\text{kN}$；

c）$F_{Ay}=2.5\text{kN}$，$M_A=10\text{kN}\cdot\text{m}$，$F_{By}=2.5\text{kN}$，$F_{NC}=1.5\text{kN}$；

d）$F_{Ay}=-51.25\text{kN}$，$F_{NB}=105\text{kN}$，$F_{Cy}=43.75\text{kN}$，$F_{ND}=6.25\text{kN}$。

3-13　构架如图3-24所示，$A$、$B$、$C$、$D$处皆为光滑接触，两杆中点用光滑铰链连接，并在销钉上作用一已知力$\boldsymbol{F}$。试求$A$、$B$、$C$、$D$四处的约束力及两杆在$O$点处所受的力。

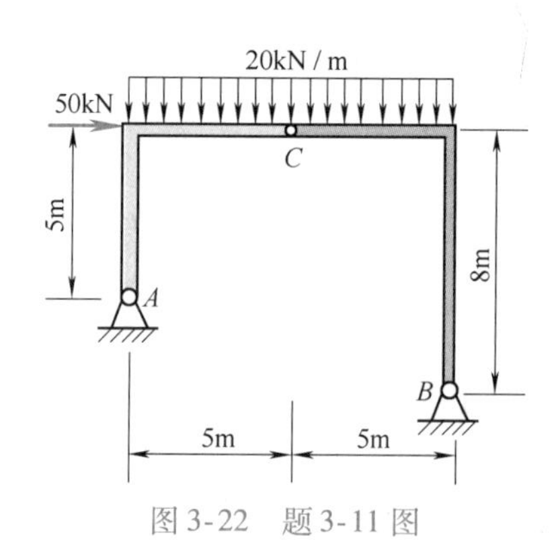


图3-22　题3-11图

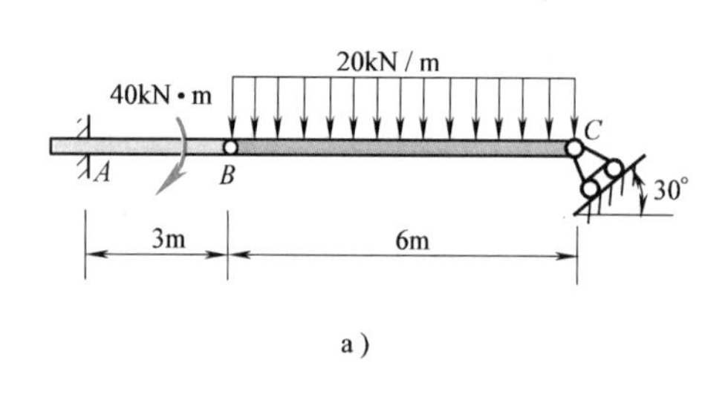


a)

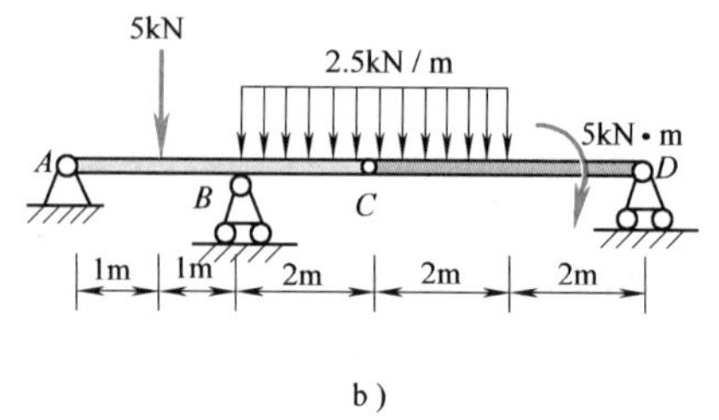


b)

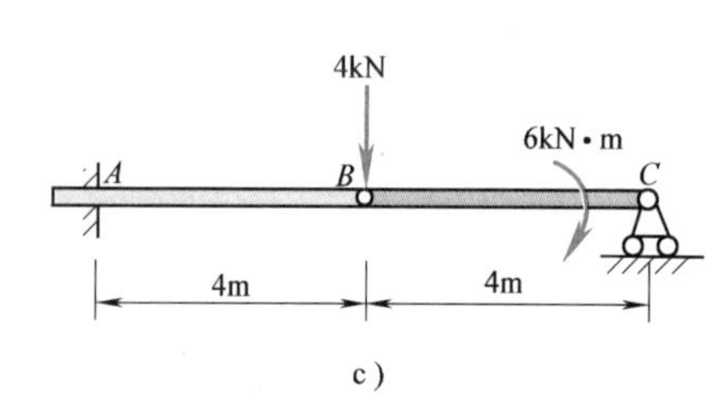


c)

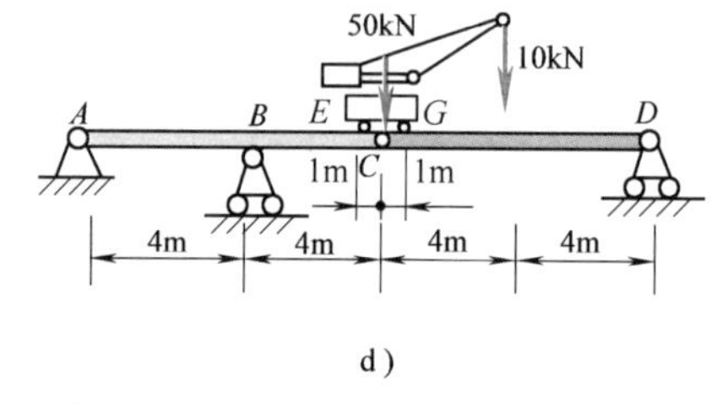


d)

图3-23　题3-12图

答：$F_{NA}=F_{NB}=\frac{1}{4}(1+\sqrt{3})F$，$F_{NC}=F_{ND}=\frac{1}{4}(\sqrt{3}-1)F$，$F_{AB}=-\frac{\sqrt{3}-1}{2\sqrt{2}}F$，$F_{CD}=-\frac{\sqrt{3}+1}{2\sqrt{2}}F$。

3-14　图3-25所示结构由杆件$AC$、$CD$和$DE$构成。已知$a=1\text{m}$，$F=500\text{N}$，$M=1000\text{N}\cdot\text{m}$，$q=2000\text{N/m}$。求支座$A$、$B$的约束力。

答：$F_{Ax}=1732\text{N}$，$F_{Ay}=-1000\text{N}$，$F_{NB}=6000\text{N}$。

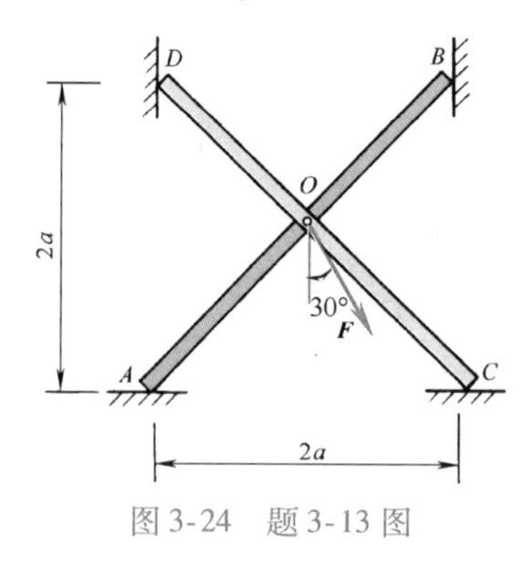


图3-24　题3-13图

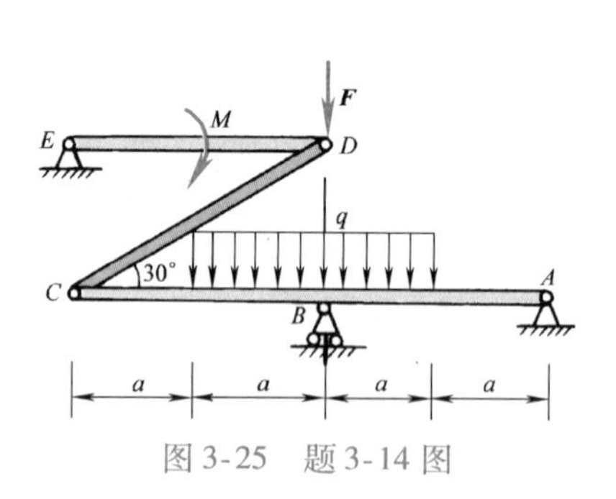


图3-25　题3-14图

3-15　在图3-26所示结构中，$A$、$E$为固定铰支座，$B$为滚动支座，$C$、$D$为中间铰。已知$F$及$q$，试求$A$、$B$两处的约束力。

答：$F_{Ax}=F/2$，$F_{Ay}=qa/2-F$，$F_{NB}=2F+qa/2$。

3-16　构架的尺寸及载荷如图3-27所示，试求$G$处的约束力。

答：$F_{Gx}=\dfrac{1}{2a}(Fa\cot\alpha-M)$，$F_{Gy}=F$，$M_G=\dfrac{b}{2a}(M-Fa\cot\alpha)$。

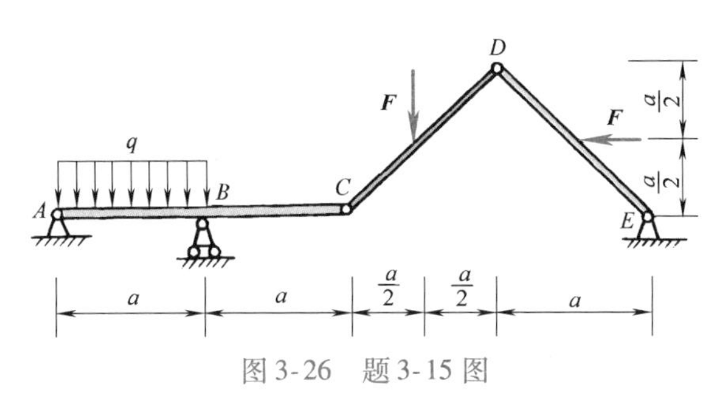

图3-26　题3-15图

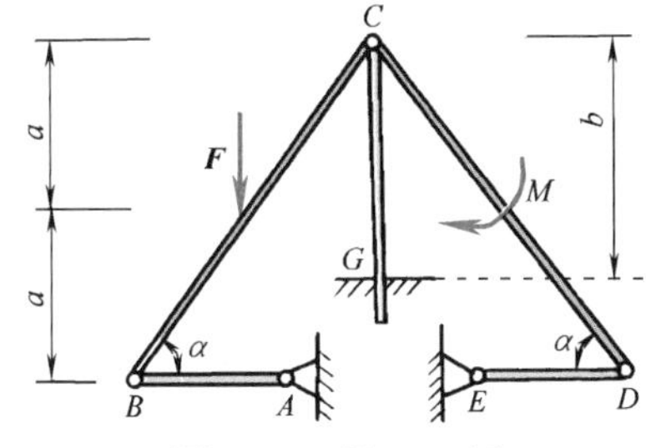

图3-27　题3-16图

3-17　$AB$、$AC$、$BC$、$AD$四杆连接如图3-28所示。在水平杆$AB$上有铅垂向下的力$\boldsymbol{F}$作用，求证不论$\boldsymbol{F}$的位置如何，$AC$杆总是受到大小等于$F$的压力。

3-18　图3-29所示构架由$AG$、$BH$、$CF$、$CG$、$FH$五根杆组成，在$C$、$D$、$E$、$F$、$G$、$H$处均用铰链连接，在$A$处作用一力$F=2\text{kN}$，不计杆重。试求作用在$CF$上$C$、$D$、$E$、$F$四点上的力。

答：$F_{CG}=-5\text{kN}$，$F_{Dx}=4\text{kN}$，$F_{Dy}=-4.5\text{kN}$，$F_{Ey}=1.5\text{kN}$，$F_{HF}=0$。

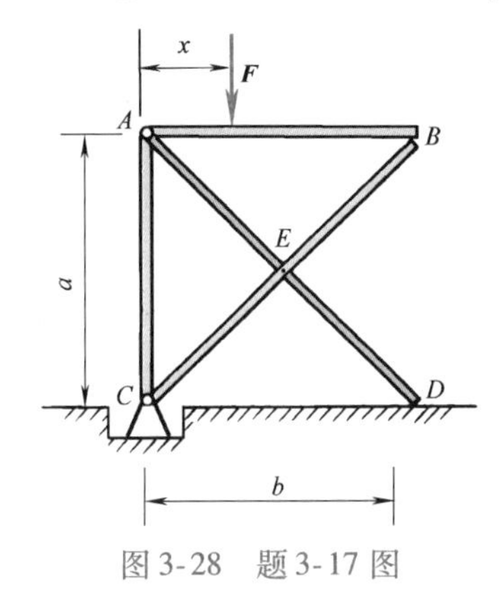

图3-28　题3-17图

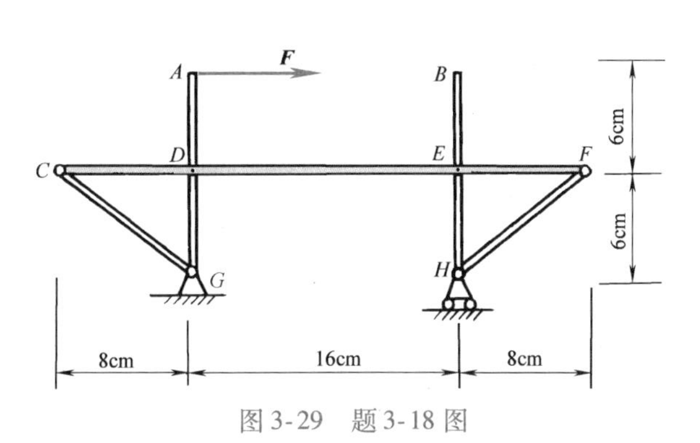

图3-29　题3-18图

3-19　在图3-30所示的平面结构中，$A$、$B$、$C$、$D$、$E$、$F$、$G$处均为铰链，$GIH$为一折杆，力偶矩$M=250\text{N}\cdot\text{m}$，不计各杆自重。试求$C$、$D$处的约束力。

答：$F_{RD}=100\sqrt{2}\text{N}$，$F_{RC}=412.2\text{N}$。

3-20　三角架如图3-31所示，$P=1\text{kN}$，试求支座$A$、$B$的约束力。

答：$F_{Ax}=-1.75\text{kN}$，$F_{Ay}=0.5\text{kN}$，$F_{Bx}=1.75\text{kN}$，$F_{By}=0.5\text{kN}$。

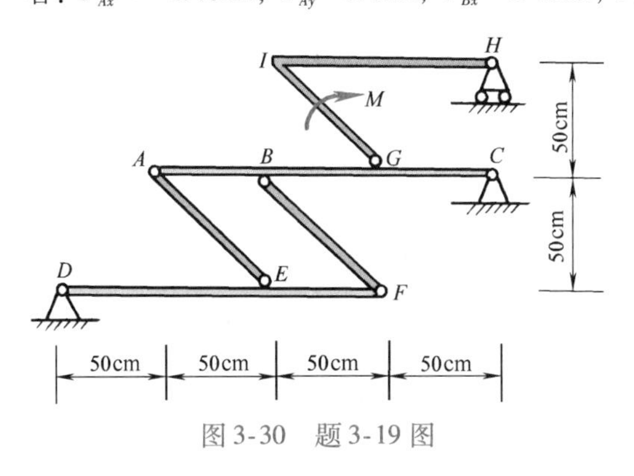

图3-30　题3-19图

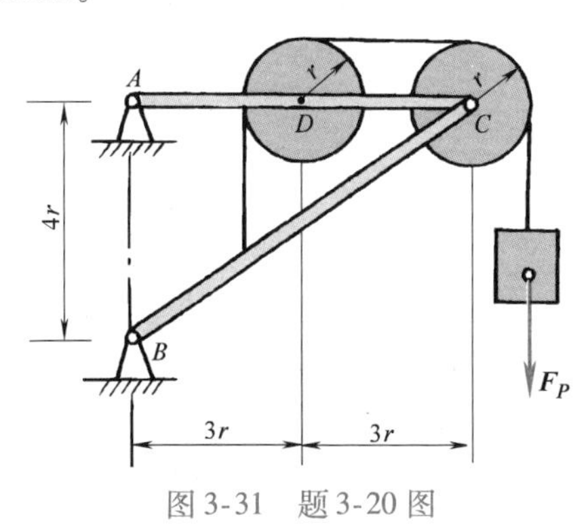

图3-31　题3-20图

习题3-17讲解　　习题3-19讲解　　习题3-21讲解

3-21　如图3-32所示，用三根杆连接成一构架，各连接点均为铰链，各接触表面均为光滑表面。求铰链$D$所受的力。

答：$F_{RD}=84\text{N}$。

3-22　在图3-33所示组合结构中，$F=6\text{kN}$，$q=1\text{kN/m}$，求杆1、2的内力。

答：$F_1=8\text{kN}$，$F_2=-6\text{kN}$。

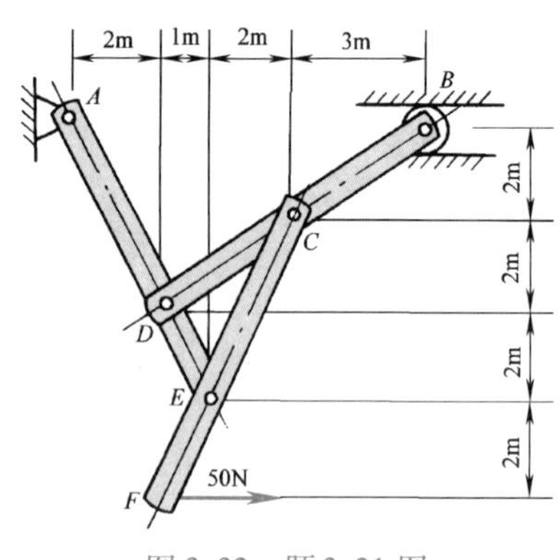


图3-32　题3-21图

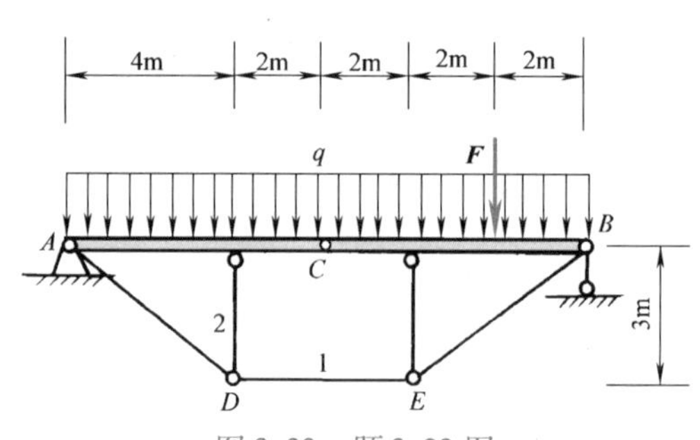


图3-33　题3-22图

3-23　求图3-34所示结构中$A$、$B$、$C$三处铰链的约束力。已知重物重$P=1\text{kN}$。

答：$F_{RA}=F_{RB}=0.612\text{kN}$，$F_{RC}=-0.499\text{kN}$。

3-24　重量为$P$的矩形水平板由三根铅垂直杆吊挂，尺寸如图3-35所示，求各杆内力。若在板的$D$点放置一重量为$W$的物体，问各杆内力又如何呢？

答：$F_1=F_3=P/2$，$F_2=0$；在$D$点有重力$\boldsymbol{W}$作用后，$F_1=F_3=P/2+W$，$F_2=-W$。

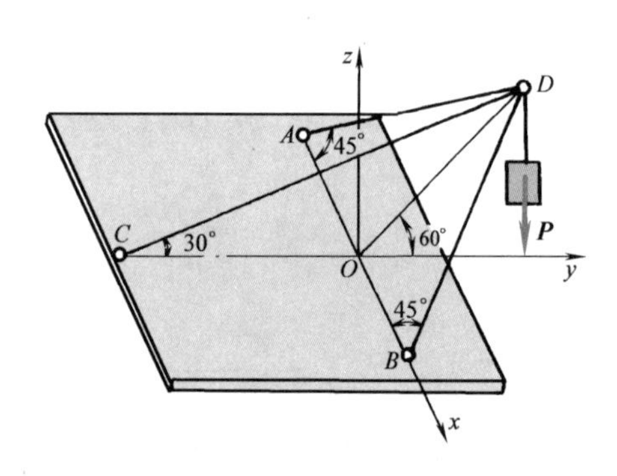


图3-34　题3-23图

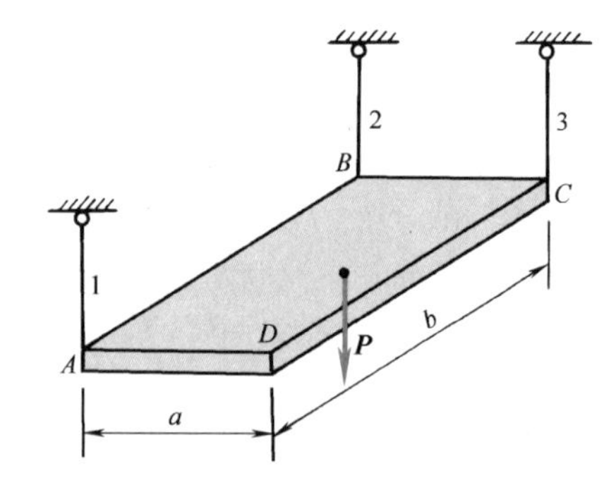


图3-35　题3-24图

3-25　图3-36所示三圆盘$A$、$B$和$C$的半径分别为15cm、10cm和5cm，三轴$OA$、$OB$和$OC$在同一平面内，$\angle AOB$为直角，在这三圆盘上分别作用力偶。组成各力偶的力作用在轮缘上，它们的大小分别等于10N、20N和$F$。若这三圆盘所构成的物系是自由的，求能使此物系平衡的角度$\alpha$及力$\boldsymbol{F}$的大小。

答：$F=50\text{N}$，$\alpha=143°8'$。

3-26　图3-37所示水平轴上装有两个带轮$C$和$D$，轮的半径$r_1=20\text{cm}$、$r_2=25\text{cm}$，轮$C$的胶带是水平

的，其拉力 $F_{T1}=2F'_{T1}=5000N$，轮 $D$ 的胶带与铅垂线成角 $\alpha=30°$，其拉力 $F_{T2}=2F'_{T2}$。不计轮、轴的重量，求在平衡情况下拉力 $F_{T2}$ 的大小及轴承约束力。

答：$F_{T2}=2F'_{T2}=4000N$，$F_{Ax}=-6375N$，$F_{Az}=1299N$，$F_{Bx}=-4125N$，$F_{Bz}=3897N$。

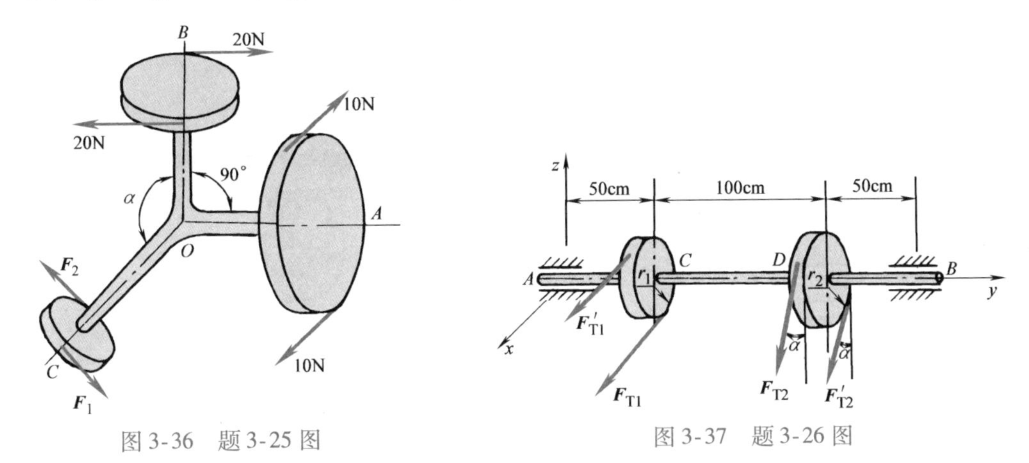


图 3-36　题 3-25 图　　　　图 3-37　题 3-26 图

3-27　图 3-38 所示长方形门的转轴铅垂，门打开角度为 60°，并用两绳维持在此位置。其中一绳跨过滑轮并吊起重量 $P=320N$，另一绳 $EF$ 系在地板的 $F$ 点上，已知门重 640N、高 240cm、宽 180cm，各处摩擦不计，求绳 $EF$ 的拉力，并求 $A$ 点圆柱铰链和门框上 $B$ 点的约束力。

答：$F_{EF}=320N$，$F_{Ax}=69N$，$F_{Ay}=-280N$，$F_{Bx}=208N$，$F_{By}=440N$，$F_{Bz}=640N$。

3-28　图 3-39 所示悬臂刚架上作用有 $q=2kN/m$ 的均布载荷，以及作用线分别平行于 $x$、$y$ 轴的集中力 $\boldsymbol{F}_1$、$\boldsymbol{F}_2$。已知 $F_1=5kN$，$F_2=4kN$，求固定端 $O$ 处的约束力及力偶矩。

答：$F_{Ox}=-5kN$，$F_{Oy}=-4kN$，$F_{Oz}=8kN$，$M_x=32kN\cdot m$，$M_y=-30kN\cdot m$，$M_z=20kN\cdot m$。

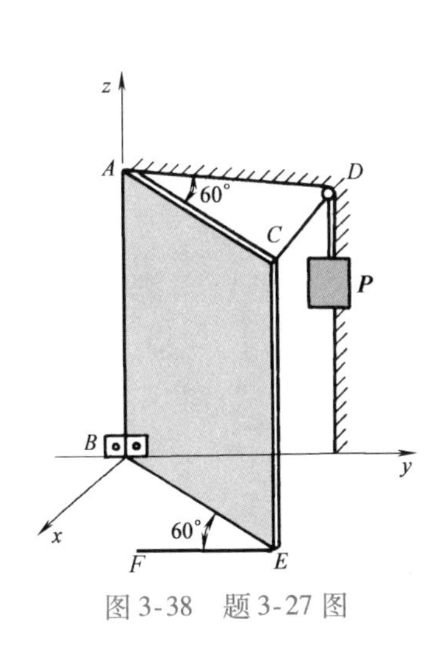


图 3-38　题 3-27 图

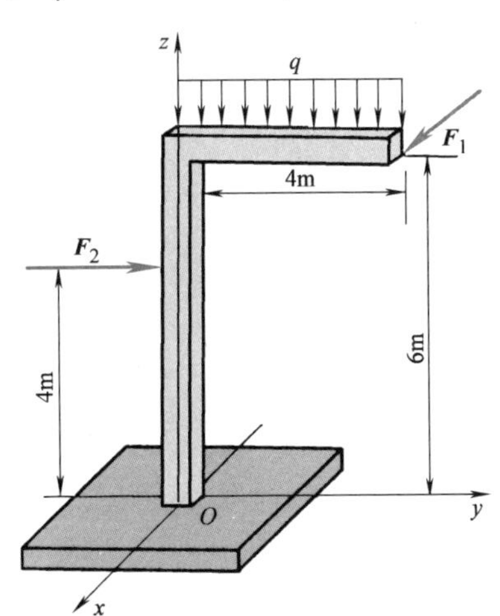


图 3-39　题 3-28 图

3-29　平板 $OBCD$ 重量不计，其上 $E$ 点处作用一个竖直力 $F=2kN$，$c=b/4$，$d=a/3$；平板上表面作用一力偶，$M=5a(kN\cdot m)$；平板用球铰 $O$ 和蝶铰 $B$ 固连在竖直墙壁上，并用细绳 $AC$ 拉住，使平板在水平面内保持平衡状态，点 $O$、$A$ 在同一竖直线上。试求：（1）细绳 $AC$ 的拉力；（2）球铰 $O$、蝶铰 $B$ 对平板的约束力。

答：$F_C=3kN$；$F_{Bx}=5kN$，$F_{Bz}=-0.83kN$，$F_{Ox}=-3.7kN$，$F_{Oy}=2.25kN$，$F_{Oz}=1.3kN$。

3-30　$O_1$ 和 $O_2$ 圆盘与水平轴 $AB$ 固连，$O_1$ 盘面垂直于 $z$ 轴，$O_2$ 盘面垂直于 $x$ 轴，盘面上分别作用有力偶（$\boldsymbol{F}_1$，$\boldsymbol{F}_1'$）、（$\boldsymbol{F}_2$，$\boldsymbol{F}_2'$），如图所示。两盘半径均为200mm，$F_1=3\text{N}$，$F_2=5\text{N}$，$AB=800\text{mm}$，不计构件自重。求轴承$A$和$B$处的约束力。

答：$F_{Ax}=F_{Bx}=-1.5\text{N}$，$F_{Az}=F_{Bz}=2.5\text{N}$。

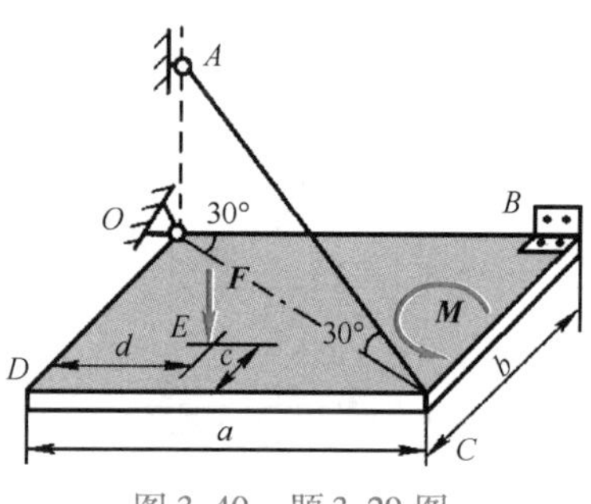

图3-40　题3-29图

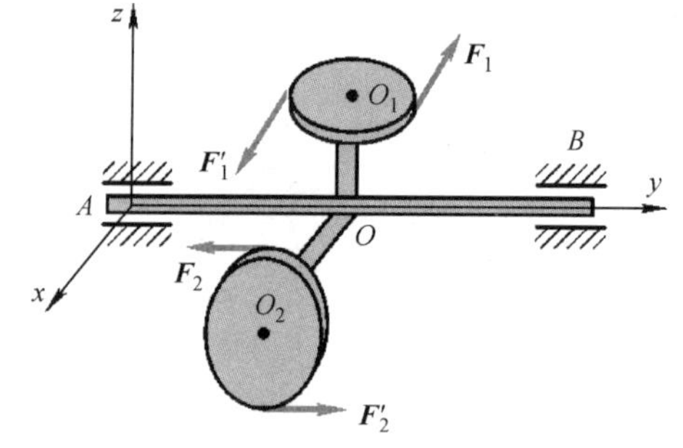

图3-41　题3-30图

# 第4章 静力学应用问题

在工程实践中，许多工程问题可以利用静力学知识直接解决，如建筑工程中房屋、桥梁、起重机等结构中的桁架，在设计中需要首先解决桁架中每个杆件的受力问题。而在机械系统中，如车辆的制动、螺栓连接与锁紧装置、传动机构等，不可避免地存在两个物体的相互接触，并有相对运动和相对运动趋势的情况发生，如何判断此情况下每个物体的受力情况及运动趋势？这在静力学中称为摩擦问题。

## 4.1 平面静定桁架

### 4.1.1 平面静定桁架的构成

桁架是由一些直杆彼此在两端用铰链连接而成的几何形状不变的结构。这种形式的结构在工程上应用很广。房屋建筑、起重机、电视塔、油田井架和桥梁常采用桁架结构。

桁架中杆件与杆件相连接的铰链，称为**节点**。根据杆件材料的不同，常见的节点构造有榫接（图4-1a）、焊接或铆接（图4-1b、c）、整铸（图4-1d）等。用这些方法连接起来的杆件，其端部实际上是固定端，但是由于桁架的杆件都比较细长，端部对整个杆件转动的限制作用较小，因此，把节点抽象简化为光滑铰链不会引起太大的误差。所有杆件的轴线都在同一平面内的桁架，称为**平面桁架**；杆件轴线不在同一平面内的桁架，则称为**空间桁架**。

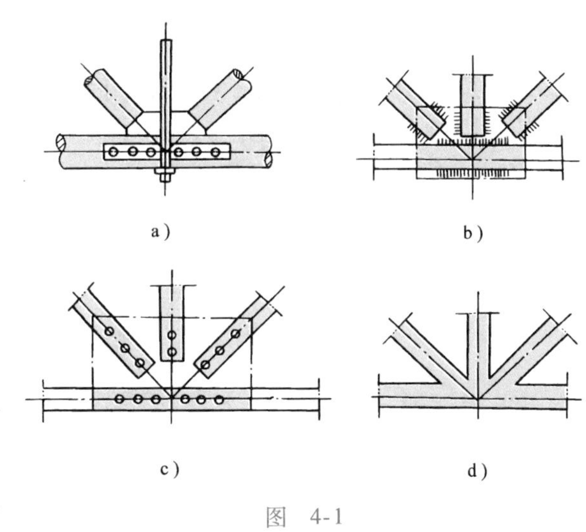

图 4-1

设计桁架时，必须首先根据作用于桁架的载荷，确定各杆件所受的力。在计算这些力时，通常做如下假设：

（1）各直杆两端均以光滑铰链连接。

（2）所有载荷在桁架平面内，作用于节点上。

（3）杆自重不计。当杆自重需考虑时，也将其等效加于两端节点上。

满足以上假设条件的桁架称为**理想桁架**。理想桁架中的各杆件都是二力杆，仅在其两端铰链处受力，因此桁架各杆内力都是轴向力（拉力或压力）。承受拉力或压力可以充分发挥工程材料的特性，节约材料，减轻结构的重量，在大跨度的结构中，它的优越性更明显。这是桁架广泛用于工程的重要原因。此外，设计受压、受拉杆件的方法是不一样的。因此，在计算各杆的内力时，确定内力的大小固然很重要，但确定内力的性质（即受拉还是受压）尤为重要。

为了使桁架在载荷作用下形状维持不变，杆件应按一定方式连接起来。一般来说，为保证几何形状不变，桁架是由三根杆与三个节点组成一个基本三角形，然后用两根不平行的杆件连接出一个新的节点，以此类推而构成，这种桁架称为**简单桁架**（图4-2）。它的杆件数 $m$ 及节点数 $n$ 满足关系式 $2n=m+3$。由几个简单桁架，按照几何形状不变的条件组成的桁架称为**组合桁架**。在桁架的外部约束为静定情况下，桁架内力能由静力学平衡方程全部确定的称为**静定桁架**。桁架静定性的必要条件是

$$2n=m+3 \tag{4-1}$$

充分条件是没有冗余约束。简单桁架与组合桁架都是静定桁架。

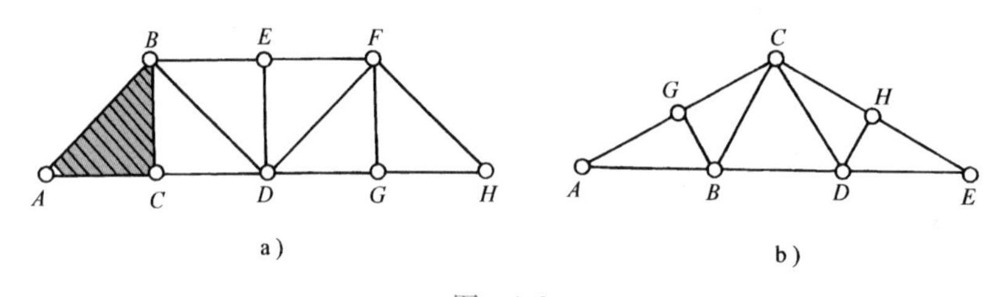


图 4-2

### 4.1.2 桁架杆件内力计算的常用方法

**1. 节点法** 节点法是以各个节点为研究对象的求解方法。这种求各杆内力的要点是：逐个考虑各节点的平衡，画出它们的受力图，应用平面汇交力系的平衡方程，根据已知力求出各杆的未知内力。由于平面汇交力系只有2个平衡方程，因此，应该正确选择所考虑节点的顺序，以使每个节点的平衡方程中只有2个未知数，这样可以避免求解联立方程，从而简化计算。在受力图中，一般均假设杆的内力为拉力，如果所得结果为负值，即表示该杆受压。节点法适用于求解全部杆件内力的情况。

**2. 截面法** 截面法是假想用一截面截取出桁架的某一部分作为研究对象。被截开杆件的内力成为该研究对象的外力，可应用平面一般力系的平衡条件求出这些被截开杆件的内力。它适用于求桁架中某些指定杆件的内力，也可用于校核。由于平面一般力系只有三个独立平衡方程，所以一般来说，被截杆件不应超出三个。

在某些特定外力作用下，桁架中常常有某些杆件不受力，称它们为**零杆**。最常见的零杆发生在图4-3所示的节点处。虽然，零杆是桁架在某种载荷情况下内力为零的杆件，但它对

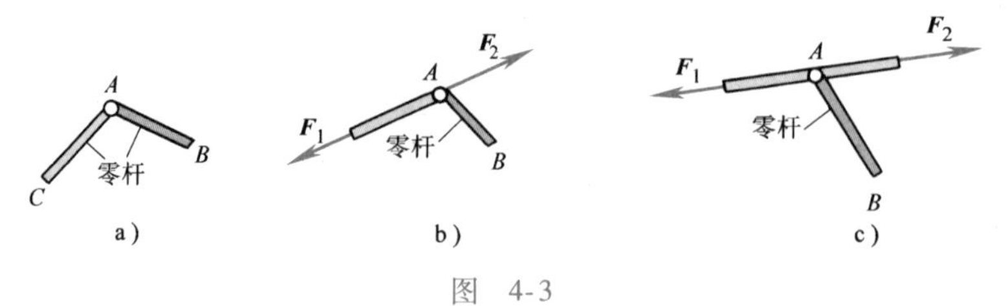


图 4-3

保证桁架几何形状来说是不可缺少的。在计算中，先判断零杆，在计算其他杆件内力时，可不再考虑零杆，从而能使计算工作简单得多，见例4-2。

**例4-1** 一屋架的尺寸及载荷如图4-4a所示，求每根杆件的内力。

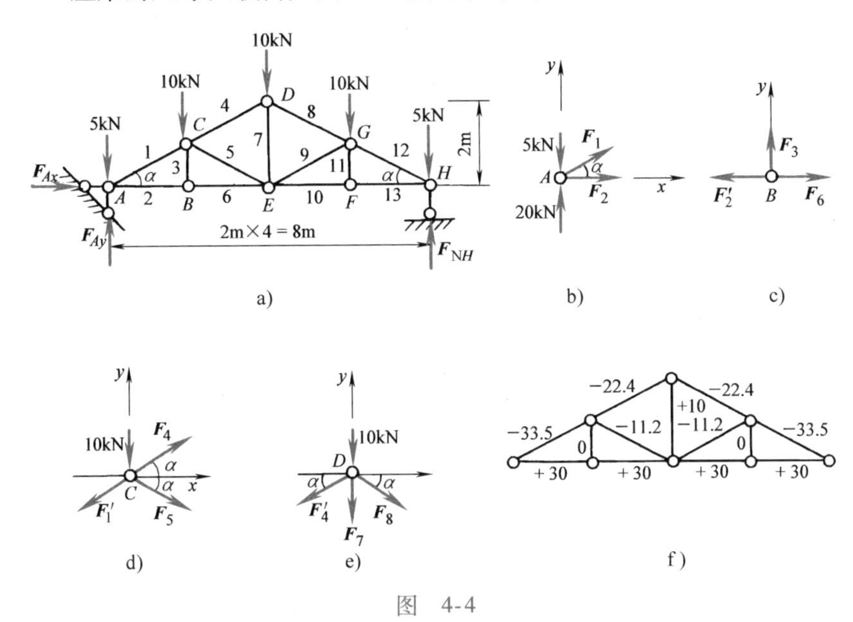


图 4-4

**解**：首先，求支座 $A$、$H$ 的约束力，由整体受力（图4-4a），列平衡方程如下：

$$\sum F_x = 0,\ F_{Ax} = 0$$
$$\sum M_E(\boldsymbol{F}) = 0,\ F_{Ay} = F_{NH}$$
$$\sum F_y = 0,\ F_{Ay} + F_{NH} - 40\text{kN} = 0$$

所以，$F_{Ay} = F_{NH} = 20\text{kN}$。

其次，从节点 $A$ 开始，逐个截取桁架的节点画受力图，进行计算。

选取 $A$ 节点画受力图如图4-4b所示，列平衡方程如下：

$$\sum F_x = 0,\ F_1\cos\alpha + F_2 = 0$$
$$\sum F_y = 0,\ F_1\sin\alpha + 20\text{kN} - 5\text{kN} = 0$$

解得 $F_1 = -33.5\text{kN}$（压），$F_2 = 30\text{kN}$（拉）。

选取 $B$ 节点画受力图如图4-4c所示，列平衡方程如下：

$$\sum F_x = 0,\ F_6 - F_2 = 0$$
$$\sum F_y = 0,\ F_3 = 0$$

解得 $F_6 = 30\text{kN}$（拉），$F_3 = 0$（零杆）。

选取 $C$ 节点画受力图如图4-4d所示，列平衡方程如下：

$$\sum F_x = 0,\ -F_1'\cos\alpha + F_4\cos\alpha + F_5\cos\alpha = 0$$
$$\sum F_y = 0,\ -F_1'\sin\alpha - F_5\sin\alpha + F_4\sin\alpha - 10\text{kN} = 0$$

解得 $F_4 = -22.4\text{kN}$(压)，$F_5 = -11.2\text{kN}$(压)。

选取 $D$ 节点画受力图如图4-4e所示，列平衡方程如下：

$$\sum F_x = 0,\ F_8\cos\alpha - F_4'\cos\alpha = 0$$

$$\sum F_y = 0, \quad -F_7 - F_8\sin\alpha - F_4'\sin\alpha - 10\text{kN} = 0$$

解得 $F_8 = -22.4\text{kN}$(压)，$F_7 = 10\text{kN}$(拉)。

由于结构和载荷都对称，所以左右两边对称位置的杆件内力相同，故计算半个屋架即可。现将各杆的内力标在各杆的旁边，如图4-4f所示。图中正号表示拉力，负号表示压力，力的单位为kN。

读者可取 $H$ 节点进行校核。

**例4-2** 求图4-5a所示桁架中 $CD$ 杆的内力。

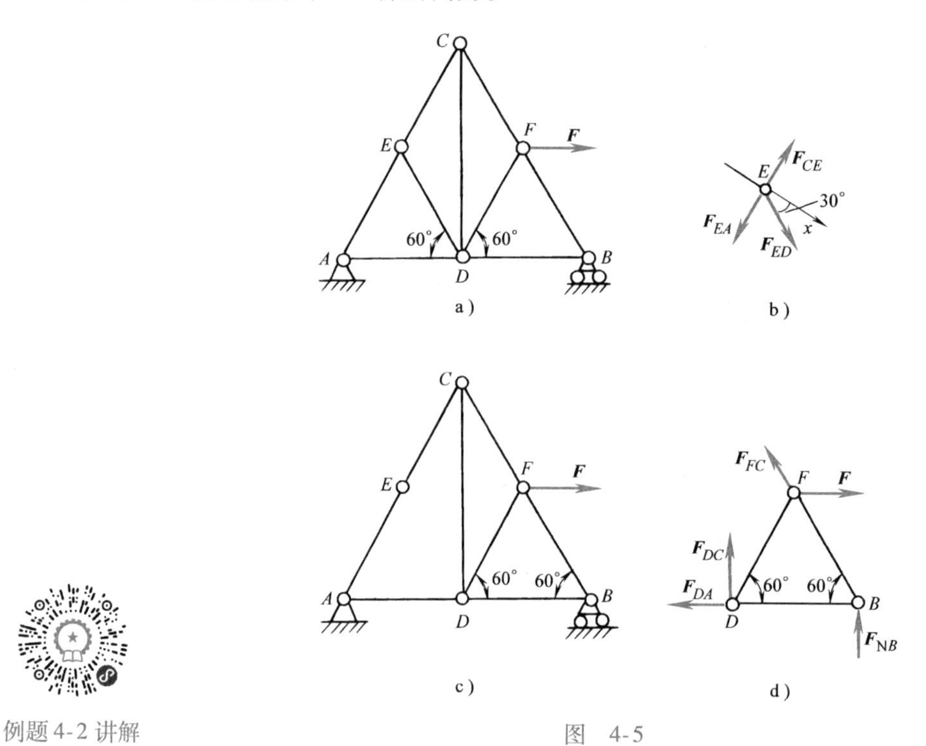


例题4-2讲解

图 4-5

**解**：按常规解法的思路是先求出支座 $B$ 的约束力，然后以节点法由节点 $B$、$F$、$C$ 依次列方程解出 $F_{CD}$。

如果用截面法求解，初看是解不出来，因为被截杆数超过三。如果用节点法配合一下，分析节点 $E$ 的受力情况（图4-5b），可以由 $\sum F_x = 0$ 算出 $F_{ED} = 0$，即为"零杆"，将"零杆"去掉，桁架受力情况与图4-5c中的桁架等效，再用截面 $n-n$ 截出右半部桁架，画受力图（图4-5d）、列方程，即

$$\sum M_B(\boldsymbol{F}) = 0, \quad -F_{DC} \cdot DB - F \cdot FB\sin60° = 0$$

所以

$$F_{DC} = -F\sin60° = -0.866F\text{(压)}$$

通过以上分析可知，如果能判断出哪一根是"零杆"，解题就比较方便。本题可不用求约束力，仅用一个方程即可解决，解题速度便大大提高。

**例4-3** 已知图4-6a所示桁架中 $\angle CAB = \angle DBA = 60°$，$\angle CBA = \angle DAB = 30°$。$DA$、$DE$、$CB$、$CF$ 均各为一杆，中间无节点，求桁架中1、2两杆的内力。

**解**：先求 $\boldsymbol{F}_{NB}$，以整体为研究对象，画受力图如图4-6a所示。

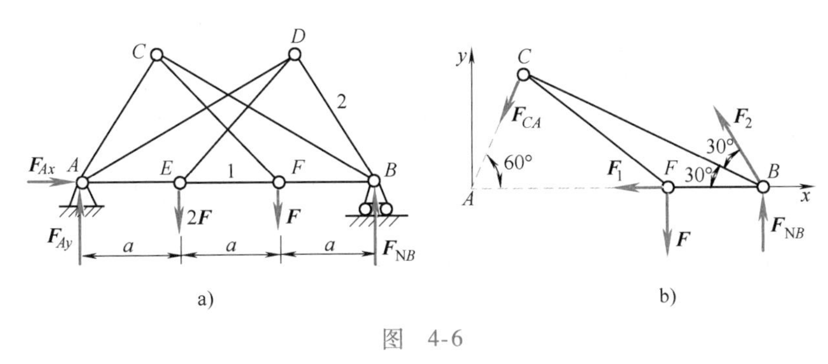


图　4-6

$$\sum M_A(\boldsymbol{F})=0,\ F_{NB}\cdot 3a-2F\cdot a-F\cdot 2a=0$$

$$F_{NB}=\frac{4}{3}F$$

然后用截面法，截出基本$\triangle CFB$，画受力图如图 4-6b 所示。

$$\sum M_A(\boldsymbol{F})=0,\ F_{NB}\cdot 3a-F\cdot 2a+F_2\sin60°\cdot 3a=0$$

$$F_2=\frac{2F-3F_{NB}}{3\sin60°}=\frac{2F-4F}{3\times0.866}=-0.77F$$

$$\sum M_B(\boldsymbol{F})=0,\ F\cdot a+F_{CA}\cdot 3a\cos30°=0$$

$$F_{CA}=-\frac{F}{3\times0.866}=-0.385F$$

$$\sum F_x=0,\ -F_1-F_{CA}\cos60°-F_2\cos60°=0$$

$$F_1=-F_{CA}\cos60°-F_2\cos60°$$

$$=-(-0.385F-0.77F)\cos60°=0.578F$$

用平衡方程$\sum F_y=0$校对：

$$F_{NB}-F+F_2\sin60°-F_{CA}\sin60°=0$$

$$\frac{4}{3}F-F+\frac{2F-4F}{3\sin60°}\sin60°+\frac{F}{3\cos30°}\sin60°=0$$

$$\frac{4}{3}F-F+\frac{2}{3}F-\frac{4}{3}F+\frac{F}{3}=0$$

计算结果是正确的。

---

通过以上各例分析可以看出，求桁架各杆内力，主要是在受力分析和选取平衡研究对象上要多加思考，然后是求解平面汇交力系与平面一般力系的问题。

解题思路总结如下：

（1）一般先求出桁架的支座约束力。

（2）在节点法中逐个地取桁架的节点作为研究对象。由于每个节点受平面汇交力系作用而平衡，只能确定两个未知量。所以必须从两杆相交的节点开始（这样的节点通常在支座上），用解析法求出两杆未知力的大小和方向。然后，取另一节点，该点的未知力同样不能多于两个，按同样方法求出这一节点上的未知力。如此逐个地进行，最后一个节点可用来校核所得结果是否正确。

（3）在截面法中，如只需求某杆的内力，可以通过该杆作一截面，将桁架截为两部分（只截杆件，不要截在节点上），但被截的杆数一般不能多于三根。在杆件被截处，画出杆件的内力，研究半边桁架的平衡。

（4）在计算中，内力都假定为拉力，所以计算结果若为正值，则杆件受拉力；若为负值，则杆件受压力。

补充例题4-1

补充例题4-2

补充例题4-3

## 4.2 摩擦

### 4.2.1 摩擦现象

两个相互接触的物体产生相对运动或具有相对运动的趋势时，彼此在接触部位会产生一种阻碍对方相对运动的作用。这种现象称为**摩擦**，这种阻碍作用，称为**摩擦阻力**。物体之间的这种相互阻碍有两种基本形式：一种是阻碍彼此间沿接触面公切线方向的滑动或滑动趋势的作用，这种摩擦现象称为**滑动摩擦**，相应的摩擦阻力称为**滑动摩擦力**，简称**摩擦力**。另一种是两物体之间具有相对滚动或相对滚动趋势，彼此在接触部位将产生阻碍对方相对滚动的作用，这种摩擦称为**滚动摩擦**，相应的摩擦阻力实际上是一种力偶，称之为**滚动摩擦阻力偶**，简称**滚阻力偶**。

摩擦是自然界最普遍的一种现象，绝对光滑而没有摩擦的情形是不存在的。不过在许多问题中，摩擦对所研究的问题是次要因素，可以略去不计，但对于另外一些实际问题，摩擦却是重要的甚至是决定性的因素，必须加以考虑。例如，重力坝依靠摩擦防止在水压力作用下可能产生的滑动；桥梁与码头基础中的摩擦桩依靠摩擦承受载荷；带轮和摩擦轮的传动等。另外，一方面摩擦阻力会消耗能量，产生热、噪声、振动、磨损，特别是在高速运转的机械中，摩擦往往表现得更为突出。

摩擦是一种极其复杂的物理现象，人们在摩擦理论和实验方面做了很多工作，目前已形成一门边缘学科“摩擦学”。在这里，仅介绍古典摩擦意义下的有关概念和理论，对一般工程问题，这种理论具有足够的精确性。

### 4.2.2 静滑动摩擦

重为$P$的物体放在水平面上处于平衡状态。今在物体上施加一水平力$\boldsymbol{F}_1$，如图4-7a所示。由于物体与水平面之间并非绝对光滑，当$\boldsymbol{F}_1$力较小时，物体并不向右运动，而是继续保持静止。因此，水平面给物体的作用力除了法向约束力以外，还有一个阻碍物体向右运动的力$\boldsymbol{F}_s$。这个力就是水平面施加给物体的**静滑动摩擦力**，简称**静摩擦力**。静摩擦力的大小与主动力有关，此时$F_s=F_1$；方向与物体相对运动趋势相反；作用线沿接触面公切线。因此，静摩擦力具有约束力的性质，也是一种被

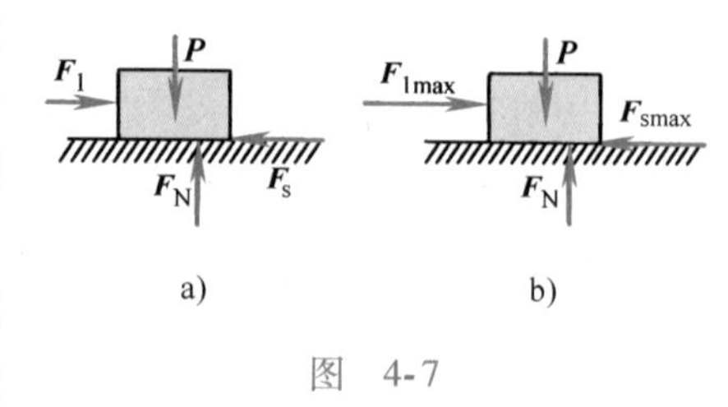


图　4-7

动力。不同的是，继续增大主动力 $\boldsymbol{F}_1$，静摩擦力 $\boldsymbol{F}_s$ 不能一直随之而增大下去。当 $\boldsymbol{F}_1$ 力增大到一定值 $\boldsymbol{F}_{1max}$时，则物体处于将向右滑动而尚未滑动的临界平衡状态。任何微小的扰动都会使这种平衡受到破坏，促使物体进入相对滑动状态。在临界平衡状态时，静摩擦力达到最大值 $\boldsymbol{F}_{smax}$，称为**最大静摩擦力**，如图 4-7b 所示。由此可知，静摩擦力 $\boldsymbol{F}_s$ 的大小满足下列条件：

$$0 \leqslant F_s \leqslant F_{smax} \tag{4-2}$$

对给定的平衡问题，静摩擦力与一般约束力一样是一个未知量，由平衡方程求出。然而，对于最大静摩擦力来说，它有一定的规律性。库仑根据大量的实验确立了**库仑静摩擦定律：最大静摩擦力的大小与接触物体之间的正压力成正比**，即

$$F_{smax} = f_s F_N \tag{4-3}$$

式中，比例系数 $f_s$ 是无量纲的量，称为**静滑动摩擦因数**，简称**静摩擦因数**。它主要取决于两物体接触表面的材料性质和物理状态（光滑程度、温度、湿度等），与接触面积无关。材料的静摩擦因数可在一些工程手册中查到。附录 C 列出了部分常见材料的摩擦因数。

### 4.2.3　摩擦角

在不超出最大静摩擦力的范围内，静摩擦力具有约束力的性质。可将图 4-7a 中法向约束力 $\boldsymbol{F}_N$ 与静摩擦力 $\boldsymbol{F}_s$ 合成为一**全约束力** $\boldsymbol{F}_R$。相应地，主动力 $\boldsymbol{F}_1$ 与 $\boldsymbol{P}$ 也合成为一合力 $\boldsymbol{F}_Q$，如图 4-8a 所示，这样，物体便看作在主动力 $\boldsymbol{F}_Q$ 与全约束力 $\boldsymbol{F}_R$ 两力作用下处于平衡，$\boldsymbol{F}_R = -\boldsymbol{F}_Q$。改变主动力 $\boldsymbol{F}_Q$，全约束力 $\boldsymbol{F}_R$ 也随之改变。当达到最大静摩擦力时，全约束力 $\boldsymbol{F}_R$ 与接触面法线的夹角 $\varphi$ 达到最大值 $\varphi_m$，称之为两接触物体的**摩擦角**，从图 4-8a 中可以看出

$$\tan\varphi_m = \frac{F_{smax}}{F_N} = f_s \tag{4-4}$$

即摩擦角的正切值等于静摩擦因数。摩擦角是静摩擦因数的几何表示，二者都反映了材料之间的摩擦性质。

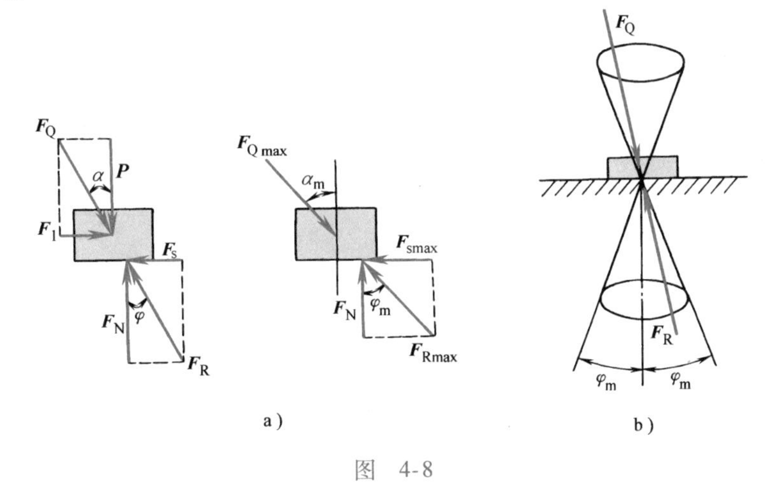


图　4-8

### 4.2.4　自锁条件

物体平衡时，静摩擦力总是小于或等于最大摩擦力，因而全约束力 $\boldsymbol{F}_R$ 与接触面法线间的夹角 $\varphi$ 也总是小于或等于摩擦角 $\varphi_m$，即

$$\varphi \leq \varphi_m$$

上式说明摩擦角 $\varphi_m$ 还表示物体平衡时全约束力的作用线位置应有的范围，即只要全约束力 $\boldsymbol{F}_R$ 的作用线在摩擦角内，物体总是平衡的。

若通过全约束力作用点在不同的方向作出在极限摩擦情况下的全约束力的作用线，则这些直线将形成一个锥面，称摩擦锥。由于接触面的各个方向的摩擦因数都相同，则摩擦锥是一个顶角为 $2\varphi_m$ 的圆锥，如图4-8b所示。因为全约束力 $\boldsymbol{F}_R$ 与接触面法线所成的夹角不会大于 $\varphi_m$，即 $\boldsymbol{F}_R$ 的作用线不可能超出摩擦锥，所以物体所受的主动力 $\boldsymbol{F}_Q$ 的作用线必须在摩擦锥内，物体才不致滑动。

当物体所受主动力的合力 $\boldsymbol{F}_Q$ 的作用线位于摩擦锥以内，即

$$0 \leq \alpha \leq \varphi_m \tag{4-5}$$

时，无论主动力 $\boldsymbol{F}_Q$ 的值增至多大，总有相应大小的约束力 $\boldsymbol{F}_R$ 与之平衡，使此物体恒处于平衡状态，这种现象称为**自锁**。这时，$0 \leq F_s \leq F_{smax}$，静摩擦力与一般约束力的性质完全相同。式（4-5）称为**自锁条件**。如果主动力合力 $\boldsymbol{F}_Q$ 的作用线位于摩擦锥以外，则无论 $\boldsymbol{F}_Q$ 力多小，物体都不能保持平衡。

### 4.2.5　摩擦角在工程中的应用

**1. 静摩擦因数的测定**　把要测定的两种材料分别做成一可绕 $O$ 轴转动的平板 $OA$ 和一物体 $B$，如图4-9所示，并使接触表面的情况符合预定的要求。当 $\alpha$ 角较小时，由于存在摩擦，物体 $B$ 在斜面上保持静止；逐渐增大斜面倾角，直到物块刚开始下滑时为止。记下斜面倾角 $\alpha$，这时的 $\alpha$ 角就是要测定的摩擦角 $\varphi_m$，其正切值就是要测定的静摩擦因数 $f_s$。当 $\alpha < \varphi_m$ 时，由于物块仅受重力 $\boldsymbol{P}$ 和全约束力 $\boldsymbol{F}_{RA}$ 作用而平衡，所以 $\boldsymbol{F}_{RA}$ 与 $\boldsymbol{P}$ 应等值、反向、共线，因此 $\boldsymbol{F}_{RA}$ 必沿铅垂线，$\boldsymbol{F}_{RA}$ 与斜面法线的夹角等于斜面倾角 $\alpha$。当物块处于临界状态时，全约束力 $F_{RA}$ 与法线间的夹角等于摩擦角 $\varphi_m$，即 $\alpha = \varphi_m$。由式（4-4）求得静摩擦因数，即

$$f_s = \tan\varphi_m = \tan\alpha$$

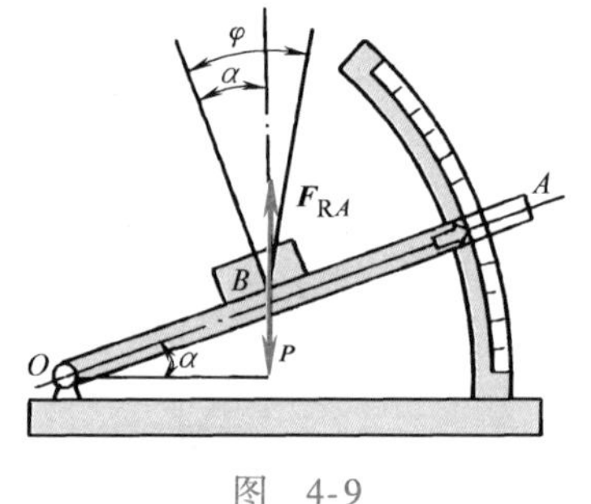

图　4-9

**2. 螺旋千斤顶的自锁条件**　螺旋千斤顶是靠用力推动手柄1，使丝杆2的矩形螺纹沿底座3的螺纹槽（相当于螺母）慢慢旋转而顶起重物4（图4-10a）。工作时丝杆的矩形螺纹和底座的螺纹槽之间产生一定的压力和摩擦力。因此，螺旋千斤顶的自锁条件就是斜面的自锁条件。因为螺纹可以看成绕在一圆柱体上的斜面，如图4-10b所示，螺纹升角 $\alpha$ 就是斜面的倾角，如图4-10c所示。螺母相当于斜面上的滑块 $A$，加于螺母的轴向载荷 $\boldsymbol{F}_Q$ 相当于物块 $A$ 的重力，要使螺纹自锁，必须使螺纹的升角 $\alpha$ 小于或等于摩擦角 $\varphi_m$。因此，螺纹的自锁条件是

$$\alpha \leq \varphi_m$$

若螺旋千斤顶的螺杆与螺母之间的静摩擦因数为 $f_s = 0.1$，则

$$\tan\varphi_m = f_s = 0.1$$

得

$$\varphi_m = 5°43'$$

为保证螺旋千斤顶自锁，一般取螺纹升角 $\alpha \in (4°, 4°30')$。

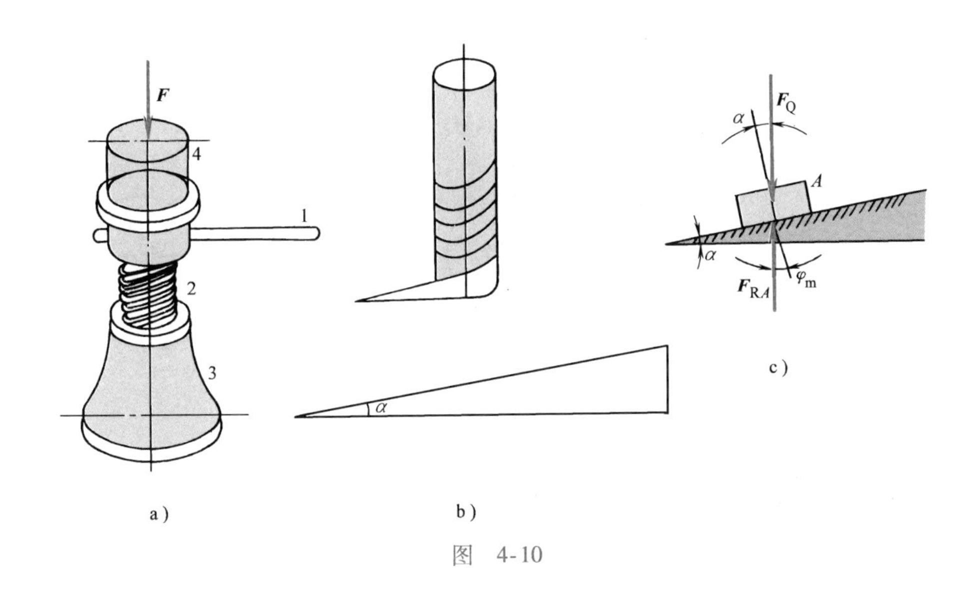


图　4-10

### 4.2.6　动滑动摩擦

两接触物体之间存在相对滑动时，其接触面上产生阻碍对方滑动的阻力称为**动滑动摩擦力**，简称**动摩擦力**。库仑依据实验确立了**库仑动摩擦定律**：动摩擦力的方向与物体接触部位相对滑动的方向相反，大小与接触面之间的正压力成正比，即

$$\boldsymbol{F}=f\boldsymbol{F}_{N} \tag{4-6}$$

式中，$f$称为**动滑动摩擦因数**，简称**动摩擦因数**。它主要取决于物体接触表面的材料性质与物理状态（光滑程度、温度、湿度等），与接触面积的大小无关。实验指出，动摩擦因数还与物体相对滑动的速度有关，这种关系往往是比较复杂的。但是，在一定范围内，它随速度增大而略有减小，在计算中通常不考虑速度变化对$f$的微小影响，而将$f$看作常量。一般认为，动摩擦因数略小于静摩擦因数，工程中有时近似认为$f \approx f_s$。

以库仑摩擦定律为基础的古典摩擦理论，远远没有反映摩擦现象的复杂性。但是，这些理论形式简单，一般能满足工程中要求，因此，至今仍然获得了普遍的应用。

### 4.2.7　滚动摩擦

半径为$r$、重为$P$的圆轮置于水平面上，处于平衡状态，如图4-11a所示。今在轮心$O$施加一水平力$\boldsymbol{F}_1$，设水平面能提供足够大的静摩擦力$\boldsymbol{F}_s$，保证圆轮不滑动。由$\sum F_x=0$，有$F_s=F_1$，即$\boldsymbol{F}_1$力与$\boldsymbol{F}_s$力组成一力偶。此时，如果圆轮与水平面都是绝对刚性，在图4-11b所示情形下，圆轮受力不满足力矩平衡条件，将向右滚动。然而，当力$\boldsymbol{F}_1$不太大时，圆轮既无滑动，也不滚动。这是什么缘故呢？原来圆轮与水平面之间并非刚性接触，而是有变形存在。为简单计算起见，假设圆轮不变形，地面有变形，如图4-11c所示。地面的约束力是一分布力系，向$A$点简化，得法向约束力$\boldsymbol{F}_N$、静摩擦力$\boldsymbol{F}_s$和阻力偶$M_f$，如图4-11d所示。接触面之间产生的这种阻碍滚动趋势的阻力偶称为**静滚动摩擦阻力偶**，简称**静滚阻力偶**。其大小$M_f=F_1 r$，与主动力有关，转向与圆轮相对滚动趋势相反，作用于圆轮接触部位。当$\boldsymbol{F}_1$力逐渐增大时，圆轮会达到一种欲滚而未滚动的临界平衡状态，此时，$M_f$达到**最大静滚阻**

力偶 $M_{fmax}$，微小的扰动就能使圆轮向右滚动，如图 4-11e 所示。因此，静滚阻力偶 $M_f$ 应满足下述条件：

$$0 \leqslant M_f \leqslant M_{fmax} \tag{4-7}$$

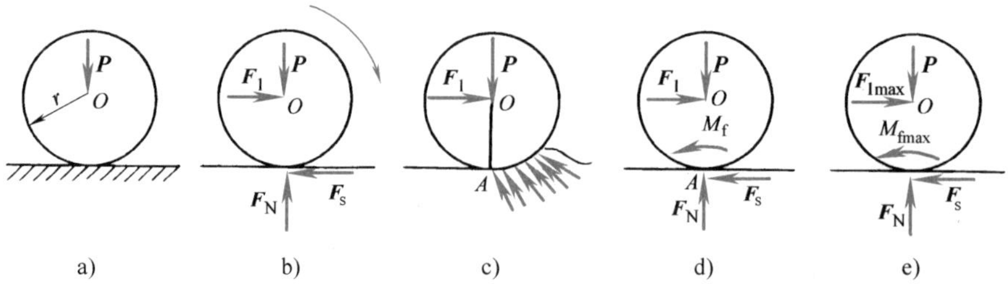

a)　b)　c)　d)　e)

图　4-11

实验证明：最大静滚动摩阻力偶与接触物体之间的法向约束力成正比，方向与滚动趋势相反，即

$$M_{fmax} = \delta F_N \tag{4-8}$$

此式称为**滚动摩擦定律**。式中，$\delta$ 称为**滚动摩阻因数**，具有长度的量纲，单位为 mm，主要取决于物体接触面的变形程度，而与接触面的粗糙程度无关。物体滚动起来后，一般认为此定律仍然成立。

可以将图 4-11e 中的 $\boldsymbol{F}_N$ 与 $M_{fmax}$ 合成为一个力 $\boldsymbol{F}'_N$，$\boldsymbol{F}'_N = \boldsymbol{F}_N$，作用线平移一段距离 $\delta$，如图 4-12 所示，这表明，滚动摩擦使正压力向滚动前进方向平移，平移的距离正好等于滚动摩阻因数，这就是滚动摩阻因数的几何意义。圆轮滚动的临界平衡条件为

$$\sum M_A(\boldsymbol{F}) = 0, \quad F_1 r - F_N \delta = 0$$

所以

$$F_{1(滚)} = \frac{\delta}{r} F_N$$

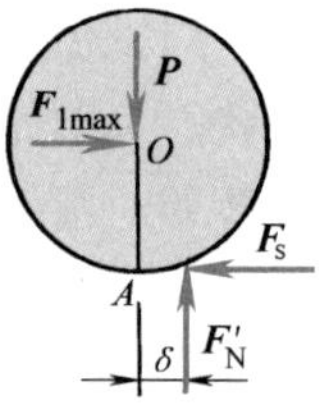

圆轮滑动的临界平衡条件为

$$\sum F_x = 0, \quad F_1 - F_{smax} = 0$$

所以

$$F_{1(滑)} = F_{smax} = f_s F_N$$

图　4-12

一般情况下，$\frac{\delta}{r} \ll f_s$，故 $F_{1(滚)} \ll F_{1(滑)}$，即圆轮总是先到达滚动临界平衡状态。这说明克服滚动摩擦比克服滑动摩擦要省力得多。

值得注意的是，滚动摩擦与滑动摩擦是两种性质不同的摩擦现象。滚动摩阻因数 $\delta$ 与滑动摩擦因数 $f_s$ 没有关系。一般来说，有滚动摩擦存在时，必有滑动摩擦存在；反之，有滑动摩擦存在时，不一定有滚动摩擦存在。有时为了处理问题的方便，经过简化后，即使是物体的滚动问题，也可以忽略滚动摩擦。

上述关于滚动摩擦的理论是近似理论。在某些问题中，用它推导出的结论与实际情况未必相符，因此，有关滚动摩擦理论的应用不如滑动摩擦理论那样广泛。

## 4.3　考虑滑动摩擦的平衡问题

对于需要考虑摩擦的平衡问题，除了需要列平衡方程外，还应补充关于摩擦力的物理方

程（即 $F_s \leqslant f_s F_N$ 或 $M_f \leqslant \delta F_N$）。由于静摩擦力的大小可在零与极限值 $F_{smax}$ 之间变化（如为滚动摩擦力，则在零与极限值 $M_{fmax}$ 之间变化），因而相应地，物体平衡位置或所受的力也有一个范围，这是不同于忽略摩擦的问题之处。而为了确定平衡范围，要解不等式，或把物体处于将要运动的临界状态（即 $F_{smax}=f_s F_N$ 或 $M_{fmax}=\delta F_N$）进行分析计算，解毕再对结果进行判断。

还需注意，极限摩擦力（动摩擦力或滚动摩擦力）的方向总是与相对滑动或滚动趋势的方向相反，不可任意假定。但是，静摩擦力（未达极限值时）因为是由平衡条件决定的，也可像一般约束力那样假设其方向，而由最终结果的正负号来判定假设的方向是否正确。

---

**例 4-4**　图 4-13a 所示为颚式破碎机，已知颚板与被破碎石料间的静摩擦因数 $f_s=0.3$，试确定正常工作的钳制角 $\alpha$ 的大小。（不计滚动摩擦）

**解：** 为简化计算，将石块看成球形，并略去其自重。根据破碎机正常工作时岩石应不被挤压滑出颚板的条件，用几何法求解，岩石只在两处受力，此两力使岩石维持平衡必须共线，按自锁条件它们与半径间的最大角度应为 $\varphi_m$。由图 4-13b 可知

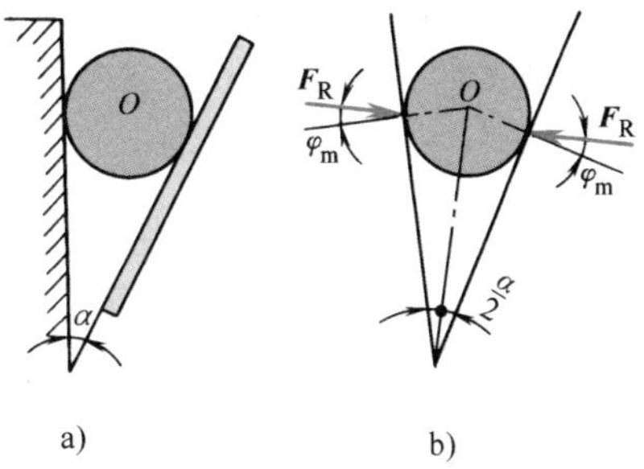

$$\frac{\alpha}{2} \leqslant \varphi_m$$

$$\alpha \leqslant 2\varphi_m$$

a)　　b)

图 4-13

由于

$$f_s=0.3$$

所以

$$\varphi_m=\arctan f_s=16°42'$$

$$\alpha \leqslant 2\varphi_m=33°24'$$

**例 4-5**　图 4-14a 所示一挡土墙，自重为 $P$，并受一水平土压力 $\boldsymbol{F}_1$ 的作用，力 $\boldsymbol{F}_1$ 与地面的距离为 $d$，其他尺寸如图所示。设墙与地面间的静摩擦因数为 $f_s$，试求欲使墙既不滑动又不倾覆，力 $\boldsymbol{F}_1$ 的值所应满足的条件。

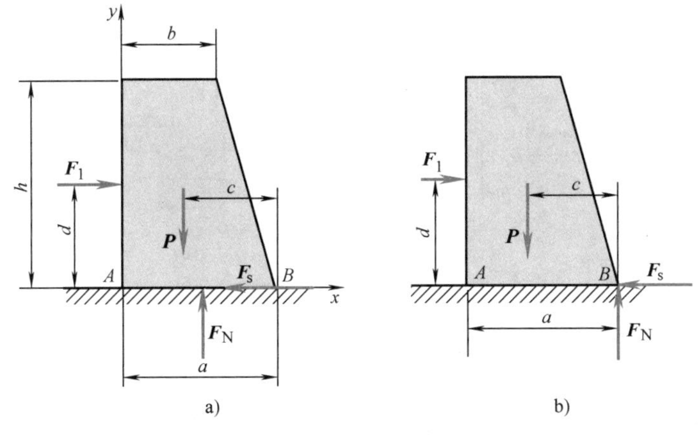


a)　　b)

图 4-14

**解**：(1) 先分析挡土墙不滑动的条件。取挡土墙为研究对象。在土压力 $\boldsymbol{F}_1$ 作用下墙体有向右滑动的趋势，地基对挡土墙的静摩擦力 $\boldsymbol{F}_s$ 向左。挡土墙在力 $\boldsymbol{F}_1$、$\boldsymbol{P}$、$\boldsymbol{F}_N$、$\boldsymbol{F}_s$ 作用下处于平衡状态，写出平衡方程式

$$\sum F_x=0,\quad F_1-F_s=0$$
$$\sum F_y=0,\quad F_N-P=0$$

解得

$$F_s=F_1,\ F_N=P$$

根据静摩擦力的特点知

$$F_s\leqslant F_{smax}=f_sF_N$$

因此，为了保证墙不滑动，力 $\boldsymbol{F}_1$ 值所应满足的条件为

$$F_1\leqslant f_sP \tag{a}$$

(2) 再分析挡土墙不倾覆的条件。显然，当墙即将开始倾覆时，力 $\boldsymbol{F}_N$ 与 $\boldsymbol{F}_s$ 将作用在 $B$ 点，如图 4-14b 所示。力 $\boldsymbol{F}_1$ 使墙绕 $B$ 点倾覆的力矩，称为**倾覆力矩**，其值为 $F_1d$；同时，重力 $\boldsymbol{P}$ 阻止墙绕 $B$ 点倾覆，力 $\boldsymbol{P}$ 对 $B$ 点的力矩，称为**稳定力矩**，其值为 $Pc$。要使墙不倾覆，稳定力矩必须大于或等于倾覆力矩，即

$$Pc\geqslant F_1d$$

故墙不倾覆的条件为

$$F_1\leqslant P\frac{c}{d} \tag{b}$$

根据上面分析可知，要使墙既不滑动又不倾覆，力 $\boldsymbol{F}_1$ 的值必须同时满足式 (a)、式 (b) 两个条件。

也可像一般约束力那样假设其方向，而由最终结果的正负号来判定假设的方向是否正确。

**例 4-6** 某变速机构中滑移齿轮如图 4-15a 所示。已知齿轮孔与轴间的静摩擦因数为 $f_s$，齿轮与轴接触面的长度为 $b$。问拨叉（图中未画出）作用在齿轮上的力 $\boldsymbol{F}$ 到轴线的距离 $a$ 为多大，齿轮才不至于被卡住？设齿轮的重量忽略不计。

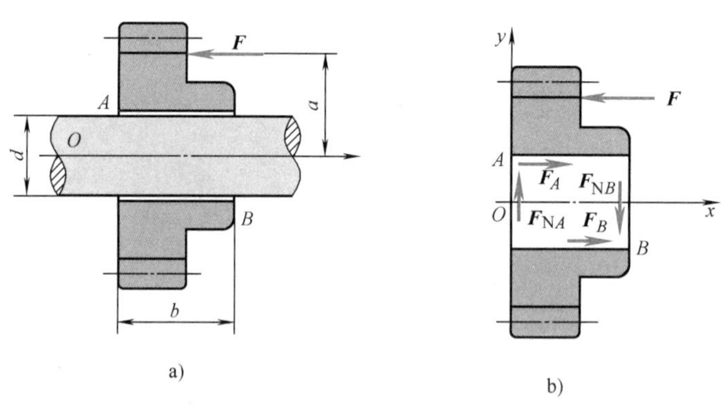


图 4-15

**解**：齿轮孔与轴间总有一定的间隙，齿轮在拨叉的推动下要发生侧倾，此时齿轮与轴就在 $A$、$B$ 两点处接触。

取齿轮为研究对象。画出受力图如图 4-15b 所示。列出平衡方程如下：

$$\sum F_x=0,\quad F_A+F_B-F=0$$

$$\sum F_y = 0,\quad F_{NA} - F_{NB} = 0$$

$$\sum M_O(\boldsymbol{F}) = 0,\quad Fa - F_{NB}b - F_A\frac{d}{2} + F_B\frac{d}{2} = 0$$

考虑平衡的临界情况（即齿轮将动而尚未动时），静摩擦力达到最大值。根据静摩擦定律可列出

$$F_A = f_s F_{NA},\quad F_B = f_s F_{NB}$$

联立以上五式可解得

$$a = \frac{b}{2f_s}$$

这是临界情况所要求的条件。

要保证齿轮不发生自锁现象（即不被卡住），条件是

$$F > F_A + F_B = f_s(F_{NA} + F_{NB}) = 2f_s F_{NB}$$

将力矩方程

$$Fa = F_{NB}b$$

代入上式得

$$F = \frac{b}{a}F_{NB} > 2f_s F_{NB}$$

故

$$a < \frac{b}{2f_s}$$

**例 4-7**　质量 $m_1 = 20\text{kg}$ 的均质梁 $AB$，受到力 $F = 254\text{N}$ 的作用。梁的 $A$ 端为固定铰链，另一段搁置在质量 $m_2 = 35\text{kg}$ 的线圈架芯轴上。在线圈架的芯轴上绕一不计质量的软绳，如图 4-16a 所示，如不计滚动摩擦，试求最少要在此绳上作用一多大的力 $\boldsymbol{F}_T$，才能使线圈架运动。线圈架与 $AB$ 梁和地面 $E$ 的动摩擦因数分别为 $f_D = 0.4$，$f_E = 0.2$，图中 $R = 0.3\text{m}$，$r = 0.1\text{m}$。

**解**：线圈架由静止状态开始运动，就其临界状态而言，运动形式有三种可能性：(1) $D$ 和 $E$ 均发生滑动；(2) 沿地面滚动而无滑动；(3) 沿 $AB$ 梁滚动而无滑动。

以 $AB$ 梁为研究对象，画受力图（图 4-16b），列平衡方程求解

$$\sum M_A(\boldsymbol{F}) = 0,\quad F_{ND} \times 3\text{m} - (F + m_1 g) \times 2\text{m} = 0$$

$$F_{ND} = \frac{2}{3}(F + m_1 g) = 300\text{N}$$

再以线圈架为研究对象，受力图如图 4-16c 所示，列平衡方程求解

$$\sum F_y = 0,\quad F_{NE} - F'_{ND} - m_2 g = 0$$

$$F_{NE} = F'_{ND} + m_2 g = 643\text{N}$$

下面分别讨论三种可能发生的运动情况。

(1) 首先，计算线圈架的 $D$、$E$ 两点都滑动的情况，即该两处的摩擦力均达到最大静摩擦力，即

$$F'_D = f_D F'_{ND} = 0.4 \times 300\text{N} = 120\text{N}$$

$$F_E = f_E F_{NE} = 0.2 \times 643\text{N} = 128.6\text{N}$$

在受力图 4-16c 中，

$$\sum F_x = 0,\quad F_{T1} - F'_D - F_E = 0$$

得

$$F_{T1} = F'_D + F_E = 248.6\text{N} \tag{a}$$

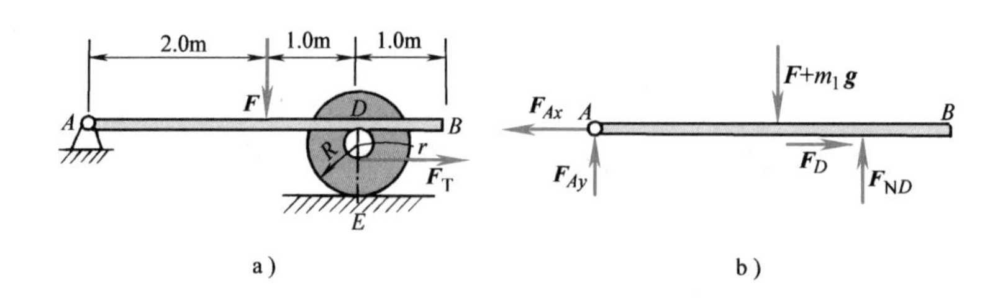


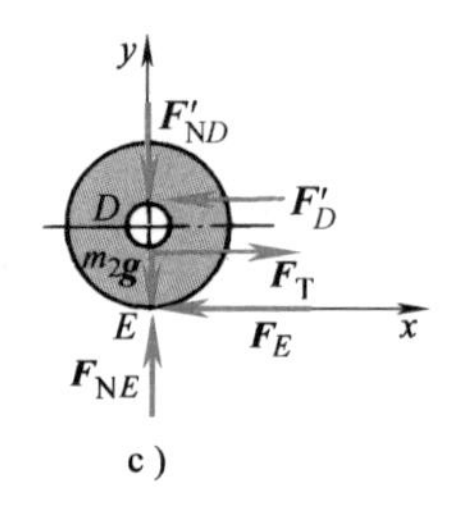


图 4-16

（2）再计算线圈架沿 AB 梁滚动而无滑动的情形。此时，$F'_D < f_D F'_{ND}$，$F_E = f_E F_{NE} = 128.6\text{N}$。在受力图 4-16c 中，

$$\sum M_D(\boldsymbol{F}) = 0,\ F_{T2} \times 2 \times 0.1\text{m} - F_E(0.1\text{m} + 0.3\text{m}) = 0$$

得

$$F_{T2} = 2F_E = 257.2\text{N} \tag{b}$$

（3）然后，计算线圈架沿地面滚动而无滑动的情形。此时，$F_E < f_E F_{NE}$，$F'_D = f_D F'_{ND} = 120\text{N}$。由

$$\sum M_E(\boldsymbol{F}) = 0,\ F'_D(0.1\text{m} + 0.3\text{m}) - F_{T3}(0.3\text{m} - 0.1\text{m}) = 0$$

得

$$F_{T3} = 2F'_D = 240\text{N} \tag{c}$$

比较式（a）、式（b）、式（c），有

$$F_{T3} < F_{T1} < F_{T2}$$

因此，当 $F_T$ 力由零开始逐渐增大至 $F_{T3} = 240\text{N}$ 时，线圈架开始沿地面滚动。

为了核对上述结果，现分析第三种情形时，E 接触点处的摩擦力 $F_E$ 应等于多少。仍看图 4-16c，当 $F_{T3} = 240\text{N}$，$F'_D = 120\text{N}$ 时，按平衡临界状态考虑 $F_E$ 应等于 120N，小于 E 点处最大静摩擦力 $F_E = 128.6\text{N}$，故 E 点没有滑动是符合实际的。

**例 4-8** 卷线轮重 P，静止放在粗糙水平面上。绕在轮轴上的线的拉力 $\boldsymbol{F}_T$ 与水平方向成 $\alpha$ 角，卷线轮尺寸如图 4-17a 所示。设卷线轮与水平面间的静摩擦因数为 $f_s$，滚动摩阻因数为 $\delta$。试求：（1）维持卷线轮静止时线的拉力 $\boldsymbol{F}_T$ 的大小；（2）保持力 $\boldsymbol{F}_T$ 大小不变，改变其方向角 $\alpha$，使卷线轮只匀速滚动而不滑动的条件。

**解：** 卷线轮失去静止平衡的情形有两种：开始滑动和开始滚动。

考虑卷线轮为非临界平衡状态，受力图如图 4-17b 所示。

$$\sum F_x = 0,\ F_T\cos\alpha - F_s = 0$$

$$F_s = F_T\cos\alpha \tag{a}$$

$$\sum F_y = 0,\ F_T\sin\alpha + F_N - P = 0$$

$$F_N = P - F_T\sin\alpha \tag{b}$$

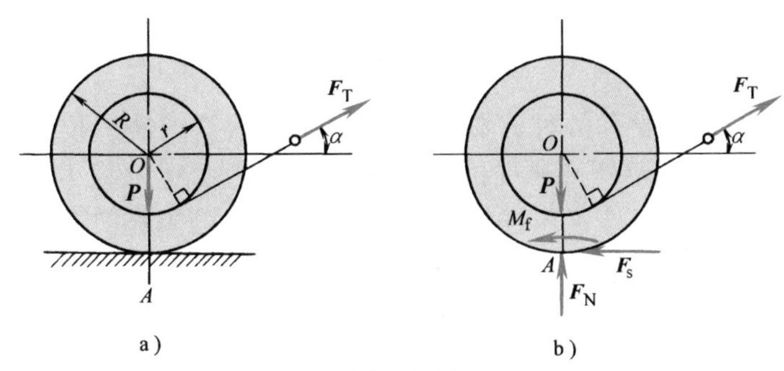


图　4-17

$$\sum M_A(\boldsymbol{F})=0,\ M_f-F_T(R\cos\alpha-r)=0$$

$$M_f=F_T(R\cos\alpha-r) \tag{c}$$

所以

$$F_{smax}=f_sF_N=f_s(P-F_T\sin\alpha) \tag{d}$$

$$M_{fmax}=\delta F_N=\delta(P-F_T\sin\alpha) \tag{e}$$

（1）保持轮静止的条件为

$$F_s\leqslant F_{smax},\quad M_f\leqslant M_{fmax}$$

将式（a）、式（d）、式（c）、式（e）代入上式，即

$$F_T\cos\alpha\leqslant f_s(P-F_T\sin\alpha)$$

$$F_T(R\cos\alpha-r)\leqslant\delta(P-F_T\sin\alpha)$$

整理得

$$F_T\leqslant\frac{f_sP}{\cos\alpha+f_s\sin\alpha}\quad（不滑动条件）\tag{f}$$

$$F_T\leqslant\frac{\delta P}{R\cos\alpha-r+\delta\sin\alpha}\quad（不滚动条件）\tag{g}$$

$F_T$ 同时满足上面两式，卷线轮将静止不动。一般式（g）右端项远小于式（f）右端项，故满足式（g）即亦满足式（f）。

（2）卷线轮只匀速滚动而不滑动的条件为

$$F_s<F_{smax},\quad M_f=M_{fmax}$$

由式（f）、式（g），只取上述条件成立，则

$$\frac{\delta P}{R\cos\alpha-r+\delta\sin\alpha}<\frac{f_sP}{\cos\alpha+f_s\sin\alpha}$$

整理得

$$f_s>\frac{\delta\cos\alpha}{R\cos\alpha-r} \tag{h}$$

这是卷线轮只匀速滚动而不滑动的条件。

补充例题 4-4

补充例题 4-5

补充例题 4-6

补充例题 4-7

补充例题 4-8

补充例题 4-9

## 重点提示

(1) 计算静定桁架一般有两种方法，全部计算应用节点法，校核或部分计算应用截面法。(2) 计算静定桁架杆件所受的力都假定为拉力，在工程中，若计算结果为负值，还需应用材料力学知识计算压杆稳定。(3) 桁架中的零杆只是在此受力状态下的结果（其他受力状态可能不为零），为保持稳定不可缺少。(4) 求解摩擦问题有两种方法，一般情况应用解析法。作为特例若所有作用力（包括全反力）可简化为三个力，可由自锁的概念用几何法求解。(5) 常见的摩擦平衡问题有三类：(A) 若已知外力求是否平衡，可假设系统处于静止状态（假设摩擦力的方向），通过平衡方程求出摩擦力，利用摩擦定律判断；(B) 若已知摩擦因数求平衡范围，可设定相应的临界状态，正确判定摩擦力的方向，利用摩擦定律求解不等式，平衡范围可以用几何性质或力来表示；(C) 若已知外力及临界状态求摩擦因数，可根据相应的临界状态，正确判定摩擦力的方向，利用摩擦定律求解。

桁架

摩擦

静力学小结

## 思考题

1. 在粗糙的斜面上放置重物，当重物不下滑时，敲打斜面板，重物可能会下滑。试解释其原因。

2. 将一直杆放在两手水平伸直的手指上，然后使两指慢慢互相靠近（直杆始终保持水平），发现直杆先在一个手指上滑动，然后再在另一手指上滑动，如此反复，试解释产生这一现象的原因。

3. 举出身边的自锁和非自锁的几个事例。

## 习 题

4-1 试求图4-18所示各桁架上标有数字的各杆的内力。图4-18a中各杆的长度相等。

答：a) $F_1=-2.598F$，$F_2=0.433F$，$F_3=2.382F$；

b) $F_1=5.590F$，$F_2=-1.803F$，$F_3=-4F$；

c) $F_1=0.667F$，$F_2=-0.833F$，$F_3=F$；

d) $F_1=0.430F$，$F_2=-0.473F$。

4-2 用适当的方法求图4-19所示各桁架中指定杆的内力。

答：a) $F_1=0.833F$；

b) $F_1=0$，$F_2=\dfrac{F}{3}$，$F_3=-\dfrac{F}{3}$；

c) $F_1=-1.5F$，$F_2=F$，$F_3=\sqrt{5}F$。

4-3 图4-20所示$AB$杆的$A$端放在水平面上，$B$端放在斜面上，$A$、$B$两处的静摩擦因数均为0.25。试求能够支承载荷$\boldsymbol{F}$的最大距离$a$。杆重不计。

答：$a=0.195l$。

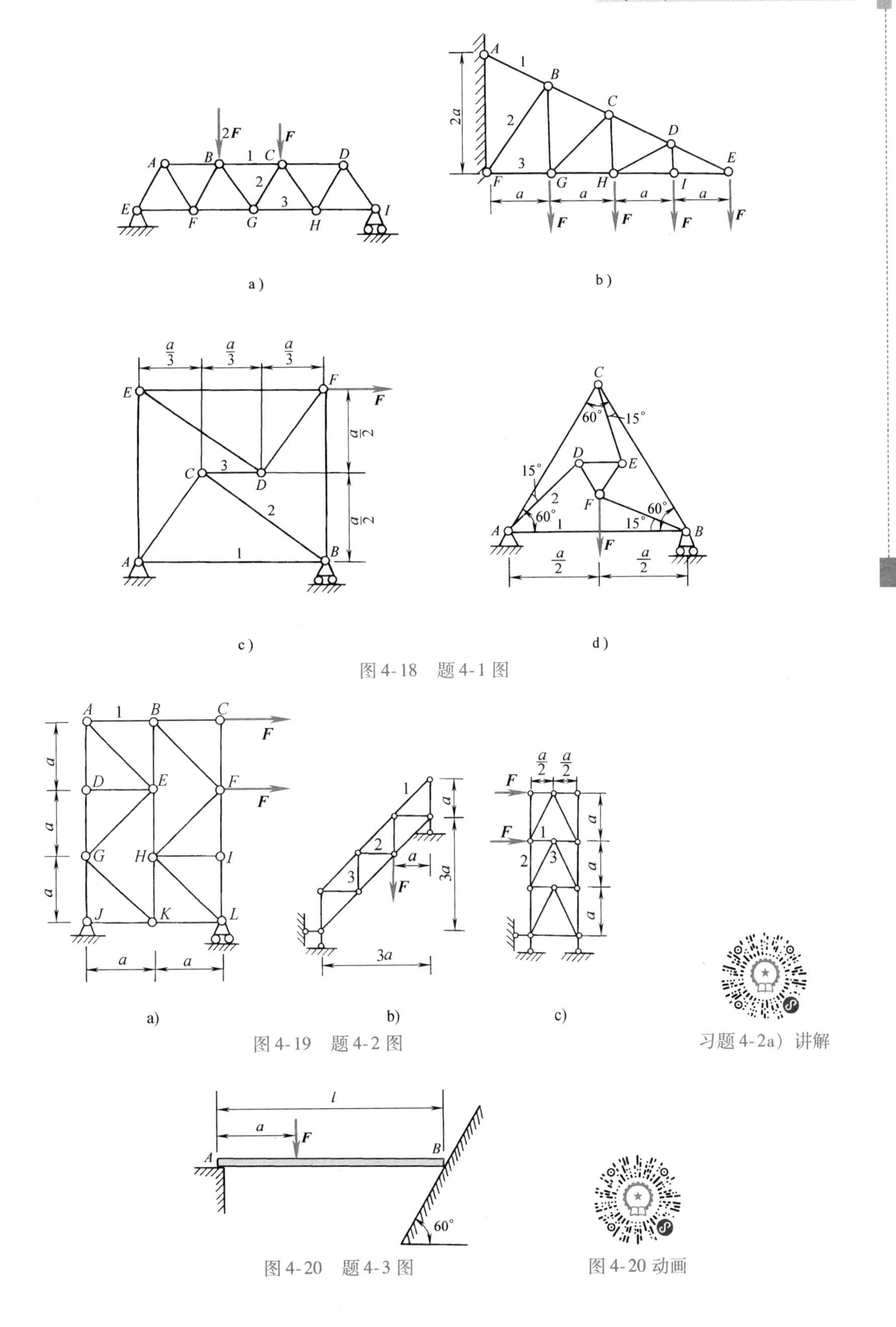


图4-18　题4-1图

图4-19　题4-2图

图4-20　题4-3图

4-4　棒料重 $P=500\text{N}$，直径 $D=24\text{cm}$，棒料与V形槽面间的静摩擦因数 $f_s=0.2$，如图4-21所示。试求转动棒料的最小力偶矩 $M$。

答：$M=1631\text{N}\cdot\text{cm}$。

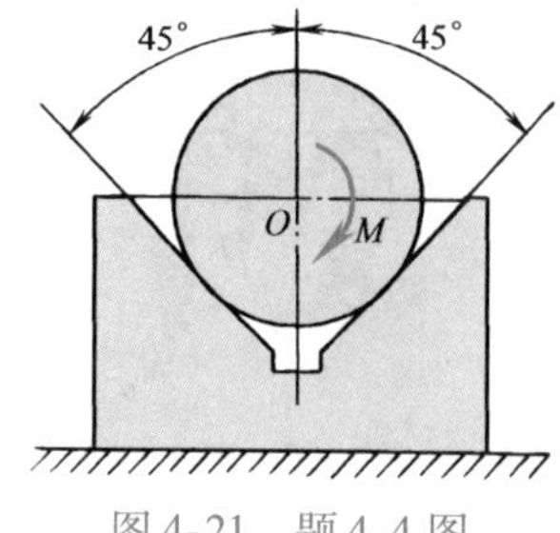


图4-21　题4-4图

图4-21 动画

4-5　试确定图4-22所示重267N、长2.44m的杆能否放在两个台阶上保持平衡，设滑动摩擦因数 $f=0.5$。若可以，试求 $A$、$B$ 处的摩擦力。

答：不可以，杆滑动。

4-6　图4-23所示摇臂钻床的衬套能在位于离轴心 $b=2.25\text{cm}$ 远的铅垂力 $\boldsymbol{F}$ 的作用下，沿着铅垂轴滑动，设静摩擦因数 $f_s=0.1$。试求能保证滑动的衬套高度 $h$。

答：$h>0.45\text{cm}$。

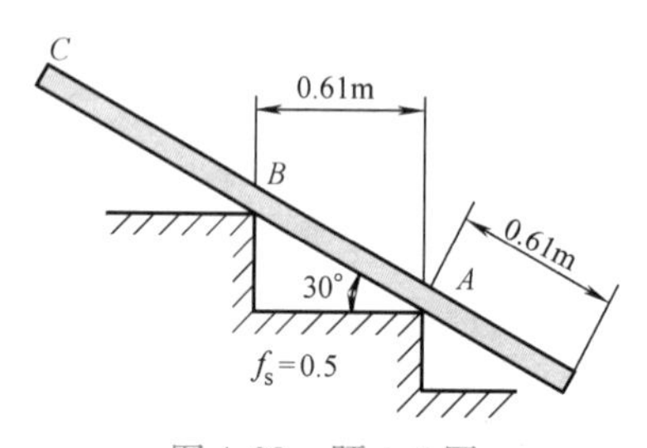


图4-22　题4-5图

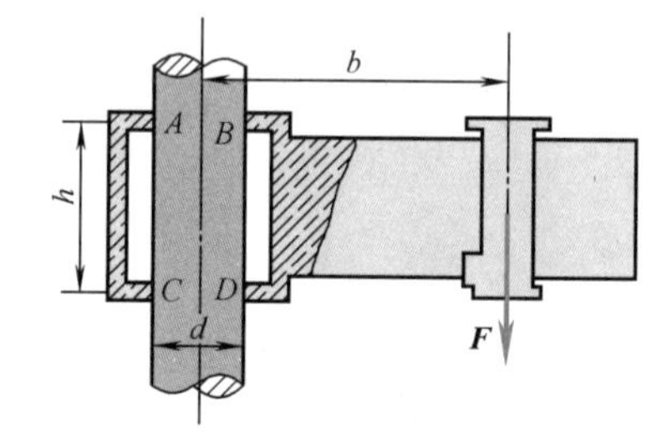


图4-23　题4-6图

4-7　两物块 $A$ 和 $B$ 重叠放在粗糙的水平面上，如图4-24所示，在上面的物块 $A$ 的顶上作用一斜向的力 $\boldsymbol{F}$。已知：$A$ 重1000N，$B$ 重2000N，$A$ 与 $B$ 之间的静摩擦因数 $f_{s1}=0.5$，$B$ 与地面 $C$ 之间的静摩擦因数 $f_{s2}=0.2$。问当 $F=600\text{N}$ 时，是物块 $A$ 相对物块 $B$ 运动，还是 $A$、$B$ 物块一起相对地面 $C$ 运动？

答：$A$、$B$ 都不动。



图4-24　题4-7图

4-8　尖劈顶重装置如图4-25所示。尖劈 $A$ 的顶角为 $\alpha$，在 $B$ 块上受力 $\boldsymbol{F}_1$ 的作用，$A$、$B$ 块间的静摩擦因数为 $f_s$（其他有滚珠处表示光滑）。求：（1）顶起重物所需力 $\boldsymbol{F}_2$ 的值；（2）撤去力 $\boldsymbol{F}_2$ 后能保证自锁的顶角 $\alpha$ 的值。

答：（1）$F_2\geqslant F_1\tan(\alpha+\varphi_m)$，$\tan\varphi_m=f_s$。

（2）$\alpha\leqslant\varphi_m$。

4-9　梯子重 $P_2$、长为 $l$，上端靠在光滑的墙上，底端与水平面间的静摩擦因数为 $f_s$，如图4-26所示。（1）已知梯子倾角 $\alpha$，为使梯子保持静止，问重为 $P_1$ 的人的活动范围多大？（2）倾角 $\alpha$ 多大时，不论人在什么位置梯子都保持静止？

答：（1）$AD\leqslant\dfrac{2f_s(P_2+P_1)\tan\alpha-P_2}{2P_1}l$；

（2）$\tan\alpha\geqslant\dfrac{2P_1+P_2}{2f_s(P_1+P_2)}$。

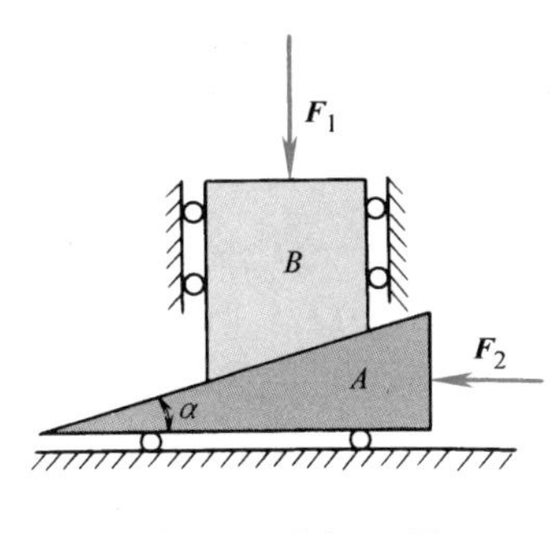


图4-25 题4-8图

图4-25 动画

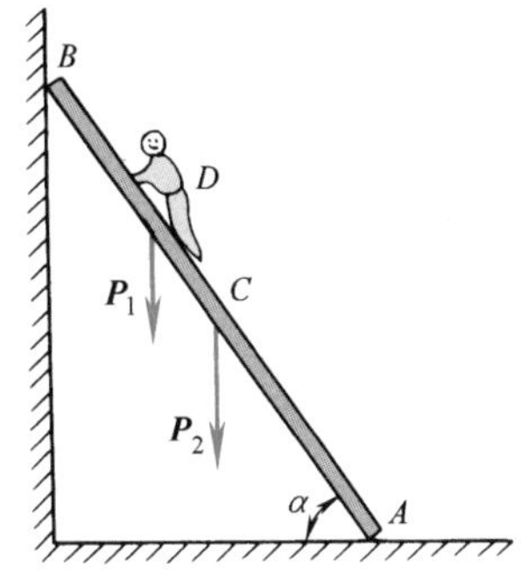


图4-26 题4-9图

4-10 砖夹的宽度为25cm，曲杆 $AGB$ 与 $GCED$ 在 $G$ 点铰接，尺寸如图4-27所示。设砖重 $W=120\text{N}$，提起砖的力 $\boldsymbol{F}$ 作用在砖夹的中心线上，砖夹与砖间的静摩擦因数 $f_s=0.5$，试求距离 $b$ 为多大才能把砖夹起。

答：$b\leqslant 11\text{cm}$。

4-11 图4-28所示物 $A$ 重为20N，物 $C$ 重为9N。$A$、$C$ 与接触面间的静摩擦因数 $f_s=0.25$。若 $AB$ 与 $BC$ 杆重不计，试求 $A$、$C$ 静止不动时的力 $\boldsymbol{F}$ 的大小。

答：$34\text{N}\leqslant F\leqslant 85\text{N}$。

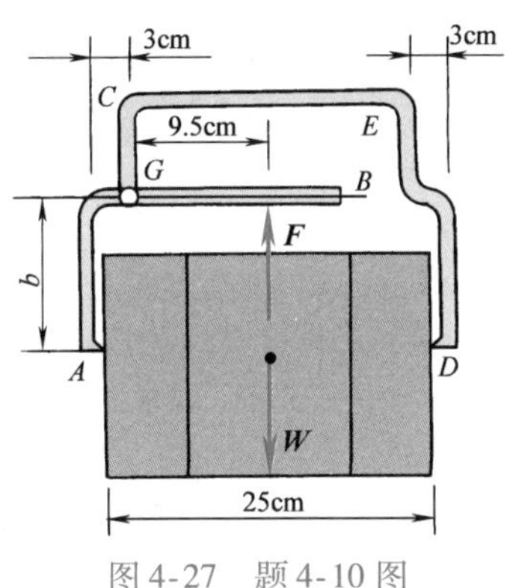


图4-27 题4-10图

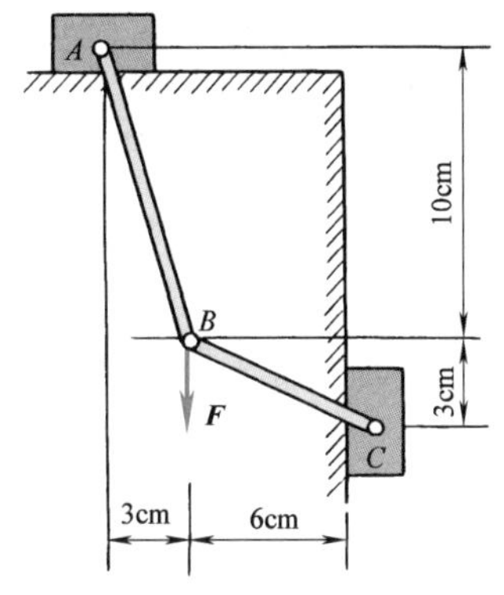


图4-28 题4-11图

4-12 图4-29所示两木板 $AO$ 和 $BO$ 用铰链连接在 $O$ 点，两板间放有均质圆柱，其轴线 $O_1$ 平行于铰链的轴线，这两轴都是水平的，并在同一铅垂面内，由于 $A$ 点和 $B$ 点作用两个大小相等而反向的水平力，$\boldsymbol{F}=-\boldsymbol{F}'$，使木板紧压圆柱。已知圆柱的重量为 $P$、半径为 $r$，圆柱对木板的静摩擦因数为 $f_s$，$\angle AOB=2\alpha$，距离 $AB=a$。问力 $\boldsymbol{F}$ 的数值应适合何种条件圆柱方能静止不动?

答：（1）$\tan\alpha>f_s$ 时，$\dfrac{Pr}{a(\sin\alpha+f_s\cos\alpha)}<F<\dfrac{Pr}{a(\sin\alpha-f_s\cos\alpha)}$；

（2）$\tan\alpha\leqslant f_s$ 时，$F\geqslant\dfrac{Pr}{a(\sin\alpha+f_s\cos\alpha)}$。

4-13 如图4-30所示，$A$ 块重500N，轮轴 $B$ 重1000N，$A$ 块与轮轴 $B$ 的轴以水平绳连接；在轮轴外绕以细绳，此绳跨过一光滑的滑轮 $D$，在绳的端点系一重物 $C$。如 $A$ 块与平面间的静摩擦因数为0.5，轮轴与平面间的静摩擦因数为0.2，试求使物系静止时物体 $C$ 的重力 $\boldsymbol{P}$ 的最大值。

答：$P=208\text{N}$。

4-14 小车底盘重 $P$，所有轮子共重 $W$。若车轮沿水平轨道滚动而不滑动，半径为 $r$，且滚动摩阻因数为 $\delta$，尺寸如图4-31所示。求使小车在轨道上匀速运动时所需的水平力 $\boldsymbol{F}$ 的值及地面对前、后车轮的滚动摩擦阻力偶矩。

答：$F=\frac{\delta}{r}(P+W)$，$M_A=(P+W)\frac{\delta(ar-b\delta)}{2ar}$，$M_B=(P+W)\frac{\delta(ar+b\delta)}{2ar}$。

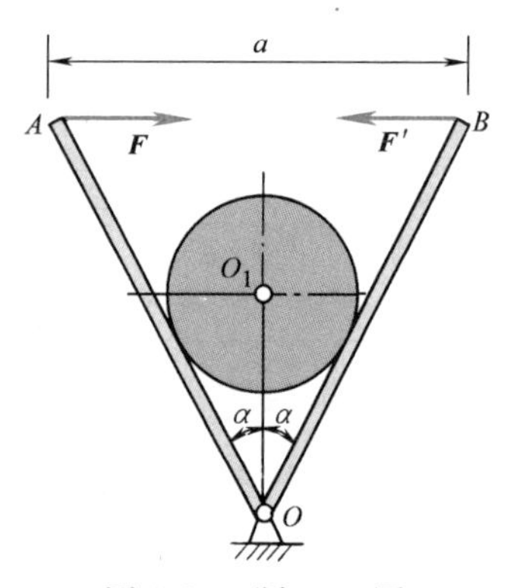


图 4-29 题 4-12 图

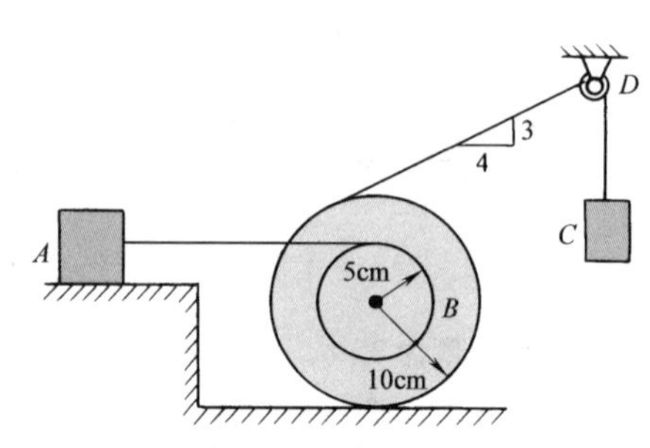


图 4-30 题 4-13 图

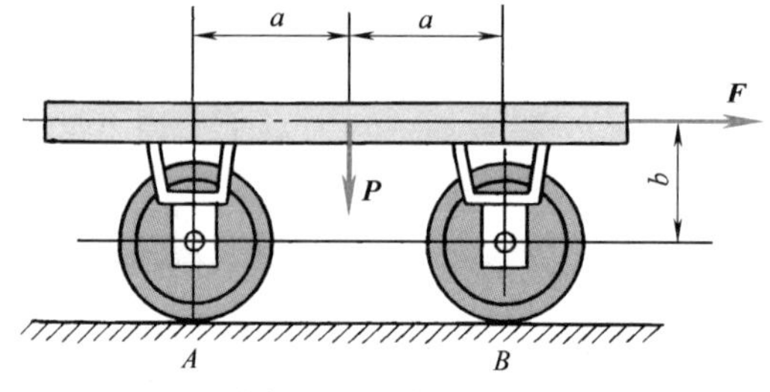


图 4-31 题 4-14 图

图 4-31 动画

4-15 重 $P_1=980\text{N}$、半径为 $r=10\text{cm}$ 的滚子 $A$ 与重为 $P_2=490\text{N}$ 的板 $B$ 由通过定滑轮 $C$ 的柔绳相连，如图 4-32a 所示。已知板 $B$ 与斜面间的静滑动摩擦因数 $f=0.1$；滚子 $A$ 与板 $B$ 间的滚动摩阻因数 $\delta=0.05\text{cm}$，斜面倾角 $\alpha=30°$，柔绳与斜面平行，柔绳及滑轮自重不计，铰链 $C$ 光滑。试求能拉动板 $B$ 且平行于斜面的力 $\boldsymbol{F}$ 的最小值。

答：$F_{\min}=380.8\text{N}$。

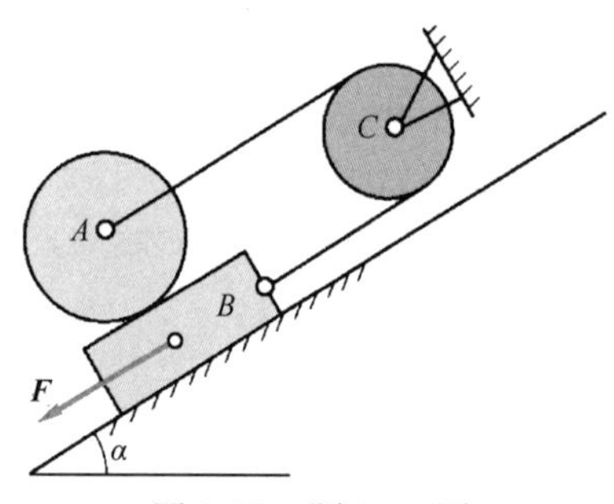


图 4-32 题 4-15 图

图 4-32 动画

# 第2篇

# 运　动　学

## 引　言

运动学是从几何的观点研究物体的机械运动。也就是说，在运动学里只研究物体运动的几何性质。

物体的机械运动就是物体在空间的位置随时间的变化。这表明，物体是在空间和时间中运动的。现代科学理论和试验已经证明，空间、时间与物质的运动是联系在一起的，空间和时间是相互联系的，空间和时间的度量是与物体的运动相联系的。不过，只有当物体的运动速度可以与光的速度（$3.0\times10^{8}$m/s）相比较时，上述联系才显示出来。在一般的工程技术问题中，物体运动的速度远小于光速，即使是从地球出发飞出太阳系的第三宇宙速度（$1.66\times10^{4}$m/s）也只是光速的一万八千分之一！在此情况下，空间、时间与运动的联系并不明显，可以忽略不计。因此，在经典力学的范围内，认为空间、时间与物体的运动无关；空间与时间是各自独立的；对于所有的研究对象来说，长度和时间的度量都是一样的，具体地说，长度的度量单位为 m 或 km，时间的度量单位为s 。这样一来，经典力学中的运动学是在被认为与运动无关的空间和时间中来研究物体机械运动的几何性质，于是，整个运动学的理论体系可以建立在欧几里得几何学公理的基础上。

世界上的一切物质都是运动的，即运动是绝对的。要描述物体的运动，必须先选取合适的物体作为参照物，称之为参考体。然而，从不同的参考体上观察物体的运动，得到的结果往往是不一样的！这表明，人们对于运动的描述是相对的。在运动学中，为了分析研究物体的运动，必须首先说明所选取的参考体，此参考体经抽象化以坐标系的形式出现，称为参考坐标系，简称参考系或坐标系；然后，在此参考系所包含的空间中，描述物体的位置随时间的变化规律，以及运动的几何性质。今后，如不特别说明，均以地面为参考系。

在运动学中，与时间有关的概念有两个：瞬时和时间间隔。在整个时间均匀流逝过程中的某一时刻，称为**瞬时**。在抽象化后的时间轴上，“瞬时”是轴上的一个点。开始计算时间的那个瞬时，称为**初瞬时**。两个瞬时之间流逝的时间，称为**时间间隔**。在时间轴上，它是两点之间的线段。

由于不涉及力和质量的概念，在运动学中，通常将实际物体抽象化为两种力学模型：几何学意义上的**点**（或**动点**）和**刚体**。这里说的点是指无质量、无大小、在空间占有其位置的几何点；刚体则是点的集合，而且其任意两点的距离是保持不变的。一个物体究竟抽象化为哪种模型，主要取决于研究问题的性质。例如，在研究地球绕太阳运行的规律时，可以将地球抽象化为一个动点；而在研究地球上的河岸冲刷、季候风的成因时，则要将地球抽象化为一个刚体。在这一篇里，按照力学模型的不同，将运动学分成两大部分：点的运动学和刚体运动学。

学习运动学有两方面的意义：一方面，它为学习动力学，即全面地分析研究物体的机械运动做准备；另一方面，运动学的理论可以独立地应用到工程实际中去。在机器和仪表中，其零部件之间的运动都要相互协调配合，设计成某种或某些特定的机构，以便完成预期的动作或传递、转换运动等功能，这就需要进行运动分析。像钟表、摄影机这类受力不大的仪表、机器中的某些机构，往往只要进行运动学方面的设计就够了。

运动学引言

# 第5章 点的一般运动和刚体的基本运动

点的一般运动和刚体的基本运动具有独立的应用意义，又因为许多复杂运动是由这些运动合成的，所以也是研究复杂运动的基础，本章的内容主要是为后面的章节做准备。

## 5.1 点的运动的表示法

### 5.1.1 点的运动的矢径表示法

在以固定点 $O$ 为参考点的参考系中，动点 $M$ 在空间做任意运动。由 $O$ 向动点 $M$ 作矢径 $\boldsymbol{r}$，如图5-1所示。动点运动时的位置可由矢径 $\boldsymbol{r}$ 唯一地确定下来，它的大小和方向随时间而变化，是时间 $t$ 的单值连续的矢量函数，即

$$\boldsymbol{r}=\boldsymbol{r}(t) \tag{5-1}$$

这就是用矢量形式表示的点的运动方程，又称**运动规律**。

动点 $M$ 在空间运动时，矢径 $\boldsymbol{r}$ 的末端将描绘出一条连续曲线，称为**矢径端图**，它就是动点运动的**轨迹**。

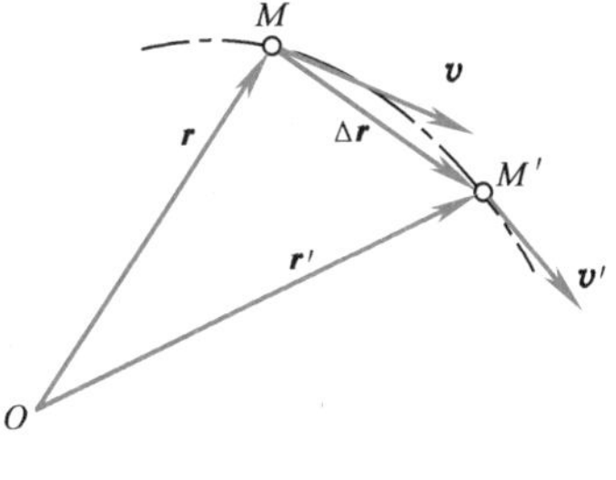

图 5-1

动点由瞬时 $t$ 到瞬时 $t+\Delta t$，其位置由 $M$ 运动到 $M'$，如图5-1所示。在 $\Delta t$ 时间间隔内，矢径的改变量是 $\Delta\boldsymbol{r}=\boldsymbol{r}'-\boldsymbol{r}$，它代表动点在 $\Delta t$ 时间间隔内的**位移**。$\Delta\boldsymbol{r}$ 与其对应的时间间隔 $\Delta t$ 的比值，称为动点在时间间隔 $\Delta t$ 内的**平均速度**。当 $\Delta t$ 趋近于零时，平均速度的极限值称为动点在 $t$ 瞬时的**速度**，用 $\boldsymbol{v}$ 表示，即

$$\boldsymbol{v}=\lim_{\Delta t\to 0}\frac{\Delta\boldsymbol{r}}{\Delta t}=\frac{\mathrm{d}\boldsymbol{r}}{\mathrm{d}t} \tag{5-2}$$

这表明，动点的速度等于它的矢径对时间的一阶导数。速度是矢量，它的方向是位移 $\Delta\boldsymbol{r}$ 的极限方向，亦即沿着轨迹在 $M$ 点的切线指向点的运动方向。

在国际单位制中，速度的单位是m/s。

动点在 $M$ 和 $M'$ 点，它的速度分别为 $\boldsymbol{v}$ 和 $\boldsymbol{v}'$，如图5-2所示。速度的变化量是 $\Delta\boldsymbol{v}=\boldsymbol{v}'-\boldsymbol{v}$，$\Delta\boldsymbol{v}$ 与其对应的时间间隔 $\Delta t$ 的比值，称为动点在时间间隔 $\Delta t$ 内的平均加速度。当 $\Delta t$ 趋近于零时，平均加速度的极限值称为动点在瞬时 $t$ 的**加速度**，用 $\boldsymbol{a}$ 表示，即

$$\boldsymbol{a}=\lim_{\Delta t\to 0}\frac{\Delta\boldsymbol{v}}{\Delta t}=\frac{\mathrm{d}\boldsymbol{v}}{\mathrm{d}t}=\frac{\mathrm{d}^2\boldsymbol{r}}{\mathrm{d}t^2} \tag{5-3}$$

这表明，动点的加速度等于它的速度对时间的一阶导数；亦等于它的矢径对时间的二阶

导数。

点的加速度是矢量。如果把各瞬时动点的速度矢量$\boldsymbol{v}$的始端画在同一点$O'$上，按照时间顺序，这些速度矢量的末端将描绘出一条连续的曲线，称为**速度矢端图**，如图5-3所示。图中$O'M$、$O'M'$分别代表动点在位置$M$、$M'$时的速度。动点加速度的方向是速度矢端图在$M$点在的切线方向，如图5-3所示。

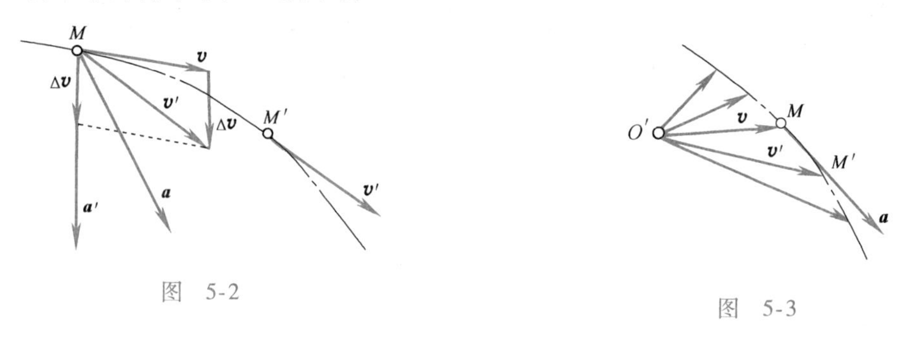


图　5-2

图　5-3

在国际单位制中，加速度的单位是$\mathrm{m/s^2}$。

### 5.1.2　点的运动的笛卡儿坐标表示法

用矢径法描述点的运动，只需选择一个参考点，不需要建立参考坐标系就可以导出点的速度、加速度的计算公式。这种公式形式简洁，便于理论推导，是研究点的运动学的基本公式。为了便于应用和计算，可根据实际情况，选择其他描述运动的方法。笛卡儿坐标法是矢径法的代数运算。

在参考体的固定点$O$上，建立笛卡儿坐标系$Oxyz$作为参考坐标系。设动点在瞬时$t$，它的位置$M$可用三个坐标$x$、$y$、$z$表示，如图5-4所示。它们与矢径$\boldsymbol{r}$的关系为

$$\boldsymbol{r}=x\boldsymbol{i}+y\boldsymbol{j}+z\boldsymbol{k} \tag{5-4}$$

式中，$\boldsymbol{i}$、$\boldsymbol{j}$、$\boldsymbol{k}$是$Oxyz$坐标系中沿$x$、$y$、$z$三个坐标轴正向的单位矢量。

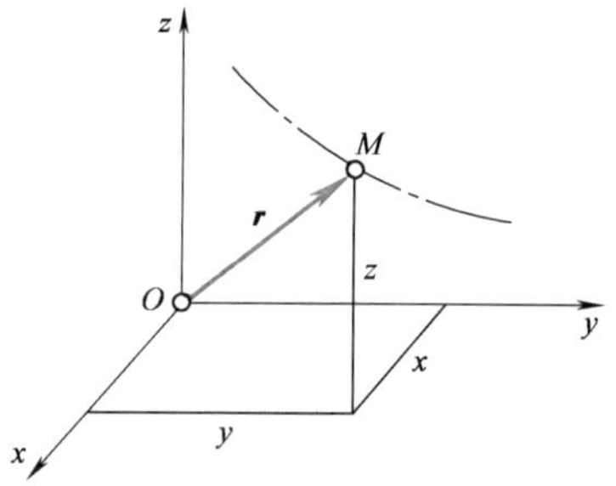

在运动过程中，动点在笛卡儿坐标系$Oxyz$中的位置可用坐标$x$、$y$、$z$唯一地确定下来。坐标$x$、$y$、$z$都是时间$t$的单值连续函数，即

$$\left.\begin{aligned}x&=f_1(t)\\y&=f_2(t)\\z&=f_3(t)\end{aligned}\right\} \tag{5-5}$$

图　5-4

这就是**用笛卡儿坐标表示的动点的运动方程**。实际上，它是以时间$t$为参变量的空间曲线方程。从运动方程中消去参变量$t$，可得到点的轨迹方程。

将式（5-4）对时间求一阶导数，注意到$\boldsymbol{i}$、$\boldsymbol{j}$、$\boldsymbol{k}$是常矢量，再代入式（5-2），得到点的速度在笛卡儿坐标系中的表达式为

$$\boldsymbol{v}=\frac{\mathrm{d}x}{\mathrm{d}t}\boldsymbol{i}+\frac{\mathrm{d}y}{\mathrm{d}t}\boldsymbol{j}+\frac{\mathrm{d}z}{\mathrm{d}t}\boldsymbol{k} \tag{5-6}$$

由此得到，速度在笛卡儿坐标轴上的投影为

$$\left.\begin{aligned} v_x &= \frac{\mathrm{d}x}{\mathrm{d}t} \\ v_y &= \frac{\mathrm{d}y}{\mathrm{d}t} \\ v_z &= \frac{\mathrm{d}z}{\mathrm{d}t} \end{aligned}\right\} \tag{5-7}$$

即，动点的速度在笛卡儿坐标轴上的投影等于其对应坐标对时间的一阶导数。

由速度的投影可求出速度的大小为

$$v = \sqrt{v_x^2 + v_y^2 + v_z^2} \tag{5-8}$$

速度的方向由其方向余弦确定，即

$$\left.\begin{aligned} \cos <\boldsymbol{v}, \boldsymbol{i}> &= \frac{v_x}{v} \\ \cos <\boldsymbol{v}, \boldsymbol{j}> &= \frac{v_y}{v} \\ \cos <\boldsymbol{v}, \boldsymbol{k}> &= \frac{v_z}{v} \end{aligned}\right\} \tag{5-9}$$

图5-5表示了点的速度和其在笛卡儿坐标轴上投影的关系。

同理，将式（5-6）对时间求一阶导数，再代入式（5-3），得到点的加速度在笛卡儿坐标中的表达式为

$$\boldsymbol{a} = \frac{\mathrm{d}v_x}{\mathrm{d}t}\boldsymbol{i} + \frac{\mathrm{d}v_y}{\mathrm{d}t}\boldsymbol{j} + \frac{\mathrm{d}v_z}{\mathrm{d}t}\boldsymbol{k} = \frac{\mathrm{d}^2x}{\mathrm{d}t^2}\boldsymbol{i} + \frac{\mathrm{d}^2y}{\mathrm{d}t^2}\boldsymbol{j} + \frac{\mathrm{d}^2z}{\mathrm{d}t^2}\boldsymbol{k} \tag{5-10}$$

则加速度在笛卡儿坐标轴上的投影为

$$\left.\begin{aligned} a_x &= \frac{\mathrm{d}v_x}{\mathrm{d}t} = \frac{\mathrm{d}^2x}{\mathrm{d}t^2} \\ a_y &= \frac{\mathrm{d}v_y}{\mathrm{d}t} = \frac{\mathrm{d}^2y}{\mathrm{d}t^2} \\ a_z &= \frac{\mathrm{d}v_z}{\mathrm{d}t} = \frac{\mathrm{d}^2z}{\mathrm{d}t^2} \end{aligned}\right\} \tag{5-11}$$

即，动点的加速度在笛卡儿坐标轴上的投影等于其对应的速度投影对时间的一阶导数；亦等于对应的坐标对时间的二阶导数。

点的加速度的大小和方向余弦分别为

$$\left.\begin{aligned} & a = \sqrt{a_x^2 + a_y^2 + a_z^2} \\ & \cos <\boldsymbol{a}, \boldsymbol{i}> = \frac{a_x}{a},\ \cos <\boldsymbol{a}, \boldsymbol{j}> = \frac{a_y}{a},\ \cos <\boldsymbol{a}, \boldsymbol{k}> = \frac{a_z}{a} \end{aligned}\right\} \tag{5-12}$$

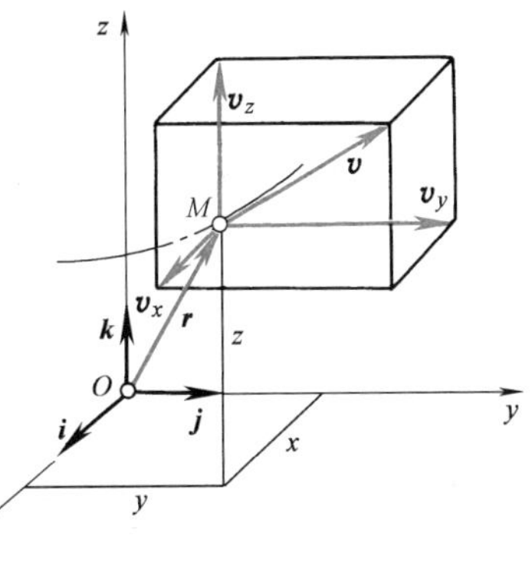


图 5-5

图5-6表示了点的加速度与其在坐标轴上投影的关系。

式（5-7）和式（5-11）分别建立了动点的运动方程与其速度、加速度的关系。已知动点的运动方程（5-5）时，通过对时间求一阶、二阶导数，可求出动点的速度、加速度；反之，已知动点的加速度和运动的初始条件，通过积分则可求出动点的速度、运动方程和轨迹方程。

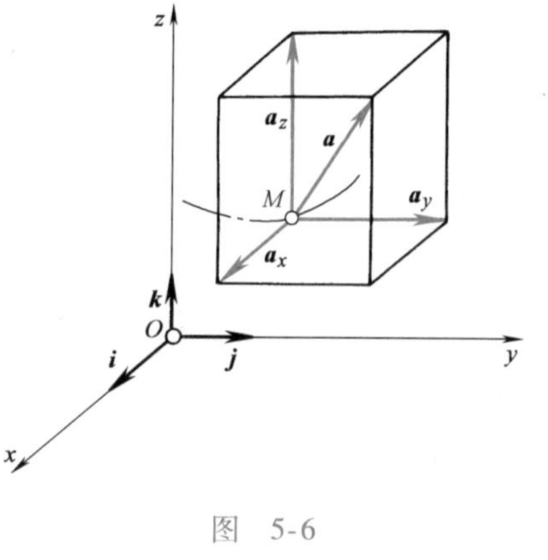


图　5-6

### 5.1.3　点的运动的弧坐标表示法

在许多的工程实际问题中，动点的运动轨迹往往是已知的。例如火车运行的路线即为已知的轨迹。在此前提下，沿轨迹曲线建立一条弧形曲线坐标轴，简称**弧坐标轴**，用弧坐标来确定动点在任意瞬时的位置的方法称为**弧坐标法**。

设动点沿已知的轨迹曲线运动，如图5-7所示。在轨迹上任选一定点 $O$ 为弧坐标轴的原点，并规定从 $O$ 点沿弧坐标轴的某一边量取的弧长为正值；另一边的则为负值。从 $O$ 点到动点 $M$ 之间的弧长 $s$ 称为动点的**弧坐标**。由此可知，弧坐标是一代数量。

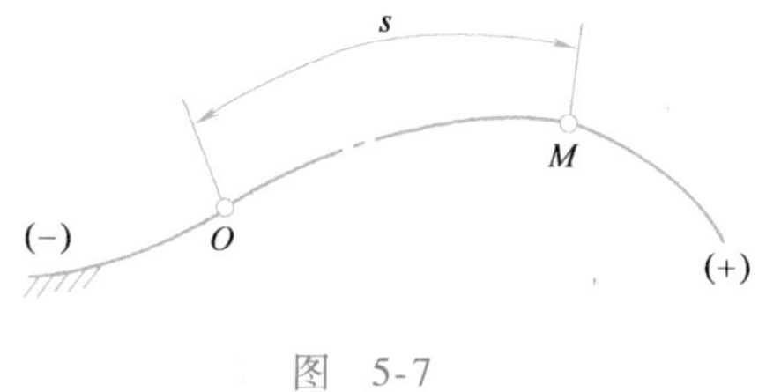


图　5-7

点的运动轨迹为已知时，点在任意瞬时的位置可由弧坐标唯一地确定下来。它是时间 $t$ 的单值连续函数，即

$$s=f(t) \tag{5-13}$$

此式表达了动点沿已知轨迹的运动规律，称为**用弧坐标表示的点的运动方程**。

用弧坐标法分析点在曲线上的运动时，点的速度、加速度与轨迹曲线的几何性质有密切的关系。为此，先要简要介绍自然轴系的概念。

**1. 自然轴系**　在图5-8所示的空间曲线 $AB$ 中，$\boldsymbol{\tau}$ 表示曲线在 $M$ 点的**切向单位矢量**。$\boldsymbol{\tau}'$ 表示与 $M$ 点邻近的 $M'$ 点的切向单位矢量。过 $M$ 点作平行于 $\boldsymbol{\tau}'$ 的矢量 $\boldsymbol{\tau}''$，并作一包含矢量 $\boldsymbol{\tau}$ 和 $\boldsymbol{\tau}''$ 的平面 $P$。在 $M'$ 点趋近于 $M$ 点的过程中，单位矢量 $\boldsymbol{\tau}$ 固定不动，$\boldsymbol{\tau}'$ 则不断地改变着它的方向，所以，平面 $P$ 的位置也在变化，绕着 $\boldsymbol{\tau}$ 不断地转动。当 $M'$ 趋近于 $M$ 点时，平面 $P$ 将趋向某一极限位置。这个极限位置所在的平面称为此空间曲线在 $M$ 点的**密切面**。$M$ 点附近的无限小弧段可以近似地看成是一条在密切面内的平面曲线，整个空间曲线则可近似地看成是由无限多条无限小的、在一系列密切面内的平面曲线段的组合。很明显，对于平面曲线而言，密切面就是该曲线所在的平面。

在图5-9中，过 $M$ 点作垂直于 $\boldsymbol{\tau}$ 的平面，称为曲线在 $M$ 点的**法平面**。在法平面内，过 $M$ 点的一切直线都是该曲线在 $M$ 点的法线。在这些法线中，位于密切面内的法线称为曲线在 $M$ 点的**主法线**；与密切面垂直的法线称为**副法线**。用 $\boldsymbol{n}$ 表示**主法向单位矢量**，$\boldsymbol{b}$ 表示**副法向单位矢量**，$\boldsymbol{\tau}$、$\boldsymbol{n}$、$\boldsymbol{b}$ 三个矢量的轴线将构成互相垂直的**自然轴系**。它们的正向是这样确定的：$\boldsymbol{\tau}$ 的正向指向弧坐标的正向；$\boldsymbol{n}$ 的正向是指向曲线内凹的一边，准确地说是指向曲线在 $M$ 点的曲率中心；$\boldsymbol{b}$ 的正向则由右手螺旋规则决定，即

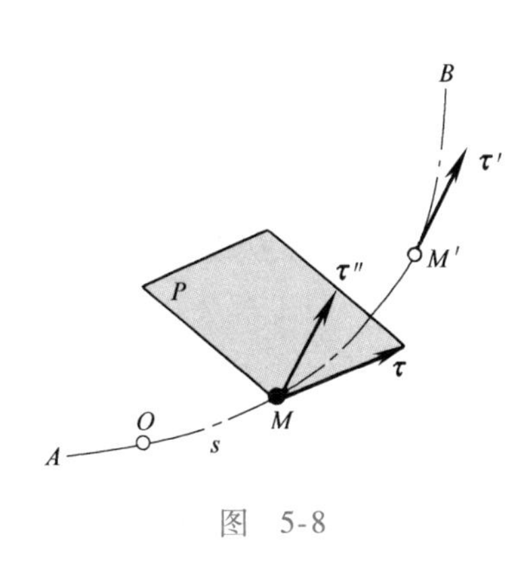

图　5-8

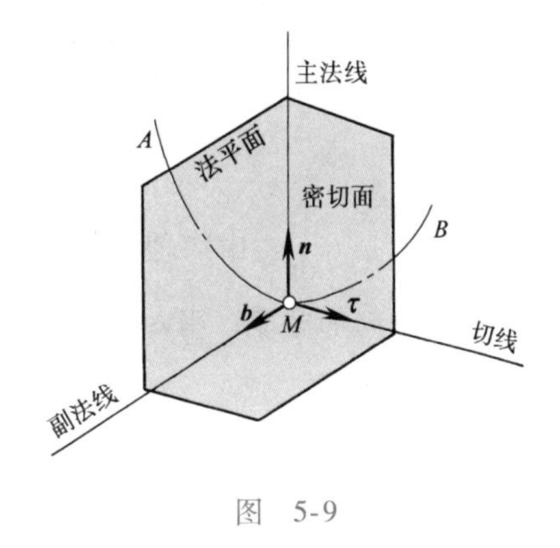

图　5-9

$$\boldsymbol{b}=\boldsymbol{\tau}\times\boldsymbol{n} \tag{5-14}$$

在空间曲线的各点上都有一组对应的自然轴系，所以自然轴系 $\boldsymbol{\tau}$、$\boldsymbol{n}$、$\boldsymbol{b}$ 的方向将随动点在曲线上的位置变化而变化。由此可知，自然轴系的单位矢量 $\boldsymbol{\tau}$、$\boldsymbol{n}$、$\boldsymbol{b}$ 不同于固定的笛卡儿坐标系的单位矢量 $\boldsymbol{i}$、$\boldsymbol{j}$、$\boldsymbol{k}$。前者是方向在不断变化的单位矢量，后者则是常矢量。

**2. 速度**　为了得到点的速度在自然轴系中的表达式，把速度的矢量表达式（5-2）做如下变换：

$$\boldsymbol{v}=\frac{\mathrm{d}\boldsymbol{r}}{\mathrm{d}t}=\frac{\mathrm{d}\boldsymbol{r}}{\mathrm{d}s}\frac{\mathrm{d}s}{\mathrm{d}t} \tag{a}$$

式中，$\frac{\mathrm{d}\boldsymbol{r}}{\mathrm{d}s}$的大小为

$$\left|\frac{\mathrm{d}\boldsymbol{r}}{\mathrm{d}s}\right|=\lim_{\Delta s\to 0}\left|\frac{\Delta\boldsymbol{r}}{\Delta s}\right|=1$$

因此，$\frac{\mathrm{d}\boldsymbol{r}}{\mathrm{d}s}$是单位矢量。它的方向由 $\Delta s\to 0$ 时，$\Delta\boldsymbol{r}$ 的极限方向来决定。由图 5-10 看出，$\Delta\boldsymbol{r}$ 的极限方向是轨迹在 $M$ 点的切线方向，即有

$$\frac{\mathrm{d}\boldsymbol{r}}{\mathrm{d}s}=\boldsymbol{\tau} \tag{b}$$

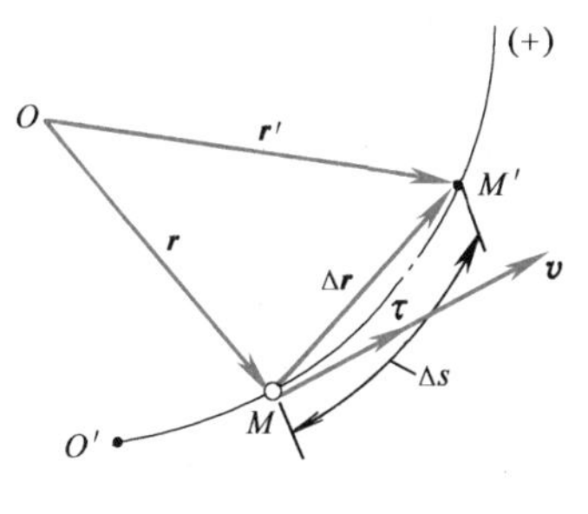

图　5-10

将式（b）代入式（a），得

$$\boldsymbol{v}=\frac{\mathrm{d}s}{\mathrm{d}t}\boldsymbol{\tau}=v\boldsymbol{\tau} \tag{5-15}$$

即动点的速度沿其轨迹的切线方向，速度在切线方向的投影等于弧坐标对时间的一阶导数。

**3. 加速度**　式（5-15）代入式（5-3），即

$$\boldsymbol{a}=\frac{\mathrm{d}\boldsymbol{v}}{\mathrm{d}t}=\frac{\mathrm{d}}{\mathrm{d}t}(v\boldsymbol{\tau})=\frac{\mathrm{d}v}{\mathrm{d}t}\boldsymbol{\tau}+v\frac{\mathrm{d}\boldsymbol{\tau}}{\mathrm{d}t} \tag{5-16}$$

这表明，动点的加速度 $\boldsymbol{a}$ 由两个分矢量组成。

第一个分矢量是$\frac{\mathrm{d}v}{\mathrm{d}t}\boldsymbol{\tau}$，方向沿轨迹的切线，大小等于$\frac{\mathrm{d}v}{\mathrm{d}t}$或$\frac{\mathrm{d}^2s}{\mathrm{d}t^2}$。当$\frac{\mathrm{d}^2s}{\mathrm{d}t^2}>0$ 时，该矢量与 $\boldsymbol{\tau}$

同向；当$\frac{d^2s}{dt^2}<0$时，则与$\boldsymbol{\tau}$反向。因此，此分矢量称为**切向加速度**，用$\boldsymbol{a}_t$表示，即

$$\boldsymbol{a}_t=\frac{dv}{dt}\boldsymbol{\tau}=\frac{d^2s}{dt^2}\boldsymbol{\tau} \tag{5-17}$$

第二个分矢量是$v\frac{d\boldsymbol{\tau}}{dt}$。由物理学知，其大小为$\frac{v^2}{\rho}$，其方向恒沿主法线的正向，即指向曲率中心，称之为**法向加速度**，用$\boldsymbol{a}_n$表示，即

$$\boldsymbol{a}_n=\frac{v^2}{\rho}\boldsymbol{n} \tag{5-18}$$

将式（5-17）、式（5-18）代入式（5-16），点的加速度在自然轴系中的表达式为

$$\boldsymbol{a}=\boldsymbol{a}_t+\boldsymbol{a}_n=\frac{dv}{dt}\boldsymbol{\tau}+\frac{v^2}{\rho}\boldsymbol{n} \tag{5-19}$$

点的加速度在自然轴上的投影为

$$\left.\begin{aligned} a_t&=\frac{dv}{dt}\\ a_n&=\frac{v^2}{\rho}\\ a_b&=0 \end{aligned}\right\} \tag{5-20}$$

这表明，点的加速度沿副法线的分量恒等于零，**加速度矢量在密切面内并等于切向加速度与法向加速度的矢量和**。切向加速度反映速度代数值的变化快慢程度；法向加速度则反映速度方向的变化快慢程度。如图5-11所示，点的加速度的大小和方向由下式决定：

$$\left.\begin{aligned} a&=\sqrt{a_t^2+a_n^2}=\sqrt{\left(\frac{dv}{dt}\right)^2+\left(\frac{v^2}{\rho}\right)^2}\\ \tan\theta&=\frac{|a_t|}{a_n} \end{aligned}\right\} \tag{5-21}$$

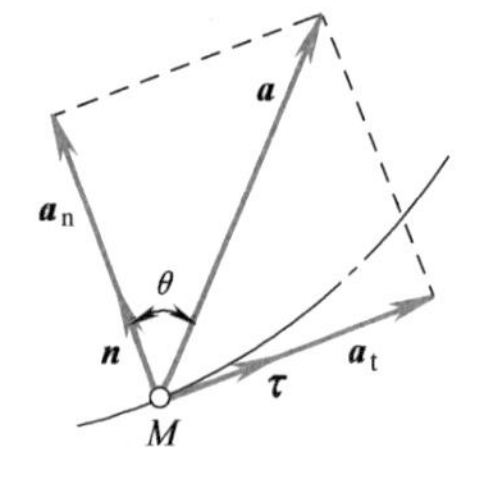

图 5-11

综上所述，运用弧坐标能够方便地描述点在轨迹上的位置。然而，为了描述点的速度和加速度，弧坐标法就不够用了，需要引用自然轴系。自然轴系是与轨迹的几何特性联系在一起的参考系，这就导致点的速度、加速度在自然轴系中的各个分量有着明显的几何意义。当点的运动轨迹已知时，运用自然轴系来描述点的速度、加速度比较简便；当点的运动轨迹未知时，运用笛卡儿坐标来描述则比较方便。

---

**例5-1** 一炮弹以初速度$\boldsymbol{v}_0$和仰角$\alpha$射出。对于图5-12所示笛卡儿坐标的运动方程为

$$x=v_0\cos\alpha\cdot t$$

$$y=v_0\sin\alpha\cdot t-\frac{1}{2}gt^2$$

求$t=0$时炮弹的切向加速度和法向加速度，以及此时轨迹的曲率半径。

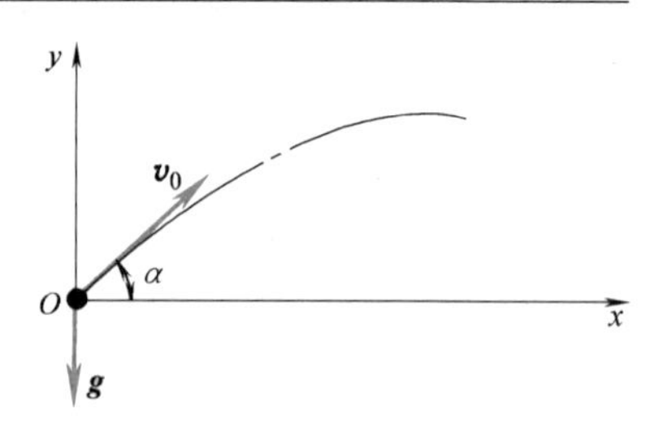

图 5-12

**解：** 炮弹的运动方程以笛卡儿坐标形式给出，因此它的速度和加速度在 $x$、$y$ 轴上的投影分别为

$$v_x=\frac{\mathrm{d}x}{\mathrm{d}t}=v_0\cos\alpha$$

$$v_y=\frac{\mathrm{d}y}{\mathrm{d}t}=v_0\sin\alpha-gt$$

$$v=\sqrt{v_x^2+v_y^2}=\sqrt{v_0^2\cos^2\alpha+(v_0\sin\alpha-gt)^2}$$

$$a_x=\frac{\mathrm{d}v_x}{\mathrm{d}t}=0,\ a_y=\frac{\mathrm{d}v_y}{\mathrm{d}t}=-g,\ a=\sqrt{a_x^2+a_y^2}=g$$

当 $t=0$ 时，炮弹的速度和全加速度的大小分别为

$$v=v_0,\ a=g$$

若将加速度在切线和法线方向分解，则有

$$a=\sqrt{a_\mathrm{t}^2+a_\mathrm{n}^2}$$

其中

$$a_\mathrm{t}=\frac{\mathrm{d}v}{\mathrm{d}t}=-\frac{g}{v}(v_0\sin\alpha-gt)$$

当 $t=0$ 时，$v=v_0$，由上式得

$$a_\mathrm{t}=-g\sin\alpha$$

于是

$$a_\mathrm{n}=\sqrt{a^2-a_\mathrm{t}^2}=g\cos\alpha$$

由 $a_\mathrm{n}=\dfrac{v^2}{\rho}$，求得 $t=0$ 时轨迹的曲率半径为

$$\rho=\frac{v_0^2}{a_\mathrm{n}}=\frac{v_0^2}{g\cos\alpha}$$

**例 5-2**　炮弹从离地面高 $h$ 处的 $A$ 点以初速度 $\boldsymbol{v}_0$ 在图 5-13 所示平面内射出。$\boldsymbol{v}_0$ 与水平线的夹角为 $\alpha$。在运动过程中，炮弹的加速度 $a=g$（$g$ 为重力加速度）。试确定炮弹的运动方程和炮弹的水平射程 $d$。

**解：** 过地面的 $O$ 点建立笛卡儿坐标系 $Oxy$（图5-13）。在任一瞬时 $t$，炮弹 $M$ 的加速度 $a$ 在 $x$、$y$ 轴上的投影分别为

$$a_x=\frac{\mathrm{d}v_x}{\mathrm{d}t}=0,\ a_y=\frac{\mathrm{d}v_y}{\mathrm{d}t}=-g \tag{a}$$

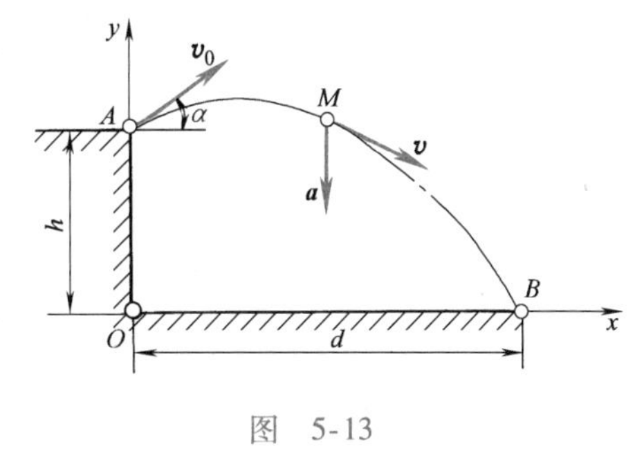


图　5-13

炮弹的运动方程可将式（a）逐次积分求得。若以炮弹射出时刻为初瞬时，由题意可知，$t=0$ 时，炮弹的初速度在所取坐标轴上的投影分别为 $v_{0x}=v_0\cos\alpha$，$v_{0y}=v_0\sin\alpha$。对式（a）在相应的积分限内分别积分，得

$$\int_{v_0\cos\alpha}^{v_x}\mathrm{d}v_x=0,\qquad \int_{v_0\sin\alpha}^{v_y}\mathrm{d}v_y=\int_0^t(-g)\mathrm{d}t$$

即

$$v_x=v_0\cos\alpha,\ v_y=v_0\sin\alpha-gt$$

或
$$\frac{\mathrm{d}x}{\mathrm{d}t}=v_0\cos\alpha,\ \frac{\mathrm{d}y}{\mathrm{d}t}=v_0\sin\alpha-gt \tag{b}$$

由上式可知，炮弹在运动过程中，其速度的水平分量为一常量，而铅垂分量随时间而改变。

又 $t=0$ 时，炮弹的初始坐标为 $x_0=0$，$y_0=h$，再对式（b）积分，得

$$\int_0^x \mathrm{d}x = \int_0^t v_0\cos\alpha \mathrm{d}t,\ \int_h^y \mathrm{d}y = \int_0^t (v_0\sin\alpha - gt)\mathrm{d}t$$

即
$$x=v_0t\cos\alpha,\ y=h+v_0t\sin\alpha-\frac{1}{2}gt^2 \tag{c}$$

这就是炮弹射出后的运动方程。消去 $t$，即得炮弹的轨迹方程为

$$y=h+x\tan\alpha-\frac{gx^2}{2v_0^2\cos^2\alpha} \tag{d}$$

上式表明，炮弹的轨迹为抛物线。

由图5-13可知，当 $x=d$ 时，$y=0$。代入式（d）有

$$0=h+d\tan\alpha-\frac{gd^2}{2v_0^2\cos^2\alpha}$$

解得水平射程

$$d=\frac{v_0\cos\alpha}{g}\left[v_0\sin\alpha+\sqrt{(v_0\sin\alpha)^2+2gh}\ \right] \tag{e}$$

**例5-3**　在图5-14所示的曲柄连杆机构中，曲柄 $OA$ 以匀角速度 $\omega$ 绕 $O$ 轴转动，在连杆 $AB$ 的带动下，滑块 $B$ 沿导槽做往复直线运动。已知 $OA=r$，$AB=l$，且 $l>r$。求滑块 $B$ 的运动方程、速度及加速度。

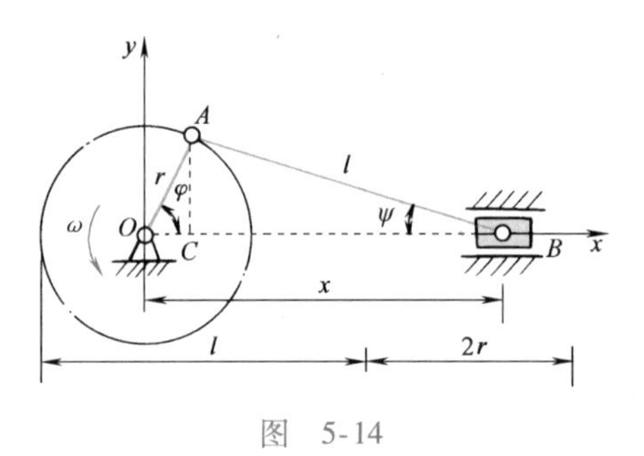


图　5-14

图5-14 动画

**解：** 曲柄连杆机构在工程中有广泛的应用。这种机构能将转动转换成直线平移，如压气机、往复式水泵、锻压机等；或将直线平移转换为转动，如蒸汽机、内燃机等。

滑块 $B$ 的运动是沿 $OB$ 方向的往复直线运动，可用笛卡儿坐标法建立它的运动方程。取轴 $O$ 为原点，建立坐标系 $Oxy$，由 $A$ 点向 $x$ 轴作垂线得交点 $C$，则滑块 $B$ 在任一瞬时的位置为

$$x=OC+CB=r\cos\varphi+l\cos\psi$$

其中，$\varphi=\omega t$。在 $\triangle OAB$ 中，根据正弦定理

$$\frac{l}{\sin\varphi}=\frac{r}{\sin\psi}$$

$$\sin\psi = \frac{r}{l}\sin\varphi = \lambda\sin\varphi$$

式中，$\lambda = r/l$，于是

$$\cos\psi = \sqrt{1-\sin^2\psi} = \sqrt{1-\lambda^2\sin^2\varphi}$$

因此，滑块 $B$ 的运动方程为

$$x = r\cos\omega t + l\sqrt{1-\lambda^2\sin^2\omega t} \tag{a}$$

将式（a）对时间求一阶导数，得滑块 $B$ 的速度

$$v = -r\omega\left[\sin\omega t + \frac{1}{2}\lambda\sin2\omega t(1-\lambda^2\sin^2\omega t)^{-\frac{1}{2}}\right] \tag{b}$$

同理，可求得滑块 $B$ 的加速度

$$a = -r\omega^2\left[\cos\omega t + \lambda\cos2\omega t(1-\lambda^2\sin^2\omega t)^{-\frac{1}{2}} + \frac{1}{4}\lambda^3\sin^2 2\omega t(1-\lambda^2\sin^2\omega t)^{-\frac{3}{2}}\right] \tag{c}$$

以上为滑块 $B$ 的运动的精确解。

由已知条件 $l>r$，因此，$\lambda\sin\omega t$ 恒小于 1，于是，根据二项式定理

$$\sqrt{1-(\lambda\sin\omega t)^2} = 1 - \frac{1}{2}\lambda^2\sin^2\omega t - \frac{1}{8}\lambda^4\sin^4\omega t - \cdots$$

通常 $\lambda < \frac{1}{4}$，上式等号右侧第三项的系数

$$\frac{1}{8}\lambda^4 < \frac{1}{2048} = 4.88\times10^{-4} \ll 1$$

在一般的工程精度情况下，可以略去此项及其后的各项，由三角函数倍角公式并化简可得滑块 $B$ 的运动方程

$$x = l\left(1-\frac{r^2}{4l^2}\right) + r\left(\cos\omega t + \frac{r}{4l}\cos2\omega t\right)$$

滑块 $B$ 的速度和加速度分别为

$$v = \frac{\mathrm{d}x}{\mathrm{d}t} = -r\omega\left(\sin\omega t + \frac{r}{2l}\sin2\omega t\right)$$

$$a = \frac{\mathrm{d}v}{\mathrm{d}t} = -r\omega^2\left(\cos\omega t + \frac{r}{l}\cos2\omega t\right)$$

**例 5-4**　在图 5-15 的摇杆滑道机构中，滑块 $M$ 同时在固定圆弧槽 $BC$ 和摇杆 $OA$ 的滑道中滑动。圆弧 $BC$ 的半径为 $R$，摇杆的转轴 $O$ 在 $BC$ 弧的圆周上，摇杆绕 $O$ 轴以匀角速度 $\omega$ 转动，$\varphi=\omega t$。当运动开始时，摇杆在水平位置。求：（1）滑块相对于 $BC$ 弧的速度、加速度；（2）滑块相对于摇杆的速度、加速度。

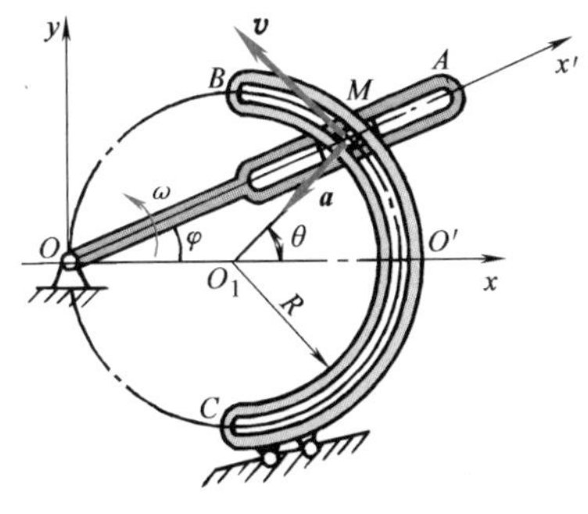

图　5-15

图 5-15 动画

**解**：（1）先求滑块 $M$ 相对圆弧 $BC$ 的速度、加速度。$BC$ 弧固定，故滑块 $M$ 的运动轨迹已知，宜用自然法求解。

以 $M$ 点的起始位置 $O'$ 为原点，逆时针方向为正，由于 $\varphi=\omega t$，$\theta=2\varphi=2\omega t$，所以

$$s=O'M=R\theta=2R\omega t$$

$$v=\frac{\mathrm{d}s}{\mathrm{d}t}=2R\omega$$

方向沿所在位置的圆弧的切线方向，如图 5-15 所示。

$$a_{\mathrm{t}}=\frac{\mathrm{d}v}{\mathrm{d}t}=0,\quad a_{\mathrm{n}}=\frac{v^2}{R}=4R\omega^2$$

所以

$$a=a_{\mathrm{n}}=4R\omega^2$$

以上结果说明，滑块 $M$ 沿圆弧做匀速圆周运动，其加速度的大小为 $4R\omega^2$，方向指向圆心 $O_1$。

此题还可用笛卡儿坐标法求解。

建立图示坐标系 $Oxy$，动点 $M$ 的坐标为

$$x=OM\cdot\cos\omega t=2R\cos^2\omega t=R+R\cos2\omega t$$

$$y=OM\cdot\sin\omega t=2R\cos\omega t\sin\omega t=R\sin2\omega t$$

消去 $t$，得轨迹方程

$$(x-R)^2+y^2=R^2$$

这是一个圆心为 $O_1(R,0)$、半径为 $R$ 的圆周。

$$v_x=\frac{\mathrm{d}x}{\mathrm{d}t}=-2R\omega\sin2\omega t,\quad v_y=\frac{\mathrm{d}y}{\mathrm{d}t}=2R\omega\cos2\omega t$$

$$v=\sqrt{v_x^2+v_y^2}=2R\omega$$

$$\cos\langle\boldsymbol{v},\boldsymbol{i}\rangle=\frac{v_x}{v}=-\sin2\omega t,\quad \cos\langle\boldsymbol{v},\boldsymbol{j}\rangle=\frac{v_y}{v}=\cos2\omega t$$

$$a_x=\frac{\mathrm{d}v_x}{\mathrm{d}t}=-4R\omega^2\cos2\omega t,\quad a_y=\frac{\mathrm{d}v_y}{\mathrm{d}t}=-4R\omega^2\sin2\omega t$$

$$a=\sqrt{a_x^2+a_y^2}=4R\omega^2$$

$$\cos\langle\boldsymbol{a},\boldsymbol{i}\rangle=\frac{a_x}{a}=-\cos2\omega t,\quad \cos\langle\boldsymbol{a},\boldsymbol{j}\rangle=\frac{a_y}{a}=-\sin2\omega t$$

其结果与自然法所得结果一致。可见，在轨迹已知情况下，用自然法不仅简便，而且速度、加速度的几何意义很明确。

（2）再求滑块 $M$ 相对于摇杆的速度与加速度。将参考系 $Ox'$ 固定在 $OA$ 杆上，此时，滑块 $M$ 在 $OA$ 杆上做直线运动，相对轨迹是已知的直线 $OA$。$M$ 点相对运动方程为

$$x'=OM=2R\cos\varphi=2R\cos\omega t$$

$$v_{\mathrm{r}}=\frac{\mathrm{d}x'}{\mathrm{d}t}=-2R\omega\sin\omega t$$

其方向沿 $OA$ 且与 $x'$ 正向相反。

$$a_{\mathrm{t}}=\frac{\mathrm{d}v_{\mathrm{r}}}{\mathrm{d}t}=-2R\omega^2\cos\omega t$$

其方向沿 $OA$ 指向 $x'$轴负向。

可见，在不同的参考系上，观察同一个点的运动，所得到的运动方程、速度和加速度是不同的。

## 5.2 刚体的基本运动

### 5.2.1 刚体的平行移动

在运动过程中，**刚体上任一直线与其初始位置始终保持平行**，这种运动称为**刚体的平行移动**，简称**平移**。例如，电梯的升降运动、图 5-16 中体育锻炼用的荡木 $AB$ 在图示平面内的运动都是刚体的平移。

现在研究刚体平移时，其体内各点的运动特征。

设在做平移的刚体上任取两点 $A$ 和 $B$，并作矢量$\overrightarrow{BA}$，如图 5-17 所示。由刚体的不变形性质和平移的特点，则矢量$\overrightarrow{BA}$为一常矢量。因此，刚体在运动过程中，$A$、$B$ 两点所描绘出的轨迹曲线的形状彼此相同。也就是说，将 $B$ 点的轨迹曲线沿$\overrightarrow{BA}$方向平行移动一段距离 $BA$ 后，$B$ 点与 $A$ 点的轨迹曲线完全重合。

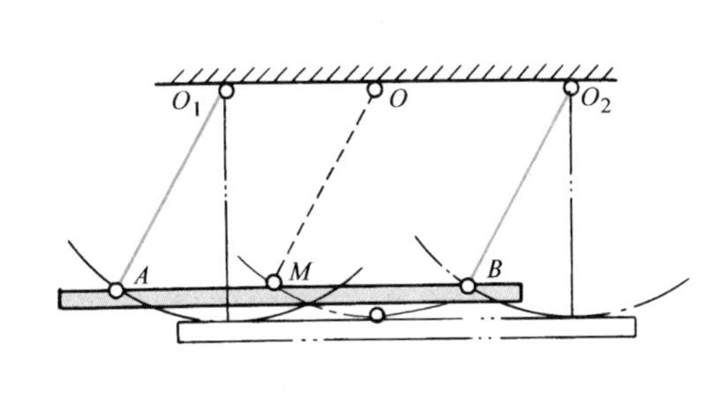


图　5-16

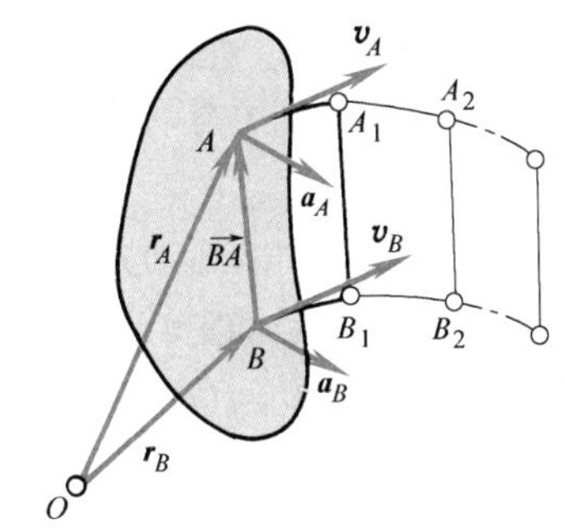


图　5-17

设在固定点 $O$ 作 $A$、$B$ 的矢径 $\boldsymbol{r}_A$、$\boldsymbol{r}_B$，在图 5-17 中的矢量△$OAB$ 中

$$\boldsymbol{r}_A=\boldsymbol{r}_B+\overrightarrow{BA} \tag{5-22}$$

将式（5-22）对时间求一阶导数，由于$\frac{\mathrm{d}}{\mathrm{d}t}\overrightarrow{BA}=\mathbf{0}$，故有

$$\frac{\mathrm{d}\boldsymbol{r}_A}{\mathrm{d}t}=\frac{\mathrm{d}\boldsymbol{r}_B}{\mathrm{d}t}$$

即有

$$\boldsymbol{v}_A=\boldsymbol{v}_B \tag{5-23}$$

将式（5-23）对时间求一阶导数，有

$$\boldsymbol{a}_A=\boldsymbol{a}_B \tag{5-24}$$

结果表明，**刚体平移时，体内所有各点的轨迹形状相同。在同一瞬时，所有各点具有相同的速度和加速度**。因此，对于做平移运动的刚体，只需确定出刚体内任一点的运动，也就

确定了整个刚体的运动。即刚体的平移问题，可归结为点的运动问题。

值得注意的是：由于平移刚体上任一点的轨迹可能是直线或曲线，平移又分为直线平移和曲线平移两种。在前面提到的例子中，电梯的升降运动为直线平移；荡木 $AB$ 的运动则为曲线平移，如图 5-16 所示，$A$、$B$、$M$ 各点均围绕着各自的圆心 $O_1$、$O_2$、$O$ 做圆周运动。

### 5.2.2　刚体的定轴转动

在运动过程中，**刚体内（或其扩展部分）有一条直线始终保持不动，则这种**运动称为**刚体绕固定轴的转动**，简称**定轴转动**。这条固定不动的直线称为**转轴**。

设有一绕定轴 $z$ 转动的刚体，如图 5-18 所示。通过 $z$ 轴选一固定平面Ⅰ，再选一与刚体固连的平面Ⅱ。刚体在转动过程中，如果平面Ⅱ的位置确定了，此刚体的位置也就确定了。从图 5-18 看出，平面Ⅱ的位置可由它和平面Ⅰ之间的夹角 $\varphi$ 来确定。考虑到平面Ⅱ有两种转向，$\varphi$ 角应看成是代数量，称为刚体的**转角**，以 rad 计。并规定由 $z$ 轴的正向往下看，从定平面Ⅰ按逆时针方向计量的转角 $\varphi$ 取正值；按顺时针方向计量的转角 $\varphi$ 取负值。这样，刚体在空间的位置就可以用转角 $\varphi$ 来确定了。

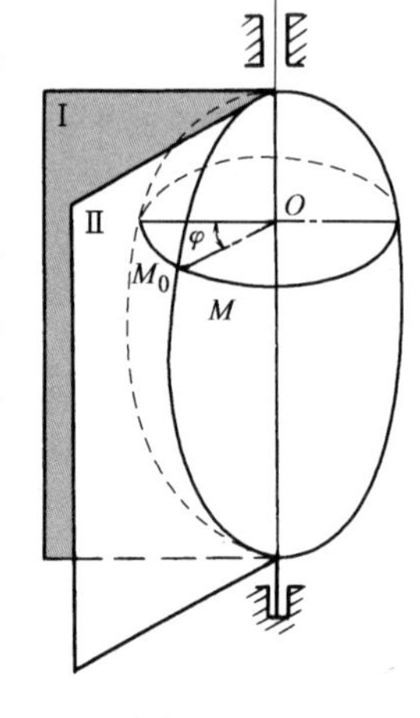

图　5-18

刚体定轴转动时，它的位置随时间而变化，也即转角 $\varphi$ 随时间而变化。转角 $\varphi$ 是时间 $t$ 的单值连续函数，即

$$\varphi = f(t) \tag{5-25}$$

这就是**刚体定轴转动的运动方程**。

转角 $\varphi$ 实际上是确定转动刚体位置的“角坐标”。

设刚体按规律 $\varphi = f(t)$ 绕定轴 $z$ 转动。在瞬时 $t$，刚体的转角为 $\varphi$，经过时间间隔 $\Delta t$ 后，刚体的转角为 $\varphi'$，则在时间间隔 $\Delta t$ 内刚体转过的角度为 $\Delta\varphi = \varphi' - \varphi$。$\Delta\varphi$ 称为刚体在 $\Delta t$ 时间内的**角位移**。$\omega^* = \dfrac{\Delta\varphi}{\Delta t}$ 称为时间间隔 $\Delta t$ 内的**平均角速度**。刚体的**角速度**定义为

$$\omega = \lim_{\Delta t \to 0} \frac{\Delta\varphi}{\Delta t} = \frac{\mathrm{d}\varphi}{\mathrm{d}t} \tag{5-26}$$

即**定轴转动刚体的角速度等于其转角对时间的一阶导数**。

角速度 $\omega$ 是个代数量。它的大小表示刚体在瞬时 $t$ 转动的快慢程度；它的正负号表示刚体的转动方向。由转轴 $z$ 的正向往下看，正号表示刚体是逆时针转动；负号表示顺时针转动。

在国际单位制中，角速度的单位是 rad/s。因为弧度是无量纲的量，所以，角速度的单位也可写成 1/s。工程上常用**转速**表示刚体转动的快慢。转速是每分钟转过的转数，用 $n$ 表示，其单位是 r/min（转每分）。转速 $n$ 与角速度 $\omega$(1/s) 的换算关系为

$$\omega = \frac{n\pi}{30} \tag{5-27}$$

设刚体在瞬时 $t$ 的角速度为 $\omega$，经过时间间隔 $\Delta t$ 后，其角速度为 $\omega'$。那么，在时间间隔 $\Delta t$ 内，角速度的变化量为 $\Delta\omega = \omega' - \omega$。$\alpha^* = \dfrac{\Delta\omega}{\Delta t}$ 称为时间间隔 $\Delta t$ 内的**平均角加速度**。**角**

**加速度**定义为

$$\alpha = \lim_{\Delta t \to 0} \frac{\Delta\omega}{\Delta t} = \frac{d\omega}{dt} = \frac{d^2\varphi}{dt^2} \tag{5-28}$$

即**定轴转动刚体的角加速度等于角速度对时间的一阶导数，亦等于转角对时间的二阶导数**。

角加速度 $\alpha$ 也是一个代数量。它的大小代表角速度瞬时变化率的大小；它的正负号则表示角速度变化的方向。从转轴 $z$ 的正向往下看，$\alpha$ 为逆时针转向为正；顺时针转向为负。

应该注意，角加速度 $\alpha$ 的转向并不能表示刚体转动的方向，也不能确定刚体是加速转动，还是减速转动。例如，$\omega$ 为正值时（表示刚体逆时针转动），如果 $\alpha$ 为正值，由式（5-28）知，$\omega' > \omega$，即经过时间间隔 $\Delta t$ 后，刚体的角速度增大，刚体按逆时针方向加速转动；如果 $\alpha$ 为负值，由式（5-28）知，$\omega' < \omega$，即刚体按逆时针方向减速转动。又如，$\omega$ 为负值时（表示刚体顺时针转动），如果 $\alpha$ 为正值，则 $\omega' > \omega$，因为角速度为负值，所以，$|\omega'| < |\omega|$，即刚体按顺时针方向减速转动；如果 $\alpha$ 为负值，则 $\omega' < \omega$，$|\omega'| > |\omega|$，刚体按顺时针方向加速转动。因此，$\alpha$ 与 $\omega$ 同号，刚体加速转动；$\alpha$ 与 $\omega$ 异号，刚体减速转动。

在国际单位制中，角加速度的单位是 $rad/s^2$ 或写成 $1/s^2$。

### 5.2.3　定轴转动刚体内各点的速度与加速度

刚体绕定轴转动时，体内每一点都在垂直于转轴的平面内做圆周运动，各圆的半径等于该点到转轴的垂直距离，圆心都在转轴上。于是，选用弧坐标法研究刚体内各点的运动比较方便。设 $M$ 为刚体内任一点，它离转轴的垂直距离为 $R$，即 $OM = R$，称之为**转动半径**，如图5-19所示。在运动的初瞬时，$M$ 点与固定平面Ⅰ的 $M_0$ 点重合，取 $M_0$ 为圆周弧坐标的原点，当刚体转动 $\varphi$ 角时，该点的弧坐标

$$s = \widehat{M_0M} = R\varphi \tag{5-29}$$

这就是动点 $M$ 沿其圆周轨迹的运动方程。

动点速度的代数值为

$$v = \frac{ds}{dt} = R\frac{d\varphi}{dt} = R\omega \tag{5-30}$$

即转动刚体内任一点的速度的代数值等于该点的转动半径与刚体的角速度的乘积。速度的方向沿圆周的切线方向，指向与角速度的转向一致，如图5-20所示。从图中还可以看出，转动刚体上各点的速度方向与其转动半径垂直，速度的大小与转动半径成正比。

$M$ 点做圆周运动，它的加速度有切向加速度和法向加速度两部分，分别为

$$a_t = \frac{dv}{dt}$$

$$a_n = \frac{v^2}{\rho}$$

将式（5-30）及 $\rho = R$ 代入上式，得

$$a_t = R\alpha \tag{5-31}$$

$$a_n = R\omega^2 \tag{5-32}$$

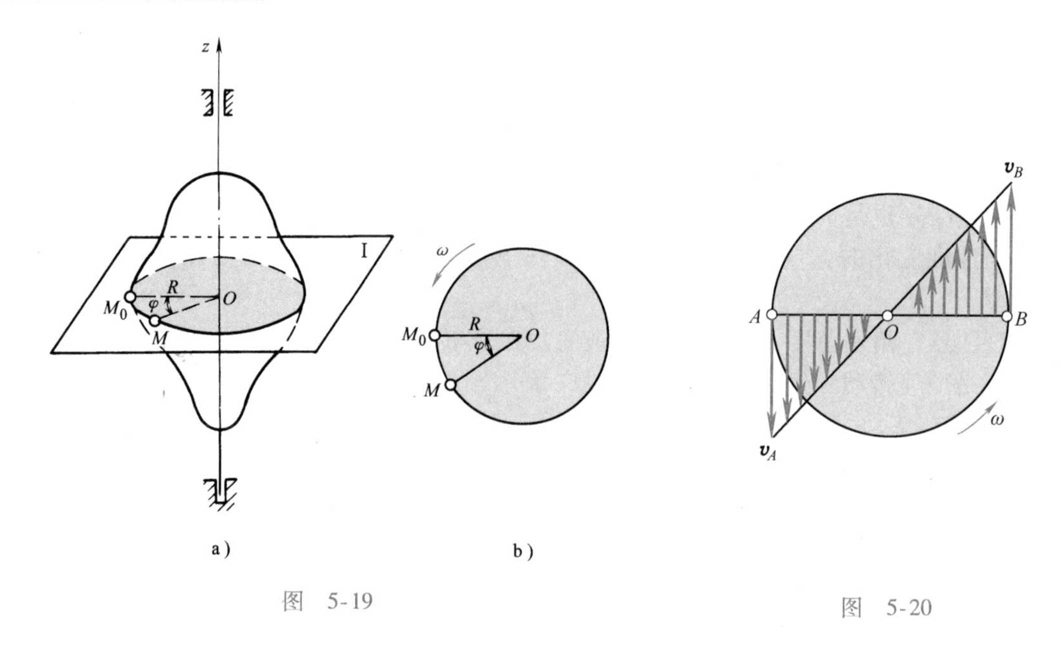


图　5-19　　　　图　5-20

式（5-31）表明，转动刚体内任一点的切向加速度的大小等于该点的转动半径与刚体的角加速度的乘积，它沿该点轨迹的切线方向，而指向由角加速度 $\alpha$ 的正负号来确定，如果 $\alpha$ 为正值，则 $\boldsymbol{a}_t$ 的指向应与刚体逆时针转向一致，如图5-21所示。

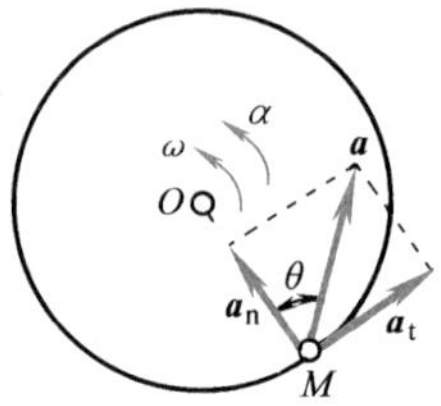

式（5-32）表明，转动刚体内任一点的法向加速度的大小等于转动半径与角速度二次方的乘积。它总是沿着转动半径的方向，指向圆心，如图5-21所示。

图　5-21

$M$ 点的加速度 $\boldsymbol{a}$ 等于其切向加速度和法向加速度的矢量和，即

$$\boldsymbol{a}=\boldsymbol{a}_t+\boldsymbol{a}_n$$

$\boldsymbol{a}_t$ 与 $\boldsymbol{a}_n$ 相互垂直，加速度 $\boldsymbol{a}$ 的大小为

$$a=\sqrt{a_t^2+a_n^2}=R\sqrt{\alpha^2+\omega^4} \tag{5-33}$$

加速度 $\boldsymbol{a}$ 的方向可由它与法线之间的夹角 $\theta$ 来确定，即

$$\tan\theta=\frac{|a_t|}{a_n}=\frac{|\alpha|}{\omega^2}$$

$$\theta=\arctan\frac{|\alpha|}{\omega^2} \tag{5-34}$$

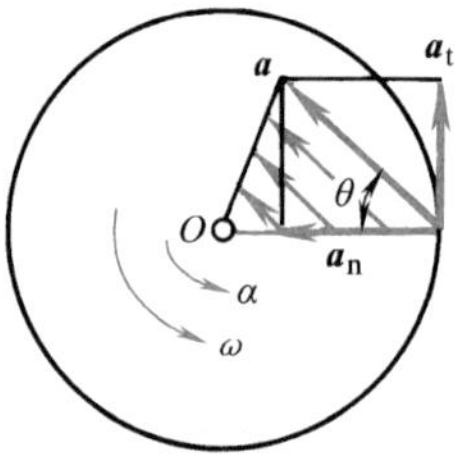

图　5-22

由此可见，在同一瞬时，刚体内各点的加速度与其转动半径的夹角 $\theta$ 是相同的，如图5-22所示。

---

**例 5-5**　在图5-23a中，平行四连杆机构在图示平面内运动。$O_1A=O_2B=0.2\text{m}$，$O_1O_2=AB=0.6\text{m}$，$AM=0.2\text{m}$，如果 $O_1A$ 按 $\varphi=15\pi t$ 的规律转动，其中 $\varphi$ 以 rad 计，$t$ 以 s 计。试求 $t=0.8\text{s}$ 时，$M$ 点的速度与加速度。

**解：** 在运动过程中，$AB$ 杆始终与 $O_1O_2$ 平行。因此，$AB$ 杆为平移，$O_1A$ 为定轴转动。根据平移的特点，在同一瞬时，$M$、$A$ 两点具有相同的速度和加速度。$A$ 点做圆周运动，它

的运动规律为

$$s = O_1A \cdot \varphi = 3\pi t\ \text{m}$$

$$v_A = \frac{\text{d}s}{\text{d}t} = 3\pi\ \text{m/s}$$

$$a_{At} = \frac{\text{d}v}{\text{d}t} = 0$$

$$a_{An} = \frac{v_A^2}{O_1A} = \frac{9\pi^2}{0.2}\text{m/s}^2 = 45\pi^2\ \text{m/s}^2$$

例 5-5 讲解

为了表示$\boldsymbol{v}_M$、$\boldsymbol{a}_M$的方向，需确定 $t=0.8\text{s}$ 时，$AB$ 杆的瞬时位置。$t=0.8\text{s}$ 时，$s=2.4\pi$ m，$O_1A=0.2\text{m}$，$\varphi=\frac{2.4\pi}{0.2}=12\pi$，$AB$ 杆正好第六次回到起始的水平位置 $O$ 点处，$\boldsymbol{v}_M$、$\boldsymbol{a}_M$的方向如图 5-23b 所示。

**例 5-6**　单摆按照下面的运动规律绕固定轴 $Oz$ 摆动，如图 5-24 所示：

$$\varphi = \varphi_0 \cos\frac{2\pi}{T}t \tag{a}$$

式中，$\varphi_0$ 为摆的振幅；$T$ 为摆动周期。如果摆的重心到转动轴的距离 $OC=l$，试求在初瞬时（$t=0$）及摆经过平衡位置（$\varphi=0$）时其重心 $C$ 的速度和加速度。

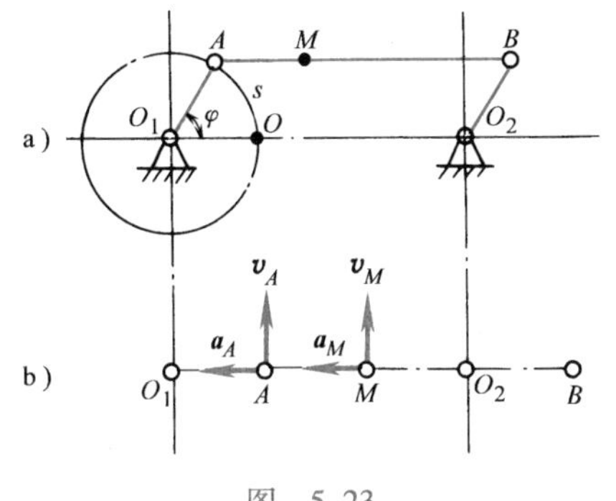


图　5-23

图 5-23 动画

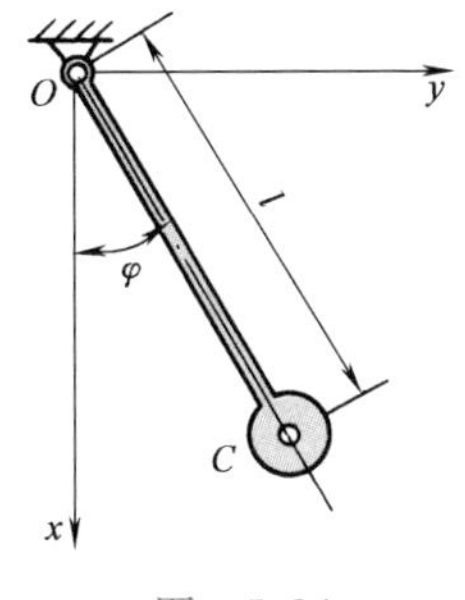


图　5-24

图 5-24 动画

**解**：将式（a）对时间求一阶导数，得

$$\omega = \frac{\text{d}\varphi}{\text{d}t} = -\frac{2\pi\varphi_0}{T}\sin\frac{2\pi}{T}t$$

再将上式对时间求一阶导数，得

$$\alpha = \frac{\text{d}\omega}{\text{d}t} = -\frac{4\pi^2\varphi_0}{T^2}\cos\frac{2\pi}{T}t$$

当 $t=0$ 时，摆的角速度和角加速度分别为

$$\omega_0 = 0,\ \alpha_0 = -\frac{4\pi^2\varphi_0}{T^2}$$

于是，由已知公式即可分别求得重心 $C$ 在初瞬时的速度和加速度为

$$v_0 = l\omega_0 = 0$$

$$a_{0t} = l\alpha_0 = -\frac{4\pi^2\varphi_0 l}{T^2}$$

$$a_{0n} = l\omega_0^2 = 0$$

所以
$$a_0 = l\sqrt{\alpha_0^2+\omega_0^4} = l\,|\alpha_0| = \frac{4\pi^2\varphi_0 l}{T^2}$$
由 $a_{0n}=0$ 及 $a_{0t}<0$ 可知，加速度 $\boldsymbol{a}_0$ 沿摆的重心所画圆周的切线方向，并指向 $\varphi$ 角减小的一方。

当 $\varphi=0$ 时，由式（a）知 $\cos\frac{2\pi}{T}t=0$，即 $\frac{2\pi}{T}t=\frac{\pi}{2}$ 或 $\frac{3\pi}{2}$，而 $\sin\frac{2\pi}{T}t=\pm1$，故当摆经过平衡位置时，其角速度和角加速度分别为
$$\omega=\mp\frac{2\pi\varphi_0}{T},\ \alpha=0$$
因此，在此瞬时，重心 $C$ 的速度和加速度分别为
$$v=l\omega=\mp\frac{2\pi\varphi_0 l}{T}$$
$$a_t=0,\ a_n=l\omega^2=\frac{4\pi^2\varphi_0^2 l}{T^2}$$
所以
$$a=a_n=\frac{4\pi^2\varphi_0^2 l}{T^2}$$
即法向加速度就是全加速度。在 $\omega$ 和 $v$ 的表达式中，正号表示摆由左边向右边摆动；负号表示摆由右边向左边摆动。

## 5.3 定轴轮系的传动比

### 5.3.1 齿轮传动

圆柱齿轮传动是常用的轮系传动方式之一，可用来升降转速、改变转动方向。图5-25a、b所示为外啮合、内啮合的原理图。

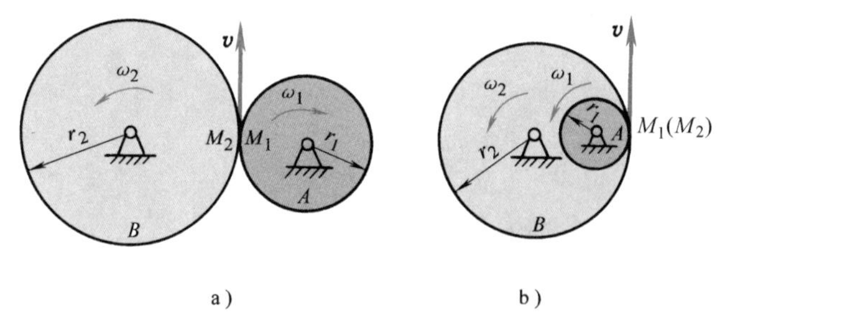

图　5-25

图5-25a 动画

在定轴齿轮传动中，齿轮相互啮合，可视为两齿轮的节圆之间无相对滑动，设主动轮 $A$ 和从动轮 $B$ 的节圆半径分别为 $r_1$、$r_2$，角速度分别为 $\omega_1$（转速 $n_1$）、$\omega_2$（转速 $n_2$）。接触点 $M_1$、$M_2$ 具有相同的速度 $\boldsymbol{v}$，且

$$v = r_1\omega_1 = \frac{n_1\pi}{30}r_1 \tag{a}$$

$$v = r_2\omega_2 = \frac{n_2\pi}{30}r_2 \tag{b}$$

由此得到

$$\omega_2 = \frac{r_1}{r_2}\omega_1,\ n_2 = \frac{r_1}{r_2}n_1 \tag{c}$$

主动轮的角速度（或转速）与从动轮的角速度（或转速）之比，通常称为**传动比**，用$i_{1,2}$表示，于是

$$i_{1,2} = \pm\frac{\omega_1}{\omega_2}$$

式中，“+”号表示角速度的转向相同，为内啮合情形；“-”号表示转向相反，为外啮合情形。

设齿轮 $A$、$B$ 的齿数分别为 $Z_1$、$Z_2$，由齿数与节圆半径的关系

$$\frac{Z_1}{Z_2} = \frac{r_1}{r_2}$$

最后得到

$$i_{1,2} = \pm\frac{\omega_1}{\omega_2} = \pm\frac{n_1}{n_2} = \pm\frac{r_2}{r_1} = \pm\frac{Z_2}{Z_1} \tag{5-35}$$

由此可见，互相啮合的两个齿轮的角速度（或转速）与半径（或齿数）成反比。此结论对于锥齿轮传动（图5-26）同样适用。

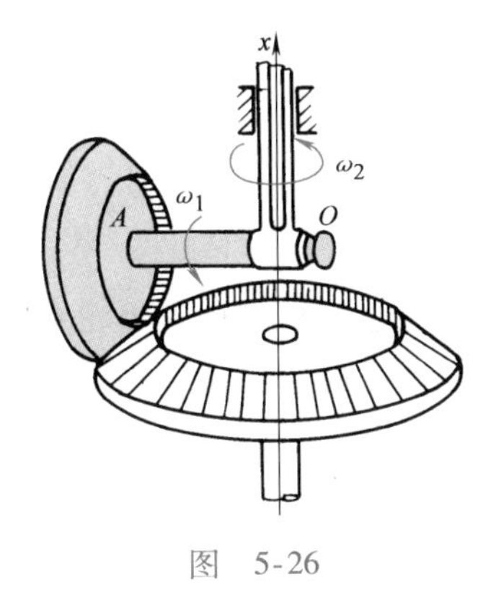


图 5-26

图5-26 动画

### 5.3.2 带传动

在机床中，常用电动机通过传动带使变速器的轴转动。如图5-27所示的带传动装置中，主动轮和从动轮的半径分别为 $r_1$ 和 $r_2$，角速度分别为 $\omega_1$ 和 $\omega_2$。如不考虑传动带的厚度，并假定传动带与带轮间无相对滑动，则应用绕定轴转动的刚体上各点速度的公式，可得到下列关系式：

$$r_1\omega_1 = r_2\omega_2$$

于是带轮的传动比公式为

$$i_{1,2}=\frac{\omega_1}{\omega_2}=\frac{r_2}{r_1} \tag{5-36}$$

即两轮的角速度与其半径成反比，转动方向相同。

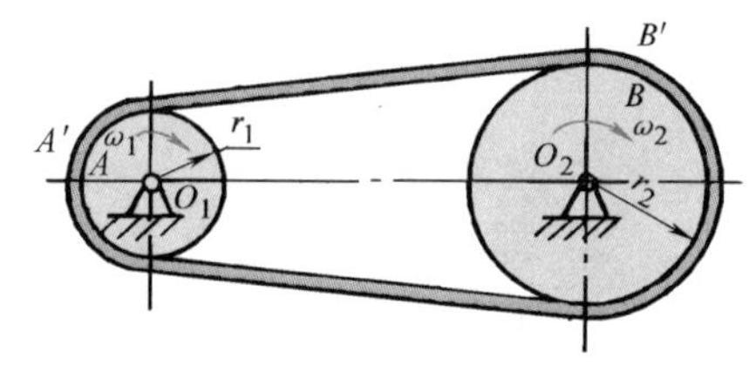

图 5-27

**例5-7** 图5-28所示为减速器，轴Ⅰ为主动轴，与电动机相连。已知电动机转速 $n_1=1450\text{r/min}$，各齿轮的齿数 $Z_1=14$，$Z_2=42$，$Z_3=20$，$Z_4=36$。求减速器的总传动比 $i_{1,3}$ 及轴Ⅲ的转速。

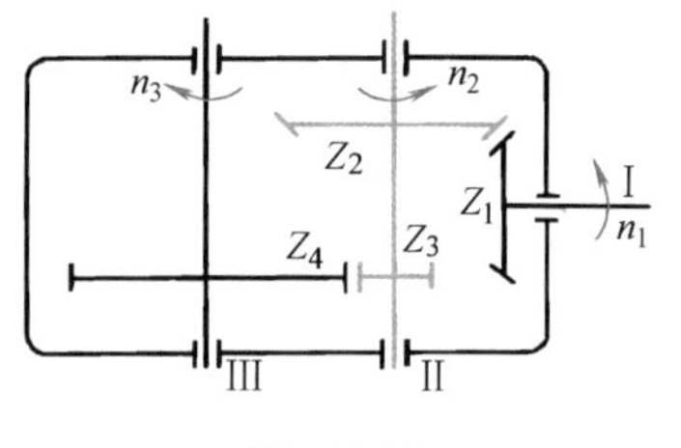

图 5-28

**解：** 各齿轮做定轴转动，为定轴轮系的传动问题。

轴Ⅰ与轴Ⅱ的传动比为

$$i_{1,2}=\frac{n_1}{n_2}=\frac{Z_2}{Z_1}$$

轴Ⅱ与轴Ⅲ的传动比为

$$i_{2,3}=\frac{n_2}{n_3}=\frac{Z_4}{Z_3}$$

从轴Ⅰ至轴Ⅲ的总传动比为

$$i_{1,3}=\frac{n_1}{n_3}=\frac{n_1}{n_2}\cdot\frac{n_2}{n_3}=\frac{Z_2}{Z_1}\cdot\frac{Z_4}{Z_3}=i_{1,2}\cdot i_{2,3}$$

这就是说，传动系统的总传动比等于各级传动比的连乘积，它等于轮系中所有从动轮（这里指轮2及轮4）齿数的连乘积与所有主动轮（这里指轮1及3）齿数的连乘积之比。

代入已知数据，得总传动比及轴Ⅲ的转速为

$$i_{1,3}=\frac{n_1}{n_3}=\frac{42}{14}\times\frac{36}{20}=5.4$$

$$n_3=\frac{n_1}{i_{1,3}}=\frac{1450}{5.4}\text{r/min}=268.5\text{r/min}$$

轴Ⅲ的转向如图5-28所示。

补充例题 5-1

补充例题 5-2

补充例题 5-3

# 5.4 以矢量表示刚体的角速度和角加速度 以矢量积表示点的速度和加速度

## 5.4.1　角速度矢量和角加速度矢量

在前面，总是把角速度和角加速度定义为代数量。但在讨论某些复杂问题时，把角速度和角加速度视为矢量则比较方便。为了确定刚体定轴转动的角速度的全部性质，应该知道转动轴的位置、角速度的大小（转动的快慢）和转动方向这三个因素。这三个因素可用一个矢量表示出来，称为**角速度矢**，用 $\boldsymbol{\omega}$ 表示。为了表示转轴 $Oz$ 的位置，让 $\boldsymbol{\omega}$ 与 $Oz$ 共线，其长度表示角速度的大小，箭头的指向按右手螺旋规则确定刚体的转向，如图 5-29 所示。$\boldsymbol{\omega}$ 矢量可以从转轴上任一固定点画起，所以，角速度矢量是滑动矢量。

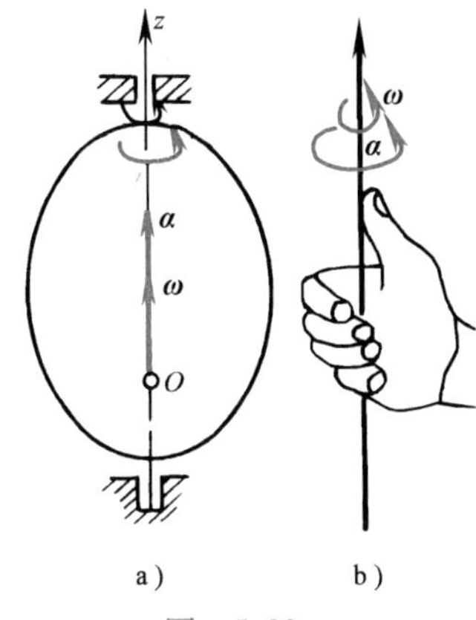

图　5-29

设 $\boldsymbol{k}$ 为沿 $z$ 轴正向的单位矢量，则

$$\boldsymbol{\omega}=\omega\boldsymbol{k} \tag{5-37}$$

同理，可以定义**角加速度矢量** $\boldsymbol{\alpha}$ 为

$$\boldsymbol{\alpha}=\frac{\mathrm{d}\boldsymbol{\omega}}{\mathrm{d}t}=\frac{\mathrm{d}\omega}{\mathrm{d}t}\boldsymbol{k}=\alpha\boldsymbol{k} \tag{5-38}$$

即 $\boldsymbol{\alpha}$ 也位于转轴上与 $\boldsymbol{\omega}$ 共线，也是滑动矢量，如图 5-29 所示。当刚体加速转动时，$\boldsymbol{\alpha}$ 与 $\boldsymbol{\omega}$ 同向；减速转动时，则反向。

## 5.4.2　用矢量积表示转动刚体上点的速度和加速度

将角速度、角加速度视为矢量后，转动刚体内任一点 $M$ 的速度、切向加速度和法向加速度的大小和方向，可以方便地用矢量积表示出来。

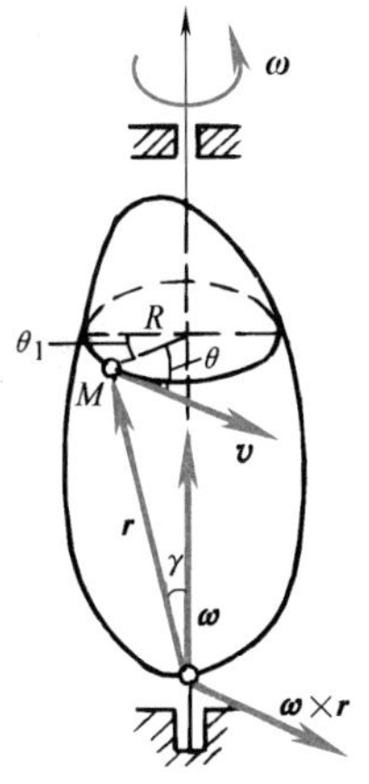

图 5-30 中以 $\boldsymbol{r}$ 表示转轴上某定点到转动刚体内任一点 $M$ 的矢径，以 $\boldsymbol{\omega}$ 表示此瞬时刚体的角速度矢量。$M$ 点的速度可表示为

$$\boldsymbol{v}=\boldsymbol{\omega}\times\boldsymbol{r} \tag{5-39}$$

这是因为，矢量积 $\boldsymbol{\omega}\times\boldsymbol{r}$ 的模与 $M$ 点速度 $\boldsymbol{v}$ 的模相等，即

$$|\boldsymbol{\omega}\times\boldsymbol{r}|=|\boldsymbol{\omega}||\boldsymbol{r}|\sin\gamma=|\boldsymbol{\omega}|\cdot R=|\boldsymbol{v}|$$

矢量积 $\boldsymbol{\omega}\times\boldsymbol{r}$ 的方向由右手螺旋规则决定，正好与 $\boldsymbol{v}$ 的方向相同。于是，得到结论：**定轴转动刚体内任一点的速度等于刚体的角速度矢量与该点矢径的矢量积。**

图　5-30

将式（5-39）对时间求一阶导数，得 $M$ 点的加速度为

$$\boldsymbol{a}=\frac{\mathrm{d}\boldsymbol{v}}{\mathrm{d}t}=\frac{\mathrm{d}}{\mathrm{d}t}(\boldsymbol{\omega}\times\boldsymbol{r})=\frac{\mathrm{d}\boldsymbol{\omega}}{\mathrm{d}t}\times\boldsymbol{r}+\boldsymbol{\omega}\times\frac{\mathrm{d}\boldsymbol{r}}{\mathrm{d}t}$$

即

$$\boldsymbol{a}=\boldsymbol{\alpha}\times\boldsymbol{r}+\boldsymbol{\omega}\times\boldsymbol{v}$$

或

$$\boldsymbol{a}=\boldsymbol{\alpha}\times\boldsymbol{r}+\boldsymbol{\omega}\times(\boldsymbol{\omega}\times\boldsymbol{r}) \tag{5-40}$$

因为 $\boldsymbol{\alpha}\times\boldsymbol{r}$ 的模与 $\boldsymbol{a}_{\mathrm{t}}$ 的模相等，即

$$|\boldsymbol{\alpha}\times\boldsymbol{r}|=|\boldsymbol{\alpha}||\boldsymbol{r}|\sin\gamma$$

$$= |\boldsymbol{\alpha}|R = |\boldsymbol{a}_{\mathrm{t}}|$$

$\boldsymbol{\alpha} \times \boldsymbol{r}$ 的方向与 $\boldsymbol{a}_{\mathrm{t}}$ 的方向相同，如图 5-31a 所示，则有

$$\boldsymbol{a}_{\mathrm{t}} = \boldsymbol{\alpha} \times \boldsymbol{r} \tag{5-41}$$

又因 $\boldsymbol{\omega} \times \boldsymbol{v}$的模与 $\boldsymbol{a}_{\mathrm{n}}$ 的模相等，即

$$|\boldsymbol{\omega} \times \boldsymbol{v}| = |\boldsymbol{\omega}||\boldsymbol{v}|\sin 90^\circ$$
$$= |\boldsymbol{\omega}|R|\boldsymbol{\omega}| = R\omega^2$$

$\boldsymbol{\omega} \times \boldsymbol{v}$的方向与 $\boldsymbol{a}_{\mathrm{n}}$ 的方向相同，如图 5-31b 所示，则有

$$\boldsymbol{a}_{\mathrm{n}} = \boldsymbol{\omega} \times \boldsymbol{v} \tag{5-42}$$

于是，得到结论：定轴转动刚体内任意点的切向加速度等于刚体的角加速度矢量与该点矢径的矢量积；法向加速度等于刚体的角速度矢量与该点的速度的矢量积。

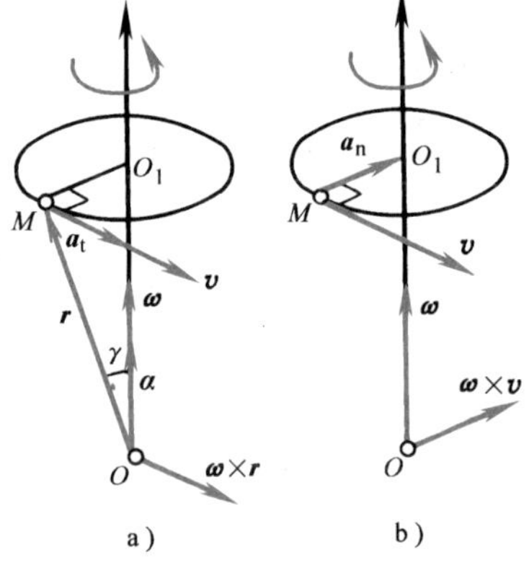
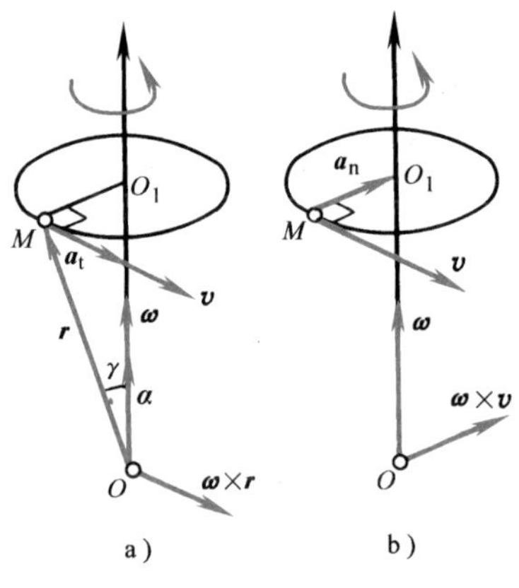


图 5-31

### 5.4.3 泊松（Poisson）公式

设刚体以角速度 $\boldsymbol{\omega}$ 绕固定轴 $Oz$ 转动，动坐标系 $O'x'y'z'$ 固连在刚体上，随刚体一起转动，如图 5-32 所示。可以证明泊松公式为

$$\left.\begin{aligned}\frac{\mathrm{d}\boldsymbol{i}'}{\mathrm{d}t} &= \boldsymbol{\omega} \times \boldsymbol{i}' \\ \frac{\mathrm{d}\boldsymbol{j}'}{\mathrm{d}t} &= \boldsymbol{\omega} \times \boldsymbol{j}' \\ \frac{\mathrm{d}\boldsymbol{k}'}{\mathrm{d}t} &= \boldsymbol{\omega} \times \boldsymbol{k}'\end{aligned}\right\} \tag{5-43}$$

式中，$\boldsymbol{i}'$、$\boldsymbol{j}'$、$\boldsymbol{k}'$为沿坐标轴 $x'$、$y'$、$z'$正向的单位矢量。

设单位矢量 $\boldsymbol{i}'$的端点为 $A$，以 $\boldsymbol{r}_A$和 $\boldsymbol{r}_{O'}$表示 $A$ 点、$O'$点的矢径。在图 5-32 所示的矢量$\triangle OO'A$ 中有

$$\boldsymbol{i}' = \boldsymbol{r}_A - \boldsymbol{r}_{O'}$$

图 5-32

将上式对时间求一阶导数，得

$$\frac{\mathrm{d}\boldsymbol{i}'}{\mathrm{d}t} = \frac{\mathrm{d}\boldsymbol{r}_A}{\mathrm{d}t} - \frac{\mathrm{d}\boldsymbol{r}_{O'}}{\mathrm{d}t} = \boldsymbol{v}_A - \boldsymbol{v}_{O'}$$

将式（5-39）代入上式，则有

$$\frac{\mathrm{d}\boldsymbol{i}'}{\mathrm{d}t} = \boldsymbol{\omega} \times \boldsymbol{r}_A - \boldsymbol{\omega} \times \boldsymbol{r}_{O'} = \boldsymbol{\omega} \times (\boldsymbol{r}_A - \boldsymbol{r}_{O'}) = \boldsymbol{\omega} \times \boldsymbol{i}'$$

这是泊松公式（5-43）的第一式。同理，可以证明它的第二、第三式。

泊松公式亦称常模矢量求导公式，即**转动刚体上任一连体矢量对时间的导数等于刚体的角速度矢量与该矢量的矢量积**。事实上，泊松公式不仅适用于动坐标系做定轴转动的情形，也适用于动坐标系做其他运动的情形，只要它包含转动的成分。

#### 重点提示

（1）运动学问题必须明确坐标系，并将坐标轴画出，求位移要指出坐标原点的位置。
（2）泊松公式主要描述的是当动坐标系的单位矢量发生方向变化时所引起的变化关系，它

适合于所有动坐标系发生转动的情形，一定要熟记此表达式，以便应用。(3) 解决刚体平移问题必须首先指出哪一个物体做平移。(4) 以矢量表示刚体的角速度和角加速度并建立刚体上点的速度、加速度与它们的关系，是为了将所有的运动都可用矢径法表示，以便在后续有关章节进行公式推导。

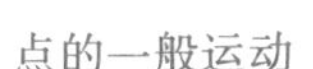
点的一般运动

刚体的基本运动

## 思考题

1. 描述点的运动有多种方法，本书主要介绍了矢量法、直角坐标法、自然坐标法。它们主要适用于什么范围？各有什么特点？

2. 同一个动点在不同的坐标下所描述的运动量应该是相同的，从而可在不同坐标系下进行转换，求点的运动轨迹的曲率半径通常怎样利用坐标系之间的转换关系？

3. 指出下列各项分别代表什么物理意义：

$$\frac{\mathrm{d}\boldsymbol{r}}{\mathrm{d}t},\frac{\mathrm{d}s}{\mathrm{d}t},\frac{\mathrm{d}x}{\mathrm{d}t},\frac{\mathrm{d}\boldsymbol{v}}{\mathrm{d}t},\frac{\mathrm{d}v}{\mathrm{d}t},\frac{\mathrm{d}v_x}{\mathrm{d}t}$$

## 习　题

5-1　设点的直线运动方程为 $x=f(t)$，试分析在下列情况下点做何种运动：

(1) $\frac{\mathrm{d}x}{\mathrm{d}t}=0$；　(2) $\frac{\mathrm{d}x}{\mathrm{d}t}=$ 常数；　(3) $\frac{\mathrm{d}x}{\mathrm{d}t}\neq$ 常数；

(4) $\frac{\mathrm{d}^2x}{\mathrm{d}t^2}=0$；　(5) $\frac{\mathrm{d}^2x}{\mathrm{d}t^2}=$ 常数。

5-2　切向加速度和法向加速度的物理意义有何不同？试分别求点做匀速直线运动与匀速曲线运动时的切向加速度、法向加速度。

5-3　点做直线运动，某瞬时的速度为 $v=5\mathrm{m/s}$。问这时的加速度是否为

$$a=\frac{\mathrm{d}v}{\mathrm{d}t}=0$$

为什么？点做匀速曲线运动，是否加速度等于零？

5-4　图 5-33 所示两种半径为 $R$ 的圆形凸轮，设偏心距 $AO=e$，$\varphi=\omega t$ ($\omega=$ 常量)，试讨论顶杆和滑块 $B$ 点的运动方程。

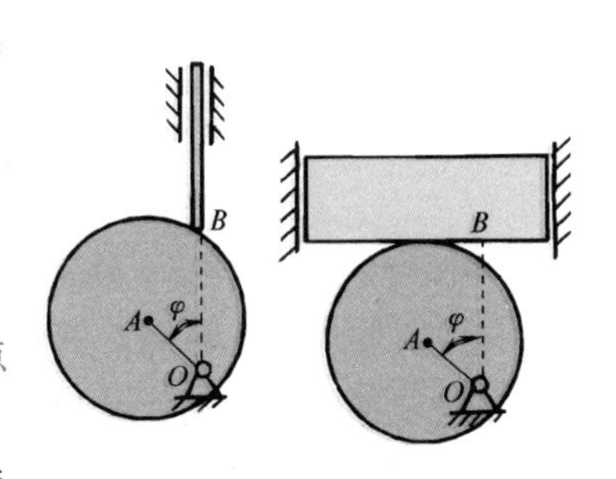

图 5-33　题 5-4 图

5-5　动点 $A$ 和 $B$ 在同一笛卡儿坐标系中的运动方程分别为

$$\begin{cases}x_A=t\\y_A=2t^2\end{cases},\quad\begin{cases}x_B=t^2\\y_B=2t^4\end{cases}$$

其中 $x$、$y$ 以 cm 计，$t$ 以 s 计，试求：(1) 两点的运动轨迹；(2) 两点相遇的时刻；(3) 相遇时 $A$、$B$ 点的速度、加速度。

答：(1) $y_1=2x_1^2$，$y_2=2x_2^2$；(2) $t=1\mathrm{s}$；(3) $v_A=4.12\mathrm{cm/s}$，$v_B=$

8.25cm/s，$a_A=4\text{cm/s}^2$，$a_B=24.1\text{cm/s}^2$。

5-6 已知动点的运动方程为 $x=t^2-t$，$y=2t$，求其轨迹及 $t=1\text{s}$ 时的速度、加速度，并分别求切向加速度、法向加速度及曲率半径。$x$ 及 $y$ 的单位为 m，$t$ 的单位为 s。

答：$y^2-2y-4x=0$，$v=2.24\text{m/s}$，$a=2\text{m/s}^2$；$a_t=0.894\text{m/s}^2$，$a_n=1.79\text{m/s}^2$，$\rho=2.8\text{m}$。

5-7 图5-34中 $OA$ 绕 $O$ 轴转动，$\varphi=\omega t$，同时轮绕 $A$ 转动，若使轮上任一直线 $AA'$ 在空间的方位保持不变（平移），试讨论轮子相对 $OA$ 杆的转动规律。

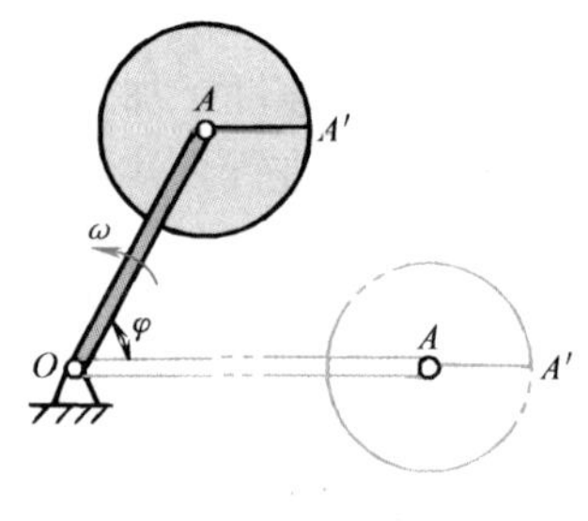

图5-34 题5-7图

5-8 如图5-35所示，摇杆机构的滑杆 $AB$ 以匀速 $\boldsymbol{u}$ 向上运动，试建立摇杆 $OC$ 上点 $C$ 的运动方程，并求此点在 $\varphi=\frac{\pi}{4}$ 的速度大小。假定初始瞬时 $\varphi=0$，摇杆长 $OC=a$，距离 $OD=l$。

答：$x_C=al/\sqrt{l^2+u^2t^2}$，$y_C=aut/\sqrt{l^2+u^2t^2}$，$v_C=au/2l$。

5-9 曲柄 $OA$ 长 $r$，在平面内绕 $O$ 轴转动，如图5-36所示。杆 $AB$ 通过固定于点 $N$ 的套筒与曲柄 $OA$ 铰接于点 $A$。设 $\varphi=\omega t$，杆 $AB$ 长 $l=2r$，试求点 $B$ 的运动方程、速度和加速度。

答：$x=r\cos\omega t+l\sin\dfrac{\omega t}{2}$，$y=r\sin\omega t-l\cos\dfrac{\omega t}{2}$，$v=\omega\sqrt{r^2+\dfrac{l^2}{4}-rl\sin\dfrac{\omega t}{2}}$，$a=\omega^2\sqrt{r^2+\dfrac{l^2}{16}-\dfrac{rl}{2}\sin\dfrac{\omega t}{2}}$。

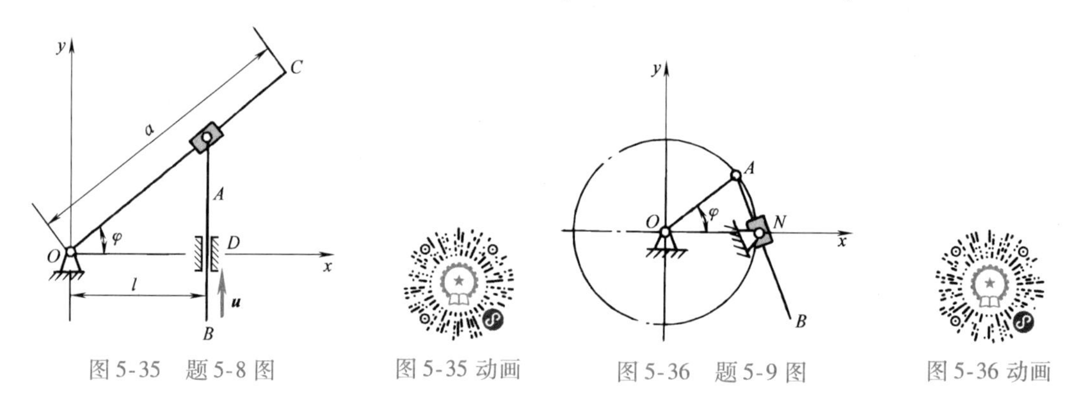

图5-35 题5-8图　　图5-35 动画　　图5-36 题5-9图　　图5-36 动画

5-10 如图5-37所示，$OA$ 和 $O_1B$ 两杆分别绕 $O$ 和 $O_1$ 轴转动，用十字形滑块 $D$ 将两杆连接。在运动过程中，两杆保持相交成直角。已知：$OO_1=l$，$\angle AOO_1=\varphi=kt$，其中 $k$ 为常数。求滑块 $D$ 的速度和相对于 $OA$ 的速度。

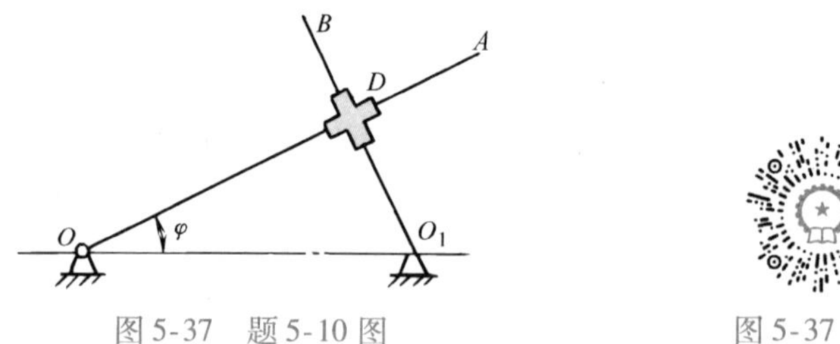

图5-37 题5-10图　　图5-37 动画

答：$v=lk$，$v_r=-lk\sin kt$。

5-11 刚体做平移时，刚体上的点是否一定做直线运动？试举例说明。

5-12 刚体做定轴转动时，转动轴是否一定通过物体本身？若一汽车由正西开来，经过十字路口转弯向正北开去，如图5-38所示，在转弯时由 $A$ 至 $B$ 这一段路程中，车厢的运动是平移还是转动？

5-13　一绳缠绕在鼓轮上，绳端系一重物$M$，$M$以速度$\boldsymbol{v}$和加速度$\boldsymbol{a}$向下运动，如图5-39所示。问绳上$A$、$D$两点和轮缘上$B$、$C$两点的加速度是否相同？

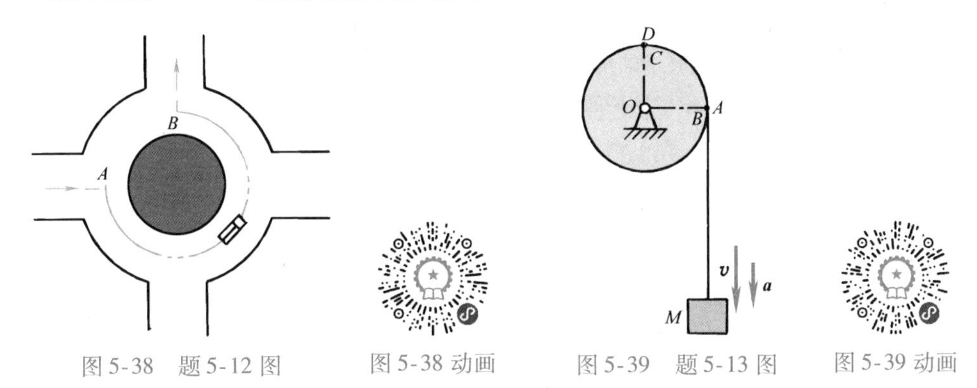


图5-38　题5-12图　　图5-38 动画　　图5-39　题5-13图　　图5-39 动画

5-14　已知刚体的角速度$\omega$与角加速度$\alpha$如图5-40所示，求$A$、$M$两点的速度、切向加速度和法向加速度的大小，并图示方向。

5-15　物体做定轴转动的运动方程为$\varphi = 4t - 3t^2$（$\varphi$以rad计，$t$以s计）。试求此物体内转动半径为$r = 0.5\mathrm{m}$的一点在$t_0 = 0$与$t_1 = 1\mathrm{s}$时的速度和加速度的大小，并问物体在哪一瞬时改变转向？

答：$v_0 = 2\mathrm{m/s}$，$a_0 = 8.54\mathrm{m/s^2}$；$v_1 = -1\mathrm{m/s}$，$a_1 = 3.6\mathrm{m/s^2}$；$t = 0.667\mathrm{s}$。

5-16　搅拌机如图5-41所示，已知$O_1A = O_2B = R$，$O_1O_2 = AB$，杆$O_1A$以不变转速$n$转动。试分析$BAM$构件上$M$点的轨迹、速度和加速度。

答：$v_M = \dfrac{Rn\pi}{30}$，$a_M = \dfrac{Rn^2\pi^2}{900}$。

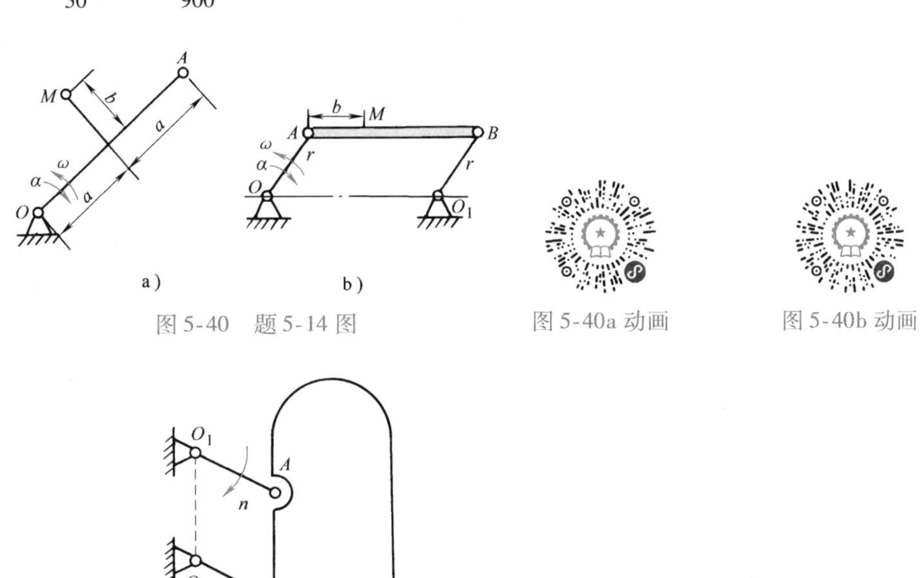


图5-40　题5-14图　　图5-40a 动画　　图5-40b 动画

图5-41　题5-16图　　图5-41 动画

5-17　飞轮绕固定轴$O$转动的过程中，轮缘上任一点的全加速度与其转动半径的夹角恒为$\alpha = 60°$。当运动开始时，其转角 $\varphi_0$ 为零，角速度为 $\omega_0$，求飞轮的转动方程及其角速度与转角间的关系。

答：$\varphi=\frac{\sqrt{3}}{3}\ln\frac{1}{1-\sqrt{3}\omega_0 t}$，$\omega=\omega_0 e^{\sqrt{3}\varphi}$。

5-18　当起动陀螺罗盘时，其转子的角加速度从零开始随时间成正比增大。经过5min后，转子的角速度 $\omega=600\pi$ rad/s。试求转子在这段时间内转过多少转？

答：$N=30000$ 转。

5-19　$OA$ 杆长 $L=1$m。在图5-42所示瞬时杆端 $A$ 点的全加速度 $\boldsymbol{a}$ 与杆成 $\theta$ 角。$\theta=60°$，$a=20\text{m/s}^2$。求该瞬时 $OA$ 杆的角速度和角加速度。

答：$\omega=\sqrt{10}$ 1/s，$\alpha=10\sqrt{3}$ 1/s$^2$。

5-20　如图5-43所示，曲柄 $CB$ 以匀角速度 $\omega_0$ 绕 $C$ 轴转动，其转动方程为 $\varphi=\omega_0 t$，通过滑块 $B$ 带动摇杆 $OA$ 绕 $O$ 转动，设 $OC=h$，$CB=r$，求摇杆的转动方程。

答：$\theta=\arctan\frac{r\sin\omega_0 t}{h-r\cos\omega_0 t}$。

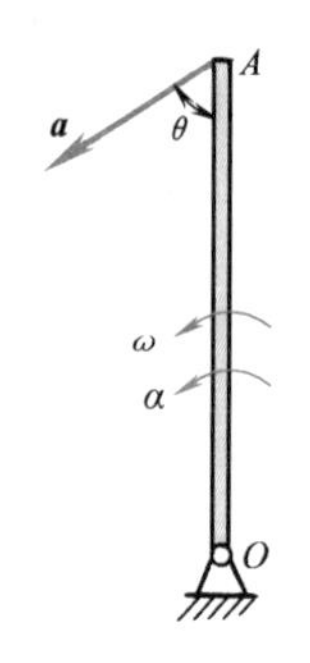

图5-42　题5-19图

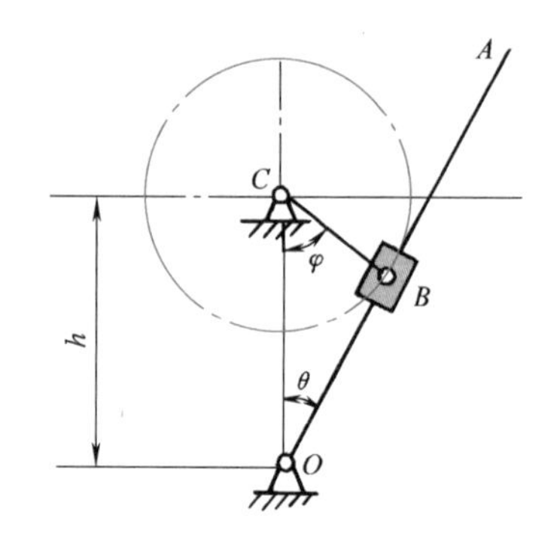

图5-43　题5-20图

图5-43 动画

5-21　一木板放在两个半径都为 $r=0.25$m 的传输鼓轮上面。在图5-44所示瞬时，木板具有不变的加速度 $a=0.5\text{m/s}^2$，方向向右；同时，鼓轮边缘上的点具有一大小为 $3\text{m/s}^2$ 的加速度。如果木板在鼓轮上无滑动，试求此木板的速度。

答：$v=0.86$m/s。

5-22　图5-45所示为一偏心圆盘凸轮机构。圆盘 $C$ 的半径为 $R$，偏心距为 $e$。设凸轮以匀角速度 $\omega$ 绕 $O$ 轴转动，求导板 $AB$ 的速度和加速度。

答：$v_{AB}=e\omega\cos\theta$，$a_{AB}=-e\omega^2\sin\theta$。

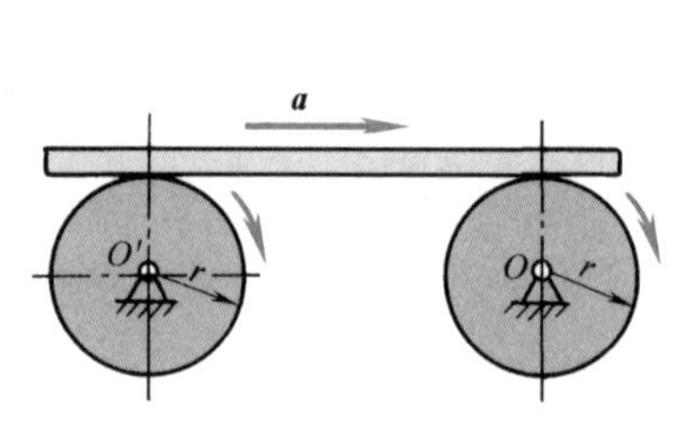

图5-44　题5-21图

图5-44 动画

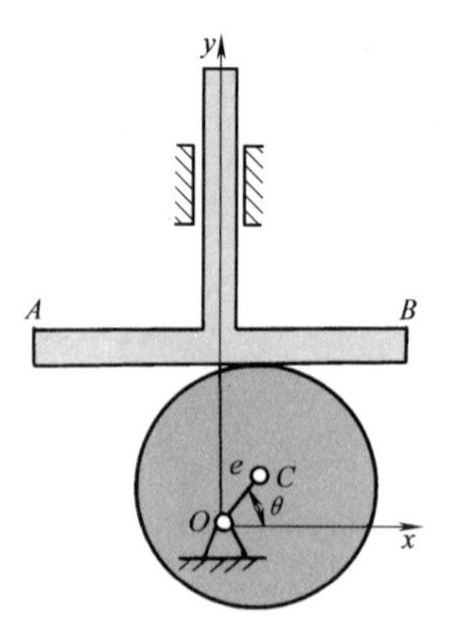

图5-45　题5-22图

5-23　图 5-46 所示仪表机构中，已知各齿轮的齿数为 $Z_1=6$，$Z_2=24$，$Z_3=8$，$Z_4=32$，齿轮 5 的半径 $R=4\text{cm}$。如齿条 $BC$ 下移 1cm，求指针 $OA$ 转过的角度 $\varphi$。

答：$\varphi=4\text{rad}$。

5-24　图 5-47 所示摩擦传动机构的主动轮 Ⅰ 的转速为 $n=600\text{r/min}$，它与轮 Ⅱ 的接触点按箭头所示的方向平移，距离 $d$ 按规律 $d=10-0.5t$ 变化，单位为 cm。摩擦轮的半径 $r=5\text{cm}$，轮 Ⅱ 的半径 $R=10\text{cm}$。求：(1) 以距离 $d$ 表示轮 Ⅱ 的角加速度；(2) 当 $d=r$ 时，轮 Ⅱ 边缘上一点的全加速度的大小。

答：(1) $\alpha_{\text{Ⅱ}}=\dfrac{50\pi}{d^2}\text{rad/s}^2$；(2) $a=20\pi\sqrt{40000\pi^2+1}\ \text{cm/s}^2$。

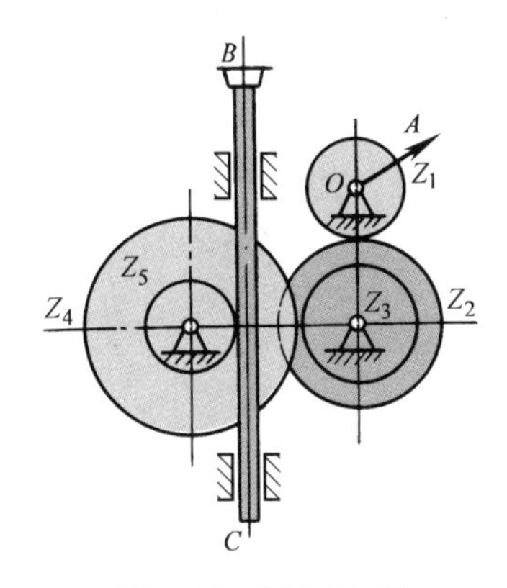


图 5-46　题 5-23 图

图 5-46 动画

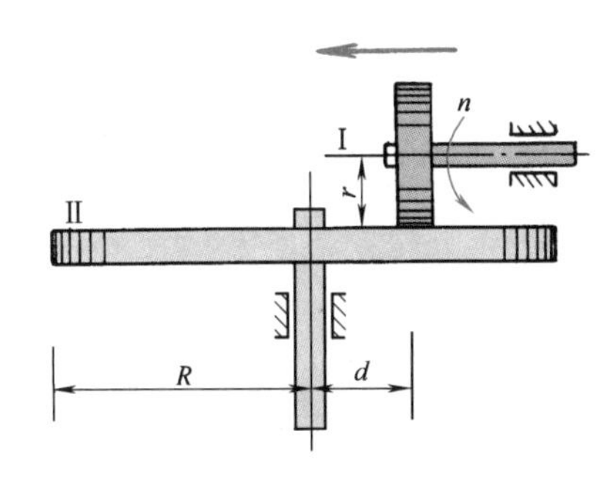


图 5-47　题 5-24 图

# 第 6 章 点的合成运动

对于一些工程实际中的复杂运动，有时只在一种参考系（定参考系）下描述点的运动是很不方便的，但用另一个参考系（动参考系）来描述却很方便，如果将动参考系对静参考系的运动与点对动参考系的运动进行合成，即将复杂运动看成几个简单运动的合成，就变得比较简单了。将已知简单运动合成为复杂运动或将复杂运动分解为几个简单运动，称为点的合成运动。

## 6.1 点的绝对运动、相对运动和牵连运动

在实际中，常常要研究一个动点相对于两套坐标系的运动。例如，人在航行中的船上走动，需要研究人相对于地球的运动，又要研究人相对于船的运动。这类问题的特点是：某物体 $A$ 相对于 $B$ 运动，物体 $B$ 相对于物体 $C$ 又有运动，需要确定物体 $A$ 相对于物体 $C$ 的运动。解决这类问题的方法有两种：一是直接建立 $A$ 物体相对于物体 $C$ 的运动方程，然后，求出物体 $A$ 相对于物体 $C$ 的有关的运动量。这种方法的道理比较简单，但是，应用起来有时比较麻烦。二是根据这类问题的特点，先分析研究物体 $A$ 相对于物体 $B$ 的运动、物体 $B$ 相对于物体 $C$ 的运动，然后，运用运动合成的概念，把物体 $A$ 相对于物体 $C$ 的运动看成是上述两种运动的合成运动。这种方法需要建立合成运动的概念，但是，它往往能够把一个比较复杂的运动看成是两个简单运动的合成运动，把比较复杂的运动的求解过程简单化。这是运动学中分析问题的一个重要方法。

研究点的合成运动问题，总要涉及两个参考坐标系，为区别起见，一个称为**动坐标系**，以 $O'x'y'z'$表示；另一个称为**静坐标系**或**定坐标系**，以 $Oxyz$ 表示（一般固结在地球表面）。

为了便于分析说明，动点相对于静坐标系的运动称为**绝对运动**；动点相对于动坐标系的运动称为**相对运动**；动坐标系相对于静坐标系的运动称为**牵连运动**。例如，人在航行中的船上走动时，人则是被研究的**动点**。人相对于船的运动为相对运动；船相对于地面的运动为牵连运动；人相对于地面的运动为绝对运动。

必须指出，动点的绝对运动和相对运动都是点的运动，它可能是直线运动，也可能是曲线运动；牵连运动则是动坐标系的运动，属于刚体的运动，有平移、定轴转动和其他形式的运动。动坐标系做何种运动取决于与之固连的刚体的运动形式。但应注意，动坐标系并不完全等同于与之固连的刚体。在具体的问题中，刚体受到其特定的几何尺寸和形状的限制，而动坐标系却不受此限制，它不仅包含了与之固连的刚体，而且还包含了随刚体一起运动的空间。

## 6.2 点的速度合成定理

### 6.2.1　绝对速度、相对速度和牵连速度

运动是相对的，在动坐标系与静坐标系中观察到的动点的速度是不同的。为方便起见，动点相对于静坐标系运动的速度称为**动点的绝对速度**，以$\boldsymbol{v}_a$表示；动点相对于动坐标系运动的速度为**动点的相对速度**，以$\boldsymbol{v}_r$表示。动坐标系是一个包含与之固连的刚体在内的运动空间，除动坐标系做平移外，动坐标系上各点的运动状态是不相同的。在任意瞬时，与动点相重合的动坐标系上的点，称为**动点的牵连点**。只有牵连点的运动能够给动点的运动以直接的影响。为此，定义某瞬时，与动点相重合的动坐标系上的点（牵连点）相对于静坐标系运动的速度称为**动点的牵连速度**，以$\boldsymbol{v}_e$表示。例如，直管$OB$以匀角速度$\omega$绕定轴$O$转动，小球$M$以速度$\boldsymbol{u}$在直管$OB$中做相对的匀速直线运动，如图6-1所示。将动坐标系$Ox'y'$固结在$OB$管上，以小球$M$为动点。随着动点$M$的运动，牵连点在动坐标系中的位置在相应改变。设小球在$t_1$、$t_2$瞬时分别到达$M_1$、$M_2$位置，则动点的牵连速度分别为$v_{e1}=OM_1\cdot\omega$，方向垂直于$OM_1$；$v_{e2}=OM_2\cdot\omega$，方向垂直于$OM_2$。

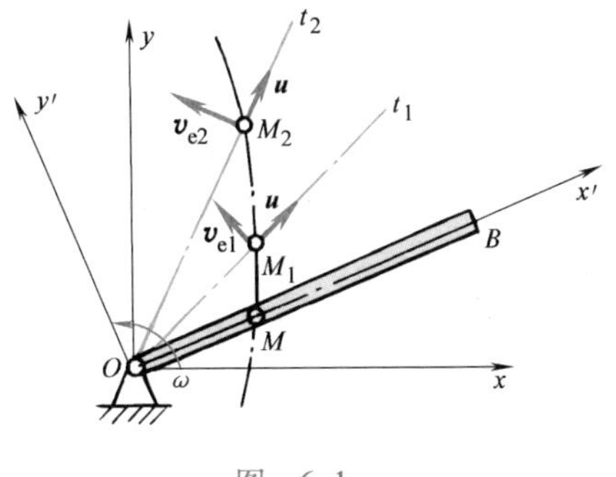


图　6-1

研究点的合成运动时，明确区分动点和它的牵连点是很重要的。动点和牵连点是一对相伴点，在运动的同一瞬时，它们是重合在一起的。前者是对动系有相对运动的点，后者是动系上的几何点。在运动的不同瞬时，动点与动坐标系上不同的点重合，而这些点在不同瞬时的运动状态往往不同。

应用点的合成运动的方法时，如何选择动点、动系是解决问题的关键。一般来讲，由于合成运动方法上的要求，动点相对于动坐标系应有相对运动，因而动点与动坐标系不能选在同一刚体上，同时应使动点相对于动坐标系的相对运动轨迹为已知。

### 6.2.2　点的速度合成定理

速度合成定理建立了动点的绝对速度、相对速度和牵连速度的关系。

设动点在某一个刚体$K$上运动，弧$AB$是动点在刚体$K$上的相对运动轨迹，如图6-2所示；刚体$K$又可以任意运动。把动坐标系固结在刚体$K$上，静坐标系固结在地面上。

设在某瞬时$t$，刚体$K$在图6-2左边的位置，动点位于$M$处；经过时间间隔$\Delta t$后，刚体$K$运动到右边的位置，动点运动到$M_1'$处，$\overset{\frown}{MM_1'}$是它的绝对运动轨迹；$M_1$是瞬时$t$的牵连点，$\overset{\frown}{MM_1}$是此牵连点的轨迹。

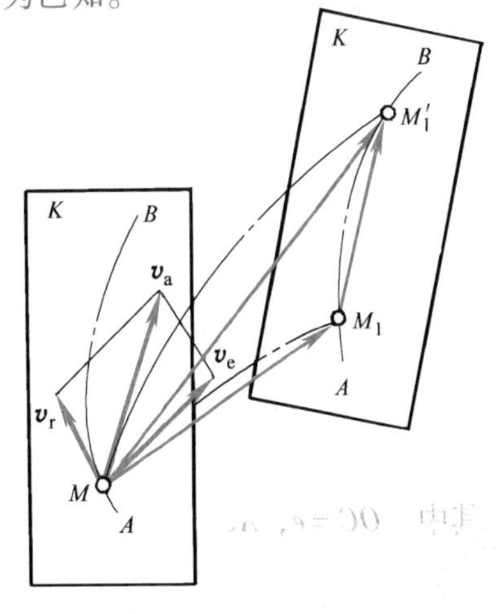


图　6-2

连接矢量$\overrightarrow{MM_1'}$、$\overrightarrow{MM_1}$、$\overrightarrow{M_1M_1'}$。在时间间隔 $\Delta t$ 中，$\overrightarrow{MM_1'}$是动点绝对运动的位移；$\overrightarrow{M_1M_1'}$是动点相对于刚体 $K$ 的相对位移；$\overrightarrow{MM_1}$是瞬时 $t$ 的牵连点的位移。在矢量三角形 $MM_1M_1'$中，动点的绝对位移是牵连位移和相对位移的矢量和，即

$$\overrightarrow{MM_1'}=\overrightarrow{MM_1}+\overrightarrow{M_1M_1'}$$

将此矢量式除以 $\Delta t$，并取 $\Delta t$ 趋近于零的极限，即

$$\lim_{\Delta t\to 0}\frac{\overrightarrow{MM_1'}}{\Delta t}=\lim_{\Delta t\to 0}\frac{\overrightarrow{MM_1}}{\Delta t}+\lim_{\Delta t\to 0}\frac{\overrightarrow{M_1M_1'}}{\Delta t}$$

按照速度的基本概念，$\frac{\overrightarrow{MM_1'}}{\Delta t}$是在时间间隔 $\Delta t$ 内，动点 $M$ 在绝对运动中的平均速度$\boldsymbol{v}_a^*$；$\lim\limits_{\Delta t\to 0}\frac{\overrightarrow{MM_1'}}{\Delta t}$是动点在瞬时 $t$ 的绝对速度$\boldsymbol{v}_a$，其方向沿曲线$\widehat{MM_1'}$上 $M$ 点的切线方向。同理，矢量$\lim\limits_{\Delta t\to 0}\frac{\overrightarrow{MM_1}}{\Delta t}$是动点在瞬时 $t$ 的牵连点的速度，即动点的牵连速度$\boldsymbol{v}_e$其方向沿曲线$\widehat{MM_1}$上 $M$ 点的切线方向；矢量 $\lim\limits_{\Delta t\to 0}\frac{\overrightarrow{M_1M_1'}}{\Delta t}$是动点在瞬时 $t$ 沿曲线 $AB$ 运动的速度，即动点的相对速度$\boldsymbol{v}_r$，其方向沿曲线 $AB$ 上 $M$ 点的切线方向，于是

$$\boldsymbol{v}_a=\boldsymbol{v}_e+\boldsymbol{v}_r \tag{6-1}$$

此式表明：**动点的绝对速度等于它的牵连速度与相对速度的矢量和**。这就是**点的速度合成定理**。这是个矢量方程，包含了绝对速度、牵连速度和相对速度的大小、方向六个量，已知其中四个量可求出其余的两个量。

---

**例 6-1**　图 6-3 中，偏心圆凸轮的偏心距 $OC=e$，半径 $r=\sqrt{3}e$，设凸轮以匀角速度 $\omega_O$绕轴 $O$ 转动，试求 $OC$ 与 $CA$ 垂直的瞬时，杆 $AB$ 的速度。

**解：**凸轮为定轴转动，$AB$ 杆为直线平移，只要求出 $A$ 点的速度就可以知道 $AB$ 杆各点的速度。由于 $A$ 点始终与凸轮接触，因此，它相对于凸轮的相对运动轨迹为已知的圆。选 $A$ 为动点，动坐标系 $Ox'y'$固结在凸轮上，静坐标系固结于地面上，则 $A$ 点的绝对运动是直线运动，$\boldsymbol{v}_a$ 沿$AB$ 方向；相对运动是以 $C$ 为圆心的圆周运动，$\boldsymbol{v}_r$为该圆在 $A$ 点的切线方向；牵连运动是动坐标系绕 $O$ 轴的定轴转动，$\boldsymbol{v}_e$沿 $OA$ 的垂直方向，指向沿 $\omega_O$的转动方向，如图 6-3 所示。

由已知条件，$v_e=OA\cdot\omega_O=2e\omega_O$，在点的速度合成定理表达式（6-1）中，$\boldsymbol{v}_e$的大小、方向和$\boldsymbol{v}_a$、$\boldsymbol{v}_r$的方向已知，因而可求出$\boldsymbol{v}_a$、$\boldsymbol{v}_r$的大小。

在图 6-3 的速度矢量图中，由其速度的三角形关系，得

$$\tan\varphi=\frac{OC}{AC}=\frac{v_a}{v_e}$$

其中，$OC=e$，$AC=r=\sqrt{3}e$，于是

$$v_a=\frac{2}{\sqrt{3}}e\omega_O\qquad(\uparrow)$$

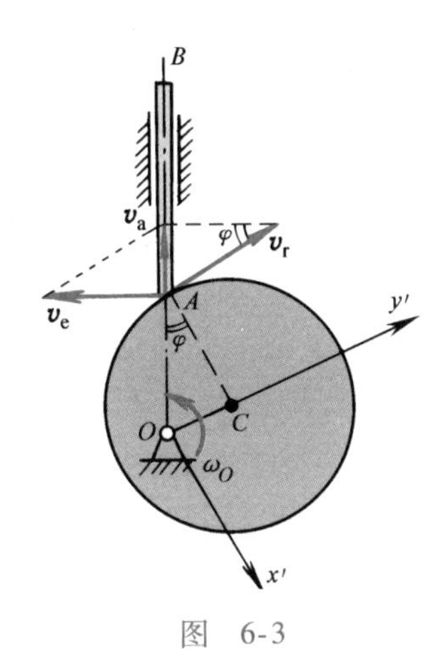


图　6-3

图6-3 动画

这就是 $AB$ 杆在此瞬时的速度，方向向上。

由上述分析可以看到，在本例中应用点的合成运动的方法可以简捷、清楚地求得结果。尤其是在实际问题中，经常只需要就几个特殊位置进行计算，应用这种方法更为方便。然而，为了进行运动分析，就必须恰当地选好动点和动坐标系，本题中，选择 $AB$ 杆的 $A$ 点为动点，动坐标系与凸轮固结。因此，三种运动特别是相对运动轨迹十分明显、简单且为已知的圆，使问题得以顺利解决。反之，若选凸轮上的 $A$ 点（例如与 $A$ 重合之点）为动点，而动坐标系与 $AB$ 杆固结，这样，相对运动轨迹不仅难以确定，而且其曲率半径未知，这将导致求解（特别是求加速度）的复杂性。

**例 6-2**　刨床的急回机构如图 6-4a 所示，曲柄 $OA$ 的一端与滑块 $A$ 用铰链连接。当曲柄 $OA$ 以匀角速度 $\omega$ 绕定轴 $O$ 转动时，滑块在摇杆 $O_1B$ 的槽中滑动，并带动摇杆 $O_1B$ 绕固定轴 $O_1$ 来回摆动。设曲柄长 $OA=r$，两轴间距离 $OO_1=l$，求曲柄在水平位置的瞬时，摇杆 $O_1B$ 绕 $O_1$ 轴摆动的角速度 $\omega_1$ 及滑块 $A$ 对于摇杆 $O_1B$ 的相对速度。

**解**：该机构在运动过程中，滑块 $A$ 与摇杆 $O_1B$ 相对运动，且滑块 $A$ 相对于摇杆 $O_1B$ 的直线运动轨迹为已知，因而，选滑块 $A$ 为动点，动坐标系 $O_1x'y'$ 固连于摇杆 $O_1B$ 上，静坐标系固连在地面上，如图 6-4a 所示。

例题6-2 讲解

在此情况下，动点 $A$ 的绝对运动是半径为 $r$ 的圆周运动。$\boldsymbol{v}_a$ 已知，即 $v_a=r\omega$，且 $\boldsymbol{v}_a\perp OA$；相对运动是滑块沿滑槽的直线运动，$\boldsymbol{v}_r$ 的方向已知，沿摇杆 $O_1B$；牵连运动是摇杆绕 $O_1$ 轴的转动，$\boldsymbol{v}_e$ 的方向已知，即 $\boldsymbol{v}_e\perp O_1A$。

在式（6-1）中，$\boldsymbol{v}_a$、$\boldsymbol{v}_r$、$\boldsymbol{v}_e$ 大小、方向六个量中，只有 $\boldsymbol{v}_e$、$\boldsymbol{v}_r$ 的大小是未知的，因此可解。

图 6-4b 是滑块 $A$ 点的速度矢量图，建立图示坐标系 $A\xi\eta$，并将点的速度合成定理的矢量方程分别向 $\xi$、$\eta$ 轴上投影，得

$$v_a\sin\varphi=v_e+0$$
$$v_a\cos\varphi=0+v_r$$

式中，$\sin\varphi=\dfrac{OA}{O_1A}=\dfrac{r}{\sqrt{l^2+r^2}}$；$\cos\varphi=\dfrac{OO_1}{O_1A}=\dfrac{l}{\sqrt{l^2+r^2}}$；$v_a=r\omega$。将它们代入上式，得

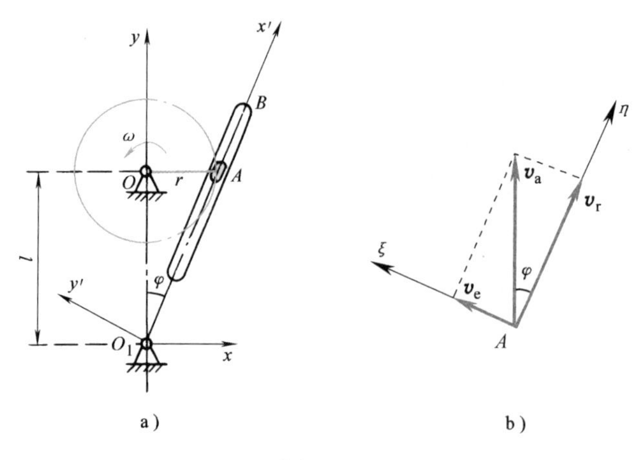


图 6-4

$$v_e = \frac{r^2\omega}{\sqrt{l^2 + r^2}},\ v_r = \frac{rl\omega}{\sqrt{l^2 + r^2}}$$

又因为 $v_e = O_1A \cdot \omega_1 = \sqrt{l^2 + r^2} \cdot \omega_1$，因此，摇杆在此瞬时的角速度为

$$\omega_1 = \frac{r^2\omega}{l^2 + r^2}$$

其转向为逆时针。

**例 6-3** 火车车厢以速度$\boldsymbol{v}_1$沿直线轨道行驶（图 6-5）。雨滴 $M$ 铅垂落下，其速度为$\boldsymbol{v}_2$。求雨滴相对于车厢的速度。

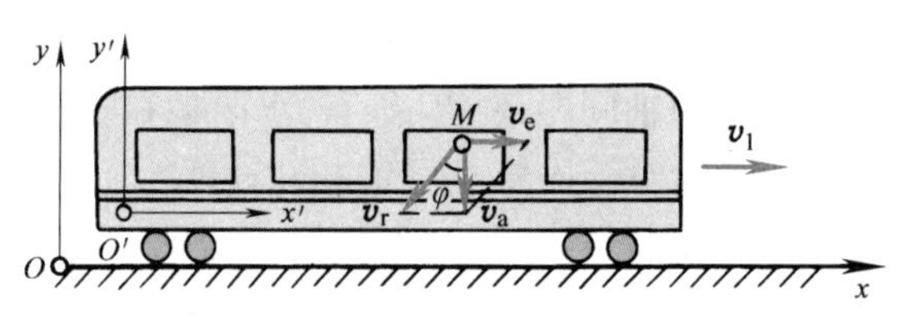


图 6-5

**解：** 取雨滴 $M$ 为动点，并将动坐标系 $O'x'y'$固结在车厢上，静坐标系 $Oxy$ 固结在地面上，则雨滴相对地面铅垂落下的运动是绝对运动，其绝对速度为$\boldsymbol{v}_a = \boldsymbol{v}_2$；雨滴相对于车厢的运动是相对运动，由于车厢向前运动，故在车厢上观察到雨滴是斜着向后落下的，其相对速度$\boldsymbol{v}_r$的大小与方向均未知；车厢的运动是牵连运动，由于车厢做移动，故雨滴 $M$ 的牵连点的速度为$\boldsymbol{v}_1$，即雨滴 $M$ 的牵连速度$\boldsymbol{v}_e = \boldsymbol{v}_1$。现在已知$\boldsymbol{v}_a$和$\boldsymbol{v}_e$，即可按点的速度合成定理作出速度矢量平行四边形求出$\boldsymbol{v}_r$。由图示的几何关系得

$$v_r = \sqrt{v_e^2 + v_a^2} = \sqrt{v_1^2 + v_2^2} \tag{a}$$

$\boldsymbol{v}_r$的方向可由$\boldsymbol{v}_r$与铅垂线的夹角 $\varphi$ 决定，且

$$\tan\varphi = \frac{v_1}{v_2} \tag{b}$$

由式（b）可知，雨滴在车厢窗玻璃上擦过的痕迹与铅垂线的夹角为 $\varphi$，车厢的速度越大，$\varphi$ 角越大。这种现象与日常生活中所观察到的是相符合的。例如，在雨中撑伞行走时，在无

风的情况下，常把伞向行走的前方斜着撑，就是这个道理。

补充例题 6-1

补充例题 6-2

补充例题 6-3

## 6.3　动点的加速度　牵连运动为平移时点的加速度合成定理

### 6.3.1　动点的绝对加速度、相对加速度和牵连加速度

动点相对于静坐标系运动的加速度称为**动点的绝对加速度**，以 $\boldsymbol{a}_{\mathrm{a}}$ 表示。

动点相对于动坐标系运动的加速度称为**动点的相对加速度**，以 $\boldsymbol{a}_{\mathrm{r}}$ 表示。如果动点 $M$ 在动坐标系中的坐标为 $(x', y', z')$，那么它们与动点在动坐标系中的矢径 $\boldsymbol{r}'$ 的关系为

$$\boldsymbol{r}' = x'\boldsymbol{i}' + y'\boldsymbol{j}' + z'\boldsymbol{k}'$$

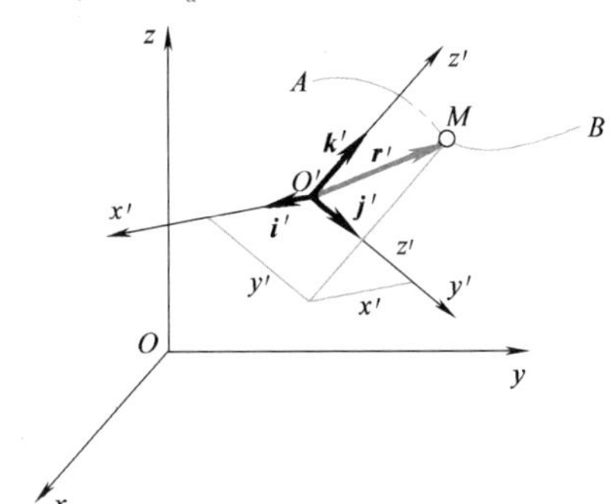

图　6-6

其中，$\boldsymbol{i}'$、$\boldsymbol{j}'$、$\boldsymbol{k}'$ 是沿动坐标系 $O'x'y'z'$ 各轴的单位矢量，如图 6-6 所示。只要将动坐标系的坐标轴的单位矢量 $\boldsymbol{i}'$、$\boldsymbol{j}'$、$\boldsymbol{k}'$ 看作是不变的，由点的速度、加速度的笛卡儿坐标公式即可得

$$\boldsymbol{v}_{\mathrm{r}} = \frac{\mathrm{d}x'}{\mathrm{d}t}\boldsymbol{i}' + \frac{\mathrm{d}y'}{\mathrm{d}t}\boldsymbol{j}' + \frac{\mathrm{d}z'}{\mathrm{d}t}\boldsymbol{k}' \tag{6-2}$$

$$\boldsymbol{a}_{\mathrm{r}} = \frac{\mathrm{d}^2x'}{\mathrm{d}t^2}\boldsymbol{i}' + \frac{\mathrm{d}^2y'}{\mathrm{d}t^2}\boldsymbol{j}' + \frac{\mathrm{d}^2z'}{\mathrm{d}t^2}\boldsymbol{k}' \tag{6-3}$$

式（6-2）代表在动坐标系中观察到的矢径 $\boldsymbol{r}'$ 的变化率，即在动坐标系中的矢径 $\boldsymbol{r}'$ 对时间的一阶相对导数，为**动点的相对速度**；同理，式（6-3）代表在动坐标系中观察到的矢量 $\boldsymbol{v}_{\mathrm{r}}$ 的变化率，即相对速度 $\boldsymbol{v}_{\mathrm{r}}$ 对时间的一阶相对导数，为**动点的相对加速度**。

**动点的牵连加速度**是指某瞬时动坐标系上与动点相重合之点（牵连点）相对于静坐标系运动的加速度，以 $\boldsymbol{a}_{\mathrm{e}}$ 表示。前节中已提到，牵连点是动坐标系上的几何点。因此，当动坐标系做平移时，动点的牵连速度和牵连加速度等于动坐标系原点 $O'$ 的速度和加速度，即

$$\boldsymbol{v}_{\mathrm{e}} = \boldsymbol{v}_{O'},\ \boldsymbol{a}_{\mathrm{e}} = \boldsymbol{a}_{O'} \tag{6-4}$$

当动系做定轴转动时，由第 5 章转动刚体内各点的速度公式（5-39）和加速度公式（5-40）得牵连速度和牵连加速度为

$$\boldsymbol{v}_{\mathrm{e}} = \boldsymbol{\omega}_{\mathrm{e}} \times \boldsymbol{r} \tag{6-5}$$

$$\boldsymbol{a}_{\mathrm{e}} = \boldsymbol{\alpha}_{\mathrm{e}} \times \boldsymbol{r} + \boldsymbol{\omega}_{\mathrm{e}} \times (\boldsymbol{\omega}_{\mathrm{e}} \times \boldsymbol{r}) \tag{6-6}$$

式中，$\boldsymbol{\omega}_{\mathrm{e}}$、$\boldsymbol{\alpha}_{\mathrm{e}}$ 分别是动坐标系的角速度和角加速度；$\boldsymbol{r}$ 是从转轴引向牵连点的矢径。

### 6.3.2 牵连运动为平移时点的加速度合成定理

设动点在动坐标系 $O'x'y'z'$ 上沿相对轨迹曲线 $AB$ 运动，而动坐标系相对静坐标系 $Oxyz$ 做平行移动，如图 6-6 所示。点的速度合成定理为

$$\boldsymbol{v}_{\mathrm{a}} = \boldsymbol{v}_{\mathrm{e}} + \boldsymbol{v}_{\mathrm{r}}$$

将式（6-2）、式（6-4）代入上式，得

$$\boldsymbol{v}_{\mathrm{a}} = \boldsymbol{v}_{O'} + \frac{\mathrm{d}x'}{\mathrm{d}t}\boldsymbol{i}' + \frac{\mathrm{d}y'}{\mathrm{d}t}\boldsymbol{j}' + \frac{\mathrm{d}z'}{\mathrm{d}t}\boldsymbol{k}'$$

上式对时间求一阶导数，注意到动坐标系 $O'x'y'z'$ 做平移，$\boldsymbol{i}'$、$\boldsymbol{j}'$、$\boldsymbol{k}'$ 为常单位矢量，它们对时间的导数为零，即

$$\boldsymbol{a}_{\mathrm{a}} = \frac{\mathrm{d}\boldsymbol{v}_{\mathrm{a}}}{\mathrm{d}t} = \frac{\mathrm{d}\boldsymbol{v}_{O'}}{\mathrm{d}t} + \left(\frac{\mathrm{d}^2x'}{\mathrm{d}t^2}\boldsymbol{i}' + \frac{\mathrm{d}^2y'}{\mathrm{d}t^2}\boldsymbol{j}' + \frac{\mathrm{d}^2z'}{\mathrm{d}t^2}\boldsymbol{k}'\right)$$

其中，$\frac{\mathrm{d}\boldsymbol{v}_{O'}}{\mathrm{d}t} = \boldsymbol{a}_{O'}$ 是平移动坐标系原点 $O'$ 的加速度。将式（6-3）、式（6-4）代入上式，得

$$\boldsymbol{a}_{\mathrm{a}} = \boldsymbol{a}_{\mathrm{e}} + \boldsymbol{a}_{\mathrm{r}} \tag{6-7}$$

即，**当牵连运动为平移时，动点的绝对加速度等于牵连加速度与相对加速度的矢量和**。这是牵连运动为平移时**点的加速度合成定理**。

例题 6-4 讲解

**例 6-4** 在图 6-7 中，平行四连杆机构的上连杆 $BC$ 与一固定铅垂杆 $EF$ 相接触，在两者接触处套上一小环 $M$，当 $BC$ 杆运动时，小环 $M$ 同时在 $BC$、$EF$ 杆上滑动。设曲柄 $AB = CD = r$，连杆 $BC = l$，$AD = l$，若曲柄转至图示 $\varphi$ 角位置时的角速度为 $\omega$，角加速度为 $\alpha$，试求小环 $M$ 的加速度。

**解：** 此机构在运动过程中，小环 $M$ 始终沿连杆 $BC$ 做直线运动，即小环 $M$ 对 $BC$ 有相对运动。因此，设小环 $M$ 为动点，动坐标系固连在连杆 $BC$ 上，静坐标系固连在地面上。

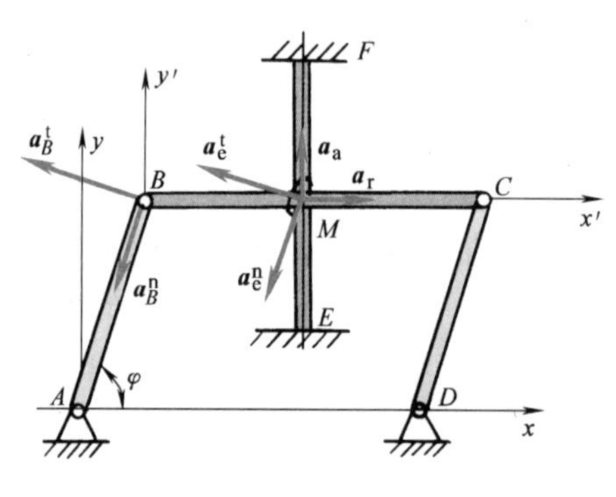


图 6-7

图 6-7 动画

在此情况下，动点 $M$ 的绝对运动是沿 $EF$ 的直线运动，$\boldsymbol{a}_{\mathrm{a}}$ 方向已知，沿 $EF$；相对运动是沿 $BC$ 的直线运动，$\boldsymbol{a}_{\mathrm{r}}$ 方向已知，沿 $BC$；牵连运动是连杆 $BC$ 的平移，$\boldsymbol{a}_{\mathrm{e}}^{\mathrm{t}} = r\alpha$，$\boldsymbol{a}_{\mathrm{e}}^{\mathrm{t}} \perp AB$，$a_{\mathrm{e}}^{\mathrm{n}} = r\omega^2$，$\boldsymbol{a}_{\mathrm{e}}^{\mathrm{n}}$ 与 $AB$ 平行。

在式（6-7）中，$\boldsymbol{a}_{\mathrm{a}}$、$\boldsymbol{a}_{\mathrm{r}}$、$\boldsymbol{a}_{\mathrm{e}}^{\mathrm{t}}$、$\boldsymbol{a}_{\mathrm{e}}^{\mathrm{n}}$ 大小和方向八个量中，只有 $\boldsymbol{a}_{\mathrm{a}}$、$\boldsymbol{a}_{\mathrm{r}}$ 的大小未知，因

此，问题可解。

作 $M$ 点的加速度矢量图如图6-7所示，将点的加速度合成定理的矢量方程（6-7）向 $y'$ 轴投影，得

$$
\begin{aligned}
a_a &= -a_e^n \sin\varphi + a_e^t \cos\varphi + 0 \\
&= r\alpha\cos\varphi - r\omega^2 \sin\varphi
\end{aligned}
$$

方向如图6-7所示。

## 6.4 牵连运动为转动时点的加速度合成定理　科氏加速度的计算

### 6.4.1 牵连运动为转动时点的加速度合成定理

动点 $M$ 沿动坐标系 $O'x'y'z'$ 中的相对轨迹曲线 $AB$ 运动，而动坐标系以角速度矢量 $\boldsymbol{\omega}_e$ 和角加速度矢量 $\boldsymbol{\alpha}_e$ 绕静坐标系的 $Oz$ 轴转动，如图6-8所示。由点的速度合成定理为

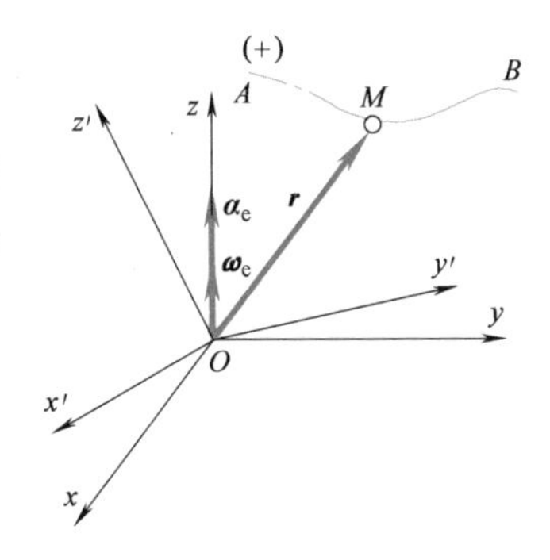


图　6-8

$$
\boldsymbol{v}_a = \boldsymbol{v}_e + \boldsymbol{v}_r
$$

将式（6-2）、式（6-5）代入上式，得

$$
\boldsymbol{v}_a = \boldsymbol{\omega}_e \times \boldsymbol{r} + \frac{\mathrm{d}x'}{\mathrm{d}t}\boldsymbol{i}' + \frac{\mathrm{d}y'}{\mathrm{d}t}\boldsymbol{j}' + \frac{\mathrm{d}z'}{\mathrm{d}t}\boldsymbol{k}'
$$

将上式对时间求一阶导数，得

$$
\begin{aligned}
\boldsymbol{a}_a = \frac{\mathrm{d}\boldsymbol{v}_a}{\mathrm{d}t} &= \left(\frac{\mathrm{d}\boldsymbol{\omega}_e}{\mathrm{d}t} \times \boldsymbol{r}\right) + \left(\boldsymbol{\omega}_e \times \frac{\mathrm{d}\boldsymbol{r}}{\mathrm{d}t}\right) + \\
&\left(\frac{\mathrm{d}^2x'}{\mathrm{d}t^2}\boldsymbol{i}' + \frac{\mathrm{d}^2y'}{\mathrm{d}t^2}\boldsymbol{j}' + \frac{\mathrm{d}^2z'}{\mathrm{d}t^2}\boldsymbol{k}'\right) + \left(\frac{\mathrm{d}x'}{\mathrm{d}t}\frac{\mathrm{d}\boldsymbol{i}'}{\mathrm{d}t} + \frac{\mathrm{d}y'}{\mathrm{d}t}\frac{\mathrm{d}\boldsymbol{j}'}{\mathrm{d}t} + \frac{\mathrm{d}z'}{\mathrm{d}t}\frac{\mathrm{d}\boldsymbol{k}'}{\mathrm{d}t}\right) \qquad \text{(a)}
\end{aligned}
$$

式（a）右端第一个括号项为

$$
\frac{\mathrm{d}\boldsymbol{\omega}_e}{\mathrm{d}t} \times \boldsymbol{r} = \boldsymbol{\alpha}_e \times \boldsymbol{r} \qquad \text{(b)}
$$

利用第5章泊松公式（5-43），则式（a）右端第二个和第四个括号项分别为

$$
\begin{aligned}
\boldsymbol{\omega}_e \times \frac{\mathrm{d}\boldsymbol{r}}{\mathrm{d}t} &= \boldsymbol{\omega}_e \times \frac{\mathrm{d}}{\mathrm{d}t}(x'\boldsymbol{i}' + y'\boldsymbol{j}' + z'\boldsymbol{k}') \\
&= \boldsymbol{\omega}_e \times \left(\frac{\mathrm{d}x'}{\mathrm{d}t}\boldsymbol{i}' + \frac{\mathrm{d}y'}{\mathrm{d}t}\boldsymbol{j}' + \frac{\mathrm{d}z'}{\mathrm{d}t}\boldsymbol{k}'\right) + \boldsymbol{\omega}_e \times \left(x'\frac{\mathrm{d}\boldsymbol{i}'}{\mathrm{d}t} + y'\frac{\mathrm{d}\boldsymbol{j}'}{\mathrm{d}t} + z'\frac{\mathrm{d}\boldsymbol{k}'}{\mathrm{d}t}\right) \\
&= \boldsymbol{\omega}_e \times \boldsymbol{v}_r + \boldsymbol{\omega}_e \times (\boldsymbol{\omega}_e \times \boldsymbol{r}) \qquad \text{(c)}
\end{aligned}
$$

$$
\left(\frac{\mathrm{d}x'}{\mathrm{d}t}\frac{\mathrm{d}\boldsymbol{i}'}{\mathrm{d}t} + \frac{\mathrm{d}y'}{\mathrm{d}t}\frac{\mathrm{d}\boldsymbol{j}'}{\mathrm{d}t} + \frac{\mathrm{d}z'}{\mathrm{d}t}\frac{\mathrm{d}\boldsymbol{k}'}{\mathrm{d}t}\right) = \boldsymbol{\omega}_e \times \boldsymbol{v}_r \qquad \text{(d)}
$$

式（a）右端第三个括号项即为相对加速度 $\boldsymbol{a}_r$。将式（b）、式（c）、式（d）及 $\boldsymbol{a}_r$ 代入式（a），得

$$
\boldsymbol{a}_a = \boldsymbol{\alpha}_e \times \boldsymbol{r} + \boldsymbol{\omega}_e \times (\boldsymbol{\omega}_e \times \boldsymbol{r}) + \boldsymbol{a}_r + 2\boldsymbol{\omega}_e \times \boldsymbol{v}_r
$$

其中，$\boldsymbol{a}_e = \boldsymbol{\alpha}_e \times \boldsymbol{r} + \boldsymbol{\omega}_e \times (\boldsymbol{\omega}_e \times \boldsymbol{r})$。

当牵连运动为转动时，由于转动的牵连运动与相对运动相互影响的结果而产生一种附加

的加速度，称为科里奥利加速度，简称科氏加速度，以符号$\boldsymbol{a}_C$表示，且

$$\boldsymbol{a}_C=2\boldsymbol{\omega}_e\times\boldsymbol{v}_r \tag{6-8}$$

这时动点的绝对加速度可写为

$$\boldsymbol{a}_a=\boldsymbol{a}_e+\boldsymbol{a}_r+\boldsymbol{a}_C \tag{6-9}$$

即当牵连运动为转动时，动点的绝对加速度等于牵连加速度、相对加速度与科氏加速度的矢量和，这就是牵连运动为转动时点的加速度合成定理。顺便指出，式（6-9）虽然是在牵连运动为转动的特殊例子导出的，但对牵连运动为一般运动的情况也适用。

### 6.4.2　科氏加速度的计算

设$\boldsymbol{\omega}_e$与$\boldsymbol{v}_r$间的夹角为$\theta$，由矢量积的定义可知，科氏加速度的大小为

$$a_C=2\omega_e v_r\sin\theta \tag{6-10}$$

方向垂直于$\boldsymbol{\omega}_e$与$\boldsymbol{v}_r$所决定的平面，它的指向按右手螺旋规则决定，如图6-9所示。

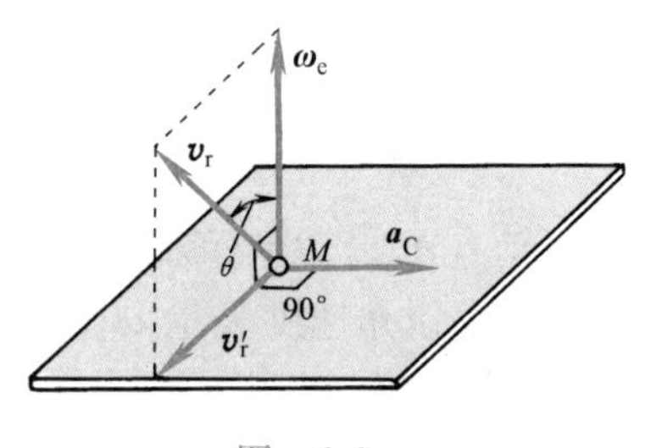

图　6-9

如将相对速度$\boldsymbol{v}_r$投影到与$\boldsymbol{\omega}_e$垂直的平面上，其投影的大小为$v_r'=v_r\sin\theta$，则科氏加速度的大小又可写成为

$$a_C=2\omega_e v_r'$$

将$\boldsymbol{v}_r'$顺着$\boldsymbol{\omega}_e$的转向转过90°，即得$\boldsymbol{a}_C$的方向。

在特殊情况下，若$\boldsymbol{v}_r/\!/\boldsymbol{\omega}_e$，则有

$$a_C=0$$

若$\boldsymbol{v}_r\perp\boldsymbol{\omega}_e$，则有

$$a_C=2\omega_e v_r$$

---

**例6-5**　试求例6-1中从动杆$AB$的加速度。

**解：** 由例6-1中的运动分析，仍取$A$为动点，动坐标系固结在凸轮上。

$A$点的绝对运动是沿$AB$方向的直线运动，$\boldsymbol{a}_a=\boldsymbol{a}_A$，方向已知，沿$AB$；相对运动是以$D$为圆心的圆周运动，$\boldsymbol{a}_r^n$的大小方向已知，$a_r^n=\dfrac{v_r^2}{r}=\dfrac{16e\omega_O^2}{3\sqrt{3}}$，方向沿$AD$指向$D$点，$\boldsymbol{a}_r^t$方向已知，垂直于$AD$方向；牵连运动是动坐标系绕$O$的定轴转动，$\boldsymbol{a}_e^n$、$\boldsymbol{a}_e^t$已知，$a_e^n=OA\cdot\omega_O^2=2e\omega_O^2$，方向沿$AO$指向$O$点，$a_e^t=0$。

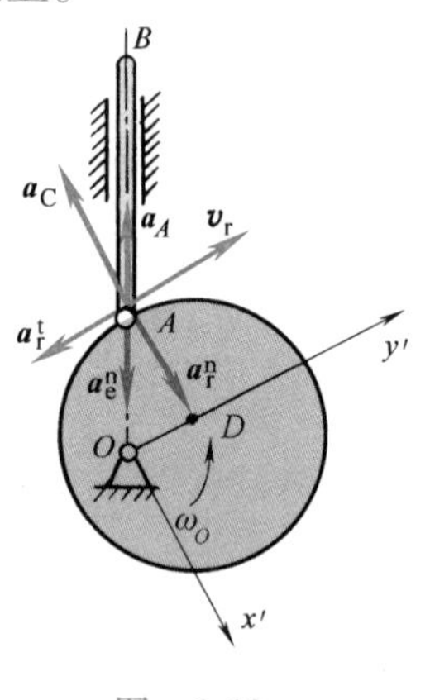

图　6-10

动点$A$的加速度矢量图如图6-10所示。由于动坐标系为转动，其$\boldsymbol{\omega}_e=\boldsymbol{\omega}_O$，因此有科氏加速度$a_C=2\omega_O v_r=\dfrac{8}{\sqrt{3}}e\omega_O^2$，方向沿$AD$。根据点的加速度合成定理表达式（6-9），有

$$\boldsymbol{a}_A=\boldsymbol{a}_a=\boldsymbol{a}_r^t+\boldsymbol{a}_e^n+\boldsymbol{a}_r^n+\boldsymbol{a}_C$$

将此矢量方程向$Ox'$轴投影，有

$$-a_A\cos\varphi=a_e^n\cos\varphi+a_r^n-a_C$$

$$a_A = \frac{2}{\sqrt{3}}\left( -\frac{16e\omega_O^2}{3\sqrt{3}} - \sqrt{3}e\omega_O^2 + \frac{8}{\sqrt{3}}e\omega_O^2 \right) = -\frac{2}{9}e\omega_O^2$$

$a_A$为负值，说明$\boldsymbol{a}_A$的方向与图6-10假设的方向相反。即在此瞬时，$\boldsymbol{a}_A$的实际方向铅垂向下。

**例6-6** 大圆环固定不动，其半径为$R$。$AB$杆绕$A$端在圆环平面内转动，其角速度为$\omega$，角加速度为$\alpha$。杆用小圆环$M$套在大圆环上。求在图6-11a所示位置时$M$的绝对加速度。

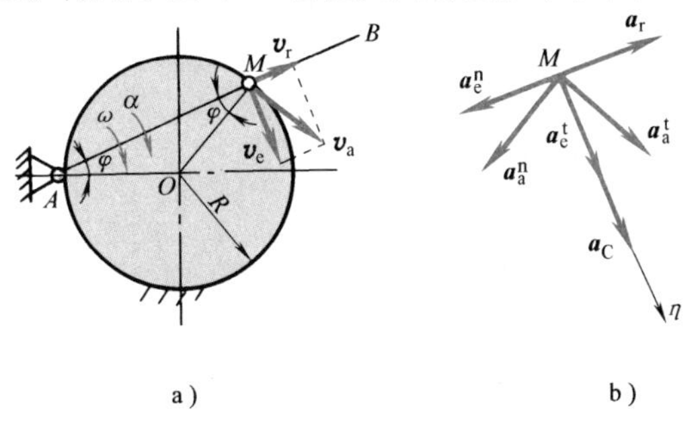


图 6-11

图6-11 动画

**解**：(1) 动点：小圆环$M$。

动系：与$AB$相固结。

定系：与支座相固结。

(2) 绝对运动：圆周运动。

相对运动：沿$AB$杆的直线运动。

牵连运动：$AB$杆做定轴转动。

(3) 速度分析：点的速度合成定理表达式为

$$\boldsymbol{v}_a = \boldsymbol{v}_r + \boldsymbol{v}_e$$

式中，$\boldsymbol{v}_a$垂直于$OM$，大小未知；$\boldsymbol{v}_r$沿$AB$，其大小未知；由于$\boldsymbol{\omega}_e = \boldsymbol{\omega}$，则$\boldsymbol{v}_e$的大小为$v_e = AM \cdot \omega$，方向垂直于$AM$。

作速度平行四边形，解得

$$v_a = \frac{v_e}{\cos\varphi} = \frac{AM \cdot \omega}{\cos\varphi} = \frac{2R\cos\varphi \cdot \omega}{\cos\varphi} = 2R\omega$$

$$v_r = v_e \tan\varphi = 2R\cos\varphi \cdot \omega\tan\varphi = 2R\omega\sin\varphi$$

(4) 加速度分析：牵连运动为定轴转动，则点的加速度合成定理表达式为

$$\boldsymbol{a}_a = \boldsymbol{a}_e + \boldsymbol{a}_r + \boldsymbol{a}_C$$

又有$\boldsymbol{a}_a = \boldsymbol{a}_a^t + \boldsymbol{a}_a^n$，$\boldsymbol{a}_e = \boldsymbol{a}_e^t + \boldsymbol{a}_e^n$，上式成为

$$\boldsymbol{a}_a^t + \boldsymbol{a}_a^n = \boldsymbol{a}_e^t + \boldsymbol{a}_e^n + \boldsymbol{a}_r + \boldsymbol{a}_C$$

其中，$a_a^n = \dfrac{v_a^2}{R}$，方向沿$OM$指向$O$；$\boldsymbol{a}_a^t$的方向垂直$OM$，大小未知；由于$\boldsymbol{\omega}_e = \boldsymbol{\omega}$，$\boldsymbol{\alpha}_e = \boldsymbol{\alpha}$，则$a_e^n = AM \cdot \omega^2$，方向沿$AB$指向$A$；$a_e^t = AM \cdot \alpha$，方向垂直于$AB$；$\boldsymbol{a}_r$的方向沿$AB$，大小未知；$a_C = 2\omega v_r$，方向垂直于$AB$，如图6-11b所示。

将上式向$\eta$方向投影

$$a_a^n \sin\varphi + a_a^t \cos\varphi = 2R\cos\varphi\alpha + 2\omega \cdot 2R\omega\sin\varphi$$

得
$$a_{\mathrm{a}}^{\mathrm{t}}=\frac{2R\cos\varphi\alpha+4R\omega^{2}\sin\varphi-4R\omega^{2}\sin\varphi}{\cos\varphi}=2R\alpha$$

$$a_{\mathrm{a}}^{\mathrm{n}}=\frac{v_{\mathrm{a}}^{2}}{R}=4R\omega^{2}$$

**例 6-7**　一半径为 $R$ 的圆盘，绕通过边缘上一点 $O_1$ 垂直于圆盘平面的轴转动。$AB$ 杆的 $B$ 端用固定铰链支座支承，当圆盘转动时 $AB$ 杆始终与圆盘外缘相接触。在图 6-12a 所示瞬时，已知圆盘的角速度为 $\omega_0$，角加速度为 $\alpha_0$，其他尺寸如图所示。求该瞬时 $AB$ 杆的角速度及角加速度。

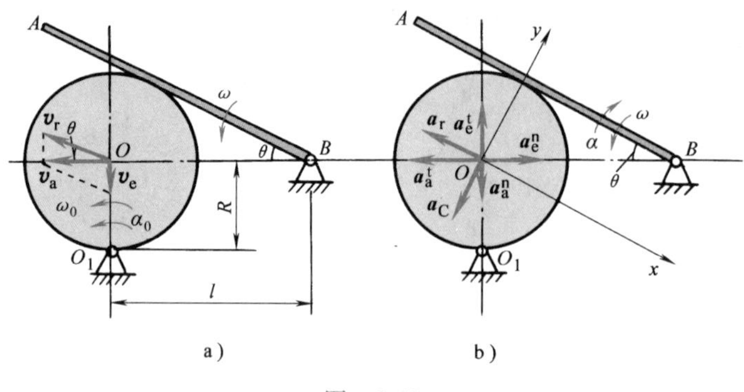


图　6-12

图 6-12 动画

**解：**（1）动点：$O$ 点。

动系：与 $AB$ 相固结。

定系：与支座相固结。

这里不选接触点为动点，因为相对轨迹不明显。

（2）绝对运动：以圆心为 $O_1$ 的圆周运动。

相对运动：动点 $O$ 相对于 $AB$ 杆做直线运动。

牵连运动：$AB$ 杆做定轴转动。

（3）速度分析：点的速度合成定理表达式为

$$\boldsymbol{v}_{\mathrm{a}}=\boldsymbol{v}_{\mathrm{e}}+\boldsymbol{v}_{\mathrm{r}}$$

式中，$\boldsymbol{v}_{\mathrm{a}}$ 大小为 $R\omega_0$，方向垂直于 $OO_1$；$\boldsymbol{v}_{\mathrm{r}}$ 平行于 $AB$，其大小未知；$\boldsymbol{v}_{\mathrm{e}}$ 的大小未知，方向垂直于 $OB$。

作速度平行四边形如图 6-12a 所示，解得

$$v_{\mathrm{e}}=v_{\mathrm{a}}\tan\theta=R\omega_0\tan\theta$$

$$v_{\mathrm{r}}=\frac{v_{\mathrm{a}}}{\cos\theta}=\frac{R\omega_0}{\cos\theta}$$

则 $AB$ 杆在图示瞬时的角速度

$$\omega_{\mathrm{e}}=\frac{v_{\mathrm{e}}}{OB}=\frac{R\omega_0\tan\theta}{l}=\frac{R}{l}\omega_0\,\frac{R}{\sqrt{l^2-R^2}}=\frac{R^2\omega_0}{l\sqrt{l^2-R^2}}$$

（4）加速度分析：牵连运动为定轴转动，则点的加速度合成定理表达式为

$$\boldsymbol{a}_{\mathrm{a}}=\boldsymbol{a}_{\mathrm{e}}+\boldsymbol{a}_{\mathrm{r}}+\boldsymbol{a}_{\mathrm{C}}$$

因为绝对运动为圆周运动，牵连运动为定轴转动，则有 $\boldsymbol{a}_{\mathrm{a}}=\boldsymbol{a}_{\mathrm{a}}^{\mathrm{n}}+\boldsymbol{a}_{\mathrm{a}}^{\mathrm{t}}$，$\boldsymbol{a}_{\mathrm{e}}=\boldsymbol{a}_{\mathrm{e}}^{\mathrm{n}}+\boldsymbol{a}_{\mathrm{e}}^{\mathrm{t}}$，上式成为

$$\boldsymbol{a}_{\mathrm{a}}^{\mathrm{n}}+\boldsymbol{a}_{\mathrm{a}}^{\mathrm{t}}=\boldsymbol{a}_{\mathrm{e}}^{\mathrm{n}}+\boldsymbol{a}_{\mathrm{e}}^{\mathrm{t}}+\boldsymbol{a}_{\mathrm{r}}+\boldsymbol{a}_{\mathrm{C}}$$

式中，$\boldsymbol{a}_a^n$ 大小为 $R\omega_0^2$，方向指 $O_1$；$\boldsymbol{a}_a^t$ 大小为 $R\alpha_0$，方向 $\perp OO_1$。$\boldsymbol{a}_e^n$ 大小为 $OB \cdot \omega_e^2$，方向指向 $B$。$\boldsymbol{a}_e^t$ 大小为 $OB \cdot \alpha$，方向 $\perp OB$。$\boldsymbol{a}_r$ 大小未知，方向 $/\!/ AB$ 。$\boldsymbol{a}_C$ 大小为 $2\omega_e v_r$，方向 $\perp AB$，其中 $\boldsymbol{\omega}_e = \boldsymbol{\omega}$，$\boldsymbol{\alpha}_e = \boldsymbol{\alpha}_O$。

选取坐标系 $Oxy$ 如图 6-12b 所示，对 $y$ 轴投影，得

$$-a_a^n\cos\theta - a_a^t\sin\theta = a_e^n\sin\theta + a_e^t\cos\theta + 0 - a_C$$

$$-R\omega_0^2\cos\theta - R\alpha_0\sin\theta = l\omega^2\sin\theta + l\alpha\cos\theta - 2\omega v_r$$

$$\begin{aligned}
\alpha &= \frac{1}{l\cos\theta}\left(2\omega v_r - R\omega_0^2\cos\theta - R\alpha_0\sin\theta - l\omega^2\sin\theta\right)\\
&= \frac{1}{l\cos\theta}\left[\frac{2R\omega_0}{l}\tan\theta \cdot \frac{R\omega_0}{\cos\theta} - R\omega_0^2\cos\theta - R\alpha_0\sin\theta - l\left(\frac{R\omega_0\tan\theta}{l}\right)^2\sin\theta\right]\\
&= \frac{R^2\omega_0^2}{l^2}\left(\frac{2\sin\theta - \sin^3\theta}{\cos^3\theta}\right) - \frac{R}{l}\left(\alpha_0\tan\theta + \omega_0^2\right)\\
&= \frac{R^3\omega_0^2\left(2l^2 - R^2\right)}{l^2\sqrt{\left(l^2 - R^2\right)^3}} - \frac{R}{l}\left(\frac{R}{\sqrt{l^2 - R^2}}\alpha_0 + \omega_0^2\right)
\end{aligned}$$

补充例题 6-4

补充例题 6-5

补充例题 6-6

补充例题 6-7

## 重点提示

（1）点的合成运动解题方法主要用于建立特定瞬时的速度关系和加速度关系，即主要研究动点在指定位置上的速度及加速度。（2）解题的关键点是正确选取动点和动系，动点必须是始终存在的点，不能是随时间变化的点（点的位置可以变，研究对象不能变）。（3）正确应用速度合成定理及加速度合成定理画出矢量图并建立各物理量之间的关系。（4）运动分析的关键是所确定的相对运动轨迹的形状要直观、明显。（5）常见的问题有四种题型：（A）两个相互独立运动的物体，按题意要求选动点，如例 6-3、习题 6-29；（B）运动物体（载体）上有一动点做相对运动，如习题 6-19；（C）机构传动中主动件与从动件的连接处存在持续连接点，选持续连接点为动点，如例 6-1、习题 6-14；（D）主动件与从动件的连接点是随时间改变的点，可用虚拟辅助小环套住连接点，以环为动点进行辅助分析，如习题 6-25、6-27。（6）若物体是与圆相切的，只求两个物体的运动，选圆心为动点，如例 6-7、习题 6-11。（7）要注意掌握应用两个动坐标系一个动点的解题方法，如习题 6-25、6-27、6-28。

点的速度合成定理

点的速度合成定理-例题

动点、动系的选择

点的加速度合成定理

点的加速度合成定理-例题

补充：点的合成运动的几个概念

1. 牵连加速度是否等于牵连速度对时间的一阶导数？试说明原因。

2. 点的合成运动中，在牵连角速度与相对速度都不为零的情况下，科氏加速度是否可能为零？举例说明。

3. 在北半球，由于地球的自转，运动员在环形跑道的各个位置都受到科氏加速度的作用，而且其方向都是指向运动方向的左侧，对吗？

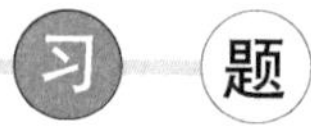


6-1 动坐标系上任一点的速度和加速度是否就是动点的牵连速度和牵连加速度？

6-2 如果考虑地球的自转，在地球上任何地方运动的物体（视为动点）是否都有科氏加速度出现？为什么？

6-3 汽车 $A$ 以 $v_1=40\text{km/h}$ 沿直线道路行驶，汽车 $B$ 以 $v_2=40\sqrt{2}\text{km/h}$ 沿另一岔道行驶，如图 6-13 所示。求在 $B$ 车上观察到 $A$ 车的速度。

答：$v_r=40\text{km/h}$。

6-4 在图 6-14 所示的曲柄滑道连杆机构中，已知 $r=\sqrt{3}\text{cm}$，$\omega=2\text{rad/s}$，$\varphi=60°$，求曲柄 $OA$ 在 $\theta=0°$、30°、60°时 $BC$ 的速度。

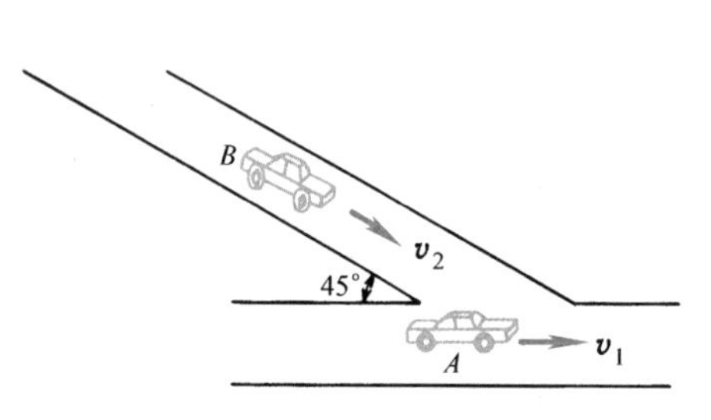


图 6-13 题 6-3 图

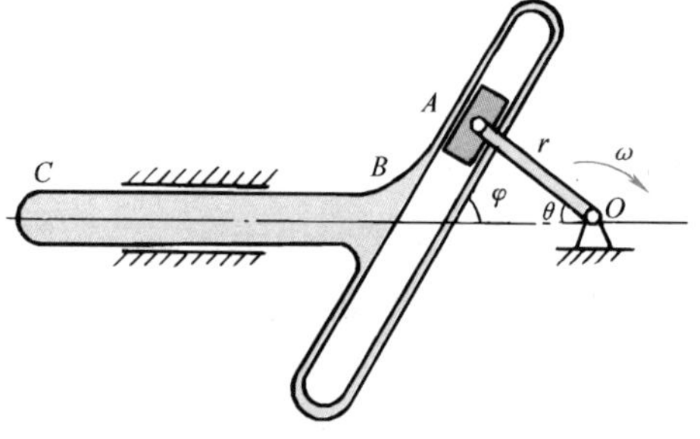


图 6-14 题 6-4 图

图 6-14 动画

答：(1) $v_{BC}=2\text{cm/s}$ (←)；(2) $v_{BC}=0$；(3) $v_{BC}=2\text{cm/s}$ (→)。

6-5 在图 6-15a、b 所示的两种机构中，已知 $O_1O_2=a=20\text{cm}$，$\omega_1=3\text{rad/s}$。求图示位置时杆 $O_2A$ 的角速度。

答：a) $\omega_2=1.5\text{rad/s}$；b) $\omega_2=2\text{rad/s}$。

6-6 飞机以速度 $v_1=400\text{km/h}$（相对于空气）向北偏东 45°飞行，地面导航站测得飞机的航向为北偏东 48°，飞行速度 $v=422.6\text{km/h}$，试求风速的大小和方向。

答：$\boldsymbol{v}=31.2\boldsymbol{i}-0.068\boldsymbol{j}$ (km/h)。

6-7 图 6-16 所示曲柄滑道机构中，杆 $BC$ 为水平，而杆 $DE$ 保持铅垂。曲柄长 $OA=10\text{cm}$，以匀角速度 $\omega=20\text{rad/s}$ 绕 $O$ 轴转动，通过滑块 $A$ 使杆 $BC$ 做往复运动。求当曲柄与水平线的交角为 $\varphi=0°$、30°、90°时，杆 $BC$ 的速度。

答：(1) $v_{BC}=0$；(2) $v_{BC}=100\text{cm/s}$ (→)；(3) $v_{BC}=200\text{cm/s}$ (→)。

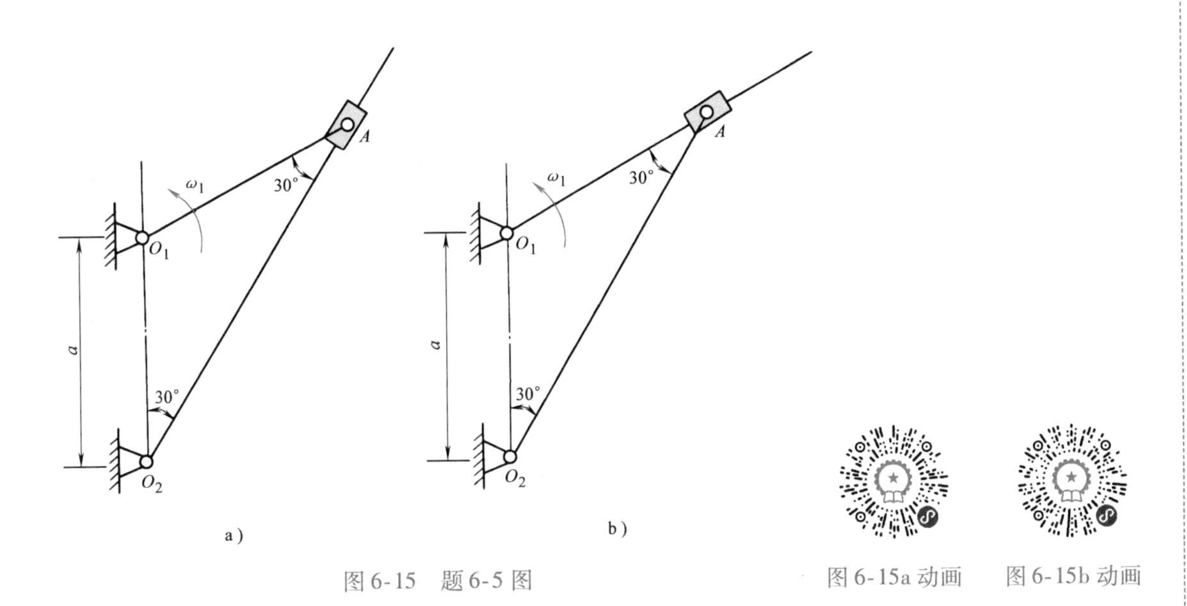


图6-15 题6-5图 图6-15a 动画 图6-15b 动画

6-8 如图6-17所示，矿砂从传送带A落到另一传送带B的绝对速度为$v_1=4\text{m/s}$，其方向与铅垂线成30°角。传送带B与水平面成15°角，其速度$v_2=2\text{m/s}$。求此时矿砂对于传送带B的相对速度；又问当传送带B的速度为多大时，矿砂的相对速度才能与它垂直。

答：$v_B=1.04\text{m/s}$，$v_r=3.98\text{m/s}$。

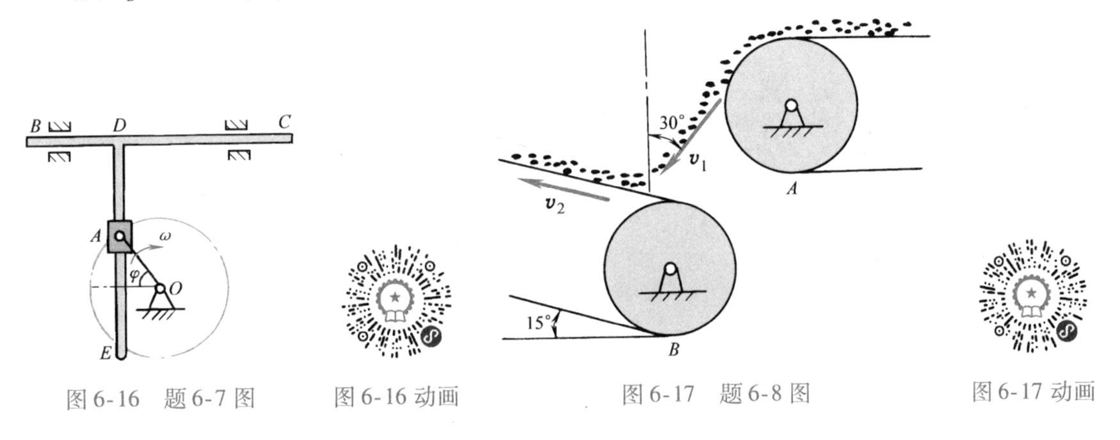


图6-16 题6-7图 图6-16 动画 图6-17 题6-8图 图6-17 动画

6-9 图6-18所示摇杆OC经过固定在齿条AB上的销子K带动齿条上下平移，齿条又带动半径为10cm的齿轮绕$O_1$轴转动。如在图示位置时摇杆的角速度$\omega=0.5\text{rad/s}$，求此时齿轮的角速度。

答：$\omega=2.67\text{rad/s}$。

6-10 图6-19所示半径为$r$、偏心距为$e$的圆形凸轮以匀角速度$\omega$绕固定轴$O$转动，$AB$杆长$l$，其$A$端置于凸轮上，$B$端以铰链支承，在图示瞬时$AB$杆恰处于水平位置，试求此时$AB$杆的角速度。

答：$\omega_{AB}=e\omega/l$，逆时针。

6-11 图6-20所示平底顶杆凸轮机构，顶杆$AB$可沿导轨上下移动，偏心凸轮绕$O$轴转动，$O$轴位于顶杆的轴线上，工作时顶杆的平底始终接触凸轮表面。设凸轮半径为$R$，偏心距$OC=e$，凸轮绕$O$轴转动的角速度为$\omega$，$OC$与水平线的夹角为$\alpha$。试求$\alpha=0°$时顶杆的速度。

答：$v_{AB}=e\omega$。

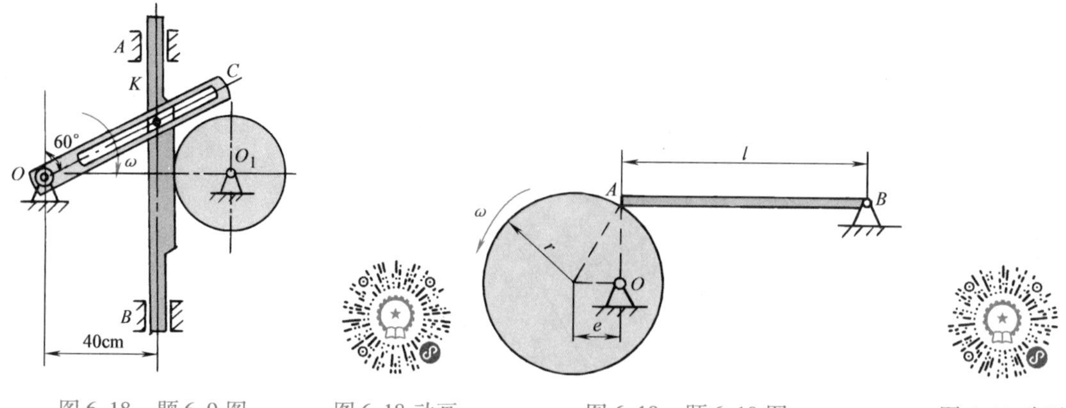


图 6-18 题 6-9 图　　图 6-18 动画　　图 6-19 题 6-10 图　　图 6-19 动画

6-12　图 6-21 所示圆盘以匀角速度 $\omega$ 绕 $O$ 点转动，通过盘面上的销钉 $A$ 带动滑道连杆 $BC$ 运动，再通过连杆上的销钉 $D$ 带动摆杆 $O_1E$ 摆动。已知 $OA=r$，在图示位置时 $O_1D=l$，$\alpha=\beta=45°$，试求此瞬时摆杆 $O_1E$ 的角速度。

答：$\omega_{O_1E}=\dfrac{r}{2l}\omega$，逆时针。

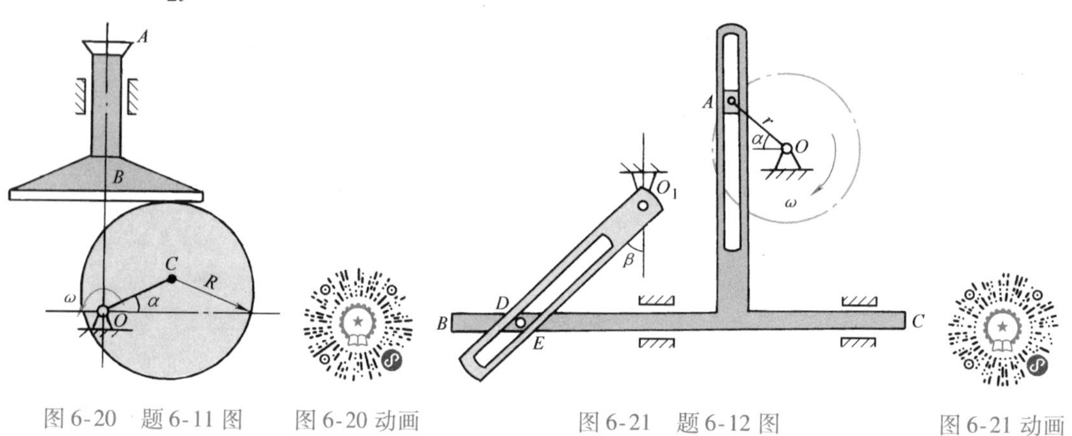


图 6-20 题 6-11 图　　图 6-20 动画　　图 6-21 题 6-12 图　　图 6-21 动画

6-13　图 6-22 所示塔式起重机悬臂水平，并以$\dfrac{\pi}{2}$r/min 绕铅垂轴匀速转动，跑车按 $s=10-\dfrac{1}{3}\cos 3t$（$s$ 以 m 计，$t$ 以 s 计）水平运动。设悬挂重物以匀速 $u=0.5\text{m/s}$ 铅垂向上运动，求当 $t=\dfrac{\pi}{6}$s 时重物的绝对速度的大小。

答：$v_a=1.98\text{m/s}$。

6-14　设 $OA=O_1B=r$，斜面倾角为 $\theta_1$，$O_2D=l$，$D$ 点可以在斜面上滑动，$A$、$B$ 为铰链连接。图 6-23 所示位置瞬时 $OA$、$O_1B$ 铅垂，$AB$、$O_2D$ 为水平，已知此瞬时 $OA$ 转动的角速度为 $\omega$，角加速度为零，试求此时 $O_2D$ 绕 $O_2$ 转动的角速度和角加速度。

答：$\omega_{O_2D}=\dfrac{r\omega}{l}\tan\theta_1$，逆时针；$\alpha_{O_2D}=\dfrac{r\omega^2}{l}+\left(\dfrac{r\omega}{l}\right)^2\tan^3\theta_1$，顺时针。

习题 6-15 讲解

6-15　图 6-24 所示曲柄滑道机构中，曲柄长 $OA=10\text{cm}$，可绕 $O$ 轴转动。在某瞬时，其角速度 $\omega=1\text{rad/s}$，角加速度 $\alpha=1\text{rad/s}^2$，$\angle AOB=30°$，求导杆上点 $D$ 的加速度和滑块 $A$ 在滑道上的相对加速度。

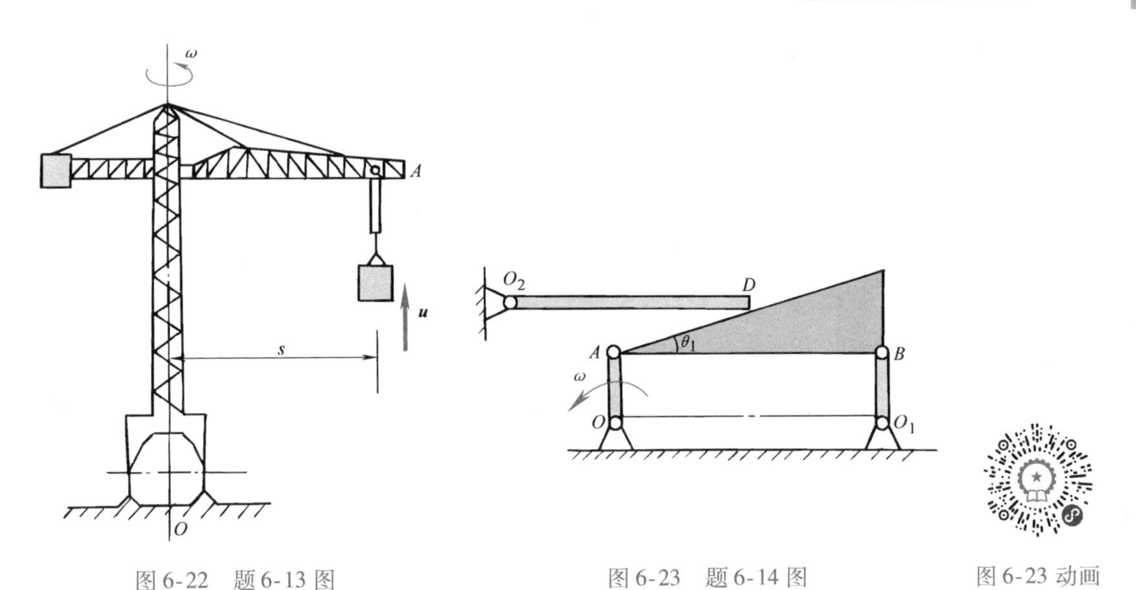


图6-22　题6-13图　　图6-23　题6-14图　　图6-23 动画

答：$a_D = 13.66\text{cm/s}^2$，$a_r = 3.66\text{cm/s}^2$。

6-16　图6-25所示铰接四边形机构中，$O_1A = O_2B = 10\text{cm}$，又 $O_1O_2 = AB$，并且杆 $O_1A$ 以等角速度 $\omega = 2\text{rad/s}$ 绕 $O_1$ 轴转动。杆 $AB$ 上有一套筒 $E$，此筒与杆 $DE$ 相铰接。机构的各部件都在同一铅垂面内。求当 $\varphi = 60°$ 时 $DE$ 的速度和加速度。

答：$v = 10\text{cm/s}$，$a = 34.6\text{cm/s}^2$。

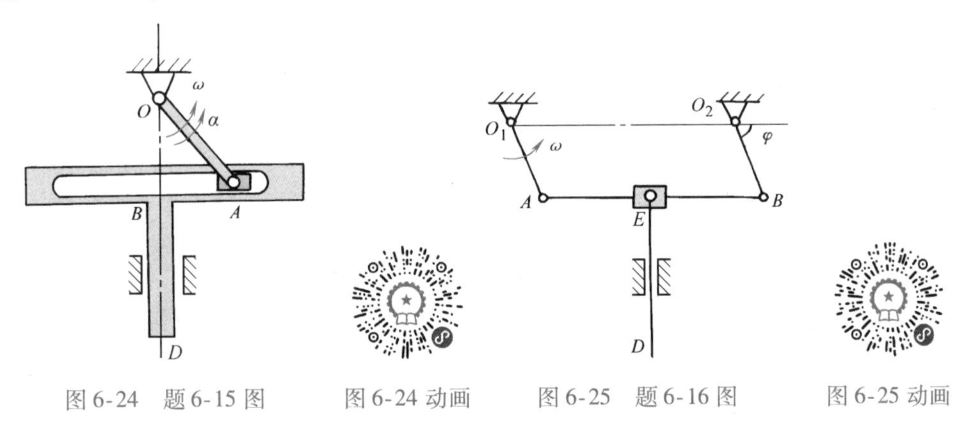


图6-24　题6-15图　　图6-24 动画　　图6-25　题6-16图　　图6-25 动画

6-17　图6-26所示曲柄 $OA$ 长40cm，以等角速度 $\omega = 0.5\text{rad/s}$ 绕 $O$ 轴逆时针方向转动。由于曲柄 $A$ 端推动水平板 $B$，而使滑杆 $C$ 沿铅垂方向上升。试求曲柄与水平线间的夹角 $\varphi = 30°$ 时滑杆 $C$ 的速度和加速度。

答：$v = 17.3\text{cm/s}$（↑），$a = 5\text{cm/s}^2$（↓）。

6-18　已知直角曲杆 $OAB$ 的 $OA$ 臂长为 $r$，以等角速度 $\omega$ 绕 $O$ 点转动，小环 $M$ 套在 $AB$ 及固定水平直杆 $OD$ 上。试求在图6-27所示位置 $\theta = 60°$ 时，小环 $M$ 的速度和加速度。

答：$v = 2\sqrt{3}r\omega$，$a = 14r\omega^2$。

6-19　图6-28所示半径为 $r = 1\text{m}$ 的半圆以转动方程 $\varphi = \pi t - \frac{\pi}{3}t^2$（$\varphi$ 以rad计，$t$ 以s计）绕 $O$ 点转动，小圆环在半圆弧上以相对运动方程 $s = r\left(\pi t - \frac{\pi}{3}t^2\right)$（$t$ 以s计）运动。试求 $t = 1\text{s}$ 时小圆环的速度和加速度。

答：$v=1.05\text{m/s}$，$a=2.36\text{m/s}^2$。

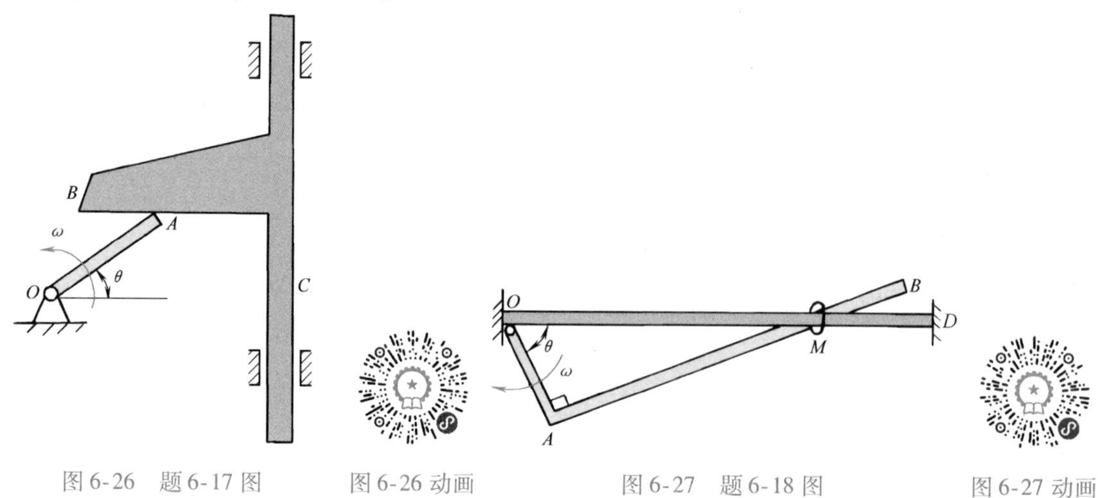


图6-26　题6-17图　　图6-26 动画　　图6-27　题6-18图　　图6-27 动画

6-20　图6-29所示曲柄$OA$长为$2r$，绕固定轴$O$转动；圆盘半径为$r$，绕$A$轴转动。已知$r=10\text{cm}$，曲柄$OA$的角速度$\omega_1=4\text{rad/s}$，角加速度$\alpha_1=3\text{rad/s}^2$，圆盘相对$OA$的角速度$\omega_2=6\text{rad/s}$，角加速度$\alpha_2=4\text{rad/s}^2$。试求圆盘上$M$点和$N$点的绝对速度和绝对加速度。

答：$v_M=60\text{cm/s}$，$a_M=363\text{cm/s}^2$；$v_N=82.5\text{cm/s}$，$a_N=345\text{cm/s}^2$。

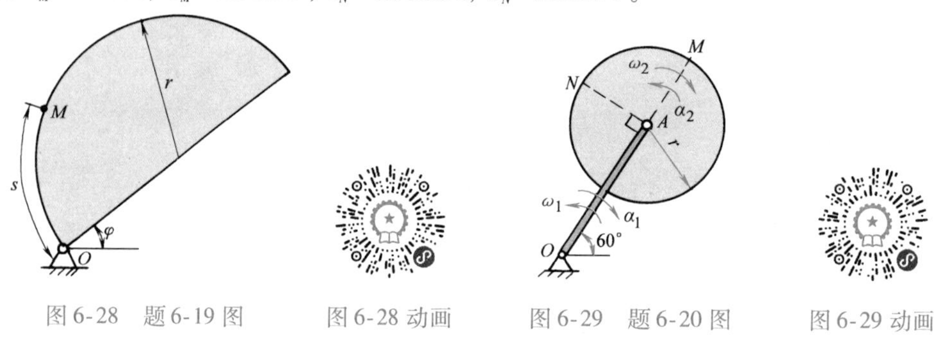


图6-28　题6-19图　　图6-28 动画　　图6-29　题6-20图　　图6-29 动画

6-21　图6-30所示半径为$r$的空心圆环固结于$AB$轴上，并与轴线在同一平面内。圆环内充满液体，液体按箭头方向以相对速度$u$在环内做匀速运动。如从点$B$顺轴向点$A$看去，$AB$轴做逆时针方向转动，且转动的角速度$\omega$保持不变。求在1、2、3和4各点处液体的绝对加速度。

答：$a_1=r\omega^2-\dfrac{u^2}{r},a_2=a_4=\sqrt{4r^2\omega^4+\dfrac{u^4}{r^2}+4\omega^2u^2},a_3=3r\omega^2+\dfrac{u^2}{r}$。

6-22　图6-31所示半径为$R$的圆盘以匀角速度$\omega_1$绕水平轴$DE$转动，此轴又以匀角速度$\omega_2$绕铅垂轴$AB$转动。试求圆盘上1点和2点的速度和加速度。

答：$v_1=R\omega_1,a_1=R\omega_1\sqrt{\omega_1^2+4\omega_2^2}$；$v_2=R\sqrt{\omega_1^2+(\omega_2^2/2)},a_2=\dfrac{\sqrt{2}}{2}R\sqrt{2\omega_1^4+\omega_2^4+6\omega_1^2\omega_2^2}$。

6-23　已知$O_1A=O_2B=l=1.5\text{m}$，且$O_1A$平行于$O_2B$，在图6-32所示位置，滑道$OC$的角速度$\omega=2\text{rad/s}$，角加速度$\alpha=1\text{rad/s}^2$，$OM=b=1\text{m}$。试求图示位置时$O_1A$的角速度和角加速度。

答：$\omega_{O_1A}=1.89\text{rad/s}$，$\alpha_{O_1A}=10.2\text{rad/s}^2$。

6-24　如图6-33所示，斜面$AB$与水平面成45°角，以$10\text{cm/s}^2$的匀加速度沿$Ox$轴方向运动；物体$M$以匀相对加速度$10\sqrt{2}\text{cm/s}^2$沿此斜面滑下；斜面与物体的初速度均为零，物体的最初位置是由坐标：$x=0$，

$y=h$ 来决定。求物体绝对运动的轨迹、速度和加速度。

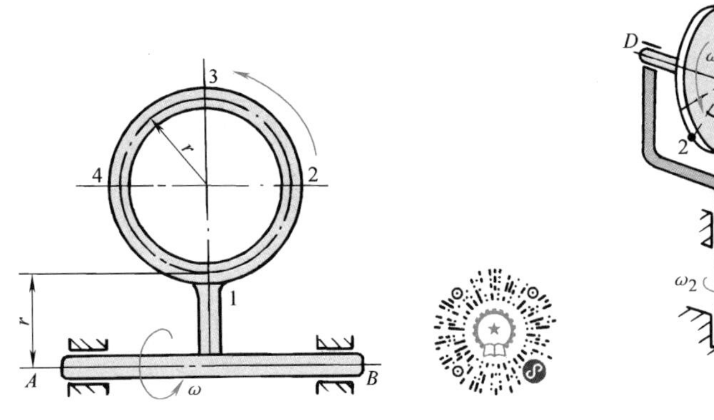


图6-30　题6-21图　　图6-30 动画　　图6-31　题6-22图　　　图6-31 动画

答：$y=h-\frac{1}{2}x(\mathrm{cm})$；$v=10\sqrt{5}t(\mathrm{cm/s})$；$a=10\sqrt{5}\mathrm{cm/s^2}$。

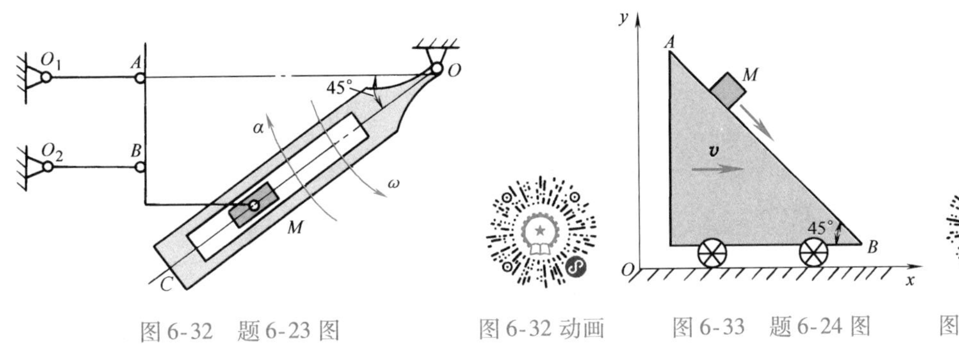


图6-32　题6-23图　　图6-32 动画　　图6-33　题6-24图　　图6-33 动画

6-25　直线 $AB$ 以大小为 $v_1$ 的速度沿垂直于 $AB$ 方向向上移动，而直线 $DE$ 以大小为 $v_2$ 的速度沿垂直于 $DE$ 的方向向左上方移动，如图6-34所示。若两直线的交角为 $\theta$，求两直线交点 $M$ 的速度。

习题6-25 讲解

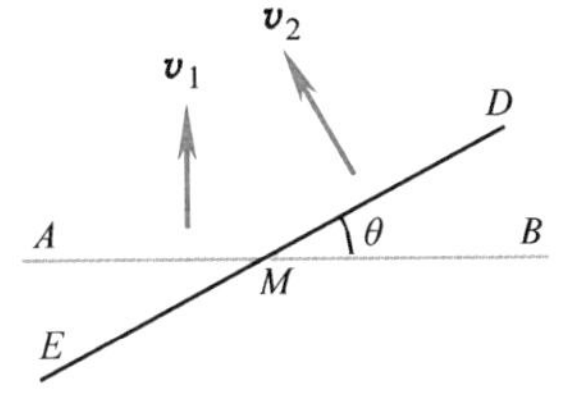


图6-34　题6-25图

图6-34 动画

答：$v=\csc\theta\sqrt{v_1^2+v_2^2-2v_1v_2\cos\theta}$。

6-26　半径为 $r$ 的两圆环相交如图6-35所示。今圆环 $O'$ 固定，圆环 $O$ 绕其圆周上一点 $A$ 以匀角速度 $\omega$ 转动。求当 $A$、$O$、$O'$ 位于同一直线时两圆环交点 $P$ 的速度与加速度。

答：$v=r\omega$，$a=\frac{\sqrt{21}}{3}r\omega^2$。

6-27　如图6-36所示，半径为 $r$ 的两圆环分别绕其圆周上点 $A$ 与点 $B$ 以角速度 $\omega$ 与 $2\omega$ 反向匀速转动。求当 $A$、$O$、$O'$、$B$ 四点位于同一直线时两圆交点 $P$ 的速度与加速度。

答：$v=\sqrt{3}r\omega$，$a=3r\omega^2$。

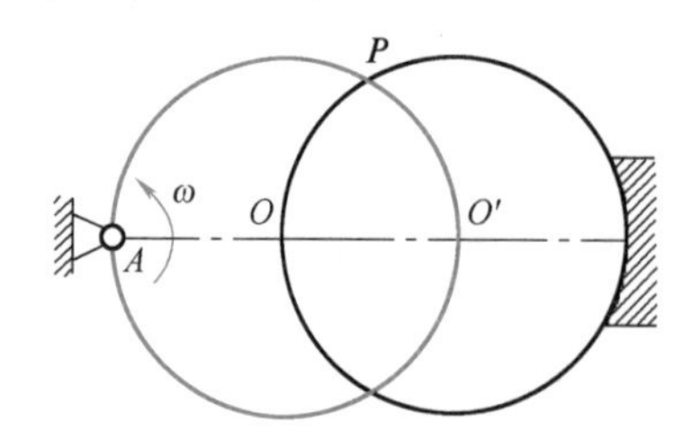


图6-35　题6-26图

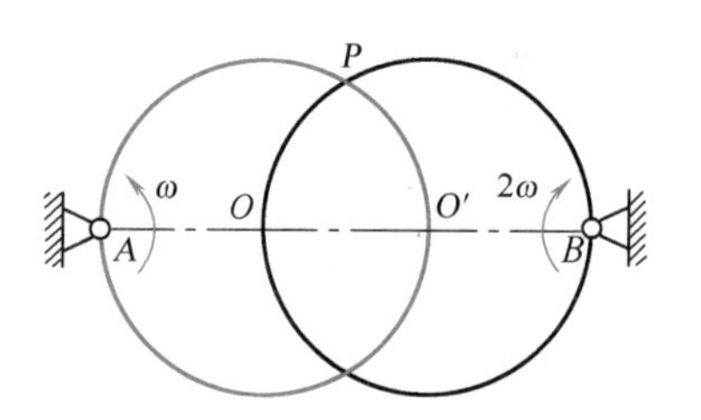


图6-36　题6-27图

6-28　如图6-37所示，已知圆盘和$OA$杆的角速度分别为$\omega_1=9\text{rad/s}$，$\omega_2=3\text{rad/s}$，$b=0.1\text{m}$；销子$M$可在它们的导槽中滑动。求图示瞬时销子$M$的速度。

答：$v_a=0.529\text{m/s}$。

6-29　如图6-38所示，已知两盘半径均为$R=50\text{mm}$，距离$L=250\text{mm}$，$\omega_1=1\text{rad/s}$，$\omega_2=2\text{rad/s}$，$\alpha_1=\alpha_2=0$。求两盘位于同一平面内时，盘2的点$A$相对于盘1的速度和加速度。

答：$v_r=316.2\text{mm/s}$，$a_r=500\text{mm/s}^2$。

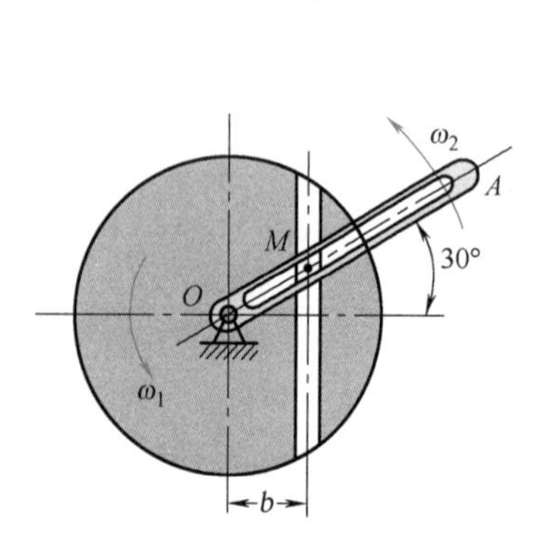


图6-37　题6-28图

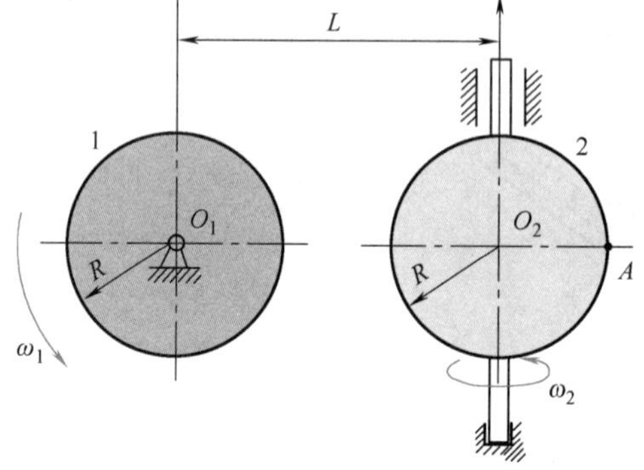


图6-38　题6-29图

图6-38 动画

# 第 7 章
# 刚体的平面运动

刚体的平行移动和刚体的定轴转动是最常见的、简单的刚体运动。刚体还有更复杂的运动形式，在工程机械中较为常见的一种刚体运动是刚体的平面运动，它可以分解为刚体的平移与转动，也可以看作刚体绕连续运动轴的转动。

## 7.1 刚体平面运动的运动方程

### 7.1.1 刚体平面运动的特征

在运动过程中，刚体内任一点始终保持在与某一固定平面平行的平面内运动，这种运动称为刚体的平面平行运动，简称为平面运动。刚体的平面运动是工程中，特别是平面机构中常见的一种运动。例如，沿直线轨道滚动的车轮（图 7-1）、曲柄连杆机构中的连杆 $AB$ 的运动（图 7-2）都是刚体的平面运动。

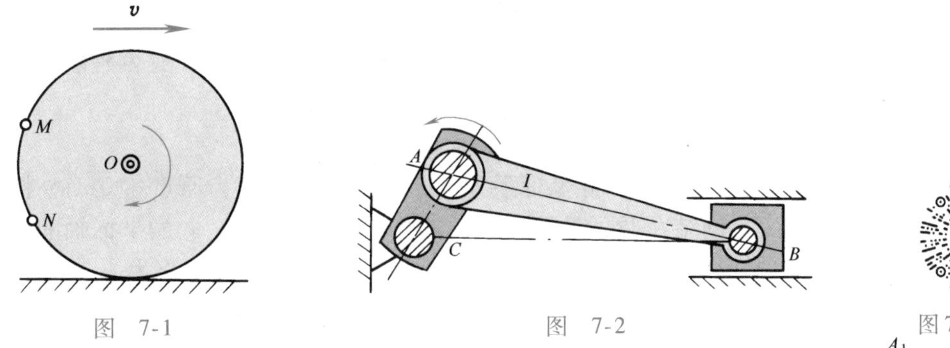


图 7-1　　图 7-2　　图 7-2 动画

在图 7-3 中，刚体做平面运动，取刚体内的任一点 $M$，根据刚体平面运动的特点，该点至某一固定平面 Ⅰ 的距离始终保持不变。过 $M$ 点作平面 Ⅱ 与平面 Ⅰ 平行，与此刚体相交截出一个平面图形 $S$。过 $M$ 点再作垂直于平面 Ⅱ 的直线 $A_1MA_2$，那么，刚体运动时，平面图形 $S$ 始终保持在平面 Ⅱ 内运动，而直线 $A_1MA_2$ 则做平行移动。依据刚体平移的特征，在同一瞬时，直线 $A_1MA_2$ 上的点具有相同的速度和加速度。因此，可用平面图形上的 $M$ 点来表示直线 $A_1MA_2$ 上各点的运动。同理，可以用平面图形 $S$ 的其他点的运动来表示刚体内对应点的运动。于

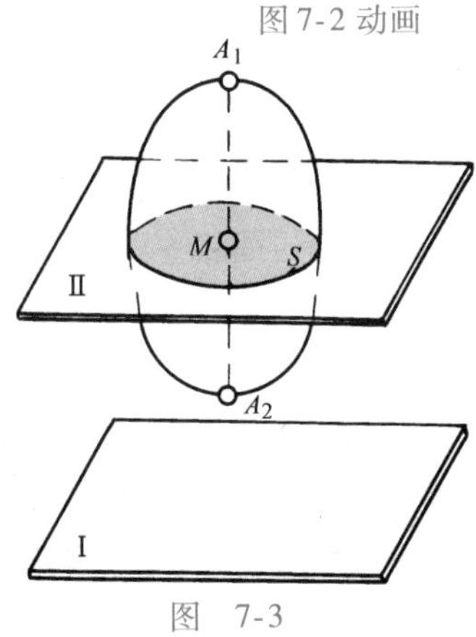


图 7-3

是，刚体的平面运动，可以简化为平面图形 $S$ 在其自身所在的固定平面Ⅱ内的运动。

### 7.1.2 平面运动刚体的运动方程

在图7-4中，设平面图形 $S$ 在静坐标系 $Oxy$ 内运动。为了确定图形在任意瞬时的位置，只需确定图形内任一条直线 $O'M$ 的位置即可。在运动中，直线段 $O'M$ 的位置可由 $O'$ 点的坐标 $x_{O'}$、$y_{O'}$（或矢经 $\boldsymbol{r}_{O'}$）和线段 $O'M$ 的方向角 $\varphi$ 唯一地确定。这样，所选择的 $O'$ 点称为基点，$\varphi$ 称为平面图形的角坐标。

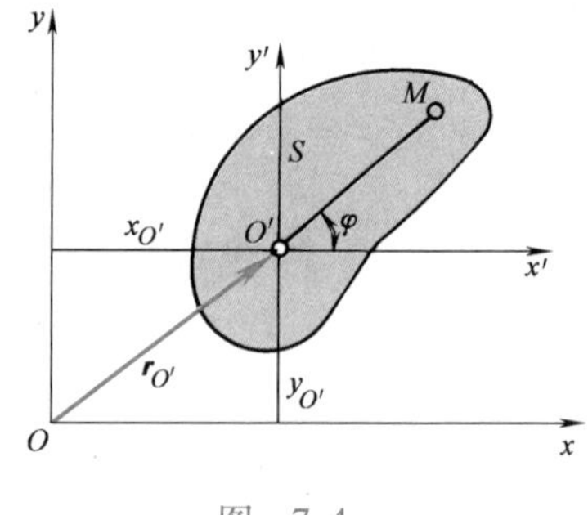


图 7-4

当平面图形 $S$ 运动时，基点 $O'$ 的坐标 $x_{O'}$、$y_{O'}$ 和角坐标 $\varphi$ 都是时间 $t$ 的单值连续函数，即

$$\left.\begin{aligned} x_{O'} &= f_1(t) \\ y_{O'} &= f_2(t) \\ \varphi &= f_3(t) \end{aligned}\right\} \tag{7-1}$$

或

$$\left.\begin{aligned} \boldsymbol{r}_{O'} &= \boldsymbol{r}_{O'}(t) \\ \varphi &= \varphi(t) \end{aligned}\right\} \tag{7-2}$$

这是平面图形 $S$ 的运动方程，称为平面运动刚体的运动方程。它描述了平面运动刚体的运动。

### 7.1.3 刚体的平面运动可分解为平移和转动

由平面运动的运动方程看出，当平面图形 $S$ 在 $xOy$ 平面内运动时，若 $\varphi$ 为常量，平面图形 $S$ 做平移；若 $x_{O'}$、$y_{O'}$ 为常量，即基点 $O'$ 的位置不动，平面图形 $S$ 将绕通过基点 $O'$ 且与平面图形 $S$ 的平面垂直的轴转动；当 $x_{O'}$、$y_{O'}$、$\varphi$ 都随时间变化时，平面图形即做平面运动。由此可见，平移和定轴转动是平面运动的特殊情况，平面图形的运动包含了这两种刚体的基本运动。

现把运动的合成和分解的概念应用于刚体的平面运动。

在图7-4中，首先在定平面内选取静坐标系 $Oxy$，其次以基点 $O'$ 为原点建立动坐标系 $O'x'y'$。该动坐标系并非完全固结在平面图形上，而是原点和基点固结，它的坐标轴的方向却始终与静坐标轴的方向保持平行，因此，动坐标系 $O'x'y'$ 是平移坐标系。这样，平面图形 $S$ 的运动可以分解为随同基点坐标系 $O'x'y'$ 的平移和绕基点 $O'$ 做相对于基点坐标系 $O'x'y'$ 的转动，或简称为随同基点的平移和绕基点的转动。

刚体的平面运动可以分解为随同基点的平移和绕基点的转动，那么，这个平移和转动各具什么特点呢？下面以曲柄连杆机构为例加以讨论。

**1. 随同基点平移的特点** 曲柄连杆机构中的连杆 $AB$ 做平面运动，如图7-5a所示。现在分别以 $A$、$B$ 两点为基点研究连杆 $AB$ 的运动。以 $A$ 为基点，让连杆 $AB$ 先随同 $Ax_1y_1$ 坐标系平移到 $A'B''$，再绕基点 $A'$ 转过 $\Delta\theta_1$ 角，到达 $A'B'$ 的位置，如图7-5b所示。若以 $B$ 为基点，让连杆 $AB$ 先随同 $Bx_2y_2$ 坐标系平移到 $A''B'$，再绕基点 $B'$ 转过 $\Delta\theta_2$ 角，到达 $A'B'$ 的位置，如图7-5c所示。从图7-5b、c看出，选择不同的基点 $A$ 和 $B$ 时，平移部分的位移 $\overline{AA'}$ 和 $\overline{BB'}$ 是不同的。与此对应，平移部分的速度 $\boldsymbol{v}_A$、$\boldsymbol{v}_B$ 和加速度 $\boldsymbol{a}_A$、$\boldsymbol{a}_B$ 也是不同的。因此，选择不同的基点，平面图形随同基点平移的速度和加速度是不相同的。

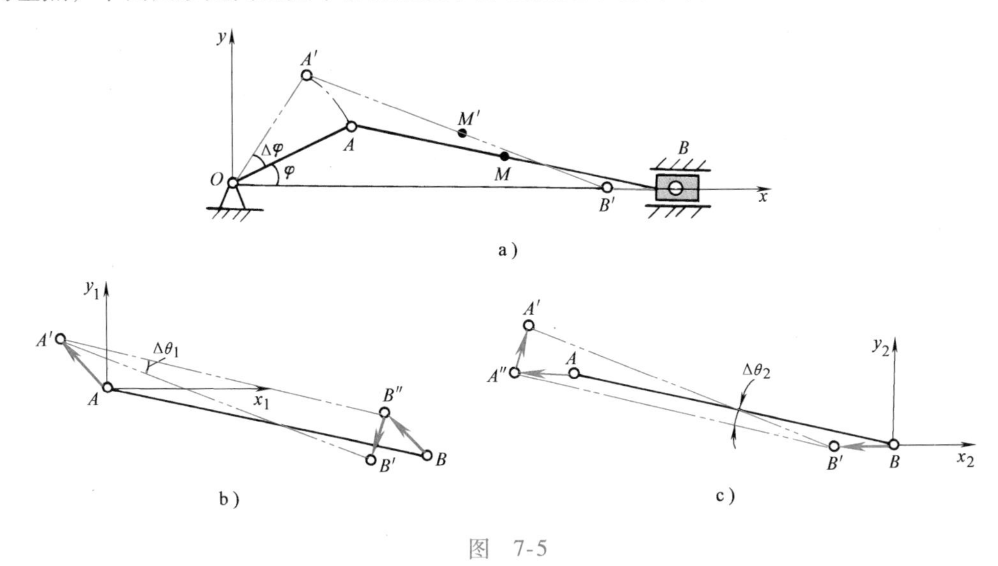


图　7-5

**2. 绕基点转动的特点**　如前所述，选 $A$ 为基点时，连杆的相对转角为 $\Delta\theta_1$，如图 7-5b 所示；选 $B$ 为基点时，连杆的相对转角为 $\Delta\theta_2$，如图 7-5c 所示。由图 7-5b、c 看出，$\Delta\theta_1$、$\Delta\theta_2$ 都是顺时针方向，即转向相同。下面分析一下它们的大小。

由于随同基点平移，因此 $A'B''/\!/AB$（图 7-5b），$A''B'/\!/AB$（图 7-5c），从而得到 $A'B''/\!/A''B'$。在$\angle B'A'B''$和$\angle A'B'A''$中，$A'B'$又是公共边，因此

$$\Delta\theta_1=\Delta\theta_2 \tag{a}$$

即对于不同的基点，连杆绕通过基点并与图面垂直的轴转过的角位移 $\Delta\theta_1$ 和 $\Delta\theta_2$ 不仅转向相同，大小也相同。同样地，若以任一点 $M$ 为基点也得到相同的结果。现将式（a）等号两边同除以连杆由位置 $AB$ 到 $A'B'$所经过的时间间隔 $\Delta t$，令$\Delta t\to 0$取极限，即

$$\lim_{\Delta t\to 0}\frac{\Delta\theta_1}{\Delta t}=\lim_{\Delta t\to 0}\frac{\Delta\theta_2}{\Delta t}$$

所以

$$\omega_1=\omega_2 \tag{b}$$

将式（b）对时间求一阶导数，得

$$\alpha_1=\alpha_2 \tag{c}$$

这表明，在任意瞬时，平面图形绕其平面内任意基点转动的角速度与角加速度都相同，即相对基点转动的角速度、角加速度与基点的选择无关。正因为如此，今后标注平面图形的角速度和角加速度时，只需注明它是哪个刚体的，不必注明它是相对于哪个基点。

以上关于平面图形的平移速度、加速度与基点的选择有关，转动角速度、角加速度与基点的选择无关的结论，虽然是通过曲柄连杆机构推证的，却具有普遍意义。

## 7.2 求平面图形内各点速度的基点法

### 7.2.1　基点法

在上节已经说明，平面图形 $S$ 在其平面内的运动是随同基点的平移和相对基点的转动的

合成运动。因此，图形上各点随同基点平移的速度是它的牵连速度，而相对基点做圆周运动的速度即为它的相对速度，这样，可应用第6章点的合成运动的理论来研究图形内各点的速度。

图7-6中，在平面图形内任取一点$O'$作为基点，在图示瞬时，假设该点的速度为$\boldsymbol{v}_{O'}$、图形的角速度为$\omega$。因为牵连运动是平移，相对运动是转动，则图形上任一点$M$的牵连速度就等于基点$O'$的速度，即

$$\boldsymbol{v}_e=\boldsymbol{v}_{O'}$$

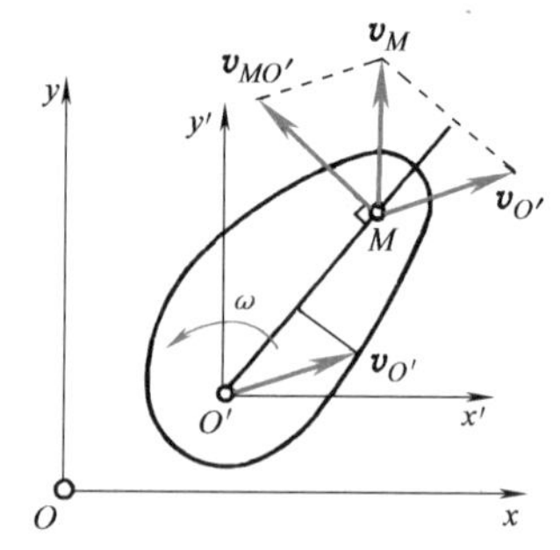

图 7-6

而$M$点的相对速度就是平面图形绕基点$O'$转动时$M$点的速度。在平面运动中，$M$点相对基点$O'$的速度写作$\boldsymbol{v}_{MO'}$，它的第一个右下标$M$是动点的代号，第二个右下标$O'$是基点的代号。$\boldsymbol{v}_{MO'}$的大小为

$$|\boldsymbol{v}_r|=|\boldsymbol{v}_{MO'}|=\omega\cdot O'M$$

方向与半径$O'M$垂直，指向与角速度$\omega$的转向一致。根据点的速度合成定理，$M$点的绝对速度的矢量表达式为

$$\boldsymbol{v}_M=\boldsymbol{v}_{O'}+\boldsymbol{v}_{MO'} \tag{7-3}$$

这表明，**平面图形内任一点的速度等于基点的速度与绕基点转动速度的矢量和**。这就是**求平面图形内各点速度的基点法**。它表明了平面图形内任意两点之间速度的关系，是求平面运动图形内任一点速度的基本方法。

在分析具体问题时，通常把平面图形中速度为已知的点选为基点。

### 7.2.2 速度投影定理

将式（7-3）向$O'$点和$M$点的连线上投影，由于$\boldsymbol{v}_{MO'}$总是垂直于$O'M$，即$\boldsymbol{v}_{MO'}$在$O'M$上的投影恒为零，于是

$$(\boldsymbol{v}_M)_{O'M}=(\boldsymbol{v}_{O'})_{O'M} \tag{7-4}$$

注意到，$O'$、$M$两点是任意选取的，式（7-4）表明，**平面图形内任意两点的速度在此两点连线上的投影相等**，称为**速度投影定理**。此定理反映了刚体上任意两点间的距离保持不变的性质。这个定理不仅适用于刚体的平面运动，而且也适用于刚体的任何一种运动。

当已知平面图形内某点的速度大小、方向和另一点的速度方向，要求另一点的速度大小时，应用速度投影定理就很方便。

---

**例7-1** 在图7-7a所示的曲柄连杆机构中，曲柄$OA$长$r$，连杆$AB$长$l$，曲柄以匀角速度$\omega$转动，当$OA$与水平线的夹角$\theta=45°$时，$OA$正好与$AB$垂直，试求此瞬时$AB$杆的角速度、$AB$杆中点$C$的速度及滑块$B$的速度。

**解：** 在曲柄连杆机构中，$OA$做定轴转动，$AB$做平面运动，滑块$B$做平移。其中$A$、$B$两点的速度方向已知，$A$点的速度大小为$v_A=r\omega$。为了求出$B$点的速度及$AB$杆的角速度，选速度已知的点$A$为基点。由式（7-3），$B$点的速度为

$$\boldsymbol{v}_B=\boldsymbol{v}_A+\boldsymbol{v}_{BA} \tag{a}$$

此式包含了$\boldsymbol{v}_B$、$\boldsymbol{v}_A$和$\boldsymbol{v}_{BA}$大小、方向六个量。其中，$\boldsymbol{v}_B$的方向已知，大小未知；$\boldsymbol{v}_A$大小、方向均已知；$\boldsymbol{v}_{BA}$的方向垂直于$AB$为已知，而其大小由$AB$杆的角速度$\omega_{AB}$决定，由于$\omega_{AB}$未

知，所以$\boldsymbol{v}_{BA}$的大小未知。这样，只有$\boldsymbol{v}_B$、$\boldsymbol{v}_{BA}$的大小两个未知量，可通过式（a）在$x$、$y$两轴上的投影求出来，即

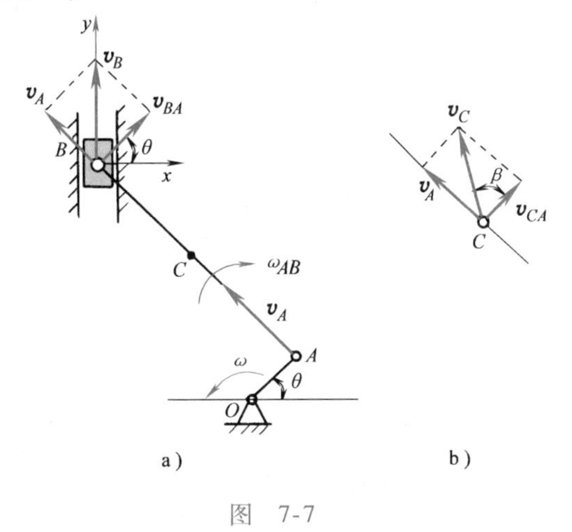


图　7-7

图7-7 动画

$$x:\qquad 0=-v_A\sin\theta+v_{BA}\cos\theta$$

$$y:\qquad v_B=v_A\cos\theta+v_{BA}\sin\theta$$

解出
$$v_B=\frac{v_A}{\cos\theta}=\sqrt{2}v_A=\sqrt{2}r\omega\qquad(\uparrow)$$

$$v_{BA}=v_B\cos\theta=v_A=r\omega$$

所以
$$\omega_{AB}=\frac{v_{BA}}{AB}=\frac{r}{l}\omega$$

转向为顺时针。

再求连杆$AB$中点$C$的速度$v_C$。仍选$A$为基点，则$C$点的速度为

$$\boldsymbol{v}_C=\boldsymbol{v}_A+\boldsymbol{v}_{CA}\tag{b}$$

其中，$\boldsymbol{v}_A$的大小、方向均已知；$\boldsymbol{v}_{CA}$方向垂直于$CA$，大小为$v_{CA}=\frac{l}{2}\omega_{AB}=\frac{r\omega}{2}$，因此其大小、方向已知。这样式（b）中，只有$\boldsymbol{v}_C$的大小、方向两个量未知。因此，$\boldsymbol{v}_C$可解。

由图7-7b所示$C$点的速度矢量图看出，$\boldsymbol{v}_A$、$\boldsymbol{v}_{CA}$互相垂直，于是，$\boldsymbol{v}_C$的大小和方向分别为

$$v_C=\sqrt{v_A^2+v_{CA}^2}=\sqrt{(r\omega)^2+\left(\frac{r}{2}\omega\right)^2}=\frac{\sqrt{5}}{2}r\omega$$

$$\tan\beta=\frac{v_A}{v_{CA}}=2$$

另外，由于$B$点的速度方向已知，求$B$点的速度大小还可用速度投影定理，即$\boldsymbol{v}_A$和$\boldsymbol{v}_B$在$AB$连线上的投影应相等，即

$$v_A=v_B\cos\theta$$

$$v_B=\frac{v_A}{\cos\theta}=\sqrt{2}r\omega$$

结果与基点法相同。

## 7.3 求平面图形内各点速度的瞬心法

### 7.3.1 瞬时速度中心

在基点法里，得到这样一个结论：平面图形上任一点的速度等于基点的速度与绕基点转动速度的矢量和。由于基点是任意选择的，于是提出这样一个问题：在每一瞬时，能不能在平面图形上找到一个速度等于零的点？如果能找到这样的点，并以此点为基点，那么，求平面图形上各点的速度就更简便了。下面分两步回答这个问题。

第一步，研究在平面图形上，能不能找到牵连速度和相对速度是共线、反向的点。假设在某瞬时，已知平面图形的角速度为 $\omega$，图形上 $O'$点的速度为$\boldsymbol{v}_{O'}$。取 $O'$点为基点，则平面图形上任一点的牵连速度都等于$\boldsymbol{v}_{O'}$。为了使相对速度与牵连速度$\boldsymbol{v}_{O'}$共线，只要使选取的 $M$ 点和基点 $O'$的连线 $O'M$ 与$\boldsymbol{v}_{O'}$垂直就可以了。至于反向的条件则要由角速度 $\omega$ 的转动方向来确定。因此，如果顺着 $\omega$ 的方向作一条垂直于$\boldsymbol{v}_{O'}$的直线 $O'\eta$，则在 $O'\eta$ 上的任一点的牵连速度$\boldsymbol{v}_{O'}$都与相对速度$\boldsymbol{v}_r$共线、反向，如图 7-8 所示。

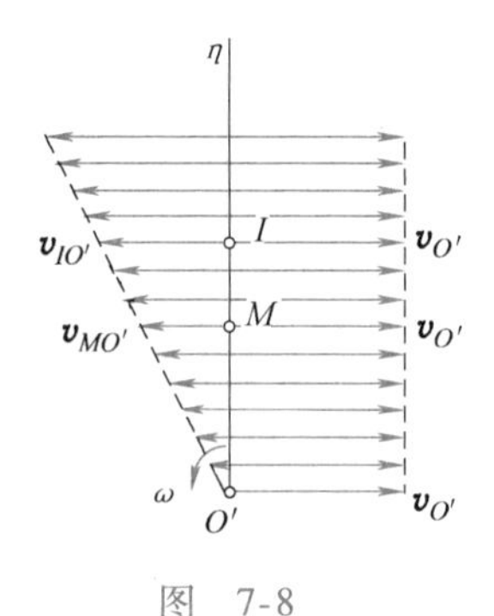

图 7-8

第二步，找速度等于零的点。在直线 $O'\eta$ 上，各点的牵连速度都等于$\boldsymbol{v}_{O'}$（即矩形分布），相对速度的大小则与各点到基点的距离成正比（即$v_{MO'}=O'M\cdot\omega$，成三角形分布，如图 7-8 所示）。因此，一定能够找到一个点 $I$，使它的相对速度与牵连速度大小相等、方向相反，即$\boldsymbol{v}_{IO'}=-\boldsymbol{v}_{O'}$，代入式（7-3），得

$$\boldsymbol{v}_I=\boldsymbol{v}_{O'}+\boldsymbol{v}_{IO'}=\boldsymbol{v}_{O'}+(-\boldsymbol{v}_{O'})=0$$

即点 $I$ 的绝对速度等于零。由上面分析可知，$I$ 点到基点的距离 $O'I=\dfrac{v_{O'}}{\omega}$。

在平面图形上，瞬时速度等于零的点称为**瞬时速度中心**，简称**瞬心**，一般用 $I$ 表示。

### 7.3.2 速度瞬心法

以速度瞬心为基点，求平面图形上各点速度的方法，称为**速度瞬心法**，在平面图形运动的某瞬时，以速度瞬心 $I$ 为基点，平面图形上各点的速度就等于相对瞬时速度中心转动的速度。在此瞬时，平面图形的运动就简化成为绕瞬心的转动。这样，平面图形上任一点 $M$ 的速度的大小与该点至瞬心的距离 $IM$ 成正比，即

$$v_M=IM\cdot\omega \tag{7-5}$$

$\boldsymbol{v}_M$的方向垂直于连线 $IM$，指向与瞬时角速度 $\omega$ 的转向一致，如图 7-9a 所示。若以$\overrightarrow{IM}$表示瞬心至 $M$ 点的矢径，$M$ 点的速度又可表示为

$$\boldsymbol{v}_M=\boldsymbol{\omega}\times\overrightarrow{IM} \tag{7-5'}$$

这表明，刚体做平面运动时，用速度瞬心法确定的平面图形在此瞬时的速度分布图，与刚体绕定轴转动的情形相同，如图 7-9b 所示。

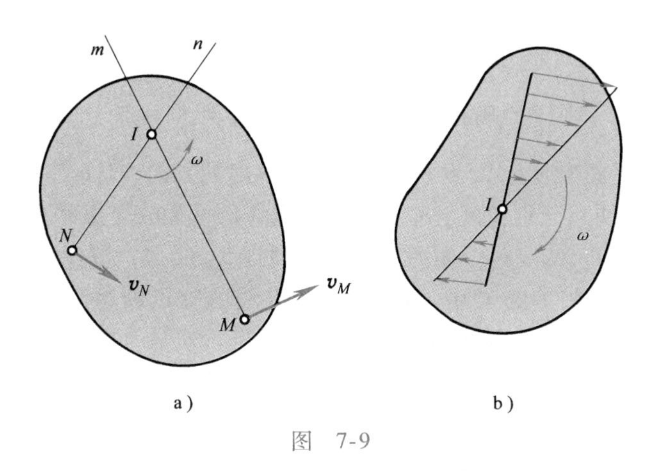

a)　　b)

图　7-9

应该指出：

(1) 每瞬时平面图形上都存在着唯一的速度瞬心。当然，它可能位于平面图形之内，也可能位于图形的延伸部分。

(2) 瞬心只是瞬时不动。此瞬时，平面图形上的这一点是瞬心；下一瞬时，另一点将是瞬心。即在不同的瞬时，图形具有不同的速度瞬心。这表明速度瞬心的速度等于零，加速度并不等于零。平面图形绕瞬心的转动是瞬时转动。

(3) 平面图形在其自身平面内的运动，也可以看成是绕一系列的速度瞬心的转动。

### 7.3.3　确定速度瞬心位置的方法

在应用速度瞬心法时，必须首先确定速度瞬心的位置，下面介绍几种确定瞬心位置的方法。

(1) 已知某瞬时平面图形的角速度 $\boldsymbol{\omega}$ 和某点 $A$ 的速度 $\boldsymbol{v}_A$，如图 7-10a 所示。此时，如

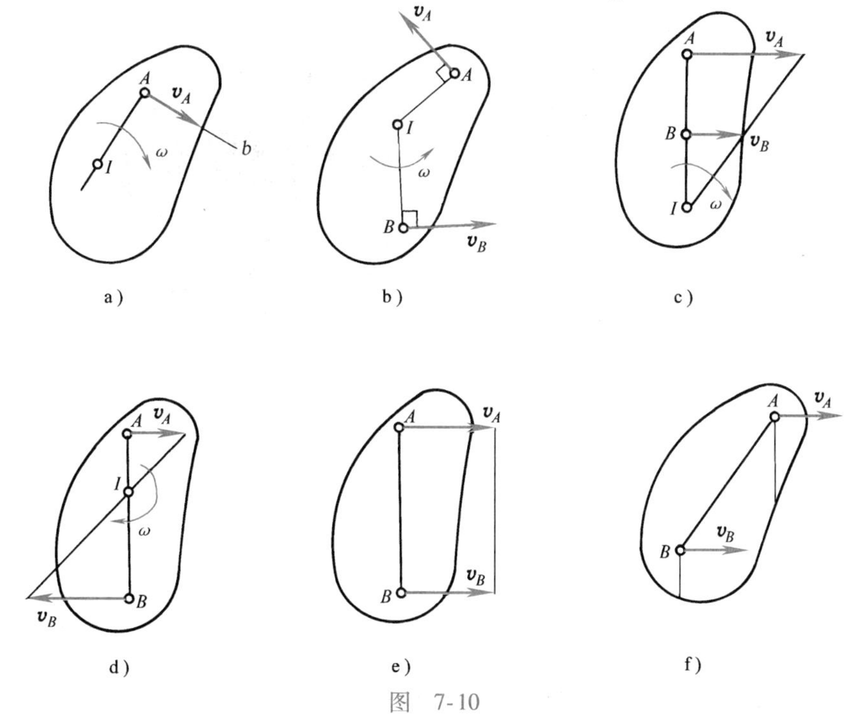

a)　　b)　　c)

d)　　e)　　f)

图　7-10

果过 $A$ 点沿着 $\boldsymbol{v}_A$ 方向作半直线 $Ab$，将此半直线顺图形角速度 $\omega$ 的转向转过一直角，然后在半直线上取线段 $AI=\frac{v_A}{\omega}$，则 $I$ 点就是瞬心。

（2）已知某瞬时平面图形上 $A$、$B$ 两点的速度 $\boldsymbol{v}_A$、$\boldsymbol{v}_B$ 的方向，且 $\boldsymbol{v}_A$ 不平行于 $\boldsymbol{v}_B$，如图7-10b所示。此时，过 $A$、$B$ 两点分别作 $\boldsymbol{v}_A$ 与 $\boldsymbol{v}_B$ 的垂线，这两条垂线的交点即为瞬心 $I$。

（3）如果 $\boldsymbol{v}_A /\!/ \boldsymbol{v}_B$，且 $AB \perp \boldsymbol{v}_A$，如图7-10c、d所示，那么，按比例在图中标示 $\boldsymbol{v}_A$、$\boldsymbol{v}_B$ 的大小，用直线连接 $\boldsymbol{v}_A$、$\boldsymbol{v}_B$ 矢量的末端，此直线与 $AB$ 线的交点即为瞬心 $I$。即 $\boldsymbol{v}_A$、$\boldsymbol{v}_B$ 同向时，$I$ 外分 $AB$ 线段；$\boldsymbol{v}_A$、$\boldsymbol{v}_B$ 反向时，$I$ 则内分 $AB$ 线段。

（4）某瞬时，如果 $\boldsymbol{v}_A=\boldsymbol{v}_B$，如图7-10e所示；或 $\boldsymbol{v}_A /\!/ \boldsymbol{v}_B$，但 $AB$ 不垂直于 $\boldsymbol{v}_A$、$\boldsymbol{v}_B$，如图7-10f所示。在这两种情况下，瞬心在无穷远处。这表明平面图形在此瞬时的角速度等于零。图形上各点的速度相等，这种情况称为**瞬时平移**。平面图形为瞬时平移时，此瞬时平面图形的角速度等于零，但角加速度不等于零，平面图形上各点的速度相等，但加速度并不相等。

（5）如果平面图形沿某固定面只滚动而不滑动，如图7-11所示。则图形与固定面的接触点就是瞬心 $I$。

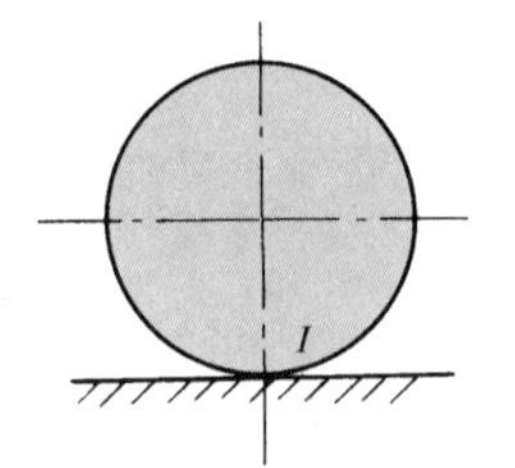


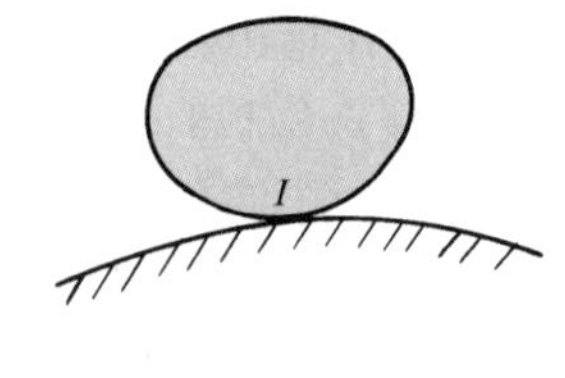


图 7-11

**例7-2** 汽车以速度 $\boldsymbol{v}$ 沿直线道路行驶，已知车轮的半径为 $r$，车轮在路面上滚动而不滑动，如图7-12a所示。试求轮缘上 $M_1$、$M_2$、$M_3$、$M_4$、$M_5$ 各点的速度。

**解：** 以车轮为研究对象。车轮的中心 $O$ 和汽车车厢一同在道路上做直线平移，车轮做平面运动。因此，轮心 $O$ 的速度就等于汽车的行驶速度，即

$$\boldsymbol{v}_O=\boldsymbol{v}$$

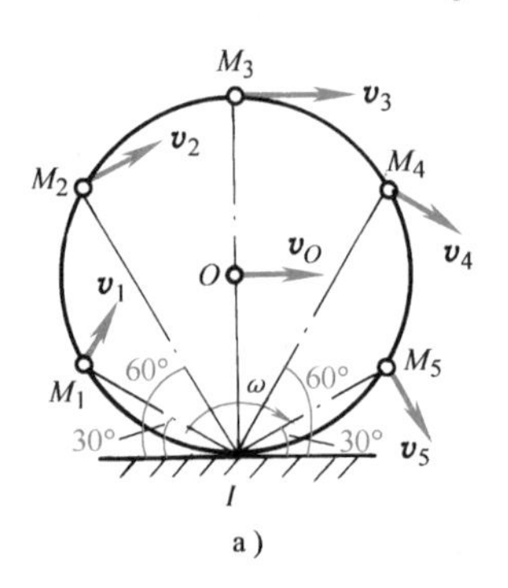


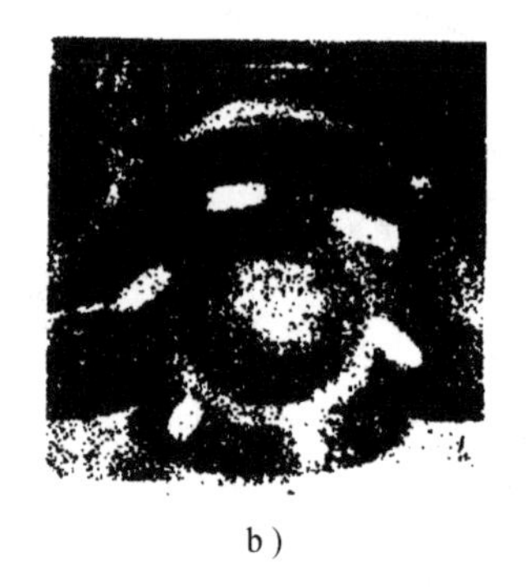


图 7-12

因为车轮只滚不滑，所以车轮与地面的接触点 $I$ 就是瞬心。如用 $\omega$ 表示车轮在此瞬时的角速度，则

$$v_O=r\omega \tag{a}$$

$$\omega=\frac{v}{r}$$

于是，轮缘上各点的速度可以按车轮绕瞬心 $I$ 做瞬时转动来确定，即速度方向与各点至瞬心

的连线垂直，如图 7-12a 所示。速度的大小分别为

$$v_1 = M_1I \cdot \omega，\ v_2 = M_2I \cdot \omega，\ v_3 = M_3I \cdot \omega，\ v_4 = M_4I \cdot \omega，\ v_5 = M_5I \cdot \omega \tag{b}$$

由图 7-12a 中的几何关系得

$$M_1I = M_5I = 2r\cos60° = r，\ M_2I = M_4I = 2r\cos30° = \sqrt{3}r，\ M_3I = 2r \tag{c}$$

将式（a）、式（c）代入式（b），得

$$v_1 = v_5 = v，\ v_2 = v_4 = \sqrt{3}v，\ v_3 = 2v$$

方向如图 7-12a 所示。

图 7-12b 给出了汽车运行过程中，高速摄影机摄制的车轮的照片。照片中六个白点虚像延伸的方向即为该点速度的方向。可以看出，此图与图 7-12a 一致，这就从实践中验证了速度瞬心是存在的。

**例 7-3** 试用瞬心法求例 7-1 中滑块 $B$ 和 $AB$ 杆的角速度。

**解：** 连杆 $AB$ 在图示瞬时的速度瞬心为 $I$，即在 $A$、$B$ 两点速度的垂线的交点上，如图 7-13 所示。

用 $\omega_{AB}$ 表示连杆在该瞬时的角速度，则滑块 $B$ 的速度

$$v_B = BI \cdot \omega_{AB} \tag{a}$$

式中，$BI$ 和 $\omega_{AB}$ 都是待求的。

由于 $A$ 点是曲柄和连杆的连接点，对曲柄来说，$v_A = r\omega$；对于连杆来说，有 $v_A = AI \cdot \omega_{AB}$；因此，$AI \cdot \omega_{AB} = r\omega$，即

$$\omega_{AB} = \frac{r\omega}{AI} \tag{b}$$

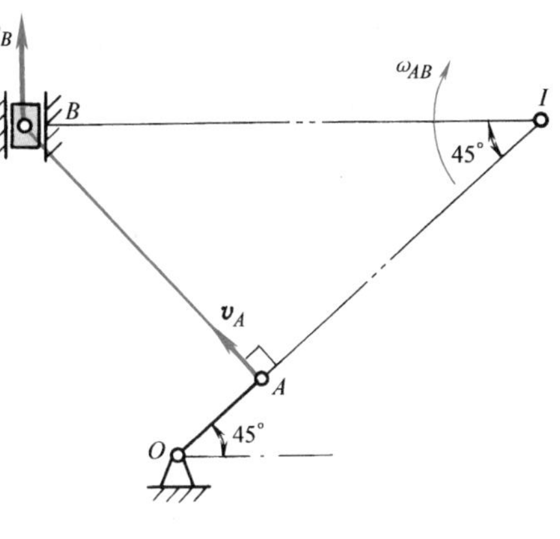

图 7-13

由图 7-13 的几何关系：$AI = l$，$BI = \sqrt{2}l$，将式（b）代入式（a），得

$$v_B = \sqrt{2}r\omega，\ \omega_{AB} = \frac{r}{l}\omega$$

$\boldsymbol{v}_B$的方向和 $\omega_{AB}$的转向如图 7-13 所示。

**例 7-4** 图 7-14 所示机构中，已知各杆长 $OA = 20\text{cm}$，$AB = 80\text{cm}$，$BD = 60\text{cm}$，$O_1D = 40\text{cm}$，角速度$\omega_O = 10\text{rad/s}$ 。求机构在图示位置时，杆 $BD$ 的角速度、杆 $O_1D$ 的角速度及杆 $BD$ 的中点 $M$ 的速度。

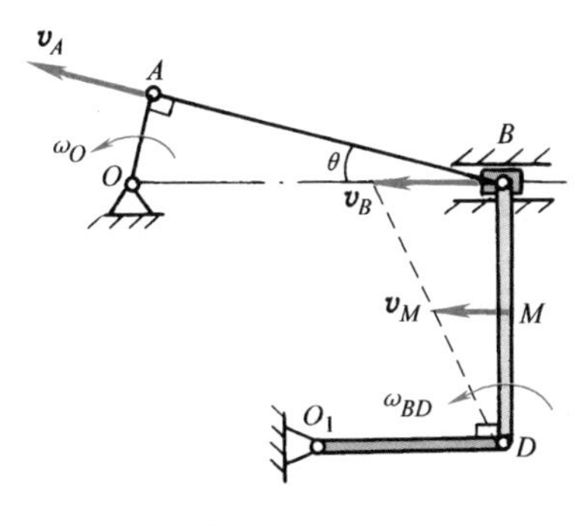

图 7-14

图 7-14 动画

**解**：图示机构中，杆 $AB$ 和杆 $BD$ 做平面运动，欲求 $\omega_{BD}$、$\boldsymbol{v}_M$和 $\omega_{O_1D}$，首先要求出$\boldsymbol{v}_B$。求$\boldsymbol{v}_B$的最简便的方法是研究 $AB$ 杆，用速度投影法求解。求出$\boldsymbol{v}_B$后，研究 $BD$ 杆，用速度瞬心法很容易求出 $\omega_{BD}$、$\boldsymbol{v}_M$及$\boldsymbol{v}_D$。$O_1D$ 杆做定轴转动，$\boldsymbol{v}_D$求出后，可求出 $\omega_{O_1D}$。

研究 $AB$ 杆，求$\boldsymbol{v}_B$。由速度投影定理知

$$v_A = v_B\cos\theta$$

在$\triangle OAB$ 中

$$\tan\theta = \frac{OA}{AB} = \frac{20}{80} = \frac{1}{4}$$

则

$$\cos\theta = \frac{4}{\sqrt{17}}$$

代入上式可得

$$v_B = \frac{v_A}{\cos\theta} = \frac{20\times10}{\dfrac{4}{\sqrt{17}}}\text{cm/s} = 206\ \text{cm/s}$$

取 $BD$ 杆研究，在图示位置 $BD$ 杆的速度瞬心为$\boldsymbol{v}_B$和$\boldsymbol{v}_D$的垂线的交点。因$\boldsymbol{v}_B\perp BD$，$\boldsymbol{v}_D\perp O_1D$，故 $BD$ 杆的瞬心就在 $D$ 点。由速度瞬心法得

$$v_B = BD\cdot\omega_{BD}$$

则

$$\omega_{BD} = \frac{v_B}{BD} = \frac{206}{60}\text{rad/s} = 3.43\text{rad/s}$$

其转向为逆时针方向；$BD$ 杆中点 $M$ 的速度为

$$v_M = MD\cdot\omega_{BD} = 30\text{cm}\times3.43\text{rad/s} = 103\text{cm/s}$$

其方向水平向左。

由于 $BD$ 杆上的 $D$ 点和瞬心重合，则 $v_D=0$。故 $O_1D$ 杆的角速度为

$$\omega_{O_1D} = \frac{v_D}{O_1D} = 0$$

**例 7-5** 在图 7-15a 所示机构中，曲柄 $AB$ 以匀角速度 $\omega=1.5\text{rad/s}$ 绕轴 $A$ 转动，控制杆 $CD$ 沿水平方向移动，其端点 $C$ 的位置由坐标 $x$ 决定。当曲柄 $AB$ 处于图示水平位置时，点 $C$ 的坐标 $x=100\text{mm}$，速度 $v_C=100\text{mm/s}$，方向水平向右。试求此时活塞 $E$ 相对于唧筒 $CH$ 的速度和唧筒的角速度。设 $AB=100\text{mm}$，$l=250\text{mm}$。

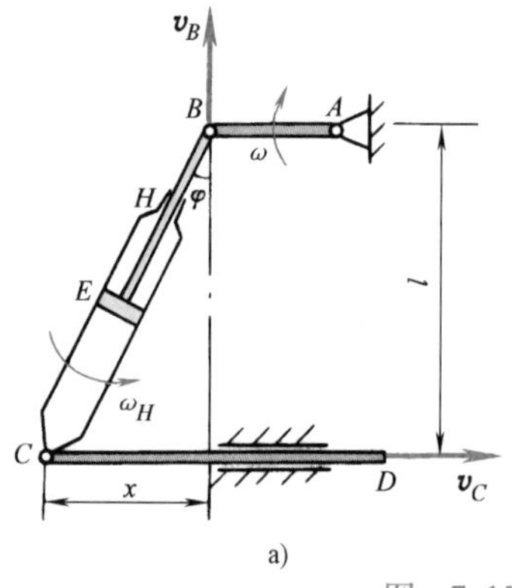


a)　　b)

图　7-15

图 7-15 动画

**解**：机构中 $AB$ 做定轴转动，$CD$ 杆做平移，唧筒 $CH$ 和活塞杆 $BE$ 均做平面运动，而且它们之间有相对滑动，所以要用点的合成运动和刚体平面运动知识综合求解。

若以 $E$ 为动点，以 $CH$ 为动系，机架为静系，由速度合成定理有

$$\boldsymbol{v}_E=\boldsymbol{v}_\mathrm{r}+\boldsymbol{v}_\mathrm{e}$$

式中，$\boldsymbol{v}_E$是平面运动杆件 $BE$ 上 $E$ 点的绝对速度，可以 $B$ 点为基点用基点法求之，即

$$\boldsymbol{v}_E=\boldsymbol{v}_B+\boldsymbol{v}_{EB}$$

前式中$\boldsymbol{v}_\mathrm{e}$是动系 $CH$ 上与 $E$ 相重合的点 $E'$的速度，由于 $CH$ 亦做平面运动，也可用基点法求之，取 $C$ 为基点，有

$$\boldsymbol{v}_\mathrm{e}=\boldsymbol{v}_{E'}=\boldsymbol{v}_C+\boldsymbol{v}_{E'C}$$

由于 $BE$ 与 $CH$ 之间仅有相对滑动，并无相对转动，所以两者的角速度必相等，记为 $\omega_H$，并假设为逆时针。因此前两式中相对基点的速度分别为 $v_{EB}=EB\cdot\omega_H$ 和 $v_{E'C}=E'C\cdot\omega_H$，方向都垂直于 $BE$ 而指向如图 7-15b 所示。综合以上三式得

$$\boldsymbol{v}_B+\boldsymbol{v}_{EB}=\boldsymbol{v}_\mathrm{r}+\boldsymbol{v}_C+\boldsymbol{v}_{E'C}$$

式中，仅$\boldsymbol{v}_\mathrm{r}$的大小和 $\omega_H$ 为未知量。为消去未知量 $\boldsymbol{v}_{EB}$和 $\boldsymbol{v}_{E'C}$，先将该式向 $BE$ 投影得

$$v_B\cos\varphi=v_\mathrm{r}+v_C\sin\varphi$$

即

$$\begin{aligned}v_\mathrm{r}&=v_B\cos\varphi-v_C\sin\varphi=AB\cdot\omega\cos\varphi-v_C\sin\varphi\\&=\left(100\times1.5\times\frac{250}{\sqrt{100^2+250^2}}-100\times\frac{100}{\sqrt{100^2+250^2}}\right)\mathrm{mm/s}\\&=102.1\mathrm{mm/s}\end{aligned}$$

再将该式向 $EB$ 的垂线投影，得

$$v_B\sin\varphi-v_{EB}=-v_C\cos\varphi+v_{E'C}$$

即

$$(EB+E'C)\omega_H=v_B\sin\varphi+v_C\cos\varphi$$

故

$$\omega_H=\frac{v_Bx+v_Cl}{BC^2}=\frac{150\times100+100\times250}{100^2+250^2}\mathrm{rad/s}=0.552\mathrm{rad/s}$$

补充例题 7-1

补充例题 7-2

补充例题 7-3

补充例题 7-4

## 7.4 平面图形内各点的加速度 加速度瞬心*

如前所述，平面运动可以看成随同基点平移和绕基点转动的合成运动。于是，应用加速度合成定理可以求平面图形内任一点 $M$ 的加速度。不过，这里的牵连运动是平移，相对运动是平面图形的转动，属于一种比较特殊的情形。因此，如同求平面图形中各点的速度一样，求各点的加速度也有一套对应的方法。

### 7.4.1 求平面图形内各点加速度的基点法

在图7-16所示瞬时，已知$O'$点的加速度为$\boldsymbol{a}_{O'}$，图形的角速度为$\omega$、角加速度为$\alpha$。取$O'$点为基点，则图形上任一点$M$的牵连加速度

$$\boldsymbol{a}_e = \boldsymbol{a}_{O'}$$

$M$点的相对加速度是平面图形绕$O'$转动时的加速度，有两个分量——切向加速度和法向加速度，分别用$\boldsymbol{a}_{MO'}^t$、$\boldsymbol{a}_{MO'}^n$表示。$\boldsymbol{a}_{MO'}$的第一个右下标$M$是动点的代号，第二个右下标$O'$是基点的代号。$\boldsymbol{a}_{MO'}^t$的大小为

$$a_{MO'}^t = O'M \cdot \alpha$$

方向垂直于$O'M$，指向顺着$\alpha$的转向。$a_{MO'}^n$的大小为

$$a_{MO'}^n = O'M \cdot \omega^2$$

方向沿着$O'M$，指向$O'$点。根据牵连运动为平移的加速度合成定理，平面图形内任一点的加速度

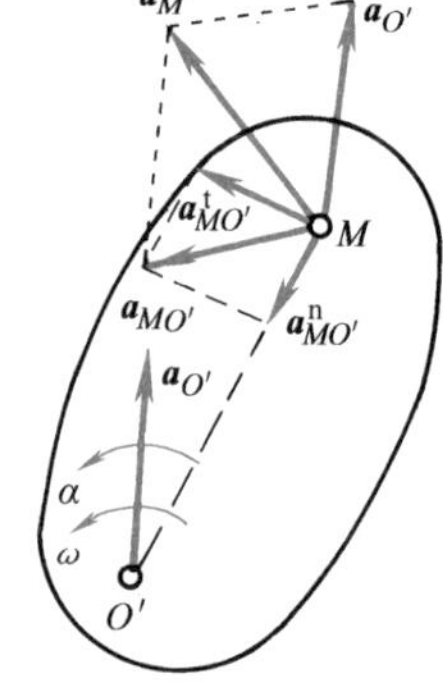

图 7-16

$$\boldsymbol{a}_M = \boldsymbol{a}_{O'} + \boldsymbol{a}_{MO'} = \boldsymbol{a}_{O'} + \boldsymbol{a}_{MO'}^t + \boldsymbol{a}_{MO'}^n \tag{7-6}$$

**即平面图形内任一点的加速度，等于基点的加速度与绕基点转动的切向加速度和法向加速度的矢量和**（图7-16）。这是求平面图形内任一点加速度的基本方法，称为**求平面图形内各点加速度的基点法**。由于基点$O'$可任意选择，式（7-6）表明了平面图形内任意两点的加速度的关系。

### 7.4.2 求平面图形内各点加速度的加速度瞬心法

在求图形上任一点的加速度公式（7-6）中，图形上任一点的加速度由基点的加速度$\boldsymbol{a}_{O'}$和相对于基点转动的加速度$\boldsymbol{a}_{MO'} = \boldsymbol{a}_{MO'}^t + \boldsymbol{a}_{MO'}^n$两部分组成。在某一瞬时，$\boldsymbol{a}_{O'}$是一定的，而$\boldsymbol{a}_{MO'}$却随着$M$点的位置不同而改变，因此，在此瞬时，总能在图形内或其扩展部分找到一点$J$，使得$\boldsymbol{a}_{JO'}$与$\boldsymbol{a}_{O'}$大小相等、方向相反，于是，有$a_J = 0$。此瞬时的$J$点**称为平面图形的瞬时加速度中心**，简称**加速度瞬心**。

根据加速度合成定理，可按如下方法确定加速度瞬心的位置。

因为
$$\boldsymbol{a}_J = \boldsymbol{a}_{O'} + \boldsymbol{a}_{JO'} = \boldsymbol{0}$$
所以
$$\boldsymbol{a}_{JO'} = \boldsymbol{a}_{JO'}^t + \boldsymbol{a}_{JO'}^n = -\boldsymbol{a}_{O'}$$
其中，$\boldsymbol{a}_{JO'}$的大小为

$$a_{JO'} = \sqrt{(a_{JO'}^t)^2 + (a_{JO'}^n)^2} = \sqrt{\alpha^2 + \omega^4} \cdot O'J$$

所以
$$O'J = \frac{a_{O'}}{\sqrt{\alpha^2 + \omega^4}}$$

沿着$O'$点的加速度$\boldsymbol{a}_{O'}$的方向作一直线$O'L'$，该直线顺着$\alpha$的转向转过角度$\varphi$（$\varphi = \arctan(|a_{JO'}^t|/a_{JO'}^n) = \arctan(|\alpha|/\omega^2)$）至$O'L'$位置，然后在$O'L'$上量出距离$O'J$，即可求出瞬时加速度中心$J$的位置，如图7-17所示。

求出平面图形在某瞬时的加速度瞬心以后，若以加速度瞬心为基点，则此瞬时平面图形上任一点的加速度

$$\boldsymbol{a}_M = \boldsymbol{a}_{MJ}^t + \boldsymbol{a}_{MJ}^n \tag{7-7}$$

即图形内任一点的加速度等于平面图形绕加速度瞬心转动的加速度。这种方法称为**求平面图形内各点加速度的加速度瞬心法**。

当已知平面图形的角速度 $\omega$、角加速度 $\alpha$ 和加速度瞬心的位置 $J$ 时，图形上 $A$、$B$、$C$ 三点的加速度如图 7-18 所示。

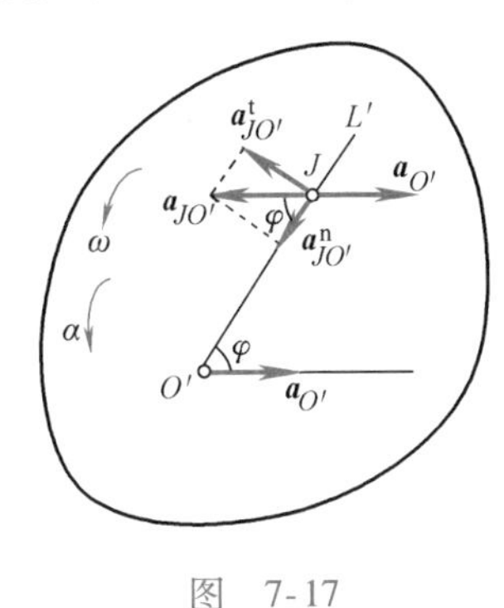


图　7-17

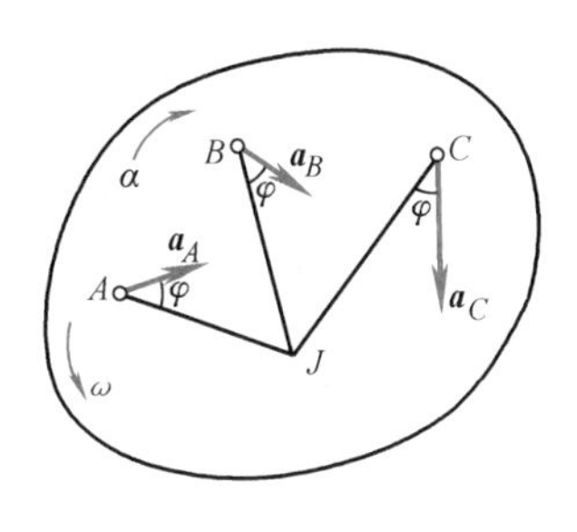


图　7-18

在已知加速度瞬心的情况下，各点的加速度可用式（7-7）计算，这比基点法方便一些。但是，在一般情况下，寻找加速度瞬心是比较麻烦的。如图 7-18 所示，各点的加速度与其到加速度中心连线间的夹角是任意角 $\varphi$，作图不方便；再加上角加速度 $\alpha$ 一般是待求量，$\varphi$ 角也是待求量，因此加速度瞬心的位置难以在计算之前确定。只有在以下两种特殊情况下，加速度瞬心才易于找到。一是该瞬时 $\omega=0$，即平面图形由静止开始运动的初瞬时，或该瞬时平面图形做瞬时平移（见例 7-7），这种情况是 $a^n_{MJ}=0$，只有 $a^t_{MJ}$，$\varphi=90°$。于是，仿照找速度瞬心的办法，作各点加速度的垂线，垂线交点即为加速度瞬心。二是当 $\alpha=0$ 的瞬时，此时各点相对于加速度瞬心的加速度只有 $a^n_{MJ}$，$\varphi=0$，即各点的加速度都通过加速度中心。一般而言，若在某瞬时，平面运动图形有三个点的加速度交于一点，则该点即为此平面图形的瞬时加速度中心。

值得注意的是，在任意瞬时，平面图形的加速度瞬心的加速度等于零，它的速度一般不为零；平面图形的速度瞬心的速度等于零，但它的加速度并不为零。因此，加速度瞬心与速度瞬心一般并不重合，切不可等同看待。

---

**例 7-6**　求例 7-1 中连杆 $AB$ 的角加速度和滑块 $B$ 的加速度。

**解**：$AB$ 连杆做平面运动，$A$ 点的加速度已知，大小为 $a_A=r\omega^2$，方向沿 $OA$ 指向 $O$ 点。以 $A$ 为基点，$B$ 点的加速度

$$\boldsymbol{a}_B=\boldsymbol{a}_A+\boldsymbol{a}^n_{BA}+\boldsymbol{a}^t_{BA} \tag{a}$$

如图 7-19 所示。其中 $\boldsymbol{a}_B$ 的大小未知，方向铅直，设其向上；$\boldsymbol{a}^n_{BA}$ 的大小为 $a^n_{BA}=l\omega^2_{AB}$，方向沿 $BA$ 指向 $A$ 点；$\boldsymbol{a}^t_{BA}$ 的大小未知，可表示为 $a^t_{BA}=l\alpha_{AB}$，方向垂直于 $BA$，指向与 $\alpha_{AB}$ 转向一致。因此，在式（a）中，只有 $\boldsymbol{a}_B$、$\boldsymbol{a}^t_{BA}$（或 $\alpha_{AB}$）的大小两个未知量。

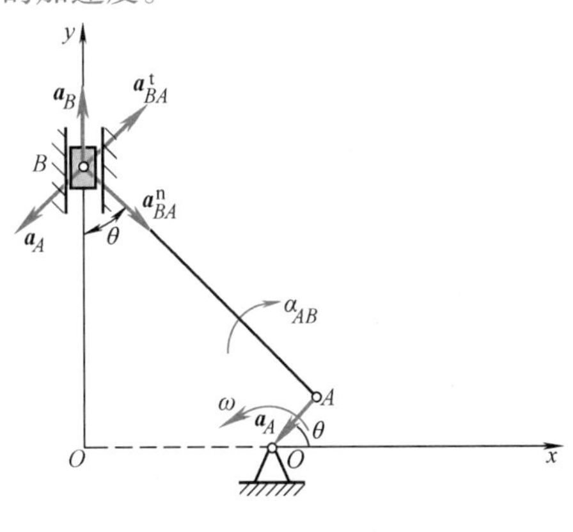


图　7-19

将式（a）向 $x$ 轴投影，得

$$0 = -a_A\cos\theta + a_{BA}^{t}\cos\theta + a_{BA}^{n}\sin\theta$$

解出
$$\alpha_{AB} = \frac{r}{l^2}\omega^2(l-r)$$

顺时针转向。再向 $AB$ 方向投影，得

$$a_B\cos\theta = -a_{BA}^{n}$$

所以
$$a_B = -\sqrt{2}\frac{r^2}{l}\omega^2 \ (\downarrow)$$

负号说明图中假设方向与实际方向相反。

**例 7-7** 曲柄 $OA=r$，以匀角速度 $\omega$ 绕定轴 $O$ 转动。连杆 $AB=2r$，轮 $B$ 半径为 $r/2$，在地面上滚动而不滑动，如图 7-20a 所示。求曲柄在图示铅垂位置时，连杆 $AB$ 及轮 $B$ 的角加速度。

**解：** 曲柄 $OA$ 做定轴转动，连杆 $AB$ 做平面运动，轮 $B$ 也做平面运动。为了求解 $\alpha_{AB}$ 和 $\alpha_B$，需先求出 $\omega_{AB}$ 和 $\omega_B$。

（1）求速度。曲柄定轴转动，$\boldsymbol{v}_A = r\omega$，方向垂直于 $OA$，指向顺着 $\omega$ 转向。连杆 $AB$ 做平面运动，知其上一点 $A$ 的速度 $\boldsymbol{v}_A$ 和另一点 $B$ 的速度 $\boldsymbol{v}_B$ 的方向；此瞬时，$\boldsymbol{v}_A /\!/ \boldsymbol{v}_B$，而 $AB$ 不垂直于 $\boldsymbol{v}_A$。于是，连杆 $AB$ 做瞬时平移，其瞬心在无穷远处，$\omega_{AB}=0$，即

$$v_B = v_A = r\omega \ (\leftarrow)$$

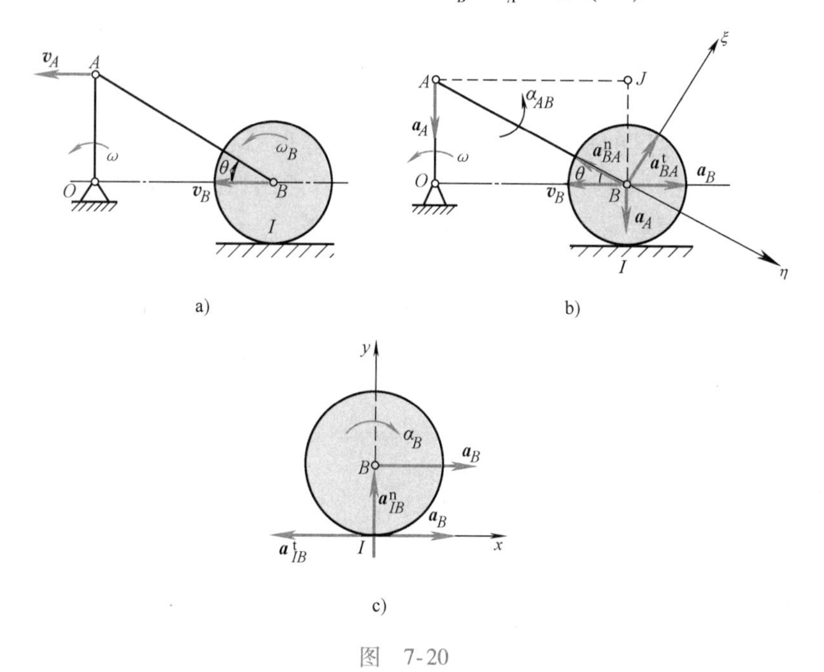


图 7-20

图 7-20 动画

轮 $B$ 做平面运动，轮与地面间无相对滑动，则接触点 $I$ 为轮 $B$ 的速度瞬心，因此

$$\omega_B = \frac{v_B}{r/2} = 2\omega \text{（逆时针）}$$

$\boldsymbol{v}_A$、$\boldsymbol{v}_B$、$\omega$ 的方向如图 7-20a 所示。

（2）求加速度。在连杆 $AB$ 中，$\boldsymbol{a}_A$ 已知，大小为 $a_A = r\omega^2$，方向铅垂向下。选 $A$ 为基点，

$B$ 点的加速度

$$\boldsymbol{a}_B=\boldsymbol{a}_A+\boldsymbol{a}_{BA}^{\mathrm{t}}+\boldsymbol{a}_{BA}^{\mathrm{n}} \tag{a}$$

如图7-20b所示。其中，$\boldsymbol{a}_B$ 的大小未知，方向水平，设其指向向右；$\boldsymbol{a}_{BA}^{\mathrm{n}}$ 的大小为 $a_{BA}^{\mathrm{n}}=AB\cdot\omega_{AB}^2=0$；$\boldsymbol{a}_{BA}^{\mathrm{t}}$ 的大小未知，可表示为 $a_{BA}^{\mathrm{t}}=AB\cdot\alpha_{AB}$，方向垂直于 $AB$，其指向与 $\alpha_{AB}$ 所假设转向一致。于是，在式（a）中，只有 $\boldsymbol{a}_B$、$\alpha_{AB}$ 的大小两个未知量。

将式（a）各项分别向 $\xi$、$\eta$ 轴上投影，得

$$\eta:\ a_B\cos\theta=-a_{BA}^{\mathrm{n}}+a_A\sin\theta \tag{b}$$

$$\xi:\ a_B\sin\theta=a_{BA}^{\mathrm{t}}-a_A\cos\theta \tag{c}$$

解出

$$a_B=a_A\tan\theta=\frac{\sqrt{3}}{3}r\omega^2$$

$$a_{BA}^{\mathrm{t}}=a_A\sec\theta=\frac{2}{3}\sqrt{3}r\omega^2$$

所以

$$\alpha_{AB}=\frac{a_{BA}^{\mathrm{t}}}{AB}=\frac{\sqrt{3}}{3}\omega^2\ （逆时针）$$

由此看出，$AB$ 杆在图示位置做瞬时平移，其角速度等于零，但其角加速度并不等于零。$B$ 点是轮心，距地面的距离始终为 $r/2$，因此可得

$$\alpha_B=\frac{a_B}{r/2}=\frac{2\sqrt{3}}{3}\omega^2\ （顺时针）$$

轮 $B$ 与地面的接触点 $I$ 是速度瞬心，那么，此点有没有加速度呢？为此，以 $B$ 为基点，计算 $I$ 点的加速度，即

$$\boldsymbol{a}_I=\boldsymbol{a}_B+\boldsymbol{a}_{IB}^{\mathrm{t}}+\boldsymbol{a}_{IB}^{\mathrm{n}} \tag{d}$$

如图7-20c所示。其中 $\boldsymbol{a}_B$ 的大小为 $a_B=\frac{\sqrt{3}}{3}r\omega^2$，$\boldsymbol{a}_{IB}^{\mathrm{t}}$ 的大小为 $a_{IB}^{\mathrm{t}}=\frac{r}{2}\alpha_B=\frac{\sqrt{3}}{3}r\omega^2$，$\boldsymbol{a}_{IB}^{\mathrm{n}}$ 的大小为 $a_{IB}^{\mathrm{n}}=\frac{r}{2}\omega_B^2=2r\omega^2$，其方向如图7-20c所示。

将式（d）各项分别向 $x$、$y$ 轴投影，得

$$x:\ a_{Ix}=a_B-a_{IB}^{\mathrm{t}}=0$$

$$y:\ a_{Iy}=a_{IB}^{\mathrm{n}}=2r\omega^2\ (\uparrow)$$

即 $\boldsymbol{a}_I$ 的大小为 $a_I=2r\omega^2$，方向铅垂向上，可见速度瞬心 $I$ 不一定是加速度瞬心。

在此题中，由于 $AB$ 杆做瞬时平移，符合用加速度瞬心法求解的第二种特殊情况，因此求 $\alpha_{AB}$ 和 $a_B$ 也可用加速度瞬心法。

做 $\boldsymbol{a}_A$、$\boldsymbol{a}_B$ 的垂线交于一点 $J$，即为 $AB$ 杆的加速度瞬心法，如图7-20b所示。因此，连杆 $AB$ 上 $A$、$B$ 两点的加速度分别为

$$a_A=JA\cdot\alpha_{AB} \tag{e}$$

$$a_B=JB\cdot\alpha_{AB} \tag{f}$$

其中，$JA=\sqrt{3}r$、$JB=r$。又因

$$a_A=r\omega^2 \tag{g}$$

从式（e）和式（g）中求得

$$\alpha_{AB}=\frac{a_A}{JA}=\frac{\sqrt{3}}{3}\omega^2\text{（逆时针）}$$

由式（f）得

$$a_B=JB\alpha_{AB}=\frac{\sqrt{3}}{3}r\omega^2$$

得

$$\alpha_B=\frac{a_B}{r}=\frac{\sqrt{3}}{3}\omega^2\text{（顺时针）}$$

补充例题 7-5

补充例题 7-6

补充例题 7-7

## 7.5* 运动学理论的综合应用

到目前为止，已分别论述了点的运动学、点的合成运动，刚体的平移、转动和平面运动等方面的运动学知识。在工程实际中，往往需要应用这些理论对平面运动机构进行运动分析。同平面的几个刚体按照确定的方式相互联系，各刚体之间有一定的相对运动的装置称为平面机构。平面机构能够传递、转换运动或实现某种特定的运动，因而在工程中有着广泛的应用。对平面机构进行运动分析，首先要依据各刚体的运动特征，分辨它们各自做什么运动，是平移、定轴转动还是平面运动；其次，刚体之间是靠约束连接来传递运动，这就需要建立刚体之间连接点的运动学条件。例如，用铰链连接，则连接点的速度和加速度分别相等。值得注意的是经常会遇到两刚体间的连接点有相对运动情况。例如，用滑块和滑槽来连接两刚体时，连接点的速度和加速度分别是不相等的，需要用点的合成运动理论去建立连接点的运动学条件。如果被连接的刚体中有做平面运动的情形，则需要综合应用合成运动和平面运动的理论去求解。在求解时，应从具备已知条件的刚体开始，然后通过建立的运动学条件过渡到相邻的刚体，最终解出全部未知量。现举例说明如下。

**例 7-8**　在图 7-21a 所示的曲柄导杆机构中，曲柄 $OA$ 长 120mm，在图示位置 $\angle AOB=90°$时，曲柄的角速度 $\omega=4\text{rad/s}$，角加速度 $\alpha=2\text{rad/s}^2$，$OB=160\text{mm}$。试求此时导杆 $AD$ 的角加速度及导杆相对套筒 $B$ 的加速度。

**解**：若以套筒销 $B$ 为动点，将动坐标系固结在 $AD$ 杆上，这就是牵连运动为平面运动的点的合成运动问题。

（1）速度分析。根据速度合成定理有

$$\boldsymbol{v}_a=\boldsymbol{v}_B=\boldsymbol{v}_r+\boldsymbol{v}_e$$

按题意$\boldsymbol{v}_B=\mathbf{0}$，故有$\boldsymbol{v}_r=-\boldsymbol{v}_e$。据此可见矢量$\boldsymbol{v}_e$ 的方位与$\boldsymbol{v}_r$ 相同，而指向相反。根据有关定义，动点 $B$ 的牵连速度实际上是此时动坐标系 $AD$ 杆上与之相重合点 $B'$的速度。由此通过平面运动刚体 $AD$ 上 $A$、$B$ 两点的速度方向可确定其速度瞬心 $I$，如图 7-21a 所示，并用瞬心

法求得

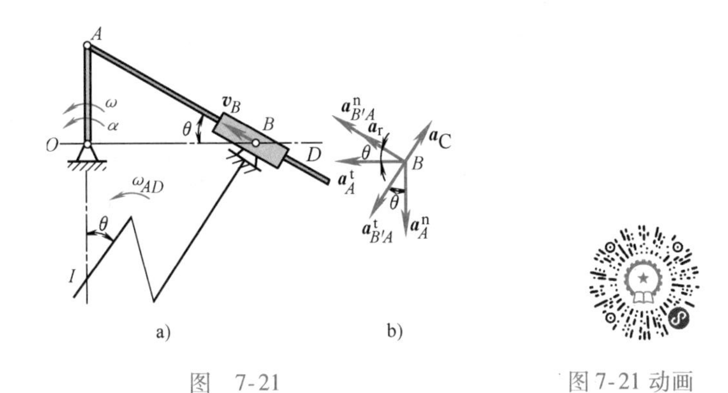


图 7-21

图7-21动画

$$\omega_{AD}=\frac{v_A}{IA}=\frac{OA\cdot\omega}{OA+OB\cot\theta}=\frac{120\times4}{120+160\times\dfrac{160}{120}}\text{rad/s}=1.44\text{rad/s}\ (\text{逆时针})$$

$$v_{B'}(=v_e)=IB\cdot\omega_{AD}=\frac{OB}{\sin\theta}\omega_{AD}$$

$$=\left(\frac{160}{120/\sqrt{120^2+160^2}}\times1.44\right)\text{mm/s}=384\text{mm/s}$$

所以

$$v_r=-v_e=-384\text{mm/s}$$

负号表明$\boldsymbol{v}_r$的指向与$\boldsymbol{v}_{B'}$相反。

（2）加速度分析。牵连运动为平面运动的加速度合成公式为

$$\boldsymbol{a}_a=\boldsymbol{a}_e+\boldsymbol{a}_r+\boldsymbol{a}_C$$

其中，$\boldsymbol{a}_a=\boldsymbol{a}_B=\boldsymbol{0}$；$\boldsymbol{a}_r$方向沿$AD$，大小待定；$\boldsymbol{a}_C=2\boldsymbol{\omega}_{AD}\times\boldsymbol{v}_r$大小、方向均已知。在图7-21b中，有

$$\boldsymbol{a}_e=\boldsymbol{a}_{B'}$$

而$B'$为导杆$AD$上的一点，以$A$为基点，根据基点法有

$$\boldsymbol{a}_{B'}=\boldsymbol{a}^t_A+\boldsymbol{a}^n_A+\boldsymbol{a}^n_{B'A}+\boldsymbol{a}^t_{B'A}$$

其中，$\boldsymbol{a}^t_A$和$\boldsymbol{a}^n_A$大小、方向均已知；$a^n_{B'A}=AB'\cdot\omega^2_{AD}$，方向沿$AB$指向$A$；$\boldsymbol{a}^t_{B'A}$方向垂直于$AB$，大小待定。将上式代入前式得

$$\boldsymbol{a}^t_A+\boldsymbol{a}^n_A+\boldsymbol{a}^n_{B'A}+\boldsymbol{a}^t_{B'A}+\boldsymbol{a}_r+\boldsymbol{a}_C=0$$

其中，仅$\boldsymbol{a}^t_{B'A}$和$\boldsymbol{a}_r$两个矢量的大小未知。为消去未知量$\boldsymbol{a}^t_{B'A}$，将该式向$AB$方向投影，得

$$\begin{aligned}a_r&=a^n_A\sin\theta-a^t_A\cos\theta-a^n_{B'A}\\&=\left(1920\times\frac{120}{\sqrt{120^2+160^2}}-240\times\frac{160}{\sqrt{120^2+160^2}}-\sqrt{120^2+160^2}\times1.44^2\right)\text{mm/s}^2\\&=545.3\text{mm/s}^2\end{aligned}$$

向垂直于$AB$方向投影得

$$-a^t_A\sin\theta-a^n_A\cos\theta-a^t_{B'A}+a_C=0$$

得

$$a^t_{B'A}=-a^t_A\sin\theta-a^n_A\cos\theta+a_C$$

解得

$$\alpha_{AD}=\frac{a^t_{B'A}}{AB'}=-2.87\text{rad/s}$$

**例7-9**　在图7-22a所示平面机构中，杆 $AD$ 在导轨中以匀速$\boldsymbol{v}$平移，通过铰链 $A$ 带动杆 $AB$ 沿导套 $O$ 运动，导套 $O$ 可绕 $O$ 轴转动。导套 $O$ 与杆 $AD$ 距离为 $l$。图示瞬时杆 $AB$ 与杆 $AD$ 夹角 $\varphi=60°$，求此瞬时杆 $AB$ 的角速度及角加速度。

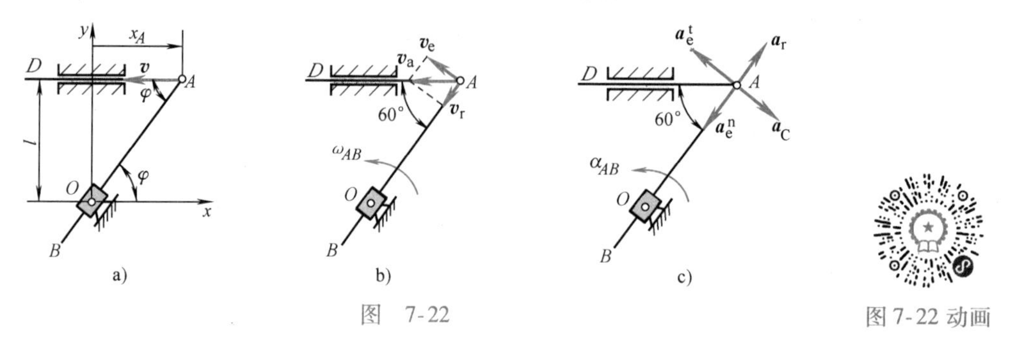


图　7-22

图7-22动画

**解**：本题可以用两种方法求解。

**方法一**

以 $A$ 为动点，动坐标系固结在导套 $O$ 上，牵连运动为绕 $O$ 的转动。点 $A$ 的绝对运动为以匀速$\boldsymbol{v}$沿 $AD$ 方向的直线运动，相对运动是点 $A$ 沿导套 $O$ 的中轴线的直线运动，杆 $AB$ 的相对运动为沿 $AB$ 方向的平移，各速度矢量如图7-22b所示。$\boldsymbol{v}_a=\boldsymbol{v}$，由

$$\boldsymbol{v}_a=\boldsymbol{v}_r+\boldsymbol{v}_e$$

可得

$$v_e=v_a\sin60°=\frac{\sqrt{3}}{2}v$$

$$v_r=v_a\cos60°=\frac{v}{2}$$

由于杆 $AB$ 在导套 $O$ 中滑动，因此杆 $AB$ 与导套 $O$ 具有相同的角速度及角加速度。其角速度

$$\omega_{AB}=\frac{v_e}{AO}=\frac{3v}{4l}$$

由于点 $A$ 做匀速直线运动，故绝对加速度为零。又因点 $A$ 的相对运动为沿导套 $O$ 的直线运动，因此 $a_r$ 沿杆 $AB$ 方向，故有

$$\boldsymbol{0}=\boldsymbol{a}_e^t+\boldsymbol{a}_e^n+\boldsymbol{a}_r+\boldsymbol{a}_C \tag{a}$$

式中

$$\boldsymbol{a}_C=2\boldsymbol{\omega}_e\times\boldsymbol{v}_r,\quad \boldsymbol{\omega}_e=\boldsymbol{\omega}_{AB}$$

其方向如图7-22c所示，大小为

$$a_C=2\omega_e v_r=\frac{3v^2}{4l}$$

$\boldsymbol{a}_e^t$、$\boldsymbol{a}_e^n$ 及 $\boldsymbol{a}_r$ 的方向如图7-22c所示。

$$a_e^t=a_C$$

$$\alpha_{AB}=\frac{a_e^t}{AO}=\frac{3\sqrt{3}v^2}{8l^2}$$

方向逆时针。

**方法二**

以点 $O$ 为坐标原点，建立如图7-22a所示的直角坐标系。由图可知

$$x_A = l\cot\varphi$$

将其两端对时间求导，并注意到 $\dot{x}_A = -v$，得

$$\dot{\varphi} = \frac{v}{l}\sin^2\varphi \tag{b}$$

将其两端再对时间求导，得

$$\ddot{\varphi} = \frac{v\dot{\varphi}}{l}\sin2\varphi = \frac{v^2}{l^2}\sin^2\varphi\sin2\varphi \tag{c}$$

式（b）及式（c）为杆 $AB$ 的角速度 $\dot{\varphi}$ 及角加速度 $\ddot{\varphi}$ 与角 $\varphi$ 之间的关系式。当 $\varphi = 60°$ 时，得

$$\omega_{AB} = \dot{\varphi} = \frac{3v}{4l}$$

$$\alpha_{AB} = \ddot{\varphi} = \frac{3\sqrt{3}v^2}{8l^2}$$

两种解法结果相同。

**要点及讨论**

（1）根据机构特点，恰当地建立动坐标系，将平面运动分解为定轴转动和平移，并按点的复合运动方法解题，这样对某些机构的运动分析就变得较为简捷。

（2）在本题中，若欲求图示瞬时杆 $AB$ 上与套筒 $O$ 点相重合的 $O'$ 点的轨迹曲率半径，则应如何求解？

（3）在此题中，杆 $AB$ 做平面运动，$AB$ 上与 $O$ 相重合的一点的速度应沿杆 $AB$ 方向。因此，也可应用瞬心法求解杆 $AB$ 的角速度。然而，再用平面运动基点法求解杆 $AB$ 的角加速度就不如前两种方法方便了。

**例 7-10**　在图 7-23a 所示的平面机构中，$AB$ 长为 $l$，滑块 $A$ 可沿摇杆 $OD$ 的长槽滑动。摇杆 $OD$ 以匀角速度 $\omega$ 绕 $O$ 轴转动，滑块 $B$ 以匀速 $v_B = \omega l$ 沿水平导轨滑动。图示瞬时 $OD$ 铅直，$AB$ 与水平线 $OB$ 夹角为 30°。求此瞬时 $AB$ 杆的角速度及角加速度。

**解：** 杆 $AB$ 做平面运动，点 $A$ 又在摇杆 $OD$ 内有相对运动，这是具有两个自由度的系统，是含两个运动输入量 $\omega$ 和 $\boldsymbol{v}$ 的较复杂的机构运动问题。

（1）分析速度。杆 $AB$ 做平面运动，以 $B$ 为基点，有

$$\boldsymbol{v}_A = \boldsymbol{v}_B + \boldsymbol{v}_{AB} \tag{a}$$

点 $A$ 在杆 $OD$ 内滑动，因此需用点的合成运动方法。取点 $A$ 为动点，动坐标系固结在 $OD$ 上，有

$$\boldsymbol{v}_a = \boldsymbol{v}_e + \boldsymbol{v}_r \tag{b}$$

其中，绝对速度 $\boldsymbol{v}_a = \boldsymbol{v}_A$，大小、方向均未知，而牵连速度 $v_e = OA \cdot \omega = \frac{l\omega}{2}$，相对速度 $\boldsymbol{v}_r$ 大小未知，各速度矢量方向如图 7-23a 所示。

由式（a）和式（b）得

$$\boldsymbol{v}_B + \boldsymbol{v}_{AB} = \boldsymbol{v}_e + \boldsymbol{v}_r \tag{c}$$

其中，$\boldsymbol{v}_B$ 为已知，$\boldsymbol{v}_e$ 已求得，且 $\boldsymbol{v}_{AB}$ 和 $\boldsymbol{v}_r$ 方向已知，仅有 $\boldsymbol{v}_{AB}$ 及 $\boldsymbol{v}_r$ 两个量的大小未知，故可解。将此矢量方程沿 $\boldsymbol{v}_B$ 方向投影，得

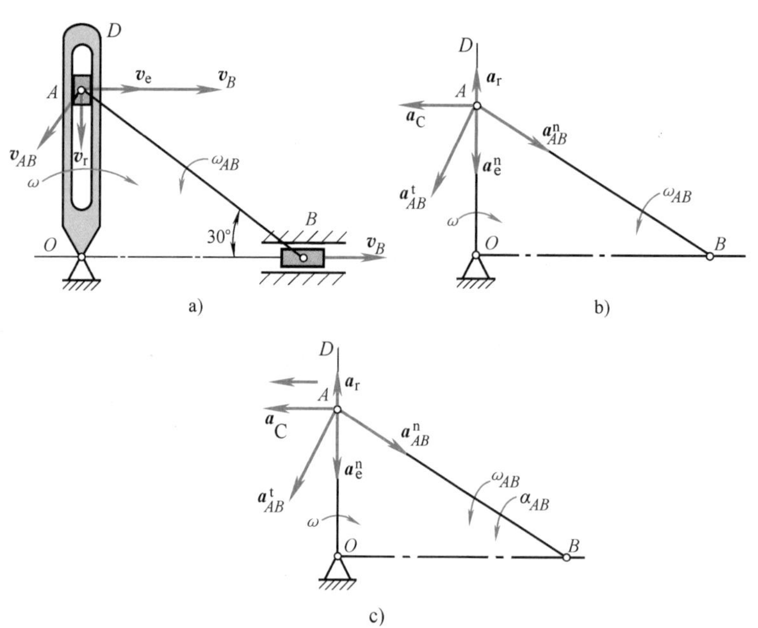


图 7-23

图7-23 动画

$$v_B - v_{AB}\sin30° = v_e$$

故
$$v_{AB} = 2(v_B - v_e) = \omega l$$

$AB$ 杆的角速度方向如图7-23a所示，大小为

$$\omega_{AB} = \frac{v_{AB}}{AB} = \omega$$

将式（c）沿$\boldsymbol{v}_r$方向投影，得

$$v_{AB}\cos30° = v_r$$

故
$$v_r = \frac{\sqrt{3}}{2}\omega l$$

（2）分析加速度。以 $B$ 为基点，则点 $A$ 的加速度为

$$\boldsymbol{a}_A = \boldsymbol{a}_B + \boldsymbol{a}^t_{AB} + \boldsymbol{a}^n_{AB} \tag{d}$$

由于$\boldsymbol{v}_B$为常矢量，所以 $a_B = 0$，而

$$a^n_{AB} = \omega^2_{AB} \cdot AB = \omega^2 l$$

仍以 $A$ 为动点，动坐标系固结于 $OD$ 上，则有

$$\boldsymbol{a}_a = \boldsymbol{a}^t_e + \boldsymbol{a}^n_e + \boldsymbol{a}_r + \boldsymbol{a}_C \tag{e}$$

其中

$$\boldsymbol{a}_a = \boldsymbol{a}_A$$

$$a^t_e = 0，\ a^n_e = \omega^2 \cdot OA = \frac{\omega^2 l}{2}$$

$$a_C = 2\omega v_r = \sqrt{3}\omega^2 l$$

由式（d）、式（e）得

$$\boldsymbol{a}_{AB}^{t}+\boldsymbol{a}_{AB}^{n}=\boldsymbol{a}_{e}^{n}+\boldsymbol{a}_{r}+\boldsymbol{a}_{C} \qquad (f)$$

其中各矢量方向已知，如图 7-23b 所示，仅有两个未知量 $\boldsymbol{a}_r$ 及 $\boldsymbol{a}_{AB}^{t}$的大小待求。取投影轴垂直于 $\boldsymbol{a}_r$ 沿 $\boldsymbol{a}_C$ 方向，将矢量方程（f）在此轴上投影，得

$$a_{AB}^{t}\sin30°-a_{AB}^{n}\cos30°=a_C$$

因此

$$a_{AB}^{t}=3\sqrt{3}\omega^2 l$$

由此得 $AB$ 杆的角加速度为

$$\alpha_{AB}=\frac{a_{AB}^{t}}{AB}=3\sqrt{3}\omega^2$$

方向如图 7-23c 所示。

## 7.6* 刚体绕两个平行轴转动的合成

刚体绕平行轴转动的情况在一般机构中是常见的。图 7-24 所示的行星齿轮机构中，行星轮Ⅱ即属此例。

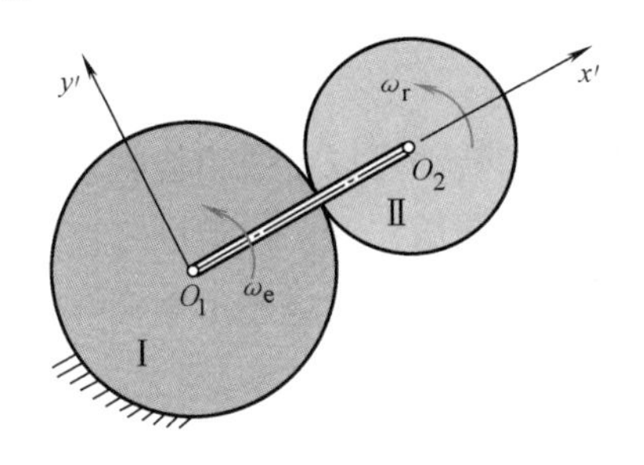

图　7-24

图 7-24 动画

为分析刚体绕两个平行轴转动的合成，通常将动坐标系$O'x'y'z'$固结在系杆 $O_1O_2$ 上，因而刚体的相对运动是绕 $O_2$ 轴转动，相对转动角速度用 $\boldsymbol{\omega}_r$ 表示。牵连运动是动坐标系绕 $O_1$ 轴的转动，牵连角速度用 $\boldsymbol{\omega}_e$ 表示，且 $\boldsymbol{\omega}_e /\!/ \boldsymbol{\omega}_r$。

不难看出，刚体绕平行轴转动是平面运动，可以将刚体的运动分解为随基点的平移和绕基点的转动。但是也可以分解为牵连运动是转动，相对运动也是转动的情形。若将这类的平面运动分解为牵连运动是转动，相对运动也是转动，则计算是比较简便的，特别是对于行星齿轮系统的运动尤为方便。

### 7.6.1 同向转动的合成

在图 7-25 中，$\omega_e$、$\omega_r$ 都是逆时针转向的。在 $O_1O_2$ 线段上任选一点 $C$，它的绝对速度

$$\boldsymbol{v}_C=\boldsymbol{v}_e+\boldsymbol{v}_r$$

由图看出，$v_e=O_1C\cdot\omega_e$，$v_r=O_2C\cdot\omega_r$，二者的方向相反。

所以

$$v_C=v_e-v_r=O_1C\cdot\omega_e-O_2C\cdot\omega_r$$

如果选取这样一点 $C$，使其绝对速度等于零，即

$$v_C=O_1C\cdot\omega_e-O_2C\cdot\omega_r=0$$

得

$$O_1C \cdot \omega_e = O_2C \cdot \omega_r$$

即

$$\frac{O_2C}{O_1C} = \frac{\omega_e}{\omega_r} \tag{7-8}$$

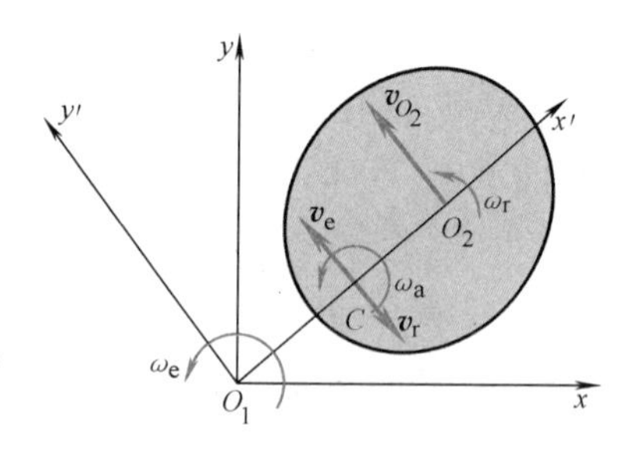

图　7-25

因此，$C$ 点位置是内分 $O_1O_2$ 为两段。内分比与两个角速度成反比。通过 $C$ 点与图面垂直的 $CD$ 轴，即为刚体在此瞬时的瞬轴，如图 7-26 所示。

为了导出刚体绕瞬轴瞬时转动的角速度 $\omega_a$，首先研究刚体上 $O_2$ 点的绝对速度。$O_2$ 点在相对转动的转轴上，$v_r = 0$，它的绝对速度 $v_{O_2} = \omega_a \cdot O_2C$，牵连速度 $v_e = \omega_e \cdot O_1O_2$，根据速度合成定理，有

$$\omega_a \cdot O_2C = \omega_e \cdot O_1O_2$$

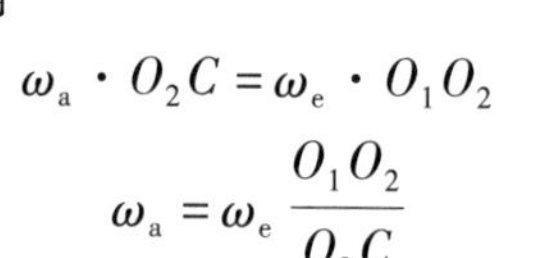

所以
$$\omega_a = \omega_e \frac{O_1O_2}{O_2C}$$

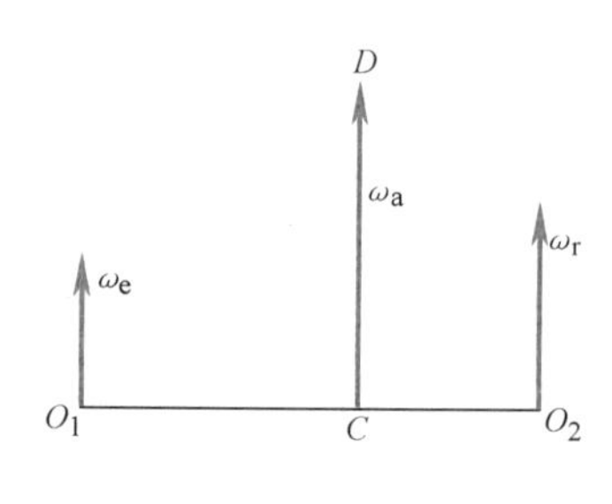

图　7-26

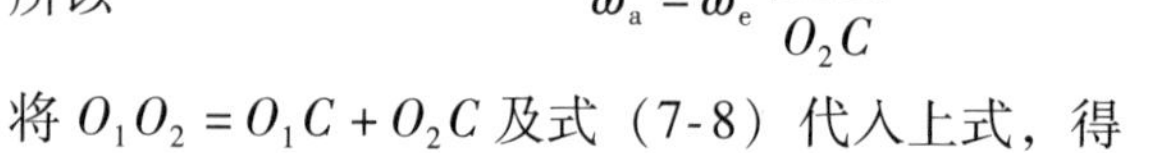

将 $O_1O_2 = O_1C + O_2C$ 及式（7-8）代入上式，得

$$\omega_a = \omega_e + \omega_r \tag{7-9}$$

由此可得如下结论：**刚体绕两个平行轴的同向转动可以合成为绕瞬轴的同向转动**；该瞬轴与此二轴平行、共面，并内分此二轴间的距离为两段；这两段长度之比与其对应的两个角速度的大小成反比。**刚体绕此瞬轴转动的角速度的大小等于这两个角速度的算术和。**

### 7.6.2　反向转动的合成，且 $\omega_e \neq \omega_r$

为确定起见，假定 $\omega_r > \omega_e$，与上述相同，先找出瞬轴的位置。为此，在 $O_1O_2$ 线段外取一点 $C$，如图 7-27 所示。若该点的速度为零，即

$$v_C = \omega_e \cdot O_1C - \omega_r \cdot O_2C = 0$$

所以
$$\omega_e \cdot O_1C = \omega_r \cdot O_2C$$

或

$$\frac{O_2C}{O_1C} = \frac{\omega_e}{\omega_r} \tag{7-10}$$

则通过 $C$ 点，且与图示平面垂直的 $CD$ 轴就是刚体在此位置的瞬轴，如图 7-28 所示。

为了导出绕瞬轴做瞬时转动的绝对角速度 $\omega_a$ 的大小，与同向转动合成的方法相同。研究 $O_2$ 点的速度，得

$$\omega_a \cdot O_2C = \omega_e \cdot O_1O_2$$

将 $O_1O_2 = O_1C - O_2C$ 及式（7-10）代入上式得

$$\omega_a = \omega_r - \omega_e \tag{7-11}$$

至于 $\omega_a$ 的方向，应视其正负号而定。前面已假设 $\omega_r > \omega_e$，所以，$\omega_a$ 为正值，与 $\omega_r$ 的转向相同；若为负值，则与 $\omega_r$ 转向相反。

由此可得以下结论：**刚体绕两个平行轴的反向转动，当这两个角速度不相等时，可以合**

**成为绕瞬轴的转动**。该瞬轴与二轴平行、共面，在较大的角速度转轴的外侧，并外分此二轴间的距离为两段，这两段长度之比与其对应的两个角速度的大小成反比。**刚体绕此瞬轴转动的角速度等于这两个角速度之差，转向与较大的角速度的转向相同**，如图7-28所示。

综合同向转动的合成公式（7-9）和反向转动的合成公式（7-11），可用矢量式表示为

$$\boldsymbol{\omega}_a = \boldsymbol{\omega}_e + \boldsymbol{\omega}_r \tag{7-12}$$

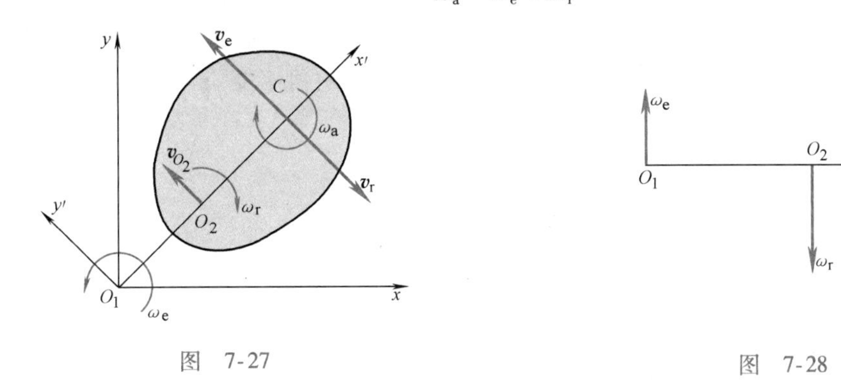


图 7-27　　　　图 7-28

### 7.6.3 转动偶

刚体绕两个平行轴反向转动，相对角速度和牵连角速度大小又相等，即 $\omega_r = \omega_e$ 时，由式（7-10）和式（7-11）可知，$\omega_a = \omega_r - \omega_e = 0$，$O_1C = O_2C$，即刚体合成运动的角速度等于零，瞬轴在无穷远处，这种情形称为**转动偶**。

可以证明，合成运动是转动偶时，刚体的绝对运动为平移。

为此，在刚体上任取一点 $M$，由 $O_1$、$O_2$ 到 $M$ 点的矢径分别为和 $\boldsymbol{r}_1$ 和 $\boldsymbol{r}_2$，如图7-29所示。于是，$M$ 点的绝对速度

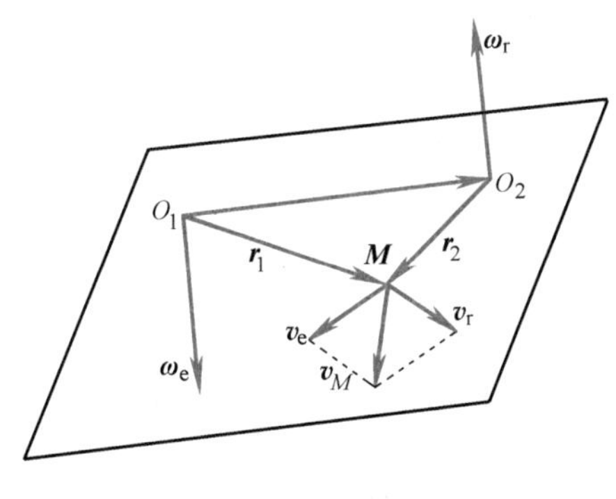


图 7-29

$$\boldsymbol{v}_M = \boldsymbol{v}_e + \boldsymbol{v}_r = \boldsymbol{\omega}_e \times \boldsymbol{r}_1 + \boldsymbol{\omega}_r \times \boldsymbol{r}_2$$

因为相对角速度和牵连角速度大小相等、转向相反，即

$$\boldsymbol{\omega}_r = -\boldsymbol{\omega}_e$$

所以

$$\boldsymbol{v}_M = \boldsymbol{\omega}_e \times \boldsymbol{r}_1 - \boldsymbol{\omega}_e \times \boldsymbol{r}_2 = \boldsymbol{\omega}_e \times (\boldsymbol{r}_1 - \boldsymbol{r}_2)$$

即

$$\boldsymbol{v}_M = \boldsymbol{\omega}_e \times \overrightarrow{O_1O_2} \tag{7-13}$$

这说明刚体上任一点的速度只与角速度 $\boldsymbol{\omega}_e$ 及矢量$\overrightarrow{O_1O_2}$有关，而与该点所在刚体上的位置无关。即在同瞬时刚体上各点的速度均相同。由此可得以下结论：**刚体合成运动是转动偶时，刚体的绝对运动为平移。**

---

**例7-11**　半径分别为 $r_1$、$r_2$ 及 $r_3$ 的齿轮Ⅰ、Ⅱ及Ⅲ依次互相啮合，如图7-30所示。轮Ⅰ固定不动，轮Ⅱ及轮Ⅲ装在曲柄 $O_1O_3$ 上，可分别绕 $O_2$、$O_3$ 轴转动。已知曲柄以角速度 $\omega_1$ 绕 $O_1$ 轴逆时针转动，求齿轮Ⅱ和齿轮Ⅲ相对于曲柄转动的角速度 $\omega_{r2}$、$\omega_{r3}$ 以及绝对角速度 $\omega_{a2}$ 及 $\omega_{a3}$。

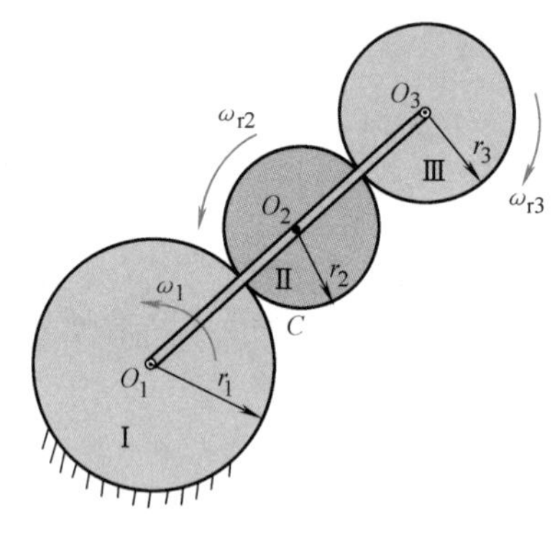


图　7-30

图7-30动画

**解：**先求齿轮Ⅱ的相对角速度 $\omega_{r2}$ 及绝对角速度 $\omega_{a2}$。

齿轮Ⅱ的运动是随曲柄绕 $O_1$ 轴转动和相对曲柄绕 $O_2$ 轴转动的合成运动。曲柄的角速度 $\omega_1$ 为牵连角速度，由于齿轮Ⅱ与齿轮Ⅰ相互啮合，图示瞬时，啮合点 $C$ 的速度为零。且 $C$ 点在 $O_1$、$O_2$ 之间，所以 $\omega_{r2}$ 的转向与 $\omega_1$ 的转向相同，如图7-30所示，由式（7-8）及式（7-9），有

$$\frac{\omega_1}{\omega_{r2}}=\frac{O_2C}{O_1C}=\frac{r_2}{r_1}$$

所以

$$\omega_{r2}=\frac{r_1}{r_2}\omega_1\ （逆时针）$$

$$\omega_a=\omega_1+\omega_{r2}=\left(1+\frac{r_1}{r_2}\right)\omega_1\ （逆时针）$$

再求轮Ⅲ的相对角速度 $\omega_{r3}$ 和绝对角速度 $\omega_{a3}$。

由于轮Ⅱ和轮Ⅲ相对于曲柄上的 $O_2$、$O_3$ 轴转动，相对角速度分别为 $\omega_{r2}$ 和 $\omega_{r3}$。在动坐标系中，齿轮若满足传动关系，其接触点的相对速度应相同。所以，利用齿轮传动公式，将相对角速度代换绝对角速度即可求出轮Ⅱ和轮Ⅲ的相对角速度之间的关系，即

$$\frac{\omega_{r2}}{\omega_{r3}}=-\frac{r_3}{r_2}$$

所以

$$\omega_{r3}=\frac{-r_2}{r_3}\omega_{r2}=\frac{-r_1}{r_3}\omega_1\ （顺时针）$$

式中，负号表示 $\omega_{r3}$ 与 $\omega_1$ 的转向相反。在 $r_2\neq r_1\neq r_3$ 的情况下，轮Ⅲ的运动属于反向转动的

合成。由式（7-11）知，轮Ⅲ的绝对角速度

$$\omega_{a3}=\omega_{r3}-\omega_1=\left(\frac{r_1}{r_3}-1\right)\omega_1$$

最后，讨论一种特殊情形。

若 $r_3=r_1$，则 $\omega_{r3}=\omega_1$，$\omega_{a3}=0$，这表明在 $r_3=r_1$ 的条件下，$\omega_{r3}$ 与 $\omega_1$ 形成一转动偶，此时，齿轮Ⅲ的绝对运动是平移。

本题也可用另一种方法来求解。首先研究三个齿轮相对于曲柄 $O_1O_3$ 的运动，如图 7-31 所示，根据传动比公式（5-35），各轮的相对速度比为

$$i_{12}=-\frac{\omega_{r1}}{\omega_{r2}}=-\frac{r_2}{r_1},\quad i_{23}=-\frac{\omega_{r2}}{\omega_{r3}}=-\frac{r_3}{r_2}$$

研究齿轮 I，由式（7-12）可得

$$\omega_{a1}=\omega_e+\omega_r=\omega_1-\omega_{r1}=0$$

解得

$$\omega_{r1}=\omega_1$$

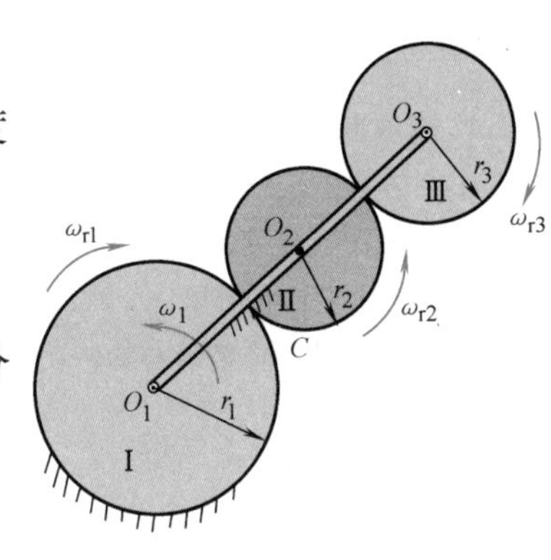

图　7-31

代入传动比公式，齿轮Ⅱ和齿轮Ⅲ相对于曲柄转动的角速度分别为

$$\omega_{r2}=\frac{r_1}{r_2}\omega_1,\qquad \omega_{r3}=-\frac{r_2}{r_3}\omega_{r2}=-\frac{r_1}{r_3}\omega_1$$

再利用式（7-12）可求得齿轮Ⅱ和齿轮Ⅲ的绝对角速度分别为

$$\omega_{a2}=\omega_e+\omega_{r2}=\omega_1+\omega_{r2}=\left(1+\frac{r_1}{r_2}\right)\omega_1\qquad（逆时针）$$

$$\omega_{a3}=\omega_e+\omega_{r3}=\omega_1+\omega_{r3}=\left(1-\frac{r_1}{r_3}\right)\omega_1\qquad（逆时针）$$

计算结果与第一种方法的计算结果相同，但利用此方法解决多齿轮问题时相对简便且概念清楚。本题的第二种解法也可以用于求解平行轴转动的角加速度问题。

补充例题 7-8

补充例题 7-9

补充例题 7-10

## 重点提示

（1）应用平面运动理论求速度时，有三种方法可灵活选择：（*A*）基点法——这是研究平面运动的基本方法，一般问题都能求解；（*B*）瞬心法——此法物理概念清晰，方法简单，缺点是有时找到瞬心后几何关系复杂；（*C*）速度投影定理——概念清晰，方法简单，但不能求平面运动物体的角速度。（2）求平面运动刚体上各点的加速度有两种方法：①基点法；②加速度瞬心法。一般情况下加速度瞬心不容易找到，只有在两种情况下（刚体瞬时角速

度为零或瞬时角加速度为零）较方便，所以一般情况下应用基点法求解。(3) 平面运动刚体的速度瞬心并不等于加速度瞬心，刚体瞬时平移时角速度为零，但角加速度不为零。(4) 在求解过程中，速度瞬心是根据图形与约束判断出来的，不是计算出来的，必须牢记速度瞬心的判断方法。(5) 基点法中引进的动坐标系是随基点平移的坐标系，所以绕基点相对转动的角速度和角加速度与基点的选择无关，即是平面图形的绝对角速度和绝对角加速度。

平面运动求速度

平面运动求速度-例题

平面运动求加速度

平面运动求加速度-例题

平行轴转动的合成

运动学小结

## 思考题

1. 求解点的合成运动，动坐标系与动点分别在两个物体上。求解刚体的平面运动问题，基点与动点在同一个刚体上还是分别在两个刚体上？

2. 平面图形速度瞬心的速度为零，而加速度又等于速度对时间的一阶导数，所以速度瞬心的加速度也为零。这个论点错在哪里？

3. 平面运动刚体绕瞬心的转动和刚体绕定轴转动有区别吗？刚体的平移和定轴转动都是平面运动的特例吗？

## 习题

7-1　刚体平面运动通常分解为哪两个运动，它们与基点的选取有无关系？求刚体上各点的加速度时，要不要考虑科氏加速度？

7-2　平面图形上两点 $A$ 和 $B$ 的速度 $\boldsymbol{v}_A$ 和 $\boldsymbol{v}_B$ 间有什么关系？若 $\boldsymbol{v}_A$ 的方位垂直于 $AB$，问 $\boldsymbol{v}_B$ 的方位为何？

7-3　已知 $O_1A=O_2B$，问在图 7-32 所示瞬时，$\omega_1$ 与 $\omega_2$，$\alpha_1$ 与 $\alpha_2$ 是否相等？

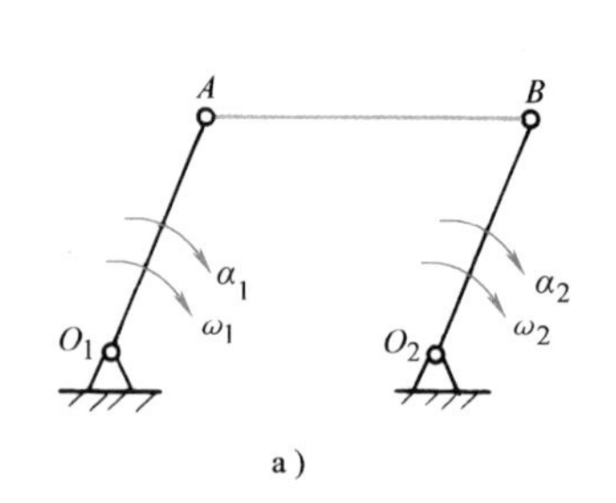


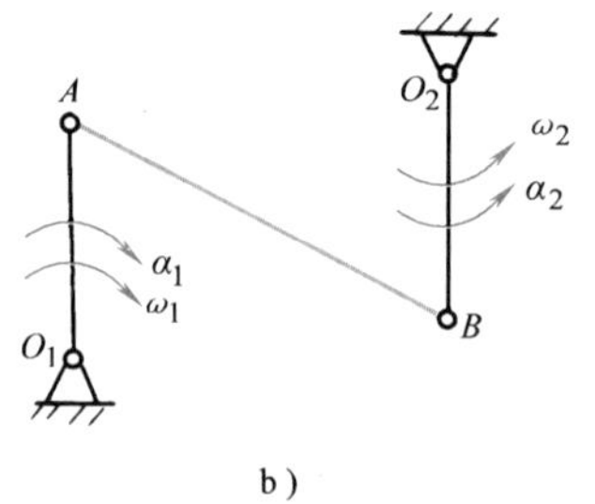

图 7-32　题 7-3 图

图 7-32a 动画　　图 7-32b 动画

7-4　如图 7-33 所示，$O_1A$ 的角速度为 $\omega_1$，板 $ABC$ 和杆 $O_1A$、杆 $O_2B$ 铰接。问图中 $O_1A$ 和 $AC$ 上各点的速度分布规律对不对？

7-5　如图 7-34 所示，车轮沿曲面滚动。已知轮心 $O$ 在某一瞬时的速度 $\boldsymbol{v}_O$ 和加速度 $\boldsymbol{a}_O$。问车轮的角加速度是否等于 $a_O\cos\theta/R$？速度瞬心 $I$ 的加速度大小和方向如何确定？

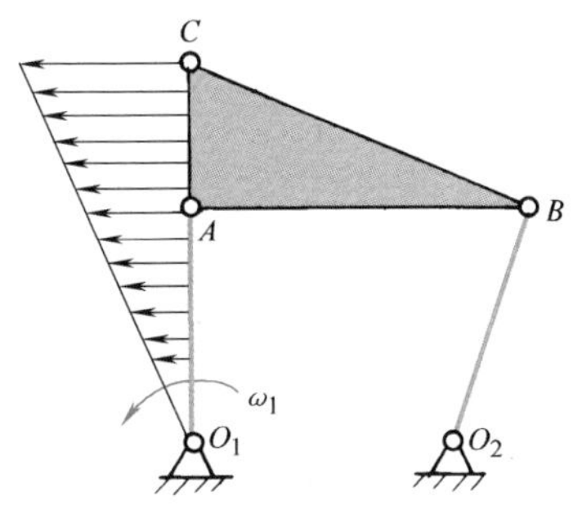

图7-33　题7-4图

图7-33动画

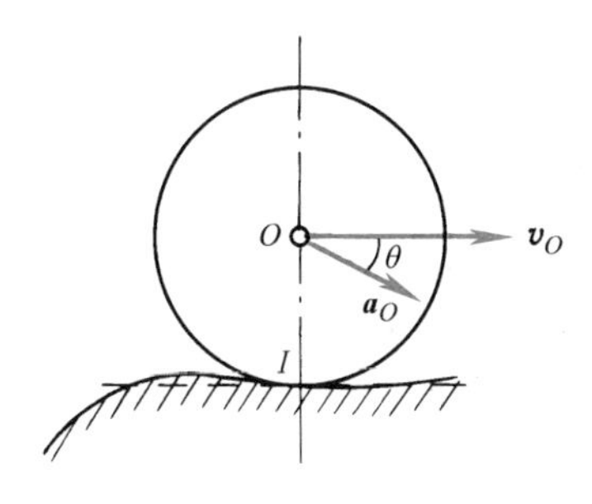


图7-34　题7-5图

7-6　如图7-35所示，椭圆规尺 $AB$ 由曲柄 $OC$ 带动，曲柄以角速度 $\omega_O$ 绕 $O$ 轴匀速转动。如 $OC=BC=AC=r$，并取 $C$ 为基点，求椭圆规尺 $AB$ 的平面运动方程。

答：$x_C=r\cos\omega_O t$，$y_C=r\sin\omega_O t$，$\varphi=-\omega_O t$。

7-7　如图7-36所示，半径为 $r$ 的齿轮由曲柄 $OA$ 带动沿半径为 $R$ 的固定齿轮滚动。如曲柄 $OA$ 以匀角加速度 $\alpha$ 绕 $O$ 轴转动，且当运动开始时，角速度 $\omega_O=0$，转角 $\varphi=0$，求动齿轮以中心 $A$ 为基点的平面运动方程。

答：$x_A=(R+r)\cos\dfrac{\alpha t^2}{2}$，$y_A=(R+r)\sin\dfrac{\alpha t^2}{2}$，$\varphi_A=\dfrac{1}{2r}(R+r)\alpha t^2$。

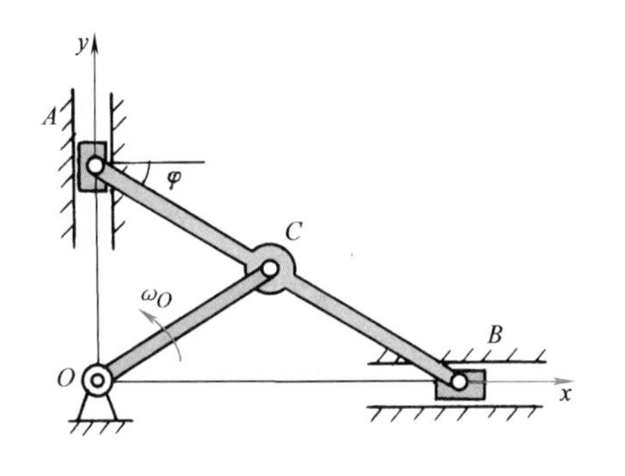


图7-35　题7-6图

图7-35动画

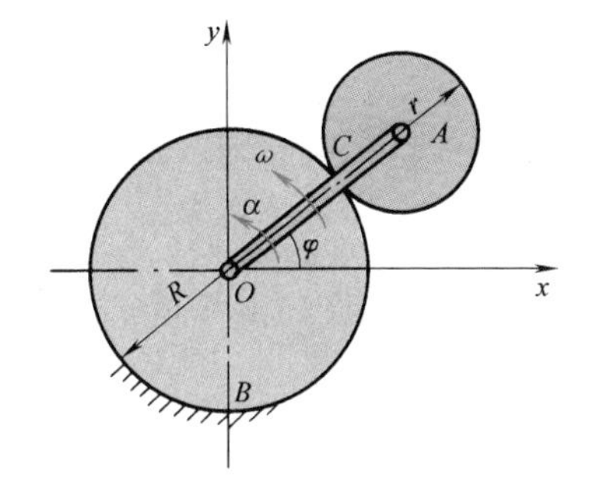


图7-36　题7-7图

图7-36动画

7-8　图7-37所示四连杆机构中，$OA=O_1B=\dfrac{1}{2}AB$，曲柄以角速度 $\omega=3\text{rad/s}$ 绕 $O$ 轴转动。求在图示位置时杆 $AB$ 和杆 $O_1B$ 的角速度。

答：$\omega_{AB}=3\text{rad/s}$，$\omega_{O_1B}=5.2\ \text{rad/s}$。

7-9　在图7-38所示机构中，曲柄 $OA$ 以匀速 $n=90\text{r/min}$ 绕 $O$ 轴转动，带动 $AB$ 和 $CD$ 运动。求当 $AB$ 与 $OA$、$CD$ 均垂直时，杆 $CD$ 的角速度及 $D$ 点的速度。

答：$\omega_{CD}=3\pi\ \text{rad/s}$，$v_D=18\pi\ \text{m/s}$。

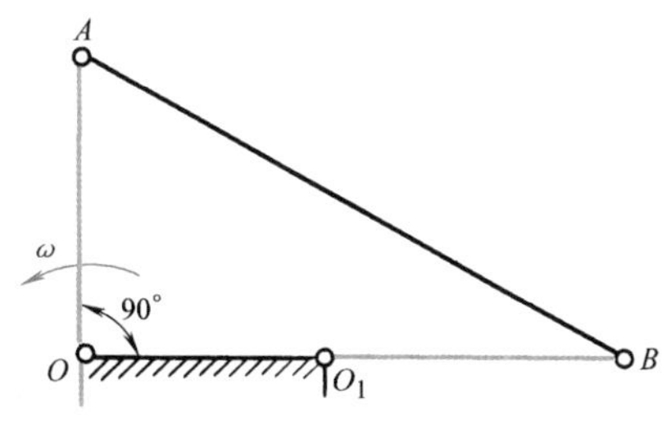


图7-37　题7-8图

图7-37动画

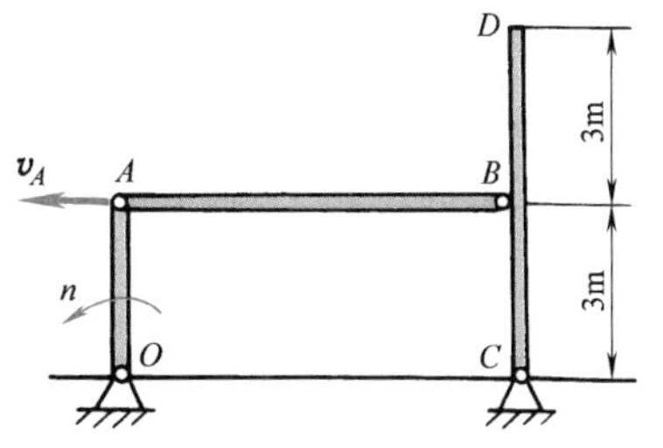


图7-38　题7-9图

图7-38动画

7-10　图7-39所示两齿条以速度$\boldsymbol{v}_1$和$\boldsymbol{v}_2$做同向直线平移，两齿条间夹一半径为$r$的齿轮，求齿轮的角速度及其中心$O$的速度。

答：$\omega=\dfrac{v_1-v_2}{2r}$，$v_O=\dfrac{v_1+v_2}{2}$。

7-11　滑套$C$与$D$可沿铅垂杆运动，如图7-40所示。已知滑套$D$的速度为0.21m/s，方向向下，试求滑套$C$的速度和$AB$杆的角速度。

答：$v_C=0.11\text{m/s}$，$\omega_{AB}=0.17\text{rad/s}$。

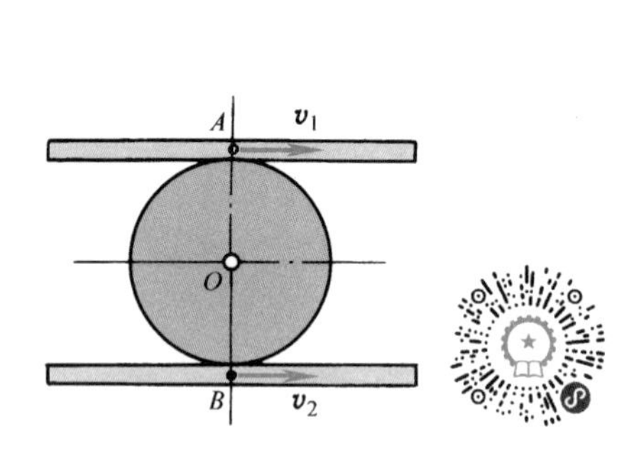


图7-39　题7-10图

图7-39 动画

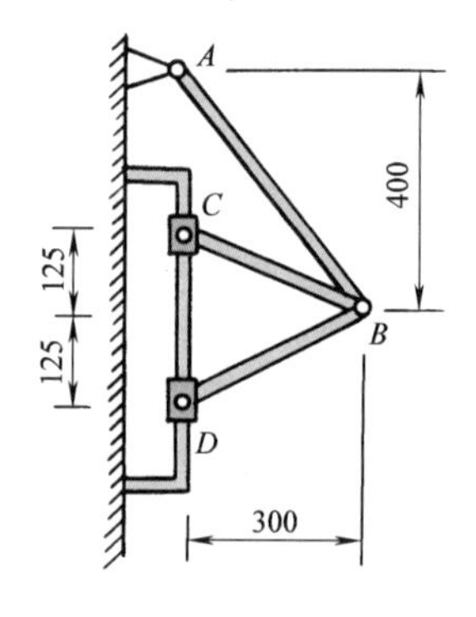


图7-40　题7-11图

图7-40 动画

7-12　当连杆机构位于图7-41所示位置时，套筒$A$正以6.1m/s的速度向左运动。求此时套筒$B$和$C$相应的速度。

答：$v_B=3.16\text{m/s}$，$v_C=8.63\text{m/s}$。

7-13　在图7-42所示位置，杆$AB$具有顺时针的角速度3rad/s。求：（1）$B$点的速度。（2）曲柄$OA$的角速度。

答：（1）1.22m/s。（2）6.25rad/s。

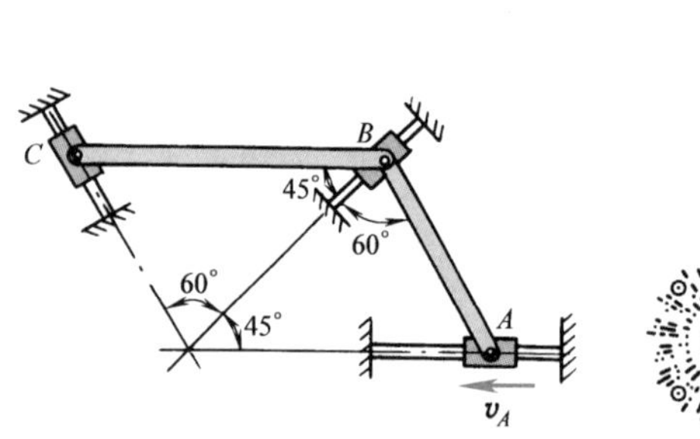


图7-41　题7-12图

图7-41 动画

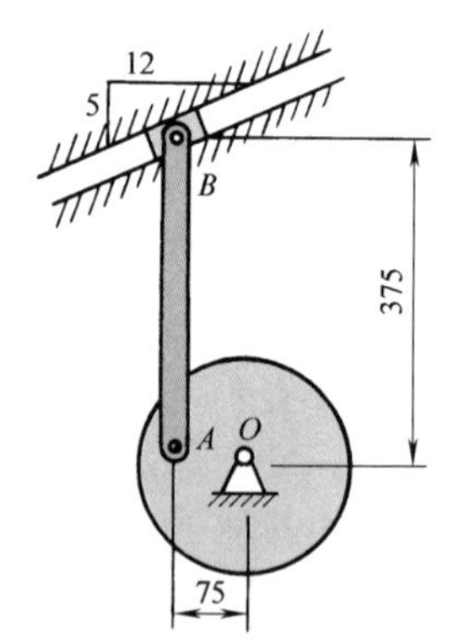


图7-42　题7-13图

图7-42 动画

7-14　在图7-43中，杆$AB$的销钉$E$可在杆$CD$的槽内滑动。在图示位置，物块$A$具有向左的速度400mm/s和向右的加速度1400mm/s$^2$。求杆件$CD$的角速度和角加速度。

答：$\omega_{CD}=2\text{rad/s}$；$\alpha_{CD}=1\text{rad/s}^2$。

7-15　图7-44中杆$CD$的滚轮$C$具有沿导槽向上的速度0.30m/s。求：（1）杆件$AB$和$CD$的角速度；（2）$D$点的速度。

答：（1）$\omega_{AB}=3\text{rad/s}$；$\omega_{CD}=2\text{rad/s}$。（2）$v_D=0.59\text{m/s}$。

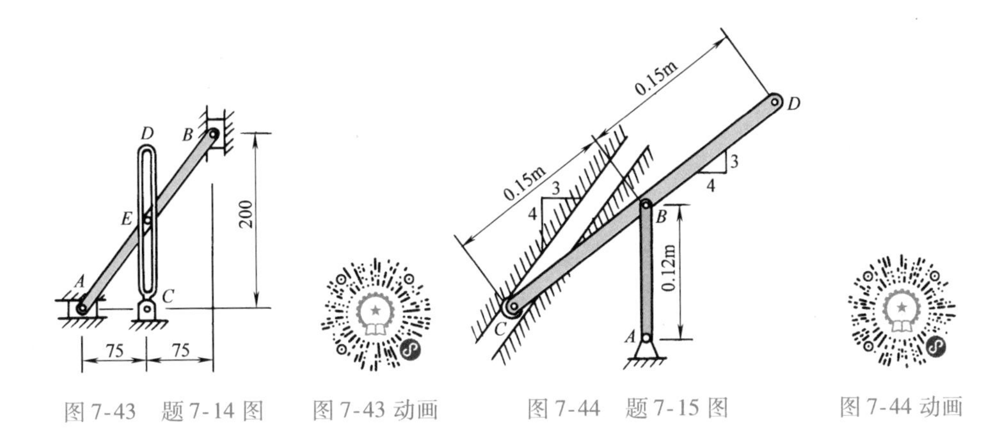


图7-43 题7-14图 图7-43动画 图7-44 题7-15图 图7-44动画

7-16 在图7-45中，两个轮子沿水平面只滚不滑，它们彼此用杆 $AB$ 相连。$P$ 点的速度为12cm/s，方向向右。求 $AB$ 的角速度。

答：$\omega_{AB}=0$。

7-17 图7-46所示滑块 $B$、$D$ 分别沿铅垂和水平导槽滑动，并借 $AB$ 杆和 $AD$ 杆与圆轮中心 $A$ 点铰接，设圆轮做无滑动滚动。图示瞬时滑块 $B$ 速度 $v_B=0.5\text{m/s}$，已知 $AB=0.5\text{m}$，$r=0.2\text{m}$。试求圆轮角速度和滑块 $D$ 的速度。

答：$\omega_A=2.5\text{rad/s}$，$v_D=0.5\text{m/s}$。

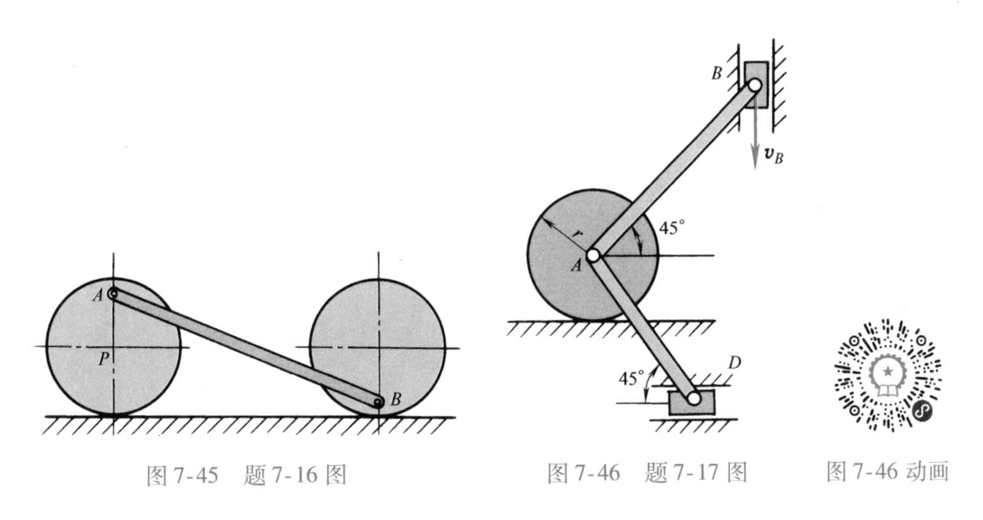


图7-45 题7-16图 图7-46 题7-17图 图7-46动画

7-18 图7-47所示机构中，套管的铰链 $C$ 和 $CD$ 杆连接并套在 $AB$ 杆上。已知 $OA=20\text{cm}$，$AB=40\text{cm}$，在图示瞬时 $\theta=30°$，套管 $C$ 在 $AB$ 的中点，曲柄 $OA$ 的角速度 $\omega=4\text{rad/s}$。求此瞬时 $CD$ 杆的速度大小和方向。

答：$v=0.462\text{m/s}$（↓）。

7-19 图7-48所示长为 $l$ 的曲柄 $OA$ 绕 $O$ 轴转动，带动边长为 $l$ 的正三角形平板 $ABC$ 做平面运动。板上的点 $B$ 与杆 $O_1B$ 铰接，点 $C$ 与套筒铰接，而套筒可在绕 $O_2$ 轴转动的杆 $O_2D$ 上滑动。图示瞬时，曲柄 $OA$ 铅垂，角速度 $\omega_O=6\text{rad/s}$，$O_1$、$B$、$C$ 三点在同一水平线上，杆 $O_2D$ 与水平面间的夹角 $\theta=60°$，$O_2C=l$。试求此瞬时杆 $O_2D$ 的角速度。

答：$\omega_{O_2D}=\sqrt{3}\text{rad/s}$。

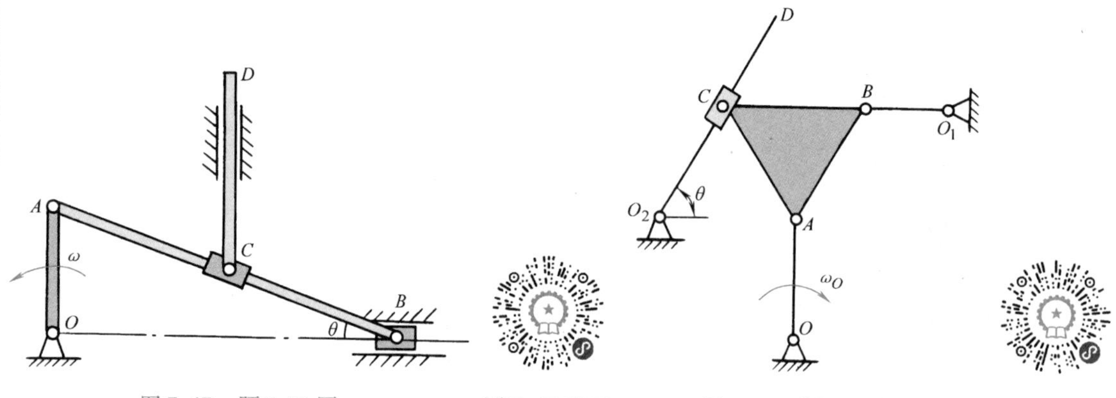


图 7-47　题 7-18 图　　图 7-47 动画　　图 7-48　题 7-19 图　　图 7-48 动画

7-20　刨床机构如图 7-49 所示，曲柄 $OA=r$，以匀角速度 $\omega$ 转动。当 $\varphi=90°$，$\beta=60°$时，$DC:BC=1:2$，且 $OC/\!/BE$，连杆 $AC=2r$。求刨杆 $BE$ 的平移速度。

习题 7-20 讲解

答：$v_{BE}=3r\omega$。

7-21　直杆 $AB$ 放置如图 7-50a、b 所示。分别以 $A$ 端沿水平面以速度 $\boldsymbol{v}$ 向右运动，分别求此时杆 $AB$ 的角速度和角加速度。

答：a）$\omega_{AB}=\dfrac{v}{h}\sin^2\theta$，$\alpha_{AB}=\dfrac{v^2}{h^2}\sin^2\theta\sin2\theta$；b）$\omega_{AB}=\dfrac{v}{r}\sin\theta\tan\theta$，$\alpha_{AB}=\dfrac{v^2}{r^2}\tan^3\theta(\sin^2\theta-2)$。

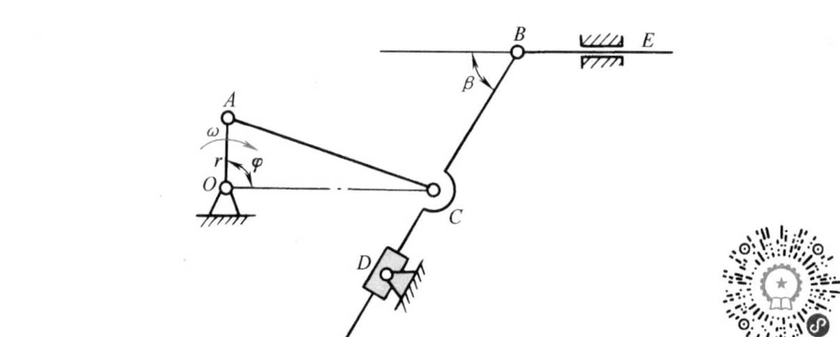


图 7-49　题 7-20 图　　图 7-49 动画

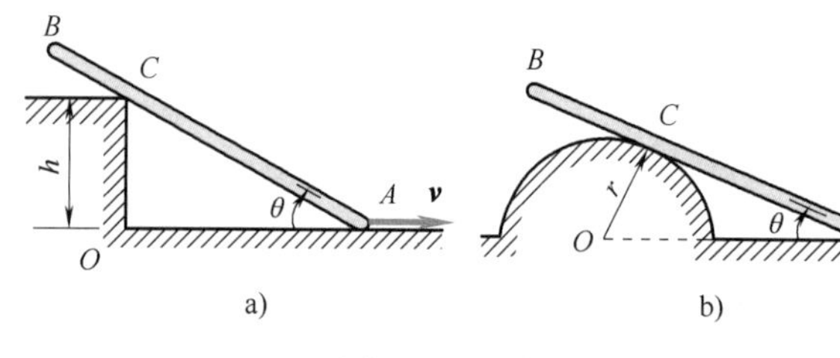


图 7-50　题 7-21 图

图 7-50a 动画

图 7-50b 动画

7-22　在图 7-51 所示位置，物块 $D$ 具有向左的速度 16cm/s 和向右的加速度 $30\text{cm/s}^2$。试求在此位置物块 $A$ 的速度和加速度。

答：$v_A=13.71\text{cm/s}$，$a_A=20.4\text{cm/s}^2$。

7-23　在图 7-52 所示位置时，$BD$ 具有逆时针的角速度 2rad/s 及顺时针的角加速度 $4\text{rad/s}^2$，求物块 $D$ 的加速度。图中长度单位为 mm。

答：$4.26\text{m/s}^2$。

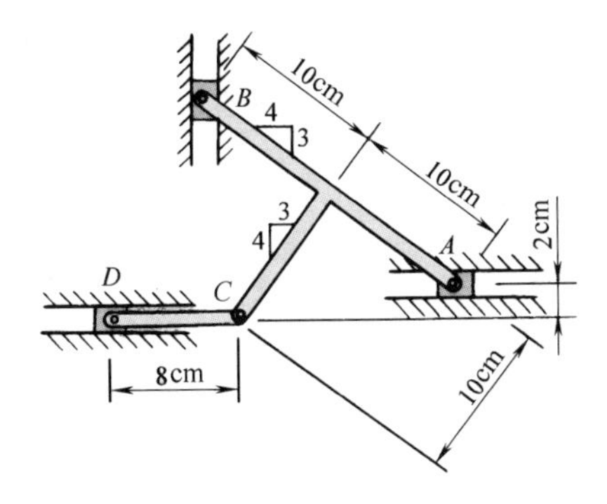


图7-51 题7-22图

图7-51 动画

7-24 在图7-53所示位置，物块 $D$ 具有向右的速度500mm/s和向左的加速度750mm/s²。若轮子只滚不滑，求轮子的角加速度。图中长度单位为mm。

答：3.75rad/s²。

7-25 图7-54所示机构中，$O_1A$ 杆以匀角速度 $\omega=2\text{rad/s}$ 绕 $O_1$ 轴转动，$O_1A=r=10\text{cm}$，$AB=l=20\text{cm}$，滑块 $B$、$E$ 沿水平滑槽移动，滑块 $E$ 上凸起的小圆销钉可在 $O_2D$ 杆上的槽内滑动，带动 $O_2D$ 杆绕 $O_2$ 轴摆动，轴 $O_2$ 至水平滑槽轴线的距离 $h=10\text{cm}$，在图示瞬时，$O_1A$ 杆铅垂，$\varphi=30°$，$\theta=60°$。求此瞬时的 $\omega_{O_2D}$、$a_B$。

习题7-24讲解

答：$\omega_{O_2D}=1.5\text{rad/s}$；$a_B=23.1\text{cm/s}^2$。

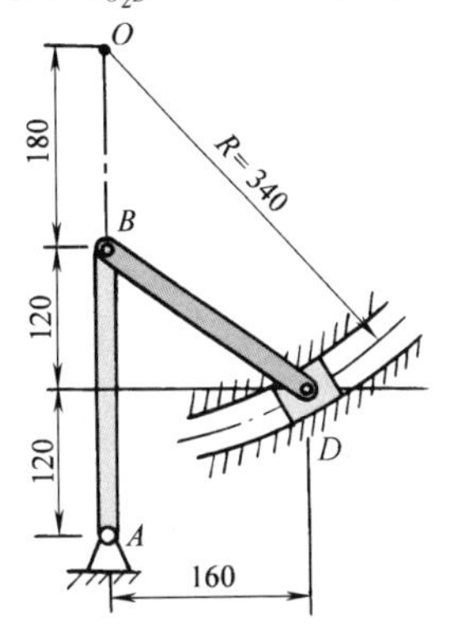


图7-52 题7-23图

图7-52 动画

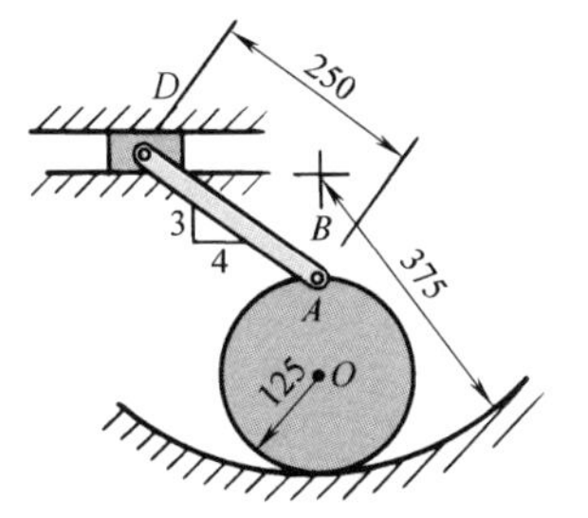


图7-53 题7-24图

图7-53 动画

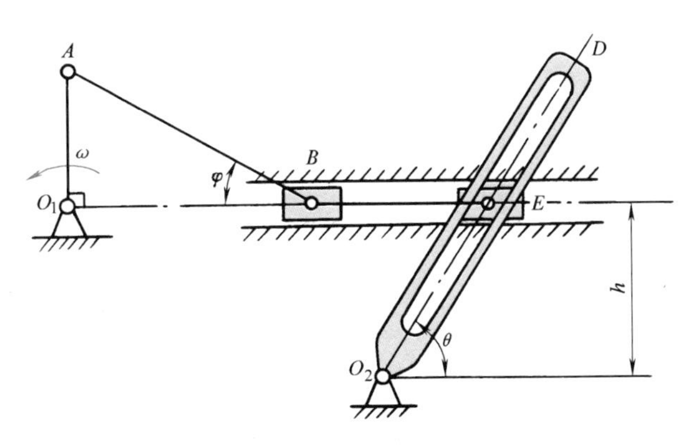


图7-54 题7-25图

图7-54 动画

7-26　在图7-55所示齿轮传动装置中，半径为$R$的主动齿轮Ⅰ以角速度$\omega$做逆时针转动，而长为$3R$的曲柄$OA$以同样的角速度绕轴$O$做顺时针转动，求半径为$R$的齿轮Ⅲ在图示瞬时相对于曲柄$OA$的角速度和此瞬时齿轮Ⅲ的绝对角速度。

答：$\omega_{r3}=2\omega$，$\omega_{a3}=\omega$。

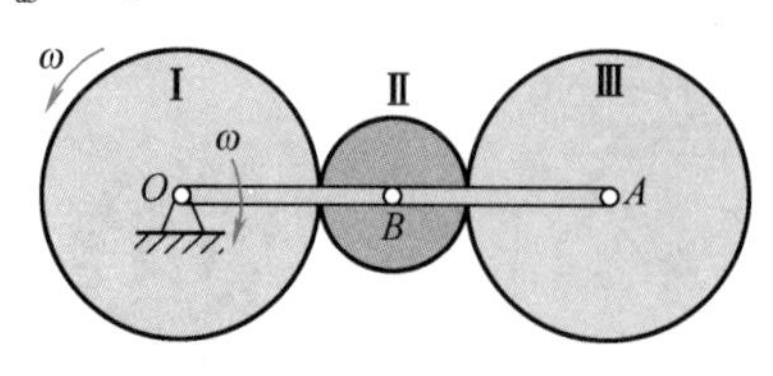


图7-55　题7-26图

图7-55 动画

# 第3篇 动力学

## 引言

动力学研究物体的机械运动与作用在该物体上的力之间的关系。如果说，力的作用是产生物体机械运动的原因，机械运动是力对物体作用的结果，那么，动力学就是从因果关系上论述物体的机械运动。

既然动力学要从因果关系上论述物体的机械运动，而物体机械运动状态的变化不仅与作用在该物体上的力有关，还与物体自身的特性有关。因此，在研究动力学问题中一般选取牛顿的运动三定律作为动力学的基础，并称之为牛顿定律或动力学基本定律。

牛顿定律来自实践，它的正确性已经得到了实践的证明。对于解决自然界和工程技术中的大多数问题来说，牛顿定律是很有效的，这是一个方面；另一方面，正因为它是来自实践，它的适用范围自然受到实践条件的限制，它适用于研究运动速度远小于光速的宏观物体。

动力学中的力学模型有三个：质点、刚体和质点系。质点被定义为只有质量而无大小的物体。刚体被定义为有质量、不会变形的物体。实际上，物体受到力的作用均会发生程度不同的变形。在所研究的问题中，如果这种变形不是重要的因素，为了使研究简化，就可以把这种物体视为刚体。质点系是由若干个质点组成的有内在联系的系统。刚体也可以视为任意两点的距离始终保持不变的质点系。在动力学中，一个具体的物体究竟视为什么样的力学模型，应当依据所研究的问题的性质来决定。例如，在空间运行的飞行器，其运动范围远远大于自身的尺寸，在研究飞行器的运动轨道时，可以把它简化为质点；在研究飞行器运行的姿态时，则要简化为刚体了。

动力学的任务决定了它要研究以下两类基本问题：

（1）已知物体的运动规律，求作用在此物体上的力。

（2）已知作用于物体上的力，求此物体会产生什么样的运动。

动力学引言

# 第 8 章 动力学基础

质点是物体最简单的模型，是构成复杂物体系统的基础，同理，质点动力学是复杂物体系统动力学的基础。本章从质点动力学开始，分别介绍应用牛顿定律建立质点在惯性坐标系和非惯性坐标系下运动微分方程的方法，以及量纲的概念和质点系的基本惯性特征。

## 8.1 牛顿定律

### 8.1.1 牛顿定律

牛顿在《自然哲学的数学原理》中建立了描述物体机械运动的运动三定律，亦称为动力学基本定律。

牛顿第一定律　任何质点如果不受力作用，将永远保持其静止或匀速直线运动状态。

该定律亦称作惯性定律，揭示了质点固有的保持其静止或匀速直线运动状态的特性，即惯性。相应地，质点的匀速直线运动也称为**惯性运动**。

牛顿第二定律　质点受力作用时将产生加速度，加速度的方向与作用力方向相同，其大小则与力的大小成正比，与质点的质量成反比。

该定律是建立质点运动数学模型的最基本的定律。写成方程的形式为

$$m\boldsymbol{a}=\boldsymbol{F} \tag{8-1}$$

式中，$\boldsymbol{F}$、$m$、$\boldsymbol{a}$ 分别是作用力、质点的质量和加速度。如果在质点上同时作用了几个力，方程（8-1）应改写为

$$m\boldsymbol{a}=\sum\boldsymbol{F} \tag{8-2}$$

即质点的质量与其加速度的乘积等于作用在此质点上诸力的合力。

运动方程（8-1）和（8-2）表明，质量是质点惯性的度量。可用下式确定其质量$m$ 为

$$m=\frac{P}{g} \tag{8-3}$$

式中，$P$ 为质点所受重力；$g$ 为重力加速度。

质量与重量是两个不同的概念。质量 $m$ 是质点惯性的度量，重量则是质点所受重力 $P$ 的大小。由于重力加速度的大小是随地球纬度的变化而变化的，质点所受的重力也是随地域的变化而变化的，重量与重力加速度的比值——质量却是不变的。

牛顿第三定律　任何两个质点间的相互作用力总是大小相等，方向相反，沿着同一直

线，且分别作用在这两个质点上。该定律也称为作用与反作用定律。

该定律说明两个质点不论是静止平衡的，还是运动的，它们之间的作用力和反作用力总是大小相等，方向相反。

### 8.1.2　惯性参考系

牛顿定律涉及质点的不同运动状态：静止、直线匀速及变速度的运动状态，所给出的结论只有在惯性参考系才是正确的。

在某参考系中观测某个所受合力等于零的质点的运动，如果此质点正好处于静止或匀速直线运动状态，该参考系称为惯性参考系。

在应用牛顿定律时，根据研究对象、问题的特点及实际要求的精度不同，可以选择日心参考系、地心参考系和地球参考系为惯性参考系。

以太阳为原点，三个坐标轴指向三颗恒星的参考系为日心参考系。

以地心为原点、三个坐标轴指向三颗恒星的参考系为地心参考系。

固定于地球表面的参考系为**地球参考系**，也称为地面参考系。

对于大多数限于地球表面及其邻近范围的机械运动问题，倘若要求的精度不很高，为了计算简便，一般选用地球参考系作为惯性参考系。

### 8.1.3　单位制和量纲

牛顿力学涉及了许多物理量，度量每个物理量的标准称为单位，而这些物理量的类型标识为量纲。

单位是独立确定的物理量称为**基本量**，它们的单位称为**基本单位**；其余的物理量称为导出量，它们的单位由基本单位推演出来，称为**导出单位**。导出量的量纲由基本量的量纲组成。

此外，还有辅助单位。这种单位目前有两个：一是平面角的“弧度”；二是立体角的“球面度”。辅助单位可用来构成导出单位，如角速度和角加速度的单位等。

选择不同的基本量和基本单位，形成不同的单位制。

国际单位制（SI）以长度、质量、时间为基本量，对应的基本单位是 m、kg、s，量纲分别用 L、M、T 表示。力是导出量，力的导出单位是 N。能够使质量为 1kg 的质点产生 $1\mathrm{m/s^2}$ 的加速度所需要的力规定为 1N，即

$$1\mathrm{N} = 1\mathrm{kg} \cdot 1\mathrm{m/s^2} = 1\mathrm{kg} \cdot \mathrm{m/s^2}$$

加速度和力的量纲分别是 $\mathrm{LT^{-2}}$ 和 $\mathrm{MLT^{-2}}$。

量纲与其单位是物理量的两个方面，一个物理量的量纲是一定的，它的大小却可以用不同的单位来量度。例如，长度的量纲是 L，却可以用 m、mm、km 作为量度长度的单位。

力学方程表征了一些物理量的相互关系，它的基本形式应当与单位的选取无关。于是，任何一个力学方程，它的符号两侧的量纲应该是相同的。这一结论常用来校核力学方程正确与否。

## 8.2　质点的运动微分方程

设一质量为 $m$ 的质点 $M$ 受到力 $\boldsymbol{F}_1, \boldsymbol{F}_2, \cdots, \boldsymbol{F}_n$ 的作用，沿某曲线轨迹运动。$\boldsymbol{F}_1, \boldsymbol{F}_2, \cdots, \boldsymbol{F}_n$ 构

成一汇交力系，其合力为 $\sum \boldsymbol{F}=\boldsymbol{F}_1+\boldsymbol{F}_2+\cdots+\boldsymbol{F}_n$。根据牛顿第二定律，质点在惯性坐标系中的运动微分方程有以下几种形式。

**1. 矢径形式**

$$m\frac{\mathrm{d}^2\boldsymbol{r}}{\mathrm{d}t^2}=\sum \boldsymbol{F} \tag{8-4}$$

式中，$\boldsymbol{r}$ 为质点的矢径。

**2. 笛卡儿坐标形式**

$$\left.\begin{aligned} m\frac{\mathrm{d}^2x}{\mathrm{d}t^2}&=\sum F_x\\ m\frac{\mathrm{d}^2y}{\mathrm{d}t^2}&=\sum F_y\\ m\frac{\mathrm{d}^2z}{\mathrm{d}t^2}&=\sum F_z\end{aligned}\right\} \tag{8-5}$$

上式是将式（8-4）投影到笛卡儿坐标系的各轴上得到的。

**3. 自然轴系形式**

$$\left.\begin{aligned} m\frac{\mathrm{d}v}{\mathrm{d}t}&=\sum F_{\mathrm{t}}\\ m\frac{v^2}{\rho}&=\sum F_{\mathrm{n}}\\ 0&=\sum F_{\mathrm{b}}\end{aligned}\right\} \tag{8-6}$$

上式是将式（8-4）投影到在质点 $M$ 上建立的、随其运动轨迹而动的自然轴系上得到的。从该方程的第三式看出，由于该质点的加速度在运动轨迹的密切面内，作用在该质点上力系的合力也应该在此密切面内。

## 8.3 质点动力学的两类基本问题

应用质点的运动微分方程，可以解决**质点动力学的两类基本问题**。

第一类基本问题：已知质点的运动，求解此质点所受的力。

第二类基本问题：已知作用在质点上的力，求解此质点的运动。

作用在质点上的力可分为常力和变力两种，变力为时间、位置（即坐标）和速度的单变量或多变量函数，它既可能是线性函数，也可能是非线性函数。一般来说，第一类基本问题需用微分和代数方法求解，第二类基本问题需用积分方法求解。对于含非线性函数的运动微分方程，大多数情况下很难找到解析解，只能用数值积分方法求解。比较起来，质点动力学的第二类基本问题比第一类基本问题要困难得多。

---

**例8-1**　质点 $M$ 的质量为 $m$，运动方程是 $x=b\cos\omega t$，$y=d\sin\omega t$，其中 $b$、$d$、$\omega$ 为常量，求作用在此质点上的力。

解：这是典型的动力学第一类基本问题。从运动方程中消去时间 $t$，得此质点的轨迹方程为

$$\frac{x^2}{b^2}+\frac{y^2}{d^2}=1$$

如图 8-1 所示。该质点的加速度在坐标轴上的投影分别为

$$a_x=\frac{\mathrm{d}^2x}{\mathrm{d}t^2}=-b\omega^2\cos\omega t=-\omega^2x$$

$$a_y=\frac{\mathrm{d}^2y}{\mathrm{d}t^2}=-d\omega^2\sin\omega t=-\omega^2y$$

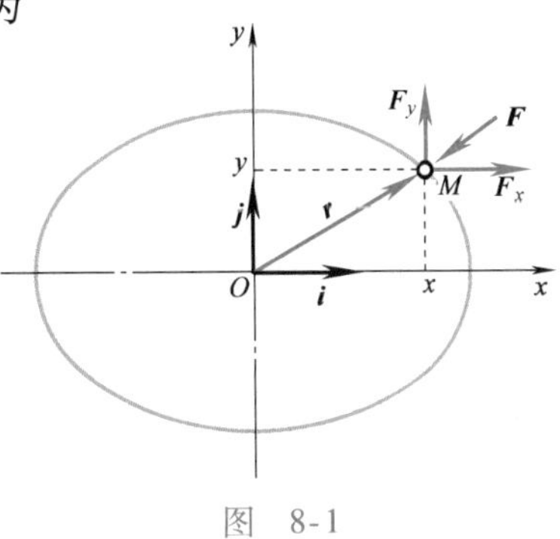

图　8-1

将其代入运动微分方程（8-5），解得作用在此质点上的力在 $x$、$y$ 轴上的投影分别为

$$F_x=ma_x=-m\omega^2x$$

$$F_y=ma_y=-m\omega^2y$$

或　　$$\boldsymbol{F}=F_x\boldsymbol{i}+F_y\boldsymbol{j}=-m\omega^2(x\boldsymbol{i}+y\boldsymbol{j})=-m\omega^2\boldsymbol{r}$$

由此可知，力 $\boldsymbol{F}$ 与矢径 $\boldsymbol{r}$ 共线、反向，这表明，此质点按给定的运动方程做椭圆运动时，其特点是：①力的方向永远指向椭圆中心，为**有心力**。②力的大小与此质点至椭圆中心的距离成正比。

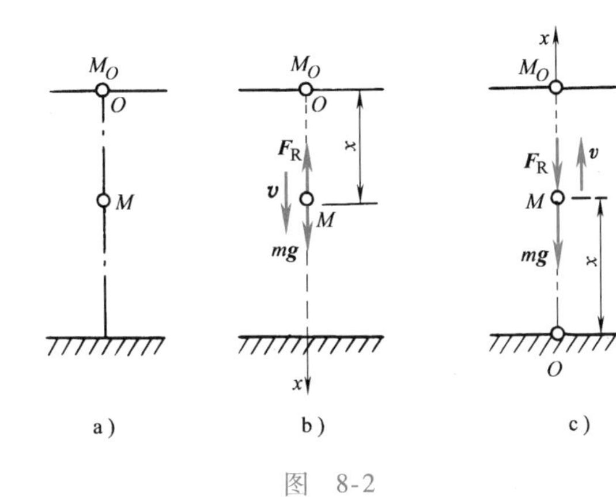

图　8-2

**例 8-2**　在均匀的静止液体中，质量为 $m$ 的物体 $M$ 从液面处无初速下沉，如图 8-2a 所示。假设液体阻力 $\boldsymbol{F}_\mathrm{R}=-\mu\boldsymbol{v}$，其中 $\mu$ 为阻尼系数。试分析该物体的运动规律及其特征。

例题 8-2 讲解

**解：** 为建立质点 $M$ 的运动微分方程，将参考坐标系的原点固结在该点的起始位置上，$x$ 轴铅垂向下。该质点的受力图如图 8-2b 所示，则质点 $M$ 的位移、速度、加速度均设为沿 $x$ 轴的正方向。运动微分方程为

$$m\ddot{x}=mg-\mu v$$

或

$$\frac{\mathrm{d}v}{\mathrm{d}t}=g-bv \tag{a}$$

式中，$b=\mu/m$。分离变量，并注意到运动的起始条件为：$t=0$ 时，$v_0=0$，积分一次

$$\int_0^v\frac{\mathrm{d}v}{g-bv}=\int_0^t\mathrm{d}t$$

解得

$$v=\frac{g}{b}(1-e^{-bt}) \tag{b}$$

再分离变量，运动起始条件为 $t=0$ 时，$x_0=0$，则有

$$\int_0^x dx = \frac{g}{b}\int_0^t (1-e^{-bt})dt$$

积分得

$$x=\frac{g}{b}\left[t-\frac{1}{b}(1-e^{-bt})\right] \tag{c}$$

这就是该物体下沉的运动规律。由式（b）知，当 $t\to\infty$ 时，$e^{-bt}\to 0$，该物体下沉速度将趋近一极限值

$$v_{\lim}=\frac{g}{b}=\frac{mg}{\mu}$$

这个速度称之为物体在液体中自由下沉的**极限速度**。

由此可以看出，在阻尼系数基本相同的情况下（即物体的大小、形状基本相同时），物体的质量越大，它趋近于极限速度所需的时间越长。工程中的选矿、选种工作，就是应用了这个道理。

解此题时也可选择另一参考坐标系，其原点 $O$ 在液体底部，$x$ 轴铅垂向上。设 $\dot{x}$、$\ddot{x}$ 仍按 $x$ 轴的正向画出，则该物体的受力图如图 8-2c 所示。运动微分方程为

$$m\ddot{x}=-mg-\mu v$$

或

$$\frac{dv}{dt}=-(g+bv) \tag{d}$$

注意到此时的运动起始条件为 $t=0$ 时，$x_0=H$，$v_0=0$。通过两次分离变量和积分，可得

$$v=-\frac{g}{b}(1-e^{-bt}) \tag{e}$$

$$x=H-\frac{g}{b}\left[t-\frac{1}{b}(1-e^{-bt})\right] \tag{f}$$

由式（e）知，在任一瞬时，该物体的速度 $v$ 为负值，即沿 $x$ 轴的负向——铅垂向下，与第一种解法是一致的。至于运动规律，通过坐标变换，这两种解法也是一致的。

以上讨论提出了在建立质点运动微分方程中值得注意的一个问题，即在选择参考系、建立质点的运动微分方程时，宜尽可能将质点置于参考坐标系的正向位置，使其速度、加速度的分量也沿着坐标轴的正向；倘若质点的真实速度、加速度的分量是沿着坐标轴的负向，也应沿正向来假设，并画出其受力图，建立它的运动微分方程。

## 8.4 质点的相对运动微分方程

牛顿定律成立的前提是应用于惯性参考系中，但工程实际要求研究物体在非惯性参考系中的动力学问题。例如，研究宇航员在航天器中的运动、航天器的着陆问题、水流沿水轮机叶片的运动时，航天器、地球（面）参考系和水轮机都是非惯性参考系。

### 8.4.1　质点的相对运动微分方程

如图 8-3 所示，质量为 $m$ 的质点 $M$ 相对于非惯性参考系 $O'x'y'z'$ 运动，而 $O'x'y'z'$ 又在惯性参考系 $Oxyz$ 中运动，$M$ 在两个参考坐标系中的轨迹分别是 $AB$ 和 $A'B'$。

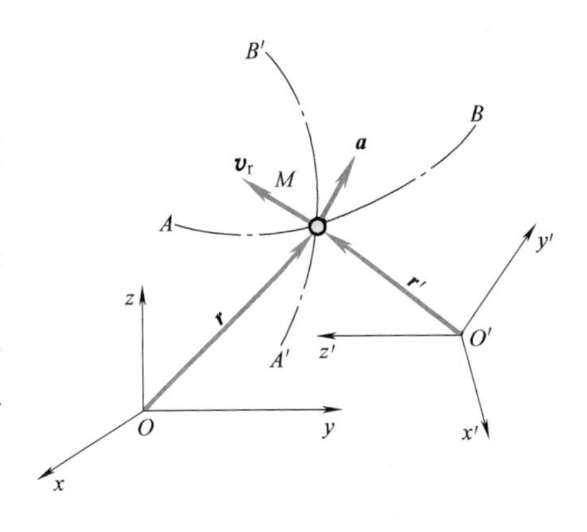


图　8-3

为研究 $M$ 在非惯性参考系 $O'x'y'z'$ 中的运动，首先研究它在惯性参考系 $Oxyz$ 中的运动。在 $Oxyz$ 中对 $M$ 应用牛顿第二定律

$$m\boldsymbol{a}_{\mathrm{a}}=\boldsymbol{F} \tag{a}$$

式中，$\boldsymbol{a}_{\mathrm{a}}$、$\boldsymbol{F}$ 分别是 $M$ 的绝对加速度和所受合力。

由点的加速度合成定理

$$\boldsymbol{a}_{\mathrm{a}}=\boldsymbol{a}_{\mathrm{e}}+\boldsymbol{a}_{\mathrm{r}}+\boldsymbol{a}_{\mathrm{C}} \tag{b}$$

其中，$\boldsymbol{a}_{\mathrm{e}}$、$\boldsymbol{a}_{\mathrm{r}}$ 和 $\boldsymbol{a}_{\mathrm{C}}$ 分别是质点 $M$ 的牵连加速度、相对加速度和科氏加速度。将式（b）代入式（a）并移项得到

$$m\boldsymbol{a}_{\mathrm{r}}=\boldsymbol{F}-m\boldsymbol{a}_{\mathrm{e}}-m\boldsymbol{a}_{\mathrm{C}} \tag{8-7}$$

令

$$\left.\begin{aligned}\boldsymbol{F}_{\mathrm{Ie}}&=-m\boldsymbol{a}_{\mathrm{e}}\\ \boldsymbol{F}_{\mathrm{IC}}&=-m\boldsymbol{a}_{\mathrm{C}}\end{aligned}\right\} \tag{8-8}$$

分别称其为牵连惯性力和科氏惯性力。这样式（8-7）可以写成为

$$m\boldsymbol{a}_{\mathrm{r}}=\boldsymbol{F}+\boldsymbol{F}_{\mathrm{Ie}}+\boldsymbol{F}_{\mathrm{IC}} \tag{8-9}$$

式（8-9）就是质点的相对运动微分方程。这一方程表明，质点的质量与其相对加速度的乘积等于作用在质点上的外力的合力与牵连惯性力以及科氏惯性力的矢量和。由此看出，在非惯性参考系中，通常 $m\boldsymbol{a}_{\mathrm{r}}\neq\boldsymbol{F}$。但加上牵连惯性力和科氏惯性力这样的“修正项”后，质点在非惯性参考系中的相对运动微分方程就具有牛顿第二定律的形式。

将式（8-9）向笛卡儿坐标系或自然轴系投影，会得到相应的**相对运动微分方程的投影式**。

当动坐标系做匀速直线平移时，牵连惯性力和科氏惯性力 $\boldsymbol{F}_{\mathrm{Ie}}=\boldsymbol{F}_{\mathrm{IC}}=\boldsymbol{0}$，则有 $m\boldsymbol{a}_{\mathrm{r}}=\boldsymbol{F}$。这表明，**相对惯性参考系做惯性运动的参考系也是惯性参考系**，牛顿定律在其中成立。

---

**例 8-3**　图 8-4a 所示圆盘在水平面内绕其中心铅垂轴 $O$ 匀速转动，角速度为 $\omega$。在距 $O$ 轴为 $e$ 的圆盘弦上开有一直槽，质量为 $m$ 的质点 $M$ 沿此槽运动。假设运动开始时，$M$ 处于图示位置且相对于圆盘静止，试求其相对运动方程和槽壁对它的约束力。

**解：** 设静坐标系 $Oxy$ 如图 8-4a 所示，而动坐标系 $Ox'y'z'$ 固结于圆盘并绕轴 $Oz'$ 转动，$Ox'$ 轴和 $Oy'$ 轴分别与直槽平行和垂直，如图 8-4b 所示。圆盘角速度为 $\boldsymbol{\omega}=\omega\boldsymbol{k}'=$ 常矢量。图示时刻质点的矢径为 $\boldsymbol{r}=\boldsymbol{r}'=x'\boldsymbol{i}'+e\boldsymbol{j}'$。速度、加速度分析如下：

$$\boldsymbol{v}_{\mathrm{e}}=\boldsymbol{\omega}\times\boldsymbol{r}=\omega(-e\boldsymbol{i}'+x'\boldsymbol{j}') \tag{a}$$

$$\boldsymbol{a}_{\mathrm{e}}=\boldsymbol{\omega}\times\boldsymbol{v}_{\mathrm{e}}=\omega^2(-x'\boldsymbol{i}'-e\boldsymbol{j}') \tag{b}$$

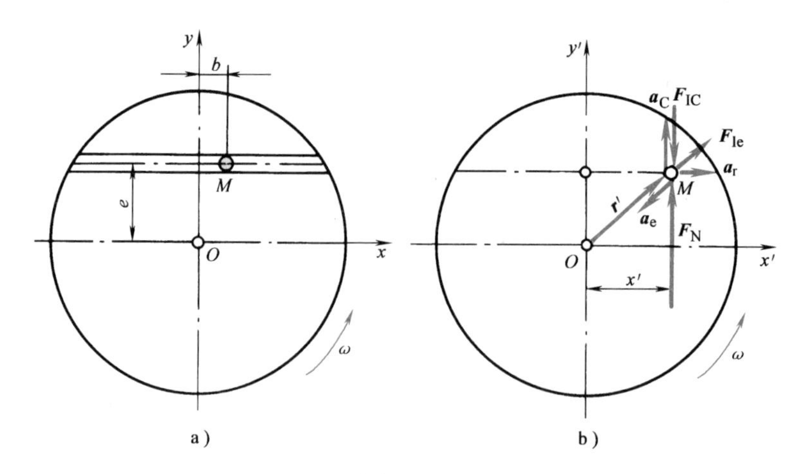


图 8-4

$$v_r = \dot{x}'\boldsymbol{i}',\ \boldsymbol{a}_r = \ddot{x}'\boldsymbol{i}'$$

$$\boldsymbol{a}_C = 2\boldsymbol{\omega}\times\boldsymbol{v}_r = 2\omega\dot{x}'\boldsymbol{j}' \tag{c}$$

将式（a）和式（c）代入式（8-8），得到附加在质点 $M$ 上的牵连惯性力和科氏惯性力分别为

$$\left.\begin{aligned}\boldsymbol{F}_{Ie} &= m\omega^2(x'\boldsymbol{i}' + e\boldsymbol{j}')\\ \boldsymbol{F}_{IC} &= -2m\omega\dot{x}'\boldsymbol{j}'\end{aligned}\right\} \tag{d}$$

质点 $M$ 在直槽平面内真正受到的力只有槽壁的水平约束力 $\boldsymbol{F}_N$，且

$$\boldsymbol{F}_N = F_N\boldsymbol{j}' \tag{e}$$

将式（b）、式（d）和式（e）代入式（8-9），整理得以矢量形式表示的质点相对运动微分方程

$$m\ddot{x}'\boldsymbol{i}' = mx'\omega^2\boldsymbol{i}' + [F_N + m\omega(e\omega - 2\dot{x}')]\boldsymbol{j}' \tag{f}$$

将上式分别投影到 $x'$轴、$y'$轴上，得

$$\ddot{x}' = x'\omega^2 \tag{g}$$

$$0 = F_N + m\omega(e\omega - 2\dot{x}') \tag{h}$$

根据微分方程理论，令方程（g）的解为

$$x' = C_1e^{\omega t} + C_2e^{-\omega t} \tag{i}$$

由运动初始条件：$t=0$ 时，$x=b$，$\dot{x}=0$ 解得

$$C_1 = C_2 = \frac{1}{2}b$$

质点 $M$ 在直槽内的运动方程是

$$x' = \frac{1}{2}b(e^{\omega t} + e^{-\omega t}) = b\cosh\omega t \tag{j}$$

将式（j）代入式（h），解得槽壁对质点 $M$ 的水平约束力

$$F_N = m\omega^2(2b\sinh\omega t - e) = m\omega^2(2\sqrt{x'^2 - b^2} - e) \tag{k}$$

### 8.4.2 牵连、科氏惯性力对质点运动的影响

对于精度要求较高的工程问题，应考虑地球自转所引起的牵连惯性力和科氏惯性力，对

位于地球表面及其邻近范围的质点系运动的影响，有以下三种典型现象。

**1. 铅垂线偏离地球的径向**　位于纬度 $\varphi$ 的地面上，用软线静止悬挂一质量为 $m$ 的物块 $M$，此软线的方向就是铅垂线的方向。为分析铅垂线是否通过地心，取地心参考系为惯性参考系，通过地心 $O$ 并固结于地球的参考系 $Ox'y'z'$为非惯性参考系。设 $M$ 在 $y'Oz'$平面内，在地心引力 $\boldsymbol{F}$ 和软绳张力 $\boldsymbol{F}_{\mathrm{T}}$ 作用下处于**相对平衡状态**。

在惯性参考系中，由于地球的自转，质点有一牵连法向加速度（图 8-5a）

$$a_{\mathrm{e}}^{\mathrm{n}}=r\omega^2=R\omega^2\cos\varphi \tag{a}$$

且 $a_{\mathrm{C}}=0$。将式（a）代入式（8-7）得

$$\boldsymbol{F}+\boldsymbol{F}_{\mathrm{T}}-m\boldsymbol{a}_{\mathrm{e}}^{\mathrm{n}}=\boldsymbol{0} \tag{b}$$

其中，$-m\boldsymbol{a}_{\mathrm{e}}^{\mathrm{n}}=\boldsymbol{F}_{\mathrm{Ie}}$为相应于 $\boldsymbol{a}_{\mathrm{e}}^{\mathrm{n}}$ 的牵连惯性力。因此，在惯性参考系中，$M$ 是在 $\boldsymbol{F}$、$\boldsymbol{F}_{\mathrm{T}}$ 和 $\boldsymbol{F}_{\mathrm{Ie}}$三力作用下处于平衡状态。若设

$$\boldsymbol{F}-m\boldsymbol{a}_{\mathrm{e}}^{\mathrm{n}}=\boldsymbol{P} \tag{c}$$

则有

$$\boldsymbol{P}=-\boldsymbol{F}_{\mathrm{T}} \tag{d}$$

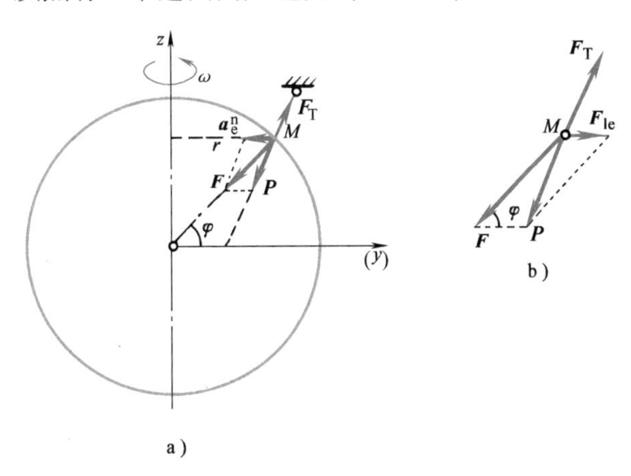


图　8-5

即软线的张力与质点的重力相互平衡，如图 8-5b 所示。由于重力 $\boldsymbol{P}$ 乃地心引力 $\boldsymbol{F}$ 的一个分力，是偏离地球的直径的，因此软线所在的铅垂线方向并未指向地心 $O$。这是地球自转所带来的影响。

**2. 北半球上运动物体的右移**　一质量为 $m$ 的质点 $M$，在北半球沿经度线自南向北运动。在此刻 $M$ 所在位置建立地面动坐标系 $Mxyz$，三根轴分别沿着纬度线、经度线的切线和铅垂线（忽略对地球直径的偏离），方向如图 8-6a 所示。质点 $M$ 的相对速度、牵连角速度、科氏加速度和科氏惯性力分别为

$$\boldsymbol{v}_{\mathrm{r}}=v_{\mathrm{r}}\boldsymbol{j},$$
$$\boldsymbol{\omega}=\omega(\cos\varphi\boldsymbol{j}+\sin\varphi\boldsymbol{k})$$
$$\boldsymbol{a}_{\mathrm{C}}=2\omega(\cos\varphi\boldsymbol{j}+\sin\varphi\boldsymbol{k})\times v_{\mathrm{r}}\boldsymbol{j}=-2\omega v_{\mathrm{r}}\sin\varphi\boldsymbol{i}$$
$$\boldsymbol{F}_{\mathrm{IC}}=2m\omega v_{\mathrm{r}}\sin\varphi\boldsymbol{i}$$

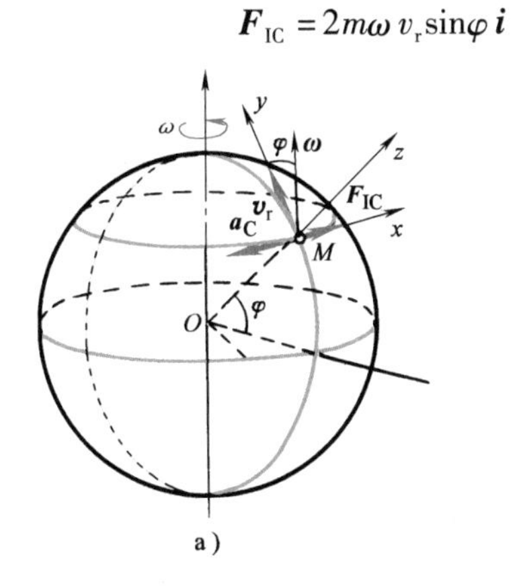


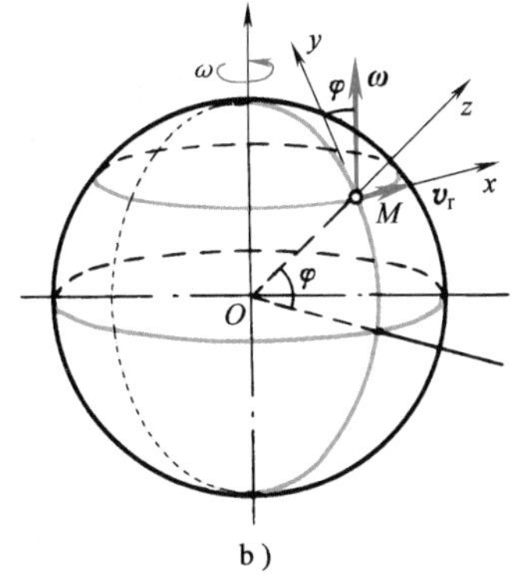


图　8-6

这表明，附加在质点上的科氏惯性力 $\boldsymbol{F}_{\mathrm{IC}}$ 沿着 $x$ 轴的正向，促使质点 $M$ 在运动过程中向右侧偏移。对于沿经度线自北向南运动的质点 $M$，同样分析可知，科氏惯性力促使其沿行进方向的右侧偏移。

如果质点 $M$ 沿纬度线自东向西运动（或相反，如图 8-6b 所示），分析表明，附加于质点的科氏惯性力沿 $z$ 轴和 $y$ 轴有两个分量，其中 $y$ 轴分量仍起到促使其沿行进方向向右侧偏移的作用。运用上述结论，可以用来解释大家所熟知的自然现象：由于地球的自转引起的水流科氏惯性力，使得北半球河流的右岸受到更明显的冲刷。

**3. 落体偏东** 一物体 $M$ 从纬度 $\varphi$、距地面高度 $H$ 处自由下落，取与前面相同的地面动坐标系 $Mxyz$，$M$ 位于其中沿铅垂线的 $z$ 轴上，如图 8-7a 所示。在任意瞬时，$M$ 的相对坐标、相对速度和牵连角速度（地球自转）为

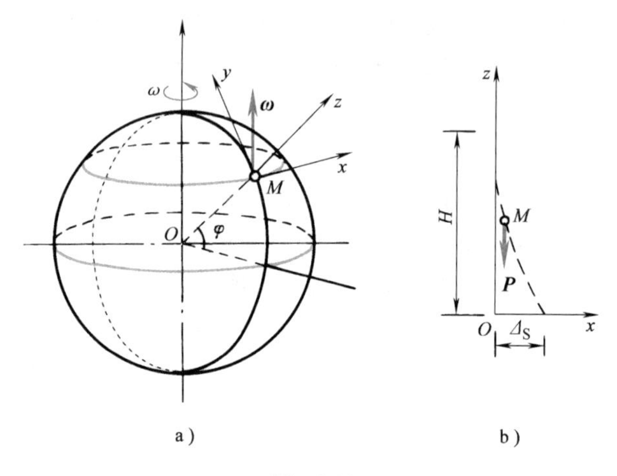

图 8-7

$$\left.\begin{aligned}&\boldsymbol{r}=x\boldsymbol{i}+y\boldsymbol{j}+z\boldsymbol{k}\\&\boldsymbol{v}_{\mathrm{r}}=\frac{\mathrm{d}\boldsymbol{r}}{\mathrm{d}t}=\dot{x}\boldsymbol{i}+\dot{y}\boldsymbol{j}+\dot{z}\boldsymbol{k}\\&\boldsymbol{\omega}=\omega(\cos\varphi\boldsymbol{j}+\sin\varphi\boldsymbol{i})\end{aligned}\right\}$$

$M$ 受到的力有重力 $\boldsymbol{P}$，且

$$\boldsymbol{P}=-mg\boldsymbol{k} \tag{a}$$

和科氏惯性力

$$\boldsymbol{F}_{\mathrm{IC}}=-2m\boldsymbol{\omega}\times\boldsymbol{v}_{\mathrm{r}}=2m\omega[(\dot{y}\sin\varphi-\dot{z}\cos\varphi)\boldsymbol{i}-\dot{x}\sin\varphi\boldsymbol{j}+\dot{x}\cos\varphi\boldsymbol{k}] \tag{b}$$

将式（a）、式（b）代入式（8-9）并向坐标轴投影，得

$$\left.\begin{aligned}&\ddot{x}=2\omega(\dot{y}\sin\varphi-\dot{z}\cos\varphi)\\&\ddot{y}=-2\omega\dot{x}\sin\varphi\\&\ddot{z}=-g+2\omega\dot{x}\cos\varphi\end{aligned}\right\} \tag{c}$$

这是落体的相对运动微分方程，运动初始条件为：$t=0$ 时，$x_0=y_0=0$，$z_0=H$；$\dot{x}_0=\dot{y}_0=\dot{z}_0=0$。要求出这种二阶线性联立微分方程组的解析解是颇为困难的。由于落体偏移是由于地球自转引起的，所以可以将该方程组的解设为 $\omega$ 的幂级数形式，用逐步逼近法，求得一次、二次近似解分别为

$$\left.\begin{aligned}&x=\frac{1}{3}\omega gt^3\cos\varphi\\&y=0\\&z=H-\frac{1}{2}gt^2\end{aligned}\right\} \tag{d}$$

$$
\left.\begin{aligned}
x &= \frac{1}{3}\omega g t^3 \cos\varphi \\
y &= -\frac{1}{12}\omega^3 g t^4 \sin 2\varphi \\
z &= H - \frac{1}{2} g t^2
\end{aligned}\right\} \tag{e}
$$

令 $z=0$，解出落地时间，代入 $x$、$y$ 式，即可求出落地的向南偏移量 $\Delta_E$ 和向东的偏移量 $\Delta_S$，如图 8-7b 所示。由于地球自转角速度很小（$\omega = 7.292\times10^{-5}\,\text{rad/s}$），所以一般算到一次近似解即可。

通过以下试验可以明确观察到科氏惯性力的存在。

圆盘转动对盘上传动带变形的影响。图 8-8 所示圆盘可绕定轴 $O$ 转动。盘上 $O_1$、$O_2$ 处各装一个可绕圆心轴转动的小圆盘，两盘之间套有传动带。电动机带动小盘 $O_1$、$O_2$ 和传动带转动。大盘不动时，小盘 $O_1$、$O_2$ 相对大盘以角速度 $\omega_r$ 转动，同时靠摩擦力带动传动带以速度 $\boldsymbol{v}_r$ 相对大盘运动，此时传动带没有变形，如图中虚线所示。当大盘绕 $O$ 轴顺时针或逆时针以角速度 $\omega_e$ 缓慢转动时，传动带分别产生分开（外凸）和靠拢（内凹）的变形，如图中实线所示。

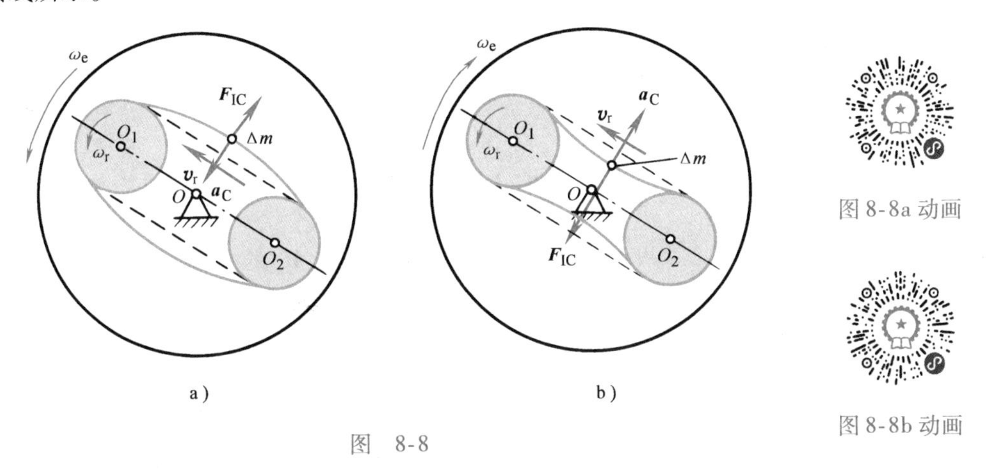


图　8-8

取传动带上的小段质量 $\Delta m$ 作为动点，动系固连于大盘，亦即非惯性参考系。由于牵连加速度很小，$\Delta m$ 上的牵连惯性力可以忽略不计，而科氏加速度为 $\boldsymbol{a}_C = 2\boldsymbol{\omega}_e\times\boldsymbol{v}_r$，科氏惯性力 $\boldsymbol{F}_{IC} = -2\Delta m\boldsymbol{\omega}_e\times\boldsymbol{v}_r$。大盘顺时针和逆时针转动时，$\boldsymbol{a}_C$ 和 $\boldsymbol{F}_{IC}$ 的方向分别如图 8-8a、b 所示，从而导致相应的传动带变形。

## 8.5　质点系的基本惯性特征

由牛顿第二定律知，在力的作用下，质点的运动状态发生变化，它不仅与作用力的大小和方向有关，还与质点的惯性有关。描述质点惯性的特征量是它的质量。同样地，在力的作用下，质点系的运动状态也发生变化，它也与此质点系的惯性有关。由于质点系是空间分布的，为描述质点系的动力学特征，必须知道质点系惯性的两种特征量。其一是质点系的**质量**

和质量中心；其二是质点系的转动惯量和惯性积。为了给论述质点系的动力学问题准备条件，本节将讨论质点系的两个特征量。

### 8.5.1　质点系的质量中心

质点系的运动不仅与作用在该质点系上的力及各质点的质量大小有关，而且与质量的分布状态有关。质量中心是质点系质量分布状态的重要概念之一。

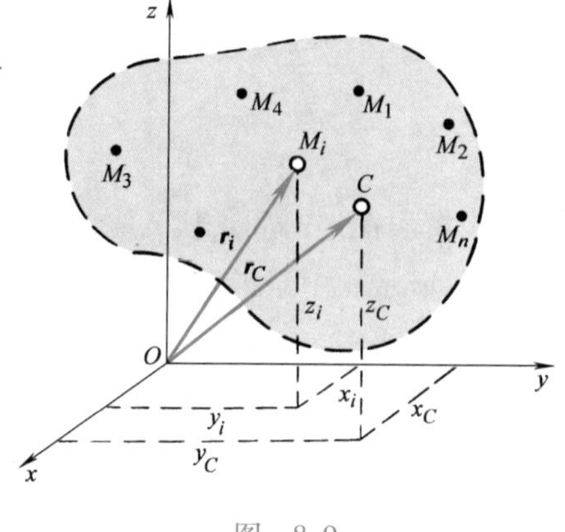


图　8-9

在图8-9中，质点系由 $n$ 个质点 $M_1,M_2,\cdots,M_n$ 组成，各质点的质量和矢径分别为 $m_1,m_2,\cdots,m_n$ 和 $\boldsymbol{r}_1,\boldsymbol{r}_2,\cdots,\boldsymbol{r}_n$。各质点质量的代数和称为质点系的质量，用 $M$ 表示，即

$$M=\sum_{i=1}^{n}m_i \tag{8-10}$$

**质量中心**（简称**质心**）：描述质点系质量分布的一个特征量。确定质心位置的矢径用 $\boldsymbol{r}_C$ 表示，则

$$\boldsymbol{r}_C=\frac{\sum\limits_{i=1}^{n}m_i\boldsymbol{r}_i}{M} \tag{8-11}$$

或简写为

$$\boldsymbol{r}_C=\frac{\sum m_i\boldsymbol{r}_i}{M}$$

在笛卡儿坐标系中，质心 $C$ 的坐标（$x_C$，$y_C$，$z_C$）与各质点 $M_i$ 的坐标（$x_i$，$y_i$，$z_i$）的关系为

$$x_C=\frac{\sum m_ix_i}{M}\quad y_C=\frac{\sum m_iy_i}{M}\quad z_C=\frac{\sum m_iz_i}{M} \tag{8-12}$$

由此可知，质点系中各质点的位置发生变化时，质心的位置也可能发生变化；质点系的质量中心不一定落在质点系中的某个质点上，它只是此质点系所在空间的一个几何点。

### 8.5.2　刚体的转动惯量

**1. 刚体的转动惯量**　刚体内各质点的质量与其到转轴的垂直距离平方的乘积之和。

刚体的转动惯量是描述刚体的质量分布的另一个特征量，是刚体转动时惯性的度量。刚体对转轴 $z$ 的转动惯量 $J_z$ 为

$$J_z=\sum_{i=1}^{n}m_ir_i^2 \tag{8-13}$$

式中，$m_i$ 为刚体内任一质点的质量；$r_i$ 为该质点到转轴 $z$ 的垂直距离。式（8-13）表明，转动惯量的大小有两个特征：①不仅与质量大小有关，而且与质量的分布情况有关；②恒大于零。

对于质量连续分布的刚体，其转动惯量公式应写成为

$$J_z = \int_M r^2 \mathrm{d}m \tag{8-14}$$

转动惯量的量纲是 $ML^2$，在国际单位制中，它的单位为 $\mathrm{kg \cdot m^2}$。

**2. 笛卡儿坐标系中刚体转动惯量的普遍公式**　设笛卡儿坐标系 $Oxyz$ 与刚体相固连，刚体内某质点 $M_i$ 的坐标为 $x_i$、$y_i$、$z_i$，该点至 $z$ 轴的距离的平方为 $r_i^2 = x_i^2 + y_i^2$，如图 8-10 所示，代入式（8-13）得

$$J_z = \sum m_i(x_i^2 + y_i^2) \tag{8-15a}$$

同理

$$J_x = \sum m_i(y_i^2 + z_i^2) \tag{8-15b}$$

$$J_y = \sum m_i(x_i^2 + z_i^2) \tag{8-15c}$$

图　8-10

或

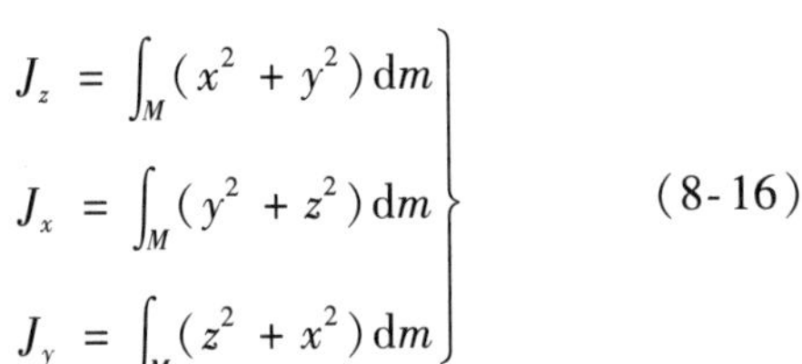

$$\left.\begin{aligned} J_z &= \int_M (x^2 + y^2)\mathrm{d}m \\ J_x &= \int_M (y^2 + z^2)\mathrm{d}m \\ J_y &= \int_M (z^2 + x^2)\mathrm{d}m \end{aligned}\right\} \tag{8-16}$$

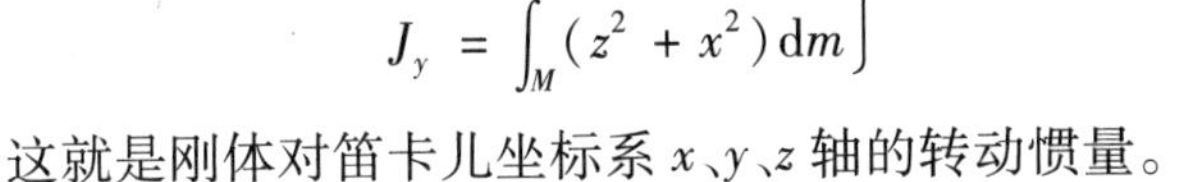

这就是刚体对笛卡儿坐标系 $x$、$y$、$z$ 轴的转动惯量。

若用 $R_i$ 表示刚体内任一质点 $M_i$ 到点 $O$ 的距离，则刚体对于 $O$ 点的转动惯量

$$J_O = \sum m_i R_i^2 = \sum m_i(x_i^2 + y_i^2 + z_i^2) \tag{8-17}$$

或

$$J_O = \int_M R^2 \mathrm{d}m = \int_M (x^2 + y^2 + z^2)\mathrm{d}m \tag{8-18}$$

刚体对于 $O$ 点的转动惯量亦称为**极转动惯量**。它没有什么物理意义，但对于球体，通过求 $J_O$ 来计算 $J_x$、$J_y$、$J_z$ 要方便一些。由式（8-15）和式（8-17）可导出极转动惯量与对于坐标轴的转动惯量之间的关系

$$J_O = \frac{1}{2}(J_x + J_y + J_z) \tag{8-19}$$

对于很薄的平板，其厚度可以忽略不计。让平板表面与坐标平面 $xOy$ 重合，则 $z_i$ 趋近于零，我们可以得到下列简化的计算公式：

$$\left.\begin{aligned} J_x &= \sum m_i y_i^2 \\ J_y &= \sum m_i x_i^2 \end{aligned}\right\} \quad 或 \quad \left.\begin{aligned} J_x &= \int y^2 \mathrm{d}m \\ J_y &= \int x^2 \mathrm{d}m \end{aligned}\right\} \tag{8-20}$$

$$J_O = \sum m_i(x_i^2 + y_i^2) \quad 或 \quad J_O = \int (x^2 + y^2)\mathrm{d}m \tag{8-21}$$

$$J_O = J_x + J_y \tag{8-22}$$

**3. 回转半径（惯性半径）**　设刚体的总质量为 $M$，令

$$J_z = M\rho_z^2 \tag{8-23}$$

式中，$\rho_z$ 称为刚体对于 $z$ 轴的**回转半径**或**惯性半径**。它的大小为

$$\rho_z = \sqrt{\frac{J_z}{M}} \tag{8-24}$$

$\rho_z$ 的物理意义是：如果把刚体的质量集中于某一点上，仍保持原有的转动惯量，那么，$\rho_z$ 就是这个点到 $z$ 轴的距离。

下面以简单形状的刚体为例，说明转动惯量的计算方法。

例题 8-4 讲解

**例 8-4**　图 8-11 中，等截面的均质细长杆 $AB$ 长为 $l$，质量为 $m$，试求该杆对于：（1）通过质心 $O$ 且与杆垂直的 $y$ 轴的转动惯量；（2）与 $y$ 轴相平行的 $y'$ 轴的转动惯量。

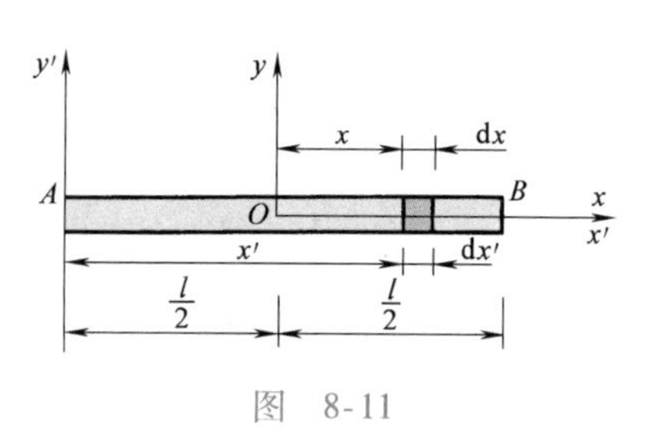


图　8-11

**解**：设坐标系 $Oxy$ 的 $x$ 轴沿着杆的轴线。该杆线密度（单位长度的质量）$\rho = m/l$，则单元体 $\mathrm{d}x$ 的质量 $\mathrm{d}m = \rho\mathrm{d}x$，于是

$$J_y = \int_{-\frac{l}{2}}^{\frac{l}{2}} x^2 \rho \mathrm{d}x = \int_{-\frac{l}{2}}^{\frac{l}{2}} x^2 \frac{m}{l}\mathrm{d}x = \frac{1}{12}ml^2$$

求刚体对 $y'$ 轴的转动惯量时，设坐标系 $Ax'y'$ 的 $x'$ 轴沿杆的轴线，如图 8-11 所示，则

$$\begin{aligned} J_{y'} &= \int_0^l (x')^2 \rho \mathrm{d}x' \\ &= \int_0^l (x')^2 \frac{m}{l}\mathrm{d}x' = \frac{1}{3}ml^2 \end{aligned}$$

例题 8-5 讲解

**例 8-5**　图8-12中，厚度相等的均质薄圆板的半径为 $R$，质量为 $m$，求圆板对其直径轴的转动惯量。

**解**：首先，将圆板分成无数同心的单元圆环，半径为 $r$，宽度为 $\mathrm{d}r$，如图 8-12 所示。令板的面密度（单位面积的质量）为 $\rho$，则单元圆环的质量 $\mathrm{d}m = \rho 2\pi r\mathrm{d}r$。因为单元圆环上各点到中心 $O$ 的距离都是 $r$，所以，单元圆环对于中心 $O$ 的转动惯量是 $r^2\mathrm{d}m$，而整个圆板对中心 $O$ 的转动惯量

$$J_O = \int_0^R r^2 \mathrm{d}m = \int_0^R \rho 2\pi r^3 \mathrm{d}r = \frac{1}{2}\rho\pi R^4$$

由于
$$\rho = \frac{m}{\pi R^2}$$

则
$$J_O = \frac{1}{2}mR^2$$

由于均质圆薄板对 $x$、$y$ 轴是对称的，故 $J_x = J_y$。根据式（8-22），有

$$J_x = J_y = \frac{1}{2}J_O = \frac{1}{4}mR^2$$

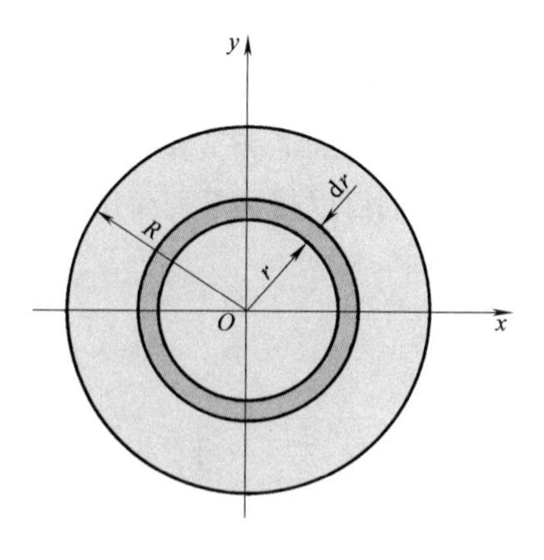


图　8-12

由此可知：通过求对 $O$ 点的极转动惯量 $J_O$，再求对 $x$、$y$ 轴的转动惯量 $J_x$、$J_y$，比利用式（8-20）直接求解要容易得多。

### 8.5.3 转动惯量的平行轴定理

为了便于应用，工程设计手册中通常给出了各种形体的刚体对于通过其质心轴的转动惯量，参见附录 D。但是，在设计计算时，有时却需要知道与这些轴平行的任意轴的转动惯量。为此，有必要运用转动惯量的平行轴定理来建立刚体对于两个平行轴惯量之间的关系。

**转动惯量的平行轴定理：** 刚体对于任一轴的转动惯量，等于刚体对于通过质心并与该轴平行的轴的转动惯量，加上刚体的质量与此两轴间距离平方的乘积。即

$$J_z = J_{zC} + Ml^2 \tag{8-25}$$

**证明：** 在图 8-13 中，设 $C$ 为刚体的质心，刚体对于通过质心的 $z$ 轴的转动惯量为 $J_{zC}$，刚体对于平行该轴的另一轴 $z'$ 的转动惯量为 $J_{z'}$，两轴间距的距离为 $l$。现在来推证刚体对这两轴转动惯量之间的关系。

分别以 $O$、$C$ 两点为原点，建立笛卡儿坐标系 $Ox'y'z'$ 和 $Cxyz$。由图 8-13 可知

$$J_{zC} = \sum m_i r_i^2 = \sum m_i (x_i^2 + y_i^2) \tag{a}$$

$$J_{z'} = \sum m_i r_i'^2 = \sum m_i (x_i'^2 + y_i'^2) \tag{b}$$

因为 $x_i' = x_i$，$y' = y_i + l$，将其代入式（b），得

$$J_{z'} = \sum m_i [x_i^2 + (y_i + l)^2] = \sum m_i (x_i^2 + y_i^2) + 2l \sum m_i y_i + l^2 \sum m_i \tag{c}$$

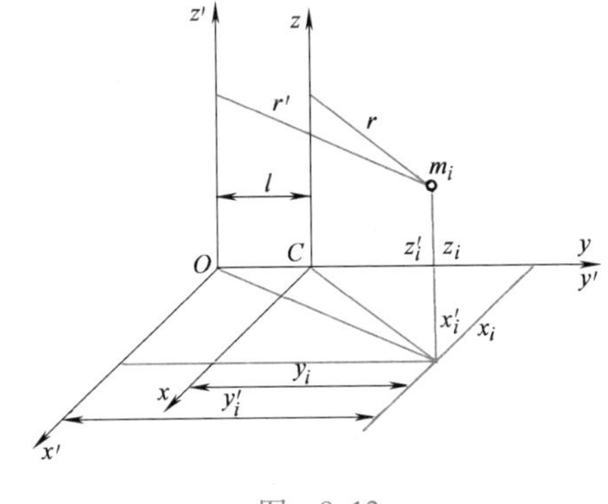


图 8-13

由质心坐标式（8-12），注意到 $Cxyz$ 的坐标原点与质心 $C$ 重合，即 $y_C = 0$，所以

$$\sum m_i y_i = y_C M = 0 \tag{d}$$

将式（a）、式（d）及式（8-10）代入式（c）得

$$J_{z'} = J_{zC} + Ml^2$$

由平行轴定理表达式（8-25）可知，在刚体对众多平行轴的转动惯量之中，通过质心轴的转动惯量最小。

应当注意的是，式（8-25）中的 $J_{zC}$ 必须是通过质心轴的转动惯量。至于刚体对任意两个平行轴的转动惯量之间的关系，必须通过式（8-25）导出。

当物体由几个简单几何形状的物体组成时，计算整体的转动惯量时，可先分别计算每一简单几何形体对同一轴的转动惯量，然后求和即可。如果物体有空心部分，可把这部分的质量视为**负值**来处理。

**例 8-6** 钟摆简化模型如图 8-14 所示。已知均质细杆和均质圆盘的质量分别为 $M_1$ 和 $M_2$，杆长为 $l$，圆盘直径为 $d$，求摆对于通过悬挂点 $O$ 的水平轴的转动惯量 $J_O$。

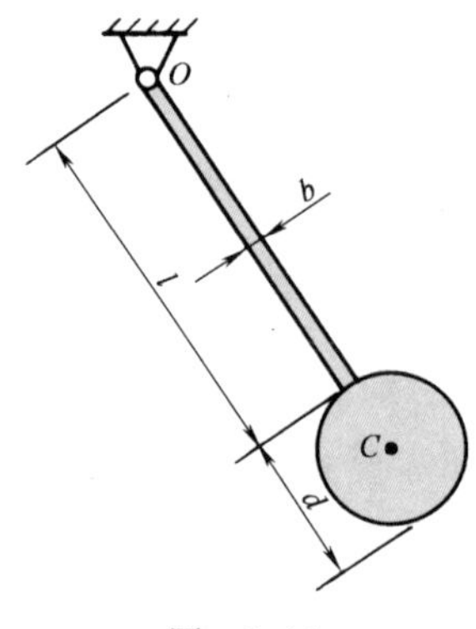


图　8-14

例题8-6讲解

解：摆对于水平轴 $O$ 的转动惯量可分为两部分计算。即细长杆的转动惯量和圆盘的转动惯量

$$J_O = J_{O1} + J_{O2} \tag{a}$$

应用平行轴定理，有

$$\begin{aligned} J_{O1} &= J_{C1} + M_1\left(\frac{l}{2}\right)^2 \\ &= \frac{1}{12}M_1 l^2 + M_1\frac{l^2}{4} = \frac{1}{3}M_1 l^2 \end{aligned} \tag{b}$$

与例8-4的计算结果相同。又

$$\begin{aligned} J_{O2} &= J_{C2} + M_2\left(l + \frac{d}{2}\right)^2 \\ &= \frac{1}{2}M_2\left(\frac{d}{2}\right)^2 + M_2\left(l + \frac{d}{2}\right)^2 = M_2\left(\frac{3}{8}d^2 + l^2 + ld\right) \end{aligned} \tag{c}$$

将式（b）和式（c）代入式（a），得

$$J_O = \frac{1}{3}M_1 l^2 + M_2\left(\frac{3}{8}d^2 + l^2 + ld\right)$$

## 重点提示

（1）列写动力学方程首先要画出研究对象的受力图和坐标系，坐标轴的正方向就是力和位移、速度、加速度的正方向。（2）牛顿定律只适应于惯性坐标系，若解决非惯性坐标系问题时，必须指出非惯性动坐标系，再列相对运动微分方程。对于转动的动坐标来说，一定要注意科氏惯性力和牵连惯性力的存在。（3）应用平行轴定理，一定要从质心的转动惯量开始计算另一点的转动惯量，否则，计算结果就是错误的。（4）质点系的质心坐标公式非常重要，在以后的习题计算和公式推导中会反复用到。

质点的运动微分方程

质点系的基本惯性特征

1. 质量相等的两个质点，在相同力的作用下，它们的速度和加速度将（　　）。(A) 都相等；(B) 都不相等；(C) 速度相等，加速度不相等；(D) 速度可能相等，也可能不相等，但加速度一定相等。

2. 下列说法是否正确：(1) 运动物体速度大时比速度小时受的力大；(2) 物体朝哪个方向运动，就在哪个方向受力；(3) 物体运动的速度大小不变，所受合力为零。

3. 什么是回转半径？它是否就是物体质心到转轴的距离？

8-1　质量 $m=6\text{kg}$ 的小球，放在倾角 $\alpha=30°$ 的光滑面上，并用平行于斜面的软绳将小球固定在图 8-15 所示位置。如斜面以 $a=\frac{1}{3}g$ 的加速度向左运动，求绳之张力 $F_T$ 及斜面的约束力 $F_N$，欲使绳之张力为零，斜面的加速度 $a$ 应该多大?

答：$F_T=12.43\text{N}$，$F_N=60.72\text{N}$，$a=0.577g$。

8-2　质量 $m=2\text{kg}$ 的物块 $M$ 放在水平转台上，物块至铅垂转动轴的距离 $r=1\text{m}$，如图 8-16 所示。今转台从静止开始匀加速转动，角加速度 $\alpha=0.5\text{rad/s}^2$。如物块与转台间的摩擦因数 $f=\frac{1}{3}$，试求：(1) 物块在转台上开始滑动的时间。(2) $t=2\text{s}$ 时，物块所受的摩擦力为多大?

答：(1) $t\geqslant 3.59\text{s}$，(2) $F=2.236\text{N}$。

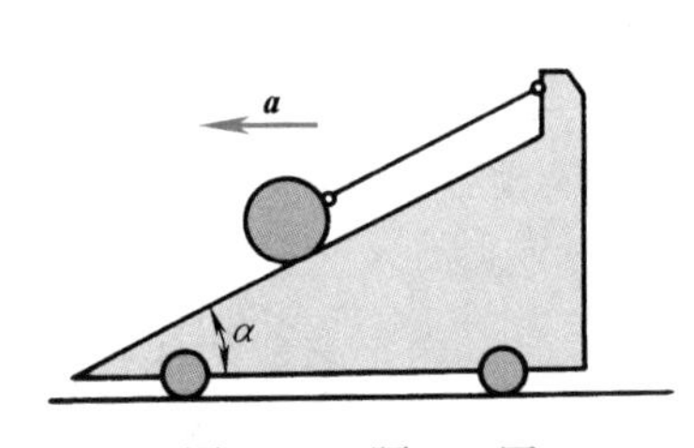


图 8-15　题 8-1 图

图 8-15 动画

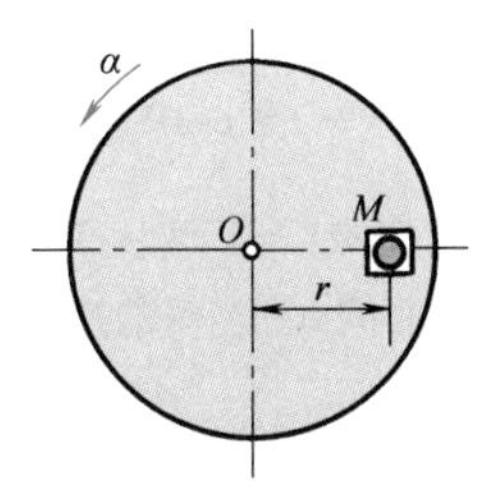


图 8-16　题 8-2 图

8-3　图 8-17 所示套管 $A$ 的质量为 $m$，受绳子牵引沿铅垂杆向上滑动。绳子的另一段绕过离杆距离为 $l$ 的定滑轮 $B$ 而缠在鼓轮上。鼓轮匀速转动，其轮缘各点的速度为 $v_0$，求绳子拉力 $F_T$ 与距离 $x$ 之间的关系。定滑轮的外径比较小，可视为一个点。

答：$F_T=m(g+l^2v_0^2x^{-3})\sqrt{1+(l/x)^2}$。

8-4　图 8-18 所示半径为 $r$ 的偏心轮绕 $O$ 轴匀速转动，角速度为 $\omega$，推动导板沿铅垂轨道运动。导板顶部放置一质量为 $m$ 的物块 $A$。设偏心距 $OC=e$，开始时 $OC$ 连线为水平线。试求：(1) 物块对导板的最大压力。(2) 使物块不离开导板的 $\omega$ 的最大值。

答：(1) $F_{Nmax}=m(g+e\omega^2)$；(2) $\omega_{max}=\sqrt{g/e}$。

8-5　物块 $A$、$B$ 的质量分别为 $m_1=20\text{kg}$ 和 $m_2=40\text{kg}$，用弹簧相连，如图 8-19 所示。物块 $A$ 沿铅垂线以 $y=H\cos\frac{2\pi}{T}t$ 做简谐运动，其中振幅 $H=10\text{mm}$，周期 $T=0.25\text{s}$。弹簧的质量略去不计。求水平面所受压力的最大值和最小值。

答：$F_{Nmax}=714.3\text{N}$；$F_{Nmin}=461.7\text{N}$。

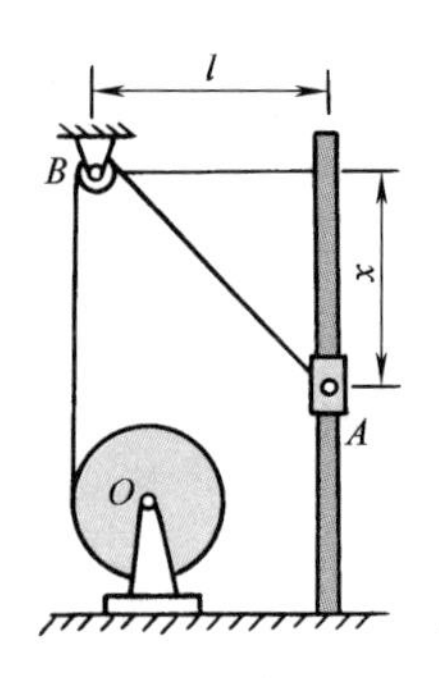

图 8-17　题 8-3 图

图 8-17 动画

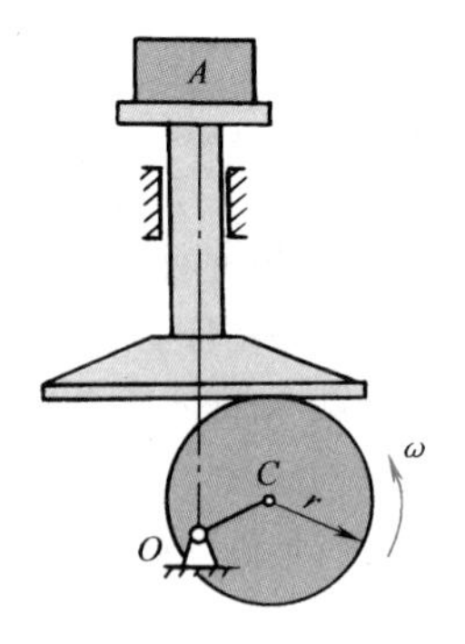


图 8-18　题 8-4 图

图 8-18 动画

8-6　图 8-20 所示物块 $A$、$B$ 的质量分别为 $m_A=20\text{kg}$、$m_B=10\text{kg}$。最初它们静置于地板上，用绳子跨过滑轮把它们连接起来。不计绳和滑轮的质量，不计摩擦。今有一铅垂向上的力 $F=294\text{N}$ 作用在滑轮的中心。求物块 $A$ 和 $B$ 的加速度各为多少？

答：$a_A=0$，$a_B=4.9\text{m/s}^2$。

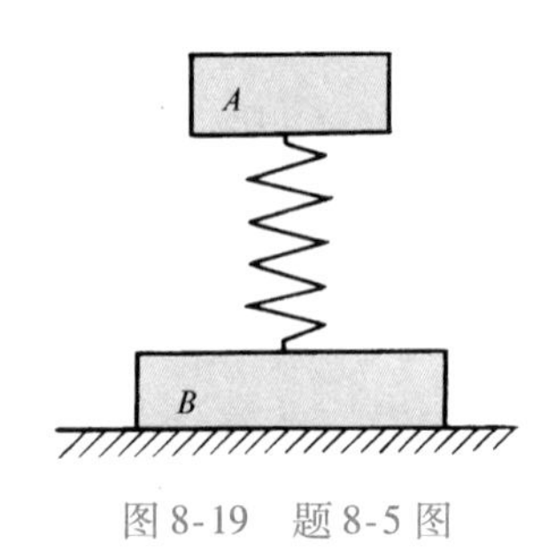


图 8-19　题 8-5 图

图 8-20　题 8-6 图

8-7　图 8-21 所示物体 $M$ 在极深的矿井中下落时，其加速度与其离地心的距离成正比。求物体下落 $s$ 距离所需的时间 $t$ 和当时的速度 $v$。设初速为零，不计任何阻力。

答：$t=\sqrt{\dfrac{g}{R}}\arccos\dfrac{R-s}{R}$；$v=\sqrt{gs\left(2-\dfrac{s}{R}\right)}$。

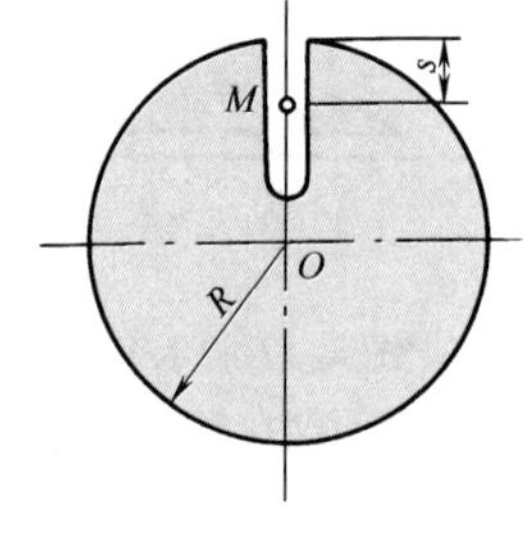


图 8-21　题 8-7 图

8-8　一名重量为 800N 的跳伞员，在离开飞机的 10s 内不打开降落伞而铅垂降落。设空气阻力 $F_R=\mu\rho\sigma v^2$，其中 $\rho=1.25\text{N}\cdot\text{s}^2/\text{m}^4$，不开伞降落时，无因次阻力系数 $\mu=0.5$，与运动方向垂直的最大面积 $\sigma=0.4\text{m}^2$；开伞降落时，$\mu=0.7$，$\sigma=36\text{m}^2$。问在第 10s 末跳伞员的速度为多大？此速度与相应的极限速度相差多少？开伞后，稳定降落的速度等于多少？

答：$v=53.17\text{m/s}$；比极限速度小 6%，$v=5.04\text{m/s}$。

8-9　图 8-22 所示物体由高度 $h$ 处以速度 $\boldsymbol{v}_0$ 水平抛出，空气阻力可视为与速度的一次方成正比，即 $F_R=-kmv$，其中 $m$ 为物体的质量，$v$ 为物体的速度，$k$ 为常系数。求物体的运动方程和轨迹。

答：$x=\dfrac{v_0}{k}(1-\mathrm{e}^{-kt})$，$y=h-\dfrac{g}{k}t+\dfrac{g}{k^2}(1-\mathrm{e}^{-kt})$；

轨迹为 $y=h-\dfrac{g}{k^2}\ln\dfrac{v_0}{v_0-kx}+\dfrac{gx}{kv_0}$。

8-10　桥式起重机下挂着重物 $M$，吊索长 $l$，开始时起重机和重物都处于静止状态，如图 8-23 所示。若起重机以匀加速度 $a$ 做直线运动，求重物的相对速度与其摆角 $\theta$ 的关系。

答：$v_r=\sqrt{2l[a\sin\theta-g(1-\cos\theta)]}$。

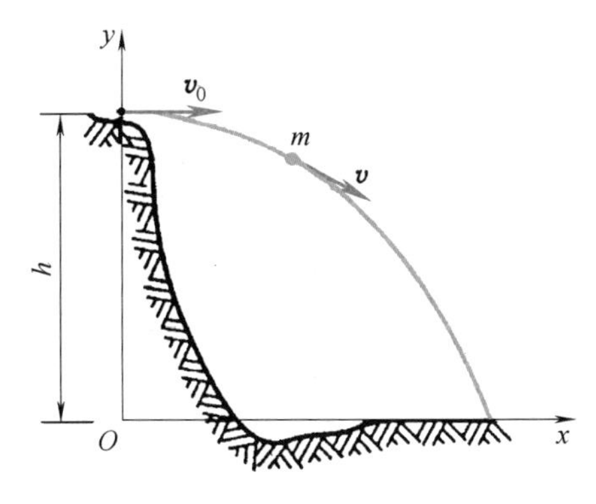


图 8-22 题 8-9 图

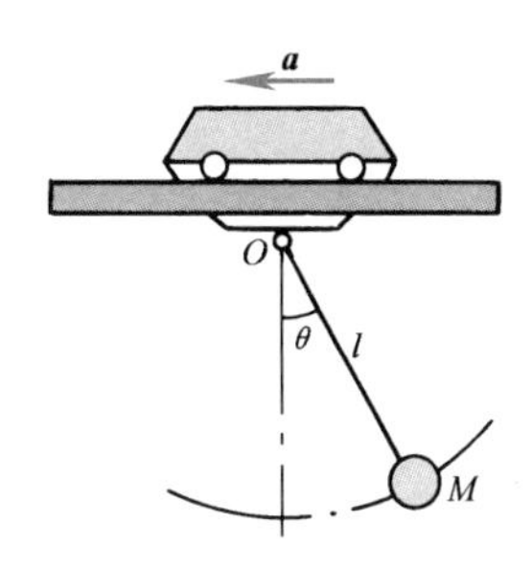


图 8-23 题 8-10 图

8-11 图 8-24 所示圆盘以匀角速度 $\omega$ 绕通过 $O$ 点的铅垂轴转动。圆盘有一径向滑槽，一质量为 $m$ 的质点 $M$ 在槽内运动。如果在开始时，质点至轴心 $O$ 的距离为 $e$，且无初速度，求此质点的相对运动方程和槽对质点的水平约束力。

答：$x=e\cosh\omega t$，$F_{\mathrm{N}}=2me\omega^2\sinh\omega t$。

8-12 图 8-25 所示水平管 $CD$ 以匀角速度 $\omega$ 绕铅直轴 $AB$ 转动。管中放一滑块 $M$，管长为 $l$。初瞬时 $t=0$ 时，$x=x_0$，$\dot{x}_0=0$。求滑块在管中运动的时间 $T$，不计摩擦。

答：$T=\omega^{-1}\ln[x_0^{-1}(l+\sqrt{l^2-x_0^2})]$。

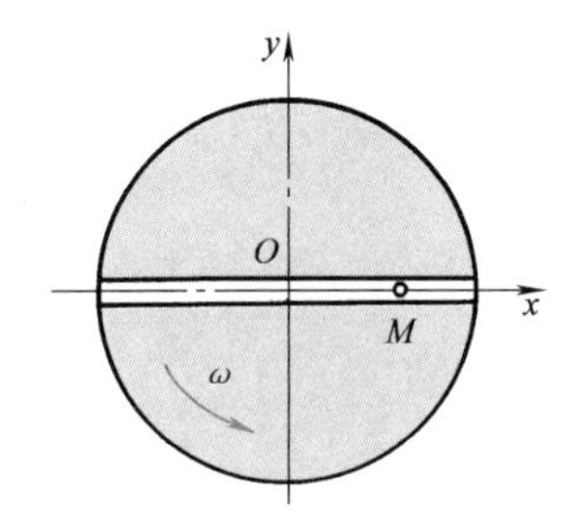


图 8-24 题 8-11 图

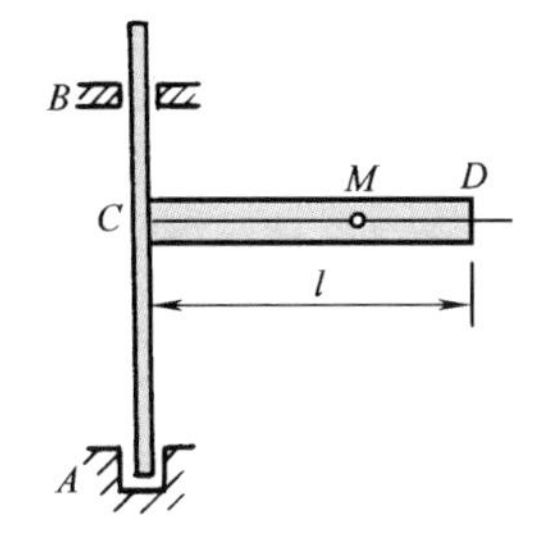


图 8-25 题 8-12 图

图 8-25 动画

8-13 假设北京铁路局某段铁路是南北方向铺设的，地处北纬 40°，今有一列质量为$2\times10^6$kg的列车以 120km/h 的速度由南向北行驶。求此列车对铁轨的侧压力。

答：约 6.25kN。

8-14 一炮弹以初速 $v_0$、仰角 $\theta$ 在地球表面北纬度为 $\varphi$ 的地方向北发射，求经过时间 $t$ 后炮弹东偏的距离。

答：$\Delta_{\mathrm{E}}=\dfrac{1}{3}\omega gt^3\cos\varphi-\omega v_0t^2\sin(\theta-\varphi)$。

8-15 图 8-26 所示均质截头圆锥的质量为 $m$，上、下底半径分别为 $r$、$R$，试求对 $z$ 轴的转动惯量 $J_z$。

答：$J_z=0.3m(R^5-r^5)/(R^3-r^3)$。

8-16 如图 8-27 所示，一半径为 $r$ 的均质小球，问球心离开 $z$ 轴的距离 $l$ 多大时，可以作为一个质点计算其对 $z$ 轴的转动惯量 $J_z$，而误差不超过 5%？

答：$l\geqslant2.76r$。

8-17 求图 8-28 所示均质薄板对 $x$ 轴的转动惯量（薄板的宽度为 $b$，面积为 $ab$ 的质量为 $M$）。

答：$J_x=M(a^2+3ab+4b^2)/3$。

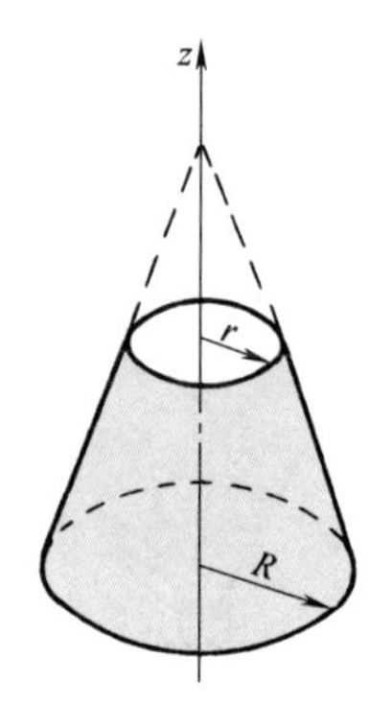

图 8-26 题 8-15 图

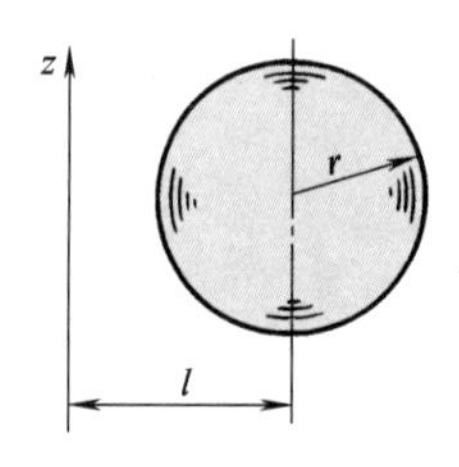

图 8-27 题 8-16 图

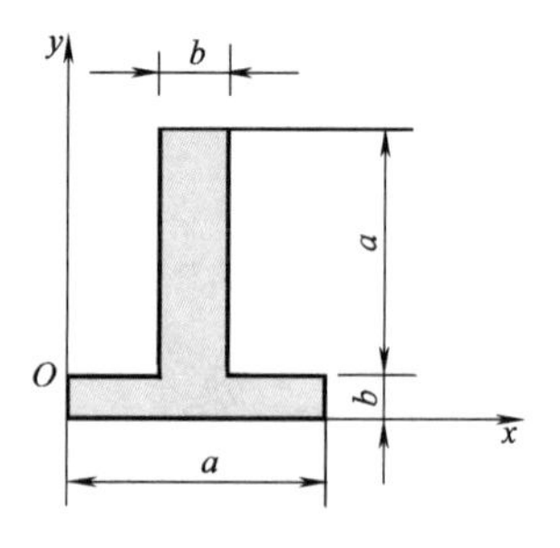

图 8-28 题 8-17 图

# 第9章 动能定理

对于质点系，可以逐个列出每个质点的动力学基本方程，但联立求解很复杂。在运动学章节中，利用已知运动学中的初始条件（物系中某点的速度和加速度）可求本物系其他任意点的速度和加速度。在工程实际中，一般情况下，物系的初始条件是由动能定理求出物系中某点的速度和加速度，然后再利用运动学知识求出物系中其他任意点的速度和加速度，这样求解过程就显得简便很多。

## 9.1 力的功

### 9.1.1 功的一般表达式

作用在质点上的力 $\boldsymbol{F}$ 与质点的无限小位移 $\mathrm{d}\boldsymbol{r}$ 的标量积，称为力的**元功**，以 $\delta W$ 表示：

$$\delta W = \boldsymbol{F} \cdot \mathrm{d}\boldsymbol{r} \tag{9-1}$$

亦可写作

$$\delta W = \boldsymbol{F} \cdot \boldsymbol{v}\mathrm{d}t = F_{\mathrm{t}}\mathrm{d}s \tag{9-2a}$$

或

$$\delta W = F\cos\alpha\mathrm{d}s \tag{9-2b}$$

式中，$\alpha$ 为力 $\boldsymbol{F}$ 与轨迹切线间夹角，如图 9-1 所示。质点从 $M_1$ 运动至 $M_2$，力所做的元功沿路径 $M_1M_2$ 的积分为

$$W = \int_{M_1M_2} \boldsymbol{F} \cdot \mathrm{d}\boldsymbol{r} \tag{9-3}$$

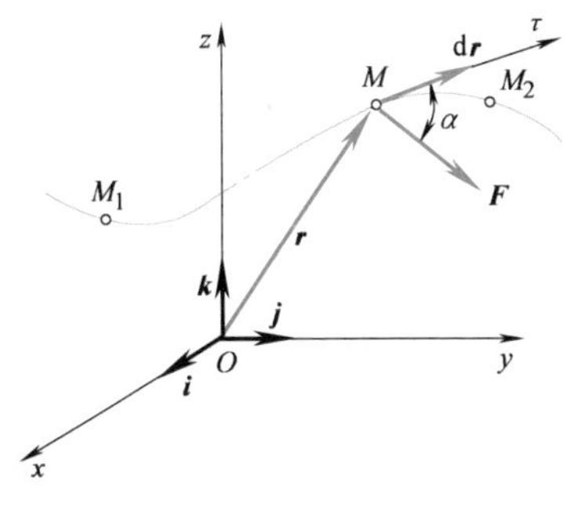


图 9-1

建立笛卡儿坐标系 $Oxyz$，力 $\boldsymbol{F}$ 在各轴上的投影分别为 $F_x$、$F_y$、$F_z$，$\mathrm{d}\boldsymbol{r}$ 在各轴上的投影分别为 $\mathrm{d}x$、$\mathrm{d}y$、$\mathrm{d}z$，于是

$$\boldsymbol{F} = F_x\boldsymbol{i} + F_y\boldsymbol{j} + F_z\boldsymbol{k}$$
$$\mathrm{d}\boldsymbol{r} = \mathrm{d}x\boldsymbol{i} + \mathrm{d}y\boldsymbol{j} + \mathrm{d}z\boldsymbol{k}$$

将上式代入式（9-1）和式（9-3），根据矢量运算规则，得到力的元功和功的解析表达式分别为

$$\delta W = F_x\mathrm{d}x + F_y\mathrm{d}y + F_z\mathrm{d}z \tag{9-4}$$

$$W = \int_{M_1M_2} F_x\mathrm{d}x + F_y\mathrm{d}y + F_z\mathrm{d}z \tag{9-5}$$

以上各元功表达式的右端，并不一定是某个函数的全微分，所以用 $\delta W$ 表示元功，而不用 $\mathrm{d}W$。

功的量纲为 $\mathrm{ML^2T^{-2}}$。在国际单位制中，功的单位为 J（焦耳），且 $1\mathrm{J}=1\mathrm{N}\cdot\mathrm{m}$。

### 9.1.2　几种常见力的功

**1. 常力的功**　质点受常力作用，沿直线轨迹行经的距离为 $s$，如图 9-2 所示，此力所做的功，即

$$W=\int_0^s F\cos\alpha\,\mathrm{d}s=Fs\cos\alpha \tag{9-6}$$

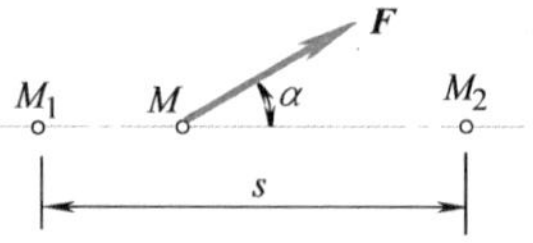

当 $\alpha<\dfrac{\pi}{2}$ 时功为正；当 $\alpha>\dfrac{\pi}{2}$ 时，功为负；当 $\alpha=\dfrac{\pi}{2}$ 时，不做功。由此可知，功为代数量。

图　9-2

**2. 重力的功**　某物体在运动时，它的重心的轨迹如图 9-3 所示。由式（9-4）知，其重力 $\boldsymbol{P}$ 的元功

$$\delta W=-P\mathrm{d}z \tag{9-7}$$

当质心从 $M_1$ 运动到 $M_2$ 时，重力 $\boldsymbol{P}$ 的功

$$W=\int_{z_1}^{z_2}(-P)\mathrm{d}z=P(z_1-z_2) \tag{9-8}$$

可以看出，物体重力的功只与其重心起止位置的高度差有关，而与路径无关。高度降低，重力做的功为正，反之为负。

**3. 弹性力的功**　弹性体变形较小时，弹性力的大小与变形成正比，如图 9-4 所示的弹簧，以弹簧未变形时质点 $M$ 所在的位置为坐标原点，则质点 $M$ 在任一位置 $x$ 时所受的弹性力为

$$F_x=-kx$$

式中，负号表示弹性力的方向与质点位移（对坐标原点的位移）的方向相反；比例系数 $k$ 称为弹簧刚度系数，它表示弹簧拉伸（或压缩）一单位长度所需的力，其单位以 N/cm 或 N/m 表示。

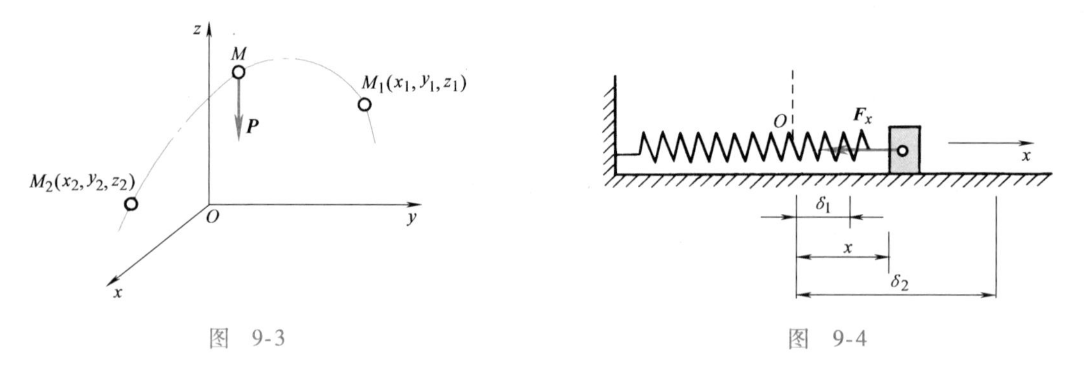


图　9-3　　　　图　9-4

当质点 $M$ 开始运动而使弹簧的伸长度由 $\delta_1$ 变至 $\delta_2$ 时，弹性力所做的功为

$$W=-\int_{\delta_1}^{\delta_2}kx\mathrm{d}x=\frac{k}{2}(\delta_1^2-\delta_2^2) \tag{9-9}$$

可以证明，当质点运动的轨迹不是直线而是一曲线时，弹性力的功仍按式（9-9）计算。即弹

性力的功与质点运动轨迹的形状无关，而只取决于质点在运动起止两点位置时弹簧的伸长度。

**4. 滑动摩擦力的功** 物体沿图9-5a所示粗糙轨道滑动时，动摩擦力 $F=fF_{\mathrm{N}}$，其方向总与滑动方向相反，所以，功恒为负值，由式（9-3）知，

$$W=-\int_{M_1M_2}F\mathrm{d}s=-\int_{M_1M_2}fF_{\mathrm{N}}\mathrm{d}s \tag{9-10}$$

这是曲线积分，因此，动摩擦力的功不仅与起止位置有关，还与路径有关。

当物体纯滚动时，例如，图9-5b所示纯滚动的圆轮，它与地面之间没有相对滑动，其滑动摩擦力属于静摩擦力。圆轮纯滚动时，轮与地面的接触点 $C$ 是圆轮在此瞬时的速度瞬心，且 $\boldsymbol{v}_C=\boldsymbol{0}$，由式（9-1）得

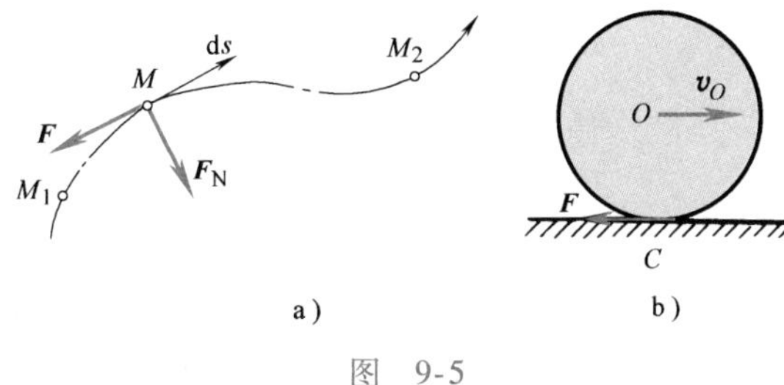


图 9-5

$$\delta W=\boldsymbol{F}\cdot\mathrm{d}\boldsymbol{r}_C=\boldsymbol{F}\cdot\boldsymbol{v}_C\mathrm{d}t=0$$

即圆轮沿固定轨道滚动而无滑动时，滑动摩擦力不做功。

**5. 力偶的功** 力偶 $M$ 作用在定轴转动刚体上时，根据力偶等效定理，图9-6a等效于图9-6b，于是力偶 $M$ 的元功

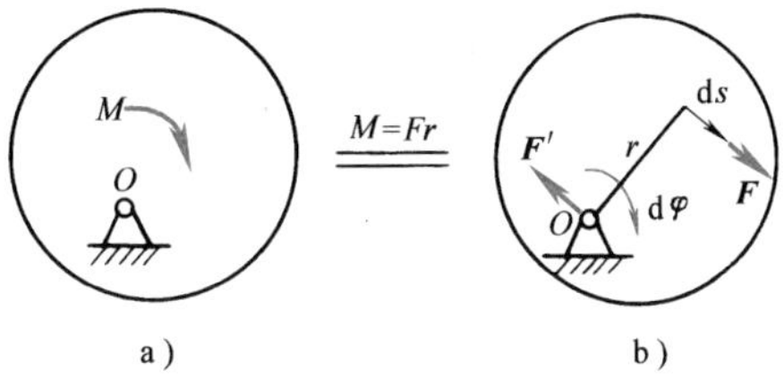

$$\delta W=F\mathrm{d}s+F'\times0=Fr\mathrm{d}\varphi=M\mathrm{d}\varphi$$

刚体转过 $\varphi$ 角时，力偶做的功

$$W=\int_0^{\varphi}M\mathrm{d}\varphi \tag{9-11}$$

a)　b)

图 9-6

若力偶 $M$ 作用在平面运动的刚体上，上式仍然成立。

### 9.1.3 质点系内力的功

质点系中两质点间的内力 $\boldsymbol{F}_A=-\boldsymbol{F}_B$，如图9-7所示。内力元功之和

$$\delta W=\boldsymbol{F}_A\cdot\mathrm{d}\boldsymbol{r}_A+\boldsymbol{F}_B\cdot\mathrm{d}\boldsymbol{r}_B=\boldsymbol{F}_A\cdot\mathrm{d}\boldsymbol{r}_A-\boldsymbol{F}_A\cdot\mathrm{d}\boldsymbol{r}_B=\boldsymbol{F}_A\cdot\mathrm{d}(\boldsymbol{r}_A-\boldsymbol{r}_B) \tag{a}$$

$$\boldsymbol{r}_A+\overrightarrow{AB}=\boldsymbol{r}_B,\ \boldsymbol{r}_A-\boldsymbol{r}_B=-\overrightarrow{AB} \tag{b}$$

将式（b）代入式（a），得

$$\delta W=-\boldsymbol{F}_A\cdot\mathrm{d}(\overrightarrow{AB})$$

即

$$\delta W=-F_A\mathrm{d}(AB) \tag{9-12}$$

由此看出，当质点系中质点间的距离 $AB$ 可变化时，内力功之和一般不为零，例如弹簧内力、发动机气缸内气体压力的功等。对刚体来说，由于任何两质点间的距离保持不变，所以刚体内力的元功之和恒等于零。

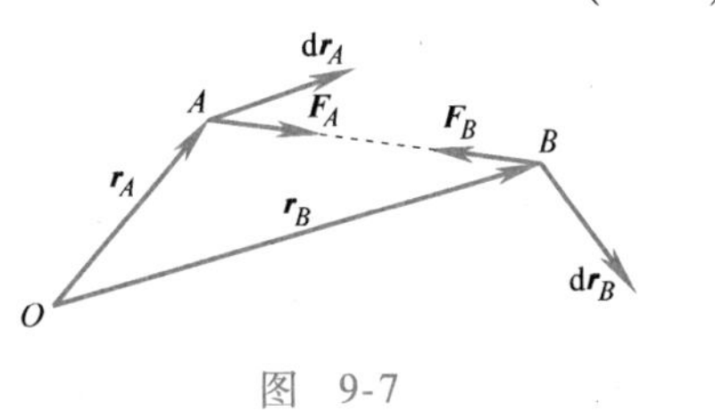


图 9-7

### 9.1.4 约束力的功

一般常见的光滑面约束或光滑铰链约束，因约束力恒与其作用点的位移垂直，如图9-8、图9-9所示，所以约束力元功为零。

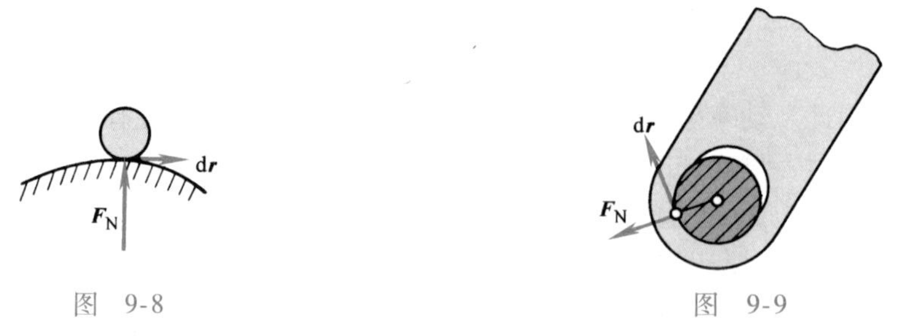


图 9-8　　图 9-9

图9-10所示两刚体用中间铰链连接时，相互作用的约束力 $\boldsymbol{F}_N=-\boldsymbol{F}'_N$，其元功之和

$$\delta W=\boldsymbol{F}_N\cdot \mathrm{d}\boldsymbol{r}+\boldsymbol{F}'_N\cdot \mathrm{d}\boldsymbol{r}=\boldsymbol{F}_N\cdot \mathrm{d}\boldsymbol{r}-\boldsymbol{F}_N\cdot \mathrm{d}\boldsymbol{r}=0$$

即两刚体铰链处，相互作用的约束力的元功之和为零。

用无重刚杆连接时，其约束力和刚体内力相同，元功之和为零。

不难证明，不可伸长的绳索，其约束力的元功之和亦为零。在图9-11中，跨过无重滑轮且不可伸长的绳索，对 $A$、$B$ 的约束力 $\boldsymbol{F}_T$ 和 $\boldsymbol{F}'_T$ 大小相等，其元功之和

$$\begin{aligned}\delta W&=\boldsymbol{F}_T\cdot \mathrm{d}\boldsymbol{r}_A+\boldsymbol{F}'_T\cdot \mathrm{d}\boldsymbol{r}_B\\&=-F_T\mathrm{d}r_A+F'_T\mathrm{d}r_B\cos\alpha\\&=-F_T(\mathrm{d}r_A-\mathrm{d}r_B\cos\alpha)\end{aligned}\tag{c}$$

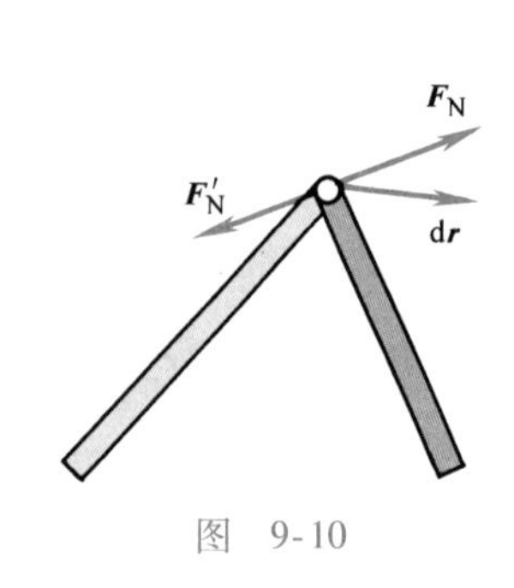


图 9-10

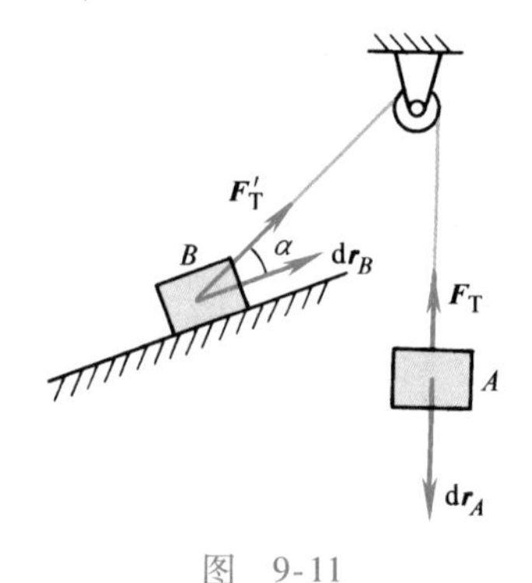


图 9-11

绳索不可伸长，有

$$\mathrm{d}r_A=\mathrm{d}r_B\cos\alpha\tag{d}$$

将式（d）代入式（c），得

$$\delta W=0$$

以上所列各种约束，不论是质点系外部的约束，还是各质点相互之间的约束，其约束力的元功之和均为零。这些约束称为理想约束。

若以 $\sum\delta W_N$ 表示质点系全部约束力的元功和，那么，对于具有理想约束的质点系来

说，有

$$\sum \delta W_N = 0 \tag{9-13}$$

## 9.2 质点的动能定理

设有质量为 $m$ 的质点 $M$ 在合力 $\boldsymbol{F}$ 的作用下沿曲线运动，如图9-12所示。根据牛顿第二定律有

$$m\boldsymbol{a} = \boldsymbol{F}$$

将上式投影在切线方向，得

$$ma_t = F_t$$

或

$$m\frac{\mathrm{d}v}{\mathrm{d}t} = F_t$$

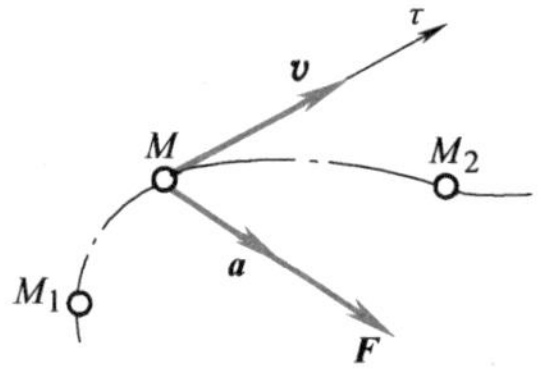

图 9-12

由于 $\mathrm{d}s = v\mathrm{d}t$，将上式右端乘以 $\mathrm{d}s$，左端乘以 $v\mathrm{d}t$ 后，则得

$$mv\mathrm{d}v = F_t\mathrm{d}s$$

于是，

$$\mathrm{d}\left(\frac{1}{2}mv^2\right) = \delta W \tag{9-14}$$

式中，$\frac{1}{2}mv^2$ 是质点的动能。它是一个恒正的标量。式（9-14）是**质点动能定理的微分形式：质点动能的微分等于作用在质点上的力（或力系）的元功。**

若质点在 $M_1$ 位置时的速度为 $\boldsymbol{v}_1$，运动到 $M_2$ 位置时的速度为 $\boldsymbol{v}_2$，将式（9-14）沿路径 $M_1M_2$ 积分

$$\int_{v_1}^{v_2}\mathrm{d}\left(\frac{1}{2}mv^2\right) = \int_{M_1M_2}\delta W$$

得

$$\frac{1}{2}mv_2^2 - \frac{1}{2}mv_1^2 = W \tag{9-15}$$

这是**质点动能定理的积分形式：在某一运动过程的始末，质点动能的变化等于作用在质点上的力（或力系）在该过程中做的功。**

---

**例9-1** 刚度系数为 $k$ 的弹簧，将上端 $A$ 固定，下端挂一重为 $P$ 的小球（图9-13）。将小球托起，使弹簧具有原长，即小球在自然位置 $O$，然后放手并给小球以向下的初速度 $\boldsymbol{v}_0$。求小球所能下降的最大距离 $\delta$。

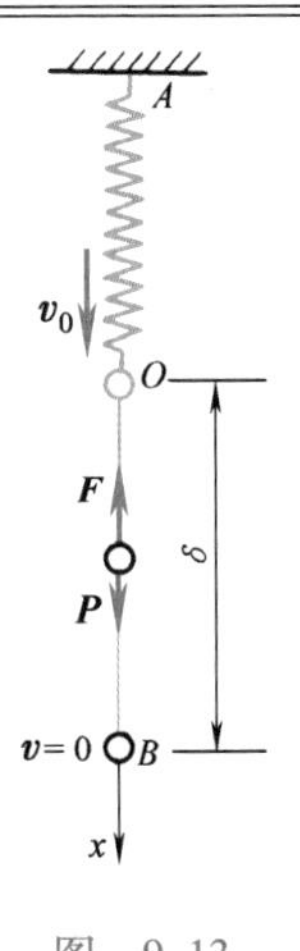


图 9-13

**解：** 以小球在自然位置 $O$ 为始点，这时速度大小为 $v_0$；小球下降到最低处 $B$ 为终点，这时速度 $v=0$，而弹簧的伸长量为 $\delta$。小球运动时所受的力有重力 $\boldsymbol{P}$ 和弹性力 $\boldsymbol{F}$。当小球由 $O$ 运动到 $B$ 时，重力 $\boldsymbol{P}$ 所做的功等于 $P\delta$；至于弹性力 $\boldsymbol{F}$ 所做的功，在式(9-9)中令 $\delta_1 = 0$，$\delta_2 = \delta$，即知为 $-\frac{k}{2}\delta^2$。由质点动能定理得

$$0 - \frac{1}{2}\frac{P}{g}v_0^2 = P\delta - \frac{k}{2}\delta^2$$

即
$$k\delta^2 - 2P\delta - \frac{P}{g}v_0^2 = 0$$

解得
$$\delta = \frac{1}{k}\left(P + \sqrt{P^2 + \frac{kP}{g}v_0^2}\right)$$

令$\frac{P}{k} = \delta_{st}$为在 **P** 的静力作用下弹簧的伸长，称为**静伸长**，于是

$$\delta = \delta_{st} + \sqrt{\delta_{st}^2 + \delta_{st}\frac{v_0^2}{g}}$$

## 9.3 质点系和刚体的动能

### 9.3.1 质点系的动能

质点系是指有限个或无限个质点组成的系统，亦包括刚体或刚体系，有时称为系统。

质点系的动能为组成质点系的各质点动能的代数和。某质点系由 $n$ 个质点组成，其动能即为

$$T = \sum_{i=1}^{n} \frac{1}{2}m_i v_i^2$$

其中，$i = 1, 2, 3, \cdots, n$，简写为

$$T = \sum \frac{1}{2}m_i v_i^2 \tag{9-16}$$

### 9.3.2 平移刚体的动能

刚体平移时，在同一瞬时，刚体内各点的速度相同，设为 $v$，则平移刚体的动能为

$$T = \sum \frac{1}{2}m_i v_i^2 = \frac{1}{2}v^2 \sum m$$

即
$$T = \frac{1}{2}Mv^2 \tag{9-17}$$

$M$ 为刚体的总质量。这表明，平移刚体的动能等于其质量与平移速度平方的乘积之半。

### 9.3.3 定轴转动刚体的动能

设刚体绕定轴 $z$ 转动的角速度为 $\omega$，任一点 $m_i$ 的速度 $v_i = r_i\omega$，由图 9-14 看出，其动能

$$T = \sum \frac{1}{2}m_i v_i^2 = \sum \frac{1}{2}m_i (r_i\omega)^2 = \frac{1}{2}\omega^2 \sum m_i r_i^2$$

即
$$T = \frac{1}{2}J_z\omega^2 \tag{9-18}$$

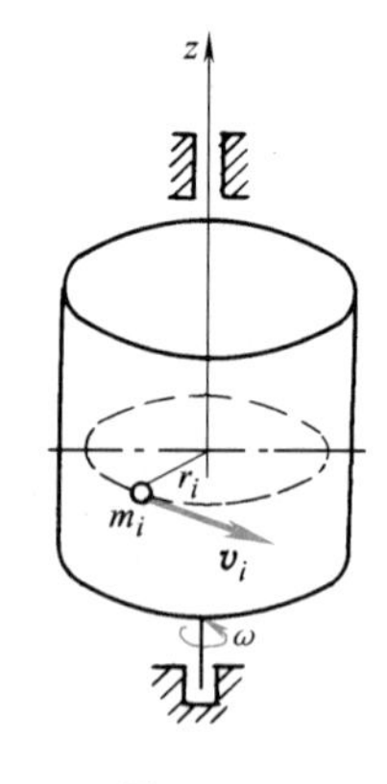

图 9-14

这表明，定轴转动刚体的动能等于刚体对转轴的转动惯量与角速度平

方的乘积之半。

### 9.3.4 平面运动刚体的动能

刚体做平面运动时，可视为绕瞬时轴通过速度瞬心 $C'$ 并与运动平面垂直的轴的转动，其动能表达式可写为

$$T = \frac{1}{2}J_{C'}\omega^2 \tag{9-19}$$

式中，$J_{C'}$ 是刚体对于瞬时轴的转动惯量；$\omega$ 是刚体的角速度。取通过刚体的质心 $C$ 并与瞬时轴平行的转轴，刚体对于此轴的转动惯量为 $J_C$，设此两平行轴间的距离 $C'C=d$，根据转动惯量的平行轴定理有

$$J_{C'} = J_C + Md^2$$

代入式（9-19）则得

$$T = \frac{1}{2}J_{C'}\omega^2 = \frac{1}{2}(J_C + Md^2)\omega^2 = \frac{1}{2}J_C\omega^2 + \frac{1}{2}Md^2\omega^2$$

但 $d\omega = v_C$ 是质心 $C$ 的速度的大小（图9-15），因此

$$T = \frac{1}{2}Mv_C^2 + \frac{1}{2}J_C\omega^2 \tag{9-20}$$

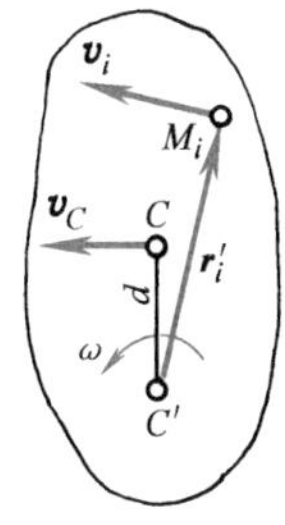

图 9-15

上式表明，**平面运动刚体的动能等于随同质心平移的动能与绕通过质心的转轴转动的动能之和。**

## 9.4 质点系的动能定理

设质点系由 $n$ 个质点组成，其中某一质点 $m_i$ 受到的力，包含有外力和质点系内质点之间相互作用的内力；从另一角度看，质点受的力包含主动力和约束力。若论做功，内力可能做功，也可能不做功，而理想约束的全部约束力的元功之和则等于零，所以在质点系的动能定理中，将力按主动力和约束力分类比较方便。对某质点 $m_i$ 写出式（9-14），有

$$\mathrm{d}\left(\frac{1}{2}m_i v_i^2\right) = \delta W_{iF} + \delta W_{iN} \qquad (i = 1,2,\cdots,n)$$

其中，$\delta W_{iF}$和 $\delta W_{iN}$分别表示作用在质点 $m_i$ 上的主动力和约束力的元功。将上述 $n$ 个方程相加，即

$$\sum_{i=1}^{n}\mathrm{d}\left(\frac{1}{2}m_i v_i^2\right) = \sum_{i=1}^{n}\delta W_{iF} + \sum_{i=1}^{n}\delta W_{iN}$$

或

$$\mathrm{d}\left(\sum\frac{1}{2}m_i v_i^2\right) = \sum\delta W_{iF} + \sum\delta W_{iN}$$

将式（9-16）和式（9-13）代入上式，并将$\sum\delta W_{iF}$简写为 $\sum\delta W_F$，得到

$$\mathrm{d}T = \sum\delta W_F \tag{9-21}$$

这是**质点系动能定理的微分形式：在理想约束的条件下，质点系动能的微分等于作用在质点系的主动力的元功之和。**

对式（9-21）积分，得

$$T_2 - T_1 = \sum W_F \tag{9-22}$$

这是动能定理的积分形式：在某一运动过程的始末，质点系动能的变化等于作用在质点系上所有主动力在该过程所做功的代数和。

在非理想约束的情况，应将摩擦力等非理想约束的约束力划入主动力中计算功。

---

**例 9-2**　图 9-16 所示系统中，滚子 $A$、滑轮 $B$ 均质，重量和半径均为 $P_1$ 及 $r$，滚子沿倾角为 $\alpha$ 的斜面向下滚动而不滑动，借跨过滑轮 $B$ 的不可伸长的绳索提升重为 $P$ 的物体，同时带动滑轮 $B$ 绕 $O$ 轴转动，求滚子质心 $C$ 的加速度 $a_C$。

例题 9-2 讲解

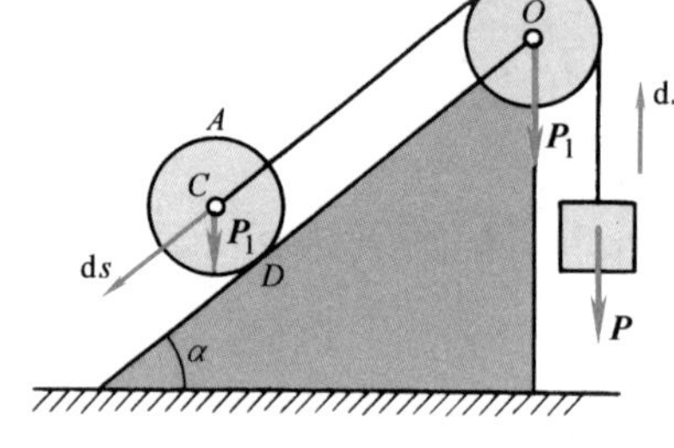


图　9-16

图 9-16 动画

解：方法一　求加速度宜用动能定理的微分形式

$$\mathrm{d}T = \sum \delta W_F \tag{a}$$

先写出系统在运动过程中任意位置的动能表达式

$$T = \frac{1}{2}\frac{P_1}{g}v_C^2 + \frac{1}{2}J_C\omega_A^2 + \frac{1}{2}J_O\omega_B^2 + \frac{1}{2}\frac{P}{g}v_P^2 \tag{b}$$

$A$ 轮纯滚动，$D$ 为 $A$ 轮瞬心，所以

$$\omega_A = \frac{v_C}{r}$$

又 $\omega_B = \dfrac{v_C}{r}$，$v_P = v_C$，$J_C = \dfrac{1}{2}\dfrac{P_1}{g}r^2$，$J_O = \dfrac{1}{2}\dfrac{P_1}{g}r^2$，代入式（b），得

$$T = \frac{P + 2P_1}{2g}v_C^2 \tag{c}$$

$$\mathrm{d}T = \frac{P + 2P_1}{g}v_C\mathrm{d}v_C \tag{d}$$

主动力 $P_1$、$P$ 的元功

$$\sum \delta W_F = (P_1\sin\alpha - P)\mathrm{d}s \tag{e}$$

因纯滚动，滑动摩擦力 $F$ 不做功，将式（d）及式（e）代入式（a），两边再除以 $\mathrm{d}t$，且知 $\dfrac{\mathrm{d}s}{\mathrm{d}t} = v_C$，得

$$\frac{P + 2P_1}{g}v_C\frac{\mathrm{d}v_C}{\mathrm{d}t} = (P_1\sin\alpha - P)v_C$$

所以

$$a_C = \frac{\mathrm{d}v_C}{\mathrm{d}t} = \frac{P_1\sin\alpha - P}{P + 2P_1}g$$

**方法二** 此题亦可用动能定理的积分形式，求出任意瞬时的速度表达式，再对时间求一阶导数，得到加速度。

由该系统在任意位置的动能表达式（c），设系统的初始动能为 $T_0$，它是一个定值，设从初始至任意位置，圆轮质心 $C$ 走过距离 $s$，由式（9-22），得

$$\frac{P + 2P_1}{2g}v_C^2 - T_0 = (P_1\sin\alpha - P)s \tag{f}$$

这里 $v_C$ 和 $s$ 均为变量，将式（f）两边对时间求一阶导数，得

$$2v_C\frac{P + 2P_1}{2g}\frac{\mathrm{d}v_C}{\mathrm{d}t} - 0 = (P_1\sin\alpha - P)\frac{\mathrm{d}s}{\mathrm{d}t}$$

同样得到

$$a_C = \frac{P_1\sin\alpha - P}{P + 2P_1}g$$

**例 9-3** 椭圆规位于水平面内，由曲柄带动规尺 $AB$ 运动，如图 9-17a 所示。曲柄和 $AB$ 都是均质杆，重量分别为 $P$ 和 $2P$，且 $OC = AC = BC = l$，滑块 $A$ 和 $B$ 重量均为 $G$。常力偶 $M$ 作用在曲柄上，设 $\varphi = 0$ 时系统静止，求曲柄角速度和角加速度（以转角 $\varphi$ 的函数表示）。

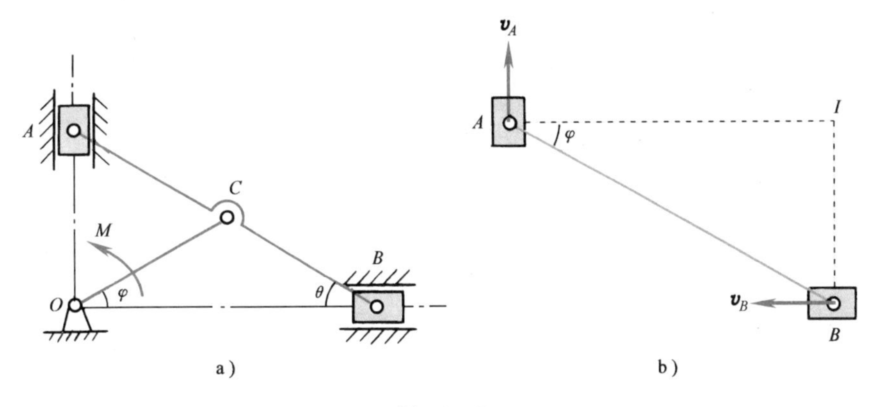


图 9-17

**解：** 由图 9-17a 所示的几何条件有 $OC = BC$，$\varphi = \theta$，因此 $\omega_{OC} = \omega_{AB} = \omega$，系统由静止开始运动，当转过 $\varphi$ 角时，系统的动能为

$$T = \frac{1}{2}\frac{G}{g}v_A^2 + \frac{1}{2}\frac{G}{g}v_B^2 + \frac{1}{2}J_O\omega^2 + \frac{1}{2}J_I\omega^2$$

对 $AB$ 杆如图 9-17b 所示，瞬心为 $I$（其中 $J_I$ 是常数），有运动关系为

$$\frac{v_A}{2l\cos\varphi} = \frac{v_B}{2l\sin\varphi} = \omega$$

所以

$$T = \frac{1}{2}\frac{G}{g}(2l\cos\varphi\cdot\omega)^2 + \frac{1}{2}\frac{G}{g}(2l\sin\varphi\cdot\omega)^2 + \frac{1}{2}\cdot\frac{1}{3}\frac{P}{g}l^2\omega^2 + \frac{1}{2}\cdot\frac{1}{3}\frac{2P}{g}(2l)^2\omega^2$$
$$= \frac{(4G + 3P)l^2\omega^2}{2g}$$

系统中力做的功为

$$\sum W = M\varphi$$

由动能定理的积分形式，得

$$T_2 - T_1 = \sum W$$

其中，$T_1 = 0$，$T_2 = T$，解得

$$\omega = \sqrt{\frac{2gM\varphi}{(4G+3P)l^2}}$$

由动能定理的微分形式，得

$$\mathrm{d}T = \frac{(4G+3P)l^2\omega}{g}\mathrm{d}\omega$$

$$\sum \delta W = M\mathrm{d}\varphi$$

$$\frac{\mathrm{d}T}{\mathrm{d}t} = \frac{\sum \delta W}{\mathrm{d}t}$$

$$[(4G+3P)l^2\omega/g]\cdot\alpha = M\omega$$

$$\alpha = \frac{Mg}{(4G+3P)l^2}$$

**例 9-4**　图 9-18 所示系统中，物块 $A$ 重 $P$，均质圆轮 $B$ 重 $G$，半径为 $R$，可沿水平面纯滚动，弹簧刚度系数为 $k$。初位置 $y=0$ 时，弹簧为原长，系统由静止开始运动，定滑轮 $D$ 的质量不计，绳不可伸长。试建立物块 $A$ 的运动微分方程，并求其运动规律。

**解：** 为建立物块 $A$ 的运动微分方程，宜对整个系统应用动能定理。以 $A$ 的位移为变量，当 $A$ 从初始位置下降任意距离 $y$ 时，它的速度为 $\boldsymbol{v}_A$，此系统的动能

$$T = \frac{1}{2}\frac{P}{g}v_A^2 + \frac{1}{2}\frac{G}{g}v_B^2 + \frac{1}{2}J_B\omega_B^2 \tag{a}$$

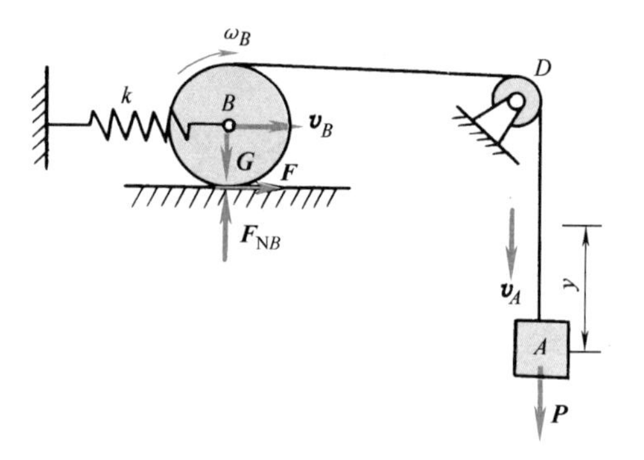


图　9-18

为建立 $A$ 的运动微分方程，需找出 $v_B$、$\omega_B$ 与 $v_A$ 的关系。由运动学知

$$v_B = \frac{1}{2}v_A,\quad \omega_B = \frac{v_A}{2R} \tag{b}$$

又

$$J_B = \frac{1}{2}\frac{G}{g}R^2 \tag{c}$$

将式（b）和式（c）代入式（a），得

$$T = \frac{8P+3G}{16g}v_A^2 \tag{d}$$

由题意，此系统的初动能

$$T_0 = 0$$

初始位置时，弹簧为原长，$\delta_0 = 0$，当 $A$ 下降 $y$ 时，弹簧伸长 $\delta = \dfrac{y}{2}$，将其代入式（9-9），得

$$\sum W_{\mathrm{F}} = Py + \frac{k}{2}\left[0 - \left(\frac{y}{2}\right)^2\right] \tag{e}$$

将式（d）和式（e）代入式（9-22），得

$$\frac{8P+3G}{16g}v_A^2 - 0 = Py - \frac{k}{8}y^2 \tag{f}$$

将式（f）对时间求一阶导数，其中 $v_A=\frac{\mathrm{d}y}{\mathrm{d}t}$，得

$$\frac{\mathrm{d}^2y}{\mathrm{d}t^2} + \frac{2kg}{8P+3G}\left(y - \frac{4P}{k}\right) = 0 \tag{g}$$

此即物块 $A$ 的运动微分方程。可以看出，对整个系统应用动能定理，以此来建立系统中某物体的运动微分方程是很方便的。

如果用微分形式的动能定理求解此题，则要注意到

$$\sum\delta W_{\mathrm{F}} = P\mathrm{d}y - k\,\frac{y}{2}\mathrm{d}\left(\frac{y}{2}\right)$$

$$\sum\delta W_{\mathrm{F}} = \left(P - \frac{k}{4}y\right)\mathrm{d}y \tag{h}$$

将式（d）和式（h）代入式（9-21），得

$$\mathrm{d}\left(\frac{8P+3G}{16g}v_A^2\right) = \left(P - \frac{k}{4}y\right)\mathrm{d}y$$

此式两边被 $\mathrm{d}t$ 除，同样得到物块 $A$ 的微分方程（g）。

为便于求解其运动规律，对式（g）做变量变换，令

$$y = y_1 + C \tag{i}$$

将式（i）代入式（g），得

$$\frac{\mathrm{d}^2y_1}{\mathrm{d}t^2} + \frac{2kg}{8P+3G}\left(y_1 + C - \frac{4P}{k}\right) = 0$$

为消去常数项，令 $C=\frac{4P}{k}$，得到以 $y_1$ 为变量的标准形式的微分方程

$$\frac{\mathrm{d}^2y_1}{\mathrm{d}t^2} + \frac{2kg}{8P+3G}y_1 = 0$$

设其解为

$$y_1 = A\sin(\omega_0 t + \alpha) \tag{j}$$

物块 $A$ 的运动规律为

$$y - C = A\sin(\omega_0 t + \alpha) \tag{k}$$

$$\frac{\mathrm{d}y}{\mathrm{d}t} = A\omega_0\cos(\omega_0 t + \alpha) \tag{l}$$

其中

$$\omega_0 = \sqrt{\frac{2kg}{8P+3G}} \tag{m}$$

将初始条件：$t=0$ 时，$\frac{\mathrm{d}y}{\mathrm{d}t}=0$，$y=0$，代入式（k）和式（l），得

$$\alpha = \frac{\pi}{2},\ A = \frac{4P}{k} \tag{n}$$

将式（m）和式（n）代入式（j），得物块 $A$ 的运动规律为

$$y = \frac{4P}{k}\sin\left(\sqrt{\frac{2kg}{8P+3G}}t + \frac{\pi}{2}\right) + \frac{4P}{k}$$

可见，物块 $A$ 做简谐振动。

补充例题 9-1

补充例题 9-2

从以上各例题可以看出，对于动力学的两类问题，即已知运动求力和已知力求运动，动能定理主要适用于后者。在一般情况下，主动力是已知的，约束力是未知的。在动能定理方程中，一般不含约束力，所以，动能定理最适用于动力学的第二类基本问题：**已知主动力求运动，**即求速度、加速度或建立运动微分方程。一般来说，求速度宜用动能定理的积分形式，求加速度或建立运动微分方程宜用其微分形式，或先用积分形式再求导。

需要指出，动能定理只有一个方程，它只能解一个未知数，所以它只适用于一个自由度系统。简单地说，即系统的各质点或各物体的运动之间有确定的几何关系，都可以用一个变量来表示。这可以从前面例题看出。如果系统不是一个自由度，那么，只靠动能定理是不能求解的，还须和其他定理一起综合求解。

由于动能是正标量，与速度方向无关；各种运动刚体的动能都能用简单的公式计算出来，即便是复杂的系统，也可以顺利地计算其总动能；加之未知的约束力一般不做功，所有这些都给动力学问题的求解带来很大的方便。所以，动能定理在求解动力学问题中占有特别重要的地位。

## 9.5 功率 功率方程

### 9.5.1 功率

力在单位时间内所做的功，称为功率。它是用来衡量机器性能的一项重要指标，用 $P$ 表示功率，则

$$P = \frac{\delta W}{dt} = \boldsymbol{F}\cdot\frac{d\boldsymbol{r}}{dt} = \boldsymbol{F}\cdot\boldsymbol{v} = F_t v \tag{9-23}$$

力偶或转矩 $M$ 的功率

$$P = \frac{M d\varphi}{dt} = M\omega = \frac{\pi n}{30}M \tag{9-24}$$

式中，$n$ 为每分钟的转数。

功率的量纲为 $ML^2T^{-3}$；功率的单位是 W，也可用 kW。1W = 1J/s = 1N · m/s。

### 9.5.2 功率方程

任何机器都要依靠不断地输入功，才能维持它的正常运行，譬如，用电动机拖动机器运

行时，设输入功为 $\delta W$（入），机器为完成其工作所需消耗的功为 $\delta W$（有用），还有为克服机械摩擦阻尼等而消耗的无用功 $\delta W$（无用）。由动能定理

$$\mathrm{d}T=\delta W(\text{入})-\delta W(\text{有用})-\delta W(\text{无用})$$

等号两边除以 $\mathrm{d}t$，即

$$\frac{\mathrm{d}T}{\mathrm{d}t}=P(\text{入})-P(\text{有用})-P(\text{无用}) \tag{9-25}$$

这就是**功率方程**，它表明机器的输入、消耗的功率与动能变化率之间的关系。当机器在起动过程中，要求 $\frac{\mathrm{d}T}{\mathrm{d}t}>0$，即 $P(\text{入})>P(\text{有用})+P(\text{无用})$；机器正常运行时，$\frac{\mathrm{d}T}{\mathrm{d}t}=0$，即 $P(\text{入})=P(\text{有用})+P(\text{无用})$；当机器在停动过程中，停止输入功，即 $P(\text{入})=0$，机器停止工作，$P(\text{有用})=0$，只有无用功的消耗，即 $\frac{\mathrm{d}T}{\mathrm{d}t}=-P(\text{无用})$，$\frac{\mathrm{d}T}{\mathrm{d}t}<0$，直至机器停止。

---

**例 9-5** 图 9-19 所示矿井升降机的链带上挂有重 $P_1$、$P_2$ 的两重物；绞车Ⅰ由电动机带动。开始时，重物 $P_1$ 以匀加速度 $a$ 被提升，当速度达到 $v_{\max}$ 时，将保持匀速不变。已知绞车Ⅰ的半径为 $r_1$，其对轴的转动惯量为 $J_1$；滑轮Ⅱ、Ⅲ的半径各为 $r_2$、$r_3$，对轴的转动惯量各为 $J_2$、$J_3$；链带的单位长度重量为 $q$，全长为 $l$。试求在变速和匀速两个阶段，电动机的输出功率。忽略各处摩擦。

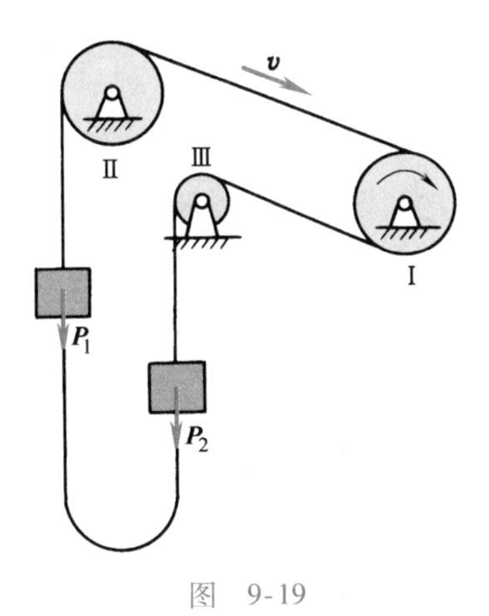

图 9-19

图 9-19 动画

解：用功率方程求解。设链带速度为 $v$，系统总动能、有用功率、无用功率分别为

$$T=\frac{1}{2}J_1\left(\frac{v}{r_1}\right)^2+\frac{1}{2}J_2\left(\frac{v}{r_2}\right)^2+\frac{1}{2}J_3\left(\frac{v}{r_3}\right)^2+\frac{1}{2}\frac{P_1+P_2+ql}{g}v^2$$

$$=\frac{1}{2}\left(\frac{J_1}{r_1^2}+\frac{J_2}{r_2^2}+\frac{J_3}{r_3^2}+\frac{P_1+P_2+ql}{g}\right)v^2$$

$$P(\text{有用})=(P_1-P_2)v$$

$$P(\text{无用})=0$$

代入式（9-25），得

$$\frac{\mathrm{d}}{\mathrm{d}t}\left[\frac{1}{2}\left(\frac{J_1}{r_1^2}+\frac{J_2}{r_2^2}+\frac{J_3}{r_3^2}+\frac{P_1+P_2+ql}{g}\right)v^2\right]=P(\text{入})-(P_1-P_2)v \qquad (*)$$

注意到链带的重心位置不变，所以其重力的功率为零。

由式（*）得到变速运动阶段电动机的输出功率

$$P=\left[\left(\frac{P_1+P_2+ql}{g}+\frac{J_1}{r_1^2}+\frac{J_2}{r_2^2}+\frac{J_3}{r_3^2}\right)a+P_1-P_2\right]v$$

其中，$v=at$，$t$ 是从起动开始计算的时间。匀速运动阶段，电动机的输出功率

$$P=(P_1-P_2)v_{\max}$$

## 9.6 势力场 势能 机械能守恒定律

### 9.6.1 势力场

质点在空间任意位置都受到一个大小、方向均为确定的力的作用，该空间称为**力场**。如果质点在力场中运动时，力对质点所做的功仅与质点的起止位置有关而与路径无关，则该力场称为**势力场**或**保守力场**。重力场、引力场、弹性力场等都是势力场，这些力称为**有势力**或**保守力**。显然，如果质点经过一封闭曲线回到起点，有势力的功恒等于零，即

$$\oint \delta W=0 \qquad (9\text{-}26)$$

### 9.6.2 势能

在势力场中，质点由某一位置 $M$ 运动到选定的参考点 $M_0$ 的过程中，有势力所做的功称为质点在 $M$ 位置的势能，以 $V$ 表示，即

$$V=\int_M^{M_0}\boldsymbol{F}\cdot\mathrm{d}\boldsymbol{r}=\int_M^{M_0}F_x\mathrm{d}x+F_y\mathrm{d}y+F_z\mathrm{d}z \qquad (9\text{-}27)$$

一般情况下，参考点的势能等于零，通常称之为**势能零点**；势能的大小是相对势能零点而言。只有在指明了势能零点时，势能才有意义。势能零点可任意选择，以便于计算为宜。例如，在图9-20中，重力势能

$$V=\int_z^{z_0}(-P)\mathrm{d}z=P(z-z_0) \qquad (9\text{-}28)$$

为方便起见，可将零位置选在 $z_0=0$ 处，于是

$$V=Pz$$

又如，弹性力势能

$$V=\frac{k}{2}(\delta^2-\delta_0^2) \qquad (9\text{-}29)$$

式中，$\delta_0$ 是势能零点时弹簧的变形量。若选择弹簧自然长度为势能零位置，即 $\delta_0=0$，于是弹性力势能

$$V=\frac{k}{2}\delta^2$$

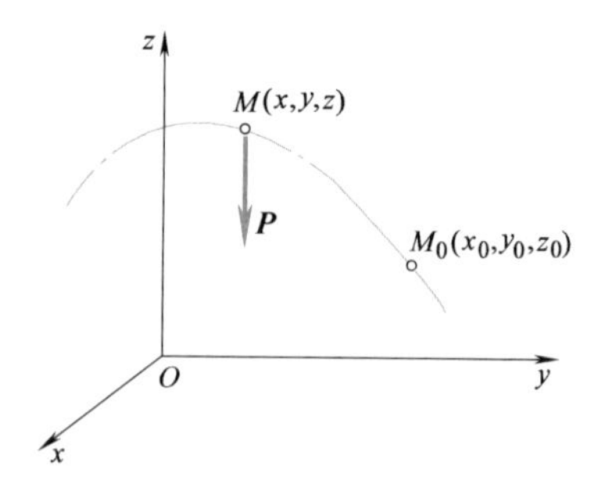

图 9-20

### 9.6.3 机械能守恒定律

质点或质点系在某一位置的动能与势能的代数和称为机械能。若**质点系在运动过程中只受有势力作用，则其机械能保持不变，称为机械能守恒定律。**

在图9-21中，质点在某势力场中运动。作用在此质点上的有势力的作用点（即 $M$ 点）由 $M_1$ 运动到 $M_2$ 时，该力所做的功为 $W_{12}$。质点 $M$ 在 $M_1$、$M_2$ 处的势能分别为

$$V_1 = W_{10}, \quad V_2 = W_{20}$$

由图9-21看出

$$W_{12} = W_{10} - W_{20} = V_1 - V_2$$

根据动能定理，得

$$T_2 - T_1 = W_{12} = V_1 - V_2$$

即

$$T_1 + V_1 = T_2 + V_2 \tag{9-30}$$

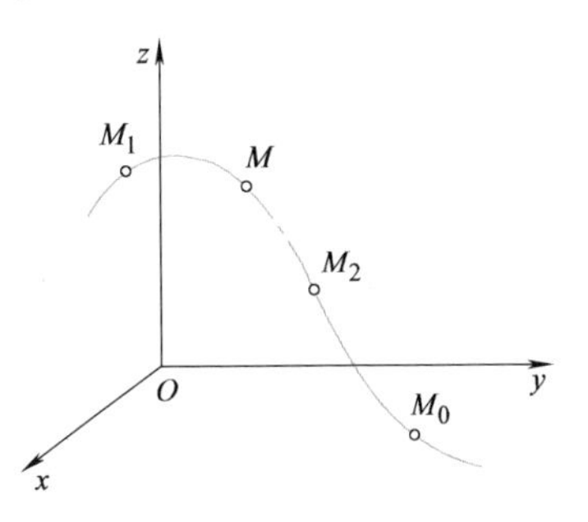


图 9-21

这就是**机械能守恒定律**。对质点系来说，定律中的动能和势能是指质点系的总动能和总势能。质点系受到几种有势力的作用时，可以分别选择每种势力场的零位置，分别计算对应的势能，其代数和即为总势能。在机械能守恒定律中，涉及的是两位置势能的差值 $V_1 - V_2$，所以，该定律与各势力场的势能零点的选择无关。

很明显，机械能守恒定律不能用于有非保守力的情况；动能定理则不限于保守系统，它比机械能守恒定律的应用范围更广。

### 9.6.4 有势力与势能的关系

如前所述，势能的大小因其在势力场中的位置不同而异，可写作坐标的单值连续函数 $V(x,y,z)$，称为**势能函数**。由式(9-27)，得

$$V = \int_M^{M_0} F_x \mathrm{d}x + F_y \mathrm{d}y + F_z \mathrm{d}z$$

或

$$V = -\left(\int_{M_0}^{M} F_x \mathrm{d}x + F_y \mathrm{d}y + F_z \mathrm{d}z\right)$$

注意到势力的功与路径无关，其元功必是函数 $V$ 的全微分，即

$$\mathrm{d}V = -(F_x \mathrm{d}x + F_y \mathrm{d}y + F_z \mathrm{d}z) \tag{9-31}$$

由高等数学知，$V$ 的全微分

$$\mathrm{d}V = \frac{\partial V}{\partial x}\mathrm{d}x + \frac{\partial V}{\partial y}\mathrm{d}y + \frac{\partial V}{\partial z}\mathrm{d}z \tag{9-32}$$

比较式（9-31）及式（9-32），得到

$$\left.\begin{aligned} F_x &= -\frac{\partial V}{\partial x} \\ F_y &= -\frac{\partial V}{\partial y} \\ F_z &= -\frac{\partial V}{\partial z} \end{aligned}\right\} \tag{9-33}$$

即作用在质点系上各有势力在坐标轴上的投影，等于势能函数对相应坐标的偏导数冠以负号。

(1) 在运动学中，都是已知系统某点的速度和加速度作为其初始条件而求其他点的速度和加速度，但在动力学中主要是利用动能定理的积分形式和微分形式分别求出系统某点的速度和加速度作为其初始条件。(2) 平面运动刚体的动能有两种表达式。两种表达式都能应用于动能定理的积分形式求速度。但对于动能定理的微分形式，一般应用随着质心的平移和相对于质心转动的动能表达式，或在运动过程中对于速度瞬心的转动惯量不变的情况，否则不能求导。(3) 动能定理的公式是一个标量式，只能求出一个未知数，所以一般只能解决一个自由度问题，若存在多个自由度问题，可通过其他定律（动量守恒定律、动量矩守恒定律等）形式将其转化成为一个未知数的情形，再由动能定理进行求解。若不能转化为一个未知数情形，将应用后面介绍的动力学普遍方程和拉格朗日方程求解。

动能定理

动能定理-例题

1. 由于质点系的内力总是成对出现，且等值反向，因此，内力功的和恒等于零，对吗？

2. 汽车行驶时，地面对驱动轮的静摩擦力向前，因此，该力做正功，对吗？

3. 动能与速度的方向是否有关？如一质点以大小相同、方向不同的速度抛出，在抛出瞬时，其动能是否相同？

4. 在习题8-12中，如图8-25所示，水平管 $CD$ 以匀角速度 $\omega$ 绕铅直轴 $AB$ 转动，管中放一滑块 $M$，摩擦忽略不计，初瞬时 $t=0$ 时，$x\approx 0$，$\dot{x}_0=0$，当运动到 $D$ 点时，滑块的动能会增加吗？是什么力做的功？

5. 试分析人骑自行车时各个力的功，假设为匀速直线运动，并考虑滑动摩擦和滚动摩擦。

9-1　为什么切向力做功，法向力不做功？为什么作用在瞬心上的力不做功？

9-2　如图9-22所示，质点受弹簧拉力运动。设弹簧自然长度 $l_0=200\text{mm}$，刚度系数为 $k=20\text{N/m}$。当弹簧被拉长到 $l_1=260\text{mm}$ 时放手，问弹簧每缩短20mm，弹簧所做的功是否相同？

9-3　一质点 $M$ 在粗糙的水平圆槽内滑动如图9-23所示。如果该质点获得的初速度 $\boldsymbol{v}_0$ 恰能使它在圆槽内滑动一周，则摩擦力的功等于零。这种说法对吗？为什么？

9-4　自 $A$ 点以相同大小但倾角不同的初速度抛出物体（视为质点），如图9-24所示。不计空气阻力，当这一物体落到同一水平面上时，它的速度大小是否相等？为什么？

9-5　图9-25所示两轮的质量相同，轮 $A$ 的质量均匀分布，轮 $B$ 的质心 $C$ 偏离几何中心 $O$。设两轮以相同的角速度 $\omega$ 绕中心 $O$ 转动，问它们的动能是否相同？

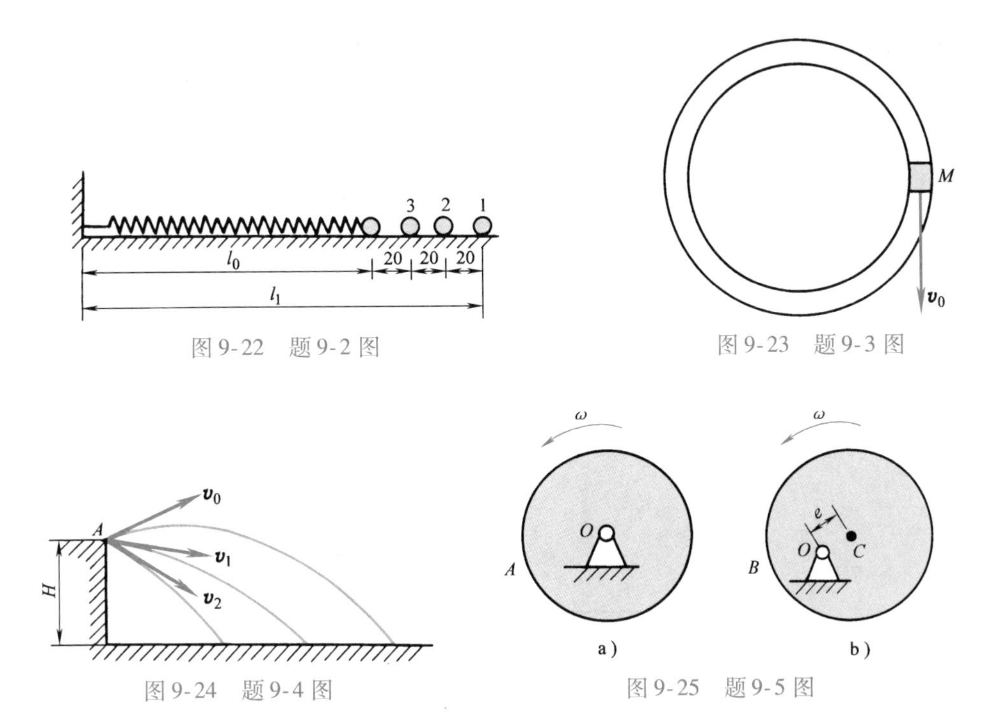


图9-22 题9-2图

图9-23 题9-3图

图9-24 题9-4图

图9-25 题9-5图

9-6 图9-26所示一纯滚动圆轮重$P$，半径为$R$和$r$，拉力$\boldsymbol{F}_T$与水平线成$\alpha$角，轮与支承水平面间的静摩擦因数为$f_s$，滚动摩擦因数为$\delta$；求轮心$C$移动$s$过程中力的全功。

答：$W = F_T s\left(\cos\alpha + \dfrac{r}{R}\right) - \delta(P - F_T\sin\alpha)\dfrac{s}{R}$。

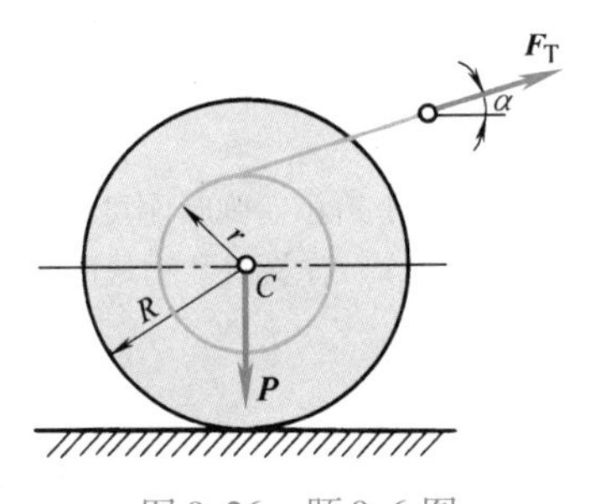


图9-26 题9-6图

图9-26动画

9-7 如图9-27所示，计算下列情况下各均质物体的动能：a）重为$P$、长为$l$的直杆以角速度$\omega$绕$O$轴转动；b）重为$P$、半径为$r$的圆盘以角速度$\omega$绕$O$轴转动；c）重为$P$、半径为$r$的圆轮在水平面上做纯滚动，质心$C$的速度为$\boldsymbol{v}$；d）重为$P$、长为$l$的杆以角速度$\omega$绕球铰$O$转动，杆与铅垂线的夹角为$\alpha$（常数）。

答：a）$T=\dfrac{P}{6g}l^2\omega^2$；b）$T=\dfrac{r^2+2e^2}{4g}P\omega^2$；c）$T=\dfrac{3P}{4g}v^2$；d）$T=\dfrac{P}{6g}l^2\omega^2\sin^2\alpha$。

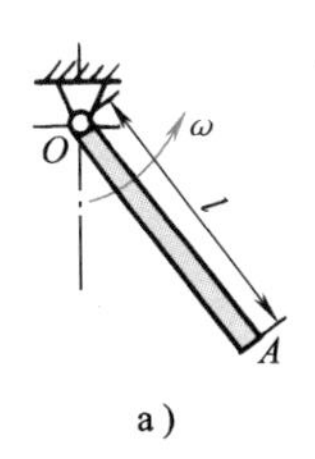


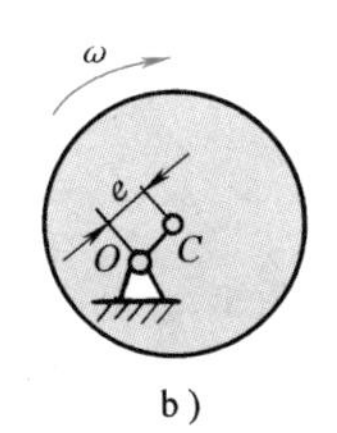


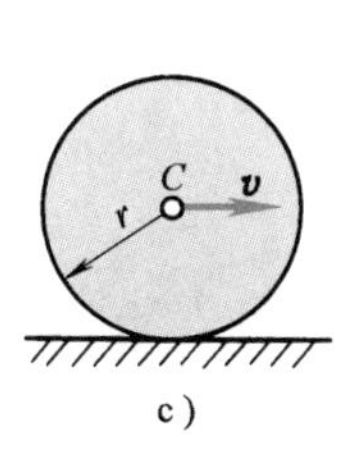


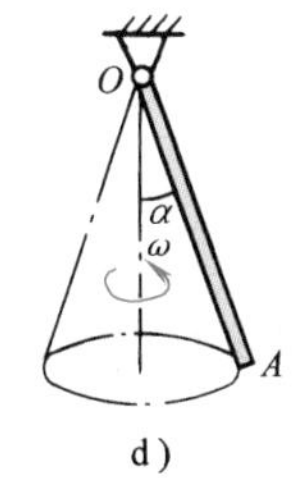


图9-27 题9-7图

9-8　图9-28所示坦克的履带质量为$m$，两个车轮的质量均为$m_1$。车轮可视为均质圆盘，半径为$R$，两车轮轴间的距离为$\pi R$。设坦克前进速度为$v$，计算此质点系的动能。

答：$T=\dfrac{1}{2}(3m_1+2m)v^2$。

9-9　图9-29所示滑轮重$W$、半径为$R$，对转轴$O$的回转半径为$\rho$，一绳绕在滑轮上，绳的另一端系一重为$P$的物体$A$，滑轮上作用一不变转矩$M$，使系统由静止而运动；不计绳的质量，求重物上升距离为$s$时的速度及加速度。

答：$v=\sqrt{2gs\dfrac{M/R-P}{P+\dfrac{W\rho^2}{R^2}}}$，$a=\dfrac{M/R-P}{P+\dfrac{W\rho^2}{R^2}}g$。

图9-28 动画

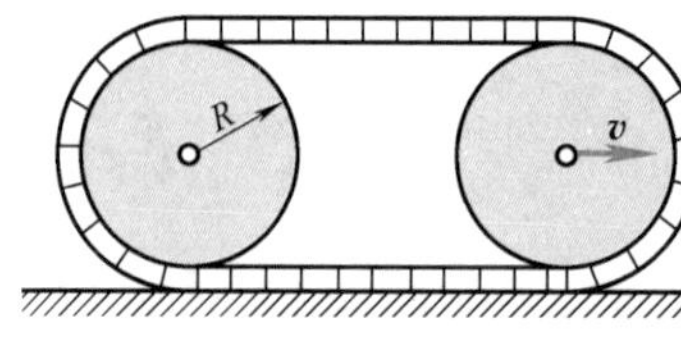


图9-28　题9-8图

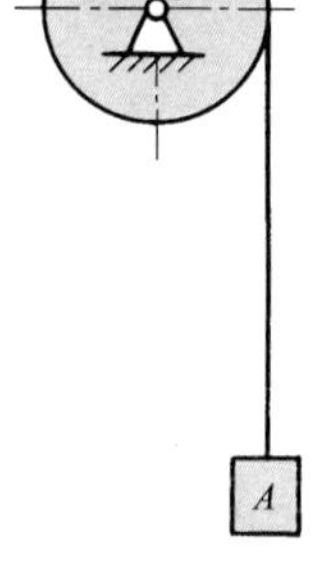


图9-29　题9-9图

图9-29 动画

9-10　弹簧原长$l_0=10\text{cm}$，刚度系数$k=4.9\text{kN/m}$，一端固定在$O$点，此点在半径为$R=10\text{cm}$的圆周上如图9-30所示。当弹簧的另一端由$B$点沿圆弧运动至$A$点时，弹性力所做的功是多少？已知$AC\perp BC$，$OA$为直径。

答：$W_{AB}=-20.3\text{J}$。

9-11　质量为2kg的物块$A$在弹簧上处于静止，如图9-31所示。弹簧刚度系数为$k=400\text{N/m}$。现将质量为4kg的物块$B$放置在物块$A$上，刚接触就释放它。求：(1) 弹簧对两物块的最大作用力；(2) 两物块得到的最大速度。

答：(1) $F_{max}=98\text{N}$；(2) $v_{max}=0.8\text{m/s}$。

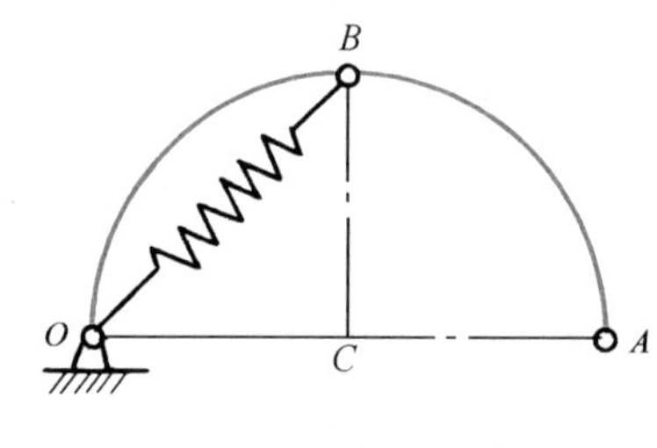


图9-30　题9-10图

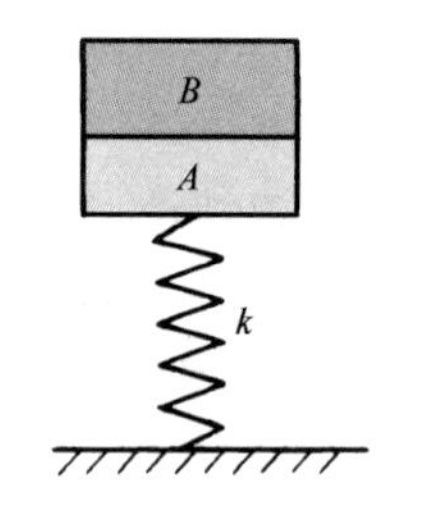


图9-31　题9-11图

9-12　链条长$l$、重$P$，展开放在光滑桌面上，如图9-32所示。开始时链条静止，并有长度为$a$的一段下垂。求链条离开桌面时的速度。

答：$v=\sqrt{g(l^2-a^2)/l}$。

9-13　图9-33所示滑轮组中，定滑轮$O_1$半径为$r_1$，重$W_1$；动滑轮$O_2$，半径为$r_2$，重$W_2$。两轮均视为均质圆盘，悬挂重物$M_1$重$P$，$M_2$重$G$。绳和滑轮间无滑动，并设$2P>G+W_2$，求重物$M_1$由静止下降距

离 $h$ 时的速度。

答：$v=\sqrt{\dfrac{8gh\ (2P-G-W_2)}{8P+2G+4W_1+3W_2}}$。

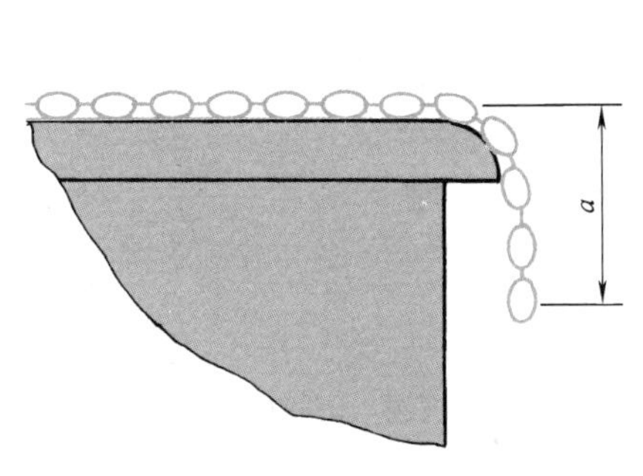

图 9-32 题 9-12 图

图 9-32 动画

图 9-33 动画

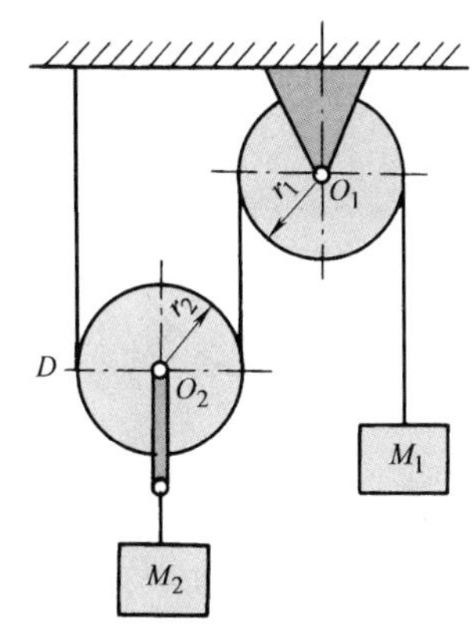


图 9-33 题 9-13 图

9-14 图 9-34 所示冲床冲压工件时冲头受的平均工作阻力 $F=52\text{kN}$，工作行程 $s=10\text{mm}$。飞轮的转动惯量 $J=40\text{kg}\cdot\text{m}^2$，转速 $n=415\text{r/min}$。假定冲压工件所需的全部能量都由飞轮供给，计算冲压结束后飞轮的转速。

答：$n=412\text{r/min}$。

9-15 周转齿轮传动机构置于水平面内，如图 9-35 所示。已知动齿轮半径为 $r$，重 $P$，可看作均质圆盘；曲柄 $OA$ 重 $W$，可看作均质杆；定齿轮半径为 $R$。在曲柄上作用一常力偶 $M$，力偶在机构平面内，机构由静止开始运动。求曲柄转过 $\varphi$ 角时的角速度和角加速度。

答：$\omega=\dfrac{2}{R+r}\sqrt{\dfrac{3gM\varphi}{9P+2W}}$；$\alpha=\dfrac{6gM}{(R+r)^2\ (9P+2W)}$。

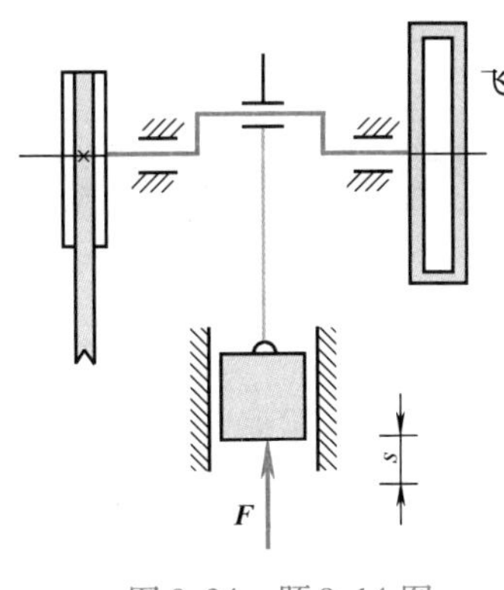


图 9-34 题 9-14 图

图 9-34 动画

图 9-35 动画

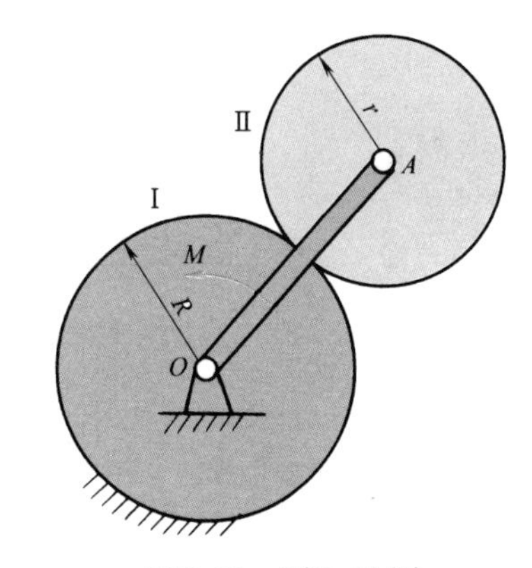


图 9-35 题 9-15 图

9-16 如图 9-36 所示，原长 $h_0=400\text{mm}$、刚度系数 $k=2\text{N/mm}$、不计质量的弹簧一端固定于 $O$ 点，另一端与质量 $m=10\text{kg}$ 的均质圆盘的中心 $A$ 相连接。开始时 $OA$ 在水平位置，长 $h_1=300\text{mm}$，速度为零。求圆盘在铅垂平面内沿曲线轨道做纯滚动，$OA$ 到铅垂位置时盘心的速度，此时 $OA=h_2=350\text{mm}$。

答：$v=2.36\text{m/s}$。

9-17 连杆 $AB$ 重 40N，长 $l=60\text{cm}$，可视为均质细杆；圆盘 $B$ 重 60N，连杆在图 9-37 所示位置静止开始释放，$A$ 端沿光滑杆滑下，圆盘只滚不滑。求：(1) 当 $A$ 端碰着弹簧时（$AB$ 处于水平位置）连杆的角

速度 $\omega$；（2）弹簧最大变形量 $\delta$，设弹簧刚度系数 $k=20\text{N/cm}$。

答：$\omega=4.95\text{rad/s}$；$\delta=8.8\text{cm}$。

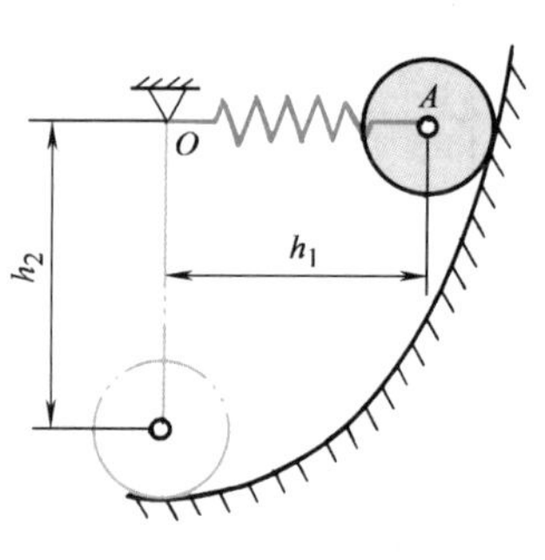


图 9-36　题 9-16 图

图 9-37　题 9-17 图

图 9-37 动画

9-18　图 9-38 所示两均质细杆 $AB$、$BO$ 长均为 $l$，质量为 $m$，在 $B$ 端铰接，$OB$ 杆一端 $O$ 为铰链支座，$AB$ 杆 $A$ 端为一不计质量的小滚轮。在 $AB$ 上作用一不变力偶矩 $M$，并在图示位置静止释放，系统在铅垂平面内运动，试求 $A$ 碰到支座 $O$ 时，$A$ 端的速度。

答：$v_A=\sqrt{3\left[\dfrac{M\theta}{m}-gl(1-\cos\theta)\right]}$。

9-19　图 9-39 所示轴Ⅰ和轴Ⅱ连带安装在其上的飞轮和齿轮的转动惯量分别为 $J_1=490000\text{kg}\cdot\text{cm}^2$，$J_2=392000\text{kg}\cdot\text{cm}^2$。齿轮的转速比 $r_{12}=\dfrac{2}{3}$。发动机传给轴Ⅰ的力矩 $M_1=490\ \text{N}\cdot\text{m}$，使此系统由静止而转动。如摩擦不计，试求轴Ⅱ经过多少转后，做转速 $n_2=120\text{r/min}$ 的转动。

答：2.346r。

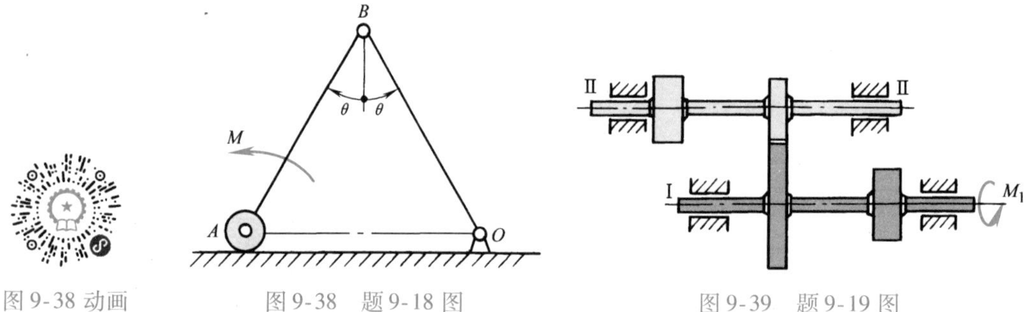


图 9-38 动画　　图 9-38　题 9-18 图　　图 9-39　题 9-19 图

9-20　图 9-40 所示均质杆 $OA$ 长 $l=3.27\text{m}$，杆上端 $O$ 套在某轴上，此杆可在铅垂平面内绕此轴转动。最初，杆处在稳定平衡位置，今欲使此杆转 1/4 转，问应给予杆的另一端 $A$ 点多大的速度？

答：$v_A=9.8\text{m/s}$。

9-21　图 9-41 所示重物 $A$ 重 $P$，挂在一根无重不可伸长的绳子上，绳子绕过固定滑轮 $D$，并绕在鼓轮 $B$ 上。由于重物下降，带动轮 $C$ 沿水平轨道滚动而不滑动。鼓轮的半径为 $r$，轮 $C$ 的半径为 $R$，两者固结在一起，总重量为 $W$，对于水平轴 $O$ 的回转半径等于 $\rho$。求重物 $A$ 的加速度。轮 $D$ 的质量不计。

答：$a=\dfrac{P(R+r)^2g}{W(\rho^2+R^2)+P(R+r)^2}$。

9-22　在图 9-42 所示绞车主动轴上，作用一不变力偶矩 $M$ 以提升一重为 $P$ 的物体。已知：主动轴及从动轴连同各轴上的齿轮、鼓轮等部件对轴的转动惯量分别为 $J_1$ 及 $J_2$；传速比 $\omega_1/\omega_2=i$；吊索绕在半径为 $R$ 的鼓轮上。不计轴承摩擦及吊索质量，求重物 $A$ 的加速度。

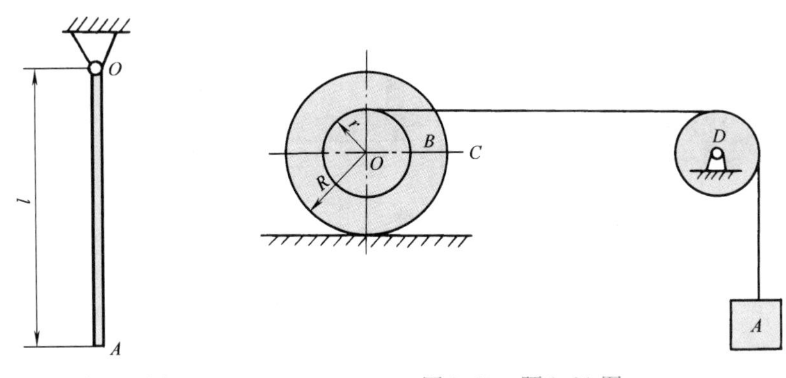


图 9-40 题 9-20 图

图 9-41 题 9-21 图

图 9-41 动画

答：$a=\dfrac{(Mi-PR)gR}{(J_1i^2+J_2)g+PR^2}$。

9-23 图 9-43 所示均质圆盘质量为 $m_1$，半径为 $r$，可绕定轴 $O$ 转动，重物 $A$ 的质量为 $m_2$。弹簧水平，刚度系数为 $k$，图示 $OB$ 铅垂时系统处于平衡位置，求圆盘微振动的微分方程。

答：$\dfrac{\mathrm{d}^2\varphi}{\mathrm{d}t^2}+\dfrac{2ka^2}{r^2(m_1+2m_2)}\varphi=0$。

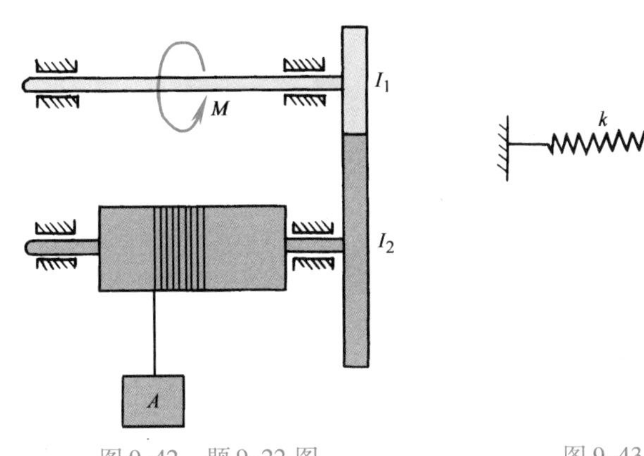


图 9-42 题 9-22 图

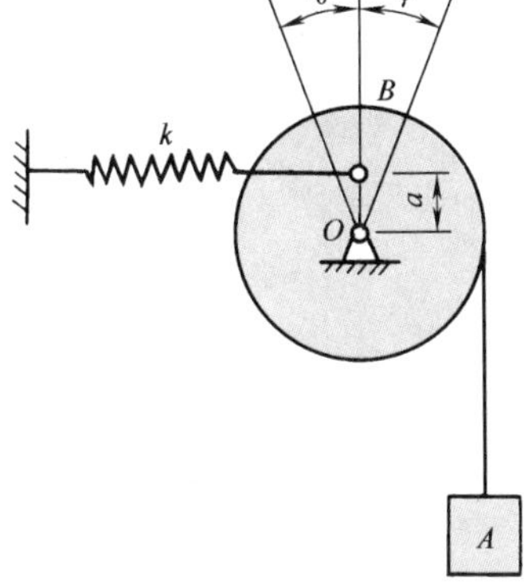


图 9-43 题 9-23 图

图 9-43 动画

9-24 矿用水泵的电动机功率 $P_{入}=25\mathrm{kW}$，机械效率 $\eta=0.6$，井深 $H=150\mathrm{m}$。求每小时抽上的水量。

答：$36.7\mathrm{m}^3/\mathrm{h}$。

9-25 为了把 $5000\mathrm{m}^3$ 的水提升 3m，安装一具有 2kW 功率的抽水机，如抽水机的效率为 0.8，试求抽水机完成此项工作所需的时间。

答：25h 31min 15s。

9-26 为了测定发动机的功率，在它的转轮上套一具有木块的软带，软带右边一段与弹簧秤相连，左边一段挂一重物，如图 9-44 所示。设发动机转速 $n=1200\mathrm{r/min}$，弹簧秤量出拉力为 40N，重物质量为 1kg，转轮直径为 1m，试求发动机的功率。

答：1885W。

9-27 测量机器功率用的测功器由胶带 $ACDB$ 和杠杆 $BH$ 组成，胶带的两边 $AC$ 和 $BD$ 是铅垂的，并套住受测试机器的带轮 $E$ 的下部，而杠杆则以刀口搁在支点 $O$ 上，如图 9-45 所示。借升高或降低支点 $O$ 可以变更胶带的张力，同时变更轮和胶带间的摩擦力。杠杆上挂一质量 $m=3\mathrm{kg}$ 的重锤，如力臂 $l=50\mathrm{cm}$ 时杠杆 $BH$ 可处于水平的平衡位置，机器带轮的转速 $n=240\mathrm{r/min}$，求机器的功率。

答：$P=0.369\mathrm{kW}$。

图 9-44 动画

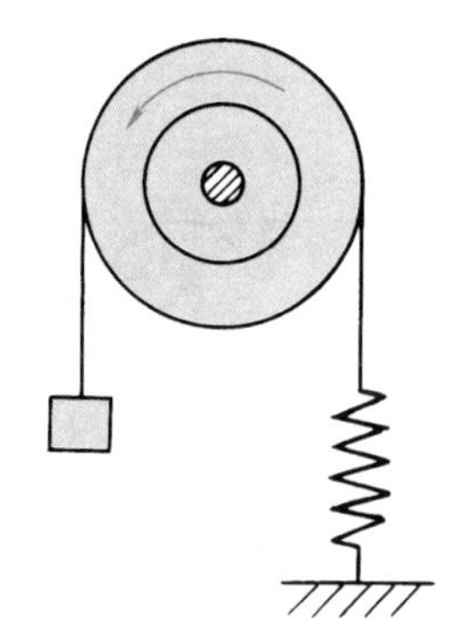

图 9-44 题 9-26 图

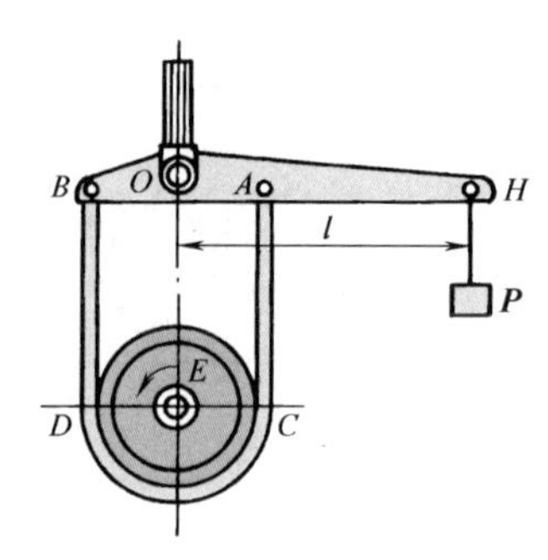


图 9-45 题 9-27 图

图 9-45 动画

9-28 列车质量为 $m$，其功率 $P$ 为常数，如列车所受阻力 $F$ 为常数，则时间与速度的关系为

$$t = \frac{mP}{F^2}\ln\frac{P}{P - Fv} - \frac{mv}{F}$$

如阻力 $F$ 与速度 $v$ 成正比，则

$$t = \frac{mv}{2F}\ln\frac{P}{P - Fv}$$

试证明之。

10

# 第 10 章 动量定理

对于质点问题，利用牛顿第二定律可求解质点的运动和受力情况。对于质点系，在利用动能定理和运动学关系求得质点系运动后，可利用动量定理求解物系整体所受的外力（约束力），进而可通过选取不同的研究对象求出各个物体之间的相互作用力。选择适当的研究对象及投影方向和初始条件，可利用动量守恒定律或质心不变原理直接求解质点系物体之间的动量变化和物体的相互位移等实际工程问题，并免去了微分方程烦琐的积分过程。质心运动定理还解决了质点系动量的改变或质点系质心的运动与外力之间的关系。

## 10.1 动量

### 10.1.1 质点的动量

质点的动量是用来度量质点机械运动的一个物理量。质点的动量等于其质量与速度的乘积，即

$$\boldsymbol{p} = m\boldsymbol{v} \tag{10-1}$$

动量是矢量，动量的方向与速度方向相同。在国际单位制中，动量的单位为kg · m/s。

动量的量纲是 $\mathrm{MLT}^{-1}$。

### 10.1.2 质点系的动量

质点系中各质点动量的矢量和称为质点系的动量主矢，简称为质点系的动量，即

$$\boldsymbol{p} = \sum m_i\boldsymbol{v}_i = \sum m\boldsymbol{v} \tag{10-2}$$

由运动学关系

$$\boldsymbol{v}_i = \frac{\mathrm{d}}{\mathrm{d}t}\boldsymbol{r}_i$$

所以

$$\boldsymbol{p} = \sum m_i\boldsymbol{v}_i = \sum m_i \frac{\mathrm{d}\boldsymbol{r}_i}{\mathrm{d}t} = \frac{\mathrm{d}}{\mathrm{d}t}\sum m_i\boldsymbol{r}_i$$

将质心坐标公式 $\sum m_i\boldsymbol{r}_i = M\boldsymbol{r}_C$ 代入上式得

$$\boldsymbol{p} = \frac{\mathrm{d}}{\mathrm{d}t}(M\boldsymbol{r}_C) = M\frac{\mathrm{d}\boldsymbol{r}_C}{\mathrm{d}t} = M\boldsymbol{v}_C \tag{10-3}$$

式（10-3）给出了质点系动量的简捷求法。这表明，质点系的动量也可以用质点系的总质量与其质心速度的乘积表示。不论质点系内各质点的速度如何不同，只要知道质心的速

度，就可以立即求出整个质点系的动量。

刚体是质点系的特殊情形，它由无限个质点所组成。用式（10-3）计算刚体的动量非常方便。例如，车轮做平面运动，质心的速度为 $\boldsymbol{v}_C$，如图10-1所示，则车轮的动量为 $M\boldsymbol{v}_C$；又如，刚体绕中心轴 $O$ 转动，若质量对称于 $O$ 轴分布，则质心在 $O$ 轴上，如图10-2所示，因 $\boldsymbol{v}_C=\boldsymbol{v}_O=\boldsymbol{0}$，因此该刚体的动量为

$$M\boldsymbol{v}_C=\boldsymbol{0}$$

由以上两例可见，质点系的动量是描述质点系随质心运动的一个运动量，它不能描述质点系相对于质心的运动。

图 10-1　　图 10-2

如果质点系是由多个刚体组成的，则该质点系的动量可写为

$$\boldsymbol{p}=\sum\boldsymbol{p}_i=\sum m_i\boldsymbol{v}_{Ci} \tag{10-4}$$

式中，$m_i$、$\boldsymbol{v}_{Ci}$ 分别为第 $i$ 个刚体的质量和它的质心的速度。

## 10.2 力的冲量

力对物体作用的运动效果不仅取决于力的大小和方向，而且和该力作用在物体上的时间长短有关。**力与其作用时间的乘积称之为力的冲量**。它表明了力对物体作用的时间积累效应。

### 10.2.1 常力的冲量

常力的冲量为常力矢量与其作用时间的乘积，用 $\boldsymbol{I}$ 表示，即

$$\boldsymbol{I}=\boldsymbol{F}t \tag{10-5}$$

冲量是矢量，其方向与作用力的方向相同。在国际单位制中，冲量的单位与动量的单位相同，为 kg·m/s。冲量的量纲是 $\mathrm{MLT}^{-1}$。

### 10.2.2 任意力的冲量

任意力（常力或变力）在微小时间间隔 $\mathrm{d}t$ 内的冲量称为该力在 $t$ 瞬时的**元冲量**，用 $\mathrm{d}\boldsymbol{I}$ 表示，且

$$\mathrm{d}\boldsymbol{I}=\boldsymbol{F}\mathrm{d}t \tag{10-6}$$

任意力在有限时间内（瞬时 $t_1$ 至瞬时 $t_2$）的冲量可用一个矢量积分表示，即

$$\boldsymbol{I}=\int_{t_1}^{t_2}\mathrm{d}\boldsymbol{I}=\int_{t_1}^{t_2}\boldsymbol{F}\mathrm{d}t \tag{10-7}$$

### 10.2.3 力系的冲量

作用于质点系上力系的各力冲量的矢量和称为力系的冲量，即

$$\boldsymbol{I} = \sum \boldsymbol{I}_i = \sum \int_{t_1}^{t_2} \boldsymbol{F}_i(t)\,\mathrm{d}t$$

交换求和与积分的顺序，得

$$\boldsymbol{I} = \int_{t_1}^{t_2} \sum \boldsymbol{F}_i(t)\,\mathrm{d}t = \int_{t_1}^{t_2} \boldsymbol{F}_{\mathrm{R}}(t)\,\mathrm{d}t \tag{10-8}$$

式中，$\boldsymbol{F}_{\mathrm{R}}(t) = \sum \boldsymbol{F}(t)$为力系的主矢。式（10-8）表明，力系的冲量等于所有力在同一时间内的冲量的矢量和。质点系的全部内力总是成对出现的，所以全部内力的冲量之和总是零。对于整个质点系来说，只有作用于其上的外力才有冲量。

## 10.3 动量定理

### 10.3.1　质点的动量定理

设质量为 $m$ 的质点 $M$ 在力 $\boldsymbol{F}$ 的作用下运动，其速度为 $\boldsymbol{v}$，由牛顿第二定律

$$m\frac{\mathrm{d}\boldsymbol{v}}{\mathrm{d}t} = \boldsymbol{F}$$

设质量是常量，上式可写为

$$\frac{\mathrm{d}}{\mathrm{d}t}(m\boldsymbol{v}) = \boldsymbol{F} \tag{10-9}$$

它表明，质点的动量对时间的一阶导数等于作用在质点上的力，这是质点动量定理的微分形式，也是牛顿第二定律的原始陈述式。

将式（10-9）两边同时乘以 $\mathrm{d}t$，并进行积分得

$$m\boldsymbol{v}_2 - m\boldsymbol{v}_1 = \int_{t_1}^{t_2} \boldsymbol{F}\,\mathrm{d}t = \boldsymbol{I} \tag{10-10}$$

它表明，质点在 $t_1$ 至 $t_2$ 时间内动量的改变量等于作用于质点的合力在同一时间内的冲量。这是质点动量定理的积分形式。

### 10.3.2　质点系的动量定理

设质点系由 $n$ 个质点组成，取其中任一质点 $M_i$ 来考虑，令 $M_i$ 的质量为 $m_i$，速度为 $\boldsymbol{v}_i$，把作用于各质点上的力分成外力和内力。分别用 $\boldsymbol{F}_i^{(\mathrm{e})}$ 和 $\boldsymbol{F}_i^{(\mathrm{i})}$ 表示。根据式（10-9），有

$$\frac{\mathrm{d}}{\mathrm{d}t}(m_i\boldsymbol{v}_i) = \boldsymbol{F}_i^{(\mathrm{e})} + \boldsymbol{F}_i^{(\mathrm{i})}$$

对质点系中每一个质点都可写出这样一个方程，共有 $n$ 个方程。把这 $n$ 个方程相加，得

$$\sum\frac{\mathrm{d}}{\mathrm{d}t}(m_i\boldsymbol{v}_i) = \frac{\mathrm{d}}{\mathrm{d}t}\sum m_i\boldsymbol{v}_i = \sum\boldsymbol{F}_i^{(\mathrm{e})} + \sum\boldsymbol{F}_i^{(\mathrm{i})}$$

式中，$\sum m_i\boldsymbol{v}_i$ 是质点系的动量 $\boldsymbol{p}$，由于$\sum\boldsymbol{F}_i^{(\mathrm{i})} = \boldsymbol{0}$。于是，上式成为

$$\frac{\mathrm{d}}{\mathrm{d}t}\boldsymbol{p} = \sum\boldsymbol{F}_i^{(\mathrm{e})} \tag{10-11}$$

它表明，质点系动量对时间的一阶导数，等于作用于该质点系上所有外力的矢量和。这就是质点系动量定理的微分形式。在具体计算时，常把上式写成投影形式。例如，投影到笛卡儿坐标轴 $x$、$y$、$z$ 上，得

$$\left.\begin{aligned}\frac{\mathrm{d}}{\mathrm{d}t}p_x &= \sum F_x \\ \frac{\mathrm{d}}{\mathrm{d}t}p_y &= \sum F_y \\ \frac{\mathrm{d}}{\mathrm{d}t}p_z &= \sum F_z\end{aligned}\right\} \tag{10-12}$$

将式（10-11）分离变量，并在瞬时 $t_1$ 至 $t_2$ 这段时间内积分，得

$$\boldsymbol{p}_2 - \boldsymbol{p}_1 = \int_{t_1}^{t_2} \sum \boldsymbol{F}_i^{(e)} \mathrm{d}t = \sum \boldsymbol{I}_i^{(e)} \tag{10-13}$$

它表明，**质点系在 $t_1$ 至 $t_2$ 时间内的动量的改变量等于作用于该质点系的所有外力在同一时间内的冲量的矢量和**。这是**质点系动量定理的积分形式**。同样，它在笛卡儿坐标轴 $x$、$y$、$z$ 上的投影形式为

$$\left.\begin{aligned}p_{2x} - p_{1x} &= \sum I_{ix}^{(e)} \\ p_{2y} - p_{1y} &= \sum I_{iy}^{(e)} \\ p_{2z} - p_{1z} &= \sum I_{iz}^{(e)}\end{aligned}\right\} \tag{10-14}$$

### 10.3.3 流体在管道中流动时的动压力

现在应用质点系的动量定理，来分析流体在管道中流动时所产生的动压力问题。这类问题在流体输送工程中有重要意义。

设有不可压缩流体在变截面的弯曲管道中做**定常流动**。所谓定常流动是指管内各处的速度分布不随时间而变化的流动。管中流体每单位时间流过的体积（体积流量）$Q$ 为常量，流体每单位体积的质量（密度）$\rho$ 也是常量。

现取变截面弯曲管道 $ABCD$ 所包含的这部分流体为研究对象，如图 10-3a 所示。作为一个质点系的这部分流体所受到的外力有：流体的重力 $\boldsymbol{P}$，管壁的约束力 $\boldsymbol{F}_{\mathrm{N}}$，以及进口截面 $AB$、出口截面 $CD$ 上的流体压力 $\boldsymbol{F}_1$、$\boldsymbol{F}_2$（这些力都是分布力的合力）。

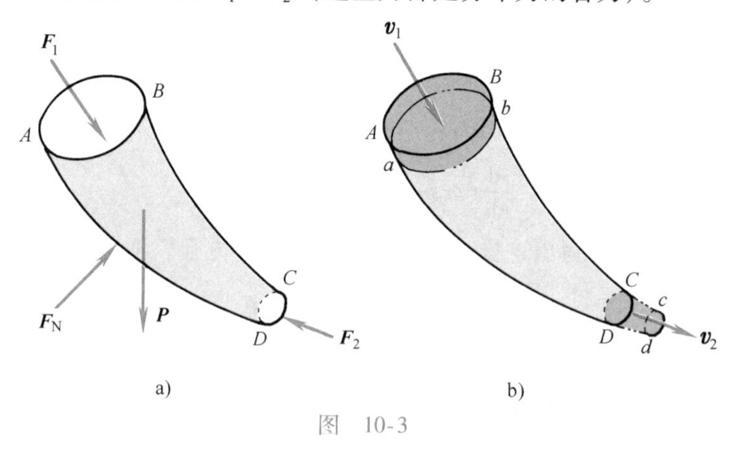


图 10-3

在瞬时 $t$，上述这部分流体的动量记作 $\boldsymbol{p}_{ABCD}$。经过微小的时间间隔 $\Delta t$，流体运动到了 $abcd$ 位置，这时这部分流体的动量记作 $\boldsymbol{p}_{abcd}$。于是，在时间间隔 $\Delta t$ 内质点系动量的增量为

$$\mathrm{d}\boldsymbol{p} = \boldsymbol{p}_{abcd} - \boldsymbol{p}_{ABCD} = (\boldsymbol{p}_{abCD} + \boldsymbol{p}_{CDdc}) - (\boldsymbol{p}_{ABba} + \boldsymbol{p}_{abCD}) \tag{a}$$

由于流体是定常的，公共部分的动量 $\boldsymbol{p}_{abCD}$ 是不变的，则上式可表示为

附加动约束力

$$\mathrm{d}\boldsymbol{p}=\boldsymbol{p}_{CDdc}-\boldsymbol{p}_{ABba}=\rho Q\mathrm{d}t\cdot\boldsymbol{v}_2-\rho Q\mathrm{d}t\cdot\boldsymbol{v}_1$$

等号两边同时除以 d$t$，得

$$\frac{\mathrm{d}\boldsymbol{p}}{\mathrm{d}t}=\rho Q(\boldsymbol{v}_2-\boldsymbol{v}_1) \tag{b}$$

由动量定理得

$$\frac{\mathrm{d}\boldsymbol{p}}{\mathrm{d}t}=\rho Q(\boldsymbol{v}_2-\boldsymbol{v}_1)=\boldsymbol{P}+\boldsymbol{F}_1+\boldsymbol{F}_2+\boldsymbol{F}_\mathrm{N} \tag{c}$$

它表明，在稳定流动中，管内液体在单位时间流出的动量与流入的动量之差，等于作用在管内液体上的体积力与表面力的矢量和（主矢），这就是关于液体流动的欧拉公式。

若将管壁对于液体的约束力 $\boldsymbol{F}_\mathrm{N}$ 分为两部分。$\boldsymbol{F}_\mathrm{N}'$ 为液体动量不改变时管壁对液体的静约束力；$\boldsymbol{F}_\mathrm{N}''$ 为对应于动量变化而产生的附加动约束力。则有

$$\left.\begin{aligned}\boldsymbol{F}_\mathrm{N}&=\boldsymbol{F}_\mathrm{N}'+\boldsymbol{F}_\mathrm{N}''\\ \boldsymbol{P}+\boldsymbol{F}_1+\boldsymbol{F}_2+\boldsymbol{F}_\mathrm{N}'&=\boldsymbol{0}\end{aligned}\right\} \tag{d}$$

将式（d）代入式（c），得到附加动约束力 $\boldsymbol{F}_\mathrm{N}''$ 的表达式为

$$\boldsymbol{F}_\mathrm{N}''=\rho Q(\boldsymbol{v}_2-\boldsymbol{v}_1) \tag{10-15}$$

由此可知，流量、进出口截面处的速度矢量差越大，附加动约束力越大。因此设计大流量或高速流动管道时，应考虑附加动约束力的影响。一般在管道的弯头处，都配置对应的支座，用来承受附加动约束力。

---

**例 10-1**　水流以流量 $Q$ 为 $7.5\times10^{-3}\mathrm{m^3/s}$ 从消防水枪喷嘴中喷出，如图 10-4 所示，若进口直径为 65mm，喷口直径为 19mm，进口压力为 0.35MPa，出口压力忽略不计，水流的密度为 $1000\mathrm{kg/m^3}$，求附加动约束力为多少？

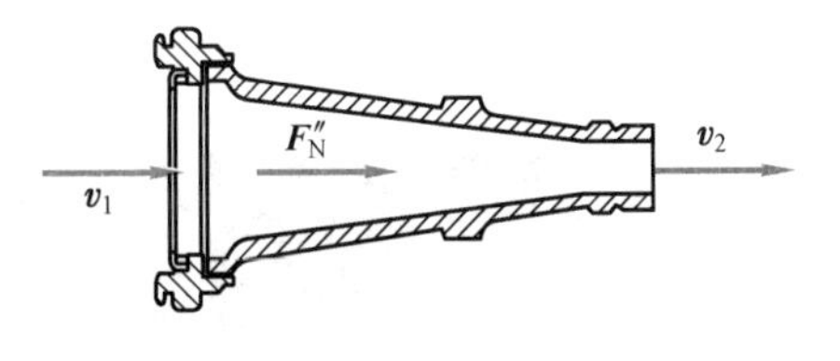


图　10-4

**解：**这是一个变截面直流管，根据连续性条件，首先根据所给的流量求出进口和出口的速度

$$Q=v_1\left(\frac{\pi d_1^2}{4}\right)=v_2\left(\frac{\pi d_2^2}{4}\right)$$

得

$$v_1=\frac{4Q}{\pi d_1^2}=\frac{4\times7.5\times10^{-3}}{\pi\times65^2\times10^{-6}}\mathrm{m/s}=2.26\mathrm{m/s}$$

$$v_2=\frac{4Q}{\pi d_2^2}=\frac{4\times7.5\times10^{-3}}{\pi\times19^2\times10^{-6}}\mathrm{m/s}=26.47\mathrm{m/s}$$

由式（10-15），得

$$\begin{aligned}F_\mathrm{N}''&=\rho Q(v_2-v_1)\\&=[1000.0\times7.5\times10^{-3}(26.47-2.26)]\mathrm{N}\\&=181.58\mathrm{N}\end{aligned}$$

由此可知，其附加动约束力很大，再加上其他作用力，其全约束力就非常大了，这就是为什么消防队员特别辛苦的原因。根据其原理，为使水枪的水流喷出的速度更快，故消防水枪具有进口面积大、喷口面积小的特点。在日常生活中，经常见到小朋友打的直管式水枪，也是依据其原理设计的。

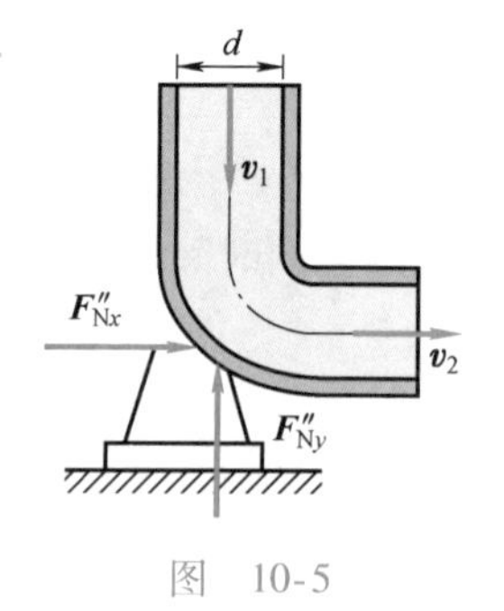


图　10-5

**例 10-2**　水流以 $v_1 = v_2 = 2\text{m/s}$ 的速度沿直径 $d = 300\text{mm}$ 的弯管流动，如图 10-5 所示。求在弯头处支座上所受的附加约束力。

**解：** 这是一个等截面弯管，根据连续性条件，首先根据所给的流速和直径求出流体的流量

$$Q = v_1\left(\frac{\pi d^2}{4}\right) = 2\left(\frac{\pi \times 300^2 \times 10^{-6}}{4}\right)\text{m/s} = 0.1413\text{m}^3/\text{s}$$

则由

$$F''_{\text{N}} = \rho Q(v_2 - v_1)$$

得

$$\begin{aligned} F''_{\text{N}x} &= \rho Q(v_{2x} - v_{1x}) \\ &= [1000.0 \times 0.1413 \times (2.0 - 0.0)]\text{N} \\ &= 282.6\text{N} \\ F''_{\text{N}y} &= \rho Q(v_{2y} - v_{1y}) \\ &= [1000.0 \times 0.1413 \times (0.0 - (-2.0))]\text{N} \\ &= 282.6\text{N} \end{aligned}$$

由此可知，管道固定支承应设于管道系统改变方向处或管道直径变化处，因为在此处支座承受的附加约束力较多，要把这些力传递到支撑结构上，以避免管道遭到破坏，如图 10-6 所示。

图　10-6

### 10.3.4　动量守恒

工程实际中常遇到的两种特殊情况，即作用于质点系上的外力的主矢为零，或该主矢在某轴（例如 $x$ 轴）上的投影为零。这时，在式（10-11）、式（10-12）中：当 $\sum \boldsymbol{F}_i^{(e)} = \boldsymbol{0}$ 时，$\boldsymbol{p}$ = 常矢量；当 $\sum F_x = 0$ 时，$p_x$ = 常量。即质点系动量守恒的情形，又称**动量守恒定律**。

质点系动量定理说明，只有作用于质点系上的外力才能改变质点系的动量。作用于质点系上的内力虽不能改变整个系统的动量，却能改变质点系内各部分的动量。炮筒的反座就是一例。把炮筒和炮弹看成一个质点系。发射时，弹药爆炸产生的气体压力为内力，它使炮弹获得一个向前的动量，同时，也使炮筒获得一同样大小的向后的动量。这是常见的反座现象。在火箭或喷气式发动机中，火箭（飞机）在其发动机向后高速喷出燃气（燃料燃烧时产生的气体）的同时获得相应的前进的速度。

---

**例 10-3**　质量为 $m_A$ 的小棱柱体 $A$ 在重力作用下沿着质量为 $m_B$ 的大棱柱 $B$ 的斜面滑下，设两柱体间的接触是光滑的，其斜角均为 $\theta$，如图 10-7 所示。若开始时，系统处于静止，不计水平地面的摩擦。试求此时棱柱体 $B$ 的加速度 $a_B$。

**解：** 由整体受力图看出，$\sum F_x=0$，所以整个系统在 $x$ 方向的动量守恒。初始时系统静止，$p_x=0$，即

$$p_x = m_A v_{Ax} + m_B v_{Bx} = m_A(v_r\cos\theta - v_B) - m_B v_B = 0$$

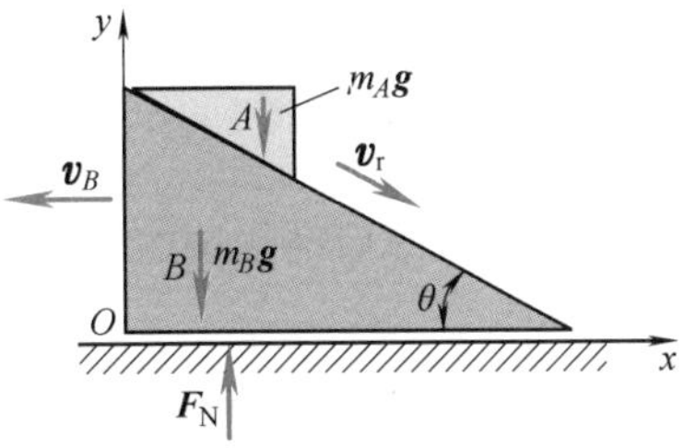

得

$$v_B = \frac{m_A}{m_A + m_B} v_r\cos\theta \qquad \text{(a)}$$

图　10-7

将式（a）求导，得

$$a_B = \frac{m_A}{m_A + m_B} a_r\cos\theta \qquad \text{(b)}$$

但是式（b）中还包含一个未知量 $a_r$。因此，解决此问题还必须找到其他方程。由题设条件，棱柱体 $A$ 沿棱柱体 $B$ 滑下，由动能定理

$$T - T_0 = W$$

其中

$$T_0 = 0$$

$$T = \frac{1}{2}m_A(v_{Ax}^2 + v_{Ay}^2) + \frac{1}{2}m_B v_B^2$$

$$= \frac{1}{2}m_A(v_r^2 + v_B^2 - 2v_r v_B\cos\theta) + \frac{1}{2}m_B v_B^2$$

例题 10-3 讲解

得

$$\frac{1}{2}m_A(v_r^2 + v_B^2 - 2v_r v_B\cos\theta) + \frac{1}{2}m_B v_B^2 - 0 = m_A g s_r\sin\theta \qquad \text{(c)}$$

将式（a）代入上式并化简可得

$$\frac{1}{2}v_B^2\left[\frac{(m_A + m_B)(m_A + m_B - m_A\cos^2\theta)}{m_A\cos^2\theta}\right] = m_A g s_r\sin\theta \qquad \text{(d)}$$

将式（d）对 $t$ 求导，且 $\dot{s}_r = v_r$，再与式（a）、式（b）联立求解得

$$a_B\frac{m_A\sin^2\theta + m_B}{\cos\theta} = m_A g\sin\theta$$

于是求得

$$a_B = \frac{m_A g\cos\theta\sin\theta}{m_A\sin^2\theta + m_B} = \frac{m_A g\sin 2\theta}{2(m_A\sin^2\theta + m_B)}$$

**例 10-4** 真空中斜向抛出一物体，在最高点时，物体炸裂成两块，一块恰好沿原轨道返回抛射点 $O$，另一块落地点的水平距离 $OB$ 则是未炸裂时应有水平距离 $OB_O$ 的两倍（图 10-8），求物体炸裂后两块质量之比。

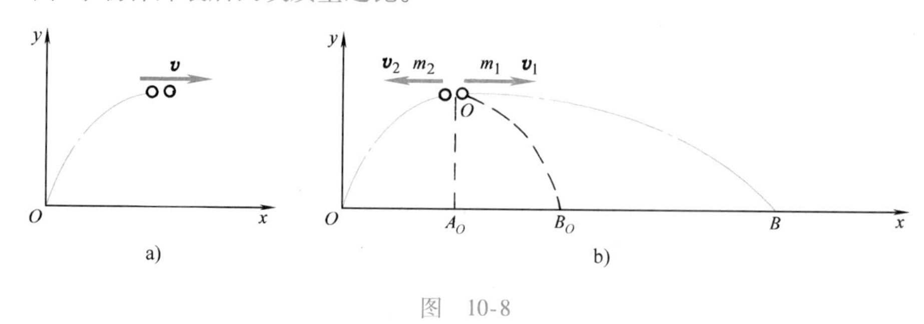


图 10-8

**解**：设炸裂后两物块的质量分别为 $m_1$ 与 $m_2$，炸裂前共同速度为 $\boldsymbol{v}$，炸裂后的速度分别为 $\boldsymbol{v}_1$ 与 $\boldsymbol{v}_2$。

由于 $\sum F_x=0$，系统动量在 $x$ 方向上守恒，即 $p_x=$ 常数，于是有

$$(m_1+m_2)v = m_1v_1 - m_2v_2 \tag{a}$$

为求出速度 $v$、$v_1$、$v_2$ 之间的关系，则由题意设下落的水平距离 $OB=2OB_O$，即

$$A_OB = A_OB_O + B_OB = 3A_OB_O \tag{b}$$

由于炸裂前后，水平方向的运动为匀速运动，水平方向运动的距离正比于水平速度，即

$$A_OB_O : A_OB = v : v_1 \tag{c}$$

将式（b）代入式（c）得

$$v : v_1 = 1:3$$

$$v_1 = 3v$$

同理

$$v_2 = v$$

代入式（a），得

$$(m_1+m_2)v = 3m_1v - m_2v$$

所以解得

$$m_1 = m_2$$

通过以上例题，应注意以下两点：①动量守恒方程中所用的速度必须是绝对速度；②要确定一个正方向，严格按动量投影的正负去计算。

## 10.4 质心运动定理

将质点系的动量 $\boldsymbol{p}=M\boldsymbol{v}_C$ 代入动量定理的表达式（10-11）中，写成

$$\frac{\mathrm{d}}{\mathrm{d}t}(M\boldsymbol{v}_C) = \frac{\mathrm{d}}{\mathrm{d}t}(\sum m_i\boldsymbol{v}_i) = \sum \boldsymbol{F}_i^{(e)}$$

即

$$Ma_C = \sum m_i a_i = \sum F_i^{(e)} \tag{10-16}$$

此式表明，**质点系的质量与其质心加速度的乘积等于作用于质点系的外力的矢量和**。这就是**质心运动定理**。

将式（10-11）与牛顿第二定律相比较，可以看到，它们的形式是相似的。因此，质心运动定理描述的是质点系随同质心的平行移动。质点系的这种运动可以用其质心的运动来表示，而质心运动可以视为一个质点的运动，该质点集中了该质点系的全部质量和全部外力。因此，质心运动定理描述的是质点系随同质心的平行移动。

具体计算时，常把式（10-16）投影到三个笛卡儿坐标轴上，得质心运动微分方程

$$\left.\begin{aligned} M\frac{d^2x_C}{dt^2} &= Ma_{Cx} = \sum m_i a_{Cix} = \sum F_x \\ M\frac{d^2y_C}{dt^2} &= Ma_{Cy} = \sum m_i a_{Ciy} = \sum F_y \\ M\frac{d^2z_C}{dt^2} &= Ma_{Cz} = \sum m_i a_{Ciz} = \sum F_z \end{aligned}\right\} \tag{10-17a}$$

常简写为

$$\left.\begin{aligned} Ma_{Cx} &= \sum ma_x = \sum F_x \\ Ma_{Cy} &= \sum ma_y = \sum F_y \\ Ma_{Cz} &= \sum ma_z = \sum F_z \end{aligned}\right\} \tag{10-17b}$$

下面讨论几种特殊情形：

（1）当外力$\sum F_i^{(e)} = 0$时，由式（10-16）得$a_C = 0$，即

$$v_C = 常矢量$$

此时质心做惯性运动。

（2）当外力$\sum F_i^{(e)} = 0$，且$t = 0$时，$v_C = 0$，则

$$v_C = 常矢量 \quad 或 \quad \sum m_i \Delta r_{Ci} = 0 \tag{10-18}$$

即质心在惯性空间保持静止，称为质心位置守恒。

上述各种情况的结论统称为**质心运动守恒定理**。质心运动定理指出，质心的运动完全取决于质点系的外力，而与质点系的内力无关。例如，汽车、火车之所以能行进，是依靠主动轮与地面或铁轨接触点的向前摩擦力。否则，车轮只能在原地空转。冰冻天气，由于路面光滑，常在汽车轮子上绕防滑链，或在火车的铁轨上喷洒砂粒，这都是为了增大主动轮与地面或铁轨的摩擦力。刹车时，制动闸与轮子间的摩擦力是内力，它并不直接改变质心的运动状态，但能阻止车轮相对于车身的转动，如果没有车轮与地面或铁轨接触点的向后的摩擦力，即使闸块使轮子停止转动，车辆仍要向前滑行，不能减速。

利用质心运动定理，可以求解动力学两类基本问题。

---

**例10-5** $A$物重$P_1$，沿楔状物$D$的斜面下滑，同时借绕过滑车$C$的绳使重$P_2$的物体$B$上升，如图10-9a所示。斜面与水平面成$\alpha$角，滑轮、绳的质量和一切摩擦均略去不计。求楔状物$D$作用于地板凸出部分$E$的水平压力。

**解**：首先应用动能定理求出系统的运动，然后用质心运动定理来求约束力。

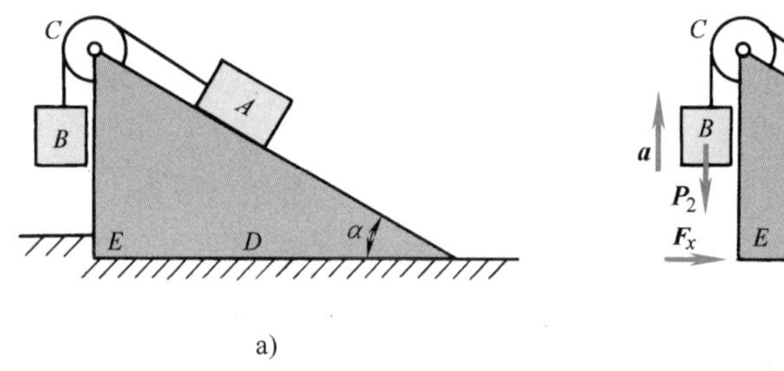

a)

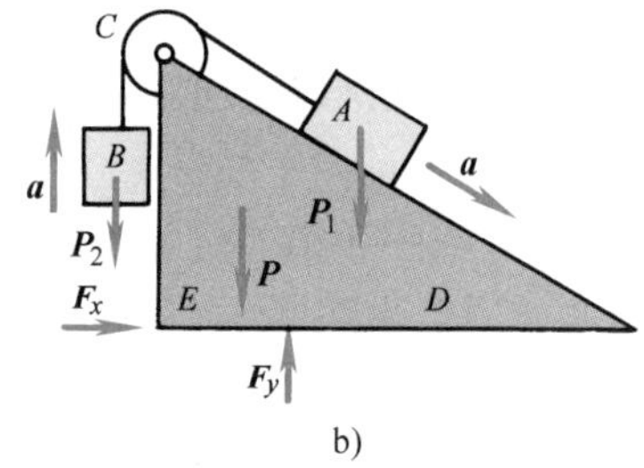

b)

图 10-9

由动能定理

$$T_2 - T_1 = \sum W$$

其中

$$T_2 = \frac{1}{2}\frac{P_1}{g}v^2 + \frac{1}{2}\frac{P_2}{g}v^2$$

$$T_1 = 常数,\ W = P_1 s\sin\alpha - P_2 s$$

于是，有

$$\frac{1}{2}\frac{P_1}{g}v^2 + \frac{1}{2}\frac{P_2}{g}v^2 - T_1 = P_1 s\sin\alpha - P_2 s \tag{a}$$

将式（a）对 $t$ 求一阶导数，并消去 $v$，得

$$\left(\frac{P_1}{g} + \frac{P_2}{g}\right)a = P_1\sin\alpha - P_2$$

解得

$$a = \frac{P_1\sin\alpha - P_2}{P_1 + P_2}g \tag{b}$$

以整个系统包括楔块 $D$ 为研究对象，应用质心运动定理，有

$$\sum m_i a_{Cix} = \sum F_x$$

$$\frac{P_1}{g}a\cos\alpha = F_x \tag{c}$$

将式（b）代入式（c），得

$$F_x = \frac{P_1}{g}\cdot\frac{P_1\sin\alpha - P_2}{P_1 + P_2}g\cdot\cos\alpha = \frac{P_1(P_1\sin\alpha - P_2)}{P_1 + P_2}\cos\alpha$$

这是地板凸出部分对楔状物 $D$ 的约束力，凸出部分 $E$ 的水平压力的大小与它相等，方向与图示方向相反。

此例从一个方面也说明了用式（10-17）的其中一种形式的优点，因为题义中并未给出楔形块 $D$ 的质量，要找整个系统的质心位置就比较困难，但是，楔形块静止不动，其质心的加速度为零。用$\sum m_i a_{Cix} = \sum F_x$ 时，在方程中就不会出现楔形块的质量。因此，在某些工程问题中，只求附加动约束力时，机架的重量未给出来，应用$\sum m_i a_{Cix} = \sum F_{ix}$较为方便。

**例 10-6** 均质细杆 $AB$ 长为 $l$，质量为 $m$，端点 $B$ 放在光滑的水平面上。开始时，杆静立于铅垂位置，如图 10-10a 所示；受扰动后，杆倒下。求杆运动到与铅垂线成 $\varphi$ 角时，杆的角速度、角加速度和地面的约束力 $F_N$。

**解：**以杆为研究对象，从其受力图可知，$\sum F_x = 0$，即质心在 $x$ 方向的位置守恒，利用此条件，可知质心 $C$ 的速度沿铅垂方向；然后，用动能定理求杆的角速度、角加速度。

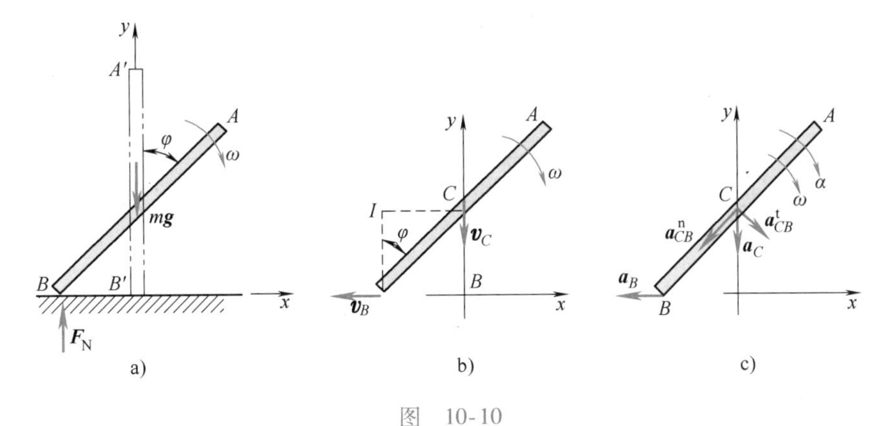


图　10-10

$$\frac{1}{2}mv_C^2+\frac{1}{2}J_C\omega^2-0=mg\frac{l}{2}(1-\cos\varphi) \tag{a}$$

利用 $\boldsymbol{v}_C$ 铅垂向下，图10-10b所示瞬时 $AB$ 杆的瞬心为 $I$，获得补充方程

$$v_C=\frac{l}{2}\sin\varphi\cdot\omega \tag{b}$$

将式（b）代入式（a），得

$$\frac{1}{2}m\left(\frac{l}{2}\sin\varphi\cdot\omega\right)^2+\frac{1}{2}\cdot\frac{1}{12}ml^2\cdot\omega^2=mg\frac{l}{2}(1-\cos\varphi)$$

$$l(3\sin^2\varphi+1)\omega^2=12g(1-\cos\varphi) \tag{c}$$

于是

$$\omega^2=\frac{12g}{l}\frac{1-\cos\varphi}{3\sin^2\varphi+1}$$

$$\omega=2\sqrt{\frac{3g}{l}\frac{1-\cos\varphi}{3\sin^2\varphi+1}} \tag{d}$$

将式（c）对时间 $t$ 求一阶导数，注意到 $\frac{d\varphi}{dt}=\omega$，$\frac{d\omega}{dt}=\alpha$，化简后得

$$2l(3\sin^2\varphi+1)\alpha+6l\sin\varphi\cos\varphi\,\omega^2=12g\sin\varphi$$

$$\alpha=\frac{12g\sin\varphi-3l\omega^2\sin2\varphi}{2l(3\sin^2\varphi+1)} \tag{e}$$

最后，为求约束力 $F_N$，先求质心 $C$ 的加速度 $\boldsymbol{a}_C$，现以 $B$ 为基点求 $\boldsymbol{a}_C$，如图10-10c所示，则有

$$\boldsymbol{a}_C=\boldsymbol{a}_B+\boldsymbol{a}_{CB}^t+\boldsymbol{a}_{CB}^n \tag{f}$$

其中

$$a_{CB}^t=\frac{l}{2}\alpha,\quad a_{CB}^n=\frac{l}{2}\omega^2$$

将式（f）在铅垂方向上投影，有

$$a_C=\frac{l}{2}\omega^2\cos\varphi+\frac{l}{2}\alpha\sin\varphi$$

将 $\omega$ 及 $\alpha$ 的表达式（d）及式（e）代入，再用质心运动定理

$$ma_C = mg - F_N$$

求得

$$F_N = mg - ma_C$$
$$= mg - m\frac{12g(2\cos\varphi - 2\cos^2\varphi + \sin^2\varphi) - 3l\omega^2\sin\varphi\sin2\varphi}{4(3\sin^2\varphi + 1)}$$

**例 10-7** 电动机的外壳固定在水平基础上，定子重 $P_1$、质心为 $C_1$；转子重 $P_2$、质心为 $C_2$，如图 10-11a 所示。由于制造、安装误差，$C_2$ 不在转轴上，其偏心距为 $e$。已知转子在力偶矩 $M$ 的作用下匀角速度转动，角速度为 $\omega$，求基础的支座约束力。又假设电动机没有螺栓固定，且各处摩擦均不计，若整个电动机处于静止状态时，转子开始匀速转动，求电动机外壳的运动。

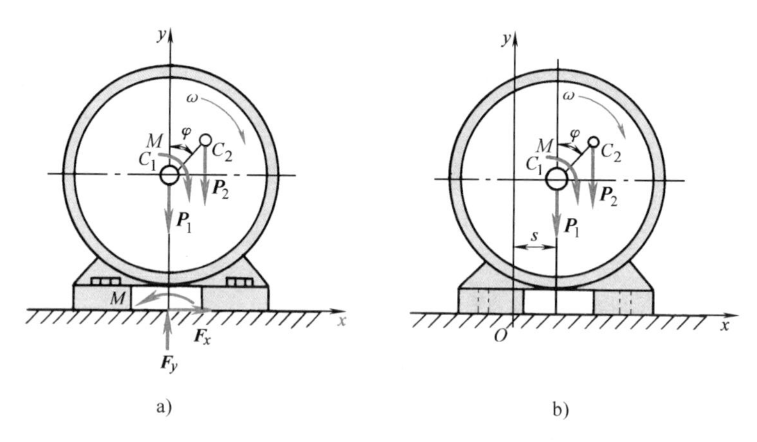

例题 10-7 讲解

图 10-11

**解：** 先研究电动机固定在基础上的情形，整个电动机由两部分组成，这两部分质心的运动规律均为已知，因此，可以运用质心运动定理求外力的主矢。

以整个电动机为研究对象，定子质心 $C_1$ 加速度为零。转子质心 $C_2$ 的加速度为 $e\omega^2$，方向始终指向转轴。所受外力为 $\boldsymbol{P}_1$、$\boldsymbol{P}_2$、$\boldsymbol{F}_x$、$\boldsymbol{F}_y$ 和力偶矩 $M$。由质心运动定理

$$\sum ma_x = \sum F_x, \quad -\frac{P_2}{g}e\omega^2\sin\omega t = F_x$$

$$\sum ma_y = \sum F_y, \quad -\frac{P_2}{g}e\omega^2\cos\omega t = F_y - P_1 - P_2$$

于是

$$F_x = -\frac{P_2}{g}e\omega^2\sin\omega t$$

$$F_y = P_1 + P_2 - \frac{P_2}{g}e\omega^2\cos\omega t$$

由此可见，电动机支座约束力是时间的正弦和余弦函数。这种由转子偏心引起的力将使电动机和机座发生振动。在一般情况下，电动机转子的偏心距 $e$ 应该小到一定的范围，以减小附加动约束力，这是减小振动的重要措施。在某些利用振动的振动机械中，电动机是作为振动机械的激振源，所以在转子轴上有意装上偏心块以获得激振力，这就是振动电动机。

用质心运动定理只能求出 $\boldsymbol{F}_x$、$\boldsymbol{F}_y$。它们是几个螺栓固定处支座约束力的主矢。利用质心运动定理求不出每个螺栓的受力大小，若需求每个螺栓的受力大小，要应用后面讲的动量矩定理及达朗贝尔原理等内容。

现在，再来研究电动机没有固定的情形。此时，电动机只受重力和地面的法向约束力，电动机在水平方向没有外力，整个系统由静止开始运动，因此，系统的质心坐标 $x_C$ 应保持不变。假设开始时，转子在铅垂位置，即 $\varphi=\omega t=0$，转子转动后，定子也要有位移。设定子的水平位移为 $s$，如图 10-11b 所示，则转子质心的位移为 $s+e\sin\omega t$，将式（10-18）在 $x$ 轴上投影，得

$$\sum m_i \Delta x_{Cix}=0,\ \frac{P_1}{g}s+\frac{P_2}{g}(s+e\sin\omega t)=0$$

$$s=\frac{-P_2 e}{P_1+P_2}\sin\omega t$$

负号说明，定子的位移不是向右而是向左平移。

由此可见，当转子有偏心而又没有螺栓紧固在基础上时，电动机转动起来后，机座将在光滑的水平面上做简谐运动。在铅垂方向，前面已算出 $F_y$，它的最小值为

$$F_{y\min}=P_1+P_2-\frac{P_2}{g}e\omega^2$$

当 $F_y\leqslant 0$，即 $\omega\geqslant\sqrt{\dfrac{P_1+P_2}{P_2 e}g}$时，电动机将跳离地面。蛙式打夯机的夯头架之所以能自动跳起来，就是这个道理。

**例 10-8** 今有长为$AB=2a$、重为 $W$ 的船，船上有重为 $P$ 的人（图 10-12），设人最初是在船上 $A$ 处，后来沿甲板向右行走，如不计水对于船的阻力，求当人走到船上 $B$ 处时，船向左方移动多少？

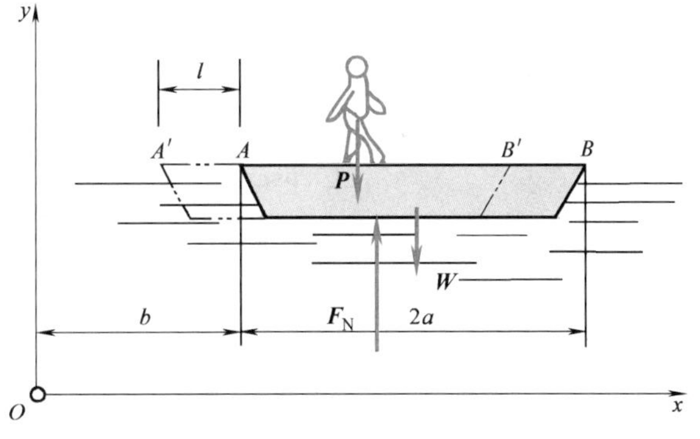


图 10-12

**解：** 将人与船视为一质点系。作用于该质点系上的外力有：人的重力 $\boldsymbol{P}$、船的重力 $\boldsymbol{W}$ 及水对于船的约束力 $\boldsymbol{F}_{\mathrm{N}}$，显然各力在 $x$ 轴上投影的代数和等于零。此外，人与船最初都是静止的，于是根据质心运动定理可知人与船的质心的横坐标 $x_C$ 保持不变。

当人在 $A$ 处、船在 $AB$ 位置时，质心的坐标为

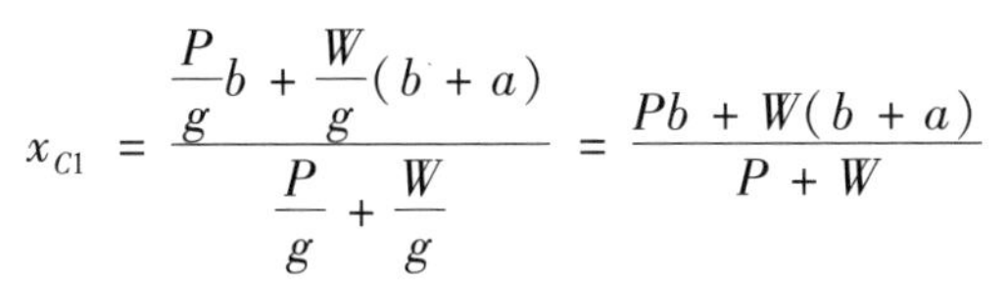

$$x_{C1}=\frac{\dfrac{P}{g}b+\dfrac{W}{g}(b+a)}{\dfrac{P}{g}+\dfrac{W}{g}}=\frac{Pb+W(b+a)}{P+W}$$

例题 10-8 讲解

当人走到 $B$ 处时，设船向左移动的距离为 $l$，这时船在 $A'B'$位置，在此情形下人与船的质心的坐标为

$$x_{C2}=\frac{\frac{P}{g}(b+2a-l)+\frac{W}{g}(b+a-l)}{\frac{P}{g}+\frac{W}{g}}$$

$$=\frac{P(b+2a-l)+W(b+a-l)}{P+W}$$

由于 $x_{C1}=x_{C2}=$ 常量，于是得到

$$\frac{Pb+W(b+a)}{P+W}=\frac{P(b+2a-l)+W(b+a-l)}{P+W}$$

由此求得船向左移动的距离为

$$l=2a\frac{P}{P+W}$$

由以上结果可看出：

（1）人向前走，船向后退，改变人和船运动的力是人的脚底与船间的摩擦力，这是质点系的内力。因此，内力虽然不能直接改变质心的运动，但能改变质点系内各质点的运动。

（2）船后退的距离取决于人相对船走的距离 $2a$ 和重量比值 $\frac{P}{P+W}$，比值越小则船移动的距离也越小。

**例 10-9** 均质曲柄 $OA$ 质量为 $m_1$、长为 $r$，在力偶矩 $M$ 的作用下以匀角速度 $\omega$ 绕 $O$ 轴转动，带动质量为 $m_3$ 的滑槽做铅垂运动，$E$ 为滑槽质心，$DE=b$，滑块 $A$ 的质量为 $m_2$，如图 10-13 所示。当 $t=0$ 时，$\beta=0$。不计摩擦，试求 $\beta=30°$时：（1）系统的动量；（2）$O$ 处铅垂方向的约束力。

**解：** 建立坐标系如图所示。系统质心坐标为

$$x_C=\frac{m_1\cdot\frac{r}{2}\sin\omega t+m_2\cdot r\sin\omega t}{m_1+m_2+m_3}$$

$$y_C=\frac{-m_1\cdot\frac{r}{2}\cos\omega t-m_2\cdot r\cos\omega t-m_3(r\cos\omega t-r\sin\omega t\cdot\cot60°+b)}{m_1+m_2+m_3}$$

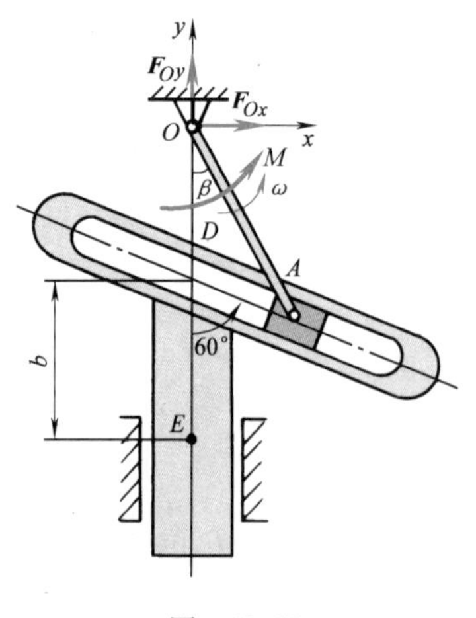

图 10-13

图 10-13 动画

将 $x_C$、$y_C$ 分别对 $t$ 求导，得 $\dot{x}_C$、$\dot{y}_C$，当 $\beta=30°$时，系统的动量为

$$\boldsymbol{p} = \frac{\sqrt{3}}{4}\omega r(m_1 + 2m_2)\boldsymbol{i} + \frac{1}{4}\omega r(m_1 + 2m_2 + 4m_3)\boldsymbol{j}$$

将 $\dot{y}_C$ 再对 $t$ 求导，得 $\ddot{y}_C$，由 $M\ddot{y}_C = \sum F_y^{(e)}$，当 $\beta=30°$时得

$$F_{Oy} = (m_1 + m_2 + m_3)g + \frac{1}{12}(3m_1 + 6m_2 + 4m_3)\sqrt{3}\omega^2 r$$

补充例题 10-1

从以上解题过程可以看出，其基本步骤为：

（1）先求质心坐标，将其对时间求一阶导数即得质心速度。

（2）注意动量是矢量，因此用矢量式表达最简明。

（3）将质心速度再对 $t$ 求一次导数即得质心加速度，从而可用质心运动定理求得约束力。

## 重点提示

（1）动量定理主要是解决物系的质心移动问题，利用质心运动定理求解物系问题，最好首先建立坐标系，写出物系的质心坐标然后求导。如果直接应用加速度写出方程，有时会遇到困难。（2）质点系的动量定理只与外力有关，与内力无关，所以在应用时要合理地选择研究对象，将无法描述或比较复杂的相互作用力作为内力处理，是解决问题的好方法。如例 10-8 中的人与船的相互作用力复杂，选人与船为整体系统作为研究对象就避免了复杂内力的出现。（3）当外力系的主矢为零时，系统的动量守恒，若初瞬时静止，可利用质心不变原理直接求解物体之间的运动关系。

动量定理

动量定理-例题

## 思考题

1. 质心运动定理主要是解决物系的质心运动问题，且质心的运动只与外力有关，与内力无关，内力只影响质点系内部物体之间的相互运动。对吗？

2. 质心运动定理和质点的运动微分方程在形式上有何异同？它们各描述的运动有何不同？

3. 应用动量定理的微分形式或积分形式时，可以在任何轴上投影吗？为什么？

## 习题

10-1　设 $A$、$B$ 两质点的质量分别为 $m_A$、$m_B$，它们在某瞬时的速度大小分别为 $\boldsymbol{v}_A$、$\boldsymbol{v}_B$，试问以下问题哪一个正确？

（1）当 $\boldsymbol{v}_A=\boldsymbol{v}_B$，且 $m_A=m_B$ 时，该两质点的动量必定相等。

（2）当 $\boldsymbol{v}_A=\boldsymbol{v}_B$，且 $m_A\neq m_B$ 时，该两质点的动量也可能相等。

（3）当$\boldsymbol{v}_A \neq \boldsymbol{v}_B$，且 $m_A = m_B$ 时，该两质点的动量有可能相等。

（4）当$\boldsymbol{v}_A \neq \boldsymbol{v}_B$，且 $m_A \neq m_B$ 时，该两质点的动量必不相等。

答：(1)。

10-2　以下说法正确吗？

（1）如果外力对物体不做功，则该力便不能改变物体的动量。

（2）变力的冲量为零时，则变力 $\boldsymbol{F}$ 必为零。

（3）质点系的质心位置保持不变的条件是作用于质点系的所有外力主矢恒为零及质心的初速度为零。

答：（1）×（2）×（3）✓。

10-3　试求图 10-14 中各质点系的动量。各物体均为均质体。

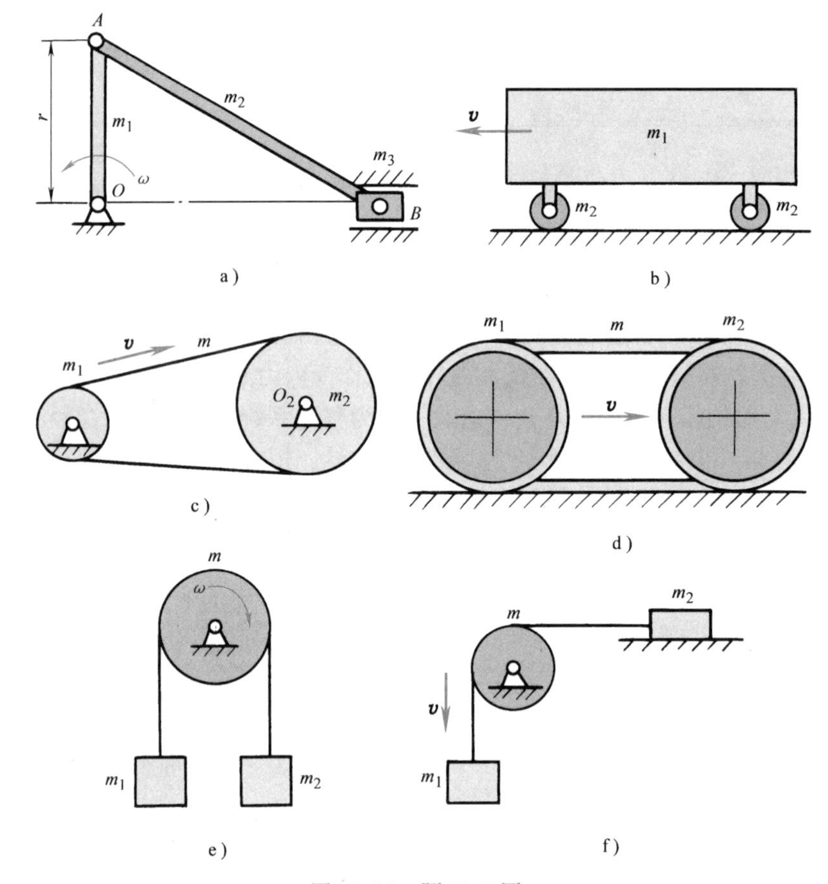


图 10-14　题 10-3 图

答：a）$p = r\omega\left(\dfrac{m_1}{2} + m_2 + m_3\right)(\leftarrow)$

b）$p = (m_1 + m_2)v\ (\leftarrow)$

c）$p = 0$

d）$p = (m + 2m_1)v\ (\rightarrow)$

e）$p = r\omega(m_1 - m_2)\ (\uparrow)$

f）$p_x = m_2 v(\leftarrow)$，$p_y = m_1 v(\downarrow)$，$p = \sqrt{m_1^2 + m_2^2}v$。

10-4　图 10-15 所示质量分别为 $m_A = 12\text{kg}$、$m_B = 10\text{kg}$ 的物块 $A$ 和 $B$ 与一轻杆铰接，倚放在铅垂墙面和水平地板上。在物块 $A$ 上作用一常力 $F = 250\text{N}$，使它从静止开始向右运动，假设经过 1s 后，物块 $A$ 移动了

1m，速度 $v_A=4.15\text{m/s}$。一切摩擦均可忽略，试求作用在墙面和地面的冲量。

答：$I_x=200.2\text{N}\cdot\text{s}$（→），$I_y=246.7\text{N}\cdot\text{s}$（↓）。

10-5　图10-16所示自由流动的水流被一垂直放置的薄板截分为两部分：一部分流量 $Q_1=7\text{L/s}$，另一部分偏离一角 $\alpha$。忽略水重和摩擦，试确定角 $\alpha$ 和水对薄板的压力，假设水柱速度 $v_1=v_2=v=28\text{m/s}$，总流量 $Q=21\text{L/s}$。

答：$\alpha=30°$，$F_N=249\text{N}$。

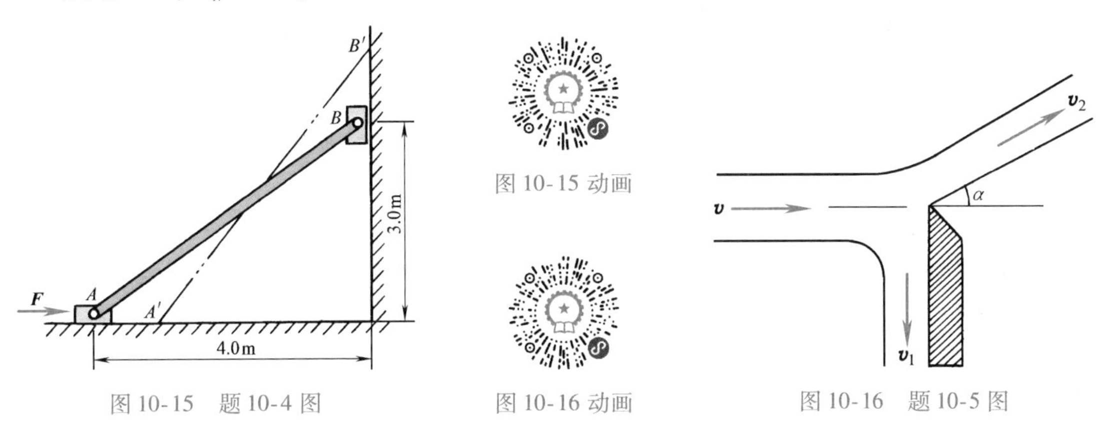


图10-15　题10-4图　　图10-15 动画　　图10-16 动画　　图10-16　题10-5图

10-6　扫雪车（俯视如图10-17所示）以4.5m/s的速度行驶在水平路上，每分钟把50t雪扫至路旁，若雪受推后相对于铲雪刀 $AB$ 以2.5m/s的速度离开，试求轮胎与道路间的侧向力 $F_R$ 和驱动扫雪车工作时的牵引力 $F_T$。

答：$F_R=1957.7\text{N}$，$F_T=3037\text{N}$。

10-7　图10-18所示水从 $d=150\text{mm}$ 直径的消防龙头以 $v_B=10\text{m/s}$ 的速度流出。已知水的密度 $\rho=1\text{Mg/m}^3$，$A$ 处的静水压力为50kPa，求底座 $A$ 处的水平约束力、铅垂约束力。

答：$F_{Ax}=1767.15\text{N}$（←），$F_{Ay}=-994.02\text{N}$（↓）。

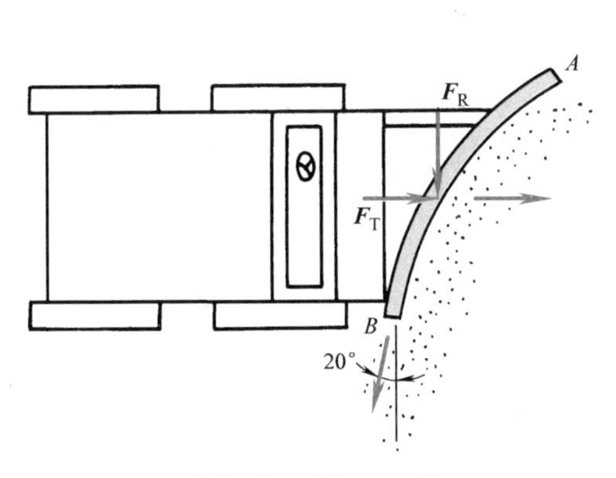


图10-17　题10-6图

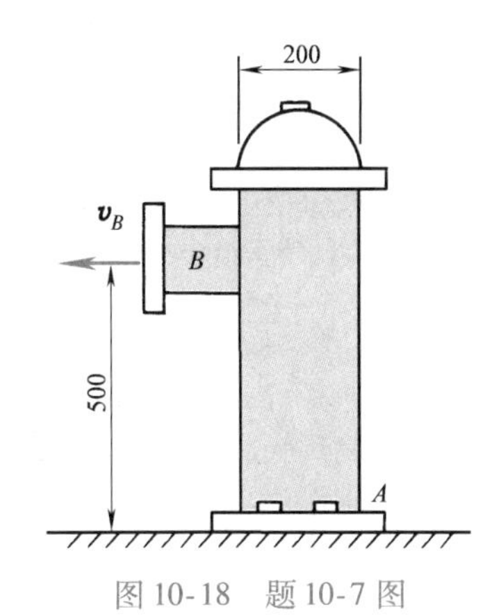


图10-18　题10-7图

10-8　求图10-19所示水柱对涡轮固定叶片的压力的水平分力。已知：水的流量为 $Q$（$\text{m}^3/\text{s}$），密度为 $\rho$（$\text{kg/m}^3$）；水冲击叶片的速度为 $v_1$（m/s），方向沿水平向左；水流出叶片的速度为 $v_2$(m/s)，与水平线成 $\alpha$ 角。

答：$F_{Nx}=\rho Q(v_1+v_2\cos\alpha)$(N)。

10-9　如图10-20所示，水力采煤是利用水枪在高压下喷射的强力水流采煤。已知水枪水柱直径为30mm，水速为56m/s，求给煤层的动水压力。

答：$F_N=2.216\text{kN}$。

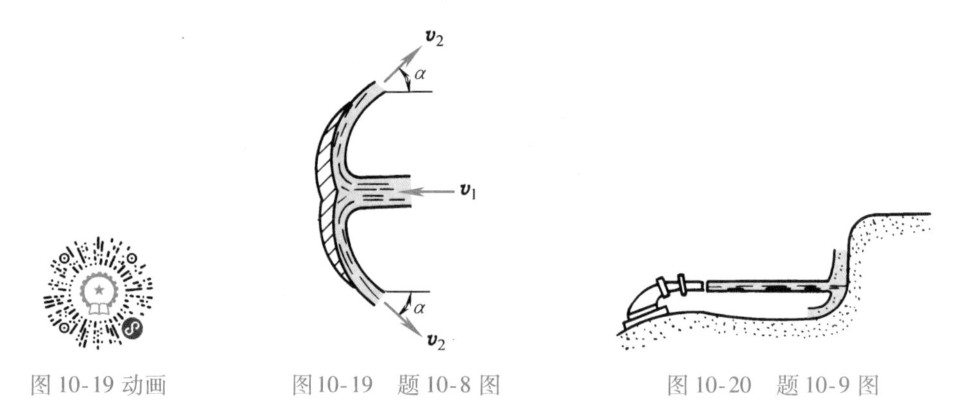


图10-19 动画　　图10-19 题10-8图　　图10-20 题10-9图

10-10 图10-21所示传送带的运煤量恒为20kg/s，带速恒为1.5m/s。求传送带对煤块作用的水平总推力。

答：$F_x = 30\text{N}$

10-11 图10-22所示移动式胶带输送机，每小时输送109m³的沙子。沙子的密度为1400kg/m³，输送带速度为1.6m/s。设沙子在入口处的速度为 $\boldsymbol{v}_1$，方向垂直向下，在出口处的速度为 $\boldsymbol{v}_2$，方向水平向右。如输送机不动，试问此时地面沿水平方向总的约束力有多大？

答：$F_x = 67.82\text{N}$。

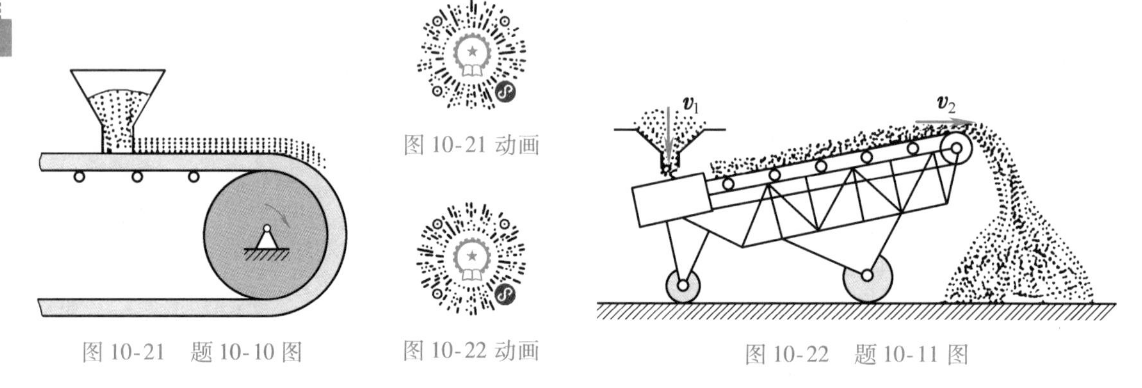


图10-21 题10-10图　　图10-21 动画　　图10-22 动画　　图10-22 题10-11图

10-12 图10-23所示一火箭铅垂向上发射，当它达到飞行的最大高度时，炸成三个等质量的碎片，经观测，其中一块碎片铅垂落至地面，历时 $t_1$，另两块碎片则历时 $t_2$ 落至地面。求发生爆炸的最大高度 $H$。

答：$H = \dfrac{1}{2} g t_1 t_2 \dfrac{2t_2 + t_1}{t_2 + 2t_1}$。

10-13 图10-24所示质量为100kg的车在光滑的直线轨道上以1m/s的速度匀速运动。今有一质量为50kg的人从高处跳到车上，其速度为2m/s，与水平线成60°角。随后此人又从车上向后跳下，他跳离车子后相对车子的速度为 $v_r = 1\text{m/s}$，方向与水平线成30°角，求人跳离车子后的车速。

答：$u = 1.29\text{m/s}$。

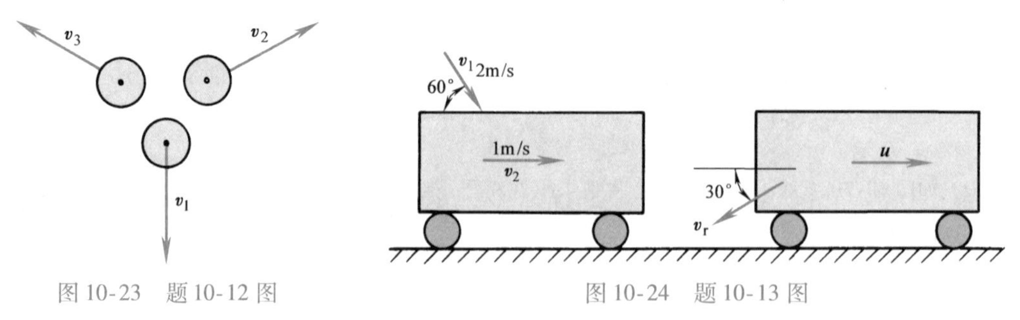


图10-23 题10-12图　　图10-24 题10-13图

10-14　在图 10-25 所示凸轮机构中，凸轮在力偶矩 $M$ 的作用下以匀角速度 $\omega$ 绕定轴 $O$ 转动。重为 $P$ 的滑杆 I 借助于右端弹簧的推压而始终顶在凸轮上，当凸轮转动时，滑杆做往复运动。设凸轮为一均质圆盘，重为 $W$，半径为 $r$，偏心距为 $e$。求在任一瞬时，机座螺钉总的附加动约束力的主矢。

答：$F_{Rx}=-\dfrac{P+W}{g}e\omega^2\cos\omega t\quad F_{Ry}=-\dfrac{W}{g}e\omega^2\sin\omega t$ 。

10-15　图 10-26 所示重物 $M_1$ 和 $M_2$ 各重 $P_1$ 和 $P_2$，分别系在两条绳子上。此两绳又分别绕在半径为 $r_1$ 和 $r_2$ 的塔轮上。已知 $P_1r_1>P_2r_2$，重物受重力作用而运动，且塔轮重为 $W$，对转轴的回转半径为 $\rho$，中心在转轴上。求轴承 $O$ 的约束力。

答：$F_{Ox}=0$，$F_{Oy}=P_1+P_2+W-\dfrac{(P_1r_1-P_2r_2)^2}{W\rho^2+P_1r_1^2+P_2r_2^2}$。

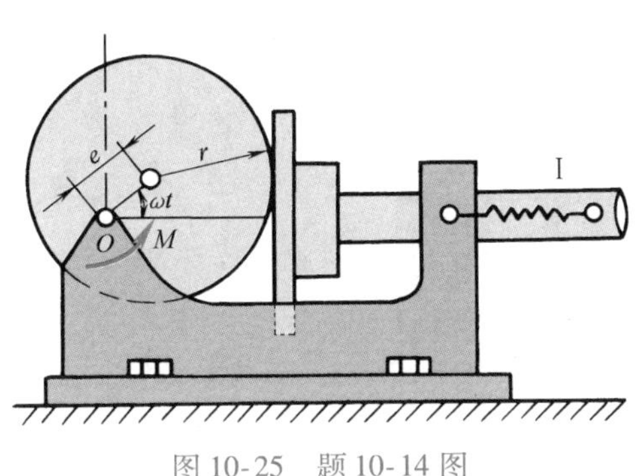

图 10-25　题 10-14 图

图 10-25 动画

图 10-26 动画

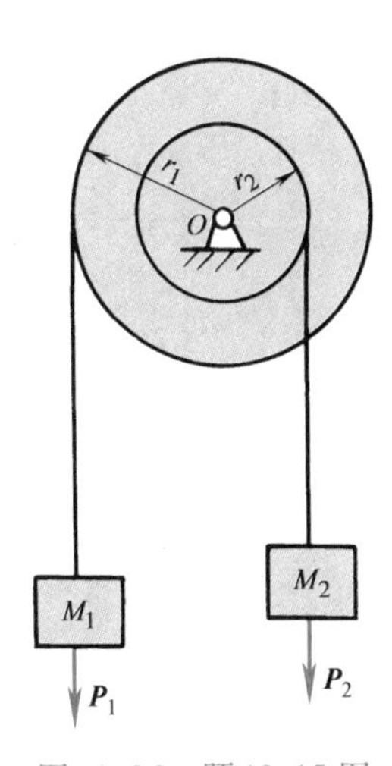


图 10-26　题 10-15 图

10-16　图 10-27 所示均质圆盘，质量为 $m$，半径为 $r$，可绕通过边缘 $O$ 点且垂直于盘面的水平轴转动。设圆盘从最高位置无初速地开始绕轴 $O$ 转动，试求当圆盘中心和轴的连线经过水平面的瞬时，轴承 $O$ 的总约束力的大小。

答：$F_{RO}=\sqrt{17}mg/3$。

10-17　图 10-28 所示平板 $D$ 放置在光滑水平面上，板上装有一曲柄、滑杆、套筒机构，十字套筒 $C$ 保证滑杆 $AB$ 为平移。已知曲柄 $OA$ 是一根长为 $r$、质量为 $m$ 的均质杆，在力偶矩 $M$ 的作用下以匀角速度 $\omega$ 绕 $O$ 轴转动。滑杆 $AB$ 的质量为 $4m$，套筒 $C$ 的质量为 $2m$，机构其余部分的质量为 $20m$，试求：(1) 平板 $D$ 的水平规律 $x(t)$；(2) 平板对水平面的压力 $F_N(t)$；(3) 平板开始跳动时的角速度 $\omega_{cr}$。

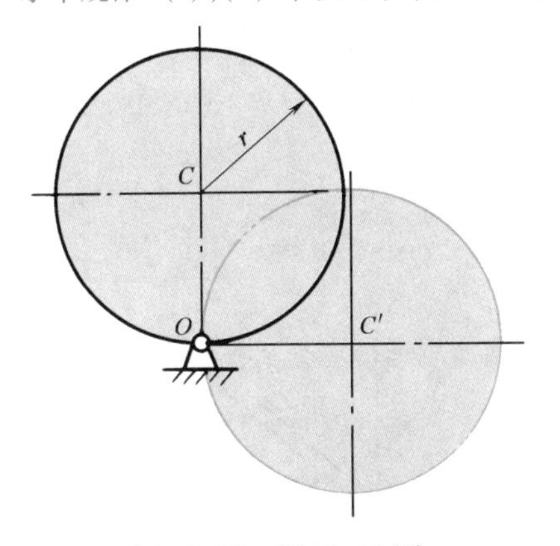


图 10-27　题 10-16 图

图 10-27 动画

图 10-28 动画

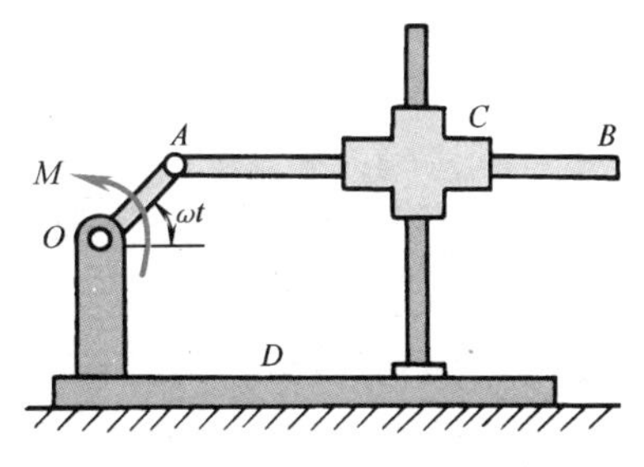


图 10-28　题 10-17 图

答：（1）$x(t)=r(1-\cos\omega t)/6$，

（2）$F_N(t)=27mg-6.5mr\omega^2\sin\omega t$，

（3）$\omega_{cr}=\sqrt{54g/13r}$。

10-18　图10-29所示长为$l$的细杆，一端铰接一重为$P_1$的小球$A$，另一端用铰链与滑块$B$的中心相连。滑块重为$P_2$，放在光滑水平面上。如不计细杆质量，试求细杆于水平位置由静止进入运动后，到达铅垂位置时，滑块$B$在水平面上运动的距离以及获得的速度。

图10-29 动画

答：$\Delta x_B=\dfrac{P_1 l}{P_1+P_2}$，$v_B=\dfrac{P_1}{P_2}\sqrt{\dfrac{2P_2lg}{P_1+P_2}}$。

10-19　在图10-30所示曲柄滑杆机构中，曲柄在力偶矩$M$的作用下以等角速度$\omega$绕$O$轴转。开始时，曲柄$OA$水平向右。已知：曲柄的质量为$m_1$，滑块$A$的质量为$m_2$，滑杆的质量为$m_3$，曲柄的质心在$OA$的中点，$OA=l$；滑杆的质心在点$C$，而$BC=\dfrac{l}{2}$。求：（1）机构质量中心的运动方程；（2）作用在点$O$的最大水平力。

图10-30 动画

答：$x_C=\dfrac{m_3 l}{2(m_1+m_2+m_3)}+\dfrac{m_1+2m_2+2m_3}{2(m_1+m_2+m_3)}l\cos\omega t$，$y_C=\dfrac{m_1+2m_2}{2(m_1+m_2+m_3)}l\sin\omega t$。

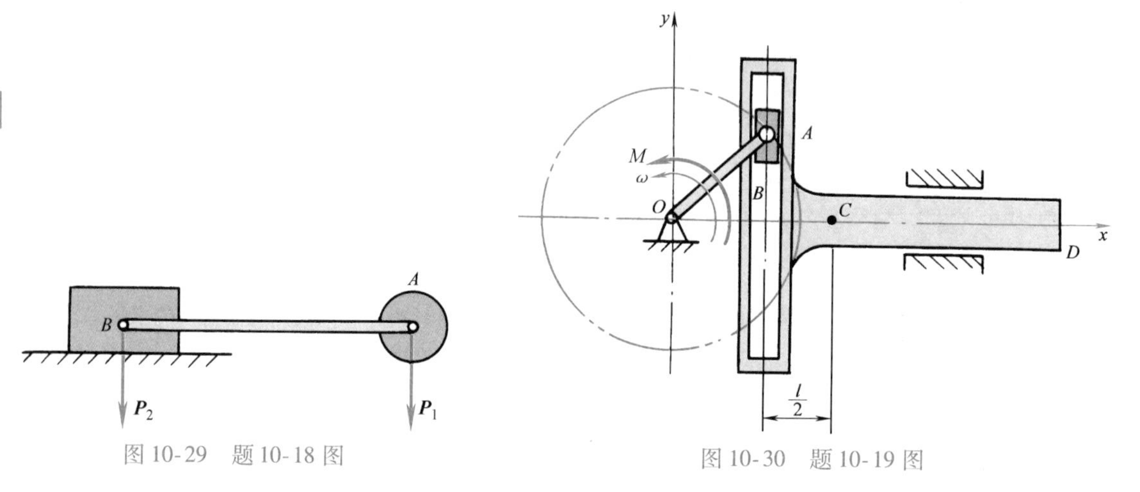

图10-29　题10-18图　　图10-30　题10-19图

10-20　机车以速度$v=72\text{km/h}$沿直线轨道行驶，如图10-31所示。平行杆$ABC$质量为200kg，其质量可视为沿长度均匀分布。曲柄长$r=0.3\text{m}$，质量不计。车轮半径$R=1\text{m}$，车轮只滚动而不滑动。求车轮施加于铁轨的动压力的最大值。

答：$F_{N\max}=24\text{kN}$。

10-21　均质杆$AB$长$2l$，$B$端放置在光滑水平面上。杆在图10-32所示位置自由倒下，试求$A$点的轨迹方程。

答：$\dfrac{(x_A-l\cos\alpha_0)^2}{l^2}+\dfrac{y_A^2}{4l^2}=1$。

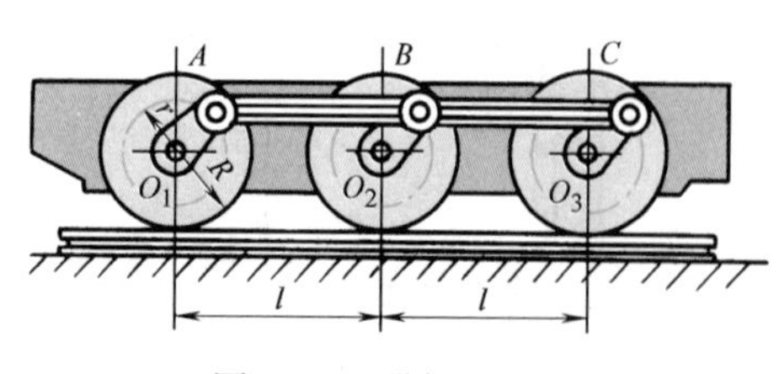

图10-31　题10-20图

图10-31 动画

图10-32 动画

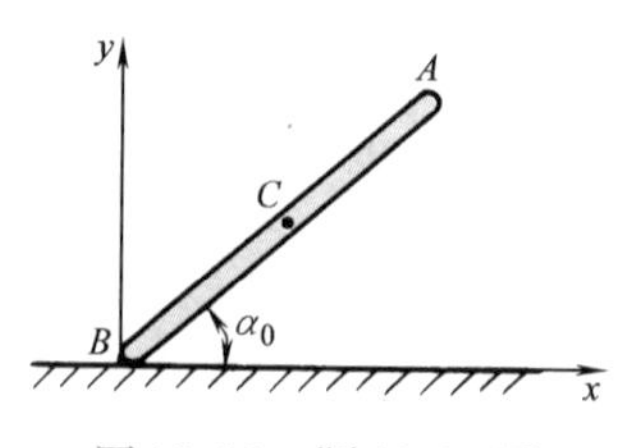

图10-32　题10-21图

# 第 11 章 动量矩定理

动量定理、质心运动定理从整体上说明了质点系动量的改变或质点系质心的运动与外力主矢之间的关系，动量矩定理则是说明了质点系对某轴的动量矩的改变量与外力对相同的轴的主矩之间的关系。

对于单个物体可直接应用动量定理、动量矩定理列动力学方程联立求解，对于多个物体应用动力学普遍定理（动能定理、动量定理和动量矩定理）综合应用求解就比较方便。

## 11.1 动量矩和动量矩定理

### 11.1.1 动量矩

1. 质点的动量矩　动量矩是矢量，称为动量矩矢。动量矩矢从矩心 $O$ 点画出，垂直于矢径 $\boldsymbol{r}$ 与动量 $m\boldsymbol{v}$ 所形成的平面，其方向按右手螺旋规则确定，如图 11-1 所示。其数学表达式为

$$\boldsymbol{L}_O(m\boldsymbol{v})=\boldsymbol{r}\times m\boldsymbol{v} \tag{11-1}$$

它表明质点的动量矩等于质点的动量对任意固定点 $O$ 之矩。

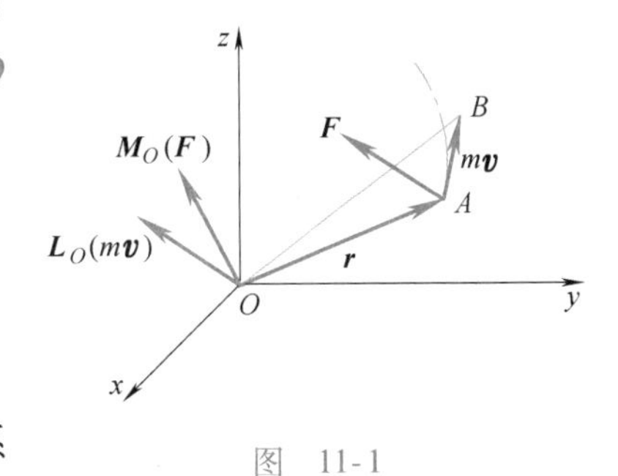

图 11-1

它的大小可用几何法表示为

$$|\boldsymbol{L}_O(m\boldsymbol{v})|=mvr\sin\langle\boldsymbol{r},m\boldsymbol{v}\rangle=2S_{\triangle OAB}$$

在国际单位制中，动量矩的单位是$\mathrm{kg\cdot m^2\cdot s^{-1}}$。

动量矩的量纲是 $\mathrm{ML^2T^{-1}}$。

如果以矩心 $O$ 为坐标原点，建立笛卡儿坐标系 $Oxyz$，根据矢量积的定义，有

$$\boldsymbol{L}_O(m\boldsymbol{v})=\boldsymbol{r}\times m\boldsymbol{v}=\begin{vmatrix}\boldsymbol{i} & \boldsymbol{j} & \boldsymbol{k}\\ x & y & z\\ mv_x & mv_y & mv_z\end{vmatrix}$$

或

$$\begin{aligned}\boldsymbol{L}_O(m\boldsymbol{v})&=(ymv_z-zmv_y)\boldsymbol{i}+(zmv_x-xmv_z)\boldsymbol{j}+(xmv_y-ymv_x)\boldsymbol{k}\\&=[L_O(m\boldsymbol{v})]_x\boldsymbol{i}+[L_O(m\boldsymbol{v})]_y\boldsymbol{j}+[L_O(m\boldsymbol{v})]_z\boldsymbol{k}\end{aligned}$$

在静力学中，在论述力对点之矩与力对轴之矩的关系时，曾得到这样一个结论，即力对点

之矩矢在通过该点的任一轴上的投影等于力对该轴之矩。与此对应，质点的动量对点之矩与对轴之矩之间也有同样的结论，即质点对固定点的动量矩矢在通过该点的任一固定轴上的投影等于质点对该固定轴的动量矩。由此可得

$$\boldsymbol{L}_O(m\boldsymbol{v}) = L_x(m\boldsymbol{v})\boldsymbol{i} + L_y(m\boldsymbol{v})\boldsymbol{j} + L_z(m\boldsymbol{v})\boldsymbol{k}$$

于是，质点的动量对 $x$、$y$、$z$ 轴的动量矩为

$$\left.\begin{aligned} L_x(m\boldsymbol{v}) &= ymv_z - zmv_y \\ L_y(m\boldsymbol{v}) &= zmv_x - xmv_z \\ L_z(m\boldsymbol{v}) &= xmv_y - ymv_x \end{aligned}\right\} \quad (11\text{-}2)$$

对于平面问题，即质点始终在某平面内运动的情形，动量矩矢总是垂直于该平面，只需把它定义为代数量，并规定逆时针方向为正，顺时针方向为负。

**2. 质点系对固定点的动量矩** 设有一质点系，由 $n$ 个质点 $m_1$，$m_2$，…，$m_n$ 组成，在某瞬时，各质点的速度分别为$\boldsymbol{v}_1$，$\boldsymbol{v}_2$，…，$\boldsymbol{v}_n$，则第 $i$ 个质点 $m_i$ 对某固定点 $O$ 的动量矩为

$$\boldsymbol{L}_O(m_i\boldsymbol{v}_i) = \boldsymbol{r}_i \times m_i\boldsymbol{v}_i$$

质点系中所有各质点对于固定点 $O$ 的动量矩矢之和称之为该质点系对 $O$ 点的动量矩。用 $\boldsymbol{L}_O$ 表示，即

$$\boldsymbol{L}_O = \sum \boldsymbol{L}_O(m\boldsymbol{v}) = \sum \boldsymbol{r} \times (m\boldsymbol{v}) \quad (11\text{-}3)$$

在坐标系 $Oxyz$ 中的投影形式为

$$\left.\begin{aligned} [\boldsymbol{L}_O]_x &= L_x = \sum L_x(m\boldsymbol{v}) \\ [\boldsymbol{L}_O]_y &= L_y = \sum L_y(m\boldsymbol{v}) \\ [\boldsymbol{L}_O]_z &= L_z = \sum L_z(m\boldsymbol{v}) \end{aligned}\right\} \quad (11\text{-}4)$$

即质点系对某固定点 $O$ 的动量矩矢在通过该点的轴上的投影等于质点系对该轴的动量矩。

### 11.1.2 动量矩定理

**1. 质点的动量矩定理** 设质点对定点 $O$ 的动量矩为 $\boldsymbol{L}_O(m\boldsymbol{v})$，作用在其上的合力 $\boldsymbol{F}$ 对同一点 $O$ 之矩为 $\boldsymbol{M}_O(\boldsymbol{F})$，将动量矩式（11-1）对时间求一阶导数，得

$$\frac{\mathrm{d}}{\mathrm{d}t}\boldsymbol{L}_O(m\boldsymbol{v}) = \frac{\mathrm{d}}{\mathrm{d}t}(\boldsymbol{r} \times m\boldsymbol{v}) = \frac{\mathrm{d}}{\mathrm{d}t}\boldsymbol{r} \times m\boldsymbol{v} + \boldsymbol{r} \times \frac{\mathrm{d}}{\mathrm{d}t}(m\boldsymbol{v})$$

式中，$\frac{\mathrm{d}}{\mathrm{d}t}\boldsymbol{r} \times m\boldsymbol{v} = \boldsymbol{v} \times m\boldsymbol{v} = \boldsymbol{0}$；$\frac{\mathrm{d}}{\mathrm{d}t}(m\boldsymbol{v}) = \boldsymbol{F}$，因此，上式可写为

$$\frac{\mathrm{d}}{\mathrm{d}t}\boldsymbol{L}_O(m\boldsymbol{v}) = \boldsymbol{r} \times \boldsymbol{F} = \boldsymbol{M}_O(\boldsymbol{F}) \quad (11\text{-}5\text{a})$$

这表明，质点对某定点的动量矩对时间的一阶导数，等于作用力对同一点的力矩。这就是质点的动量矩定理的微分形式。

将式（11-5a）分离变量，并在瞬时 $t_1$ 至 $t_2$ 这段时间内积分，得

$$\boldsymbol{L}_O(m\boldsymbol{v}_2) - \boldsymbol{L}_O(m\boldsymbol{v}_1) = \boldsymbol{r} \times \boldsymbol{I} = \boldsymbol{M}_O(\boldsymbol{I}) \quad (11\text{-}5\text{b})$$

这就是说，质点动量对某固定点 $O$ 之矩的增量等于作用于质点的冲量对同一点之矩。这就是质点动量矩定理的积分形式。

**2. 质点系的动量矩定理** 设质点系内有 $n$ 个质点，作用在每个质点上的力分为内力 $\boldsymbol{F}_i^{(\mathrm{i})}$

和外力 $\boldsymbol{F}_i^{(e)}$，按质点的动量矩定理式（11-5a），有

$$\frac{\mathrm{d}}{\mathrm{d}t}\boldsymbol{L}_O(m_i\boldsymbol{v}_i)=\boldsymbol{M}_O(\boldsymbol{F}_i^{(i)})+\boldsymbol{M}_O(\boldsymbol{F}_i^{(e)})\qquad(i=1,\ 2,\ \cdots,\ n)$$

将这 $n$ 个方程相加，得

$$\sum_{i=1}^{n}\frac{\mathrm{d}}{\mathrm{d}t}\boldsymbol{L}_O(m_i\boldsymbol{v}_i)=\sum_{i=1}^{n}\boldsymbol{M}_O(\boldsymbol{F}_i^{(i)})+\sum_{i=1}^{n}\boldsymbol{M}_O(\boldsymbol{F}_i^{(e)})$$

式中，$\sum_{i=1}^{n}\boldsymbol{M}_O(\boldsymbol{F}_i^{(i)})=\boldsymbol{0}$，于是，上式可写为

$$\frac{\mathrm{d}}{\mathrm{d}t}\sum_{i=1}^{n}\boldsymbol{L}_O(m_i\boldsymbol{v}_i)=\sum_{i=1}^{n}\boldsymbol{M}_O(\boldsymbol{F}_i^{(e)})$$

即

$$\frac{\mathrm{d}}{\mathrm{d}t}\boldsymbol{L}_O=\boldsymbol{M}_O^{(e)}=\sum_{i=1}^{n}\boldsymbol{r}_i\times\boldsymbol{F}_i^{(e)}\tag{11-6a}$$

它表明，**质点系对于某固定点 $O$ 的动量矩对时间的一阶导数，等于作用于质点系的外力对同一点的主矩**。这就是**质点系动量矩定理的微分形式**。

应用时，常取式（11-6a）的投影形式，即

$$\left.\begin{aligned}\frac{\mathrm{d}}{\mathrm{d}t}L_x&=M_x^{(e)}=M_x(\boldsymbol{F}_i^{(e)})\\\frac{\mathrm{d}}{\mathrm{d}t}L_y&=M_y^{(e)}=M_y(\boldsymbol{F}_i^{(e)})\\\frac{\mathrm{d}}{\mathrm{d}t}L_z&=M_z^{(e)}=M_z(\boldsymbol{F}_i^{(e)})\end{aligned}\right\}\tag{11-6b}$$

此式说明，**质点系对某定轴的动量矩对时间的一阶导数，等于作用于质点系上的外力对该轴之矩的代数和**。

将式（11-6a）分离变量，并在瞬时 $t_1$ 至 $t_2$ 这段时间内积分，得

$$\boldsymbol{L}_{O2}-\boldsymbol{L}_{O1}=\sum\boldsymbol{M}_O(\boldsymbol{I}_i^{(e)})\tag{11-7}$$

它表明，**质点系对固定点 $O$ 的动量矩的增量，等于作用于质点系的外冲量对同一固定点 $O$ 之矩的矢量和**。这就是**质点系动量矩定理的积分形式，又称为质点系的冲量矩定理**。

由动量矩定理式（11-6）、式（11-7）可知：

（1）只有作用于质点系上的外力（外冲量）才能改变系统的动量矩，内力（内冲量）不能改变质点系的动量矩。但是，内力（内冲量）可促使系统内各质点的动量矩发生变化，并保持系统的总动量矩不变。

（2）当外力系（外冲量）对某定点（或某定轴）之主矩等于零时，质点系对于该点（或该轴）的动量矩保持不变，称之为**动量矩守恒**。

### 11.1.3　动量矩定理的应用

---

**例 11-1**　水轮机受水流冲击而以匀角速度 $\omega$ 绕通过中心 $O$ 的铅垂轴（垂直于图示平面）转动，如图 11-2a 所示。设总流量为 $Q$，水的密度为 $\rho$；水流入水轮机的流速为 $\boldsymbol{v}_1$，离开水轮

机的流速为 $\boldsymbol{v}_2$，方向分别与轮缘切线间夹角为 $\alpha_1$ 及 $\alpha_2$，$\boldsymbol{v}_1$ 和 $\boldsymbol{v}_2$ 均为绝对速度。假设水流是稳定的，求水轮机对水流的约束力矩。

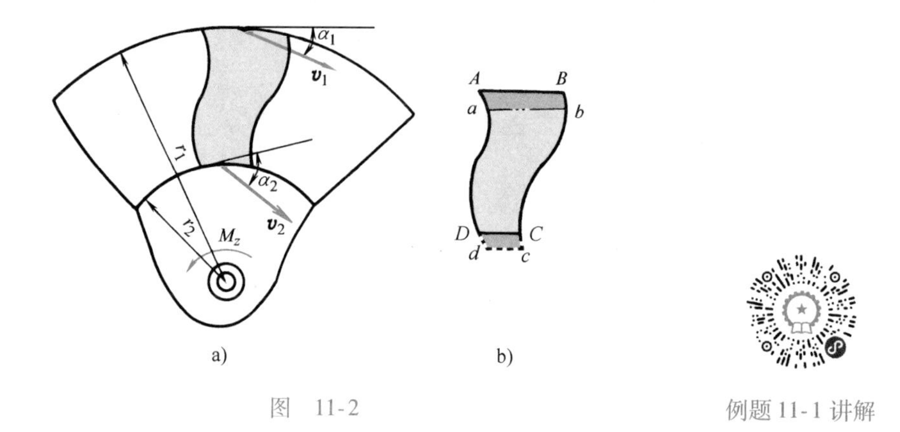


图　11-2

例题 11-1 讲解

**解：** 取两叶片之间的水流为研究对象，如图 11-2b 所示。作用在水流上的外力有重力和叶片对水流的约束力，其中重力平行于 $z$ 轴，所以，外力矩只有叶片对水流的约束力矩 $M_z$。

现计算水流的动量矩的改变量。设在 $t$ 瞬时，水流在 $ABCD$ 的位置，经过一段时间 $\mathrm{d}t$，即 $t+\mathrm{d}t$ 瞬时，水流在 $abcd$ 位置，因为水流是稳定的，设动量矩的方向以逆时针的方向为正方向，则

$$\begin{aligned}\mathrm{d}L_z &= L_{abcd} - L_{ABCD} = (L_{abCD} + L_{CDdc}) - (L_{ABba} + L_{abCD}) \\ &= L_{CDdc} - L_{ABba} = -\rho Q\mathrm{d}t \cdot v_2 r_2 \cos\alpha_2 + \rho Q\mathrm{d}t \cdot v_1 r_1 \cos\alpha_1\end{aligned}$$

即

$$\mathrm{d}L_z = \rho Q\mathrm{d}t(-v_2 r_2 \cos\alpha_2 + v_1 r_1 \cos\alpha_1)$$

将其代入动量矩定理式（11-7），得

$$M_z = \rho Q(-v_2 r_2 \cos\alpha_2 + v_1 r_1 \cos\alpha_1)$$

## 11.2 刚体绕定轴转动的微分方程

从动量矩定理可直接推导刚体绕定轴转动的微分方程。设刚体在外力作用下绕 $z$ 轴转动，角速度为 $\omega$，角加速度为 $\alpha$。选择坐标轴系如图 11-3 所示，令 $z$ 轴与转轴重合，刚体对 $z$ 轴的动量矩为

$$L_z = J_z\omega$$

应用动量矩定理

$$\frac{\mathrm{d}}{\mathrm{d}t}(J_z\omega) = \sum M_z(F_i^{(e)})$$

又可写成为

$$J_z\alpha = M_z \tag{11-8}$$

或

$$J_z\frac{\mathrm{d}^2\varphi}{\mathrm{d}t^2}=M_z \tag{11-9}$$

式（11-9）是刚体绕定轴转动微分方程。由此看出：

（1）外力矩 $M_z$ 越大，则刚体转动的角加速度也越大。当 $M_z=0$ 时，角加速度 $\alpha=0$，刚体做匀速转动或保持静止。

（2）在同样的外力矩作用下，刚体的转动惯量 $J_z$ 越大，它所产生的角加速度 $\alpha$ 越小。$J_z$ 反映了刚体保持其匀速转动状态能力的大小，这表明转动惯量是刚体转动时的惯性度量。

例如，安装在机器主轴上的飞轮，如图 11-4a 所示，其作用是：用自身很大的转动惯量

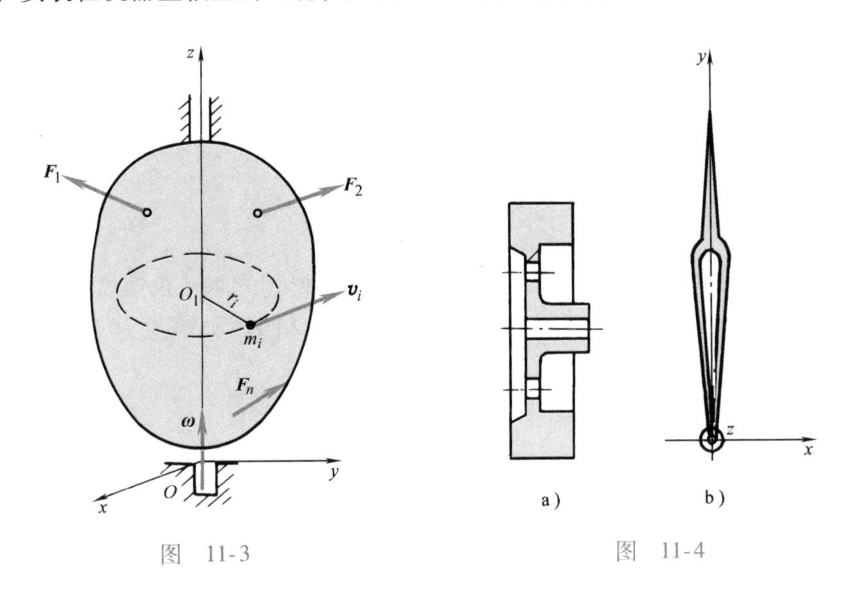


图　11-3

图　11-4

储存动能，以便在主轴出现转速波动时进行调节，从而稳定主轴转速。主轴转速下降时，由飞轮输出动能，相反则吸收动能。因此，它不仅质量大，而且将约 95% 的质量集中在轮缘处。

安装在仪表上的指针，如图 11-4b 所示，它要求有较高的灵敏度，能较快且较准确地反映出仪器所测物理量的最小信号。因此，指针对转轴的转动惯量要小。为此不仅要用较少的轻金属制成，而且将质量较多集中在转轴附近。从图上还可以看到，为了防止指针在转动中绕轴 $z$ 产生较大振动而影响读数，采取了加大相应方向的弯曲刚度的措施。

当不计轴承摩擦时，轴承约束力对轴之矩恒为零。所以，在转动方程中不出现轴承约束力。如若求解这些约束力，必须再建立新的动力学方程，例如运用质心运动定理等。

---

**例 11-2**　已知刚体的质量为 $m$，质心到转轴 $O$ 的距离 $OC=a$（图 11-5），刚体绕水平轴 $O$ 做微幅摆动的周期为 $T$，求刚体相对于转轴的转动惯量。

**解：** 先建立刚体的转动微分方程，以摆的平衡位置作为 $\varphi$ 角的起点，逆时针方向为正，则

$$J_O\ddot{\varphi}=-mga\sin\varphi$$

做微幅摆动时，$\sin\varphi\approx\varphi$，上式简化为

$$\ddot{\varphi}+\frac{ma}{J_O}g\varphi=0$$

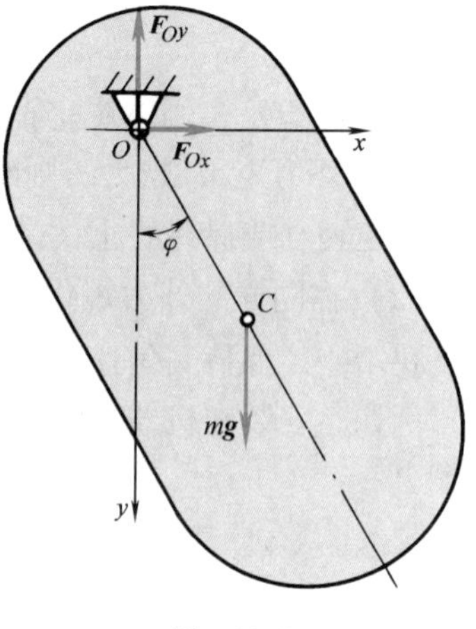

图 11-5

微分方程的通解为

$$\varphi=\varphi_0\sin\left(\sqrt{\frac{mga}{J_O}}t+\alpha\right)$$

其中，$\varphi_0$ 及 $\alpha$ 由运动的初始条件确定，而振动的周期为

$$T=2\pi\sqrt{J_O/mga}$$

于是，可求得

$$J_O=\frac{1}{4\pi^2}mgaT^2$$

**例 11-3** 一飞轮由直流电动机带动，已知电动机产生的转矩 $M_O$ 与其角速度的关系为

$$M_O=M_{O1}\left(1-\frac{\omega}{\omega_1}\right)$$

其中，$M_{O1}$表示电动机的起动转矩，$\omega_1$ 表示电动机无负载时的空转角速度，且 $M_{O1}$与 $\omega_1$ 都是已知常量。飞轮上作用有不变的阻力矩 $M_F$，飞轮对 $O$ 的转动惯量为 $J_O$，求当 $M_O>M_F$ 时，飞轮的角速度与 $t$ 的关系。

**解：** 飞轮的转动方程为

$$J_O\frac{\mathrm{d}\omega}{\mathrm{d}t}=M_{O1}\left(1-\frac{\omega}{\omega_1}\right)-M_F=(M_{O1}-M_F)-\frac{M_{O1}}{\omega_1}\omega$$

令 $a=\dfrac{M_{O1}-M_F}{J_O}$，$b=\dfrac{M_{O1}}{J_O\omega_1}$，则

$$\frac{\mathrm{d}\omega}{\mathrm{d}t}=a-b\omega$$

分离变量后，积分

$$\int_0^{\omega}\frac{b\mathrm{d}\omega}{a-b\omega}=\int_0^t b\mathrm{d}t$$

$$[-\ln(a-b\omega)]_0^{\omega}=bt$$

即

$$\frac{a-b\omega}{a}=\mathrm{e}^{-bt}$$

$$\omega=\frac{a}{b}(1-\mathrm{e}^{-bt})$$

可见，飞轮角速度逐渐增大，当 $t\to\infty$ 时，角速度达到最大值

$$\omega_{\mathrm{m}}=\frac{a}{b}=\frac{M_{O1}-M_F}{M_{O1}}\omega_1$$

这是电动机的极限转速。

**例 11-4** 卷扬机的传动轮系如图 11-6a 所示，设轴Ⅰ和轴Ⅱ各自转动部分对其轴的转动惯量分别为 $J_1$ 和 $J_2$，轴Ⅰ的齿轮 $C$ 上受主动力矩 $M$ 的作用，卷筒提升的重量为 $mg$。齿轮

$A$、$B$ 的节圆半径分别为 $r_1$、$r_2$，两轮角加速度之比 $\alpha_1 : \alpha_2 = r_2 : r_1 = i_{12}$。卷筒半径为 $R$，不计轴承摩擦及绳的质量。求重物的加速度。

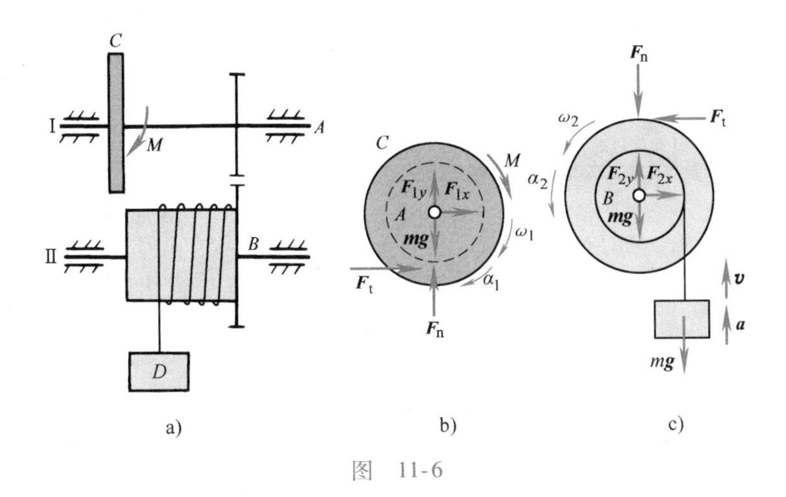


图　11-6

**解：** 本题有两根固定轴，所以必须拆开，分别以两轴及与其固连的齿轮为研究对象。轴Ⅰ除受主动力矩 $M$ 和重力、轴承约束力外，还受有齿轮力 $\boldsymbol{F}_t$ 及 $\boldsymbol{F}_n$，现假设 $\alpha_1$ 与 $M$ 的方向相同，如图 11-6b 所示。为使方程正负号简单，一般约定以 $\alpha$ 的转向为正，于是轴Ⅰ的转动方程为

$$J_1\alpha_1 = M - F_t r_1 \tag{a}$$

再以轴Ⅱ和重物 $D$ 为研究对象，画出其受的力 $\boldsymbol{F}_t$、$\boldsymbol{F}_n$ 及重力 $m\boldsymbol{g}$ 和轴承的约束力。同时按运动学关系画出 $\alpha_2$（和 $\alpha_1$ 反向），如图 11-6c 所示，也是以 $\alpha_2$ 转向为正，应用质点系的动量矩定理，得

$$\frac{\mathrm{d}}{\mathrm{d}t}(J_2\omega_2 + mvR) = F_t r_2 - mgR$$

$$(J_2 + mR^2)\alpha_2 = F_t r_2 - mgR \tag{b}$$

式（a）、式（b）中有三个未知量 $\alpha_1$、$\alpha_2$ 和 $F_t$，所以还需建立一补充方程。由运动学知

$$\frac{\alpha_1}{\alpha_2} = \frac{r_2}{r_1} = i_{12} \tag{c}$$

联立求解式（a）、式（b）、式（c），得

$$\alpha_2 = \frac{Mi_{12} - mgR}{J_1 i_{12}^2 + J_2 + mR^2}$$

于是，重物上升的加速度 $\boldsymbol{a}$ 的大小为

$$a = R\alpha_2 = \frac{(Mi_{12} - mgR)R}{J_1 i_{12}^2 + J_2 + mR^2}$$

**例 11-5**　均质梁 $AB$ 长 $l$，重 $mg$，如图 11-7 所示，由铰链 $A$ 和绳所支持。若突然剪断连接 $B$ 点的软绳，求绳断前后铰链 $A$ 的约束力的改变量。

**解：** 以梁为研究对象，绳未断以前是静力学问题。由静平衡方程可求出绳未断时，铰链 $A$ 的约束力

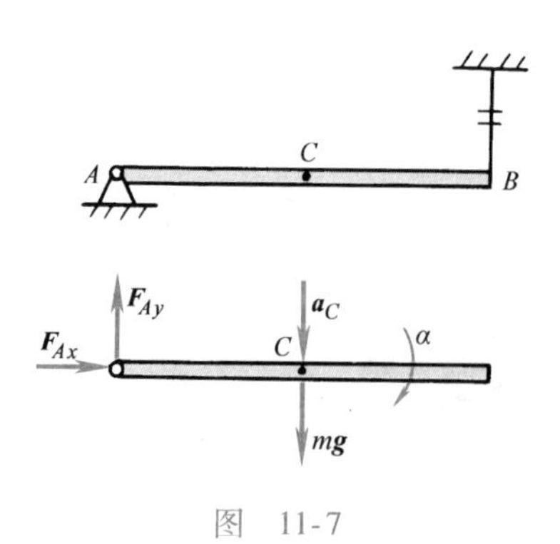


图　11-7

例题 11-5 讲解

$$F_{1Ay}=\frac{mg}{2}$$

绳断之后，梁 $AB$ 将绕 $A$ 点转动。绳断瞬时，$\omega=0$，应用转动方程（11-8），有

$$\frac{1}{3}\frac{mg}{g}l^2\alpha=mg\frac{l}{2}$$

则

$$\alpha=\frac{3g}{2l}$$

再应用质心运动定理求约束力。图示瞬时，质心 $C$ 的加速度 $a_C^{\mathrm{n}}=0$，$a_C^{\mathrm{t}}=\frac{l}{2}\alpha=\frac{3g}{4}$，其作用的约束力为

$$Ma_{Cx}=\sum F_x,\qquad F_{2Ax}=0$$

$$Ma_{Cy}=\sum F_y,\qquad \frac{mg}{g}\frac{3g}{4}=mg-F_{2Ay}$$

$$F_{2Ay}=mg-\frac{3}{4}mg=\frac{1}{4}mg$$

于是，绳断前后，铰链 $A$ 约束力的改变量为

$$\Delta F_{Ay}=F_{1Ay}-F_{2Ay}=\frac{mg}{2}-\frac{mg}{4}=\frac{mg}{4}$$

**例 11-6**　阿特伍德机的滑轮质量为 $M$，且均匀分布，半径为 $r$。两重物系于绳的两端，质量分别为 $m_1$ 和 $m_2$，如图 11-8 所示。试求重物的加速度。

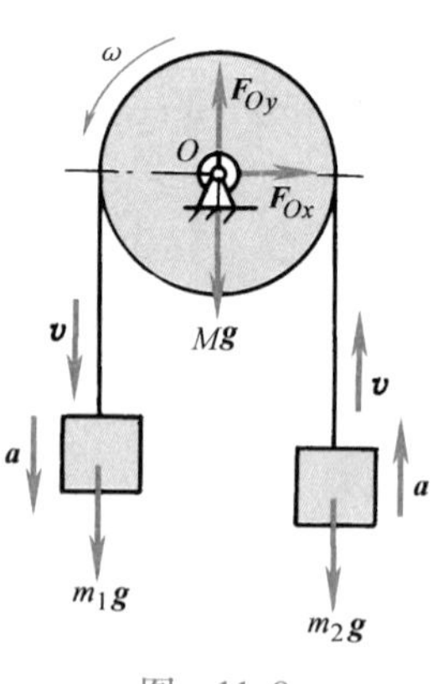


图　11-8

**解**：以整体为研究对象，画受力图。设滑轮有逆时针方向的转动，角速度为 $\omega$，则滑轮对轴 $O$ 的动量矩、两重物对轴 $O$ 的动量矩分别为

$$L_{O1}=J_O\omega=\frac{1}{2}Mr^2\omega$$

$$L_{O2}=m_1vr=m_1r^2\omega$$

$$L_{O3}=m_2vr=m_2r^2\omega$$

系统对轴 $O$ 的动量矩为上述三项动量矩之和，即

$$L_O = L_{O1} + L_{O2} + L_{O3} = \left(m_1 + m_2 + \frac{1}{2}M\right)r^2\omega$$

应用动量矩定理式（11-6）有

$$\frac{\mathrm{d}}{\mathrm{d}t}\left(m_1 + m_2 + \frac{1}{2}M\right)r^2\omega = m_1gr - m_2gr$$

$$\left(m_1 + m_2 + \frac{1}{2}M\right)r^2\alpha = (m_1 - m_2)gr$$

$$\alpha = \frac{(m_1 - m_2)g}{\left(m_1 + m_2 + \frac{1}{2}M\right)r} = \frac{2(m_1 - m_2)g}{(2m_1 + 2m_2 + M)r}$$

重物的加速度

$$a = r\alpha = \frac{2(m_1 - m_2)g}{2m_1 + 2m_2 + M}$$

**例 11-7**　在图 11-9 中，质量 $m_1 = 5\text{kg}$、半径 $r = 30\text{cm}$ 的均质圆盘，可绕铅垂轴 $z$ 转动，在圆盘中心用铰链 $D$ 连接一质量 $m_2 = 4\text{kg}$ 的均质细杆 $AB$，$AB$ 杆长为 $2r$，可绕 $D$ 转动。当 $AB$ 杆在铅垂位置时，圆盘的角速度为 $\omega = 90\text{r/min}$，试求杆转到水平位置碰到销钉 $C$ 而相对静止时，圆盘的角速度。

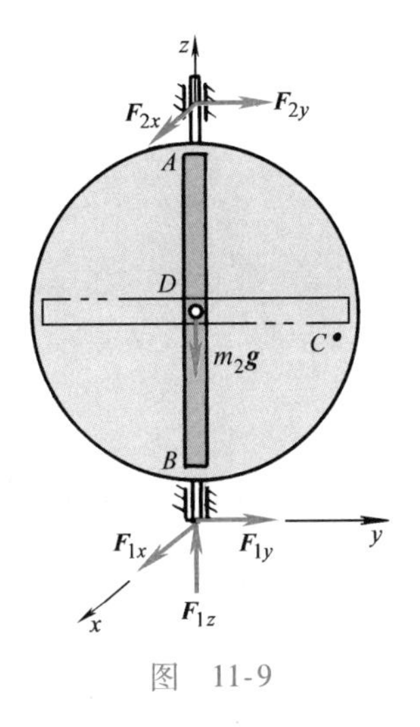

图　11-9

**解：**以圆盘、杆及轴为研究对象，画出其受力图。由受力分析看出，在 $AB$ 杆由铅垂位置转至水平位置的整个过程中，作用在质点系上所有外力对 $z$ 轴之矩为零，即$\sum M_z(\boldsymbol{F}) = 0$。因此，质点系对 $z$ 轴的动量矩守恒。

杆在铅垂位置时，系统的动量矩只有圆盘对 $z$ 轴的动量矩

$$L_{z0} = J_z\omega = \frac{1}{4}m_1r^2\omega$$

杆在水平位置时，设系统的角速度为 $\omega_1$，此时，系统对 $z$ 轴的动量矩应包含圆盘及杆对 $z$ 轴的动量矩：

$$L_{z1} = \frac{1}{4}m_1r^2\omega_1 + \frac{1}{12}m_2(2r)^2\omega_1$$

$$= \frac{1}{4}m_1r^2\omega_1 + \frac{1}{3}m_2r^2\omega_1$$

该系统的动量矩守恒，有 $L_{z0} = L_{z1}$，即

$$\frac{1}{4}m_1r^2\omega = \frac{1}{4}m_1r^2\omega_1 + \frac{1}{3}m_2r^2\omega_1$$

$$\omega_1 = \frac{\frac{1}{4}m_1}{\frac{1}{3}m_2 + \frac{1}{4}m_1}\omega$$

将有关数值代入

$$\omega_1 = \frac{\frac{1}{4}\times 5\text{kg}}{\frac{1}{3}\times 4\text{kg}+\frac{1}{4}\times 5\text{kg}}\times\frac{90\pi}{30}\text{rad/s}=4.56\text{rad/s}$$

## 11.3 质点系相对于质心的动量矩定理

根据动量矩的定义，质点系对固定点 $O$ 的动量矩可表示为

$$\boldsymbol{L}_O=\sum \boldsymbol{r}_i\times m_i\boldsymbol{v}_i$$

建立以质心 $C$ 为原点的平移坐标系 $Cx'y'z'$，如图 11-10 所示，则有 $\boldsymbol{r}_i=\boldsymbol{r}_C+\boldsymbol{r}'_i$，于是

$$\begin{aligned}\boldsymbol{L}_O&=\sum(\boldsymbol{r}_C+\boldsymbol{r}'_i)\times(m_i\boldsymbol{v}_i)\\&=\boldsymbol{r}_C\times\sum m_i\boldsymbol{v}_i+\sum\boldsymbol{r}'_i\times m_i\boldsymbol{v}_i\end{aligned}$$

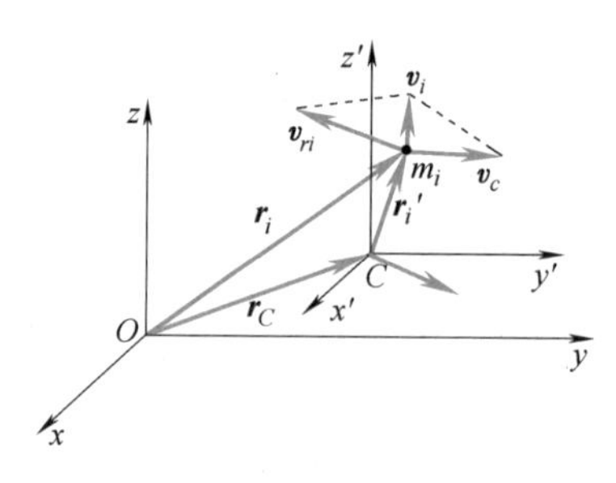


图　11-10

设质点系用绝对速度$\boldsymbol{v}_i$ 所表示的相对于质心的动量矩为

$$\boldsymbol{L}'_C=\sum\boldsymbol{r}'_i\times m_i\boldsymbol{v}_i \tag{a}$$

由于

$$\sum m_i\boldsymbol{v}_i=M\boldsymbol{v}_C$$

代入上式得

$$\boldsymbol{L}_O=\boldsymbol{r}_C\times M\boldsymbol{v}_C+\boldsymbol{L}'_C \tag{b}$$

由点的速度合成定理，则有 $\boldsymbol{v}_i=\boldsymbol{v}_C+\boldsymbol{v}_{ri}$，代入式（a）得

$$\begin{aligned}\boldsymbol{L}'_C&=\sum\boldsymbol{r}'_i\times m_i(\boldsymbol{v}_C+\boldsymbol{v}_{ri})\\&=\sum\boldsymbol{r}'_i\times m_i\boldsymbol{v}_C+\sum\boldsymbol{r}'_i\times m_i\boldsymbol{v}_{ri}\end{aligned}$$

设质点系用相对速度$\boldsymbol{v}_{ri}$所表示的相对于质心的动量矩为

$$\boldsymbol{L}_C=\sum\boldsymbol{r}'_i\times m_i\boldsymbol{v}_{ri}$$

而有质心坐标公式$\sum m_i\boldsymbol{r}'_i=M\boldsymbol{r}'_C$，其中 $\boldsymbol{r}'_C$为质心 $C$ 对于动坐标系 $Cx'y'z'$的矢径，此处 $C$ 为动坐标系的原点，显然$\boldsymbol{r}'_C=0$，即$\sum m_i\boldsymbol{r}'_i=0$，于是得

$$\boldsymbol{L}'_C=\boldsymbol{L}_C \tag{c}$$

即

$$\boldsymbol{L}_O=\boldsymbol{r}_C\times M\boldsymbol{v}_C+\boldsymbol{L}_C \tag{d}$$

将式（b）代入质点系对固定点的动量矩定理得

$$\frac{\mathrm{d}}{\mathrm{d}t}(\boldsymbol{r}_C \times M\boldsymbol{v}_C + \boldsymbol{L}'_C) = \sum(\boldsymbol{r}_C + \boldsymbol{r}'_i) \times \boldsymbol{F}_i^{(e)}$$

$$\frac{\mathrm{d}\boldsymbol{r}_C}{\mathrm{d}t} \times M\boldsymbol{v}_C + \boldsymbol{r}_C \times \frac{\mathrm{d}M\boldsymbol{v}_C}{\mathrm{d}t} + \frac{\mathrm{d}\boldsymbol{L}'_C}{\mathrm{d}t} = \boldsymbol{r}_C \times \sum \boldsymbol{F}_i^{(e)} + \sum \boldsymbol{r}'_i \times \boldsymbol{F}_i^{(e)} \tag{e}$$

式中

$$\frac{\mathrm{d}\boldsymbol{r}_C}{\mathrm{d}t} \times M\boldsymbol{v}_C = \boldsymbol{v}_C \times M\boldsymbol{v}_C = \boldsymbol{0}$$

$$\frac{\mathrm{d}M\boldsymbol{v}_C}{\mathrm{d}t} = \sum \boldsymbol{F}_i^{(e)}$$

$$\sum \boldsymbol{r}'_i \times \boldsymbol{F}_i^{(e)} = \sum \boldsymbol{M}_C(\boldsymbol{F}_i^{(e)})$$

于是，式（e）简化为

$$\frac{\mathrm{d}\boldsymbol{L}'_C}{\mathrm{d}t} = \sum \boldsymbol{M}_C(\boldsymbol{F}_i^{(e)}) \tag{11-10a}$$

同理，将式（d）代入质点系对固定点的动量矩定理得

$$\frac{\mathrm{d}\boldsymbol{L}_C}{\mathrm{d}t} = \sum \boldsymbol{M}_C(\boldsymbol{F}_i^{(e)}) \tag{11-10b}$$

式（11-10）表明，质点系相对于随质心平移坐标系的相对动量矩对时间的一阶导数，等于质点系的外力对质心之矩的矢量和。这就是质点系相对于质心动量矩定理的微分形式。

式（11-10a）是用绝对速度表示的质点系相对于质心的动量矩定理，它适用于求解离散质点系的动力学问题。

式（11-10b）是用相对于质心的相对速度表示的质点系相对于质心的动量矩定理，它对于解决刚体的动力学问题非常方便，它建立了质点系相对质心的动量矩与刚体角速度之间的关系。在应用时，通常应用式（11-10b）的投影式

$$\frac{\mathrm{d}L_{Cx}}{\mathrm{d}t} = \sum M_{Cx}(\boldsymbol{F}_i^{(e)})$$

$$\frac{\mathrm{d}L_{Cy}}{\mathrm{d}t} = \sum M_{Cy}(\boldsymbol{F}_i^{(e)})$$

$$\frac{\mathrm{d}L_{Cz}}{\mathrm{d}t} = \sum M_{Cz}(\boldsymbol{F}_i^{(e)})$$

将式（11-10）与式（11-6）相比较，它们在形式上完全相同。这表明，质点系在绝对运动中对固定点的动量矩定理的陈述，完全适用于质点系在其质心平移坐标系中的相对运动对质心的动量矩定理。

将式（11-10b）分离变量，并在瞬时 $t_1$ 至 $t_2$ 这段时间内积分，得

$$\boldsymbol{L}_{C2} - \boldsymbol{L}_{C1} = \sum \boldsymbol{M}_C(\boldsymbol{I}_i^{(e)}) \tag{11-10c}$$

它表明，**质点系对质心 $C$ 的动量矩的增量，等于作用于质点系的外冲量对质心 $C$ 之矩的矢量和**。这就是**质点系相对于质心动量矩定理的积分形式**。又称为**质点系相对于质心的冲量矩定理**。

由动量矩定理式（11-10）可知：

（1）只有作用于质点系上的外力（外冲量）才能改变系统相对于质心 $C$ 的动量矩，内力（内冲量）不能改变质点系相对于质心 $C$ 的动量矩，但是，内力（内冲量）可促使系统

内各质点之间相对于质心 $C$ 的动量矩发生变化，并保持系统相对于质心 $C$ 的总动量矩不变。

（2）当外力系（外冲量）对系统的质心 $C$ 之主矩等于零时，质点系相对于质心 $C$ 的动量矩保持不变，称之该系统相对于质心 $C$ 的动量矩守恒。

质点系相对于动点或动轴的动量矩定理具有较复杂的形式，有关公式可参见参考文献［1］或观看本书第252页微视频“补充：相对于动点的动量矩定理”。

## 11.4 刚体平面运动微分方程

在刚体平面运动中，一般将刚体的平面运动分解为随同基点的平移和绕基点的转动，刚体的运动情况完全可由基点的运动方程和绕基点的转动方程来描述。在运动学里，基点是任意选的。在动力学的研究中，必须将刚体的运动和它所受的力联系起来，此时，只有通过质心运动定理把刚体质心的运动与外力的主矢联系起来；然后再通过相对于质心的动量矩定理将刚体的转动与外力系的主矩联系起来。因此，在动力学中必须选取质心作为基点，于是刚体的平面运动微分方程为

$$\left.\begin{aligned} m\ddot{x}_C &= \sum F_x \\ m\ddot{y}_C &= \sum F_y \\ J_C\ddot{\varphi} &= M_C \end{aligned}\right\} \tag{11-11}$$

式（11-11）中的三个独立方程恰好等于平面运动的自由度数（三个），它可以用来求解动力学的两大类问题。但是在工程实际中，许多系统是由多个平面运动刚体组成的，未知量相应增加很多，除对每个刚体分别应用这三个动力学方程之外，还要根据具体的约束条件寻找运动和力的补充方程才能求解。

---

**例 11-8**　在图11-11a中，均质轮的圆筒上缠一绳索，并作用一水平方向的力200N，轮和圆筒的总质量为50kg，对其质心的回转半径为70mm。已知轮与水平面间的静、动摩擦因数分别为 $f_s=0.20$ 和 $f=0.15$，求轮心 $O$ 的加速度和轮的角加速度。

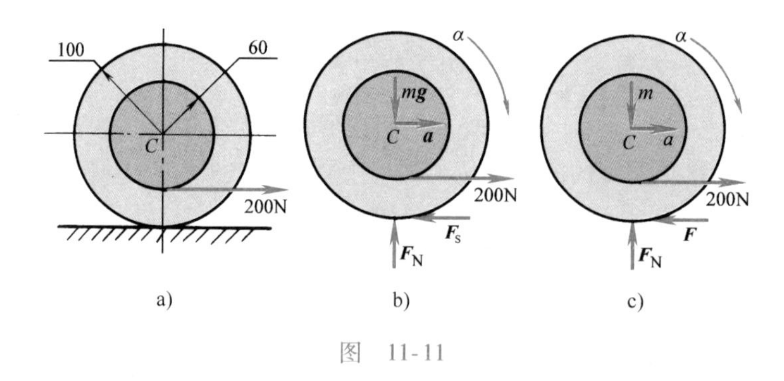


图　11-11

**解：** 先假设轮子做纯滚动，其受力分析如图11-11b所示。此时，摩擦力 $\boldsymbol{F}_s$ 为静摩擦力，$F_s \leqslant f_s F_N$，设轮心的加速度为 $\boldsymbol{a}$，角加速度为 $\alpha$。由于滚动而不滑动，有 $a=R\alpha$，即 $a=0.1\alpha$。建立圆轮的平面运动方程，得

$$Ma_{Cx}=\sum F_x,\quad 50\text{kg}\times a=200\text{N}-F_s \tag{a}$$

$$Ma_{Cy}=\sum F_y,\quad 50\text{kg}\times 0=F_{\text{N}}-50\text{kg}\times 9.80\text{m/s}^2 \tag{b}$$

$$J_C\alpha=M_C,\quad 50\text{kg}\times(0.07\text{m})^2\alpha=F_{\text{s}}\times 0.1\text{m}-200\text{N}\times 0.06\text{m} \tag{c}$$

补充方程式为

$$a_{Cx}=a=R\alpha,\quad a=0.1\alpha \tag{d}$$

联立式(a)~式(d),解出

$$F_{\text{N}}=490\text{N} \tag{e}$$

$$\alpha=10.74\text{rad/s}^2 \tag{f}$$

$$F_{\text{s}}=146.3\text{N} \tag{g}$$

这个计算是在假设轮子只滚不滑的情形下得到的，是否合乎实际，还要用$F_{\text{s}}\leqslant f_{\text{s}}F_{\text{N}}$来判断。现在，$F_{\text{s max}}=f_{\text{s}}F_{\text{N}}=0.20\times 490\text{N}=98\text{N}$。由式（g）知，计算所得的亦即保证只滚不滑所需的摩擦力 $F_{\text{s}}=146.3\text{N}$，超过了水平面能为圆轮提供的最大摩擦力 $F_{\text{s max}}=98\text{N}$，所以，轮子不可能只滚不滑。

考虑轮子又滚又滑的情形：圆轮受力分析如图 11-11c 所示。在有滑动的情况下，动滑动摩擦力为 $F=fF_{\text{N}}$，而质心加速度 $a$ 和角加速度 $\alpha$ 是两个独立的未知量，列平面运动方程为

$$Ma_{Cx}=\sum F_x,\quad 50\text{kg}\times a=200\text{N}-F \tag{h}$$

$$Ma_{Cy}=\sum F_y,\quad 50\text{kg}\times 0=F_{\text{N}}-50\text{kg}\times 9.80\text{m/s}^2 \tag{i}$$

$$J_C\alpha=M_C,\quad 50\text{kg}\times(0.07\text{m})^2\times\alpha=F\times 0.1\text{m}-200\text{N}\times 0.06\text{m} \tag{j}$$

此时力的补充方程为

$$F=fF_{\text{N}} \tag{k}$$

联立求解式(h)~式(k),得

$$F_{\text{N}}=490\text{N}$$

$$F=fF_{\text{N}}=0.15\times 490\text{N}=73.5\text{N}$$

$$a=2.53\text{m/s}^2$$

$$\alpha=-18.98\text{rad/s}^2$$

负号说明 $\alpha$ 的转向与图 11-11c 所设相反，应为逆时针方向。

**例 11-9** 均质细杆 $AB$ 长 $2l$，质量为 $m$，$B$ 端搁在光滑水平地板上，$A$ 端靠在光滑墙壁上，$A$、$B$ 均在垂直于墙壁的同一铅垂平面内，如图 11-12 所示。初瞬时，杆与墙壁的夹角为 $\theta_0$，杆由静止开始运动，求杆的角加速度、角速度及墙壁和地面的约束力（表示为 $\theta$ 的函数）。

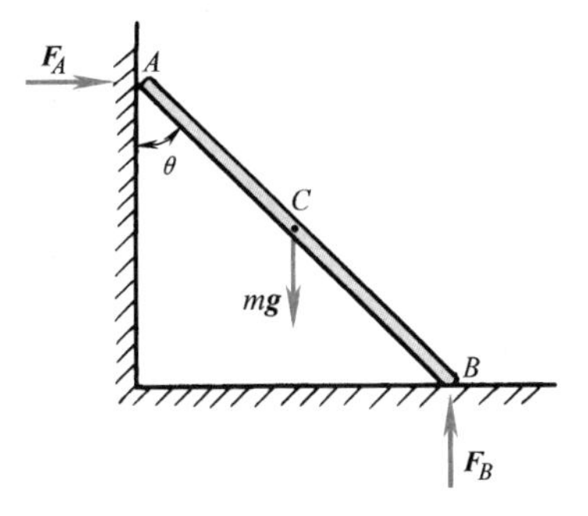

图 11-12

例题 11-9 讲解

**解：** 以杆为研究对象，其受力图如图 11-12 所示，列平面运动方程

$$m\ddot{x}_C = F_A \tag{a}$$

$$m\ddot{y}_C = F_B - mg \tag{b}$$

$$J_C\ddot{\theta} = F_B l\sin\theta - F_A l\cos\theta \tag{c}$$

现在式中有五个未知数 $\ddot{x}_C$、$\ddot{y}_C$、$\ddot{\theta}$、$F_A$、$F_B$，而只有三个方程。由几何关系，列运动方程为

$$x_C = l\sin\theta, \quad y_C = l\cos\theta$$

将其对 $t$ 求二阶导数，得质心加速度的表达式为

$$\ddot{x}_C = l\ddot{\theta}\cos\theta - l\dot{\theta}^2\sin\theta \tag{d}$$

$$\ddot{y}_C = -l\ddot{\theta}\sin\theta - l\dot{\theta}^2\cos\theta \tag{e}$$

将 $J_C = \dfrac{1}{3}ml^2$ 代入式（c），联立求解式（a）~式（e），可得

$$\ddot{\theta} = \frac{3g}{4l}\sin\theta \tag{f}$$

$$F_A = \frac{3}{4}mg\sin\theta\cos\theta - ml\,\dot{\theta}^2\sin\theta \tag{g}$$

$$F_B = mg - \frac{3}{4}mg\sin^2\theta - ml\,\dot{\theta}^2\cos\theta \tag{h}$$

由动能定理

$$T_2 - T_1 = \sum W_F$$

$$\frac{1}{2}mv_C^2 + \frac{1}{2}J_C\omega^2 - 0 = mgl\cos\theta_0 - mgl\cos\theta \tag{i}$$

由于 $v_C = l\omega$，$J_C = \dfrac{1}{3}ml^2$，解得

$$\dot{\theta} = \omega = \sqrt{\frac{3g}{2l}(\cos\theta_0 - \cos\theta)} \tag{j}$$

将式（j）代入式（g）、式（h），有

$$F_A = \frac{3mg}{4}\sin\theta(3\cos\theta - 2\cos\theta_0) \tag{k}$$

$$F_B = \frac{mg}{4}(1 + 9\cos^2\theta - 6\cos\theta_0\cos\theta)$$

从 $F_A$ 的表达式（k）中，利用 $F_A = 0$ 的条件，可以求出 $A$ 端脱离墙壁时的角度 $\theta$，即

$$\theta = \arccos\left(\frac{2}{3}\cos\theta_0\right)$$

补充例题 11-1

补充例题 11-2

补充例题 11-3

## 11.5 普遍定理的综合应用

普遍定理的综合应用主要是指动量定理、动量矩定理、动能定理以及运动微分方程的综合应用。如前所述，各个普遍定理都是从不同的方面提出了建立运动微分方程的方法，从而为解决动力学的两类基本问题提供了依据。就每一个普遍定理来说，它们只从各自的方面反映了研究对象的物理特征，所以，它只能解决某一方面的问题。

为了正确、灵活地运用普遍定理解决动力学问题，首先要正确理解各定理的内容、特点及应用的条件，准确掌握各定理所含物理量的计算方法。其次，选择好研究对象，并进行运动分析和受力分析。具体地说，一方面为建立运动学的补充方程做准备，要弄清楚系统内各物体动力学的特点，以便有利于写出对应的运动特征量之间的关系；另一方面为建立力的补充方程做准备，要注意分清约束力和主动力、做功的力和不做功的力、内力和外力，以便有利于写出对应的力的作用量。然后，分析问题中各未知量和已知量之间有什么关系，选用合适的定理，准确地建立一定数量的动力学方程和补充方程，找到解决问题的办法。

普遍定理综合应用的难点是如何选用合适的定理。不少工程问题既需要求物体的运动规律，又需要求未知的约束力，是动力学的综合问题。一般来说，解决问题的简便方法，是先求运动、后求力。对于物体系统问题，往往优先考虑应用动能定理求速度和加速度。依据动能定理所列方程是一个标量方程，因此，对于具有一个自由度的系统的动力学问题，应用动能定理就比较方便。质心运动定理描述了质心运动的变化规律与作用在其上所有外力主矢之间的关系，即反映某瞬时质心的加速度与外力主矢之间的关系，所以在已知质心加速度的情况下，应用质心运动定理求解约束力就方便了。此外，根据质点系运动的具体条件，应用动量矩定理求运动或力、力矩也是很方便的。

在普遍定理中，还包含几个守恒定律，这些定律在解题中各有其独到之处，但是在选用守恒定律时，要特别注意到质点系的受力情形是否满足它所要求的条件。

对于各种动力学问题来说，究竟选用哪一个普遍定理求解，往往有较大的灵活性。这是因为有的问题可用不同的定理求解，其中之一较为方便；有的问题则只能用某一定理或几个定理综合求解。总之，动力学问题的类型众多，难点各异，难以更具体地定出几条固定的解题原则。唯一需要的是，适当地多解一些题，在不断实践的过程中，勤于思考、善于分析、不断总结，逐步提高综合应用的能力。

---

**例11-10** 均质圆盘可绕 $O$ 轴在铅垂面内转动，它的质量为 $m$，半径为 $R$。在圆盘的质心 $C$ 上连接一刚度系数为 $k$ 的水平弹簧，弹簧的另一端固定在 $A$ 点，$\overline{CA}=2R$ 为弹簧的原长，圆盘在常力偶矩 $M$ 作用下，由最低位置无初速度地绕 $O$ 轴向上转动，如图11-13所示。试求圆盘到达最高位置时，轴承 $O$ 的约束力。

**解：** 本题求的是轴承 $O$ 的约束力。求约束力，宜用质心运动定理。但在应用质心运动定理之前，必须先求出质心的加速度 $a_C^t$、$a_C^n$，也就是应先求出圆盘转到最高位置时的角速度 $\omega$ 和角加速度 $\alpha$。为此，宜先用动能定理求 $\omega$ 和 $\alpha$。可是，最高位置是个特殊位置，不能用最高位置时的 $\omega$ 求导来求 $\alpha$，由于圆盘是定轴转动，可用动量矩定理求 $\alpha$。于是，解题思路是：用动能定理求圆盘由最低位置转到最高位置时的角速度 $\omega$，用动量矩定理求最高位置

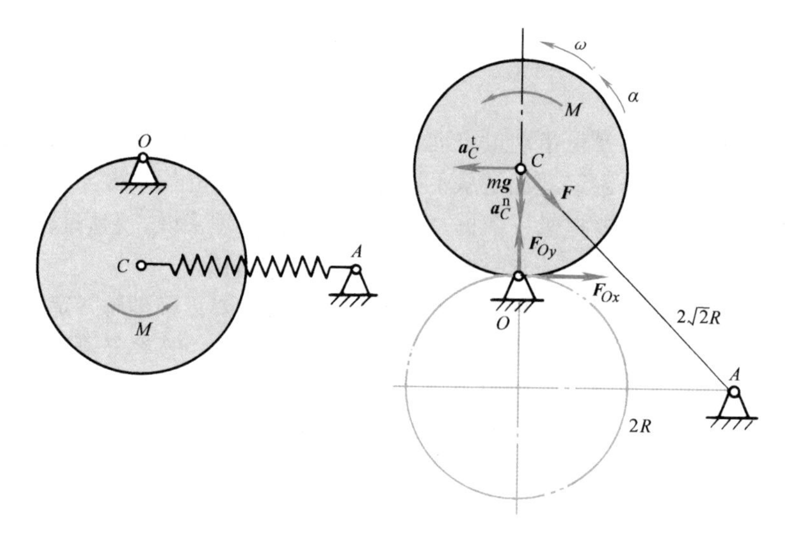


图 11-13

时圆盘的角加速度 $\alpha$，求出质心的加速度，再应用质心运动定理求约束力 $F_{Ox}$、$F_{Oy}$。

（1）以圆盘为研究对象，求圆盘转到最高位置时的角速度 $\omega$。由动能定理

$$T - T_0 = W \tag{*}$$

其中

$$T = \frac{1}{2}J_O\omega^2, \qquad T_0 = 0$$

$$W = W_1 + W_2 + W_3$$

并且转动惯量 $J_O = \frac{1}{2}mR^2 + mR^2 = \frac{3}{2}mR^2$，重力的功 $W_1 = -mg \cdot 2R$，弹性力的功 $W_2 = \frac{1}{2}k(\delta_1^2 - \delta_2^2) = -2kR^2(3 - 2\sqrt{2})$，力偶的功 $W_3 = M\varphi = M\pi$，代入式（*）得

$$\frac{1}{2} \cdot \frac{3}{2}mR^2\omega^2 - 0 = M\pi - 2mgR - 2kR^2(3 - 2\sqrt{2})$$

解得

$$\omega^2 = \frac{4}{3}\,\frac{M\pi - 2mgR - 2kR^2(3 - 2\sqrt{2})}{mR^2}$$

（2）求转至最高位置时圆盘的角加速度 $\alpha$。根据动量矩定理 $J_O\alpha = M_O^{(e)}$，得

$$J_O\alpha = M - F\cos45°R$$

其中

$$F = k\delta_2 = 2kR(\sqrt{2} - 1)$$

于是

$$\frac{3}{2}mR^2\alpha = M - 2kR^2(\sqrt{2} - 1)\frac{\sqrt{2}}{2} = M - kR^2(2 - \sqrt{2})$$

解得

$$\alpha = \frac{2}{3}\,\frac{M - kR^2(2 - \sqrt{2})}{mR^2}$$

（3）求质心的加速度

$$a_C^{t}=R\alpha=\frac{2}{3}\frac{M-kR^2(2-\sqrt{2})}{mR}$$

$$a_C^{n}=R\omega^2=\frac{4}{3}\frac{M\pi-2mgR-2kR^2(3-2\sqrt{2})}{mR}$$

（4）用质心运动定理求约束力

$$Ma_{Cx}=\sum F_x,\quad -ma_C^{t}=F_{Ox}+F\cos45°$$

$$Ma_{Cy}=\sum F_y,\quad -ma_C^{n}=F_{Oy}-mg-F\cos45°$$

解得

$$\begin{aligned}F_{Ox}&=-ma_C^{t}-F\cos45°\\&=-\left[kR(2-\sqrt{2})+\frac{2}{3}\frac{M-kR^2(2-\sqrt{2})}{R}\right]\end{aligned}$$

$$\begin{aligned}F_{Oy}&=mg+F\cos45°-ma_C^{n}\\&=mg+kR(2-\sqrt{2})-\frac{4}{3}\frac{M\pi-2mgR-2kR^2(3-2\sqrt{2})}{R}\end{aligned}$$

**例 11-11**　均质杆 $AB$ 的质量为 $m$，长度为 $l$，偏置在粗糙平台上，如图 11-14a 所示。由于自重，直杆自水平位置，即 $\theta=0$ 开始，无初速地绕台角 $E$ 转动，当转至 $\theta_1$ 位置时，开始滑动。若已知质心偏置距离 $Kl$ 和静摩擦因数 $f_s$，求将要滑动时的角度 $\theta_1$。

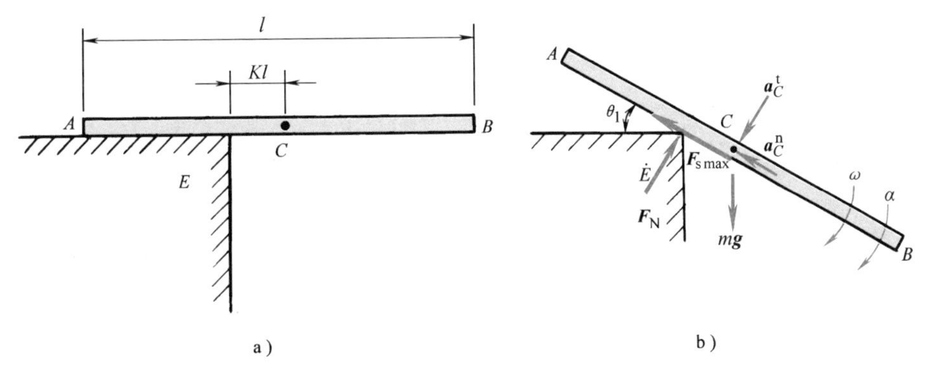


图　11-14

**解：**以 $AB$ 杆为研究对象，假设物体绕 $E$ 点转至角度 $\theta_1$ 时，摩擦力达到最大值 $F_{s\,max}$，设此时它的角速度为 $\omega$，依据动能定理，有

例题 11-11 讲解

$$\frac{1}{2}J_E\omega^2-0=mgKl\sin\theta_1$$

其中

$$J_E=\frac{1}{12}ml^2+mK^2l^2$$

解得

$$\omega^2=\frac{2gK\sin\theta_1}{\left(\frac{1}{12}+K^2\right)l}=\frac{24gK\sin\theta_1}{(1+12K^2)l}\tag{a}$$

由 $AB$ 杆对 $E$ 点的定轴转动方程

$$J_E\alpha = mgKl\cos\theta_1$$

得

$$\alpha = \frac{Kg\cos\theta_1}{\left(\frac{1}{12}+K^2\right)l} = \frac{12Kg\cos\theta_1}{(1+12K^2)l} \tag{b}$$

质心 $C$ 的加速度为

$$a_C^{\mathrm{n}} = Kl\omega^2 = \frac{24K^2\sin\theta_1}{1+12K^2}g$$

$$a_C^{\mathrm{t}} = Kl\alpha = \frac{12K^2\cos\theta_1}{1+12K^2}g$$

应用质心运动定理

$$ma_C^{\mathrm{n}} = F_{\mathrm{s\,max}} - mg\sin\theta_1,\qquad m\frac{24K^2\sin\theta_1}{1+12K^2}g = F_{\mathrm{s\,max}} - mg\sin\theta_1$$

$$ma_C^{\mathrm{t}} = mg\cos\theta_1 - F_{\mathrm{N}},\qquad m\frac{12K^2\cos\theta_1}{1+12K^2}g = mg\cos\theta_1 - F_{\mathrm{N}}$$

解得

$$F_{\mathrm{s\,max}} = mg\frac{24K^2\sin\theta_1}{1+12K^2} + mg\sin\theta_1 \tag{c}$$

$$F_{\mathrm{N}} = mg\cos\theta_1 - mg\frac{12K^2\cos\theta_1}{1+12K^2} \tag{d}$$

将式（c）及式（d）代入 $F_{\mathrm{s\,max}} = f_{\mathrm{s}}F_{\mathrm{N}}$，得

$$mg\frac{24K^2\sin\theta_1}{1+12K^2} + mg\sin\theta_1 = f_{\mathrm{s}}\left(mg\cos\theta_1 - mg\frac{12K^2\cos\theta_1}{1+12K^2}\right)$$

即

$$\theta_1 = \arctan\left(\frac{f_{\mathrm{s}}}{1+36K^2}\right)$$

**例 11-12** 图 11-15a 中 $AD$ 为一软绳。$ACB$ 为一均质细杆，长为 $2l$，质量为 $m$，质心在 $C$ 点，且 $AC = CB = l$。滑块 $A$、$C$ 的质量略去不计，各接触面均光滑。在 $A$ 点作用铅垂向下的力 $\boldsymbol{F}$，且 $F = mg$。图 11-15a 所示位置杆处于静止状态。现将 $AD$ 绳剪断，当杆运动到水平位置时，求杆的角速度、角加速度及 $A$、$C$ 处的约束力。

**解**：(1) 由动能定理

$$T - T_0 = \sum W$$

其中 $T_0 = 0$，$T = \frac{1}{2}m_{AB}v_C^2 + \frac{1}{2}J_C\omega_{AB}^2$。由运动学分析，系统在图 11-15b 所示位置时，$v_C = 0$，即 $C$ 为 $AB$ 杆的速度瞬心。最后得

$$\frac{1}{2}\left(\frac{m\cdot 4l^2}{12}\right)\omega^2 = \frac{\sqrt{2}}{2}lmg$$

$$\omega^2 = \frac{3\sqrt{2}g}{l}$$

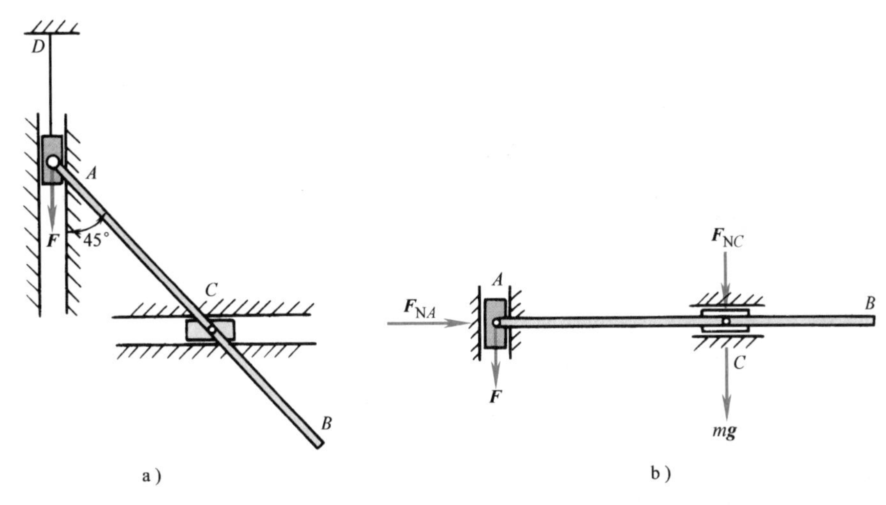


图　11-15

（2）系统在所求位置的受力图如图 11-15b 所示。由相对于质心的动量矩定理

$$J_C\alpha_{AB}=\sum M_C(\boldsymbol{F}_i^{(e)})$$

得到

$$\frac{m}{3}l^2\alpha_{AB}=Fl$$

所以

$$\alpha_{AB}=\frac{3g}{l}$$

（3）由质心运动定理

$$ma_{Cx}=F_{NA}$$

$$ma_{Cy}=-F-F_{NC}-mg$$

以 $A$ 为基点进行加速度分析（图 11-16），得

$$a_{Cx}=-a_{CA}^{n}=-l\omega^2=-3\sqrt{2}g$$

$$a_{Cy}=0$$

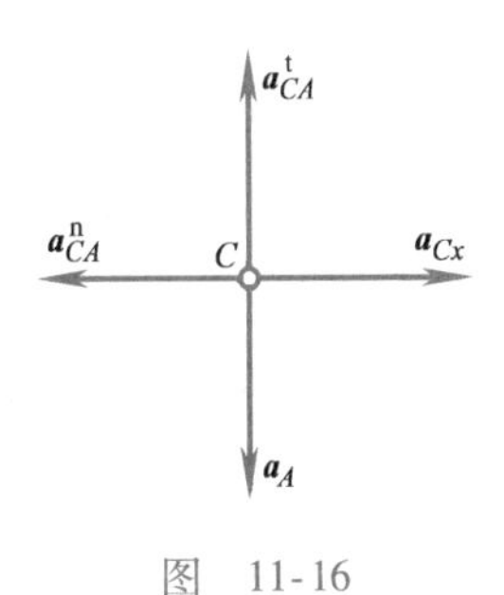


图　11-16

所以得

$$F_{NA}=-3\sqrt{2}mg$$

$$F_{NC}=-2mg$$

**例 11-13**　如图 11-17a 所示，滚轮重 $P_3$，半径为 $r_2$，对质心的回转半径为 $\rho_C$，其上半径为 $r_1$ 的轴颈沿 $AB$ 做无滑动滚动；滑轮重 $P_2$，半径为 $r$，回转半径为 $\rho$；重块重 $P_1$。求：（1）重块的加速度；（2）$EF$ 段绳的张力；（3）$D$ 处约束力。

**解**：系统具有理想约束，由动能定理建立系统的运动与主动力之间的关系。

（1）系统在任意位置的动能

$$T=\frac{1}{2}\frac{P_1}{g}v^2+\frac{1}{2}\frac{P_2}{g}\rho^2\omega^2+\frac{1}{2}\frac{P_3}{g}v_C^2+\frac{1}{2}\frac{P_3}{g}\rho_C^2\frac{v_C^2}{r_1^2}$$

其中

$$\omega=\frac{v}{r},\qquad v_C=\frac{r_1}{r_1+r_2}v$$

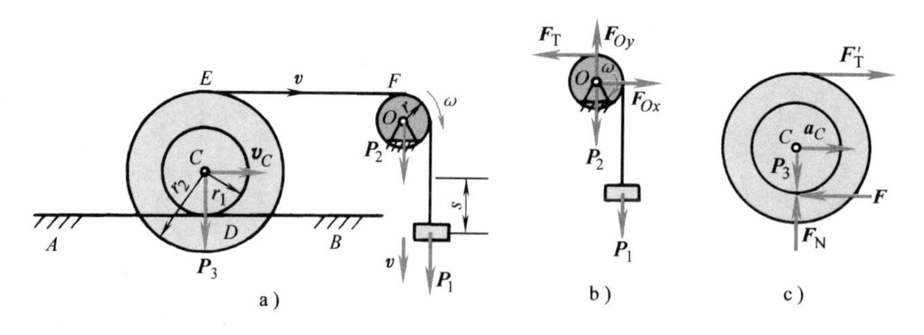


图　11-17

所以
$$T=\frac{1}{2}\left[\frac{P_1}{g}+\frac{P_2}{g}\frac{\rho^2}{r^2}+\frac{P_3}{g}\frac{r_1^2}{(r_1+r_2)^2}+\frac{P_3}{g}\frac{\rho_C^2}{(r_1+r_2)^2}\right]v^2$$

令
$$M=\frac{P_1}{g}+\frac{P_2}{g}\frac{\rho^2}{r^2}+\frac{P_3}{g}\frac{r_1^2}{(r_1+r_2)^2}+\frac{P_3}{g}\frac{\rho_C^2}{(r_1+r_2)^2}$$

称为当量质量或折合质量，则

$$T=\frac{1}{2}Mv^2$$

由动能定理

$$T-T_0=\sum W$$

其中 $T_0=$常数，$\sum W=P_1s$，故

$$\frac{1}{2}Mv^2-T_0=P_1s$$

两边对时间 $t$ 求导数，得

$$Mva=P_1v$$

所以重块的加速度为

$$a=\frac{P_1}{M}=\frac{P_1}{P_1+P_2\dfrac{\rho^2}{r^2}+P_3\dfrac{r_1^2+\rho_C^2}{(r_1+r_2)^2}}g$$

（2）假想将 $EF$ 段绳子剪断，以滑轮与重物为研究对象，受力图如图 11-17b 所示。由动量矩定理

$$\frac{\mathrm{d}}{\mathrm{d}t}\left(\frac{P_2}{g}\rho^2\omega+\frac{P_1}{g}rv\right)=P_1r-F_Tr$$

所以绳子张力

$$F_T=P_1-\left(\frac{P_2}{g}\frac{\rho^2}{r^2}+\frac{P_1}{g}\right)a$$

（3）以滚轮为分析对象，受力图如图 11-17c 所示。

由质心运动定理

$$\begin{cases}\dfrac{P_3}{g}a_C=F_T'-F\\0=F_N-P_3\end{cases}$$

$$F_T' = F_T$$

$$F = F_T - \frac{P_3}{g}a_C = F_T - \frac{P_3}{g}\frac{r_1}{r_1 + r_2}a$$

得

$$F_N = P_3$$

对于具有理想约束的一个自由度系统,可以整个系统为分析对象,应用质点系的动能定理直接建立主动力的功与广义速度之间的关系(在方程式中不涉及未知的约束力)。对时间 $t$ 求一次导数,可得到作用在系统上的主动力与加速度之间的关系。待运动确定后,再选择不同的分析对象用动量定理或动量矩定理求未知约束力。

**例 11-14** 长均为 $l$、质量均为 $m$ 的均质杆 $AB$ 与 $BC$ 在 $B$ 点刚接成直角尺后放在桌面上,如图 11-18a 所示,求 $ABC$ 杆在 $A$ 端受到一个与 $AB$ 垂直的水平冲量 $\boldsymbol{I}$ 后所得到的动能。

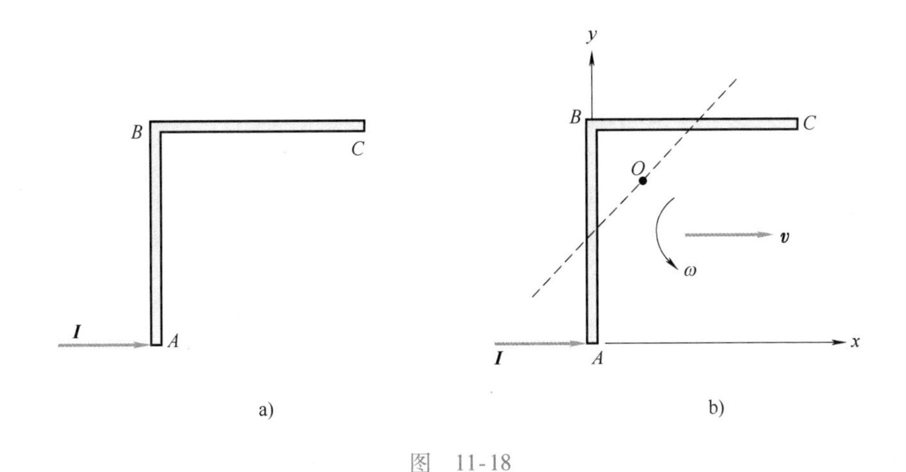


图 11-18

**解**: 研究 $ABC$ 杆,设冲量 $\boldsymbol{I}$ 作用后,其质心速度为 $\boldsymbol{v}$,角速度为 $\omega$,如图 11-18b 所示,由冲量定理

$$2mv - 0 = I \tag{a}$$

由相对于质心的冲量矩定理

$$J_O\omega - 0 = M_O(\boldsymbol{I}) \tag{b}$$

由于质心坐标为

$$y_O = \frac{l}{2}\left(1 + \frac{1}{2}\right) = \frac{3}{4}l, \quad x_O = \frac{1}{4}l$$

对于 $O$ 点的转动惯量为

$$J_O = 2\left[\frac{1}{12}ml^2 + m\left(\frac{\sqrt{2}}{4}l\right)^2\right] = \frac{10}{24}ml^2$$

$$M_O(\boldsymbol{I}) = I\frac{3}{4}l$$

所以由(a)得

$$v = \frac{I}{2m}$$

由（b）得

$$\omega=\frac{\frac{3}{4}lI}{J_O}$$

其动能为

$$T=\frac{1}{2}2mv^2+\frac{1}{2}J_O\omega^2=\frac{37}{40}\frac{I^2}{m}$$

## 重点提示

（1）质点系的动量和动量矩分别是其运动动量的主矢和主矩，它们对时间的变化率分别对应于外力系简化结果的主矢和主矩。（2）动量定理解决了物体的移动问题，动量矩定理解决了物体的转动问题，所以物体的动力学问题就基本全部被解决了。（3）只要判定物体做平面运动，就可以根据平面运动微分方程写出三个方程，然后补充运动学方程后即可求解。（4）本章只讲了对于固定点（轴）的动量矩定理和相对于质心的动量矩定理，对其他点的动量矩定理没有讲，若应用需参考其他书籍或观看下面的微视频“补充：相对于动点的动量矩定理”。（5）物系问题的动力学微分方程组不容易求解，一般情况下先利用动能定理求出系统的速度和加速度，从而可使动力学微分方程组解耦，方便求解。

动量矩定理

动量矩定理-例题

普遍定理的综合应用

动力学基础小结

补充：相对于动点的动量矩定理

## 思考题

1. 内力能否改变质点系的动量矩？内力能否改变质点系中各质点的动量矩？
2. 在什么条件下质点系的动量矩守恒？质点系动量矩守恒时，其中各质点的动量矩是否也守恒？
3. （a）若刚体的动量守恒，对质心的动量矩也守恒，其动能是否一定为常量？
（b）若刚体的动能为常量，动量是否一定守恒？对质心的动量矩是否也一定守恒？

## 习题

11-1　图11-19所示均质细杆 $OA$ 的质量为 $m$，长为 $l$，绕定轴 $Oz$ 以匀角速转动。设杆与 $Oz$ 轴夹角为 $\alpha$，求当杆运动到 $yOz$ 平面内的瞬时，对轴 $x$、$y$、$z$ 及 $O$ 点的动量矩。

答：$L_x=0$，$L_y=-\frac{ml^2}{3}\omega\sin\alpha\cos\alpha$，

$L_z=\frac{1}{3}ml^2\omega\sin^2\alpha$，$L_O=\frac{1}{3}ml^2\omega\sin^2\alpha$。

11-2　图11-20所示水平圆板可绕 $z$ 轴转动。在圆板上有一质点 $M$ 做圆周运动，已知其相对速度的大小为常量，等于 $v_0$，质点 $M$ 的质量为 $m$，圆的半径为 $r$，圆心到 $z$ 轴的距离为 $l$，$M$ 点在圆板上的位置由 $\varphi$

角确定。圆板的转动惯量为 $J$，并且当点 $M$ 离 $z$ 轴最远、在 $M_0$ 时，圆板的角速度为零，求圆板的角速度与 $\varphi$ 角的关系。轴的摩擦和空气阻力略去不计。

答：$\omega=\dfrac{mv_0 l(1-\cos\varphi)}{J+m(l^2+r^2+2lr\cos\varphi)}$。

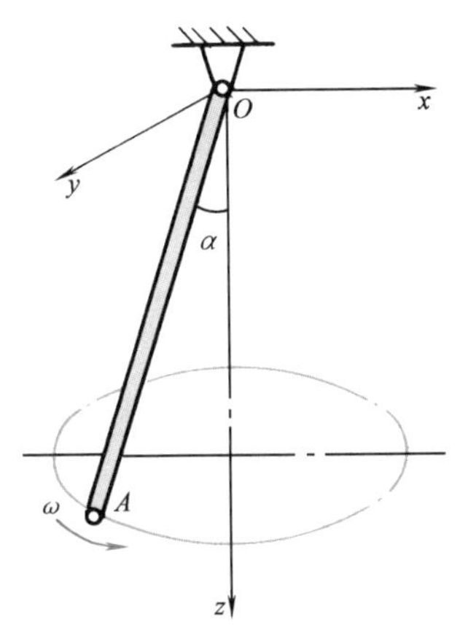

图 11-19　题 11-1 图

图 11-19 动画

图 11-20 动画

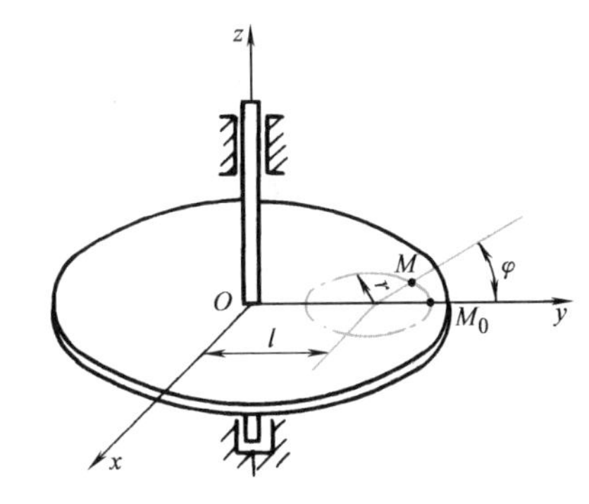

图 11-20　题 11-2 图

11-3　已知图 11-21 所示杆 $OA$ 长为 $l$、重为 $P$，可绕过 $O$ 点的水平轴而在铅垂面内转动；杆的 $A$ 端铰接一半径为 $R$、重为 $W$ 的均质圆盘。若初瞬时 $OA$ 杆处于水平位置，系统静止。略去各处摩擦，求 $OA$ 杆转到任意位置（用 $\varphi$ 角表示）时的角速度 $\omega$ 及角加速度 $\alpha$。

答：$\omega=\sqrt{\dfrac{P+2W}{P+3W}\dfrac{3g}{l}\sin\varphi}$，　$\alpha=\dfrac{P+2W}{P+3W}\dfrac{3g}{2l}\cos\varphi$。

11-4　两重物 $A$ 和 $B$，其质量为 $m_1$ 和 $m_2$，各系在两条绳子上，此两绳又分别围绕在半径分别为 $r_1$ 和 $r_2$ 的鼓轮上，如图 11-22 所示。试求鼓轮的角加速度，设 $m_1r_1>m_2r_2$，鼓轮和绳子的质量及轴的摩擦均略去不计。

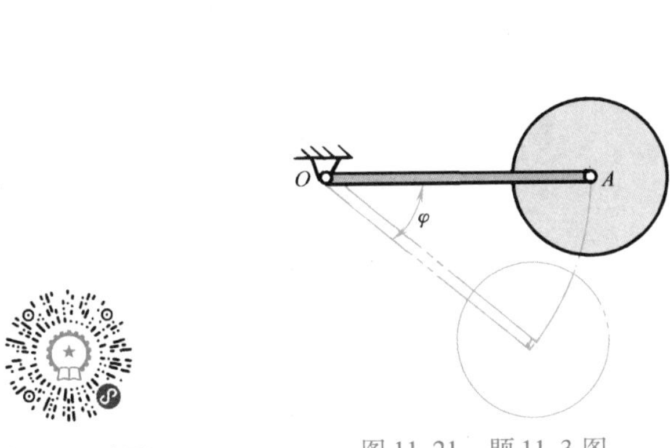

图 11-21 动画

图 11-21　题 11-3 图

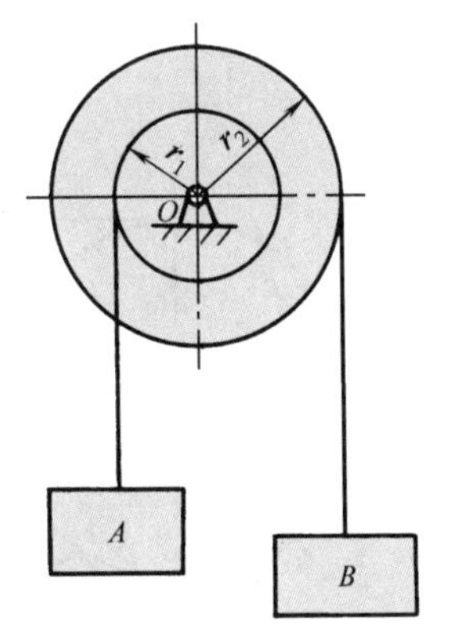

图 11-22　题 11-4 图

答：$\alpha=\dfrac{m_1r_1-m_2r_2}{m_1r_1^2+m_2r_2^2}g$。

11-5　如图 11-23 所示，为求半径 $R=50\text{cm}$ 的飞轮 $A$ 对于通过其质心轴的转动惯量，在飞轮上绕以细绳，绳的末端系一重 $P_1=80\text{N}$ 的重锤，重锤自高度 $h=2\text{m}$ 处落下，测得落下时间为 $t_1=16\text{s}$。为消去轴承摩擦的影响，再用 $P_2=40\text{N}$ 的重锤做第二次试验，此重锤从同一高度落下的时间 $t_2=25\text{s}$。假定摩擦力矩为一常数，且与重锤的重量无关，求飞轮的转动惯量和轴承的摩擦力矩。

答：$J=1081.2\text{kg}\cdot\text{m}^2$，　$M_f=6.15\text{N}\cdot\text{m}$。

11-6　图11-24所示A为离合器，开始时轮2静止，轮1具有角速度$\omega_0$。当离合器接合后，依靠摩擦使轮2起动。已知轮1和2的转动惯量分别为$J_1$和$J_2$。求：（1）当离合器接合后，两轮共同转动的角速度；（2）若经过$t$(s)两轮的转速相同，则离合器应有多大的摩擦力矩。

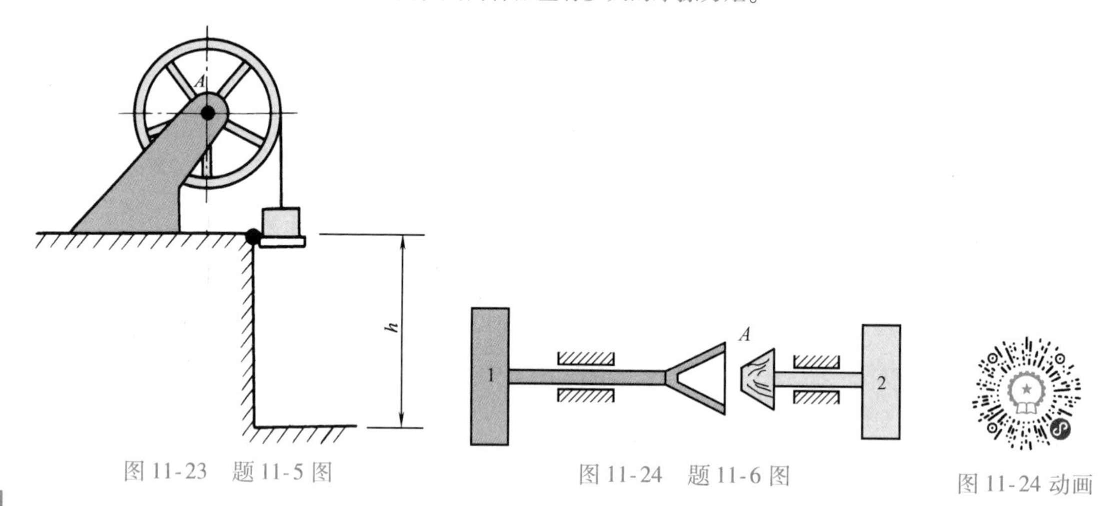


图11-23　题11-5图　　图11-24　题11-6图　　图11-24动画

答：（1）$\omega=\dfrac{J_1\omega_0}{J_1+J_2}$，（2）$M_f=\dfrac{J_1J_2\omega_0}{(J_1+J_2)t}$

11-7　图11-25所示均质圆柱体的质量为4kg，半径为0.5m，置于两光滑的斜面上。设有与圆柱轴线垂直、且沿圆柱面的切线方向的力$F=20\text{N}$作用，试求圆柱的角加速度及斜面的约束力。

答：$F_{N1}=41.9\text{N}$，$F_{N2}=13.6\text{N}$，$\alpha=20\text{rad/s}^2$。

11-8　图11-26所示均质圆柱的半径为$r$，质量为$m$，今将该圆柱放在图示位置，设A和B处的摩擦因数为$f$，若给圆柱以初角速度$\omega_0$。试导出到圆柱停止所需的时间的表达式。

答：$t=\dfrac{r\omega_0(1+f^2)}{2gf(1+f)}$。

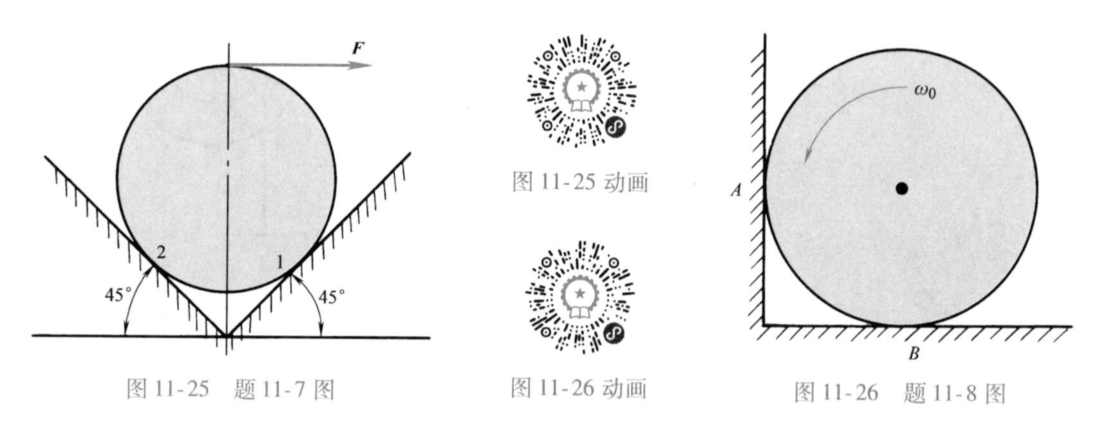


图11-25　题11-7图　　图11-25动画　　图11-26动画　　图11-26　题11-8图

11-9　一刚性均质杆重为200N。A处为可动光滑铰链约束，B为铰链支座，如图11-27所示。当杆位于水平位置时，C处的弹簧压缩了76mm，弹簧刚度系数为8750N/m。试求当约束A突然移去时，支座B的约束力。

答：$F_{Bx}=0$，$F_{By}=59\text{N}$（↓）。

11-10 如图 11-28 所示，均质圆轮 $A$ 的质量为 $m_1$，半径为 $r_1$，以角速度 $\omega$ 绕 $OA$ 杆的 $A$ 端转动，此时将轮放置在质量为 $m_2$ 的另一均质圆轮 $B$ 上，其半径为 $r_2$，$B$ 轮原为静止，但可绕其中心轴自由转动。放置后，$A$ 轮的重量由 $B$ 轮支持，略去轴承的摩擦与杆 $OA$ 的质量，并设两轮间的摩擦因数为 $f$。问自 $A$ 轮放在 $B$ 轮上到两轮间没有滑动为止，经过多少时间？

答：$t=\dfrac{\omega r_1}{2fg\left(1+\dfrac{m_1}{m_2}\right)}$。

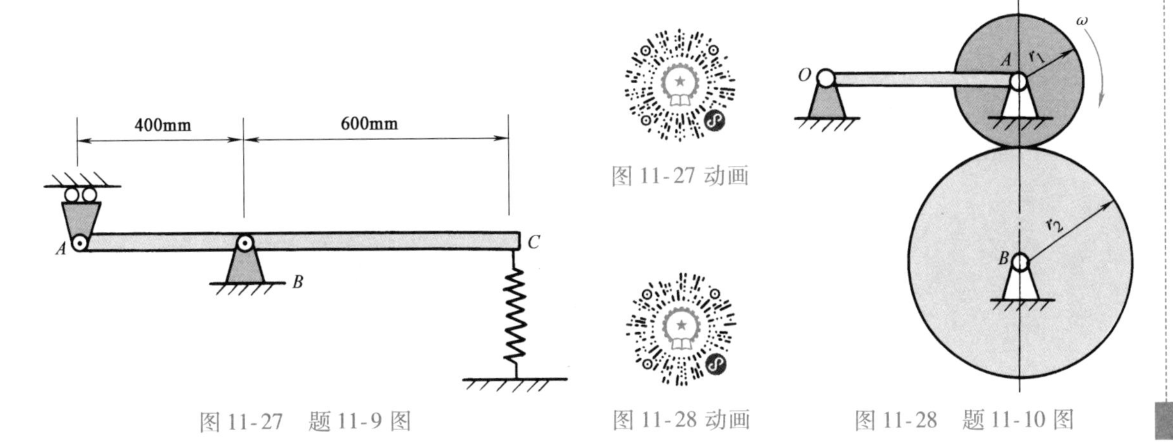


图 11-27 题 11-9 图

图 11-27 动画

图 11-28 动画

图 11-28 题 11-10 图

11-11 图 11-29 所示通风机的转动部分以初角速度 $\omega_0$ 绕中心轴转动，空气阻力矩与角速度成正比，即 $M=k\omega$，其中 $k$ 为常数。如转动部分对其轴转动惯量为 $J$，问经过多少时间其角速度减少为初角速度的一半，又在此时间内共转过多少转？

答：$t=\dfrac{J}{k}\ln 2$，$n=\dfrac{J\omega_0}{4\pi k}$。

11-12 水泵叶轮水流的进口、出口速度矢量如图 11-30 所示。设叶轮转速 $n=1450\text{r/min}$，叶轮外径 $D_2=0.4\text{m}$，$\beta_2=45°$，$\alpha_2=30°$，$\alpha_1=90°$，流量 $Q=0.02\text{m}^3/\text{s}$。试求水流过叶轮时所产生的力矩。

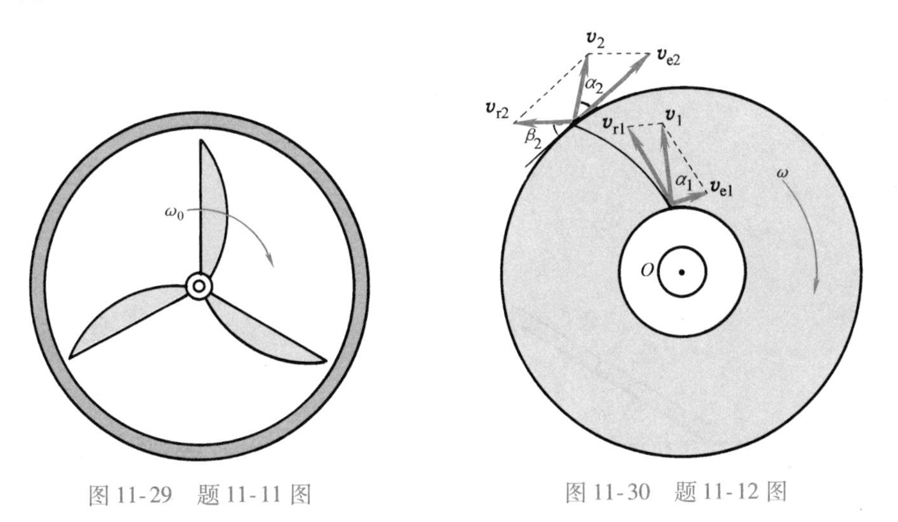


图 11-29 题 11-11 图

图 11-30 题 11-12 图

答：$M=77\text{N}\cdot\text{m}$。

11-13 图 11-31 所示喷嘴用速度 $v=30\text{m/s}$ 喷出流量为 750L/min 的水，水流由于固定叶板 $AC$ 的作用而偏斜，为了固定叶板，应在 $C$ 处施加多大的力和力偶。

答：$F_{Cx}=241\text{N}$（←），$F_{Cy}=87.7\text{N}$（↓），$M_C=23.86\text{N}\cdot\text{m}$（逆时针）。

11-14 图11-32所示离心式空气压缩机的转速 $n=8600\text{r/min}$，体积流量为 $q_V=370\text{m}^3/\text{min}$，第一级叶轮气道进口直径为 $D_1=0.355\text{m}$，出口直径为 $D_2=0.6\text{m}$。气流进口绝对速度 $v_1=109\text{m/s}$，与切线成角 $\theta_1=90°$；气流出口绝对速度 $v_2=183\text{m/s}$，与切线成角 $\theta_2=21°30'$。设空气密度 $\rho=1.16\text{kg/m}^3$，试求这一级叶轮的转矩。

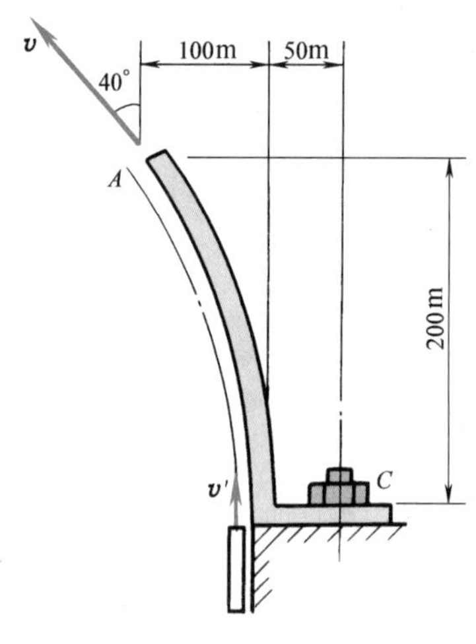


图11-31 题11-13图

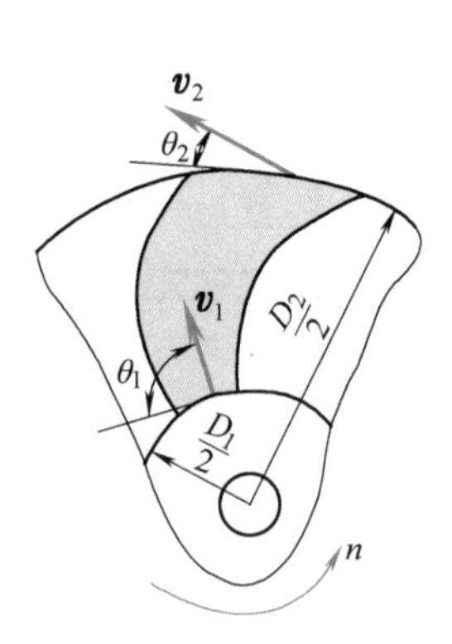


图11-32 题11-14图

答：$M_z=365.4\text{N}\cdot\text{m}$（顺时针）。

11-15 均质杆 $AB$ 重100N，长1m，$B$ 端搁在地面上，$A$ 端用软绳悬挂，如图11-33所示。设杆与地面之间的摩擦因数为0.3，问当软绳剪断时 $B$ 端是否滑动？并求此瞬时杆的角加速度及地面对杆的作用力。假定动摩擦因数等于静摩擦因数。

答：滑动。$\alpha=14.71\text{rad/s}^2$，$F=10.5\text{N}$，$F_N=35\text{N}$。

11-16 在图11-34所示位置时，软绳 $BD$ 水平，梁 $AB$ 静止。若在梁之 $A$ 端作用一水平拉力 $F=1200\text{N}$，试求此瞬时绳的张力，梁与地面的摩擦因数 $f=0.3$。计算时，$AB$ 梁可视为均质细长杆，$m=100\text{kg}$，$l=3.0\text{m}$。

答：$F_T=575\text{N}$。

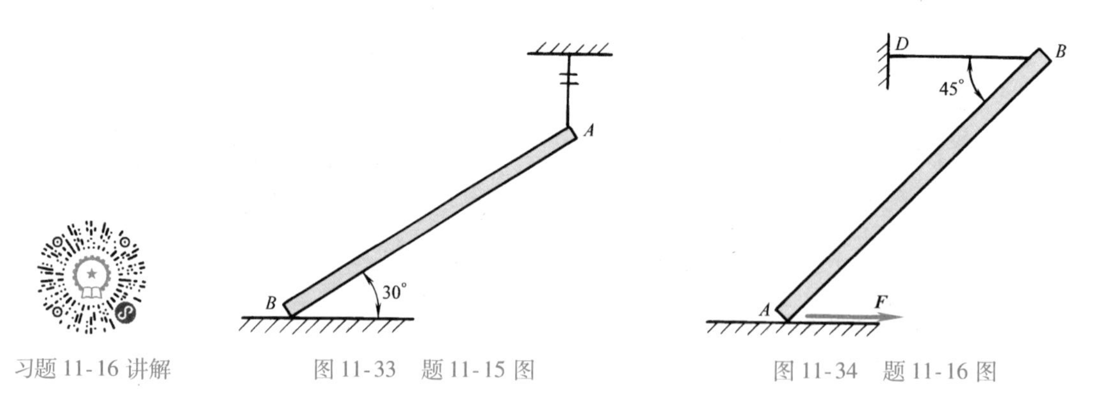


习题11-16讲解

图11-33 题11-15图

图11-34 题11-16图

11-17 质量为 $m$、长为 $l$ 的均质杆 $CD$，其两端分别用细绳悬挂在铅垂面内，杆在图11-35所示位置被无初速地释放，试求此瞬时杆的角加速度以及绳 $AC$、$BD$ 的张力。

答：$\alpha=\frac{3\sqrt{3}}{40}\frac{g}{l}$，$F_{TAC}=\frac{11}{20}mg$，$F_{TBD}=\frac{21\sqrt{3}}{80}mg$。

11-18　一圆轮的质量 $m=3\text{kg}$，外径 $r=23\text{cm}$，质量中心回转半径 $\rho=23\text{cm}$，沿图 11-36 所示斜面运动。(1) 试求阻止圆轮滑动的摩擦因数最小值；(2) 若摩擦因数 $f=0.25$，求作用在圆轮上的摩擦力 $F$；(3) 若 $f=0.1$，计算圆轮中心 $C$ 的加速度及轮的角加速度。

答：(1) $f_{\min}=0.208$；(2) $F=5.65\text{N}$；(3) $a_C=2.865\text{m/s}^2$，$\alpha=3.933\text{rad/s}^2$。

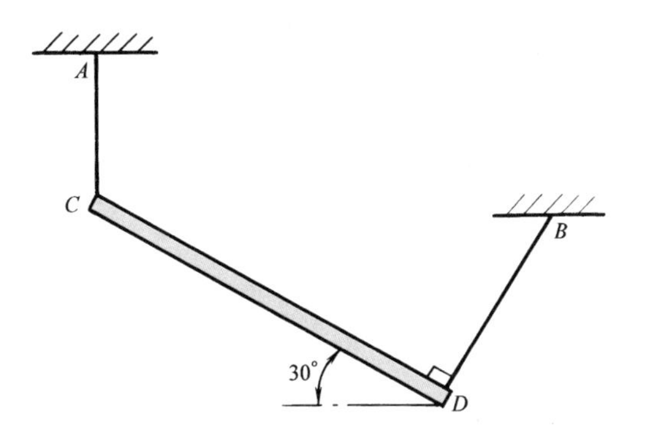


图 11-35　题 11-17 图

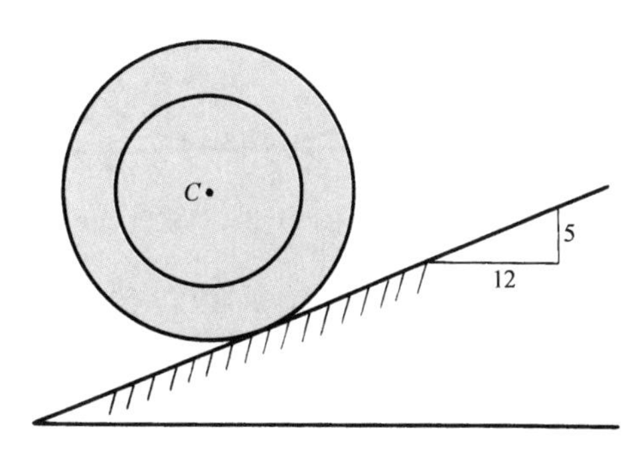


图 11-36　题 11-18 图

图 11-35 动画

图 11-36 动画

11-19　如图 11-37 所示，有一轮子，轴的直径为 50mm，无初速地沿倾角 $\theta=20°$的轨道只滚不滑，5s 内轮心滚过的距离为 $s=3\text{m}$。求轮子对轮心的惯性半径。

答：$\rho=90\text{mm}$。

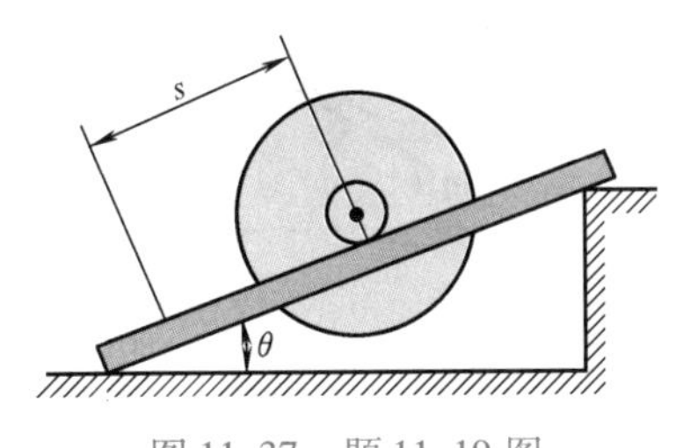


图 11-37　题 11-19 图

图 11-37 动画

11-20　如图 11-38 所示，均质滚子质量为 $m$，半径为 $R$，放在粗糙的水平面上，在滚子鼓轮上绕以绳，绳上有拉力 $\boldsymbol{F}_\text{T}$，方向与水平线成 $\alpha$ 角，鼓轮的半径为 $r$，滚子对 $O$ 轴的回转半径为 $\rho$，求滚子轴 $O$ 的加速度。

答：$a_O=\frac{F_\text{T}R(R\cos\alpha-r)}{m(R^2+\rho^2)}$。

11-21　均质杆 $AB$、$BC$ 长均为 $l$，重力均为 $W$，用铰链 $B$ 连接，同时并用铰链 $A$ 固定，位于铅垂面内的平衡位置，如图 11-39 所示。今在 $C$ 端作用一水平力 $\boldsymbol{F}$，求此瞬时两杆的角加速度。

答：$\alpha_{AB}=\frac{6}{7}\frac{Fg}{Wl}$，顺时针；$\alpha_{BC}=\frac{30}{7}\frac{Fg}{Wl}$，逆时针。

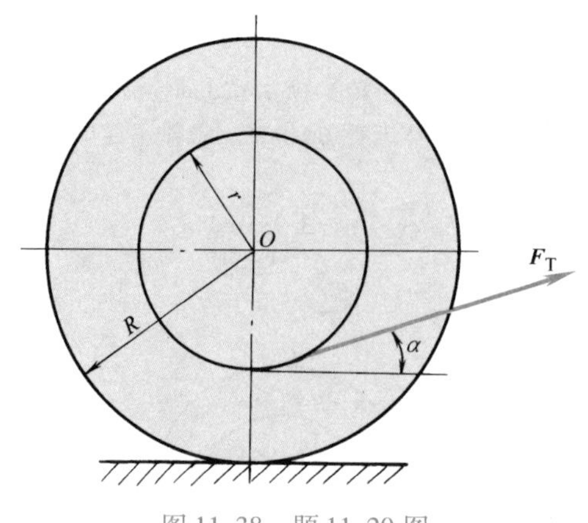


图 11-38　题 11-20 图



图 11-39　题 11-21 图

11-22　如图 11-40 所示，板重 $P_1$，受水平力 $\boldsymbol{F}$ 作用，沿水平面运动，板与平面间的动摩擦因数为 $f$。在板上放一重为 $P_2$ 的实心圆柱，此圆柱对板只滚动而不滑动，求板的加速度。

答：$a=\dfrac{F-f(P_1+P_2)}{P_1+P_2/3}g$。

11-23　均质实心圆柱体 $A$ 和薄铁环 $B$ 均重 $W$，半径均等于 $r$。两者用无重刚杆 $AB$ 相连，无滑动地沿斜面滚下，斜面与水平面的夹角为 $\alpha$，如图 11-41 所示，求 $AB$ 的加速度和杆的内力。

答：$a=\dfrac{4}{7}g\sin\alpha$，$F=-\dfrac{1}{7}W\sin\alpha$。

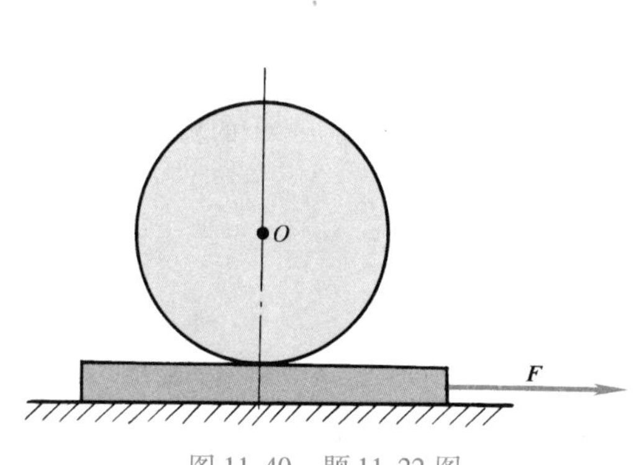


图 11-40　题 11-22 图

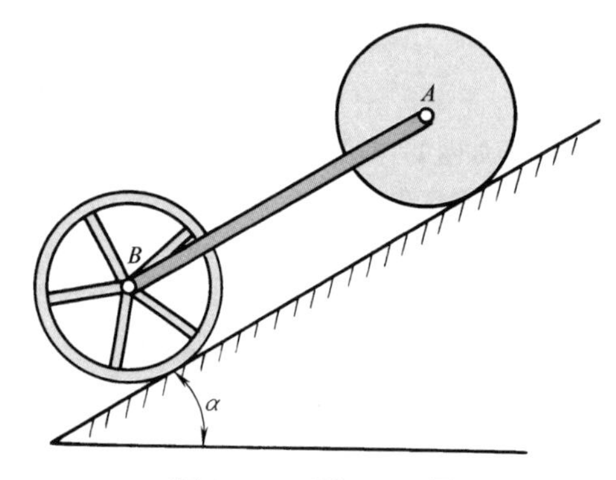


图 11-41　题 11-23 图

图 11-40 动画

图 11-41 动画

11-24　图 11-42 所示均质圆柱 $C$ 自桌角滚离桌面。$\theta=0$ 时，$\dot{\theta}_0=0$；当 $\theta=30°$时，刚刚发生滑动现象。求圆柱与桌角之间的静摩擦因数。

答：$f_s=0.242$。

11-25　图 11-43 所示边长为 0.25m、质量为 $m=2.0\text{kg}$ 的正方形均质平板绕 $O$ 点转动，$\theta=0$ 时，$\dot{\theta}_0=0$。求 $\theta=45°$时，轴承 $O$ 的约束力。

答：$F_{Ox}=1.26\text{N}$，　$F_{Oy}=6.16\text{N}$。

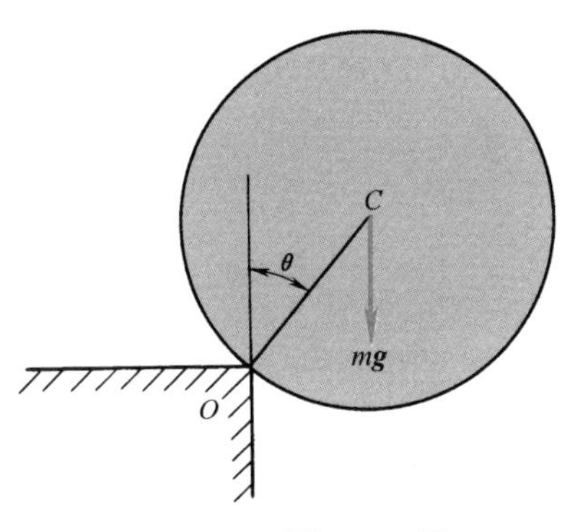


图 11-42　题 11-24 图

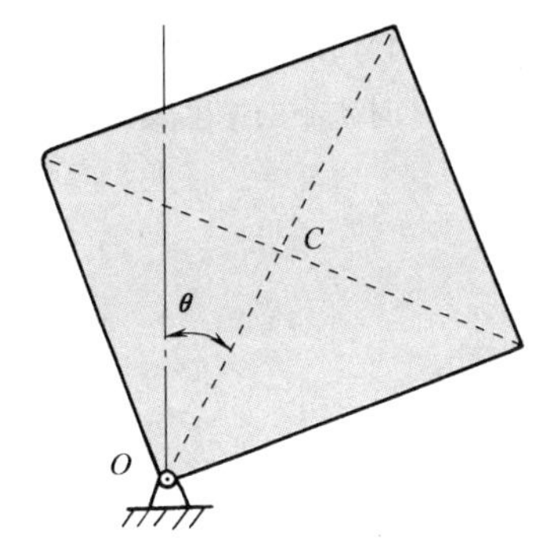


图 11-43　题 11-25 图

图 11-43 动画

11-26　图 11-44 所示圆环以角速度 $\omega$ 绕铅垂轴 $AC$ 自由转动，圆环的半径为 $R$，对转轴的转动惯量为 $J$；在圆环中的 $A$ 点放一质量为 $m$ 的小球。设由于微小的干扰，小球离开 $A$ 点。忽略一切摩擦，求当小球达到 $B$ 点和 $C$ 点时，圆环的角速度和小球速度的大小。

答：$\omega_B=\dfrac{J}{J+mR^2}\omega$，

$$v_B=\sqrt{\frac{2mgR-J\omega^2\left[\left(\dfrac{J}{J+mR^2}\right)^2-1\right]}{m}},$$

$\omega_C=\omega$，$v_C=2\sqrt{Rg}$

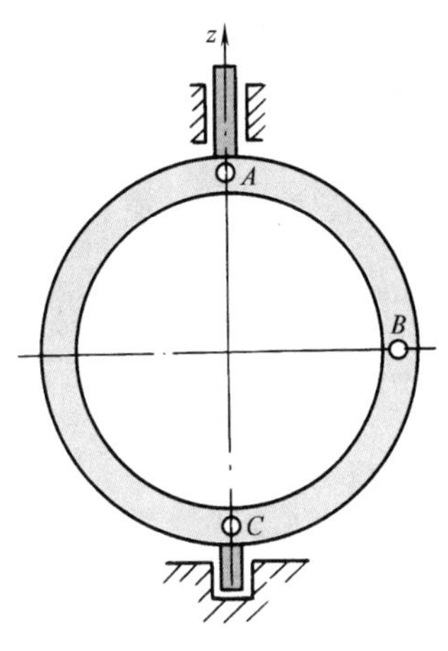


图 11-44　题 11-26 图

11-27　图 11-45 所示质量为 4kg 的矩形均质板，用两根等长的不变形的软绳悬挂在图示位置（$AB$ 水平）。该板处于静止状态时，$B$ 端的绳子突然被剪断，（1）试求此瞬时该板质心的加速度及 $A$ 端绳子张力；（2）若将两绳换成弹簧，在 $B$ 端的弹簧突然被剪断时，质心加速度及 $A$ 端弹簧张力将如何？

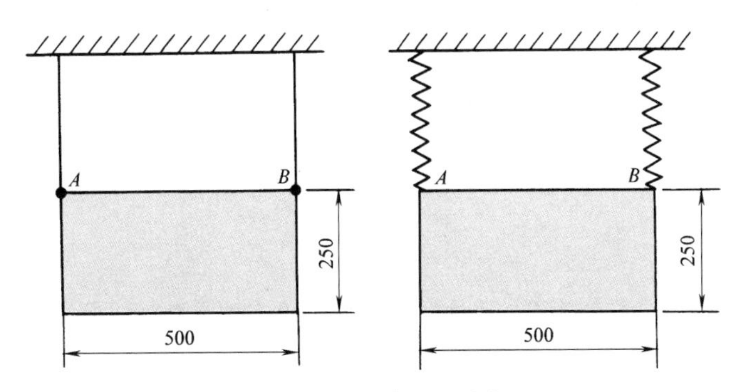


图 11-45　题 11-27 图

答：（1）$a_C=6.92\text{m/s}^2$（↓），$F_{TA}=11.52\text{N}$；

（2）$a_C=4.9\text{m/s}^2$（↓），$F_{TA}=19.6\text{N}$。

11-28　图 11-46 所示边长为 0.25m、质量为 2.0kg 的正方形均质平板，在 $O$ 点装有不计质量的角轮，初瞬时在图示位置，$\omega_0=0$。求平板的 $A$ 点即将着地时，平板的角速度、角加速度及角轮 $O$ 的约束力。

答：$\omega=6.24\mathrm{rad/s}$，$\alpha=23.67\mathrm{rad/s^2}$，$F_N=3.94\mathrm{N}$。

11-29　图11-47所示均质细杆 $AB$ 长为 $l$，质量为 $m$，起初紧靠在铅垂墙壁上，由于微小干扰，杆绕 $B$ 点倾倒如图所示。不计摩擦，求：（1）$B$ 端未脱离墙时 $AB$ 杆的角速度、角加速度及 $B$ 处的约束力；（2）$B$ 端脱离墙壁时的 $\theta_1$ 角；（3）杆着地时质心的速度及杆的角速度。

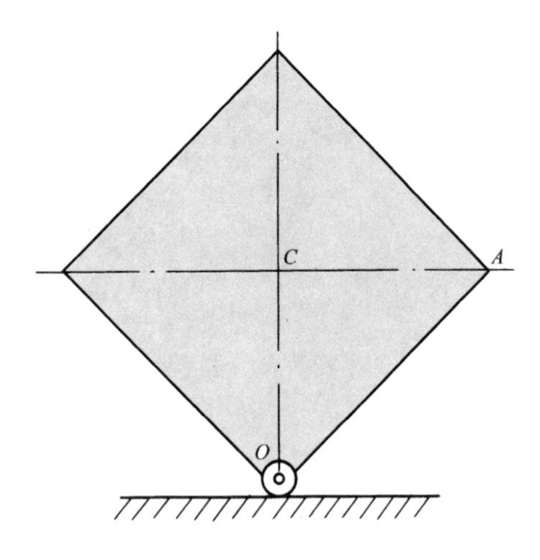


图11-46　题11-28图

图11-46 动画

图11-47 动画

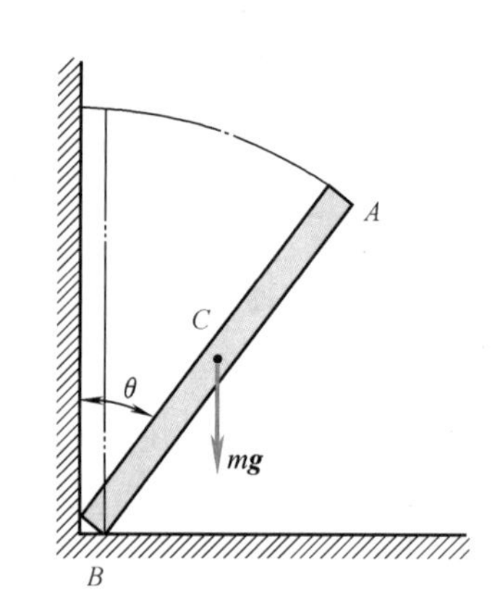


图11-47　题11-29图

答：（1）$\omega=\sqrt{\frac{3g}{l}(1-\cos\theta)}$，$\alpha=\frac{3g}{2l}\sin\theta$，

$$F_{Bx}=\frac{3}{4}mg\sin\theta\ (3\cos\theta-2),$$

$$F_{By}=mg-\frac{3}{4}mg\ (3\sin^2\theta+2\cos\theta-2);$$

（2）$\theta_1=\arccos\frac{2}{3}$；

（3）$v_C=\frac{1}{3}\sqrt{7gl}$，$\omega=\sqrt{\frac{8g}{3l}}$。

11-30　已知均质杆 $OA$ 和 $AB$ 在 $A$ 点用光滑铰链连接，质量分别为 $m$ 和 $2m$，长度分别 $l$ 和 $2l$。$OA$ 杆的 $O$ 端与光滑固定铰支座相连，$AB$ 杆的 $B$ 端放在光滑水平面上，初瞬时，$OA$ 杆处于水平，$AB$ 杆处于铅垂，如图11-48所示。由于微小干扰，$AB$ 杆的 $B$ 端无初速地向右滑动，试求当 $OA$ 杆运动到铅垂位置时，$A$ 点的速度。

答：$v_A=\sqrt{\frac{9}{7}gl}$。

11-31　图11-49所示三角柱体 $ABC$ 的质量为 $M$，放在光滑的水平面上；另一质量为 $m$、半径为 $r$ 的均质圆柱体沿 $AB$ 斜面向下做纯滚动。如斜面倾角为 $\theta$，求三角柱体的加速度。

答：$a=\frac{mg\sin2\theta}{3M+m+2m\sin^2\theta}$。

11-32　图11-50所示机构中，均质圆盘 $A$ 和鼓轮 $B$ 的质量分别为 $m_1$ 和 $m_2$，半径均为 $R$。斜面倾角为 $\beta$。圆盘沿斜面做纯滚动，不计滚动摩阻并略去软绳的质量。如在鼓轮上作用一力矩为 $M$ 的不变的力偶，求：（1）鼓轮的角加速度；（2）轴承 $O$ 的水平约束力。

答：$\alpha_B=\frac{2(M-m_1gR\sin\beta)}{(3m_1+m_2)R^2}$，$F_{Ox}=\frac{m_1(m_2gR\sin\beta\cdot\cos\beta+3M\cos\beta)}{(3m_1+m_2)R}$，$F_{Oy}=m_1g\sin^2\beta+m_2g+\frac{3m_1(M-m_1gR\sin\beta)}{(3m_1+m_2)R}\sin\beta$。

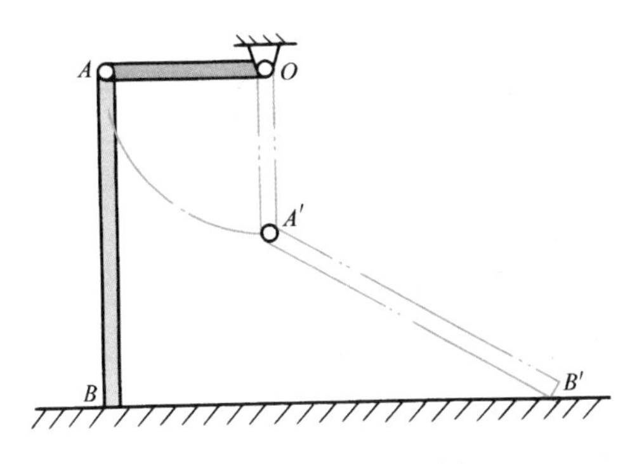


图 11-48　题 11-30 图

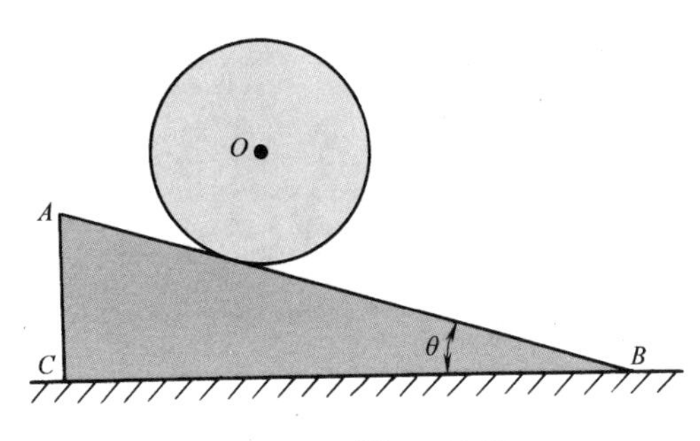


图 11-49　题 11-31 图

图 11-48 动画

图 11-49 动画

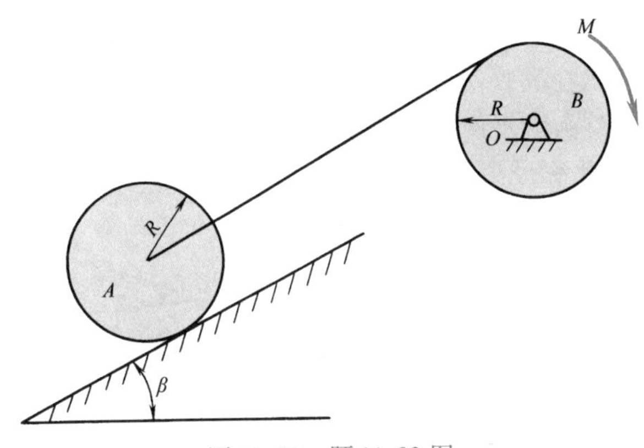


图 11-50　题 11-32 图

图 11-50 动画

12

# 第12章 达朗贝尔原理

在一定条件下，动力学的普遍定理提供了解决动力学问题的简捷而有效的方法。但是它们也存在局限性。在处理某些质点系问题时，显得烦琐而复杂，总没有处理静力学中的物系问题那样得心应手，因此，提出了将动力学问题从形式上转化为静力学问题进而求解的方法——动静法，即达朗贝尔原理。

## 12.1 质点和质点系的达朗贝尔原理

达朗贝尔原理是法国科学家达朗贝尔在其著作《动力学专论》中提出来的。依据这一原理，非自由质点系的动力学方程可以用静力学平衡方程的形式写出来。这种处理动力学问题的方法，在工程中获得了广泛的应用。此法最大的特点是引入了惯性力的概念。

### 12.1.1 质点的达朗贝尔原理

一个质量为 $m$ 的质点 $M$，在主动力 $\boldsymbol{F}$、约束力 $\boldsymbol{F}_{\mathrm{N}}$ 的作用下，沿轨迹 $AB$ 运动，在任意瞬时，它的加速度为 $\boldsymbol{a}$，如图12-1所示。根据牛顿第二定律

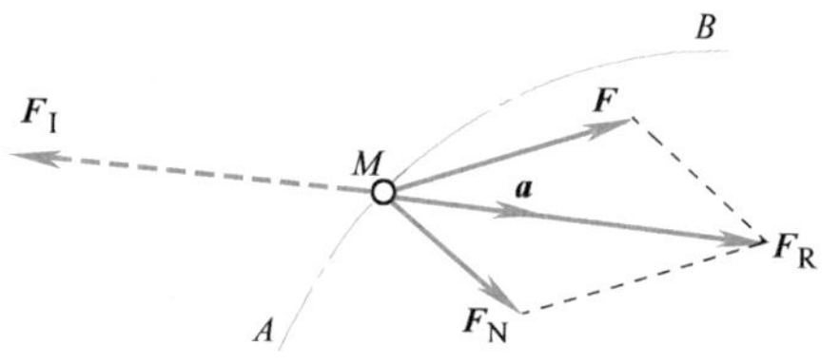

图 12-1

$$m\boldsymbol{a}=\boldsymbol{F}+\boldsymbol{F}_{\mathrm{N}}$$

移项后，并整理得

$$\boldsymbol{F}+\boldsymbol{F}_{\mathrm{N}}+\boldsymbol{F}_{\mathrm{I}}=\boldsymbol{0} \tag{12-1}$$

式中，$\boldsymbol{F}_{\mathrm{I}}=-m\boldsymbol{a}$ 称为惯性力，它可表述为：质点在做非惯性运动的任意瞬时，对于施力于它的物体会作用一个惯性力，这个力的方向与其加速度的方向相反，大小等于其质量与加速度的乘积。则式（12-1）表明，在质点运动的任意瞬时，如果在其质点上假想地加上一惯性力 $\boldsymbol{F}_{\mathrm{I}}$，则此惯性力与主动力、约束力在形式上组成一平衡力系。这就是质点的达朗贝尔原理。

### 12.1.2 质点系的达朗贝尔原理

设某质点系由 $n$ 个质点组成，取其中质量为 $m_i$ 的质点 $M_i$ 为研究对象。在任意瞬时，该质点在主动力 $\boldsymbol{F}_i$、约束力 $\boldsymbol{F}_{\mathrm{N}i}$ 作用下，它的加速度为 $\boldsymbol{a}_i$。如果在此质点上假想地加上一惯性力

$$\boldsymbol{F}_{\mathrm{I}i} = -m_i\boldsymbol{a}_i$$

由质点的达朗贝尔原理可知，$\boldsymbol{F}_{\mathrm{I}i}$、$\boldsymbol{F}_i$、$\boldsymbol{F}_{\mathrm{N}i}$将组成一平衡力系，如图 12-2 所示。再取该质点系的其他质点来研究，也会得到与此相同的结论。对于整个质点系来说，**在运动的任意瞬时，虚加于质点系上各质点的惯性力与作用于该系上的主动力、约束力将组成一平衡力系**，即

$$\sum \boldsymbol{F}_i + \sum \boldsymbol{F}_{\mathrm{N}i} + \sum \boldsymbol{F}_{\mathrm{I}i} = \boldsymbol{0} \qquad (12\text{-}2)$$

$$\sum M_O(\boldsymbol{F}_i) + \sum M_O(\boldsymbol{F}_{\mathrm{N}i}) + \sum M_O(\boldsymbol{F}_{\mathrm{I}i}) = 0 \qquad (12\text{-}3)$$

这就是**质点系的达朗贝尔原理**。

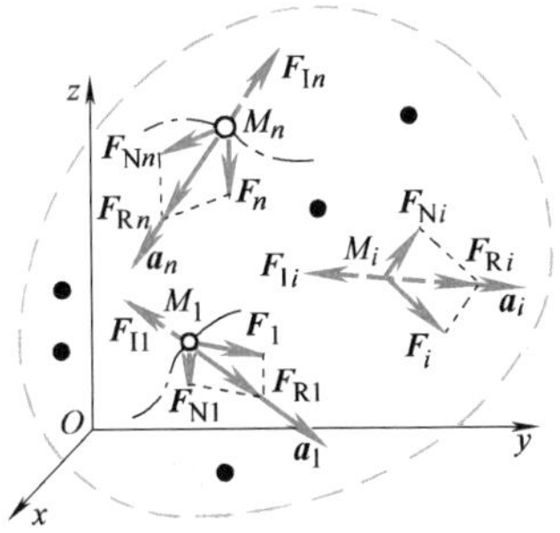

如果将质点系所受的力按内力、外力分类，注意到质点系的内力总是成对出现，它们的矢量和及对任意点之矩的矢量和恒为零，因而，质点系的达朗贝尔原理又可表述为：**在运动的任意瞬时，虚加于质点系上各质点的惯性力与作用于该质点系上的外力将组成一平衡力系**，即

$$\sum \boldsymbol{F}_i^{(\mathrm{e})} + \sum \boldsymbol{F}_{\mathrm{I}i} = \boldsymbol{0} \qquad (12\text{-}4)$$

$$\sum M_O(\boldsymbol{F}_i^{(\mathrm{e})}) + \sum M_O(\boldsymbol{F}_{\mathrm{I}i}) = 0 \qquad (12\text{-}5)$$

图　12-2

在解决质点系动力学的两类基本问题上，达朗贝尔原理都是适用的。特别是对需要求解质点系的约束力或外力时，应用达朗贝尔原理比较方便。

---

**例 12-1**　球磨机的滚筒以匀角速度 $\omega$ 绕水平轴 $O$ 转动，内装钢球和需要粉碎的物料。钢球被筒壁带到一定高度的 $A$ 处脱离筒壁，然后沿抛物线轨迹自由落下，从而击碎物料，如图 12-3a 所示。设滚筒内壁半径为 $r$，试求脱离处半径 $OA$ 与铅垂线的夹角 $\theta_1$（脱离角）。

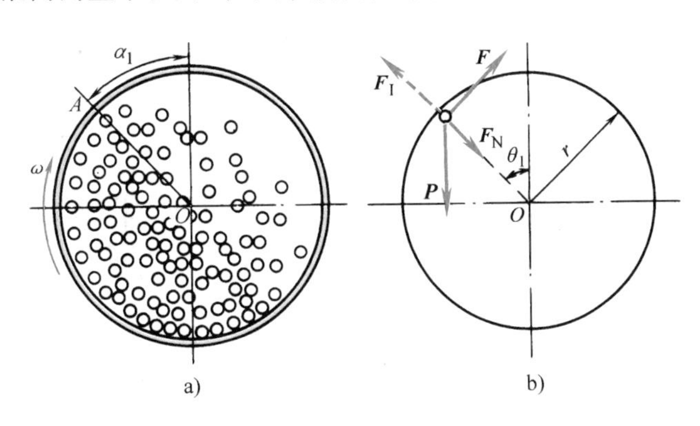


图　12-3

**解**：以随着筒壁一起转动、尚未脱离筒壁的某个钢球为研究对象，它所受到的力有重力 $\boldsymbol{P}$、筒壁的法向约束力 $\boldsymbol{F}_{\mathrm{N}}$ 和切向摩擦力 $\boldsymbol{F}$ 及惯性力 $\boldsymbol{F}_{\mathrm{I}}$，如图 12-3b 所示。此外，再因为钢球随着筒壁做匀速圆周运动，故只有法向惯性力 $\boldsymbol{F}_{\mathrm{I}}$，其大小为 $F_{\mathrm{I}} = mr\omega^2$，方向背离中心 $O$。由动静法，列出沿法线方向的平衡方程

$$\sum F_{\mathrm{n}} = 0, \qquad F_{\mathrm{N}} + P\cos\theta - F_{\mathrm{I}} = 0$$

由此可得

$$F_{\mathrm{N}} = P\left(\frac{r\omega^2}{g} - \cos\theta\right)$$

从上式可见，随着钢球的上升（即随着 $\theta$ 角的减小），约束力 $F_N$ 的值将逐渐减小。则钢球脱离筒壁的条件为 $F_N=0$。代入上式后，得到脱离角

$$\theta_1=\arccos\left(\frac{r\omega^2}{g}\right)$$

顺便指出，当$\frac{r\omega^2}{g}=1$ 时，有 $\theta_1=0$，这相当于钢球始终不脱离筒壁，使球磨机不能工作。因此，钢球不脱离筒壁的角速度为

$$\omega_1=\sqrt{\frac{g}{r}}$$

所以，为了保证钢球在适当的角度脱离筒壁，故要求 $\omega \leqslant \omega_1$。

**例 12-2**　质量为 $m$ 的均质杆 $AB$ 用铰链 $A$ 和绳子 $BC$ 与铅垂轴 $OD$ 相连，绳子在 $C$ 点与重量可略去的小环相连，小环可沿轴滑动，如图 12-4a 所示。设 $AC=BC=l$，$CD=OA=l/2$，该系统以角速度 $\omega$ 匀速转动，不计 $OD$ 轴的质量，求绳子的张力、铰链 $A$ 的约束力及轴承 $O$、$D$ 的附加动约束力。

例题 12-2 讲解

图 12-4a 动画

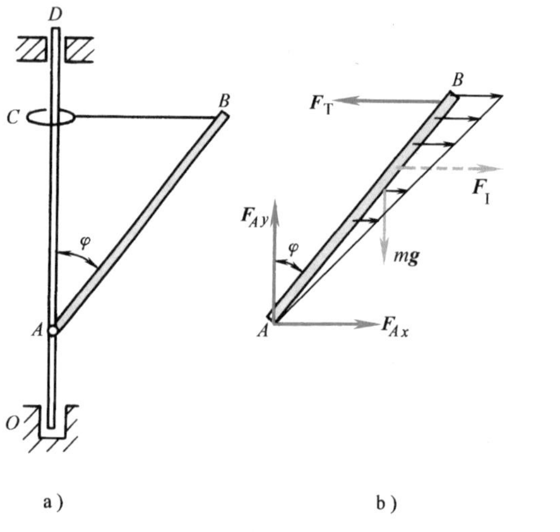


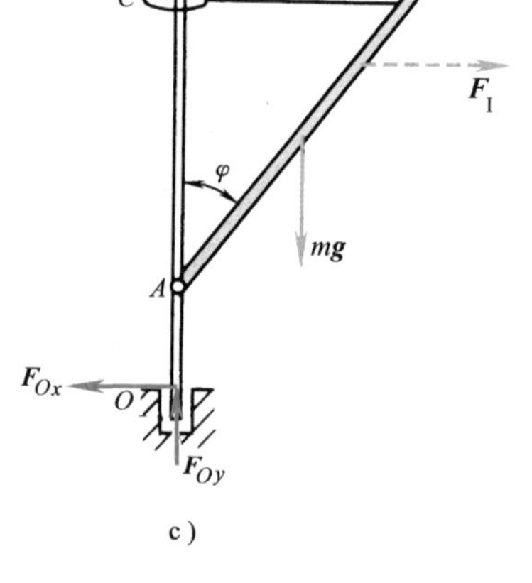

图　12-4

**解：** 研究 $AB$ 杆，其受力图如图 12-4b 所示，首先将 $AB$ 杆上三角形分布的惯性力简化，结果得

$$F_I=\frac{1}{2}lm\omega^2$$

其作用点在距 $A$ 点$\frac{2}{3}AB$ 处，由达朗贝尔原理

$$\sum F_x = 0, \quad F_{Ax} + F_{\mathrm{I}} - F_{\mathrm{T}} = 0$$
$$\sum F_y = 0, \quad F_{Ay} - mg = 0$$
$$\sum M_A(\boldsymbol{F}) = 0, \quad F_{\mathrm{T}} l - mg\frac{l}{2} - F_{\mathrm{I}}\frac{2}{3}l = 0$$

解得

$$F_{\mathrm{T}} = \frac{1}{2}mg + \frac{1}{2}lm\omega^2\frac{2}{3} = \frac{1}{2}mg + \frac{1}{3}ml\omega^2$$
$$F_{Ax} = \frac{1}{2}mg - \frac{1}{6}ml\omega^2, \quad F_{Ay} = mg$$

研究整体，受力图如图12-4c所示，由达朗贝尔原理

$$\sum F_x = 0, \quad -F_{Ox} - F_{Dx} + F_{\mathrm{I}} = 0$$
$$\sum F_y = 0, \quad F_{Oy} - mg = 0$$
$$\sum M_O(\boldsymbol{F}) = 0, \quad F_{Dx}(CD + l + OA) - mg\frac{l}{2} - F_{\mathrm{I}}\left(OA + \frac{2}{3}l\right) = 0$$

解得

$$F_{Dx} = \frac{1}{4}mg + \frac{7}{24}lm\omega^2, \quad F_{Ox} = \frac{5}{24}lm\omega^2 - \frac{1}{4}mg, \quad F_{Oy} = mg$$

其中附加动约束力为

$$F_{\mathrm{R}Dx} = \frac{7}{24}lm\omega^2, \quad F_{\mathrm{R}Ox} = \frac{5}{24}lm\omega^2$$

**例12-3** 在图12-5a中，飞轮的质量为$m$，平均半径为$R$，以匀角速度$\omega$绕其中心轴转动。设轮缘较薄，质量均匀分布，轮辐的质量可以忽略不计。若不考虑重力的影响，求轮缘各横截面的张力。

例题12-3讲解

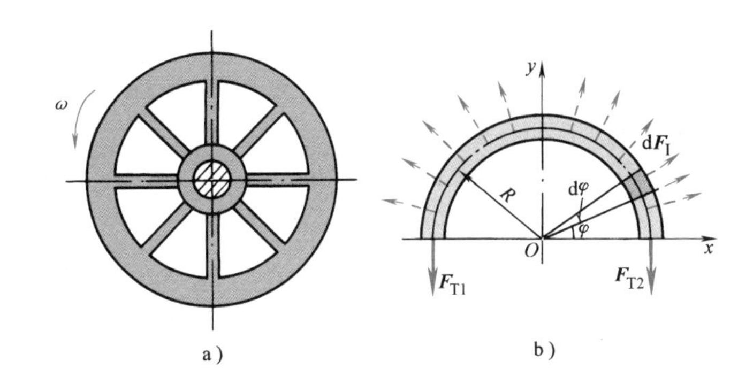


图 12-5

**解：** 以截取半个飞轮为研究对象（图12-5b），由对称条件可知，两截面处内力是相同的，即$F_{\mathrm{T1}} = F_{\mathrm{T2}} = F_{\mathrm{T}}$。考虑飞轮做匀角速度$\omega$转动，因此半圆环的惯性力分布如图12-5b所示，对应于微小单元体积的惯性力$\mathrm{d}F_{\mathrm{I}}$为

$$\mathrm{d}F_{\mathrm{I}} = \mathrm{d}m \cdot R\omega^2$$

其中，$\mathrm{d}m = \frac{m}{2\pi R}(R\mathrm{d}\varphi)$。由动静法，这半圆环两端的拉力$F_{\mathrm{T1}}$、$F_{\mathrm{T2}}$与分布的惯性力系$\mathrm{d}F_{\mathrm{I}}$组成平衡力系。由平衡方程

$$\sum F_y = 0, \ -2F_{\mathrm{T}} + \int_0^{\pi} \mathrm{d}F_{\mathrm{I}} \sin\varphi = 0$$

或

$$-2F_{\mathrm{T}} + \int_0^{\pi} \frac{m}{2\pi R} R^2 \omega^2 \sin\varphi \, \mathrm{d}\varphi = 0$$

解得

$$F_{\mathrm{T}} = \frac{1}{2\pi} mR\omega^2$$

由此可知，飞轮匀速转动时，轮缘各截面的张力相等，张力的大小与转动角速度的平方成正比，与其平均半径成正比。

由以上例题可以看出，对于刚体各质点的惯性力组成一惯性力系，如果事先算出此惯性力系的简化结果，将会给解题带来很大方便。

## 12.2 刚体惯性力系的简化

应用动静法解决刚体或刚体系统的动力学问题时，应首先将分布于刚体的惯性力系简化为惯性力的主矢和主矩，以便在研究刚体系统的运动时简化计算。本节仅以刚体平移、定轴转动和平面运动为例，对惯性力系进行简化。

### 12.2.1 刚体平移

在同一瞬时，平移刚体内各点的加速度相等，设质心 $C$ 的加速度为 $\boldsymbol{a}_C$，则

$$\boldsymbol{a}_i = \boldsymbol{a}_C \quad (i = 1, 2, \cdots, n)$$

在各质点上虚加的惯性力应为

$$\boldsymbol{F}_{\mathrm{I}i} = -m_i \boldsymbol{a}_C$$

这些惯性力组成一平行力系，如图 12-6 所示。将此惯性力系向质心 $C$ 简化，则主矢、主矩分别为

$$\boldsymbol{F}_{\mathrm{RI}} = \sum \boldsymbol{F}_{\mathrm{I}i} = \sum(-m_i \boldsymbol{a}_C) = -M\boldsymbol{a}_C$$

$$\boldsymbol{M}_{\mathrm{I}C} = \sum M_C(\boldsymbol{F}_{\mathrm{I}i}) = \sum(\boldsymbol{r}_i \times (-m_i \boldsymbol{a}_C)) = -(\sum m_i \boldsymbol{r}_i) \times \boldsymbol{a}_C = \boldsymbol{0}$$

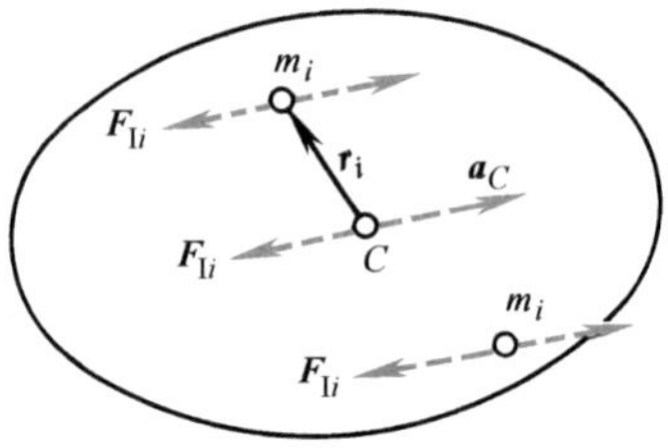

图 12-6

由此可知，在任一瞬时，平移刚体的惯性力系可简化为一合力

$$\boldsymbol{F}_{\mathrm{RI}} = -M\boldsymbol{a}_C \tag{12-6}$$

它的作用线通过刚体的质心，其方向与平移加速度的方向相反，大小等于刚体质量与加速度的乘积。

### 12.2.2 定轴转动

当刚体绕定轴转动时，如图 12-7 所示，刚体内任一质点的惯性力为 $\boldsymbol{F}_{\mathrm{I}i} = -m_i \boldsymbol{a}_i$。

刚体内各质点加上惯性力后，组成空间任意力系。空间任意力系向转轴上任一点 $O$ 简化，得惯性力系的主矢 $\boldsymbol{F}_{\mathrm{RI}}$，即

$$\boldsymbol{F}_{RI}=\sum\boldsymbol{F}_{Ii}=-\sum m_i\boldsymbol{a}_i$$

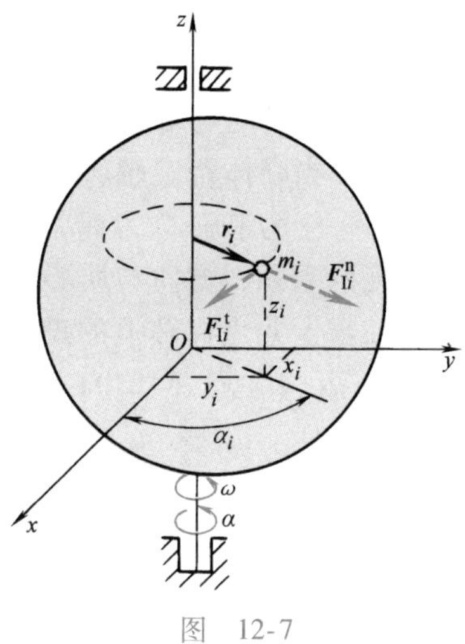


图　12-7

把刚体质心坐标公式 $\boldsymbol{r}_C=\dfrac{\sum m_i\boldsymbol{r}_i}{M}$ 对时间取二阶导数，得

$$M\boldsymbol{a}_C=\sum m_i\boldsymbol{a}_i$$

于是

$$\boldsymbol{F}_{RI}=-M\boldsymbol{a}_C \tag{12-7}$$

下面分别计算惯性力系向 $O$ 点简化时对于各轴的矩。

以简化中心 $O$ 为坐标原点，取笛卡儿坐标系如图 12-7所示。设刚体的角速度为 $\omega$，角加速度为 $\alpha$，刚体内任一质点的质量为 $m_i$，到转轴的垂直距离为 $r_i$，质点的坐标为（$x_i$，$y_i$，$z_i$）。

质点的惯性力 $\boldsymbol{F}_{Ii}=-m_i\boldsymbol{a}_i$，将其分解为切向惯性力 $\boldsymbol{F}_{Ii}^{t}$和法向惯性力 $\boldsymbol{F}_{Ii}^{n}$，它们的方向如图 12-7 所示，大小分别为

$$F_{Ii}^{t}=m_ia_{\tau i}=m_i\alpha r_i$$
$$F_{Ii}^{n}=m_ia_{ni}=m_i\omega^2r_i$$

由此可得惯性力系对 $x$ 轴的矩为

$$M_{Ix}=\sum M_x(\boldsymbol{F}_{Ii})=\sum M_x(\boldsymbol{F}_{Ii}^{t})+\sum M_x(\boldsymbol{F}_{Ii}^{n})$$

其中

$$M_x(\boldsymbol{F}_{Ii}^{t})=m_i\alpha r_i\cos\alpha_iz_i$$
$$M_x(\boldsymbol{F}_{Ii}^{n})=-m_i\omega^2r_i\sin\alpha_iz_i$$

由图中关系知

$$\cos\alpha_i=\frac{x_i}{r_i}$$

$$\sin\alpha_i=\frac{y_i}{r_i}$$

于是得

$$M_{Ix}=\alpha\sum m_ix_iz_i-\omega^2\sum m_iy_iz_i$$

其中，$\sum m_ix_iz_i$ 和$\sum m_iy_iz_i$ 决定于刚体质量对于坐标轴分布的情况，并具有转动惯量的量纲，分别称为对于 $z$ 轴的离心转动惯量或惯性积，记为

$$J_{xz}=\sum m_ix_iz_i$$
$$J_{yz}=\sum m_iy_iz_i \tag{12-8}$$

于是惯性力系对于 $x$ 轴的矩为

$$M_{Ix}=J_{xz}\alpha-J_{yz}\omega^2 \tag{12-9a}$$

同理可得惯性力系对于 $y$ 轴的矩为

$$M_{Iy}=J_{yz}\alpha+J_{xz}\omega^2 \tag{12-9b}$$

惯性力系对于 $z$ 轴的矩为

$$M_{Iz}=\sum M_z(\boldsymbol{F}_{Ii})=\sum M_z(\boldsymbol{F}_{Ii}^{t})+\sum M_z(\boldsymbol{F}_{Ii}^{n})$$

因为各质点的法向惯性力通过轴线，$\sum M_z(\boldsymbol{F}_{Ii}^{n})=0$，于是有

$$M_{Iz}=\sum M_z(\boldsymbol{F}_{Ii}^{t})=-\sum m_i\alpha_ir_i\cdot r_i=-\alpha\sum m_ir_i^2$$

已知$\sum m_i r_i^2 = J_z$是刚体对于$z$轴的转动惯量，因此得惯性力系对于转轴$z$的矩为

$$M_{Iz} = -J_z\alpha \tag{12-9c}$$

负号表示力矩转向与角加速度转向相反。

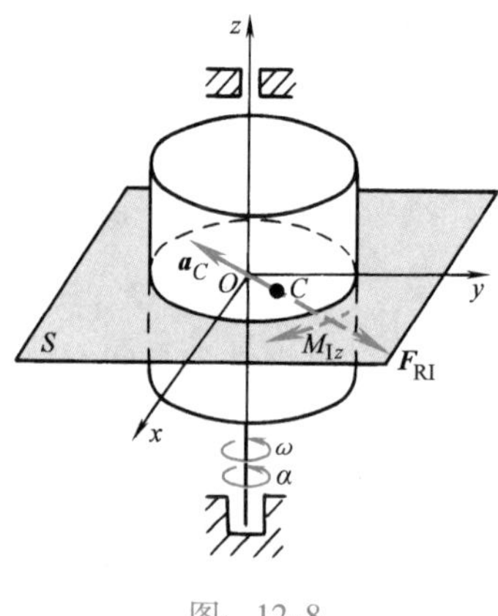


图 12-8

结论：当刚体绕定轴转动时，惯性力系向转轴上任一点简化得一个力和一个力偶。这个力等于刚体的质量与质心加速度的乘积，方向与质心加速度方向相反；这个力偶的矩矢在笛卡儿坐标轴上的投影，分别等于惯性力系对于三个轴的矩，由式（12-9a）、式（12-9b）和式（12-9c）确定。

如果刚体有对称平面$S$，并且该平面与转轴$z$垂直，如图 12-8 所示，则惯性力系简化为在对称面内的平面力系。在平面内，取坐标轴$x$和$y$，因$J_{xz}$和$J_{yz}$都等于零，于是有

$$M_{Ix} = M_{Iy} = 0$$

$$M_{Iz} = -J_z\alpha$$

$$\boldsymbol{F}_{RI} = -M\boldsymbol{a}_C$$

则有对称平面的刚体绕垂直于该平面的轴转动时，惯性力系简化为在平面内的一个力和一个力偶。

如果刚体有对称平面$S$，它与转轴垂直，交点$O$恰好是刚体的质心，则因$\boldsymbol{a}_C = \boldsymbol{0}$，$\boldsymbol{F}_{RI} = \boldsymbol{0}$，惯性力系简化为一个力偶，力偶的作用平面为对称平面。

### 12.2.3 平面运动

刚体的平面运动可分解为随同基点的平移和相对基点的转动。在动力学中，总是以质心为基点。因此，刚体的平面运动被分解为随同质心的平移和相对质心的转动。这两部分的惯性力系的简化，可运用前面已导出的结果。在图 12-9 所示瞬时，假设质心$C$的加速度为$\boldsymbol{a}_C$，刚体的角加速度为$\alpha$，那么，随同质心平移而虚加的惯性力系将合成为一合力$\boldsymbol{F}_{RI}$，合力作用线通过质心，方向与$\boldsymbol{a}_C$的方向相反，大小等于刚体的质量与质心加速度的乘积，即

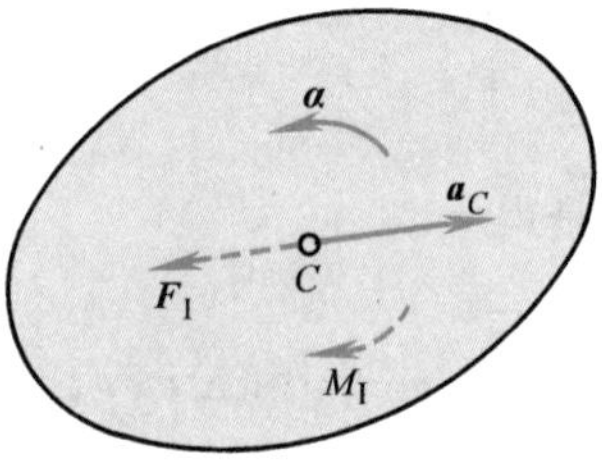

$$\boldsymbol{F}_{RI} = -M\boldsymbol{a}_C \tag{12-10}$$

图 12-9

主矩为一惯性力偶，它的转向与角加速度$\alpha$的转向相反，大小等于角加速度与刚体对于质心的转动惯量的乘积，即

$$M_{IC} = -J_C\alpha \tag{12-11}$$

通过以上讨论可知，刚体运动的特征不同时，虚加于其上的惯性力系的简化结果也是不同的。因此，运用达朗贝尔原理分析刚体的动力学问题时，首先要分析刚体的运动，准确地确认它是属于哪种类型的运动；再按照刚体运动的类型，虚加对应的惯性力主矢和主矩；然后，建立惯性力系与作用在此刚体上外力的平衡方程并求解。

---

**例 12-4** 长度为$\sqrt{2}r$、质量为$m$的均质杆$AB$静置于半径为$r$的光滑圆槽内，如图 12-10a所示。当圆槽以匀加速度$\boldsymbol{a}$在水平面上运动时，$AB$杆的平衡位置用$\theta$角表示。如

果要求 $AB$ 杆在 $\theta=30°$ 时保持平衡，试问此时圆槽的加速度 $\boldsymbol{a}$ 应该多大？作用在 $AB$ 杆上的约束力 $\boldsymbol{F}_A$、$\boldsymbol{F}_B$ 分别是多少？不计摩擦。

解：这是刚体的平行移动问题，研究 $AB$ 杆，受力图如图 12-10b 所示，其中惯性力为

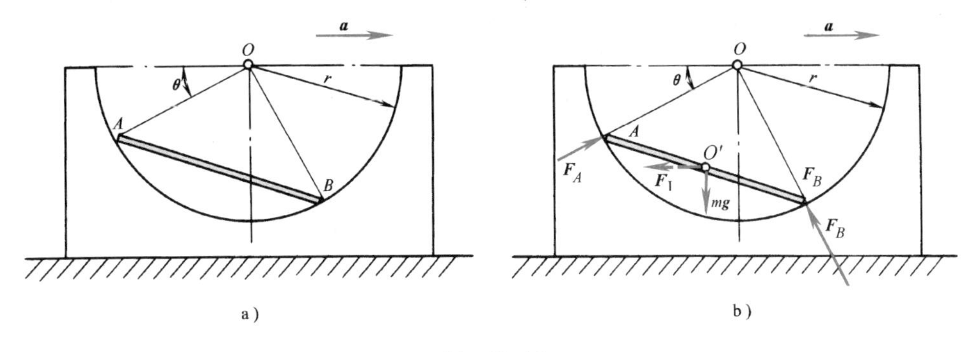


图 12-10

$$F_I=m\boldsymbol{a}$$

由达朗贝尔原理

$$\sum F_x=0,\quad F_A\cos\theta-F_B\sin\theta-F_I=0 \tag{a}$$

$$\sum F_y=0,\quad F_A\sin\theta+F_B\cos\theta-mg=0 \tag{b}$$

$$\sum M_{O'}(\boldsymbol{F})=0,\quad -F_A\cdot\frac{1}{2}r+F_B\cdot\frac{1}{2}r=0 \tag{c}$$

$$F_A=F_B$$

代入式(a)、式(b)得

$$\frac{\sqrt{3}-1}{2}F_A=ma$$

$$\frac{\sqrt{3}+1}{2}F_A=mg \tag{d}$$

解得

$$a=2.626\text{m/s}^2$$

$$F_A=F_B=0.732mg$$

**例 12-5** 图 12-11a 所示圆轮的质量 $m=2\text{kg}$，半径 $r=150\text{mm}$，质心离几何中心 $O$ 的距离 $e=50\text{mm}$，轮对质心的回转半径 $\rho=75\text{mm}$。当轮滚而不滑时，它的角速度是变化的。在图示 $C$、$O$ 位于同一高度之瞬时，$\omega=12\text{rad/s}$。求此时轮的角加速度。

例题 12-5 讲解

解：这是刚体的平面运动问题，以圆轮为研究对象，设角加速度如图 12-11b 所示，受力图如图 12-11c 所示，其中

$$F_{Ix}=ma_{Cx},\quad F_{Iy}=ma_{Cy},\quad M_{IC}=J_C\alpha,\quad J_C=m\rho^2$$

由达朗贝尔原理

$$\sum F_x=0,\quad F-F_{Ix}=0 \tag{a}$$

$$\sum F_y=0,\quad F_N-mg-F_{Iy}=0 \tag{b}$$

$$\sum M_C(\boldsymbol{F})=0,\quad Fr+M_{IC}+F_Ne=0 \tag{c}$$

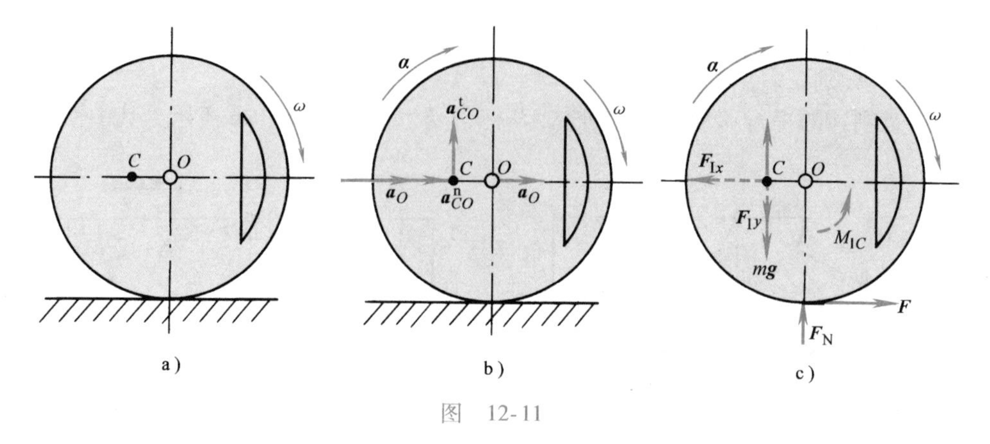


图　12-11

由运动学关系

$$a_{Cx}=a_O+a^n_{CO}=\alpha r+\omega^2 e$$

$$a_{Cy}=a^t_{CO}=\alpha e$$

将式（a）、式（b）及运动学关系式代入式（c），得

$$m(\alpha r+\omega^2 e)r+m\alpha\rho^2+(mg+m\alpha e)e=0$$

解得

$$\begin{aligned}\alpha&=-\frac{\omega^2 er+ge}{r^2+\rho^2+e^2}\\&=-\frac{12^2\times50\times150\times10^{-6}+9.8\times50\times10^{-3}}{(150^2+75^2+50^2)\times10^{-6}}\text{rad/s}^2\\&=-51.3\text{rad/s}^2\end{aligned}$$

负号表示 $\alpha$ 方向与图示方向相反。

**例 12-6**　图 12-12a 中，均质杆 $AB$ 的长度为 $l$，质量为 $m$，可绕 $O$ 轴在铅垂面内转动，$OA=\frac{1}{3}l$，用细线静止悬挂在图示水平位置。若将细线突然剪断，求 $AB$ 杆运动到与水平线成 $\theta$ 角时，转轴 $O$ 的约束力。

例题 12-6 讲解

**解：**这是刚体绕定轴转动的动力学问题，属于平面问题。设 $AB$ 杆转至 $\theta$ 角位置时，它的角速度、角加速度分别为 $\omega$、$\alpha$，如图 12-12b 所示。质心 $C$ 至转轴 $O$ 的距离 $OC=\frac{1}{2}l-\frac{1}{3}l=\frac{1}{6}l$，因此质心的加速度、杆对转轴的转动惯量分别为

$$a^t_C=OC\cdot\alpha=\frac{1}{6}l\alpha,\quad a^n_C=OC\cdot\omega^2=\frac{1}{6}l\omega^2$$

$$J_O=J_C+m\cdot OC^2=\frac{1}{9}ml^2$$

虚加于转轴 $O$ 处的惯性力主矢、主矩的方向与 $a^t_C$、$a^n_C$、$\alpha$ 的方向相反，如图 12-12b 所示，大小为

$$F^t_I=\frac{1}{6}ml\alpha,\quad F^n_I=\frac{1}{6}ml\omega^2,\quad M_{IO}=\frac{1}{9}ml^2\alpha$$

它们与重力 $mg$ 及轴承约束力 $F_{Ox}$、$F_{Oy}$ 在形式上组成一平衡力系。由达朗贝尔原理

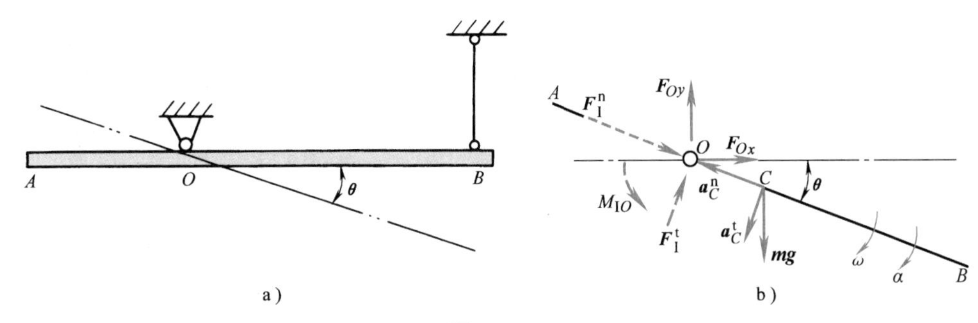


图　12-12

$$\sum M_O(\boldsymbol{F})=0,\quad M_{IO}-mg\cdot\frac{1}{6}l\cos\theta=0 \tag{a}$$

$$\sum F_x=0,\quad F_{Ox}+F_1^t\sin\theta+F_1^n\cos\theta=0 \tag{b}$$

$$\sum F_y=0,\quad F_{Oy}-mg+F_1^t\cos\theta-F_1^n\sin\theta=0 \tag{c}$$

由式（a）得

$$\alpha=\frac{3}{2l}g\cos\theta$$

分离变量、积分，即

$$\int_0^{\omega}\omega\mathrm{d}\omega=\frac{3g}{2l}\int_0^{\theta}\cos\theta\mathrm{d}\theta$$

$$\omega^2=\frac{3}{l}g\sin\theta$$

代入式（b）、式（c），解得 $AB$ 杆转动至 $\theta$ 角位置时的轴承约束力

$$F_{Ox}=-\frac{3}{8}mg\sin2\theta\ (\leftarrow)$$

$$F_{Oy}=\frac{3}{4}mg(1+\sin^2\theta)\ (\uparrow)$$

由此可以看出，运用达朗贝尔原理，可用平衡方程的形式建立动力学方程，为了求解角速度，仍需进行积分计算。因此，也可先用动能定理解出 $\omega$，再用达朗贝尔原理解出 $\boldsymbol{F}_{Ox}$、$\boldsymbol{F}_{Oy}$。这种做法具有一定的普遍意义。

顺便指出，如果这道题的惯性力主矢虚加在质心 $C$ 上，那么对应于简化中心 $C$ 的惯性力主矩应为

$$M_{IC}=J_C\alpha=\frac{1}{12}ml^2\alpha$$

在此情况下，列平衡方程求解与以上结果相同，由此可以看出，惯性力主矢、主矩的作用点必须在相应的同一个简化中心上，这样才能保证结果的正确性。

## 12.3 定轴转动刚体的轴承动约束力

在工程实际中，通常将转动机械的转动部件称为**转子**。如果忽略其本身的变形，转子是定轴转动的刚体。由于质量不够均匀，制造安装不够精确，转子的质心不一定落在转轴上，

转子的质量对称面不一定与转轴垂直。转子运转时，这种偏心和偏角误差将产生相应的惯性力。因此我们称转子处于运行状态作用于轴承上的力为**动压力**，称转子处于静止状态作用于轴承上的力为**静压力**，二者之差称为转子作用于轴承的**附加动压力**。以上是转子对轴承的作用，如果考虑轴承对转子的作用，则分别称为静约束力、动约束力和附加动约束力。

下面将着重讨论附加动约束力的计算方法。

在一般情况下，如图12-13所示，刚体在主动力$\boldsymbol{F}_1,\boldsymbol{F}_2,\cdots,\boldsymbol{F}_n$作用下绕定轴$AB$转动。设$Ax_1y_1z_1$为定坐标系，$Axyz$为与刚体固连的动坐标系。在图示位置，动坐标系与定坐标系重合，则质心$C$的位置、对转轴的转动惯量和惯性积分别为$C(x_C,y_C,z_C)$、$J_z$和$J_{xz}$、$J_{yz}$，$A$与$B$的距离为$l$。轴承动约束力在坐标轴上的投影分别为$\boldsymbol{F}_{Ax}$、$\boldsymbol{F}_{Ay}$、$\boldsymbol{F}_{Az}$、$\boldsymbol{F}_{Bx}$、$\boldsymbol{F}_{By}$。在图示瞬时，设动坐标系的角位移、角速度、角加速度分别为$\boldsymbol{\varphi}=\varphi\boldsymbol{k}$，$\boldsymbol{\omega}=\omega\boldsymbol{k}$，$\boldsymbol{\alpha}=\alpha\boldsymbol{k}$。

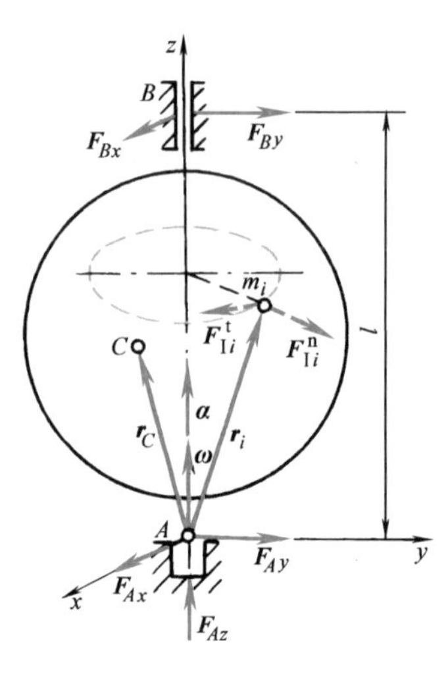


图　12-13

此瞬时刚体上的惯性力系向$A$点简化的主矢和主矩分别由式（12-7）、式（12-9a）计算，得

$$\begin{aligned}\boldsymbol{F}_{RI}&=M(x_C\omega^2+y_C\alpha)\boldsymbol{i}+M(y_C\omega^2-x_C\alpha)\boldsymbol{j}\\&=F_{Ix}\boldsymbol{i}+F_{Iy}\boldsymbol{j}\\\boldsymbol{M}_{IO}&=(\alpha J_{xz}-\omega^2J_{yz})\boldsymbol{i}+(\alpha J_{yz}+\omega^2J_{xz})\boldsymbol{j}-\alpha J_z\boldsymbol{k}\\&=M_{Ix}\boldsymbol{i}+M_{Iy}\boldsymbol{j}+M_{Iz}\boldsymbol{k}\end{aligned}$$

根据达朗贝尔原理，它们与主动力$\boldsymbol{F}_1,\boldsymbol{F}_2,\cdots,\boldsymbol{F}_n$，约束力$\boldsymbol{F}_{Ax}$、$\boldsymbol{F}_{Ay}$、$\boldsymbol{F}_{Az}$、$\boldsymbol{F}_{Bx}$、$\boldsymbol{F}_{By}$在形式上组成一空间的平衡力系，平衡方程为

$$\left.\begin{aligned}&\sum F_x=0,\quad \sum F_{xi}+F_{Ax}+F_{Bx}+F_{Ix}=0\\&\sum F_y=0,\quad \sum F_{yi}+F_{Ay}+F_{By}+F_{Iy}=0\\&\sum F_z=0,\quad \sum F_{zi}+F_{Az}=0\\&\sum M_x(\boldsymbol{F})=0,\quad \sum M_x(\boldsymbol{F}_i)-F_{By}l+M_{Ix}=0\\&\sum M_y(\boldsymbol{F})=0,\quad \sum M_y(\boldsymbol{F}_i)+F_{Bx}l+M_{Iy}=0\\&\sum M_z(\boldsymbol{F})=0,\quad \sum M_z(\boldsymbol{F}_i)+M_{Iz}=0\end{aligned}\right\}\tag{12-12}$$

此方程组的最后一个方程不包含轴承约束力，这表明：①惯性力主矩$M_{Iz}$只作用在促使该刚体加速（或减速）转动的物体上；②当主动力、转动的起始条件已知时，可用它求出角加速度、角速度和转动规律。应用此方程组的前五个方程，可以求出此瞬时轴承的动约束力

$$\left.\begin{aligned}&F_{Bx}=-\frac{1}{l}\sum M_y(\boldsymbol{F}_i)-\frac{1}{l}(\alpha J_{yz}+\omega^2J_{xz})\\&F_{By}=\frac{1}{l}\sum M_x(\boldsymbol{F}_i)+\frac{1}{l}(\alpha J_{xz}-\omega^2J_{yz})\\&F_{Ax}=\left(\frac{1}{l}\sum M_y(\boldsymbol{F}_i)-\sum F_{xi}\right)+\frac{1}{l}(\alpha J_{yz}+\omega^2J_{xz})-M(x_C\omega^2+y_C\alpha)\\&F_{Ay}=-\left(\frac{1}{l}\sum M_x(\boldsymbol{F}_i)+\sum F_{yi}\right)-\frac{1}{l}(\alpha J_{xz}-\omega^2J_{yz})-M(y_C\omega^2-x_C\alpha)\\&F_{Az}=-\sum F_{zi}\end{aligned}\right\}\tag{12-13}$$

可见，轴承动约束力由两部分组成：一是由主动力引起的，与运动无关，为静约束力；二是由惯性力主矢、主矩引起的，为附加动约束力。

怎样才能有效地控制、进而消除附加动约束力呢？从式（12-13）中可以看到，只有满足以下条件时，才能消除附加动约束力。为了消除轴承的附加动约束力，刚体绕定轴转动时，刚体的转轴必须是中心惯性主轴，即

$$x_C = y_C = 0,\quad J_{xz} = J_{yz} = 0 \tag{12-14}$$

---

例 12-7　一电动机水平放置，转子质量 $m = 300\text{kg}$，对其转轴 $z$ 的回转半径 $\rho = 0.2\text{m}$。质心偏离转轴 $e = 2\text{mm}$。已知该电动机在起动过程中的起动力矩 $M = 150\text{kN}\cdot\text{m}$，当转子转至图 12-14所示的瞬时位置，转速 $n = 2400\text{r/min}$。试求此瞬时转子的角加速度和轴承的动约束力。不计轴承的摩擦。

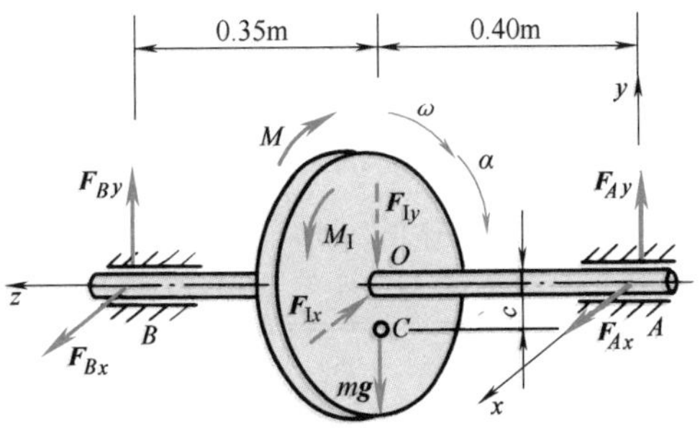

图　12-14

解：首先，运用方程组（12-12）的最后一个方程，计算图示瞬时的角加速度，即

$$\sum M_z(\boldsymbol{F}) = 0,\quad M - J_z\alpha = 0$$

$$M - m\rho^2\alpha = 0$$

解得

$$\alpha = \frac{M}{m\rho^2} = 12.5\text{rad/s}^2$$

而此瞬时的角速度为

$$\omega = \frac{2\pi n}{60} = 80\pi\ \text{rad/s}^2$$

由此可得质心 $C$ 的加速度为

$$a_{Cx} = a_C^{\text{t}} = e\alpha = (0.002\times 12.5)\text{m/s}^2 = 0.025\text{m/s}^2$$

$$a_{Cy} = a_C^{\text{n}} = e\omega^2 = [0.002\times(80\pi)^2]\text{m/s}^2 = 126.3\text{m/s}^2$$

惯性力系向 $O$ 点简化的主矢、主矩分别为 $F_{\text{Ix}} = ma_{Cx} = 7.5\text{N}$，$F_{\text{Iy}} = ma_{Cy} = 3.79\times10^4\text{N}$，$M_{\text{I}} = m\rho^2\alpha = 150\text{N}\cdot\text{m}$，其方向如图 12-14 所示。

根据空间力系的平衡条件，列平衡方程并计算轴承约束力为

$$\sum M_{Ax}(\boldsymbol{F}) = 0,\quad -0.75F_{By} + 0.40(mg + F_{\text{Iy}}) = 0, F_{By} = \frac{0.40}{0.75}(mg + F_{\text{Iy}}) = 21.78\text{kN}$$

$$\sum F_y = 0,\quad F_{Ay} + F_{By} - F_{\text{Iy}} - mg = 0, F_{Ay} = \frac{0.35}{0.75}(mg + F_{\text{Iy}}) = 19.06\text{kN}$$

$$\sum M_{Ay}(\boldsymbol{F}) = 0,\quad 0.75F_{Bx} - 0.40F_{\text{Ix}} = 0, F_{Bx} = \frac{0.40}{0.75}F_{\text{Ix}} = 4.0\text{N}$$

$$\sum F_x = 0,\quad F_{Ax} + F_{Bx} - F_{\text{Ix}} = 0, F_{Ax} = F_{\text{Ix}} - F_{Bx} = 3.5\text{N}$$

在 $y$ 方向的静约束力和附加动约束力分别为

$$F_{By}^{(\text{s})} = \frac{0.40}{0.75}mg = 1568\text{N},\quad F_{By}^{(\text{d})} = \frac{0.40}{0.75}F_{\text{Iy}} = 20.21\times10^3\text{N}$$

$$F_{Ay}^{(s)}=\frac{0.35}{0.75}mg=1372\mathrm{N},\qquad F_{Ay}^{(d)}=\frac{0.35}{0.75}F_{Iy}=17.69\times10^{3}\mathrm{N}$$

附加动约束力与静约束力之比为

$$\gamma=\frac{F_{Ay}^{(d)}}{F_{Ay}^{(s)}}=\frac{F_{By}^{(d)}}{F_{By}^{(s)}}=\frac{F_{Iy}}{mg}=12.89$$

由此可见，仅仅由于质心偏离转轴2mm，轴承的附加动约束力竟高达静约束力的12.89倍。这说明，在制造安装转速比较高的转子时，必须尽量减小质心偏离转轴的距离 $e$。

补充例题 12-1　　补充例题 12-2　　补充例题 12-3

## 12.4 静平衡和动平衡简介

### 12.4.1 转子质量均衡的调试

为了消除定轴转动刚体的轴承附加动约束力，刚体的转轴必须是中心惯性主轴。但对于一台转动机械来说，通过精心设计，工程技术人员能够设计出一份转轴是中心惯性主轴的图样；而在制造过程中，由于材质不够均匀，零部件在加工和装配过程中存在一定的公差等种种因素，组装后的转子部件，它的转轴往往不再是中心惯性主轴。为此，需要对转子部件进行**质量均衡调试**工作。通过调试，改变转子的质量分布状况，使其转轴成为中心惯性主轴，或者足够精确地接近于中心惯性主轴。

转子的质量均衡调试工作分两大类：一是在非运转条件下调试转子，称为**静平衡**，它只能将转子的质心足够精确地调至转轴上；二是在运转条件下调试转子，称为**动平衡**，它能将转子的转轴足够精确地调试成为中心惯性主轴。这些调适工作通常在各种类型的平衡装置或平衡机上进行。这里仅简单介绍静平衡和刚性转子动平衡的力学原理。

### 12.4.2 静平衡

静平衡就是校正转子的质心位置，使偏心距减小至允许程度。最简单的校正转子达到静平衡的方法是把转子放在静平衡架的水平刀口上，如图12-15a所示，使其自由滚动或往复摆动，如果转子不平衡即质心不在转轴上，当停止转动时它的重心总是朝下的，这时可把校正用的平衡重量附加在转子的轻边上；再让其滚动或摆动，这样试验校正反复多次，直至转子能够达到随遇平衡时为止，然后按所加平衡重量的大小和位置，在适当位置焊上锡块或镶上铅块，也可以在转子重的一边用钻孔的方法去掉相当的重量，使校正后的转子不再偏心，即达到静平衡。如图12-15b所示，设转子重 $G$，偏心距为 $e$，平衡重量为 $P$，距轴线 $xx'$ 的距离为 $l$，当部件处于随遇平衡时，有

$$\sum M_O(\boldsymbol{F})=0 \quad 即 \quad Pl=Ge$$

这样当转子转动时，偏心质量的惯性力与平衡重量的惯性力正好相互抵消。

平衡重量 $P$ 与 $l$ 的乘积 $Pl$ 称为重径积，它表示转动部件的不平衡程度。实际上，静平衡校正的精度不可能很高，因此静平衡方法仅适用于轴向尺寸不大、要求不高、转速一般的转子或为动平衡校正做初步平衡。

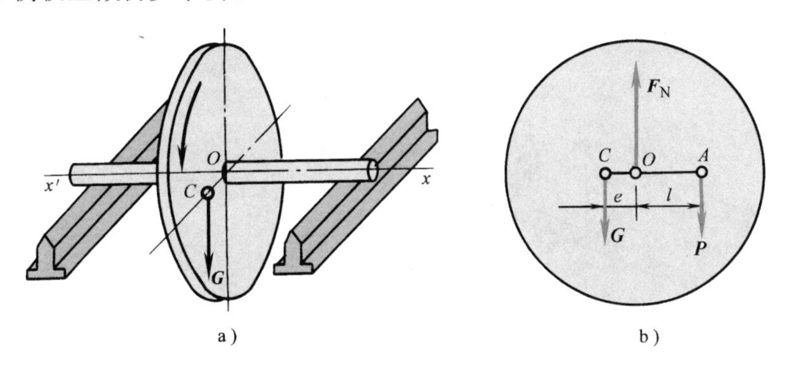


图　12-15

### 12.4.3　动平衡

若转子的轴向尺寸较大，尤其是形状不对称的或转速很高的转子，虽然做了静平衡校正，但是转动后仍然可使轴承产生较大的附加动约束力。这是因为惯性力偶所产生的不平衡只有在转动时才显示出来。如图 12-16 所示，两相同的集中质量与转轴相固连，对图 12-16a 所示的情况是静力不平衡，可进行静平衡校正而成平衡；对图 12-16b 所示的情况是静力平衡，然而转动时惯性力组成一惯性力偶，仍然使轴承产生附加动约束力，这种情况称为动力不平衡，对图 12-16c 所示情况是静力和动力都平衡，转动时惯性力系自成平衡。

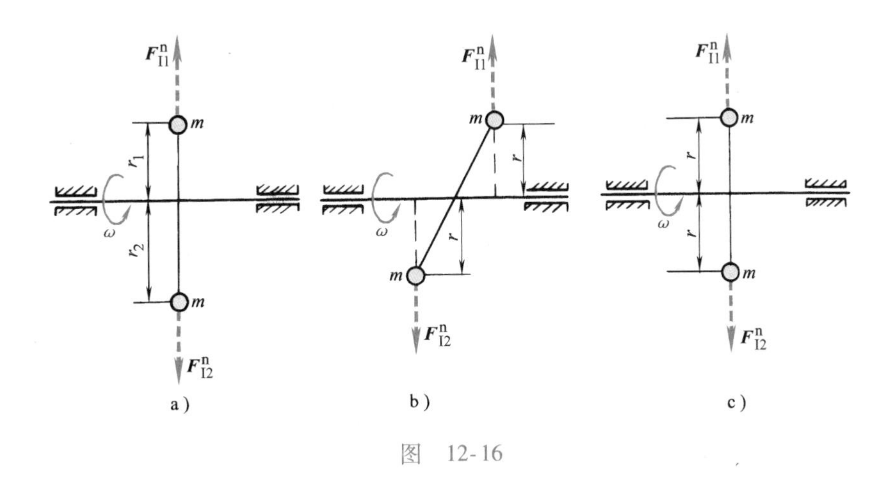


图　12-16

减小这种不平衡，要把转子放在专门的动平衡机上，测定出应在什么位置附加多少重量从而使惯性力偶减小至允许程度，即达到动力平衡。在动平衡机上可将惯性力和惯性力偶一并减小，有关动平衡机的原理及操作，将在机械原理和有关专业课中讲述。对于重要的高速转动部件还应考虑转动时转轴的变形影响，这种动平衡将涉及更深的理论和更复杂的试验。

例题12-8讲解

**例12-8** 图12-17所示装有圆盘的轴可绕水平轴转动。在过轴线两相互垂直的平面内装有两个质量分别为 $m_1=0.5\text{kg}$、$m_2=1\text{kg}$ 的质点。轴的两端附有2cm厚的钢制圆盘。为了均衡，在盘上离轴 $d=8\text{cm}$ 处各钻一孔。已知钢的密度 $\gamma=7.8\times10^3\text{kg/m}^3$，$c=e=9\text{cm}$，$b=18\text{cm}$。求孔的直径 $d_1$、$d_2$ 和方位角 $\varphi_1$、$\varphi_2$。

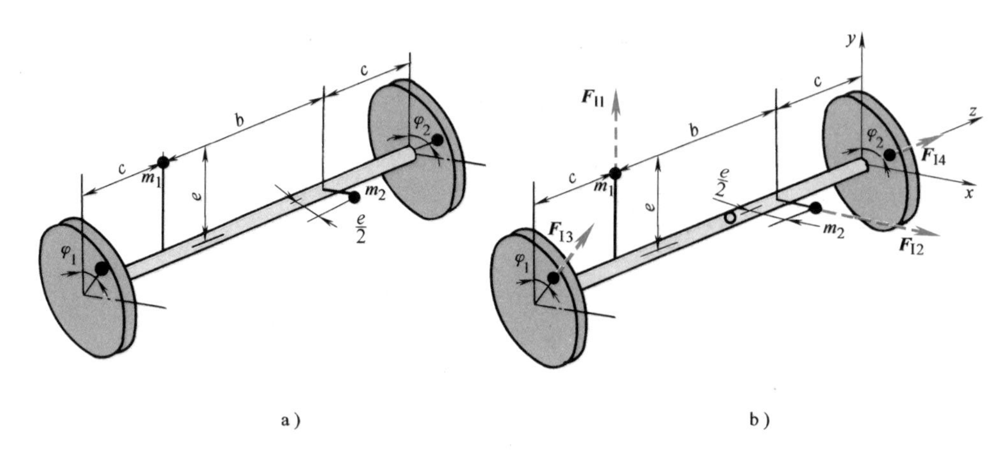


图 12-17

解：研究圆盘与轴，其惯性力分别为

$$F_{I1}=m_1e\omega^2,\quad F_{I2}=m_2\frac{e}{2}\omega^2$$

$$F_{I3}=m_3d\omega^2,\quad F_{I4}=m_4d\omega^2$$

其中

$$m_3=-\pi\left(\frac{d_1}{2}\right)^2h\gamma,\quad m_4=-\pi\left(\frac{d_2}{2}\right)^2h\gamma$$

由达朗贝尔原理，为了均衡，则

$$\sum F_x=0,\quad F_{I2}+F_{I3}\sin\varphi_1+F_{I4}\sin\varphi_2=0$$

$$\sum F_y=0,\quad F_{I1}+F_{I3}\cos\varphi_1+F_{I4}\cos\varphi_2=0$$

$$\sum M_x(\boldsymbol{F})=0,\quad F_{I1}(b+c)+F_{I3}\cos\varphi_1(b+2c)=0$$

$$\sum M_y(\boldsymbol{F})=0,\quad F_{I2}c+F_{I3}\sin\varphi_1(b+2c)=0$$

代入数据，得

$$d_1=d_2=6.02\text{cm},\quad \varphi_1=18.4°,\quad \varphi_2=71.6°$$

## 重点提示

（1）达朗贝尔原理是将牛顿定律的右端移到等式左端（作为惯性力作用在物体上），从形式上变为静力学的平衡方程，故又称为动静法，是用静力学的平衡方程形式求解动力学的一种方法。（2）达朗贝尔原理的重点是在研究物体上施加惯性力，在求解计算题时首先要求写出惯性力的大小（不能有负号），方向直接画在受力图上（与加速度的方向相反）。(3) 惯性力系的简化是本章的重点，所以其简化结果必须牢记，不能出现差错，特别要注意惯性力、惯性力矩的作用点及表达方式。(4) 惯性力不是真实作用在质点上的力，它是假想地加在质点或质点系上的虚拟力，真正作用在质点或质点系上的力是主动力和约束力。

达朗贝尔原理

达朗贝尔原理-例题

动约束力的概念

静平衡与动平衡

1. 质点系上的惯性力系向任意一点简化所得的惯性力主矢、主矩都相同，对吗？为什么？
2. 静平衡的刚体是否一定动平衡？动平衡的刚体是否一定静平衡？
3. 只要有运动的质点就有惯性力吗？若质点运动的质点的速度大小是常数，则惯性力一定为零吗？

12-1　质点在重力作用下运动，不计空气阻力。试确定下列各种情况下质点惯性力的大小和方向：

(1) 从静止开始下落。

(2) 以初速度 $v_0$ 铅垂下落。

(3) 以初速度 $v_0$ 铅垂上抛。

(4) 以初速度 $v_0$ 斜抛。

12-2　均质矩形平板长为 $l$，高为 $h$，质量为 $m$，在水平面上以加速度 $\boldsymbol{a}$ 做平移，如图 12-18 所示。如果选矩形角上的两点 $A$ 或 $B$ 为简化中心，则平板惯性力系的简化结果分别是什么？

12-3　图 12-19 所示调速器由两个质量均为 $m_1$ 的圆柱状的盘子所构成，两圆盘被偏心地悬于与调速器转动轴相距 $a$ 的十字形框架上，而此调速器则以等角速度 $\omega$ 绕铅垂轴转动。圆盘的中心到悬挂点的距离为 $l$，调速器的外壳 $A$ 质量为 $m_2$，放在这两个圆盘上并可沿铅垂轴上下滑动。如不计摩擦，试求调速器的角速度 $\omega$ 与圆盘偏离铅垂线的角度 $\varphi$ 之间的关系。

答：$\omega^2 = \dfrac{(2m_1 + m_2)\ g}{2m_1}\ \dfrac{\tan\varphi}{a + l\sin\varphi}$。

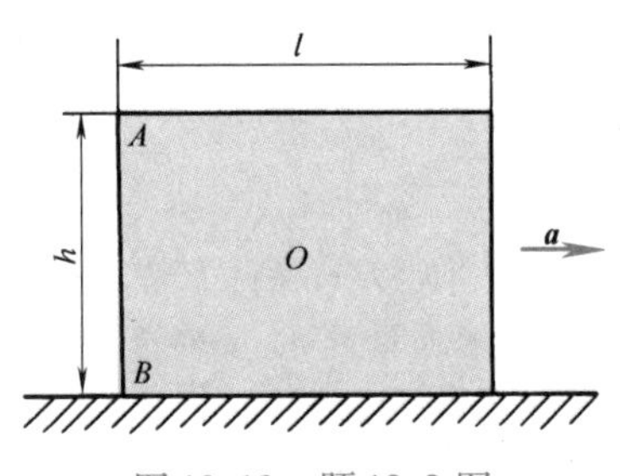

图 12-18　题 12-2 图

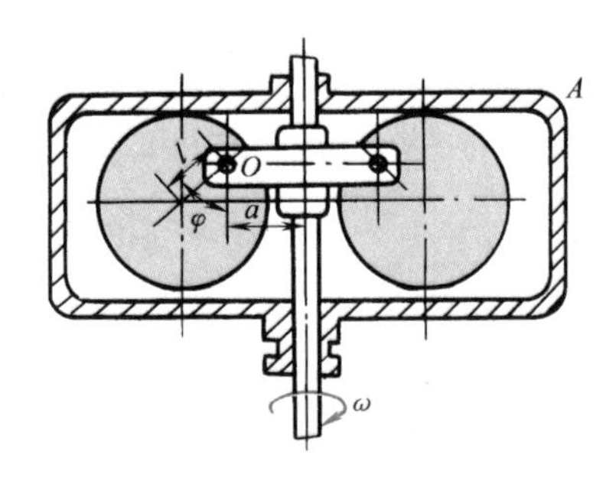

图 12-19　题 12-3 图

12-4　图12-20所示质量为 $m$ 的列车匀速沿曲率半径为 $\rho$ 的曲线路轨运动，如两铁轨间距离为 $2d$，列车重心 $C$ 在铁轨上的高度为 $h$，试求两铁轨所受压力，并求铁轨两侧所受压力相等时列车应有的速度 $v$。

答：$v=\sqrt{g\tan\theta(\rho-h\sin\theta)}$ 时，压力均匀分布。

12-5　在图12-21所示均质直角构件 $ABC$ 中，$AB$、$BC$ 两部分的质量均为3.0kg，用连杆 $AD$、$BE$ 以及绳子 $AE$ 保持在图示位置。假若突然剪断绳子，求此瞬时连杆 $AD$、$BE$ 所受的力。连杆的质量忽略不计，$l=1.0\text{m}$，$\varphi=30°$。

答：$F_A=5.38\text{N}$；$F_B=45.5\text{N}$。

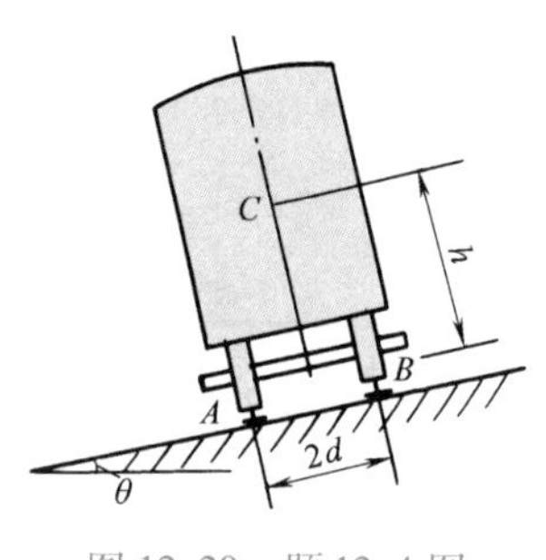

图12-20　题12-4图

习题12-5讲解

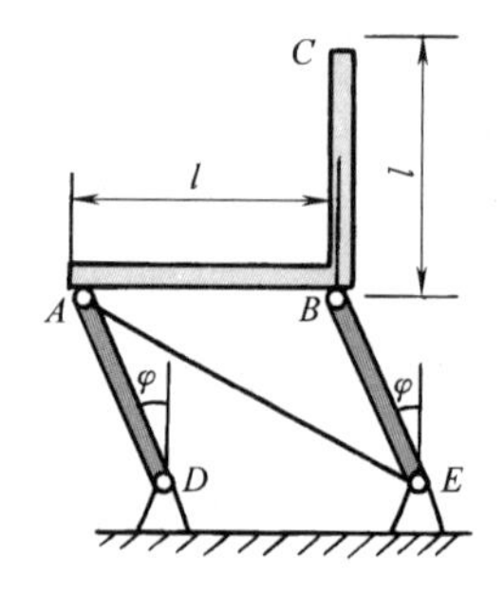

图12-21　题12-5图

12-6　图12-22所示汽车总质量为 $m$，以加速度 $\boldsymbol{a}$ 做水平直线运动。汽车质心 $G$ 离地面的高度为 $h$，汽车的前后轴到通过质心垂线的距离分别等于 $c$ 和 $b$。（1）求其前、后轮的正压力；（2）汽车应如何行驶能使前、后轮的压力相等？

答：（1）$F_{NA}=m\dfrac{bg-ha}{c+b}$，$F_{NB}=m\dfrac{cg+ha}{c+b}$；

（2）$a=\dfrac{(b-c)g}{2h}$ 时，$F_{NA}=F_{NB}$。

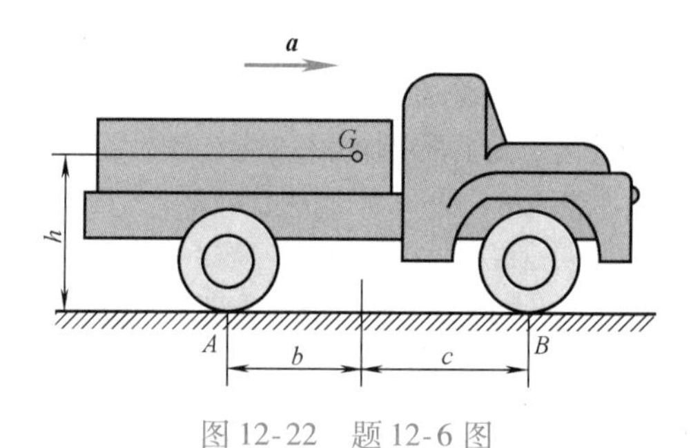

图12-22　题12-6图

12-7　阿德伍特机如图12-23所示。定滑轮的半径为 $r$，质量为 $m_O$，绕水平轴 $O$ 转动。滑轮上套一软绳，两端分别悬挂质量为 $m_1$、$m_2$ 的物体 $M_1$ 和 $M_2$，$m_1>m_2$，绳与滑轮间无相对滑动。假设滑轮的质量均匀分布在轮缘上，求物体运动的加速度和轮轴 $O$ 的约束力。

答：$a=\dfrac{m_1-m_2}{m_1+m_2+m_O}g$，$F_{Ox}=0$，$F_{Oy}=g\left(m_1+m_2+m_O-\dfrac{(m_1-m_2)^2}{m_1+m_2+m_O}\right)$。

12-8　图12-24所示一凸轮导板机构。偏心圆轮的圆心为 $O$，半径为 $r$，偏心距 $O_1O=e$，绕 $O_1$ 轴以匀角速度 $\omega$ 转动。当导板 $AB$ 在最低位置时，弹簧的压缩量为 $b$。导板质量为 $m$。要使导板在运动过程中始终不离偏心轮，求弹簧刚度系数 $k$。

答：$k\geqslant m(e\omega^2-g)/(2e+b)$。

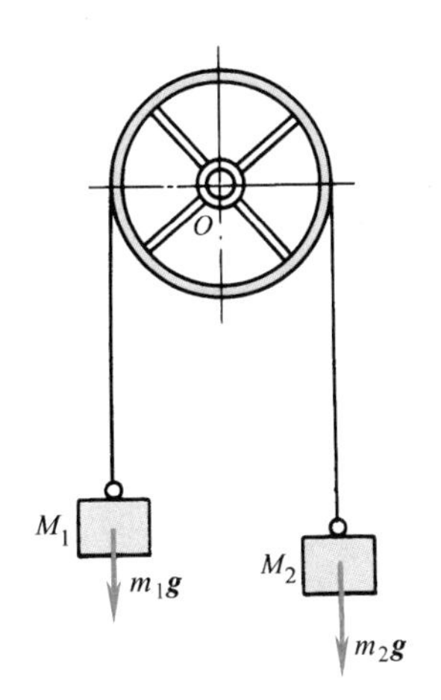


图 12-23　题 12-7 图

图 12-23 动画

图 12-24　题 12-8 图

图 12-24 动画

12-9　图 12-25 所示矩形块质量 $m_1=100\text{kg}$，$b=0.5\text{m}$，$h=1.0\text{m}$，置于平台车上。车质量为 $m_2=50\text{kg}$。此车沿光滑水平面运动。车和矩形块在一起由质量为 $m_3$ 的物体牵引，使之做加速运动。设物块与车之间的摩擦力足够阻止相对滑动，求能够使车加速运动的质量 $m_3$ 的最大值，以及此时车的加速度大小。

答：$m_3=50\text{kg}$，$a=2.45\text{m/s}^2$。

12-10　正方体的均质板重 400N，由三根绳拉住，如图 12-26 所示。板的边长 $b=0.1\text{m}$，$\varphi=60°$，求：（1）当$FG$ 绳被剪断的瞬时，$AD$ 和 $BE$ 两绳的张力；（2）$AD$ 和 $BE$ 两绳运动到铅垂位置时，两绳之张力。

答：（1）$F_{TA}=73.2\text{N}$，$F_{TB}=273.2\text{N}$；

（2）$F_{TA}=F_{TB}=253.6\text{N}$。

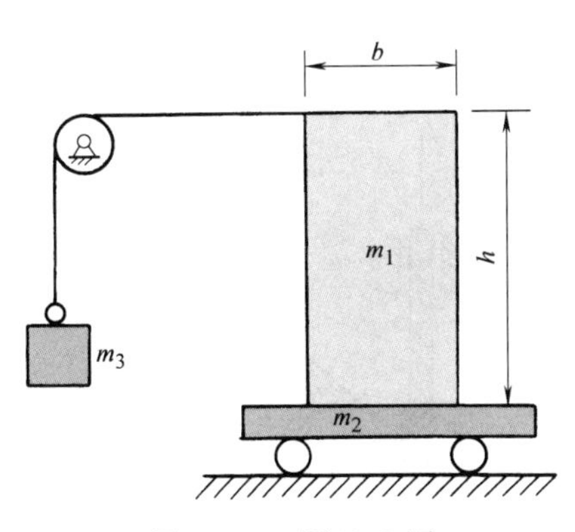


图 12-25　题 12-9 图

图 12-25 动画

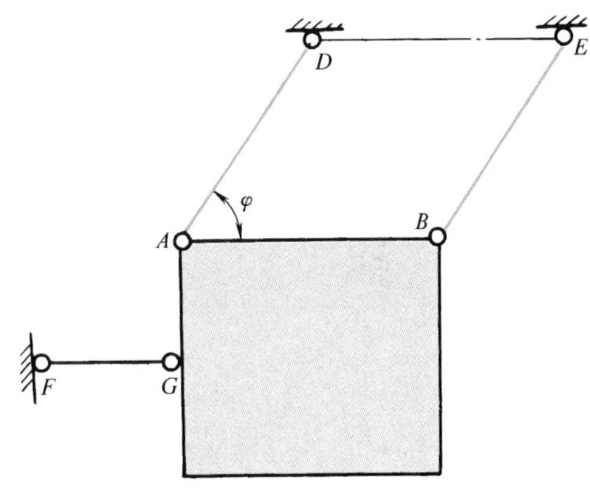


图 12-26　题 12-10 图

12-11　两细长的均质杆，长分别为 $b$ 和 $d$，互成直角地固结在一起，其顶点 $O$ 则与铅垂轴以铰链相连，此轴以角速度 $\omega$ 匀速转动，当达到稳定状态时，$\varphi=$常数，如图 12-27 所示。求长为 $d$ 的杆离铅垂线的偏角 $\varphi$ 与 $\omega$ 之间的关系。

答：$\omega^2=3g(b^2\cos\varphi-d^2\sin\varphi)/(b^3-d^3)\sin2\varphi$。

12-12　长均为 $l$、重均为 $P$ 的两个均质杆 $OA$ 与 $OB$，一端用铰链固定在铅垂轴上的 $O$ 点，另一端用水平绳连在轴上的 $D$ 处，杆与轴的夹角为 $\varphi$，如图 12-28 所示。令△$AOB$ 随轴 $OD$ 以匀角速度 $\omega$ 转动，求绳的拉力及铰链 $O$ 对杆 $OB$ 的约束力。

答：$F_T=P\left(\dfrac{\tan\varphi}{2}+\dfrac{l\omega^2}{3g}\sin\varphi\right)$，$F_{Ox}=P\left(\dfrac{\tan\varphi}{2}-\dfrac{l\omega^2}{6g}\sin\varphi\right)$，$F_{Oy}=P$。

图 12-27 动画

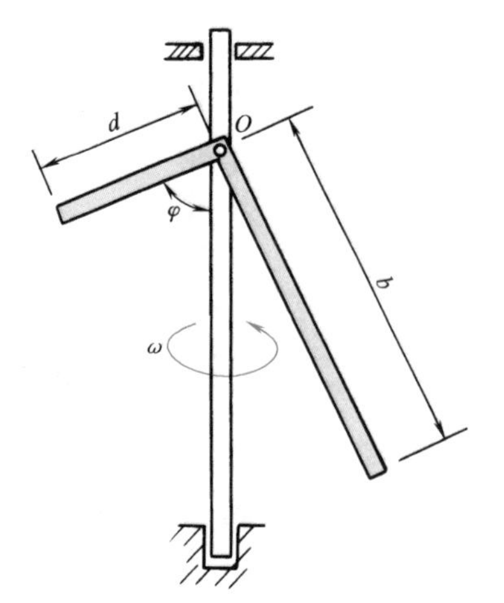


图 12-27 题 12-11 图

图 12-28 动画

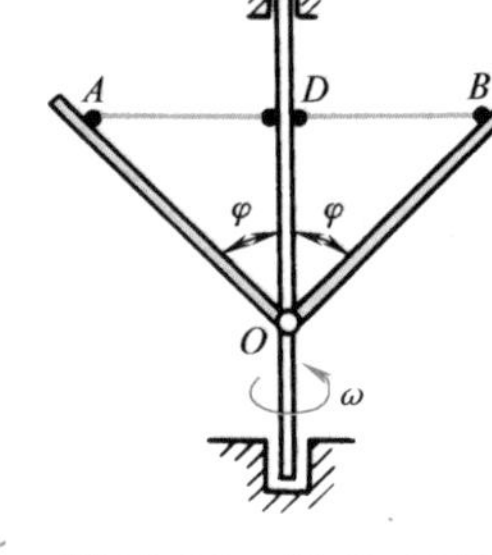


图 12-28 题 12-12 图

12-13 图 12-29 所示均质杆 $AB$ 长为 $l$，质量为 $m$，以等角速度 $\omega$ 绕铅垂轴 $z$ 转动，当达到稳定状态时，$\beta$ = 常数。试求杆与铅垂线的夹角 $\beta$ 及铰链 $A$ 的约束力。

答：$\beta=\arccos\left(\dfrac{3g}{2l\omega^2}\right)$，$F_A=\dfrac{ml\omega^2}{2}\sqrt{1+\dfrac{7g^2}{4l^2\omega^4}}$。

12-14 一转速表的简化模型如图 12-30 所示。杆 $CD$ 的两端各有重均为 $P$ 的 $C$ 球和 $D$ 球，$CD$ 杆与转轴 $AB$ 铰接，自重不计。当转轴 $AB$ 转动时，$CD$ 杆的转角 $\varphi$ 就发生变化。设 $\omega=0$ 时，$\varphi=\varphi_0$，且弹簧中无力。弹簧产生的力矩 $M$ 与转角 $\varphi$ 的关系为 $M=k(\varphi-\varphi_0)$，$k$ 为弹簧刚度系数。当 $\omega$ 为匀速转动时，达到稳定状态，$\varphi$ = 常数，试求角速度 $\omega$ 与角 $\varphi$ 之间的关系。

答：$\omega=\sqrt{\dfrac{kg(\varphi-\varphi_0)}{Pl^2\sin2\varphi}}$。

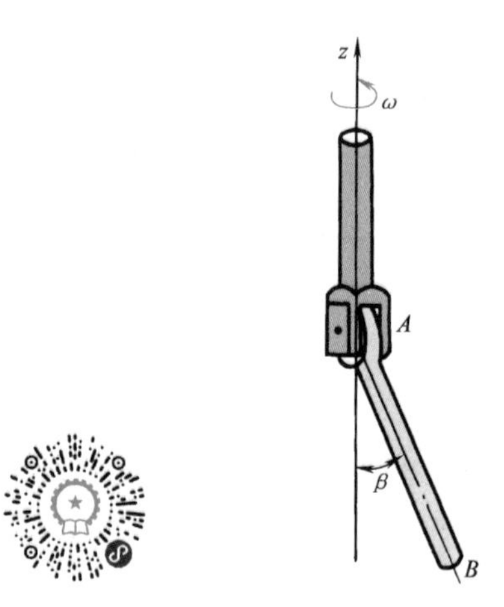

图 12-29 动画　　图 12-29 题 12-13 图

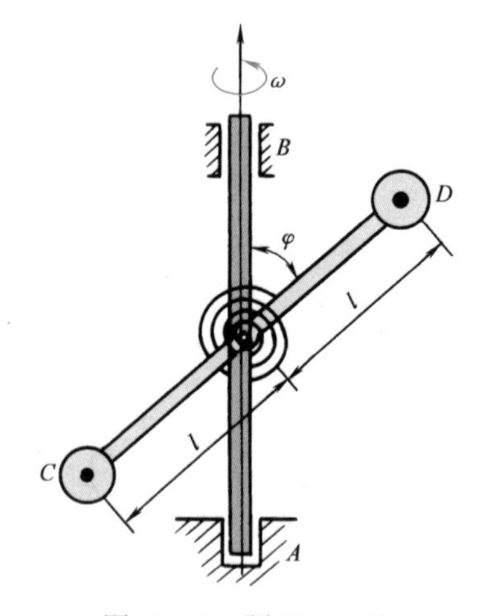


图 12-30 题 12-14 图

12-15 在悬臂梁 $AB$ 的 $B$ 端装有质量为 $m_B$、半径为 $r$ 的均质鼓轮，如图 12-31 所示，一主动力偶，其矩为 $M$，作用于鼓轮以提升质量为 $m_C$ 的物体 $C$。设 $AB=l$，梁和绳子的自重都略去不计。求 $A$ 处的约束力。

答：$F_{Ax}=0$，$F_{Ay}=(m_B+m_C)g-2m_C(M-m_Crg)/(m_B+2m_C)r$，

$M_A=l[(m_B+m_C)g+2m_C(M-m_Crg)/(m_B+2m_C)r]$。

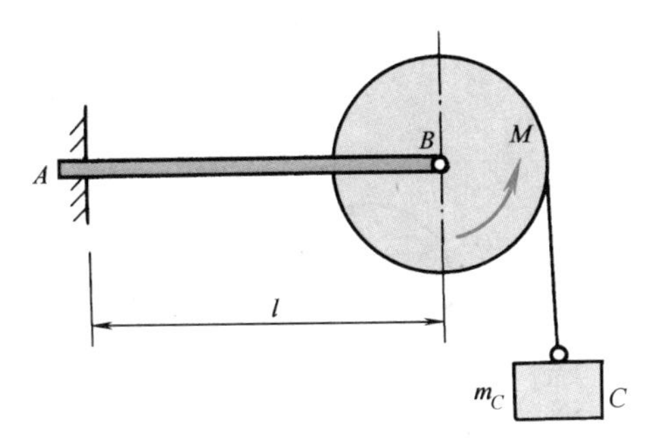


图 12-31　题 12-15 图

图 12-31 动画

习题 12-15 讲解

12-16　图 12-32 所示矩形均质平板长 0.2m，宽 0.15m，质量为 27kg，由两个销子 $A$ 和 $B$ 悬挂。如果突然撤去销子 $B$，求在撤去的瞬时平板的角加速度和销子 $A$ 的约束力。

答：$\alpha=47.04\text{rad/s}^2$，$F_{Ax}=95.26\text{N}$，$F_{Ay}=137.6\text{N}$。

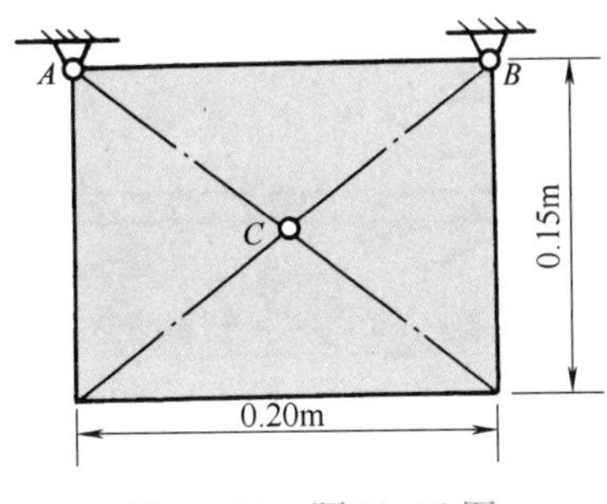


图 12-32　题 12-16 图

图 12-32 动画

12-17　均质杆重 $P$、长 $l$，悬挂如图 12-33 所示。求一绳突然断开时，杆的质心的加速度及另一绳的拉力。

答：$a_C=3g/7$，$F_{\mathrm{T}}=4P/7$。

12-18　图 12-34 所示一拖车沿水平面纯滚动，拖车的车厢加速度为 $\boldsymbol{a}$，拖车总重为 $W$，其中车轮重 $P$，半径为 $r$，对轮轴的回转半径 $\rho=0.8r$，拖车车厢的重心 $C$ 认为与 $A$ 在同一水平线上，距地面为 $h$，轮轴距 $A$ 为 $l$。求 $A$、$B$ 两处的约束力。

答：$F_{NB}=W-1.64\dfrac{Pa}{gl}(h-r)$，$F=0.64\dfrac{Pa}{g}$，

$F_{Ax}=(W+0.64P)\dfrac{a}{g}$，$F_{Ay}=1.64P\dfrac{(h-r)a}{gl}$。

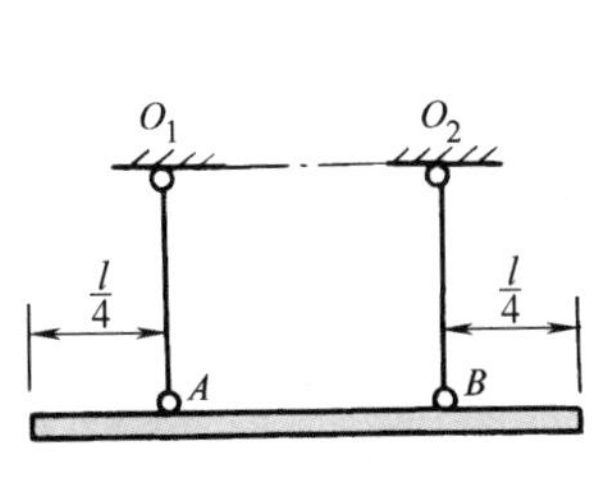


图 12-33　题 12-17 图

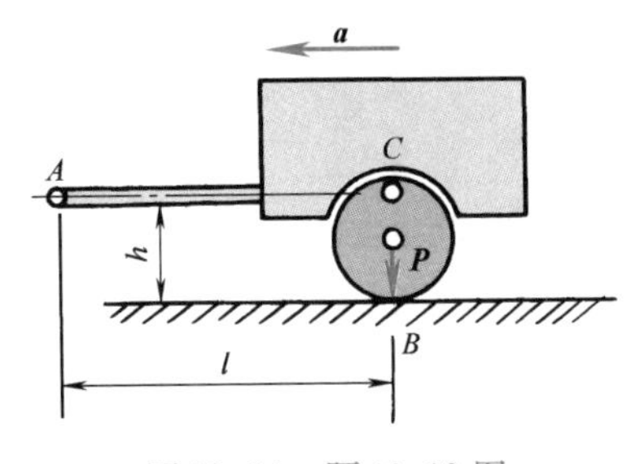


图 12-34　题 12-18 图

12-19　图 12-35 所示半径 $r=0.4\text{m}$、重 $W=5\text{kN}$ 的均质圆柱 $C$ 在倾角 $\theta=30°$的轨道 $EB$ 上只滚不滑。若 $b=1\text{m}$，不计轨道重量。求圆柱 $C$ 运动到 $s=1.5\text{m}$ 时，固定端 $A$ 的约束力和约束力偶。

答：$F_{Ax}=1.44\text{kN}$，$F_{Ay}=4.17\text{kN}$，$M_A=10.66\text{kN}\cdot\text{m}$。

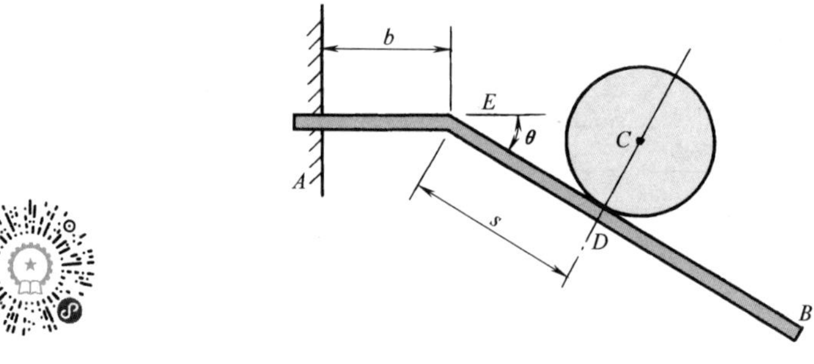


图 12-35 动画

图 12-35　题 12-19 图

12-20　相同的两均质杆 $OA$ 和 $AB$ 用铰链 $O$、$A$ 连接。如图 12-36 所示，在水平位置，由静止开始运动。求初瞬时各杆的角加速度。

答：$\alpha_{OA}=9g/7l$，顺时针；$\alpha_{AB}=3g/7l$，逆时针。

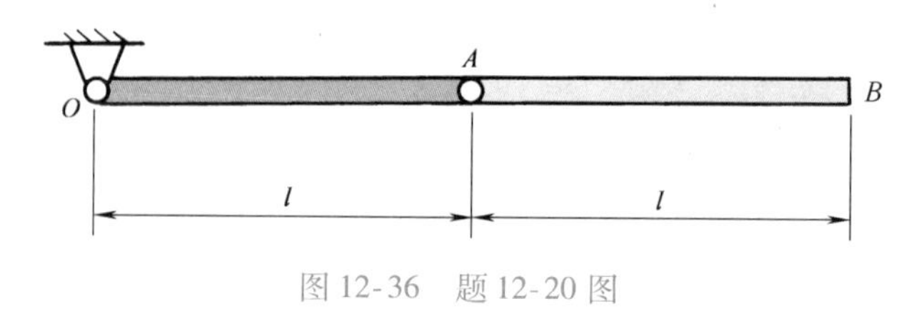


图 12-36　题 12-20 图

12-21　铅垂面内曲柄连杆滑块机构中，均质直杆 $OA=r$，$AB=2r$，质量分别为 $m$ 和 $2m$，滑块质量为 $m$。曲柄 $OA$ 匀速转动，角速度为 $\omega_O$。在图 12-37 所示瞬时，滑块运行阻力为 $\boldsymbol{F}$。不计摩擦，求滑道对滑块的约束力及 $OA$ 上的驱动力偶矩 $M_O$。

答：$F_{NB}=\dfrac{2}{9}m\omega_O^2r+2mg+\dfrac{\sqrt{3}F}{3}$，$M_O=\dfrac{2\sqrt{3}}{3}m\omega_O^2r^2+Fr$。

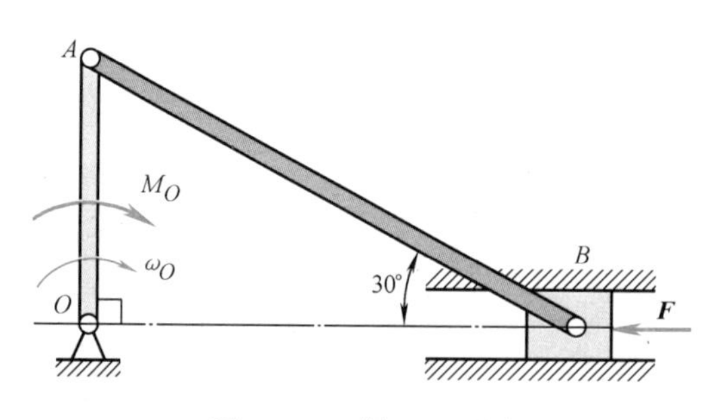


图 12-37　题 12-21 图

12-22　杆 $AB$ 和 $BC$ 其单位长度的质量均为 $m$，铰接如图 12-38 所示。圆盘在铅垂平面内绕 $O$ 轴做匀角速转动。求在图示位置时，作用在 $AB$ 杆上 $A$ 点和 $B$ 点的力。

答：$F_{Ax}=-3r^2m\omega^2$，$F_{Ay}=rmg$；$F_{Bx}=\dfrac{1}{2}r^2m\omega^2$，$F_{By}=rmg$。

12-23　图 12-39 中，$AB$、$BC$ 为长度相等、质量不等的两均质杆，已知从如图所示位置无初速地开始运动时，$BC$ 杆中点 $M$ 的加速度与铅垂线的夹角为 30°，求两杆质量之比。

答：$m_{AB}:m_{BC}=14:3$。

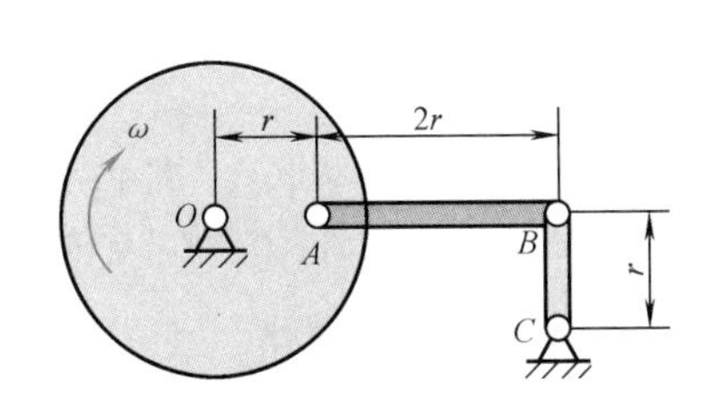


图 12-38　题 12-22 图

图 12-38 动画

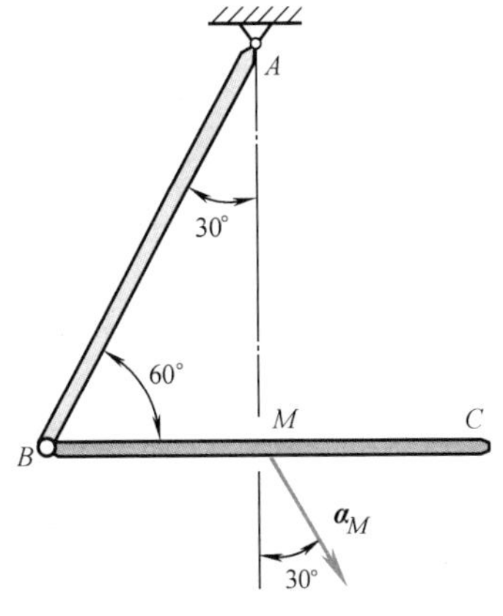


图 12-39　题 12-23 图

12-24　图 12-40 所示长为 $l$、质量为 $m$ 的均质杆 $AB$ 用光滑铰链铰接在半径为 $r$、质量为 $m$ 的圆盘的中心 $A$。圆盘置于粗糙的水平面上。若 $AB$ 杆从如图所示水平位置无初速释放，求运动到铅垂位置时，（1）$AB$ 杆的角速度 $\omega_{AB}$、圆心 $A$ 的速度 $\boldsymbol{v}_A$；（2）$AB$ 杆的角加速度 $\alpha_{AB}$、圆心 $A$ 的加速度 $\boldsymbol{a}_A$；（3）地面作用于圆盘上的力。

答：（1）$\omega_{AB}=\sqrt{30g/7l}, v_A=-\sqrt{6gl/35}$；

（2）$\alpha_{AB}=0, a_A=0$；

（3）$F_N=\dfrac{29}{7}mg, F=0$。

12-25　图 12-41 所示水平板以不变的加速度 $\boldsymbol{a}$ 向右运动，管子 $O$ 放置在此板上。若管子和平板之间的静摩擦因数为 $f_s=0.4$。求管子做纯滚动时，平板能够达到的最大加速度。

答：$a_{max}=0.8g$。

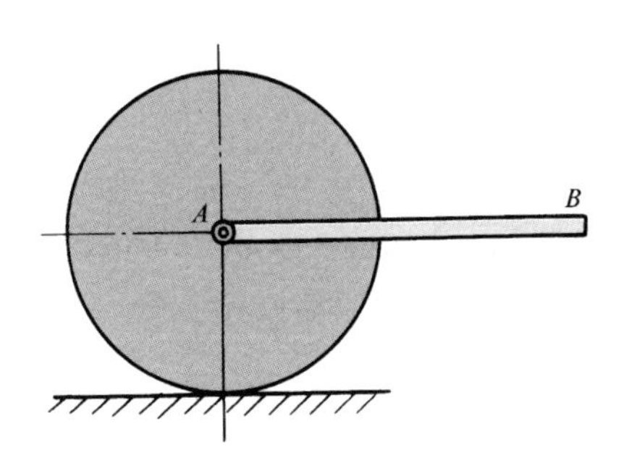


图 12-40　题 12-24 图

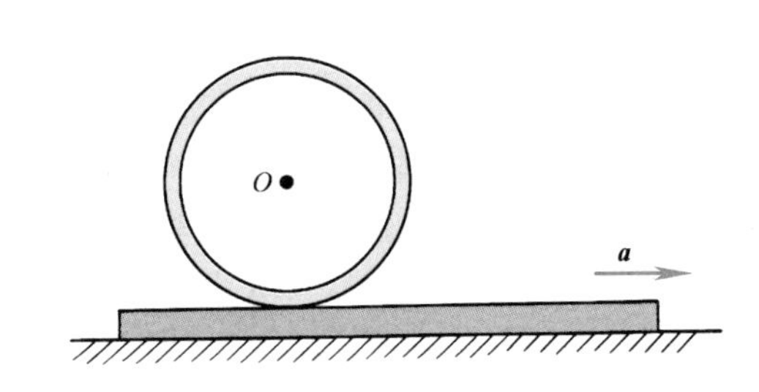


图 12-41　题 12-25 图

12-26　均质圆盘质量为 $m_1$，半径为 $R$。均质细长杆长 $l=2R$，质量为 $m_2$。杆端 $A$ 与轮心为光滑铰接，如图 12-42 所示。如在 $A$ 处加一水平拉力 $\boldsymbol{F}$，使轮沿水平面纯滚动。问：力 $F$ 为多大方能使杆的 $B$ 端刚好离开地面？又为保证纯滚动，轮与地面间的静摩擦因数应为多大？

答：$F=\left(\frac{3}{2}m_1+m_2\right)\sqrt{3}g, f\geq\frac{\sqrt{3}m_1}{2(m_1+m_2)}$。

图 12-42 动画

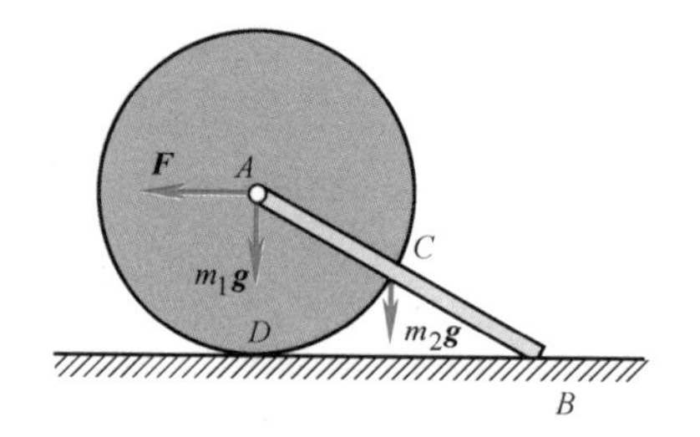

图 12-42　题 12-26 图

12-27　图 12-43 所示塔轮由三个圆轮组成，其质量分别为 $m_1=20\text{kg}$、$m_2=16\text{kg}$、$m_3=10\text{kg}$，其中两轮的质心 $C_1$、$C_3$ 偏离转动轴线的距离为 $e_1=1\text{mm}$、$e_3=1.2\text{mm}$，在图示瞬时，三轮的质心 $C_1$、$C_2$、$C_3$ 与转动轴在同一平面内。塔轮的转速为 $n=2400\text{r/min}$，求轴承 $A$、$B$ 的附加动约束力。

答：$F_{NA}^{(d)}=783\text{N}(\uparrow), F_{NB}^{(d)}=-278\text{N}(\downarrow)$。

12-28　某传动轴上安装有两个齿轮，质量分别为 $m_1$、$m_2$，偏心距分别为 $e_1$ 和 $e_2$。在图 12-44 所示瞬时，$C_1D_1$ 平行于 $z$ 轴，$C_2D_2$ 平行于 $x$ 轴，该轴的转速是 $n$（r/min）。求此时轴承 $A$、$B$ 的附加动约束力。

答：$F_{Ax}^{(d)}=-\frac{1}{4}m_2e_2\left(\frac{n\pi}{30}\right)^2$，　$F_{Az}^{(d)}=-\frac{3}{4}m_1e_1\left(\frac{n\pi}{30}\right)^2$；

$F_{Bx}^{(d)}=-\frac{3}{4}m_2e_2\left(\frac{n\pi}{30}\right)^2$，　$F_{Bz}^{(d)}=-\frac{1}{4}m_1e_1\left(\frac{n\pi}{30}\right)^2$。

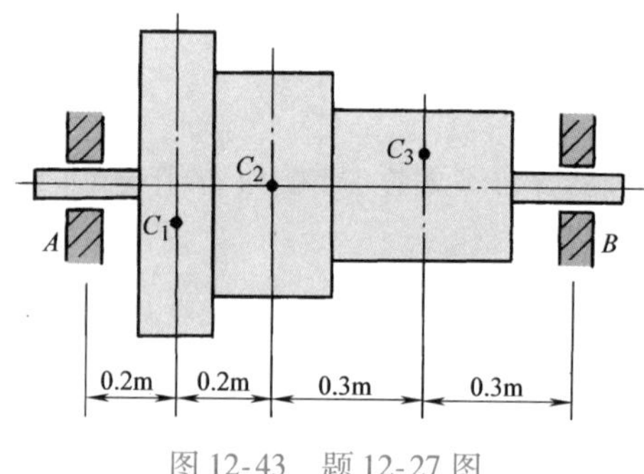

图 12-43　题 12-27 图

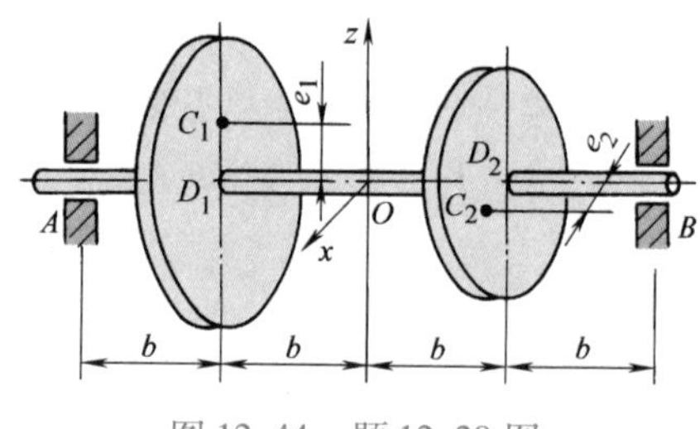

图 12-44　题 12-28 图

12-29　图 12-45 所示涡轮机的转盘重量 $W=2\text{kN}$，质心 $C$ 到转轴 $z$ 的距离 $e=0.5\text{mm}$（图中已夸大）。转轴 $z$ 垂直于转盘的对称面。转盘绕此铅垂轴 $z$ 匀速转动，转速 $n=6000\text{r/min}$。设 $AB=h=1000\text{mm}$，试求当转盘转到重心 $C$ 位于 $yz$ 平面的瞬时，推力轴承 $A$ 和向心轴承 $B$ 的静约束力和附加动约束力。

答：静约束力：$F_{Ax}=F_{Bx}=0$，$F_{Ay}=1\text{N}$，$F_{Az}=2\text{kN}$，$F_{By}=-1\text{N}$；

附加动约束力：$F_{Ax}^{(d)}=F_{Bx}^{(d)}=0$，$F_{Ay}^{(d)}=F_{By}=-20.142\text{kN}$。

12-30　图 12-46 所示砂轮轴上安装两个砂轮，它们的质量分别 $m_1=3\text{kg}$，$m_2=5\text{kg}$，其重心分别在 $C_1$ 和 $C_2$ 点，偏心距都是 $e=0.2\text{mm}$。转轴 $z$ 垂直于两砂轮的对称面。包含转轴 $z$ 和 $C_1$ 或 $C_2$ 点的两个平面间的夹角为 $\varphi=120°$。砂轮轴以转速 $n=3000\text{r/min}$ 做匀速转动，求在图示位置时两轴承的附加动约束力。

答：$F_{Ax}=-113.96\text{N}$，$F_{Ay}=85.54\text{N}$；$F_{Bx}=28.49\text{N}$，$F_{By}=-95.41\text{N}$。

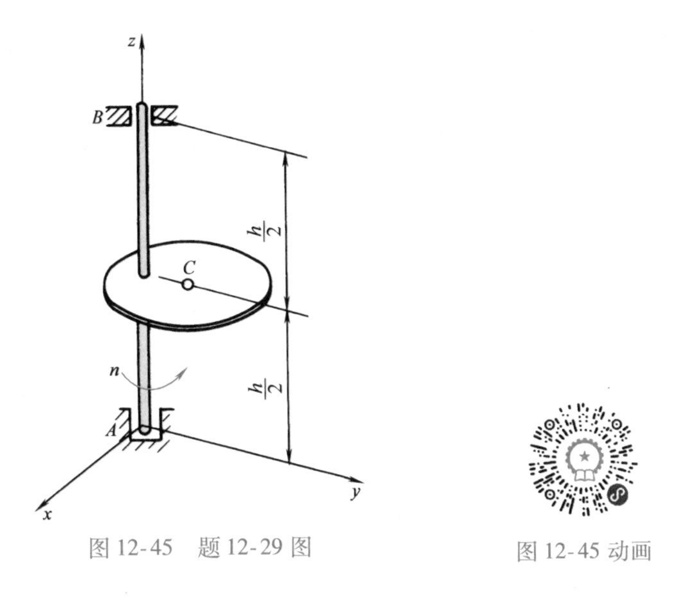


图 12-45 题 12-29 图

图 12-45 动画

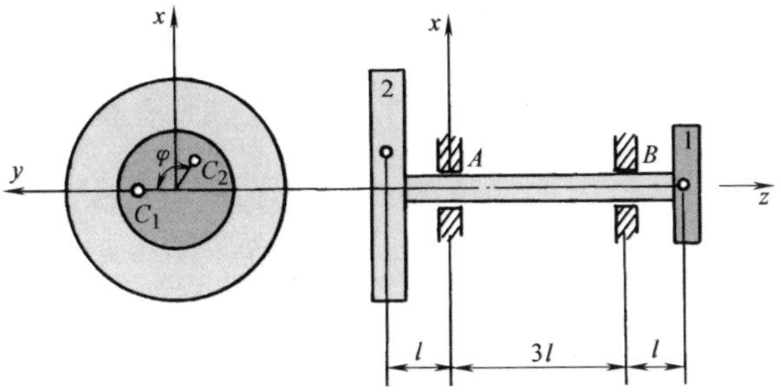

图 12-46 题 12-30 图

12-31 三圆盘 $A$、$B$ 和 $C$ 均重 120N，共同固结在 $x$ 轴上，其位置如图 12-47 所示。$A$ 盘的质心 $G$ 距轴 $e_A=z_A=0.5\text{cm}$，而 $B$、$C$ 盘的质心均在轴上。若将两个 10N 重的均衡质量分别放在 $B$、$C$ 盘上，问应如何放置可使此系统达到动平衡？

答：$e_B=z_B=-12\text{cm}$，$e_C=z_C=6\text{cm}$。

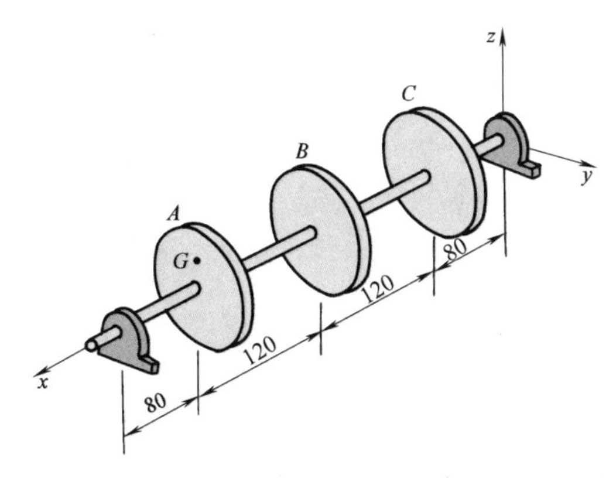


图 12-47 题 12-31 图

12-32 5个圆盘固结在同一根轴上，如图12-48所示，各圆盘厚度都不计，盘面都与转轴（$z$轴）垂直，质量：$m_5=m_4=m_1=2m_2=3m_3=48m$。其中1、2、3盘的质心点与$z$轴间存在偏心距，依次为：$e_1=2e_2=3e_3=6e$。图示位置时1、3盘的质心点都在竖直线上，2盘的质心点在水平线上；盘4、5不存在偏心距。为使整个齿轮轴在匀速转动过程中对$A$、$B$两轴承不产生附加动约束力，决定在盘4、5上各镶嵌一个质量都为$0.5m$的硬质点。试确定硬质点在4、5盘上的位置角$\varphi$、$\theta$及其与$z$轴之间的偏距$e_4$、$e_5$的值。

答：$\varphi=\pi+\arctan(192/448)=203.2°$，$e_4=162.5e$，$\theta=\pi+\arctan(360/1632)=192.4°$，$e_5=371.2e$。

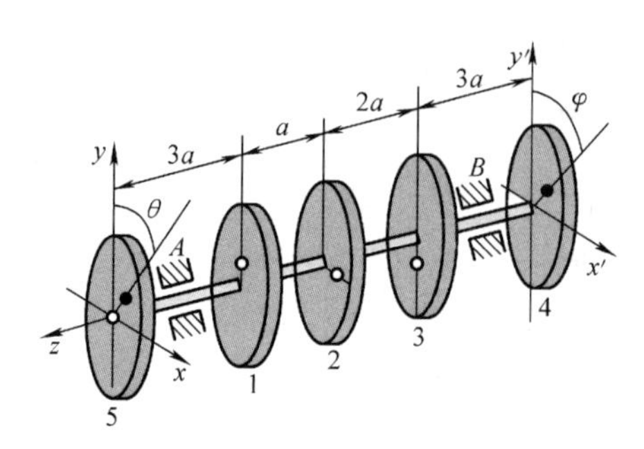


图12-48 题12-32图

13

# 第 13 章 虚位移原理及拉格朗日方程

在静力学中，通过几何矢量法建立了质点系的平衡方程，进而解决了物体间的平衡问题。虚位移原理主要是从力、位移和功的概念出发，运用数学分析的方法解决某些静力学问题。法国数学家拉格朗日将达朗贝尔原理和虚位移原理相结合，建立了解决动力学问题的动力学普遍方程，并且进一步导出了拉格朗日方程。

## 13.1 虚位移的基本概念

### 13.1.1 约束和约束方程

质点系分为自由质点系和非自由质点系两种。如果质点的运动状态（轨迹、速度等）只取决于作用力和运动的起始条件，这种质点系称为**自由质点系**，它的运动称为**自由运动**。与此相反，如果质点系的运动状态受到某些预先给定的限制（运动的起始条件也要满足这些限制条件），这种质点系称为**非自由质点系**，它的运动称为**非自由运动**。

非自由质点系受到的预先给定的限制称为**约束**。用解析表达式表示的限制条件称为**约束方程**。

在静力学中，考虑的是如何将约束对物体的限制作用以约束力的形式表现出来；在虚位移原理中，考虑的是如何将约束对物体的位置、形状以及运动的限制作用，用解析表达式的形式表现出来。

### 13.1.2 约束的分类

约束有多种分类方法，常见的有以下几种。

**1. 几何约束和运动约束** 如果约束只限制质点或质点系在空间的位置，这种约束称为**几何约束**。例如，图 13-1 中的单摆，摆锤 $M$ 可简化为一质点，受到水平转轴 $O$ 和摆杆 $OM$ 的约束，且在 $xOy$ 平面内绕 $O$ 轴摆动，设摆杆长 $l$，则几何约束方程为

$$x^2 + y^2 = l^2$$

如果约束对于质点或质点系不仅有位移方面的限制，还有速度或角速度方面的限制，这种约束称为**运动约束**。例如，图 13-2 中，一个半径为 $r$ 的车轮受到粗糙水平直线道路的约束，它限制轮心必须做直线运动，车轮则沿道路纯滚动，它们的约束方程为

$$y_O = r \tag{a}$$

$$v_O - r\omega = 0$$

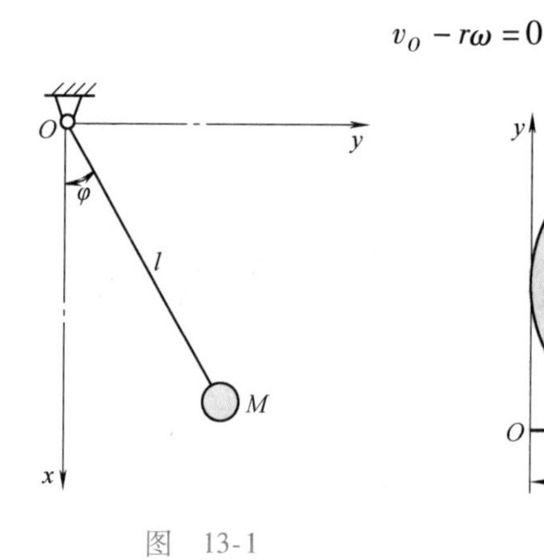


图 13-1

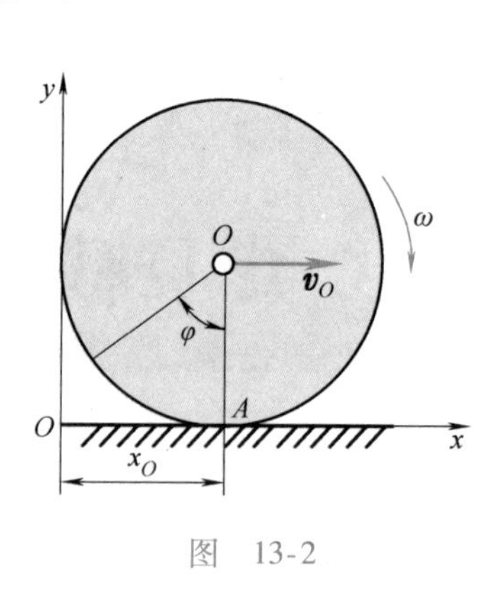


图 13-2

或

$$\frac{dx_O}{dt} - r\frac{d\varphi}{dt} = 0 \qquad (b)$$

方程（a）只与位置 $r$ 有关，是几何约束方程。方程（b）中包含了轮心的速度 $\boldsymbol{v}_O$ 和车轮的角速度 $\omega$，或轮心坐标 $x_O$ 和车轮转角 $\varphi$ 对时间 $t$ 的一阶导数，因此这是运动约束方程。

**2. 定常约束和非定常约束** 如果约束方程中不显含时间变量 $t$，这种约束称为**定常约束**；反之，显含时间变量 $t$ 的约束称为**非定常约束**。上面列举的单摆、车轮中的约束都是定常约束。图 13-3 所示为一变长度的单摆，摆锤 $M$ 可简化为质点，约束它的是一软线。此软线的起始摆长为 $l_0$，穿过固定在 $O$ 点上的小圆环，以不变的速度 $\boldsymbol{v}_O$ 向左下方拉曳，迫使摆锤 $M$ 在铅垂平面 $xOy$ 内做变摆长的摆动。在任意瞬时 $t$，它的约束方程为

$$x^2 + y^2 = (l_0 - v_O t)^2$$

式中显含时间变量 $t$，是非定常约束。

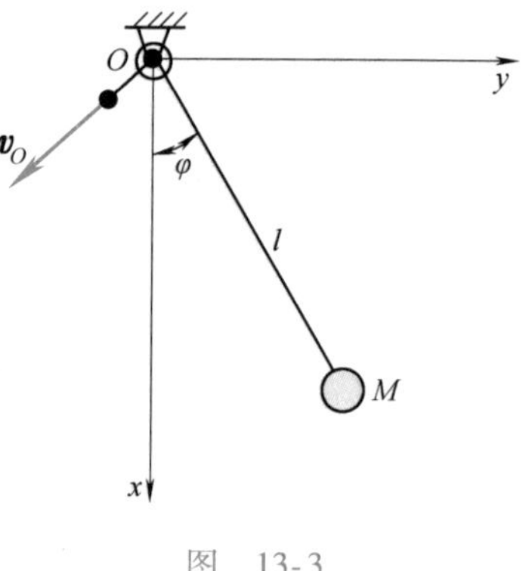


图 13-3

**3. 完整约束和非完整约束** 如果在约束方程中不包含坐标对时间的导数，或者虽然包含坐标对时间的导数，但它可以积分，转换为有限形式，这种约束称为**完整约束**。上面列举的各种约束都是完整约束。在车轮一例中，约束方程（b）包含了坐标 $x_O$ 和 $\varphi$ 对时间 $t$ 的导数，但是它可以积分，转换为有限形式

$$x_O - r\varphi + b = 0$$

式中，$b$ 是积分常数，由运动的起始条件确定。因此，它仍然是完整约束。

如果约束方程中包含坐标对时间的导数，此导数还不能转换为有限形式，这种约束称为**非完整约束**。[㊀]

**4. 双面约束和单面约束** 如果某约束不仅能限制质点在某一方向的运动，还能限制其在相反方向的运动，这种约束称为**双面约束**；如果它只能限制某一方向的运动，则称为**单面**

㊀ 非完整约束的实例请参阅 Л. Г 洛强斯基，А. И 路尔叶《理论力学教程》下册第二分册，P. 215-216（高等教育出版社，1956）。

约束。前面列举的单摆系用摆杆约束，为双面约束；如果改用不可伸长的软线约束，则只能限制摆锤沿软线受拉方向的运动，并不能限制摆锤沿软线受压方向的运动，其单面约束方程为

$$x^2+y^2\leqslant l^2$$

由此可知，双面约束方程是等式的形式，单面约束方程则是不等式的形式。

本章只讨论完整的、定常的、双面约束。假设某质点系由 $n$ 个质点、$s$ 个约束组成，此系统的约束方程的一般形式应为

$$f_j(x_1,y_1,z_1,\cdots,x_i,y_i,z_i,\cdots)=0\quad(i=1,2,\cdots,n;\ j=1,2,\cdots,s)\tag{13-1}$$

### 13.1.3　自由度

在具有完整约束的质点系中，确定其位置的独立坐标的个数称为该质点系的**自由度数**。下面分两种情形推导质点系自由度数的计算公式。

**1. 以质点作为质点系的基本单元**　设某质点系由 $n$ 个质点、$s$ 个完整约束组成。在笛卡儿坐标系中，用 $3n$ 个坐标来确定 $n$ 个质点在空间的位置。该质点系受到 $s$ 个约束方程的限制，因此，确定该质点系位置的独立坐标的数目，即自由度数 $k$ 为

$$k=3n-s\tag{13-2a}$$

如果质点系属于平面问题，例如，在 $xOy$ 平面内，$z_i\equiv0$，则为

$$k=2n-s\tag{13-2b}$$

在图 13-1 中，单摆是平面问题，$n=1$，$s=1$，所以单摆的自由度数 $k=2\times1-1=1$。

**2. 以刚体作为刚体系的基本单元**　设某刚体系由 $n$ 个刚体、$s$ 个完整约束组成。一般来说，要用 $3n$ 个线位移坐标（例如笛卡儿坐标系的三个坐标）和 $3n$ 个角位移坐标（例如三个欧拉角）共计 $6n$ 个坐标来确定这 $n$ 个刚体在空间的位置。该刚体系还要受到 $s$ 个约束方程的限制，因此，确定该刚体系位置的独立坐标的数目亦即自由度数 $k$ 为

$$k=6n-s\tag{13-3a}$$

如果刚体系属于平面问题，例如，在 $xOy$ 平面内，$z_i\equiv0$，$\varphi_x=\varphi_y\equiv0$，则为

$$k=3n-s\tag{13-3b}$$

在图 13-2 中，车轮属于平面问题，$n=1$，$s=2$，所以车轮的自由度数 $k=3\times1-2=1$。

### 13.1.4　广义坐标

用来确定质点系位置的独立变参量称为**广义坐标**。在完整约束的质点系中，广义坐标的数目等于该系统的自由度数。

图 13-4 所示平面双摆由刚体 $OA$、$AB$ 及铰链 $O$、$A$ 组成，则 $n=2$，$s=4$，所以它的自由度数 $k=3\times2-4=2$。若选择 $\varphi_1$ 和 $\varphi_2$ 作广义坐标，则此时 $A$、$B$ 两点的坐标方程可表示为

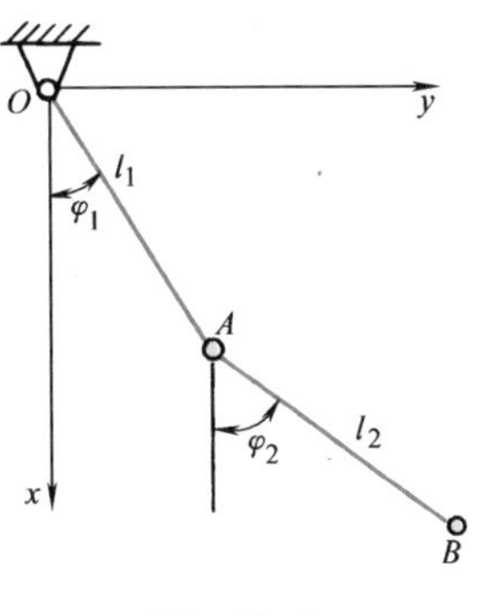

图　13-4

$$\left.\begin{aligned}x_A&=l_1\cos\varphi_1\\y_A&=l_1\sin\varphi_1\\x_B&=l_1\cos\varphi_1+l_2\cos\varphi_2\\y_B&=l_1\sin\varphi_1+l_2\sin\varphi_2\end{aligned}\right\}\tag{13-4}$$

以此类推，设某质点系由 $n$ 个质点、$s$ 个完整约束组成。由式（13-2a）知，该系统有 $k=3n-s$ 个自由度。若选择 $q_1, q_2, \cdots, q_k$ 作为确定此系统位置的 $k$ 个广义坐标。在选定的笛卡儿坐标系中，此系统任一质点 $M_i$ 的坐标可以表示为广义坐标的函数，即

$$\left.\begin{aligned} x_i &= x_i(q_1, q_2, \cdots, q_k) \\ y_i &= y_i(q_1, q_2, \cdots, q_k) \\ z_i &= z_i(q_1, q_2, \cdots, q_k) \end{aligned}\right\} \quad (i=1,2,\cdots,n) \tag{13-5a}$$

也可写成矢径的形式，则为

$$\boldsymbol{r}_i = \boldsymbol{r}_i(q_1, q_2, \cdots, q_k) \quad (i=1,2,\cdots,n) \tag{13-5b}$$

这是用广义坐标表示的质点系各质点位置的表达式。

## 13.2 虚位移　虚功

### 13.2.1 虚位移的概念

在力的作用下，质点或质点系一般会产生相应的真实运动。这种运动不仅符合该系统运动的起始条件，还满足它的约束条件。真实运动中的位移称为**实位移**。

在给定的位置上，质点系为所有约束所容许的无限小位移，称为此质点或质点系的**虚位移**。由此看出，虚位移与实位移有所不同。虚位移有如下三个特点：第一，虚位移是约束所容许的位移；第二，虚位移是无限小的位移；第三，虚位移是虚设的位移，这是最重要的一点，它的给出不会导致质点或质点系动能的任何变化。今后，质点系中第 $i$ 个质点的虚位移用 $\delta r_i$ 表示，以区别于该质点的实位移 $\mathrm{d}r_i$。这里的“δ”是**等时变分算子符号**，简称**变分符号**。在虚位移原理中它的运算规则与微分算子“d”的运算规则相同。

综上所述，实位移是一个力学现象，虚位移则是一个几何概念，二者的差别很大。下面通过实例加以说明。

在图 13-5a 中，设杆 $AB$ 的虚位移是绕 $O$ 的微小转动，即由 $AB$ 转过一个微小角度 $\delta\varphi$ 到 $A'B'$。相应地，杆上 $A$、$B$ 两点的虚位移 $\delta\boldsymbol{r}_A$、$\delta\boldsymbol{r}_B$ 是分别以 $O$ 点为圆心，$OA$、$OB$ 为半径的圆上的一段微小的弦 $AA'$、$BB'$。由于 $\delta\varphi$ 是微小的，所以可以认为 $\delta\boldsymbol{r}_A$、$\delta\boldsymbol{r}_B$ 垂直于 $AB$。各点的虚位移的方向如图所示。又如，图 13-5b 中曲柄连杆机构的虚位移，可由曲柄 $OA$ 转过一个微小角度 $\delta\varphi$ 而得到，即由位置 $OAB$ 到 $OA'B'$。曲柄销 $A$ 的虚位移 $\delta\boldsymbol{r}_A$ 垂直于 $OA$；滑块 $B$ 的虚位移 $\delta\boldsymbol{r}_B$ 沿导槽方向。以上两例中的杆 $AB$ 及曲柄 $OA$，如向相反方向转动一个微小角度，也是约束所允许的，在此情况下，整个系统及其中各点将有相反方向的虚位移。由此可知：实位移是在一定力的作用下和给定的初始条件下运动而实际发生的，具有确定的方向；虚位移则是在约束允许的条件下可能发生的，可视约束情况可能有几种不同的方向。

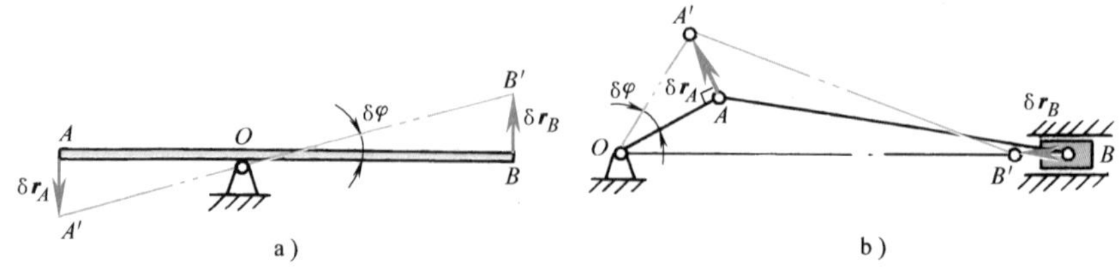


图　13-5

同时注意到，在定常约束的情况下，微小的实位移必然是虚位移之一。这是因为，只有约束所允许的位移才是实际上可能发生的位移。但应注意，在非定常约束的情况下，微小的实位移未必是虚位移之一。

这个结论虽然是通过具体的实例推导出来的，却具有普遍的意义。

### 13.2.2　虚位移的表示方法

一个质点系中各质点的虚位移必须满足约束条件，因而它们之间存在一定的关系，并且可以用几何法或解析法表示出来。

**1. 几何法**　对于刚体和刚体系统，常可运用几何学或运动学来求得各点虚位移之间的关系。

例如，在图 13-5a 中

$$\frac{\delta r_A}{\delta r_B}=\frac{OA}{OB},\quad \delta r_A=\frac{OA}{OB}\delta r_B$$

在图 13-5b 中，可利用 $\delta \boldsymbol{r}_A$ 及 $\delta \boldsymbol{r}_B$ 在 $AB$ 上投影相等的条件（虚速度法），求得 $\delta \boldsymbol{r}_A$ 与 $\delta \boldsymbol{r}_B$ 之间的关系。

**2. 解析法**　设质点系各质点的位置可以表示为广义坐标 $q_1$，$q_2$，…，$q_k$ 的函数，因此，在给出广义坐标的变分 $\delta q_1$，$\delta q_2$，…，$\delta q_k$ 以后，质点系中任一质点 $M_i$ 的虚位移可以表示为

$$\delta r_i=\frac{\partial r_i}{\partial q_1}\delta q_1+\frac{\partial r_i}{\partial q_2}\delta q_2+\cdots+\frac{\partial r_i}{\partial q_k}\delta q_k \quad 或 \quad \delta r_i=\sum_{h=1}^{k}\frac{\partial r_i}{\partial q_h}\delta q_h$$

此运算方法称为等时变分法，与求微分的方法相类似。

例如：若求图 13-4 所示双摆中 $AB$ 两点的虚位移，则给出广义坐标 $\varphi_1$、$\varphi_2$ 的变分为 $\delta\varphi_1$、$\delta\varphi_2$，对式（13-4）中各式做一阶等时变分运算，$A$、$B$ 点的虚位移为

$$\begin{aligned}
\delta x_A&=-l_1\sin\varphi_1\delta\varphi_1\\
\delta y_A&=l_1\cos\varphi_1\delta\varphi_1\\
\delta x_B&=-l_1\sin\varphi_1\delta\varphi_1-l_2\sin\varphi_2\delta\varphi_2\\
\delta y_B&=l_1\cos\varphi_1\delta\varphi_1+l_2\cos\varphi_2\delta\varphi_2
\end{aligned}$$

但应注意，坐标系 $Oxy$ 的原点必须选择在固定点上。

### 13.2.3　虚功

**作用于质点上的力在该质点的虚位移中所做的元功称为虚功**，用 $\delta W$ 表示。若用 $\boldsymbol{F}$、$\delta\boldsymbol{r}$ 分别代表力和虚位移，则虚功的表达式为

$$\delta W_F=\boldsymbol{F}\cdot\delta\boldsymbol{r} \tag{13-6}$$

如前所述，虚位移是虚设的，为约束所容许的无限小位移，因此虚功也是虚设的元功。虽然它的符号与力在实位移中的元功的符号 $\delta W_F$ 一样，但是一虚一实，有着本质的区别。

### 13.2.4　理想约束

质点或质点系的约束力 $\boldsymbol{F}_{\mathrm{N}}$ 在虚位移上也构成虚功。约束力虚功之和等于零的约束称为**理想约束**。可表示为

$$\sum\delta W_F=\sum\boldsymbol{F}_{\mathrm{N}}\cdot\delta\boldsymbol{r}=0 \tag{13-7}$$

理想约束是现实生活中的约束的抽象化模型，它代表了大多数约束的动力学性质。一般来说，凡是没有摩擦或摩擦力不做功的约束都属于理想约束。

**1. 光滑固定支承面和滚动铰链支座** 这两类约束的约束力 $\boldsymbol{F}_N$ 总是垂直于力的作用点 $A$ 的虚位移 $\delta\boldsymbol{r}$（图13-6a、b），因此其虚功为零。

**2. 光滑固定铰链支座和轴承** 这两种约束在构件和轴出现微小转角的虚位移时约束力的作用点保持不动，因此约束力的虚功之和为零（图13-7a、b）。

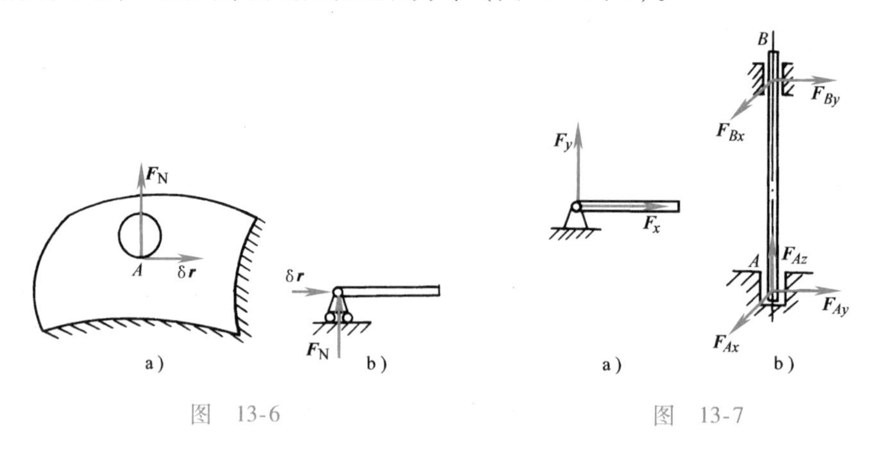


图 13-6　　　　图 13-7

**3. 连接物体的光滑铰链** 连接杆 $AB$ 和 $AC$ 的光滑铰链，其约束力 $\boldsymbol{F}$ 与 $\boldsymbol{F}'$ 作用于 $A$ 点（图13-8），并且是一对作用力与反作用力，因此 $\boldsymbol{F}=-\boldsymbol{F}'$。在 $A$ 点的虚位移 $\delta\boldsymbol{r}$ 中，这两个力的虚功之和为

$$\delta W=\boldsymbol{F}\cdot\delta\boldsymbol{r}+\boldsymbol{F}'\cdot\delta\boldsymbol{r}=(\boldsymbol{F}+\boldsymbol{F}')\cdot\delta\boldsymbol{r}=0$$

即约束力的虚功之和为零。

**4. 无重刚杆** 无重刚杆 $AB$ 连接两个物体，由于刚杆重量不计，因此其约束力 $\boldsymbol{F}$ 与 $\boldsymbol{F}'$ 应是一对大小相等、方向相反且共线的平衡力（图13-9）。设 $A$ 点和 $B$ 点的虚位移分别为 $\delta\boldsymbol{r}_A$ 和 $\delta\boldsymbol{r}_B$，则 $\boldsymbol{F}$ 与 $\boldsymbol{F}'$ 的虚功之和为

$$\begin{aligned}\delta W&=\boldsymbol{F}\cdot\delta\boldsymbol{r}_A+\boldsymbol{F}'\cdot\delta\boldsymbol{r}_B\\&=-F\left|\delta\boldsymbol{r}_A\right|\cos\theta_A+F'\left|\delta\boldsymbol{r}_B\right|\cos\theta_B\\&=F\left|\delta\boldsymbol{r}_B\right|\cos\theta_B-F\left|\delta\boldsymbol{r}_A\right|\cos\theta_A\end{aligned}$$

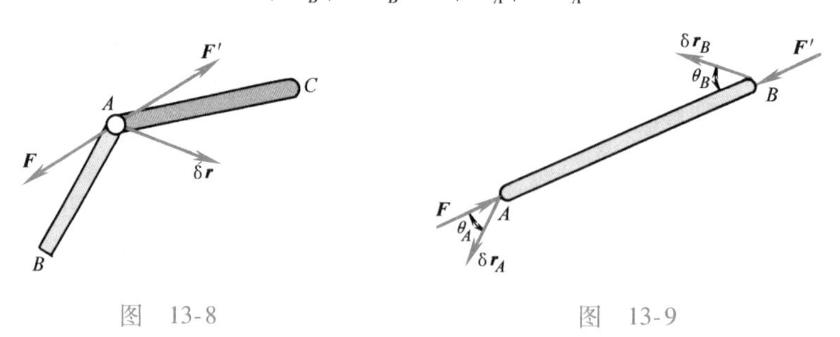


图 13-8　　　　图 13-9

考虑到刚杆上 $A$ 和 $B$ 点之间的距离不变，因此这两点的微小位移在其连线上的投影相等，即为

$$\left|\delta\boldsymbol{r}_A\right|\cos\theta_A=\left|\delta\boldsymbol{r}_B\right|\cos\theta_B$$

代入上式，得

$$\delta W=0$$

即无重刚杆约束力虚功之和为零。

**5. 连接两物体的不可伸长的柔索** 穿过光滑环 $C$ 的柔索，其 $A$ 和 $B$ 端分别与物体相连接（图13-10）。柔索作用于物体的约束力分别为 $\boldsymbol{F}_1$ 和 $\boldsymbol{F}_2$，$A$ 和 $B$ 点的虚位移分别为 $\delta\boldsymbol{r}_A$ 和 $\delta\boldsymbol{r}_B$。两个约束力的虚功之和为

$$\begin{aligned}\delta W&=\boldsymbol{F}_1\cdot\delta\boldsymbol{r}_A+\boldsymbol{F}_2\cdot\delta\boldsymbol{r}_B\\&=-F_1|\delta\boldsymbol{r}_A|\cos\theta_A+F_2|\delta\boldsymbol{r}_B|\cos\theta_B\end{aligned}$$

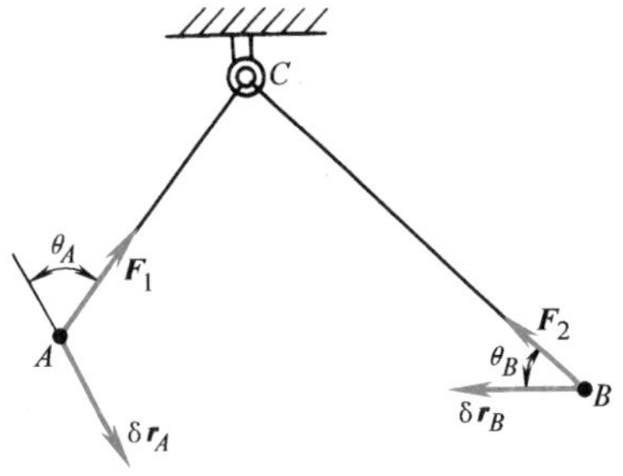

由于 $F_1=F_2$，则

$$\delta W=F_1(|\delta\boldsymbol{r}_B|\cos\theta_B-|\delta\boldsymbol{r}_A|\cos\theta_A)$$

柔索不可伸长，有

$$|\delta\boldsymbol{r}_A|\cos\theta_A=|\delta\boldsymbol{r}_B|\cos\theta_B$$

于是有

$$\delta W=0$$

则不可伸长柔索的约束力虚功之和为零。

图 13-10

**6. 刚体在固定面上无滑动的滚动** 此时固定面作用于刚体接触点 $A$ 上的约束力有法向约束力 $\boldsymbol{F}_{\mathrm{N}}$ 和摩擦力 $\boldsymbol{F}$（图13-11）。约束力虚功之和为

$$\delta W=(\boldsymbol{F}+\boldsymbol{F}_{\mathrm{N}})\cdot\delta\boldsymbol{r}_A$$

式中，$\delta\boldsymbol{r}_A$ 为刚体上 $A$ 点的虚位移。由于刚体在固定面上无相对滑动，所以刚体和固定面的接触点之间无相对速度，即刚体上的接触点 $A$ 的速度为

$$\boldsymbol{v}_A=\boldsymbol{0}\quad\text{或}\quad\boldsymbol{v}_A=\frac{\mathrm{d}\boldsymbol{r}_A}{\mathrm{d}t}=\boldsymbol{0}$$

即

$$\mathrm{d}\boldsymbol{r}_A=\boldsymbol{v}_A\mathrm{d}t=\boldsymbol{0}$$

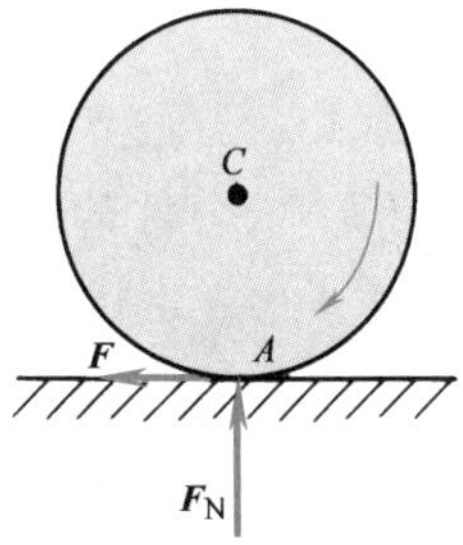

式中，$\mathrm{d}\boldsymbol{r}_A$ 为刚体上 $A$ 点的微小实位移。现在所研究的约束是定常约束，在此条件下实位移可转化为虚位移，因此有

$$\delta\boldsymbol{r}_A=\mathrm{d}\boldsymbol{r}_A=\boldsymbol{0}$$

于是得

$$\delta W=0$$

即刚体在固定面上做无滑动的滚动时，约束力的虚功之和为零。

图 13-11

## 13.3 虚位移原理及应用

虚位移原理是分析非自由质点系平衡的最普遍的原理。**虚位移原理可表述为：具有理想约束的质点系，在给定位置保持平衡的必要和充分条件是，所有作用于该质点系上的主动力在任何虚位移中所做的虚功之和等于零，即**

$$\sum\delta W_F=0\tag{13-8}$$

如果任意质点 $M_i$ 上的主动力和虚位移分别用 $\boldsymbol{F}_i$ 和 $\delta\boldsymbol{r}_i$ 表示，那么，虚位移原理的矢量

表达式为

$$\sum_{i=1}^{n} \boldsymbol{F}_i \cdot \delta \boldsymbol{r}_i = 0 \tag{13-9}$$

在笛卡儿坐标系的投影表达式为

$$\sum_{i=1}^{n} (F_{xi}\delta x_i + F_{yi}\delta y_i + F_{zi}\delta z_i) = 0 \tag{13-10}$$

式（13-8）、式（13-9）、式（13-10）亦称为**虚功方程**。

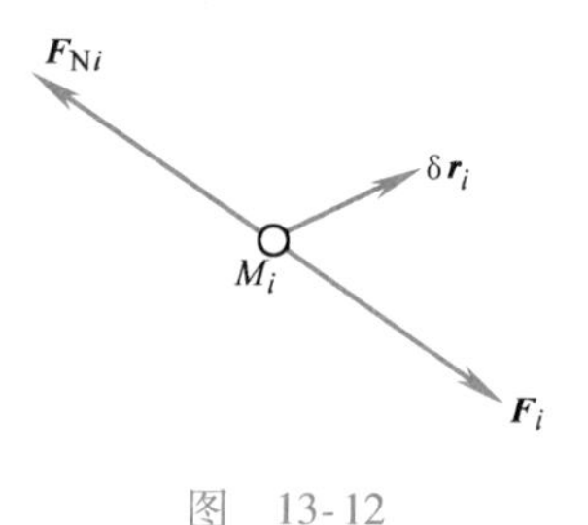

图 13-12

（1）必要性的证明：即如果质点系在给定位置是保持平衡的，需要证明式（13-9）成立。设质点系由 $n$ 个质点组成，在给定位置处于平衡状态，则该质点系中任一个质点 $M_i$ 亦应处于平衡状态，如图 13-12 所示，即作用于 $M_i$ 上的主动力合力 $\boldsymbol{F}_i$ 与约束力的合力 $\boldsymbol{F}_{Ni}$应相互平衡，即

$$\boldsymbol{F}_i + \boldsymbol{F}_{Ni} = \boldsymbol{0}$$

设质点 $M_i$ 在给定位置发生的虚位移为 $\delta \boldsymbol{r}_i$，则

$$(\boldsymbol{F}_i + \boldsymbol{F}_{Ni}) \cdot \delta \boldsymbol{r}_i = 0$$

对于有 $n$ 个质点的质点系来说，这样的方程一共有 $n$ 个，将其求和并整理后，得

$$\sum_{i=1}^{n} \boldsymbol{F}_i \cdot \delta \boldsymbol{r}_i + \sum_{i=1}^{n} \boldsymbol{F}_{Ni} \cdot \delta \boldsymbol{r}_i = 0$$

由于该系统的约束是理想约束，将式(13-7) 代入上式，得

$$\sum_{i=1}^{n} \boldsymbol{F}_i \cdot \delta \boldsymbol{r}_i = 0$$

即式（13-9）成立，证毕。

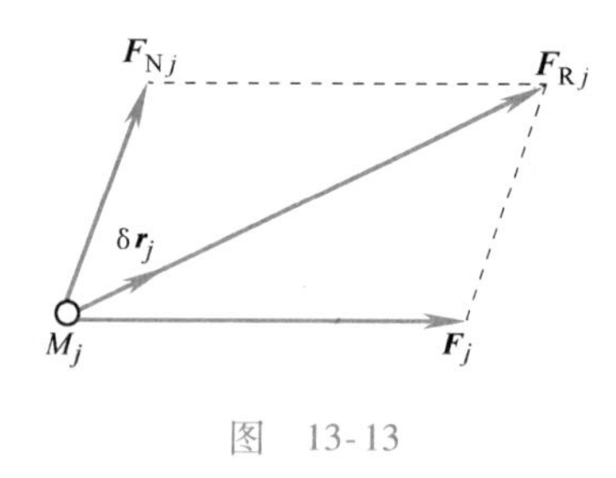

图 13-13

（2）充分性的证明：即如果式（13-9）成立，则质点系处于平衡静止状态。为简便起见，采用反证法。

设质点系由 $n$ 个质点组成。作用于此质点系上的主动力在给定位置的任意虚位移中所做的虚功之和等于零，即式（13-9）成立，但是该质点系并非处于静止状态，也就是说，至少有一个质点 $M_j$ 不平衡，如图 13-13 所示，则

$$\boldsymbol{F}_j + \boldsymbol{F}_{Nj} = \boldsymbol{F}_{Rj} \neq \boldsymbol{0}$$

设它的虚位移 $\delta \boldsymbol{r}_j$ 沿着 $\boldsymbol{F}_{Rj}$的方向。于是，该质点的合力在虚位移中的元功应为

$$\boldsymbol{F}_{Rj} \cdot \delta \boldsymbol{r}_j = (\boldsymbol{F}_j + \boldsymbol{F}_{Nj}) \cdot \delta \boldsymbol{r}_j > 0$$

该质点系有多少个质点不平衡，就有多少个这种元功大于零的方程，其余的质点仍处于静止状态，对这些点则有元功等于零的方程。将这 $n$ 个方程相加，得

$$\sum_{i=1}^{n} (\boldsymbol{F}_i + \boldsymbol{F}_{Ni}) \cdot \delta \boldsymbol{r}_i > 0$$

注意到质点系是理想约束，将式（13-7）代入上式，得

$$\sum_{i=1}^{n} \boldsymbol{F}_i \cdot \delta \boldsymbol{r}_i > 0$$

这个结论与最初的假设条件式（13-9）矛盾。这表明，在满足式（13-9）的前提下，质点系中的任何一个质点都不能由静止开始运动，即该质点系的所有质点均应处于静止状

态。证毕。

虚位移原理一般可用来分析以下两类平衡问题。

### 13.3.1　已知质点系处于平衡状态，求主动力之间的关系或平衡位置

在静力学中，处理刚体或刚体系统的平衡问题时，首先，将研究对象从整个系统中分离出来，并画出相应的受力图；其次，运用平衡条件建立平衡方程；然后进行求解。由于约束力是未知的，在求解过程中，常给求解过程增添一些麻烦，复杂系统尤为明显。

用虚位移原理处理刚体或刚体系统的平衡问题则有所不同，它无须解除约束，只有在需要求解约束力（包括内力）时才解除相应的约束。它以整个系统为研究对象，根据约束的性质，分析整个系统可能产生的运动，建立该系统在已知位置上的虚功方程，就可求出未知数。

---

**例 13-1**　图 13-14a 所示顶重装置中，$OA = AB = l$。若在点 $A$ 作用水平力 $\boldsymbol{F}$，试求当 $\angle AOB = \theta$ 时所能顶起的重物重量 $P$。

例题 13-1 讲解

**解**：这是一个单自由度系统，约束为理想约束，自由度数为 $k = 1$，设机构发生虚位移，如图 13-14b 所示。因为 $AB$ 为刚体杆，所以，若 $\delta \boldsymbol{r}_A$ 沿右上方，则 $\delta \boldsymbol{r}_B$ 的方向必为铅垂向上。则由虚位移原理

$$\sum \delta W_F = 0,\ F\cos\theta \cdot \delta r_A - P\delta r_B = 0 \qquad (*)$$

下面主要的工作是求虚位移 $\delta \boldsymbol{r}_A$、$\delta \boldsymbol{r}_B$ 之间的关系，由于 $AB$ 杆做平面运动，可以用求实位移的方法求同质点虚位移之间的关系。又由运动学可知，点的实位移与其速度成正比，即 $\mathrm{d}\boldsymbol{r}_A = \boldsymbol{v}_A \mathrm{d}t$，$\mathrm{d}\boldsymbol{r}_B = \boldsymbol{v}_B \mathrm{d}t$，故可用求各点速度关系的方法求各点虚位移之间的关系。于是，根据点 $A$ 与点 $B$ 的速度关系，可找出平面运动刚体 $AB$ 的速度瞬心 $C^*$，如图 13-14b 所示，则虚位移 $\delta \boldsymbol{r}_A$ 与 $\delta \boldsymbol{r}_B$ 的关系为

$$\frac{\delta r_A}{l} = \frac{\delta r_B}{2l\sin\theta}$$

并得

$$\delta r_B = 2\sin\theta \cdot \delta r_A$$

将此式代入式（*）得

$$F\cos\theta \cdot \delta r_A - P \cdot 2\sin\theta \cdot \delta r_A = 0$$

$$(F\cos\theta - 2P\sin\theta)\delta r_A = 0$$

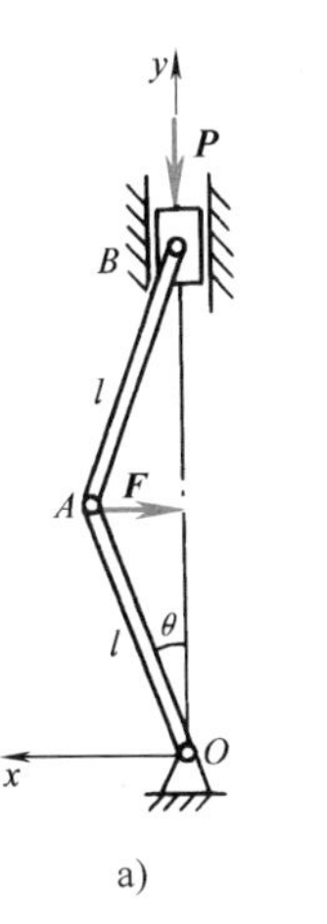


a)

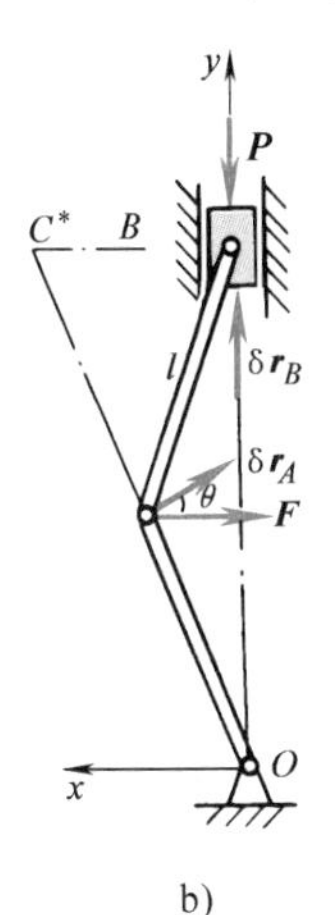


b)

图　13-14

考虑到 $\delta r_A \neq 0$，则只有小括号内两项的代数和为零。即得 $P = \dfrac{F}{2}\cot\theta$。

由于虚位移之间的关系是依据刚体的速度关系求得，所以此法称为**虚速度法**。

**例 13-2**　如图 13-15 所示，在螺旋压榨机的手柄 $AB$ 上作用一在水平面内的力偶（$\boldsymbol{F}$，$\boldsymbol{F}'$），其力偶矩等于 $2Fl$。设螺杆的螺距为 $h$，求平衡时作用于被压榨物体上的压力。

**解**：研究以手柄、螺杆和压板组成的平衡系统。若忽略螺杆和螺母间的摩擦，则约束是理想的。

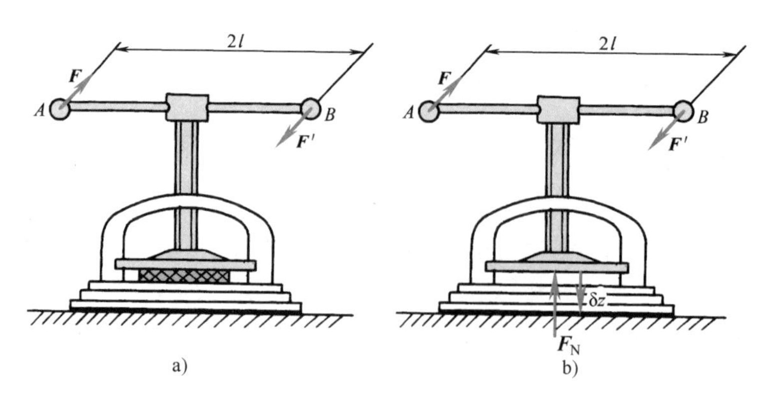


图 13-15

作用于平衡系统上的主动力为：作用于手柄上的力偶（$\boldsymbol{F}$，$\boldsymbol{F}'$）、被压物体对压板的约束力 $\boldsymbol{F}_N$。

给系统以虚位移，将手柄按顺时针转向转动极小角虚位移 $\delta\varphi$，于是螺杆和压板得到向下的位移 $\delta z$。由虚位移原理

$$\sum \delta W_F = 0, \quad -F_N \cdot \delta z + 2Fl \cdot \delta\varphi = 0 \qquad (*)$$

由机构的传动关系可知，对于单线螺纹，手柄 $AB$ 转一周，螺杆上升或下降一个螺距，即

$$\frac{\delta\varphi}{2\pi} = \frac{\delta z}{h} \quad 即 \quad \delta z = \frac{h}{2\pi}\delta\varphi$$

将上述虚位移 $\delta z$ 与 $\delta\varphi$ 的关系式代入式（ * ）得

$$\left(2Fl - \frac{F_N h}{2\pi}\right)\delta\varphi = 0$$

因 $\delta\varphi$ 是任意的，故

$$2Fl - \frac{F_N h}{2\pi} = 0$$

解得

$$F_N = 4\pi \frac{l}{h} F$$

所求的压力与约束力 $\boldsymbol{F}_N$ 的大小相等、方向相反。

由于此题中的虚位移关系是利用几何关系求出的，所以此法称为**几何法**。

**例 13-3** 图 13-16 所示的平面双摆中，摆锤 $A$、$B$ 各重 $P_1$ 及 $P_2$，摆杆各长 $l_1$ 和 $l_2$，设在 $B$ 点上加一水平力 $\boldsymbol{F}_1$ 以维持平衡，不计摆杆重量，求摆杆与铅垂线所成的角 $\varphi_1$ 及 $\varphi_2$。

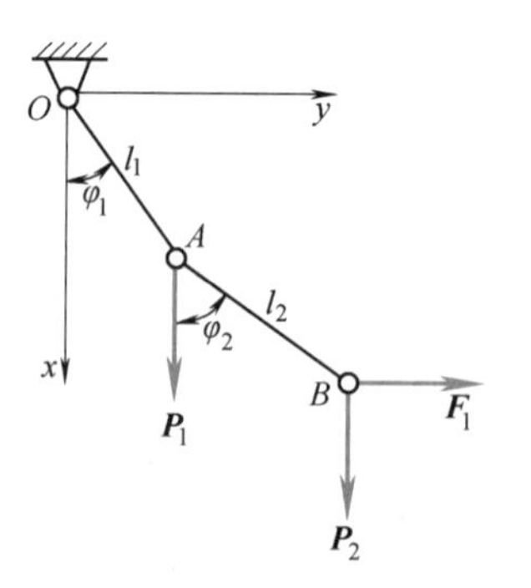


图 13-16

例题 13-3 讲解

**解**：前面已分析过这是一个具有两个自由度的系统，取 $\varphi_1$ 及 $\varphi_2$ 为广义坐标，则对应的广义虚位移分别为 $\delta\varphi_1$ 及 $\delta\varphi_2$。作用于此系

统的主动力为 $\boldsymbol{P}_1$、$\boldsymbol{P}_2$ 及 $\boldsymbol{F}_1$。由虚位移原理，按式（13-10）得

$$\sum \delta W_F = 0,\quad P_1\delta x_A + P_2\delta x_B + F_1\delta y_B = 0 \tag{a}$$

对式（13-4）中的第一、三、四式进行变分运算，得

$$\left.\begin{aligned}\delta x_A &= -l_1\sin\varphi_1\delta\varphi_1\\ \delta x_B &= -l_1\sin\varphi_1\delta\varphi_1 - l_2\sin\varphi_2\delta\varphi_2\\ \delta y_B &= l_1\cos\varphi_1\delta\varphi_1 + l_2\cos\varphi_2\delta\varphi_2\end{aligned}\right\} \tag{b}$$

将式（b）代入式（a），得

$$(-P_1l_1\sin\varphi_1 - P_2l_1\sin\varphi_1 + F_1l_1\cos\varphi_1)\delta\varphi_1 + (-P_2l_2\sin\varphi_2 + F_1l_2\cos\varphi_2)\delta\varphi_2 = 0$$

因为 $\delta\varphi_1$ 和 $\delta\varphi_2$ 是彼此独立变量的虚位移，则有 $\delta\varphi_1\neq 0$ 和 $\delta\varphi_2\neq 0$，于是有

$$-P_1l_1\sin\varphi_1 - P_2l_1\sin\varphi_1 + F_1l_1\cos\varphi_1 = 0$$

$$-P_2l_2\sin\varphi_2 + F_1l_2\cos\varphi_2 = 0$$

由此可解得

$$\tan\varphi_1 = \frac{F_1}{P_1+P_2},\qquad \tan\varphi_2 = \frac{F_1}{P_2}$$

由于以上解法利用虚位移原理的解析投影式及求虚位移的变分法，故而此法称为**解析法**。但应注意所选坐标系必须是静坐标系。

### 13.3.2　已知质点系处于平衡状态，求其内力或约束力

在此情况下，需要解除对应的约束，用相应的约束力代替，使待求的内力或约束力“转化”为主动力。

**例 13-4**　在图 13-17a 所示的机构中，各杆之间均用铰链连接，杆长 $AE = BD = 2l$，$DH = EH = l$。$D$、$E$ 之间连一弹簧，弹簧刚度系数为 $k$，弹簧的原长为 $l$。杆和弹簧的自重及各处的摩擦均不计。今在铰链 $H$ 上施加一铅垂向下的力 $\boldsymbol{F}_H$，并使该机构处于静止平衡状态，试确定力 $F_H$ 与夹角 $\theta$（杆件 $AE$ 与水平线的夹角）之间的关系。

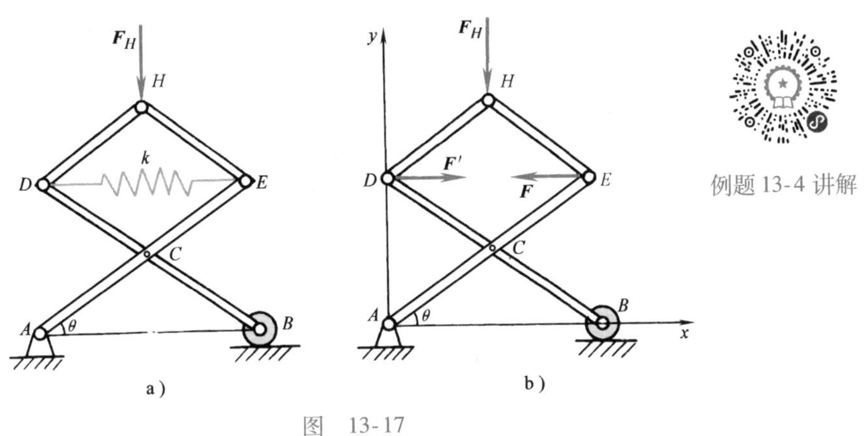


图　13-17

**解**：这是一个单自由度系统。取 $\theta$ 为广义坐标。因为弹簧 $DE$ 不是理想约束，求解时应解除弹簧约束，用相应的弹性力 $\boldsymbol{F}$、$\boldsymbol{F}'$代替，并视之为主动力，如图 13-17b 所示。

此题用解析法求解。由虚位移原理表达式（13-10）得

$$\sum \delta W_F = 0, \ F'\delta x_D - F\delta x_E - F_H \delta y_H = 0$$

以固定点 $A$ 为原点，建立固定坐标系 $Axy$。主动力作用点的坐标为

$$x_D = 0, \ x_E = 2l\cos\theta, \ y_H = 3l\sin\theta$$

对上式做一阶变分，得

$$\delta x_D = 0, \ \delta x_E = -2l\sin\theta\delta\theta, \ \delta y_H = 3l\cos\theta\delta\theta$$

弹簧 $DE$ 在图示位置的长度为 $2l\cos\theta$，其原长为 $l$，伸长量

$$\Delta = 2l\cos\theta - l = (2\cos\theta - 1)l$$

于是弹簧作用于 $D$、$E$ 上的拉力的大小为

$$F = F' = k\Delta = kl(2\cos\theta - 1)$$

由于虚位移是假想中的位移，它的给出不会引起弹簧的真实长度的任何变化。也就是说，在虚位移中，弹性力的大小是不变的，因此，弹性力的虚功应按常力来计算，这与实位移中弹性力的元功的计算方法有本质上的区别。

整理后的虚功方程为

$$[2kl(2\cos\theta - 1)\sin\theta - 3F_H\cos\theta]l\delta\theta = 0$$

则

$$2kl(2\cos\theta - 1)\sin\theta - 3F_H\cos\theta = 0$$

从而有

$$F_H = \frac{2}{3}kl(2\cos\theta - 1)\tan\theta$$

这就是该机构静止平衡时，力 $F_H$ 与 $\theta$ 角应满足的条件。

例题13-5讲解

**例13-5**　图13-18a所示滑块 $D$ 和弹簧套在光滑直杆 $AB$ 上，并带动杆 $CD$ 在铅垂滑道中滑动。已知 $\theta = 0°$ 时，弹簧处于原长，弹簧刚度系数为5kN/m。求在任意位置角 $\theta$ 平衡时，应加多大的力偶 $M$。

**解：** 解除弹簧约束，用弹性力 $\boldsymbol{F}$、$\boldsymbol{F}'$ 代替，设机构发生虚位移，如图13-18b所示，由虚位移原理

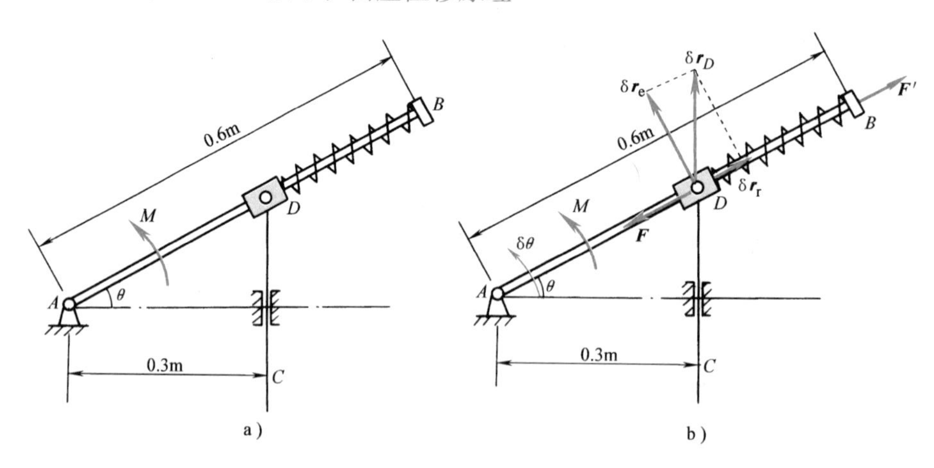


图　13-18

$$\sum \delta W_F = 0, \ M\delta\theta - F\delta r_r = 0 \qquad (*)$$

由于 $D$ 点的虚位移几何关系应满足点的合成运动的几何关系，则虚位移之间的关系为

$$\delta r_e = AD \cdot \delta\theta,\ \delta r_r = \delta r_e \tan\theta$$

由题意得

$$F = k\left(\frac{0.3\text{m}}{\cos\theta} - 0.3\text{m}\right),\ AD = \frac{0.3\text{m}}{\cos\theta}$$

代入式（*），解得

$$M = k\left(\frac{0.3\text{m}}{\cos\theta} - 0.3\text{m}\right)\frac{0.3\text{m}}{\cos\theta}\tan\theta$$

$$M = 450\sin\theta(1-\cos\theta)\sec^3\theta\ (\text{N}\cdot\text{m})$$

在求解虚位移之间的关系时，主要是利用了点的合成运动中有关速度的概念。所以此法为虚速度法。

**例 13-6**　如图 13-19a 所示连续梁，其载荷及尺寸均为已知。试求 $A$、$B$、$D$ 三处的支座约束力。

**解：** 图 13-19a 所示连续梁由于存在多个约束而成为没有自由度的结构。为用虚位移原理求约束力，可解除其约束而代之以约束力，从而使结构获得相应的自由度。

例题 13-6 讲解

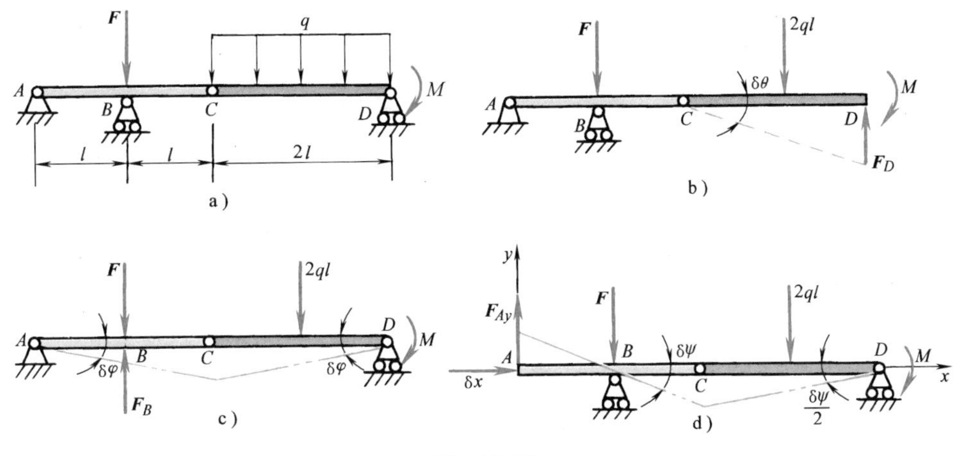


图　13-19

（1）求支座 $D$ 处的约束力：解除支座 $D$ 约束，代之以约束力 $\boldsymbol{F}_D$（图 13-19b），系统具有一个自由度。给系统以虚位移 $\delta\theta$，由虚位移原理

$$\sum \delta W_F = 0,\ 2ql \cdot l\delta\theta + M\delta\theta - F_D \cdot 2l\delta\theta = 0$$

由于 $\delta\theta \neq 0$，则得

$$F_D = ql + \frac{M}{2l}\ (\uparrow)$$

（2）求支座 $B$ 处的约束力：解除支座 $B$ 约束，代之以约束力 $\boldsymbol{F}_B$（图 13-19c），系统具有一个自由度。给出虚位移 $\delta\varphi$，由虚位移原理

$$\sum \delta W_F = 0,\ F \cdot l\delta\varphi - F_B \cdot l\delta\varphi + 2ql \cdot l\delta\varphi - M\delta\varphi = 0$$

由于 $\delta\varphi \neq 0$，解得

$$F_B = F + 2ql - \frac{M}{l}\ (\uparrow)$$

（3）求支座 $A$ 处的约束力：解除支座 $A$ 约束，代之以约束力 $\boldsymbol{F}_{Ax}$ 及 $\boldsymbol{F}_{Ay}$（图 13-19d），系统具有两个自由度。可给出系统的一组虚位移为 $\delta x$ 及 $\delta\psi$。

设先给系统一组虚位移 $\delta x\neq 0$，$\delta\psi=0$，则由虚位移原理

$$\sum\delta W_F=0,\ \ F_{Ax}\cdot\delta x=0$$

解得

$$F_{Ax}=0$$

再给系统一组虚位移 $\delta x=0$，$\delta\psi\neq 0$，则由虚位移原理得

$$\sum\delta W_F=0,\ \ F_{Ay}\cdot l\delta\psi+2ql\cdot l\frac{\delta\psi}{2}-M\cdot\frac{\delta\psi}{2}=0$$

解得

$$F_{Ay}=\frac{M}{2l}-ql$$

**例 13-7**　图 13-20a 所示为三铰拱支架，求由于不对称载荷 $\boldsymbol{F}_1$ 和 $\boldsymbol{F}_2$ 的作用，在铰链 $B$ 处所引起的水平约束力 $\boldsymbol{F}_{Bx}$。

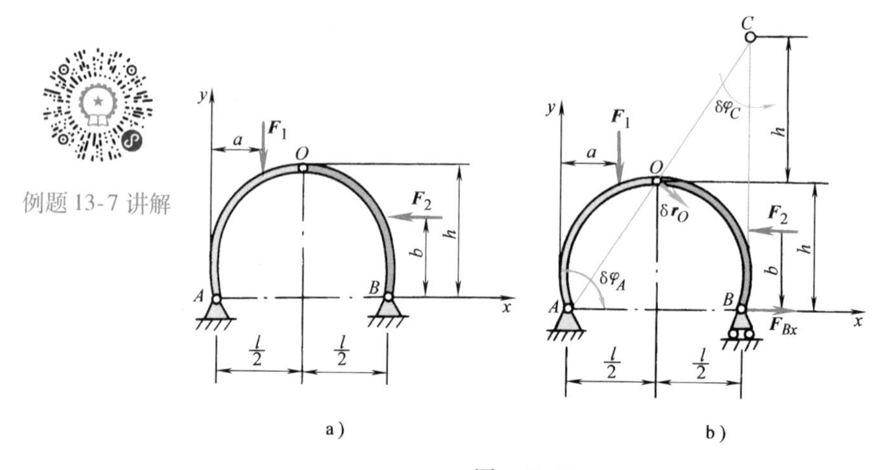


图　13-20

解：为了求出 $B$ 点的水平约束力 $\boldsymbol{F}_{Bx}$，首先解除铰链 $B$ 水平方向的约束而成为可动的铰链支座，并以约束力 $\boldsymbol{F}_{Bx}$ 代替其约束，如图 13-20b 所示。设系统发生一虚位移，其 $OA$ 半拱的虚位移为 $\delta\varphi_A$，$O$ 点虚位移为 $\delta\boldsymbol{r}_O$，$OB$ 半拱是平面运动，则 $B$ 点虚位移为 $\delta x_B$，因此 $OB$ 半拱在虚位移过程中相当于绕瞬心 $C$ 点的虚位移为 $\delta\varphi_C$。由虚位移原理

$$\sum\delta W_F=0,\quad M_C(\boldsymbol{F}_{Bx})\delta\varphi_C+M_C(\boldsymbol{F}_2)\delta\varphi_C+M_A(\boldsymbol{F}_1)\delta\varphi_A=0$$

即

$$F_{Bx}2h\delta\varphi_C-F_2(2h-b)\delta\varphi_C+F_1a\delta\varphi_A=0$$

由于 $AO=CO$，因此 $\delta\varphi_A=\delta\varphi_C$，代入上式可解得

$$F_{Bx}=\frac{1}{2h}[F_2(2h-b)-F_1a]$$

由此可知，对于一些定点转动和平面运动的刚体，采用作用于该刚体上的主动力对转轴或瞬时速度中心的力矩与瞬时转动虚位移的乘积来计算虚功是较为简便的。

# 13.4 用广义力表示质点系的平衡条件

### 13.4.1 用广义力表示质点系的平衡条件

由于质点系各质点的位置可以表示为广义坐标 $q_1$，$q_2$，…，$q_k$ 的函数，如式（13-5b）所示，则各点的虚位移可表示为

$$\delta \boldsymbol{r}_i = \frac{\partial \boldsymbol{r}_i}{\partial q_1}\delta q_1 + \frac{\partial \boldsymbol{r}_i}{\partial q_2}\delta q_2 + \cdots + \frac{\partial \boldsymbol{r}_i}{\partial q_k}\delta q_k$$

或

$$\delta \boldsymbol{r}_i = \sum_{h=1}^{k} \frac{\partial \boldsymbol{r}_i}{\partial q_h}\delta q_h$$

将此式代入虚功方程（13-9），得

$$\sum_{i=1}^{n} \boldsymbol{F}_i \cdot \left( \sum_{h=1}^{k} \frac{\partial \boldsymbol{r}_i}{\partial q_h}\delta q_h \right) = 0$$

置换求和的顺序，上式改写为

$$\sum_{h=1}^{k} \left( \sum_{i=1}^{n} \boldsymbol{F}_i \cdot \frac{\partial \boldsymbol{r}_i}{\partial q_h} \right)\delta q_h = 0$$

令

$$Q_h = \sum_{i=1}^{n} \boldsymbol{F}_i \cdot \frac{\partial \boldsymbol{r}_i}{\partial q_h} \tag{13-11}$$

称为**作用于质点系上的主动力对应于广义坐标 $\boldsymbol{q_h}$ 的广义力**。虚功方程（13-9）可以改写为

$$\delta W_F = \sum_{h=1}^{k} Q_h \delta q_h = 0 \tag{13-12a}$$

或

$$\delta W_F = Q_1 \delta q_1 + Q_2 \delta q_2 + \cdots + Q_k \delta q_k \tag{13-12b}$$

本章所讨论的质点系是具有完整约束的质点系，在这种质点系中，广义坐标都是各自独立的，所对应的广义坐标的变分也是各自独立的，因此，为了保证式（13-12a）成立，广义坐标的变分 $\delta q_h$ 前的系数必须分别等于零，即

$$Q_h = 0 \quad (h = 1, 2, \cdots, k) \tag{13-13}$$

这是一个方程组，方程的数目等于质点系的广义坐标数目，亦即自由度的数目。它表明，具有完整、双面、定常的理想约束的质点系，在给定位置保持平衡的必要和充分条件是：对应于每一个广义坐标的广义力均等于零。

### 13.4.2 广义力的计算方法

1. 解析法　将广义力的定义式（13-11）写成直角坐标系的分解式，即

$$Q_h = \sum_{i=1}^{n} \left( F_{x_i} \frac{\partial x_i}{\partial q_h} + F_{y_i} \frac{\partial y_i}{\partial q_h} + F_{z_i} \frac{\partial z_i}{\partial q_h} \right) \tag{13-14}$$

由此看出，将主动力在各坐标轴上的投影及其作用点的坐标对广义坐标的偏导数代入式(13-14)，可以算出此广义坐标所对应的广义力。

**2. 几何法**　在质点系给定的位置上，给出一组特殊的虚位移：仅给出某一个广义坐标的变分 $\delta q_j$，而其余的均为零，即

$$\left.\begin{aligned}\delta q_h &= \delta q_j \qquad (h=j)\\ \delta q_h &= 0 \qquad (h\neq j)\end{aligned}\right\} \tag{13-15}$$

将式（13-15）代入式（13-12b），得

$$\delta W_F = Q_j \delta q_j$$

所以

$$Q_j = \frac{\delta W_F}{\delta q_j} \tag{13-16}$$

式中，$\delta W_F$ 只是作用于质点系上的主动力在广义坐标的变分 $\delta q_j$ 引起的虚位移中所做的虚功之和。一般来说，采用这种方法，易于算出广义力。

**3. 势力场中的广义力计算法**

某质点系由 $n$ 个质点组成，具有完整、双面、定常的理想约束，有 $k$ 个自由度，处于势力场中，所受的主动力都是有势力，因此，该质点系是一个保守系统。

如果用广义坐标表示质点系的位置，质点系的势能可改写为广义坐标的函数，即

$$V = V(q_1, q_2, \cdots, q_k)$$

为便于区别，将质点系在势力场中的广义力称为**广义有势力**。由式（13-14）得

$$Q_h = -\sum_{i=1}^{n}\left(\frac{\partial V}{\partial x_i}\frac{\partial x_i}{\partial q_h} + \frac{\partial V}{\partial y_i}\frac{\partial y_i}{\partial q_h} + \frac{\partial V}{\partial z_i}\frac{\partial z_i}{\partial q_h}\right)$$

所以

$$Q_h = -\frac{\partial V}{\partial q_h} \quad (h=1,2,\cdots,k) \tag{13-17}$$

即**广义有势力等于势能函数对相应的广义坐标的一阶偏导数再冠以负号。**

---

**例 13-8**　试用广义力法求例 13-3 中双摆的摆杆与铅垂线所成的角 $\varphi_1$ 及 $\varphi_2$。

**解：**（1）解析法

主动力 $\boldsymbol{P}_1$、$\boldsymbol{P}_2$、$\boldsymbol{F}_1$ 在坐标轴上的投影是

$$F_{Ax} = P_1, \quad F_{Bx} = P_2, \quad F_{By} = F_1 \tag{a}$$

作用点对应的坐标为式（13-4），将此式分别对广义坐标 $\varphi_1$、$\varphi_2$ 求偏导数，得

$$\frac{\partial x_A}{\partial \varphi_1} = -l_1\sin\varphi_1, \quad \frac{\partial x_B}{\partial \varphi_1} = -l_1\sin\varphi_1, \quad \frac{\partial y_B}{\partial \varphi_1} = l_1\cos\varphi_1 \tag{b}$$

$$\frac{\partial x_A}{\partial \varphi_2} = 0, \quad \frac{\partial x_B}{\partial \varphi_2} = -l_2\sin\varphi_2, \quad \frac{\partial y_B}{\partial \varphi_2} = l_2\cos\varphi_2 \tag{c}$$

将式（a）、式（b）及式（c）代入式（13-14），整理后得

$$Q_1 = -P_1 l_1\sin\varphi_1 - P_2 l_1 \sin\varphi_1 + F_1 l_1\cos\varphi_1 \tag{d}$$

$$Q_2 = -P_2 l_2 \sin\varphi_2 + F_1 l_2\cos\varphi_2 \tag{e}$$

由广义力所表示的平衡条件 $Q_1=0$，$Q_2=0$，解得

$$\tan\varphi_1 = \frac{F_1}{P_1+P_2}, \quad \tan\varphi_2 = \frac{F_1}{P_2}$$

（2）几何法

先给予双摆一组特殊的虚位移：$\delta\varphi_1 \neq 0$，$\delta\varphi_2 = 0$，如图13-21a所示。此时，$OA$ 绕 $O$ 轴逆时针转一虚位移 $\delta\varphi_1$，$AB$ 则平移一虚位移 $\delta r_A$，即 $\delta r_B = \delta r_A$，且

$$|\delta r_B| = |\delta r_A| = l_1\delta\varphi_1$$

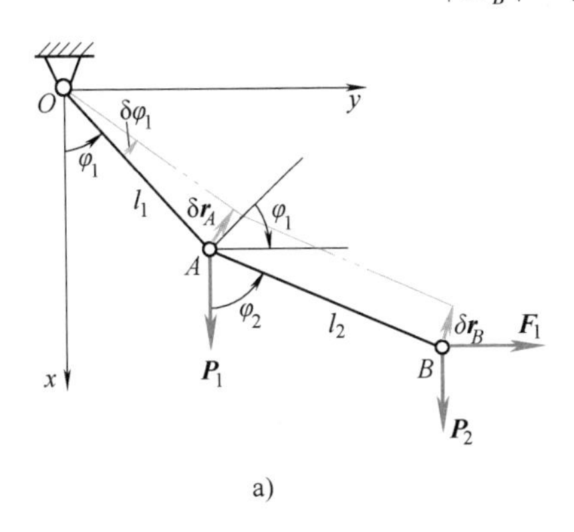


a)

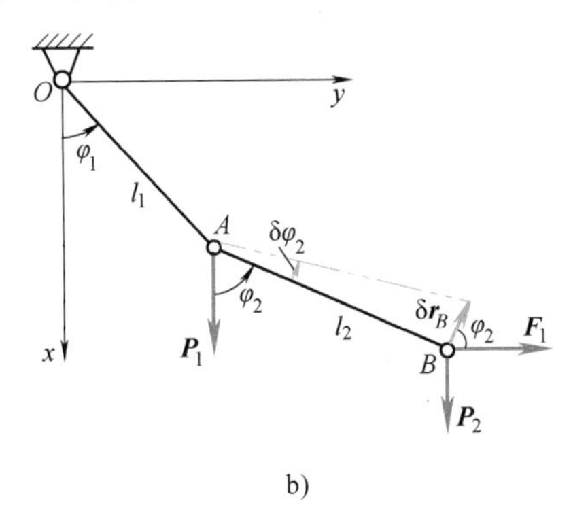


b)

图　13-21

主动力在这一组虚位移上所做虚功之和为

$$\begin{aligned}\delta W_F &= M_O(\boldsymbol{P}_1)\cdot\delta\varphi_1 + \boldsymbol{P}_2\cdot\delta\boldsymbol{r}_B + \boldsymbol{F}_1\cdot\delta\boldsymbol{r}_B \\ &= -P_1\cdot l_1\sin\varphi_1\delta\varphi_1 - P_2\cdot l_1\sin\varphi_1\delta\varphi_1 + F_1\cdot l_1\cos\varphi_1\delta\varphi_1\end{aligned}$$

所以

$$\delta W_F = [F_1\cos\varphi_1 - (P_1+P_2)\sin\varphi_1]l_1\delta\varphi_1$$

代入式（13-16），得

$$Q_1 = [F_1\cos\varphi_1 - (P_1+P_2)\sin\varphi_1]l_1 \tag{f}$$

再给予另一组特殊的虚位移：$\delta\varphi_1 = 0$，$\delta\varphi_2 \neq 0$，如图13-21b所示。此时 $OA$ 不动，$AB$ 绕 $A$ 轴逆时针转一虚位移 $\delta\varphi_2$。主动力在这组虚位移上所做虚功之和为

$$\delta W_F = [M_A(\boldsymbol{P}_2) + M_A(\boldsymbol{F}_1)]\delta\varphi_2$$

所以

$$\delta W_F = (F_1\cos\varphi_2 - P_2\sin\varphi_2)l_2\delta\varphi_2$$

代入式（13-16），得

$$Q_2 = (F_1\cos\varphi_2 - P_2\sin\varphi_2)l_2 \tag{g}$$

同理由广义力所表示的平衡条件

$$Q_1 = 0，\ Q_2 = 0$$

解得

$$\tan\varphi_1 = \frac{F_1}{P_1+P_2}，\ \tan\varphi_2 = \frac{F_1}{P_2}$$

比较以上两种方法计算的广义力，其结果是相同的。

## 13.5 动力学普遍方程及拉格朗日方程

### 13.5.1　动力学普遍方程

动力学普遍方程是虚位移原理与达朗贝尔原理简单结合的产物。假设一质点系由 $n$ 个质

点组成，其中任一质点 $M_i$ 的质量为 $m_i$，作用于它上面的主动力和约束力用 $\boldsymbol{F}_i$ 和 $\boldsymbol{F}_{Ni}$表示，在任一瞬时，它的加速度为 $\boldsymbol{a}_i$。如果在此质点上假想地加上一惯性力 $\boldsymbol{F}_{Ii}=-m_i\boldsymbol{a}_i$，根据达朗贝尔原理，在此瞬时，作用于此质点上的主动力 $\boldsymbol{F}_i$、约束力 $\boldsymbol{F}_{Ni}$和虚加的惯性力 $\boldsymbol{F}_{Ii}$在形式上组成一平衡力系，即

$$\boldsymbol{F}_i+\boldsymbol{F}_{Ni}+\boldsymbol{F}_{Ii}=\boldsymbol{0}$$

对质点系的 $n$ 个质点都做这样的处理，则在任一瞬时，作用于整个质点系的主动力、约束力和虚加的惯性力在形式上组成一平衡力系，即

$$\sum_{i=1}^{n}\boldsymbol{F}_i+\sum_{i=1}^{n}\boldsymbol{F}_{Ni}+\sum_{i=1}^{n}\boldsymbol{F}_{Ii}=\boldsymbol{0}$$

如果此质点系的约束是理想约束，应用虚位移原理，则有

$$\sum_{i=1}^{n}(\boldsymbol{F}_i+\boldsymbol{F}_{Ii})\cdot\delta\boldsymbol{r}_i=0 \tag{13-18a}$$

或

$$\sum_{i=1}^{n}(\boldsymbol{F}_i-m_i\boldsymbol{a}_i)\cdot\delta\boldsymbol{r}_i=0 \tag{13-18b}$$

这就是**动力学普遍方程**。**它表明，在具有理想约束的质点系中，在任一瞬时，作用于各质点上的主动力和虚加的惯性力在任一虚位移上所做虚功之和等于零**。写成笛卡儿坐标系上的投影式为

$$\sum_{i=1}^{n}[(F_{xi}-m_i\ddot{x}_i)\delta x_i+(F_{yi}-m_i\ddot{y}_i)\delta y_i+(F_{zi}-m_i\ddot{z}_i)\delta z_i]=0 \tag{13-19}$$

可以看出，在动力学普遍方程中不包含约束力。

---

**例 13-9** 图13-22所示的瓦特调速器绕铅垂轴 $y$ 转动，重球 $A$ 及 $B$ 重为 $P_1=P_2=P$，重为 $G$ 的套筒 $C$ 可沿 $y$ 轴滑动，各连杆的长均为 $l$，重量略去不计；当调速器以匀角速度 $\omega$ 转动时，求重球张开的角度 $\varphi$。

**解**：以调速器为研究对象，作用于此系统的主动力为 $\boldsymbol{P}_1$、$\boldsymbol{P}_2$ 和 $\boldsymbol{G}$。当调速器以匀角速度 $\omega$ 转动时，$\varphi$ 角保持不变，因而套筒 $C$ 的加速度等于零；在此系统中仅重球 $A$ 及 $B$ 有法向加速度 $a_{n1}=a_{n2}=\omega^2 l\sin\varphi$，在重球 $A$ 及 $B$ 上虚加惯性力 $\boldsymbol{F}_{I1}$及 $\boldsymbol{F}_{I2}$，其大小为

$$F_{I1}=F_{I2}=\frac{P}{g}\omega^2 l\sin\varphi$$

在 $xOy$ 平面上选 $\varphi$ 角为广义坐标，由图有

$$-x_A=x_B=l\sin\varphi$$
$$y_A=y_B=l\cos\varphi$$
$$y_C=2l\cos\varphi$$

因此各点的虚位移为

$$-\delta x_A=\delta x_B=l\cos\varphi\ \delta\varphi$$
$$\delta y_A=\delta y_B=-l\sin\varphi\ \delta\varphi$$
$$\delta y_C=-2l\sin\varphi\ \delta\varphi$$

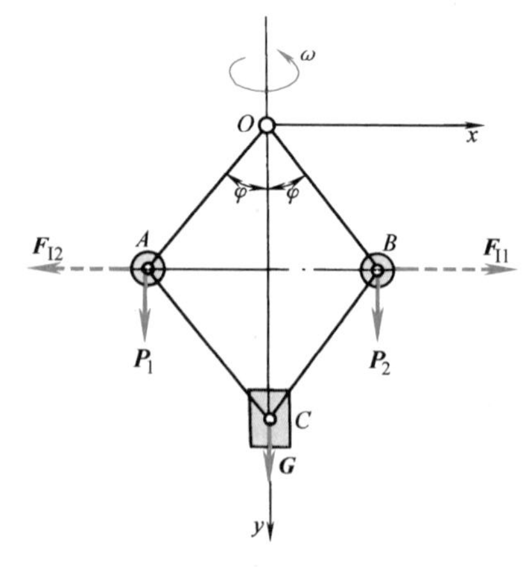

图 13-22

根据动力学普遍方程得

$$P_1\delta y_A + P_2\delta y_B + G\delta y_C + F_{I1}\delta x_B - F_{I2}\delta x_A = 0$$

即

$$-2Pl\sin\varphi\ \delta\varphi - 2Gl\sin\varphi\ \delta\varphi + 2\left(\frac{P}{g}\omega^2 l\sin\varphi\right)l\cos\varphi\ \delta\varphi = 0$$

因 $\delta\varphi \neq 0$，故

$$\sin\varphi\left(-P - G + \frac{P}{g}\omega^2 l\cos\varphi\right) = 0$$

由此可得：

（1）$\sin\varphi = 0$，则

$$\varphi = 0$$

此解无意义；

例题 13-9 讲解

（2）$-P - G + \frac{P}{g}\omega^2 l\cos\varphi = 0$，则

$$\cos\varphi = \frac{P+G}{P}\frac{g}{\omega^2 l}$$

此解为所求的解。上式建立了相对平衡位置 $\varphi$ 与转动角速度 $\omega$ 间的关系，可作为选择调速器参数的依据。

### 13.5.2　拉格朗日方程

以动力学普遍方程为基础，拉格朗日导出了两种形式的动力学方程，分别称为第一类和第二类拉格朗日方程。第一类拉格朗日方程是用待定乘子法导出的，计算量较大，难以应用，不过随着计算机的普及，应用也慢慢多起来了；第二类拉格朗日方程是用广义坐标的形式导出来的，用起来比较方便，获得了广泛应用，以致如不特别说明，通常所说的拉格朗日方程就是第二类拉格朗日方程。拉格朗日方程只适用于完整约束的质点系。

设一质点系由 $n$ 个质点、$s$ 个完整的理想约束组成，它的自由度数 $k = 3n - s$，广义坐标数与自由度数相等。该系统中，任一质点 $M_i$ 的矢径 $\boldsymbol{r}_i$ 可表示成广义坐标 $q_1$，$q_2$，…，$q_k$ 和时间 $t$ 的函数，即

$$\boldsymbol{r}_i = \boldsymbol{r}_i(q_1,\ q_2,\ \cdots,\ q_k,\ t) \qquad (i = 1,\ 2,\ \cdots,\ n)$$

将动力学普遍方程(13-18b)可以改写为

$$\sum_{i=1}^{n}\boldsymbol{F}_i \cdot \delta\boldsymbol{r}_i - \sum_{i=1}^{n} m_i\boldsymbol{a}_i \cdot \delta\boldsymbol{r}_i = 0 \tag{13-20}$$

按照式（13-12a）的形式，式（13-20）左侧的第一项主动力的虚功之和，可以用广义力 $Q_h$ 在广义虚位移 $\delta q_h$ 上所做的功之和表示，即

$$\sum_{i=1}^{n}\boldsymbol{F}_i \cdot \delta\boldsymbol{r}_i = \sum_{h=1}^{k} Q_h\delta q_h \tag{13-21}$$

值得指出，这里的主动力并非平衡问题中的主动力，因此，这里的广义力 $Q_h$ 不等于零，并且是在任意时刻均能成立的表达式。

将式（13-20）左侧的第二项用广义坐标和广义速度的动能表达式表示（推导过程可参阅参考文献［1］）

$$\sum_{i=1}^{n} m_i \boldsymbol{a}_i \cdot \delta \boldsymbol{r}_i = \sum_{h=1}^{k} \left( \frac{\mathrm{d}}{\mathrm{d}t} \frac{\partial T}{\partial \dot{q}_h} - \frac{\partial T}{\partial q_h} \right) \delta q_h \tag{13-22}$$

式中，$T$是该质点系的动能，且

$$T = \sum_{i=1}^{n} \frac{1}{2} m_i v_i^2$$

将式（13-21）和式（13-22）代入式（13-20），得

$$\sum_{h=1}^{k} \left[ Q_h - \left( \frac{\mathrm{d}}{\mathrm{d}t} \frac{\partial T}{\partial \dot{q}_h} - \frac{\partial T}{\partial q_h} \right) \right] \delta q_h = 0$$

注意到$k$个广义坐标的变分$\delta q_h$是彼此独立的，所以

$$\frac{\mathrm{d}}{\mathrm{d}t} \frac{\partial T}{\partial \dot{q}_h} - \frac{\partial T}{\partial q_h} = Q_h \quad (h = 1,2,\cdots,k) \tag{13-23}$$

这是一个方程组，方程的数目等于质点系的自由度数，称之为第二类拉格朗日方程，简称为拉格朗日方程。它揭示了系统动能的变化与广义力之间的关系。

如果质点在势力场中运动，它所受到的主动力都是有势力，那么，该质点系就是保守系统。根据式（13-17），该系统的广义力是广义有势力，可以用系统的势能函数来表示，即

$$Q_h = -\frac{\partial V}{\partial q_h}$$

因而拉格朗日方程（13-23）可改写为

$$\frac{\mathrm{d}}{\mathrm{d}t} \left( \frac{\partial T}{\partial \dot{q}_h} \right) - \frac{\partial T}{\partial q_h} = -\frac{\partial V}{\partial q_h} \tag{13-24}$$

如果做一个表征保守系统能量特征的函数

$$L = T - V \tag{13-25}$$

称之为拉格朗日函数或动势。注意到势能$V$仅仅是广义坐标$q_h$的函数，与广义速度$\dot{q}_h$无关，它对广义速度的偏导数恒为零，于是，式（13-24）可改写为

$$\frac{\mathrm{d}}{\mathrm{d}t} \left( \frac{\partial L}{\partial \dot{q}_h} \right) - \frac{\partial L}{\partial q_h} = 0 \quad (h = 1,2,\cdots,k) \tag{13-26}$$

式（13-24）及式（13-26）都称为保守系统中的拉格朗日方程。它们是一个方程组，方程的数目等于该系统的自由度数（或广义坐标数）。

---

**例 13-10** 在图13-23a所示的行星轮机构中，带有配重的曲柄$AOO_1$在驱动力矩$M$的作用下，绕定齿轮（太阳轮）的$O$轴转动，并带动行星齿轮在定齿轮上纯滚动。已知曲柄及配重对$O$轴的转动惯量为$J_O$，行星轮的半径为$r$，质量为$m_1$，对$O_1$轴的转动惯量为$J_1$，曲柄、行星轮和配重三者的质心在$O$轴上，$OO_1 = l$。忽略摩擦，求曲柄转动的角加速度。

**解：** 此行星轮机构具有一个自由度，是完整的理想约束系统，选取曲柄与水平线的夹角$\varphi$为广义坐标。由运动学知，曲柄$AOO_1$绕$O$轴转动，在任一瞬时，它的角速度可以用广义坐标对时间的一阶导数$\dot{\varphi}$表示；行星轮做平面运动，此瞬时，它绕其与定齿轮的接触点$I$

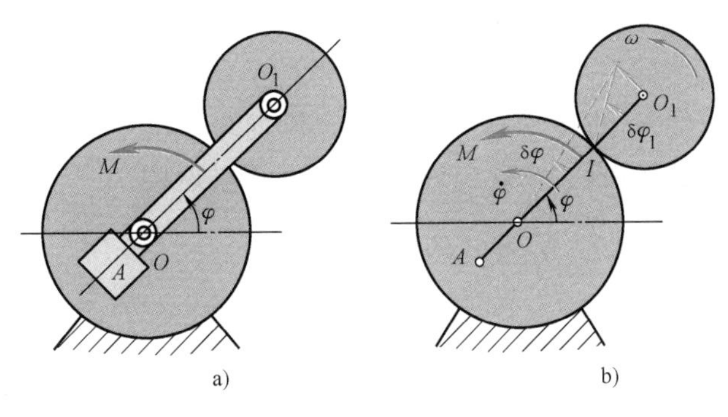


图　13-23

瞬时转动，如图 13-23b 所示。它的角速度 $\omega$

$$\omega=\frac{v_1}{r}=\frac{l}{r}\ \dot{\varphi}$$

在此瞬时，该系统的动能

$$T=\frac{1}{2}J_O\dot{\varphi}^2+\frac{1}{2}J_P\omega^2=\frac{1}{2}J_O\dot{\varphi}^2+\frac{1}{2}(J_1+m_1r^2)\left(\frac{l}{r}\dot{\varphi}\right)^2$$

所以

$$T=\frac{1}{2}\left(J_O+J_1\frac{l^2}{r^2}+m_1l^2\right)\dot{\varphi}^2$$

由此可知

$$\frac{\mathrm{d}}{\mathrm{d}t}\left(\frac{\partial T}{\partial\dot{\varphi}}\right)=\left(J_O+J_1\frac{l^2}{r^2}+m_1l^2\right)\ddot{\varphi}\tag{a}$$

$$\frac{\partial T}{\partial\varphi}=0\tag{b}$$

为了求得广义力 $Q_\varphi$，给出广义坐标的变分 $\delta\varphi$。该行星轮、曲柄和配重的质心在 $O$ 轴上，重力的虚功恒为零，所以，主动力的虚功只有驱动力矩 $M$ 的虚功，即

$$\sum_{i=1}^{n}\boldsymbol{F}_i\cdot\delta\boldsymbol{r}_i\ =\ M\delta\varphi$$

代入式（13-21）得

$$Q_\varphi=M\tag{c}$$

将式（a）、式（b）和式（c）代入拉格朗日方程（13-23），有

$$\left(J_O+J_1\frac{l^2}{r^2}+m_1l^2\right)\ddot{\varphi}\ =M$$

所以

$$\ddot{\varphi}\ =\frac{Mr^2}{J_Or^2+(J_1+m_1r^2)l^2}$$

由此可知，在驱动力矩 $M$ 的作用下，该系统的曲柄做匀加速转动。这是在曲柄上安装配重，以使行星轮、曲柄和配重三者的质心落在 $O$ 轴上带来的明显的效果。

**例 13-11**　图13-24所示单摆，摆长变化规律为 $l=l_0-vt$，其中 $l_0$ 为运动开始时摆的长度，$v$ 为常量。试建立此摆的微分方程。定滑轮 $O$ 的大小可忽略不计。

**解：** 这是单自由度的非定常约束系统，约束方程为

$$x^2 + y^2 = (l_0 - vt)^2$$

选取摆线与铅直线之间夹角 $\varphi$ 为广义坐标，此摆的运动可以分解为随同坐标系 $Ox'y'$ 的转动和相对 $Ox'$ 轴的直线运动（相当于极坐标系的描述方式），牵连角速度为 $\dot{\varphi}$，相对速度 $v_r = \dfrac{dl}{dt} = -v$，沿 $x'$轴的负方向。摆锤 $M$ 的速度

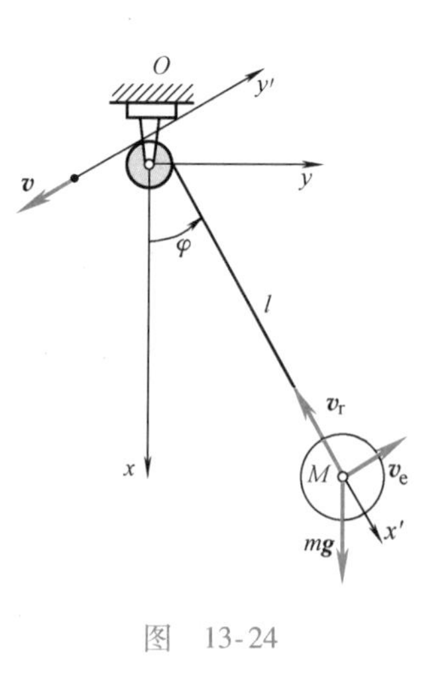

图　13-24

$$v_M = \sqrt{v_e^2 + v_r^2} = \sqrt{(l_0 - vt)^2 \dot{\varphi}^2 + v^2}$$

它的动能

$$T = \frac{1}{2}mv_M^2 = \frac{1}{2}m[v^2 + (l_0 - vt)^2 \dot{\varphi}^2], \quad \frac{\partial T}{\partial \dot{\varphi}} = m(l_0 - vt)^2 \dot{\varphi}$$

$$\frac{d}{dt}\left(\frac{\partial T}{\partial \dot{\varphi}}\right) = m(l_0 - vt)((l_0 - vt)\ddot{\varphi} - 2v\dot{\varphi}) \tag{a}$$

$$\frac{\partial T}{\partial \varphi} = 0 \tag{b}$$

选取过定滑轮 $O$ 轴的水平面为重力的零势能面。此单摆的势能函数及广义力分别为

$$V = -mg(l_0 - vt)\cos\varphi$$

$$Q_\varphi = -\frac{\partial V}{\partial \varphi} = -mg(l_0 - vt)\sin\varphi \tag{c}$$

将式（a）、式（b）和式（c）代入拉格朗日方程（13-24），整理得

$$(l_0 - vt)\ddot{\varphi} - 2v\dot{\varphi} + g\sin\varphi = 0$$

这就是变摆长单摆的运动微分方程，它是二阶变系数非线性微分方程。求出它的解析解很困难，目前，主要是用定性方法求它的近似解，或者用计算机求它的数值解。

**例 13-12**　在图13-25中，均质圆柱体的半径为 $r$，质量为 $m_0$，在水平面上滚动而无滑动。在其中心水平轴 $O$ 上，装有一细长杆的单摆，摆长 $l$，集中质量为 $m$。细长杆的质量不计。求此系统在其平衡位置附近做微幅摆动的固有频率。

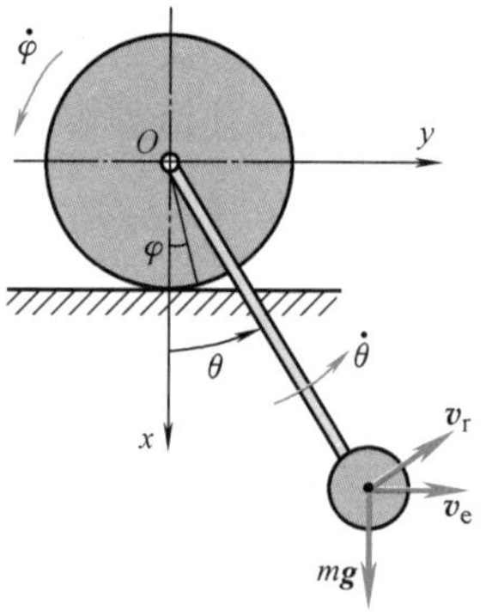

**解：** 圆柱体只滚不滑，单摆自由摆动，这是具有定常约束的保守系统，有两个自由度。今选取圆柱体的转角 $\varphi$、摆杆的转角 $\theta$ 为广义坐标。

图　13-25

将平移坐标系 $Oxy$ 的原点固结在圆柱体中心上，则集中质量 $m$ 的牵连速度、相对速度和绝对速度分别为

$$v_e = -r\dot{\varphi}, \quad v_r = l\dot{\theta}$$

$$v_{mx} = -v_r\sin\theta = -l\dot{\theta}\sin\theta$$

$$v_{my} = v_r\cos\theta + v_e = l\dot{\theta}\cos\theta - r\dot{\varphi}$$

所以

$$v_m = \sqrt{r^2\dot{\varphi}^2 + l^2\dot{\theta}^2 - 2rl\dot{\theta}\dot{\varphi}\cos\theta}$$

此系统的动能为均质圆柱体的动能与集中质量动能的代数和，即

$$T = \frac{1}{2}\left(\frac{3}{2}m_0r^2\right)\dot{\varphi}^2 + \frac{1}{2}mv_m^2$$

所以
$$T=\frac{1}{4}(3m_0+2m)r^2\dot{\varphi}^2-mrl\dot{\theta}\dot{\varphi}\cos\theta+\frac{1}{2}ml^2\dot{\theta}^2$$

选取通过 $O$ 轴的水平面为重力的零势能平面，此系统的势能函数及拉格朗日函数分别为
$$V=-mgl\cos\theta$$
$$L=\frac{1}{4}(3m_0+2m)r^2\dot{\varphi}^2-mrl\dot{\theta}\dot{\varphi}\cos\theta+\frac{1}{2}ml^2\dot{\theta}^2+mgl\cos\theta$$

对于广义坐标 $\varphi$ 来说,有
$$\frac{\partial L}{\partial\dot{\varphi}}=\frac{1}{2}(3m_0+2m)r^2\dot{\varphi}-mrl\dot{\theta}\cos\theta$$
$$\frac{\mathrm{d}}{\mathrm{d}t}\left(\frac{\partial L}{\partial\dot{\varphi}}\right)=\frac{1}{2}(3m_0+2m)r^2\ddot{\varphi}-mrl\ddot{\theta}\cos\theta+mrl\dot{\theta}^2\sin\theta \tag{a}$$
$$\frac{\partial L}{\partial\varphi}=0 \tag{b}$$
将式（a）和式（b）代入式（13-26），整理后得
$$\frac{1}{2}(3m_0+2m)r\ddot{\varphi}+ml(\dot{\theta}^2\sin\theta-\ddot{\theta}\cos\theta)=0$$
或
$$\ddot{\varphi}=\frac{2ml}{(3m_0+2m)r}(\ddot{\theta}\cos\theta-\dot{\theta}^2\sin\theta) \tag{c}$$

对于广义坐标 $\theta$ 来说，有
$$\frac{\partial L}{\partial\dot{\theta}}=-mrl\dot{\varphi}\cos\theta+ml^2\dot{\theta}$$
$$\frac{\mathrm{d}}{\mathrm{d}t}\left(\frac{\partial L}{\partial\dot{\theta}}\right)=-rml\ddot{\varphi}\cos\theta+mrl\dot{\varphi}\dot{\theta}\sin\theta+ml^2\ddot{\theta} \tag{d}$$
$$\frac{\partial L}{\partial\theta}=mrl\dot{\theta}\dot{\varphi}\sin\theta-mgl\sin\theta \tag{e}$$
将式（d）和式（e）代入式（13-26），整理后得
$$-r\ddot{\varphi}\cos\theta+l\ddot{\theta}+g\sin\theta=0 \tag{f}$$

将式（c）代入式（f），化简后，得
$$(3m_0+2m\sin^2\theta)l\ddot{\theta}+ml\dot{\theta}^2\sin2\theta+(3m_0+2m)g\sin\theta=0 \tag{g}$$

这是二阶变系数非线性微分方程，求它的解析解很困难。按题意，分析此系统在其平衡位置附近的微幅运动，即 $\theta$、$\dot{\theta}$ 都很小，$\sin\theta=\theta$，$\sin2\theta=2\theta$，$\cos\theta=1$，$\sin^2\theta=0$，$\dot{\theta}^2=0$，于是，式（c）和式（g）简化为
$$\ddot{\varphi}=\frac{2ml}{(3m_0+2m)r}\ddot{\theta} \tag{h}$$
$$3m_0l\ddot{\theta}+(3m_0+2m)g\theta=0 \tag{i}$$

由式（h）看出，圆柱体和摆杆做微幅摆动时，圆柱体的摆幅 $\varphi$ 是单摆摆幅 $\theta$ 的 $\frac{2ml}{(3m_0+2m)r}$倍。由式（i）看出，该系统在其平衡位置附近微幅摆动的固有频率

$$f=\frac{1}{2\pi}p_n=\frac{1}{2\pi}\sqrt{\left(1+\frac{2m}{3m_0}\right)\frac{g}{l}}$$

如果 $m_0>>m$，由式（h）看出，圆柱体的转角 $\varphi$ 将非常小，可以认为是不动的。此系统的固有频率将近似等于一般单摆的固有频率

$$f_n=\frac{1}{2\pi}p_n=\frac{1}{2\pi}\sqrt{\frac{g}{l}}$$

补充例题 13-1

（1）本章的虚位移原理只讨论满足完整的、定常的、双面约束条件的静力学问题，其他条件的问题可参考有关书籍。（2）虚功的量纲是一定的，若广义坐标是角位移，则广义力是力矩的量纲；若广义坐标是线位移，则广义力是力的量纲。（3）应用拉格朗日方程解决动力学问题，其优势表现在求解多自由度系统的动力学问题，对于单自由度系统的动力学问题与微分形式的动能定理作用相当。

虚位移原理

虚位移原理-例题 1

虚位移原理-例题 2

动力学普遍方程拉格朗日方程

动力学专题小结及平衡稳定性的概念

1. 求虚位移关系的方法有几种？各种方法应用于什么条件下？
2. 求解静力学问题中广义力的求法与拉格朗日方程中广义力的求法完全相同吗？有何区别？为什么？
3. 用虚位移原理求解静力学问题，用动力学普遍方程求解动力学问题，它们的优点和缺点各是什么？

13-1　在压缩机的手轮上作用一力偶，其矩为 $M$。手轮轴的两端各有螺距均为 $h$ 的螺纹，但一为左旋螺纹，一为右旋螺纹。螺纹上各套有一个螺母 $A$ 和 $B$。这两个螺母分别与长为 $b$ 的杆相铰接，四杆形成菱形框，如图 13-26 所示。此菱形框的点 $D$ 固定不动，而点 $C$ 连接在压缩机的水平压板上。求当菱形框的顶角等于 $2\alpha$ 时，压缩机对被压物体的压力。

答：$F_N=\pi M\cot\alpha/h$。

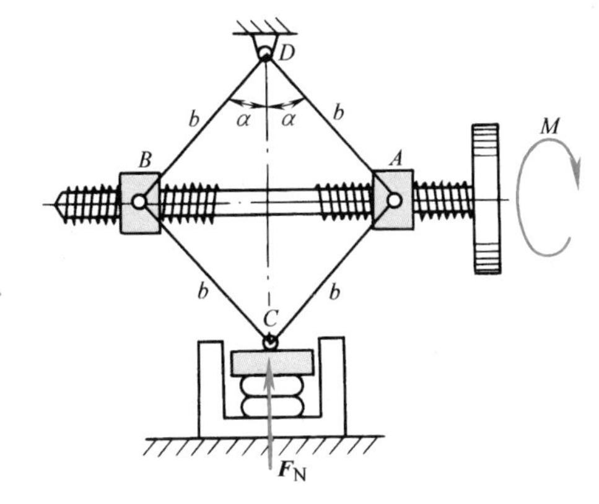


图 13-26　题 13-1 图

图 13-26 动画

13-2　在图 13-27 所示机构中，已知 $F_B=200\text{N}$，$\theta=60°$，$\varphi=30°$，刚度系数 $k=10\text{N/cm}$ 的弹簧在图示位置的总压缩量 $\delta=4\text{cm}$，试求使该机构在图示位置保持平衡的力 $\boldsymbol{F}_A$ 的大小。

答：$F_A=110.2\text{N}$。

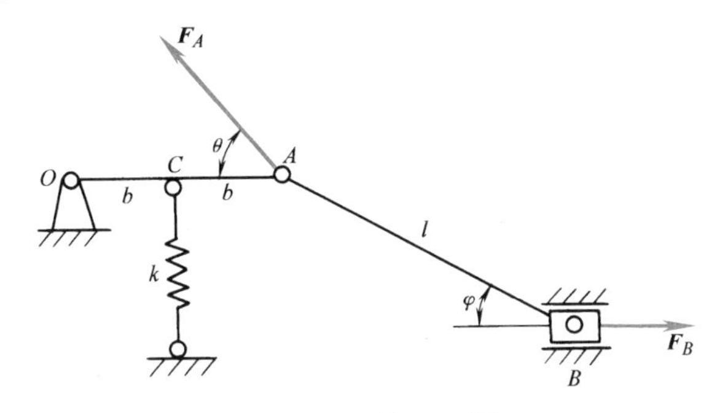


图 13-27　题 13-2 图

图 13-27 动画

13-3　在曲柄式压榨机的中间铰链 $B$ 上作用水平力 $\boldsymbol{F}$，如果 $AB=BC$，$\angle ABC=2\alpha$，试求在图 13-28 所示平衡位置时，压榨机对于物体的压力。

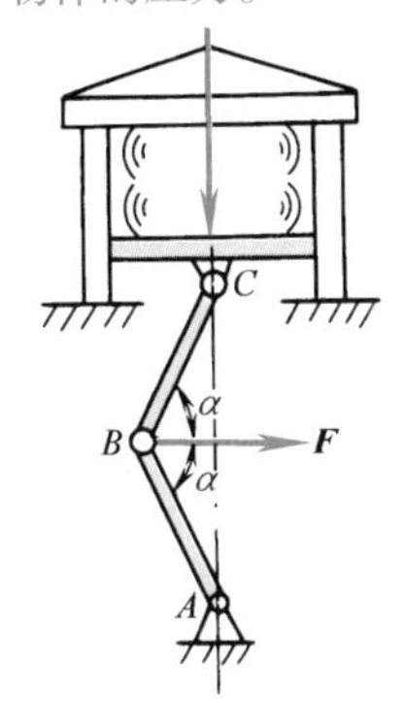


图 13-28　题 13-3 图

图 13-28 动画

答：$F_N=F\dfrac{\tan\alpha}{2}$。

13-4　在图 13-29 所示曲柄滑道机构中，$r=h=0.4\text{m}$，$l=1.0\text{m}$，作用在曲柄 $OB$ 上的驱动力矩 $M=5.0\text{N}\cdot\text{m}$。为了保证该机构在 $\varphi=30°$位置时处于平衡状态，问 $C$ 点的水平作用力 $\boldsymbol{F}$ 应该多大？

答：$F = 20\text{N}$。

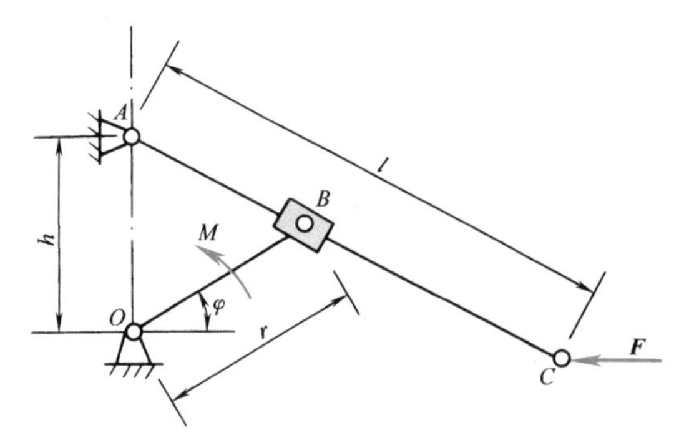


图 13-29　题 13-4 图

13-5　在图 13-30 所示系统中，弹簧 $AB$、$BC$ 的刚度系数均为 $k$，除连接 $C$ 点的两杆长度为 $l$ 外，其余各杆长度均为 $2l$。各杆的自重可以忽略。未加力 $\boldsymbol{F}$ 时，弹簧不受力，$\theta = \theta_0$。试求加力 $\boldsymbol{F}$ 后的平衡位置所对应的 $\theta$ 值。

答：$\theta = \arcsin\left(\sin\theta_0 + \dfrac{5F}{8kl}\right)$。

图 13-30 动画

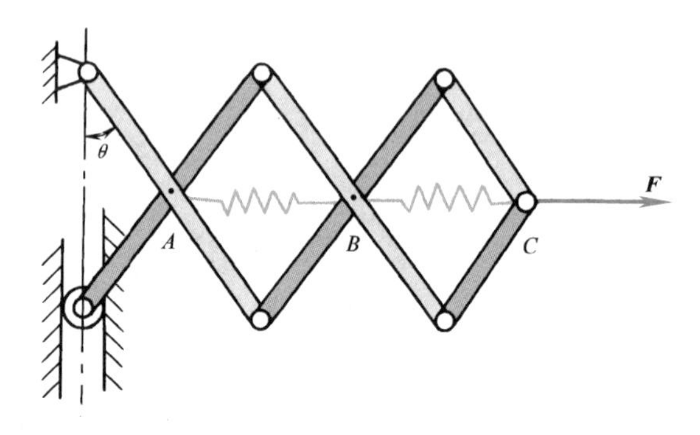


图 13-30　题 13-5 图

13-6　图 13-31 所示两等长杆 $AB$ 与 $BC$ 用铰链连接，又在杆的 $D$、$E$ 两点加一弹簧，弹簧刚度系数为 $k$，当距离 $AC = d$ 时，弹簧的拉力为零。如在 $C$ 点作用一水平力 $\boldsymbol{F}$，杆系处于平衡。求距离 $AC$ 的值。已知 $AB = l$，$BD = b$，杆重不计。

图 13-31 动画

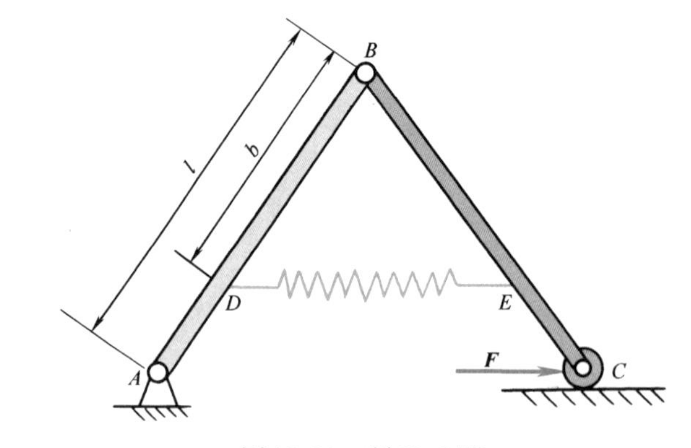


图 13-31　题 13-6 图

答：$AC=d+\frac{F}{k}\left(\frac{l}{b}\right)^2$。

13-7　图 13-32 所示重为 $P_1$、$P_2$ 的两重物系在细绳的两端，分别放在倾角为 $\alpha$、$\beta$ 的斜面上，细绳绕过两定滑轮，与一动滑轮相连。动滑轮的轴上挂一重为 $P_3$ 的重物。试求平衡时 $P_1$、$P_2$ 的大小。摩擦以及滑轮与绳索的质量忽略不计。

答：$P_1=\frac{P_3}{2\sin\alpha}$；$P_2=\frac{P_3}{2\sin\beta}$。

13-8　机构如图 13-33 所示，曲柄 $OA$ 上作用一矩为 $M$ 的力偶，在滑块 $D$ 上作用水平力 $\boldsymbol{F}$。求当机构平衡时，力 $\boldsymbol{F}$ 与力偶矩 $M$ 的关系。

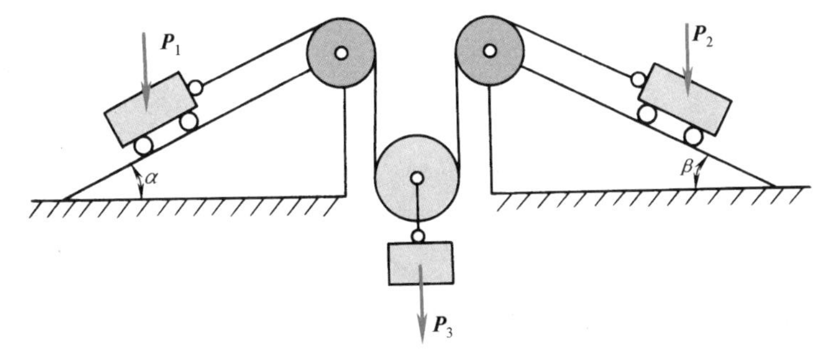

图 13-32　题 13-7 图

图 13-32 动画

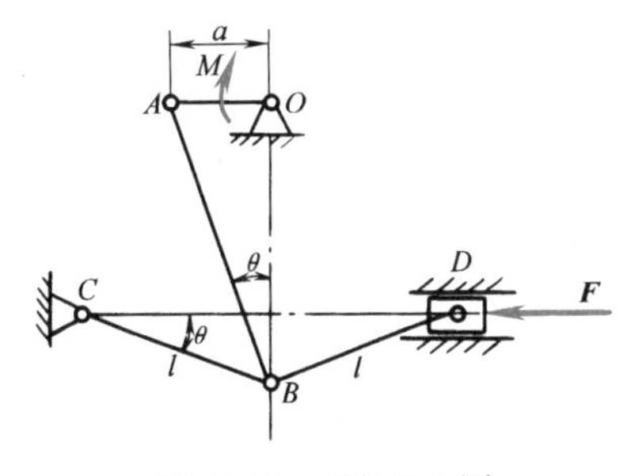

图 13-33　题 13-8 图

图 13-33 动画

答：$F=\frac{M\cos2\theta}{a\sin2\theta}$。

13-9　图 13-34 所示机构中，$OB=BC=AB=2BD=2BE=a$，水平力已知，弹簧刚度系数为 $k$，当 $\theta=0°$ 时它为原长。试求系统平衡位置 $\theta$。

答：$\sin\theta=\frac{F}{ak}$。

13-10　两摇杆机构分别如图 13-35 所示，图 13-35a 中 $OA=R$，$\angle AOO_1=90°$，$\angle OO_1A=30°$；图 13-35b 中 $OB=R$，$\angle BOO_1=90°$，$\angle OO_1B=30°$。若均在杆 $OA$ 上施加力偶矩 $M_1$，试求系统保持平衡时，需在 $O_1B$ 上施加的力偶矩 $M_2$。

答：a）$M_2=4M_1$；b）$M_2=M_1$。

13-11　两均质杆 $A_1B_1$ 与 $A_2B_2$ 长分别为 $l_1$、$l_2$，重分别为 $P_1$、$P_2$。它们的一端 $A_1$ 及 $A_2$ 分别靠在光滑的铅垂墙面上，另一端 $B_1$ 及 $B_2$ 搁在光滑水平面的同一处，如图 13-36 所示。求平衡时两杆与水平面所成的夹角 $\varphi_1$ 和 $\varphi_2$ 之间的关系。

图 13-34 动画

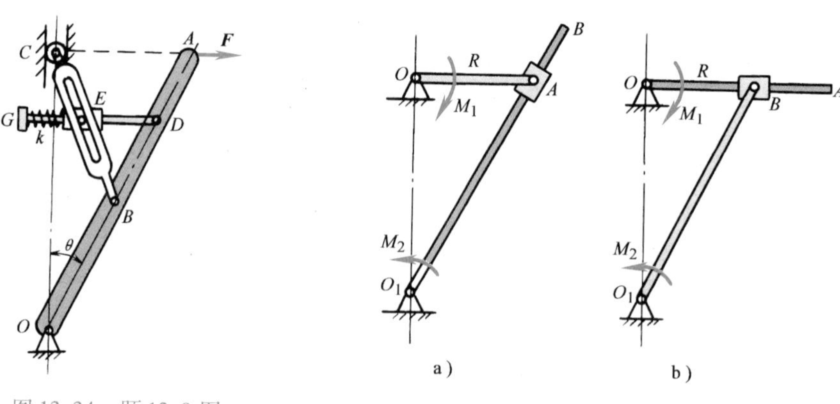


图 13-34 题 13-9 图

图 13-35 题 13-10 图

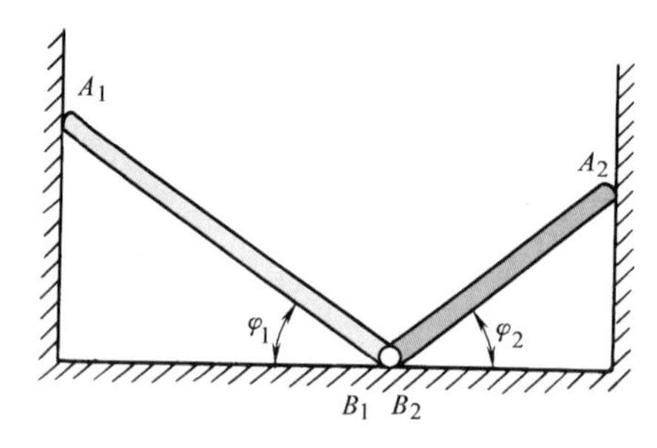


图 13-36 题 13-11 图

答：$\tan\varphi_1 : \tan\varphi_2 = P_1 : P_2$。

13-12 在图 13-37 所示静定连续梁中，$F_1 = 5\text{kN}$，$F_2 = 4\text{kN}$，$F_3 = 3\text{kN}$，力偶矩 $M = 2\text{kN} \cdot \text{m}$。求固定端 $A$ 的约束力和约束力偶。

答：$F_{NA} = 4\text{kN}$，$M_A = 7\text{kN} \cdot \text{m}$。

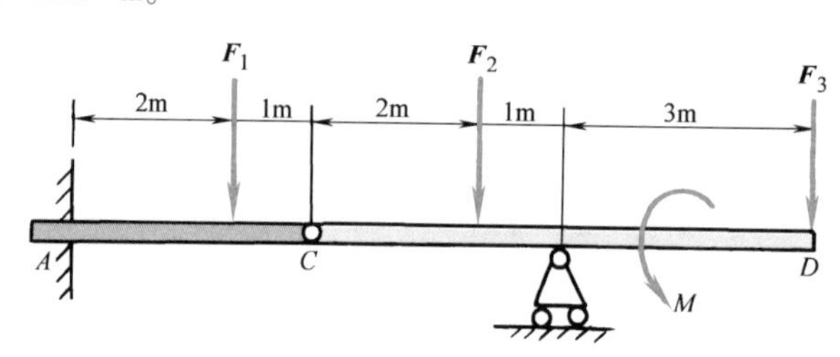


图 13-37 题 13-12 图

13-13 试求图 13-38 所示静定连续梁支座 $C$ 与 $D$ 的约束力。已知 $F_1 = 8\text{kN}$，$F_2 = 4\text{kN}$，$q = 2\text{kN/m}$，$M = 9\text{kN} \cdot \text{m}$。

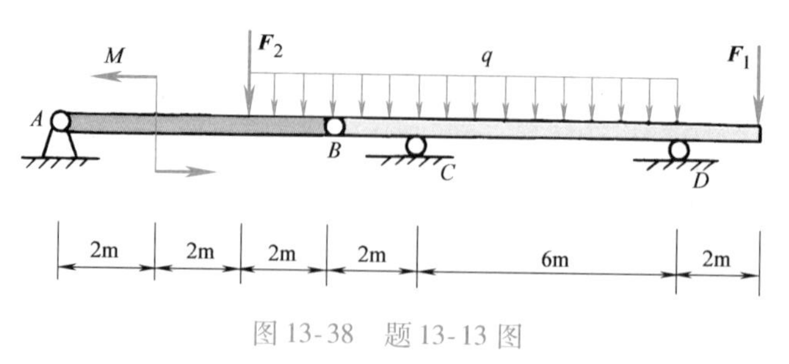


图 13-38 题 13-13 图

答：$F_{NC}=14.0\text{kN}$，$F_{ND}=14.5\text{kN}$。

13-14　梁 $AD$ 由在 $B$、$C$ 处通过铰链连接起来的三段梁组成，如图 13-39 所示。在梁上作用的均布载荷其集度为 $q=2\text{kN/m}$，$F=5\text{kN}$，力偶的力偶矩 $M_e=6\text{kN}\cdot\text{m}$，$a=2\text{m}$。试求固定端 $A$、$D$ 的铅垂约束力和约束力偶。

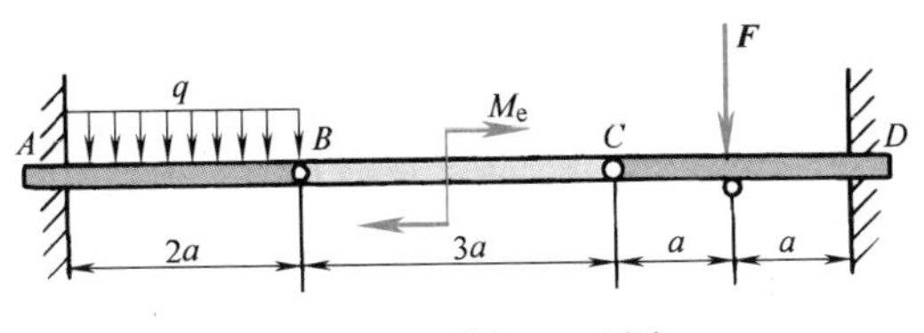


图 13-39　题 13-14 图

答：$M_A=12\text{kN}\cdot\text{m}$，$M_D=-14\text{kN}\cdot\text{m}$，$F_{Ay}=7\text{kN}$，$F_{Dy}=6\text{kN}$。

13-15　组合梁的支承及载荷情况如图 13-40 所示，求各支座处的约束力。

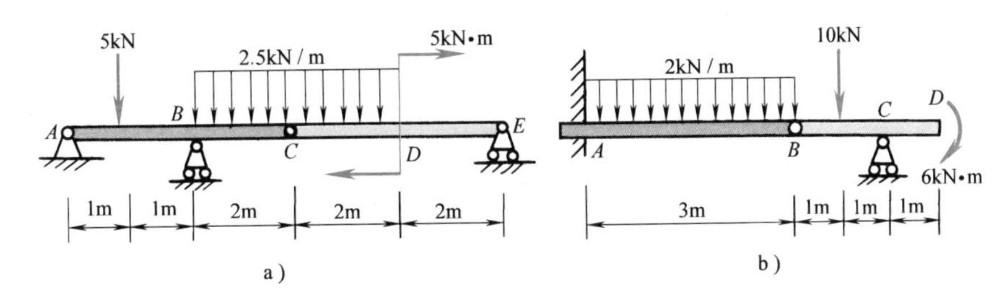


图 13-40　题 13-15 图

答：a）$F_{NA}=-2.5\text{kN}$，$F_{NB}=15\text{kN}$，$F_{NE}=2.5\text{kN}$；

　　b）$M_A=15\text{kN}\cdot\text{m}$，$F_{NA}=8\text{kN}$，$F_{NC}=8\text{kN}$。

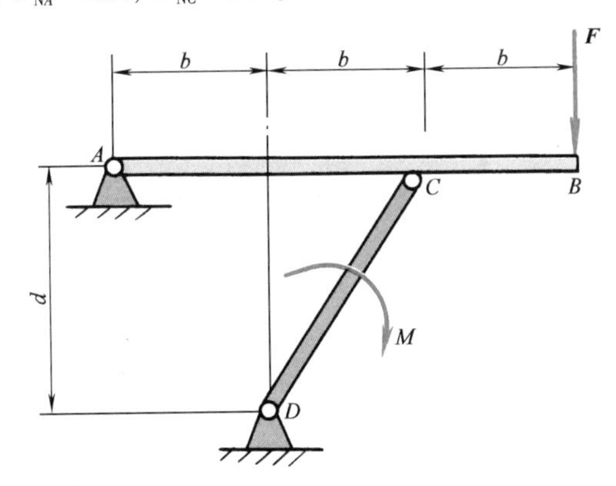


图 13-41　题 13-16 图

13-16　杆 $AB$ 与 $CD$ 由铰链 $C$ 连接，并由铰链支座 $A$、$D$ 固定，如图 13-41 所示。在 $AB$ 杆上作用一铅垂力 $\boldsymbol{F}$，在 $CD$ 杆上作用一力偶 $M$，不计杆重，求支座 $D$ 的约束力。

答：$F_{Dx}=0.5(2M+3Fb)/d$，$F_{Dy}=1.5F$。

13-17　图 13-42 所示结构中，已知 $F=1\text{kN}$，$l=1\text{m}$，$\theta=30°$。求支座 $A$ 的约束力。

答：$F_{Ax}=0.366\text{kN}$，$F_{Ay}=-1.598\text{kN}$。

13-18　图 13-43 所示桁架中，$AD=DB=6\text{m}$，$CD=3\text{m}$，节点 $D$ 的载荷为 $\boldsymbol{F}$。求杆 3 的内力。

答：$F_3=F$。

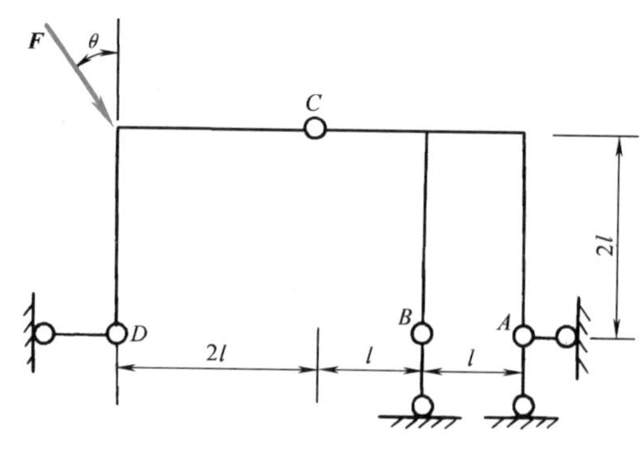


图 13-42 题 13-17 图

13-19 试求图 13-44 所示连续梁的支座约束力。设图中载荷、尺寸均为已知。

答：$F_D=\dfrac{M}{2l}+ql$（↑），$F_B=F+2ql-\dfrac{M}{l}$（↑），$F_A=\dfrac{M}{2l}-ql$（↑）。

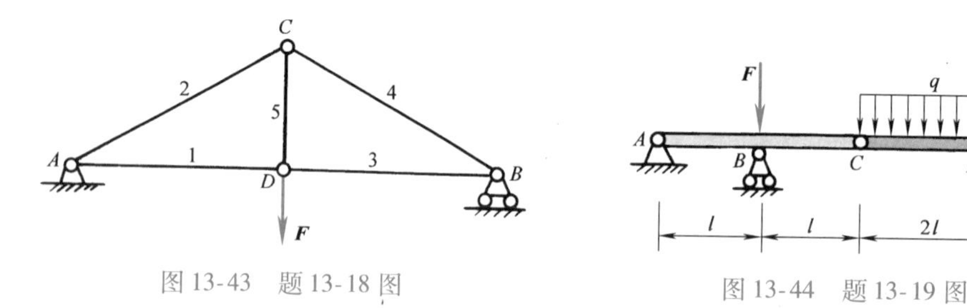


图 13-43 题 13-18 图　　图 13-44 题 13-19 图

13-20 试求图 13-45 所示梁-桁架组合结构中 1、2 两杆的内力。已知 $F_1=4\text{kN}$，$F_2=5\text{kN}$。

答：$F_{N1}=\dfrac{11}{3}\text{kN}$（拉），$F_{N2}=\dfrac{55}{12}\text{kN}$（压）。

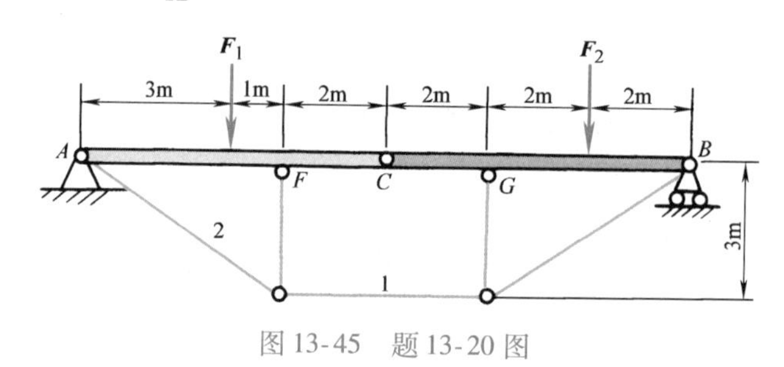


图 13-45 题 13-20 图

13-21 重 $P_1$ 的平板 $A$ 放在 $n$ 个重量均为 $P_2$ 的圆滚子上，如图 13-46 所示。设滚子可视为均质圆柱，滚子与平板及滚子与地面均无相对滑动，求平板受到水平力 $\boldsymbol{F}$ 作用时的加速度。

答：$a=8gF/(8P_1+3nP_2)$。

图 13-46 动画

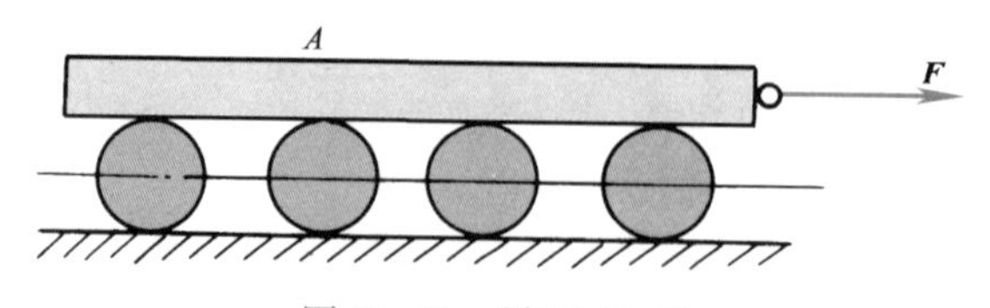


图 13-46 题 13-21 图

13-22 图 13-47 所示一升降机的简图，被提升的物体 $A$ 重为 $P_1$，平衡锤 $B$ 重为 $P_2$；带轮 $C$ 及 $D$ 重均为

$P_3$，半径均为 $r$，可视为均质圆柱。设电动机作用于轮 $C$ 的转矩为 $M$，胶带的质量不计，求重物 $A$ 的加速度。

答：$a_A=\dfrac{M+(P_2-P_1)r}{(P_1+P_2+P_3)r}g$。

13-23　图 13-48 所示离心调速器以匀角速度 $\omega$ 转动。如重球 $A$、$B$ 均重 $P_1$，套筒 $C$ 重 $P_2$；连杆长均为 $l$，各连杆的铰链至转轴中心的距离为 $a$；弹簧的刚度系数为 $k$，其上端与转轴紧接，下端压住套筒，当偏角 $\alpha=0$ 时，弹簧为原长不受力。求调速器的角速度 $\omega$ 与偏角 $\alpha$ 的关系。

答：$\omega^2=\dfrac{P_1+P_2+2kl(1-\cos\alpha)}{P_1(a+l\sin\alpha)}g\tan\alpha$。

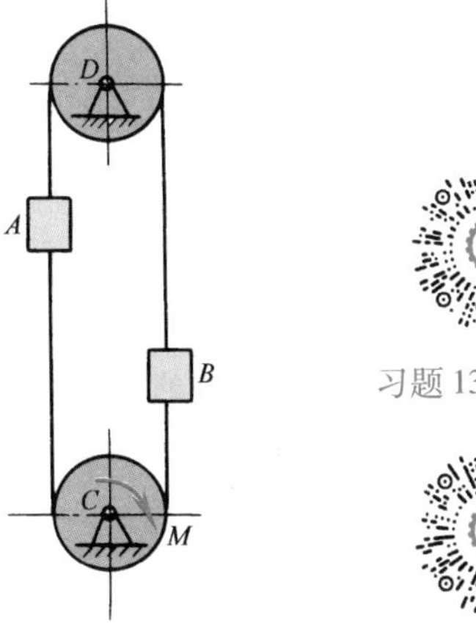


图 13-47　题 13-22 图

习题 13-22 讲解

图 13-47 动画

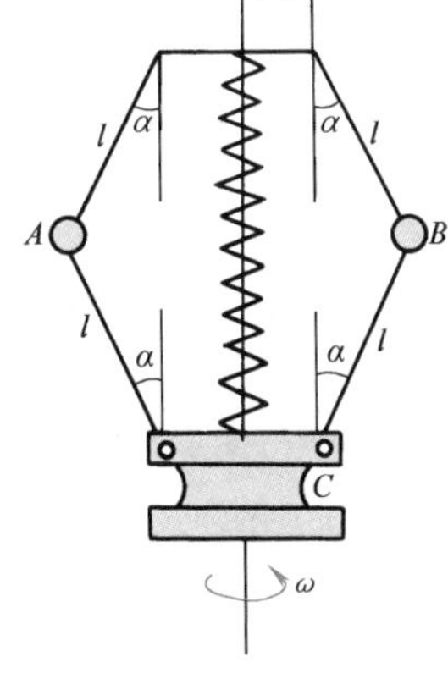


图 13-48　题 13-23 图

图 13-48 动画

13-24　图 13-49 所示吊索一端绕在鼓轮Ⅰ上，另一端绕过滑轮Ⅱ系于重 $m_1g$ 的平台 $A$ 上，鼓轮半径为 $r$、重为 $m_2g$，电动机给鼓轮的转矩为 $M$，试求平台上升的加速度。设鼓轮可看作均质圆盘，滑轮的质量可以不计。

答：$a=\dfrac{2M-(m_1g+m_2g)r}{(m_1+3m_2)r}$。

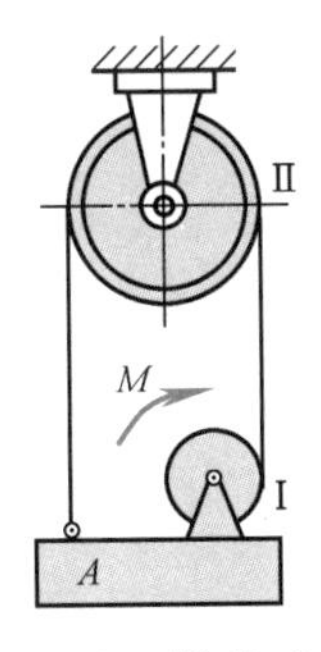

图 13-49　题 13-24 图

图 13-49 动画

13-25　如图 13-50 所示，重 $Mg$ 的三棱柱放在光滑水平面上，重 $mg$ 的均质圆柱沿三棱柱的斜面 $AB$ 滚下而不滑动。求三棱柱的加速度和柱心 $C$ 相对于斜面的加速度。

答：$a_{AB}=\dfrac{-mg\sin2\alpha}{3(M+m)-2m\cos^2\alpha}$，$a_r=\dfrac{2g(m+M)\sin\alpha}{3(M+m)-2m\cos^2\alpha}$。

13-26　质量为 $m$ 的单摆绕在一半径为 $r$ 的固定圆柱体上，如图 13-51 所示。设在平衡位置时，绳的下垂部分长为 $l$，且不计绳的质量，求摆的运动微分方程。

答：$(l+r\varphi)\ddot{\varphi}+r\dot{\varphi}^2+g\sin\varphi=0$。

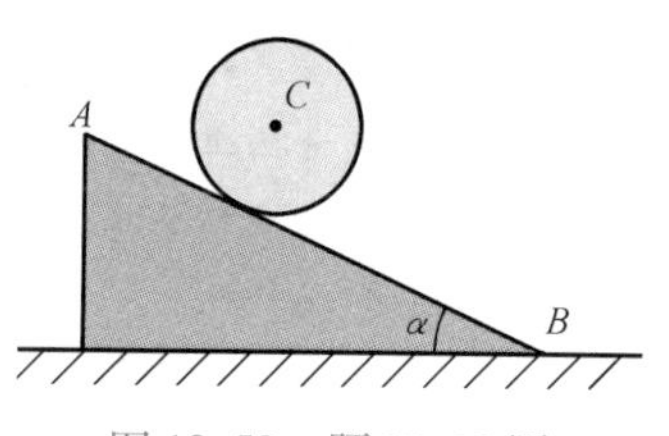


图 13-50　题 13-25 图

图 13-51 动画

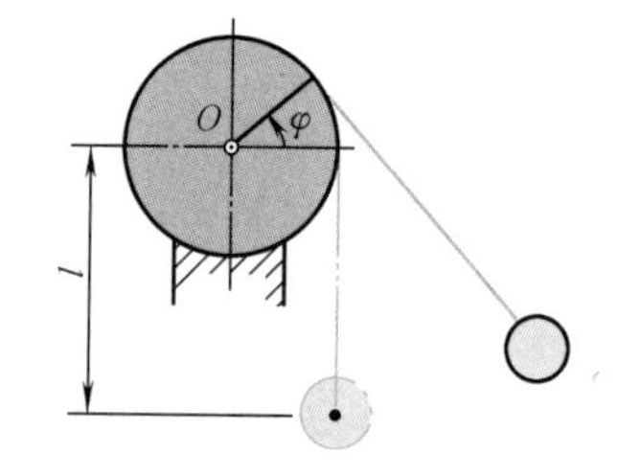


图 13-51　题 13-26 图

13-27　一根不可伸长的轻绳，一端绕于质量为 $m$、半径为 $r$ 的均质圆盘上，另一端固定，如图 13-52 所示。今将此圆盘从绳的非铅直位置静止释放，设细绳始终保持拉紧状态，试求均质圆盘的运动微分方程。

答：$1.5(\ddot{y}+r\ddot{\theta})-y\dot{\theta}^2-g\cos\theta=0$，

$1.5r(\ddot{y}+r\ddot{\theta})+y^2\ddot{\theta}+2y\dot{y}\dot{\theta}+g(y\sin\theta+r\cos\theta)=0$。

13-28　如图 13-53 所示，半径为 $r$、质量为 $m$ 的圆柱体 $A$，可在物块 $B$ 中、半径为 $R$ 的半圆槽内做纯滚动。物块 $B$ 的质量为 $M$，可在光滑水平面上运动。两根水平放置的弹簧与物块 $B$ 相连接。已知弹簧刚度系数均为 $k$，物块处于平衡位置时，两弹簧都不受力。试建立系统微幅运动微分方程。

答：$(M+m)\ddot{x}+m(R-r)\ddot{\varphi}\cos\varphi-m(R-r)\dot{\varphi}^2\sin\varphi+2kx=0$，

$1.5(R-r)\ddot{\varphi}+\ddot{x}\cos\varphi+g\sin\varphi=0$。

图 13-52 动画

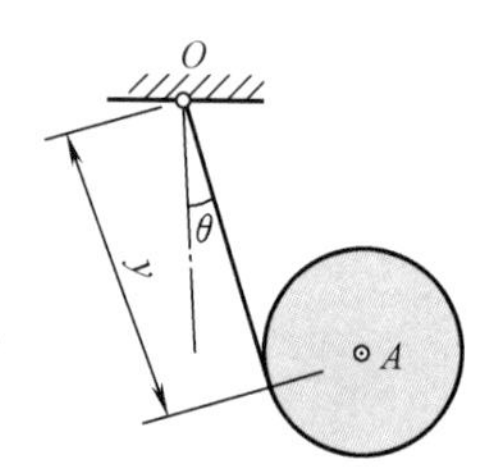


图 13-52　题 13-27 图

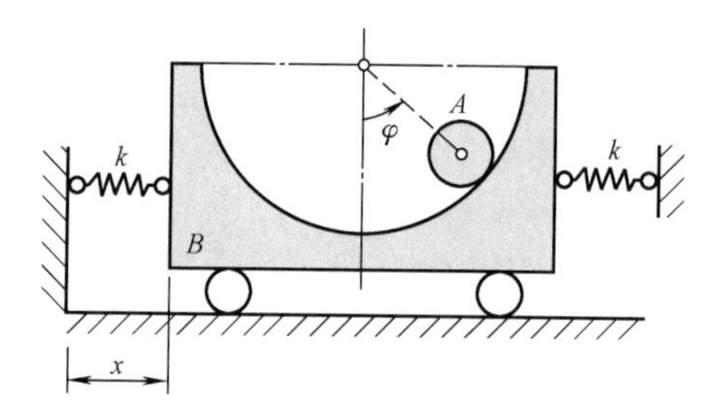


图 13-53　题 13-28 图

# 第14章 动力学普遍定理应用的几个实例

动力学是研究物体机械运动规律的科学，与日常生活和工程实践有着广泛的联系，并且在现代科学中有着广泛的应用，涉及航空航天、火箭卫星、体育竞技、机械设计、机械制造和家用器具等多个领域。本章力图通过几个实例，利用理论力学中的动力学理论对其进行深入浅出的分析，使大家在享受现代科技成果的同时，了解动力学在其中的应用，以展示动力学在认识客观世界及改造客观世界中的巨大威力。以期能帮助同学们再接再厉，更加努力学习，增加有关的科学知识，为国家做出更大成绩。

## 14.1 动量定理的应用实例

动力学普遍定理是最常用的几个定理，包含动能定理、动量定理和动量矩定理。直接应用这些定理即可解决部分问题，有些问题要根据具体问题具体分析，再加以简单的推导才能解决。

### 14.1.1 礼花中的动量定理

以重大节日中放的烟花为例，把炮筒和烟花弹看成一个质点系。在发射时，炮筒中的火药爆炸产生巨大的气体压力（此爆炸力是内力），使烟花弹获得一个向前的动量，同时，由动量守恒定律，也使炮筒获得一个同样大小的向后动量，由于支座限制炮筒的向后移动，即产生了相应的后坐力。当烟花弹达到一定高度时在空中爆炸，产生绚丽多彩的图案。将烟花弹作为一个质点系，由于爆炸力也是内力，由质心运动定理，爆炸的烟火将在质心周围产生，然后随同质心做抛物线运动降落，如图14-1所示。

图 14-1

**例 14-1** 一个礼花弹质量为 $m=0.5\text{kg}$，若升空 $h=120\text{m}$，不计空气阻力。求在发射过程中，礼花弹离开发射筒时的速度 $\boldsymbol{v}_1$ 为多少？此时所获得的冲量 $\boldsymbol{I}$ 是多少？若后坐力的作用时间为 0.1s，礼花弹发射筒的平均后坐力是多少？

**解**：以礼花弹为研究对象，由动能定理

$$\frac{1}{2}mv_2^2-\frac{1}{2}mv_1^2=-mgh$$

当礼花弹到达最高点时，速度 $\boldsymbol{v}_2=\boldsymbol{0}$，所以得

$$v_1=\sqrt{2gh}=\sqrt{2\times9.8\times120}\text{m/s}=48.5\text{m/s}$$

礼花弹离开发射筒时的动量为

$$p_2=mv_1=(0.5\times48.5)\text{kg}\cdot\text{m/s}=24.25\text{kg}\cdot\text{m/s}$$

由冲量定理

$$\boldsymbol{p}_2-\boldsymbol{p}_1=\boldsymbol{I}$$

设垂直向上发射，初始动量 $\boldsymbol{p}_1=\boldsymbol{0}$，所以上式向 $y$ 轴投影，礼花弹所获得的冲量为

$$I=p_2=mv_1=24.25\text{kg}\cdot\text{m/s}$$

由动量守恒定律或作用与反作用定律，发射筒也受到相同的冲量，但方向相反，发射筒的平均后坐力为

$$F=\frac{I}{\tau}=\frac{24.25}{0.1}\text{N}=242.5\text{N}$$

**例 14-2** 一个礼花弹质量为 0.5kg，假设礼花弹在升到最高点处发生爆炸，如图 14-2 所示。若产生由 100 个质点生成的绚丽多彩的半径为 40m 的球形图案，将空气阻力近似为 $F=50-\mu x$，略去重力作用，求爆炸时每个质点产生的初始速度 $\boldsymbol{v}_1$ 是多少？形成球形图案的条件是什么？然后以什么形式下落？

图 14-2

**解**：由题意，当形成半径为 40m 球形图案时，其空气阻力为零，得

$$F=50-40\mu=0$$

得

$$\mu=\frac{50}{40}=1.25$$

以其中的一个质点为研究对象，由动能定理

$$\frac{1}{2}mv_2^2-\frac{1}{2}mv_1^2=-\int_0^{40}(50-\mu x)\,\mathrm{d}x$$

由题意，当形成半径为 40m 球形图案时，其质点速度 $\boldsymbol{v}_2$ 为零，得

$$\frac{1}{2}mv_1^2=\int_0^{40}(50-\mu x)\,\mathrm{d}x$$

解得

$$v_1=632.5\text{m/s}$$

形成球形图案的条件是 100 个质点相对于质心是对称的，且沿球形均匀分布。然后随质

心以球的形状一起下落。

小结：类似的案例很多，早期迫击炮的工作原理就是如此。在发射时，炮管中的火药首先在炮管中产生巨大的爆炸力，将炮弹发射出去，然后炮弹做抛物线运动，由于炮管中的爆炸力是内力，由动量守恒定律，在发射过程中炮管将产生对地面的后坐力。当炮弹到达目标时，炮弹中的炸药在敌方阵地爆炸，由于炮弹中的爆炸力也是内力，爆炸后的碎片将散布在质心周围，以杀伤敌人。

### 14.1.2　运载火箭中的动量定理

实际上，在炮弹的飞行中，要受到空气的阻力、阻力矩的作用，会引起炮弹前进方向不稳定和射程近等问题。为解决此问题，精确制导导弹问世，它是通过发动机不断提供推力，由自动控制系统不断修正其方向，使其击中目标。在工程实践中，它被视为质量不断变化的物体。例如火箭、喷气式飞机和导弹等都是此类物体，如图 14-3 所示。其推力是基于动量守恒定律产生的，即利用燃料燃烧产生的高压气体高速向后喷出而产生巨大推力，但是在这一过程中它们的质量是不断变化的，此类动力学问题称为变质量问题。

a) 火箭

b) 喷气式飞机

图　14-3

例 14-3　设火箭垂直向上飞行，如图 14-4 所示，初速度为 $\boldsymbol{v}_0$，初始质量为 $m_0$，火箭向后喷气的相对速度为 $\boldsymbol{v}_r$。经过时间 $\tau$ 后燃料烧完，此时火箭质量为 $m_1$。不计空气阻力，求此时火箭的速度 $\boldsymbol{v}_1$。

解：设在时刻 $t$，质量为 $m$ 的质点速度为$\boldsymbol{v}$，质量为 $\Delta m$ 的质点的速度为 $\boldsymbol{u}$，如图 14-5 所示。在时刻 $t+\Delta t$，这两个质点合并成一体，其速度为$\boldsymbol{v}+\Delta\boldsymbol{v}$，由 $m$ 和 $\Delta m$ 组成一个质点系，设作用在该质点系上的外力的主矢为 $\boldsymbol{F}_R^{(e)}$。当 $\Delta t$ 充分小时，应用积分形式的质点系动量定理，可得

$$(m+\Delta m)(\boldsymbol{v}+\Delta\boldsymbol{v})-(m\boldsymbol{v}+\Delta m\boldsymbol{u})=\boldsymbol{F}_R^{(e)}\Delta t$$

将上式两边除以 $\Delta t$，略去高阶小量 $\Delta m\Delta v$，并令 $\Delta t\to 0$，取极限，可得

$$m\frac{\mathrm{d}\boldsymbol{v}}{\mathrm{d}t}=\boldsymbol{F}_R^{(e)}+\frac{\mathrm{d}m}{\mathrm{d}t}(\boldsymbol{u}-\boldsymbol{v})$$

由于 $\boldsymbol{u}-\boldsymbol{v}=\boldsymbol{v}_r$，是质量为 $\Delta m$ 的质点相对于质量为 $m$ 的质点的相对速度，因此上式可写为

$$m\frac{\mathrm{d}\boldsymbol{v}}{\mathrm{d}t}=\boldsymbol{F}_{\mathrm{R}}^{(\mathrm{e})}+\frac{\mathrm{d}m}{\mathrm{d}t}\boldsymbol{v}_{\mathrm{r}}$$

这就是变质量物体的运动微分方程。以上是增质量情形，若为减质量情形 d$m$ 为负即可，其中$\frac{\mathrm{d}m}{\mathrm{d}t}\boldsymbol{v}_{\mathrm{r}}$称为附加推力。

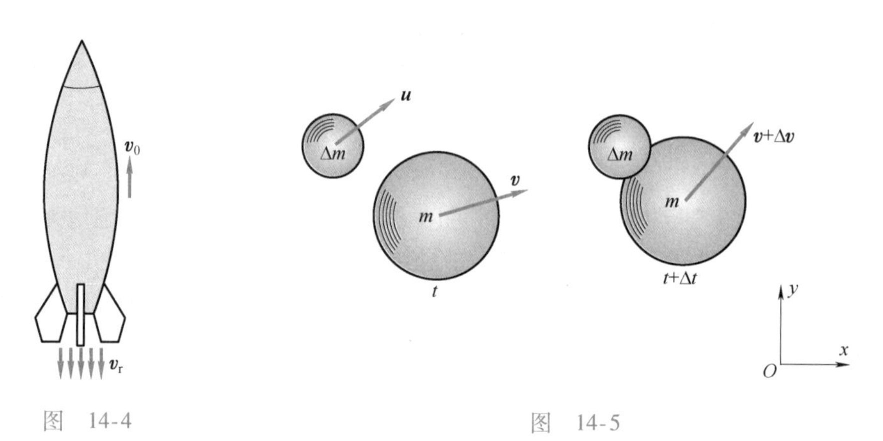


图 14-4　　图 14-5

将上式向 $y$ 轴投影，得

$$m\frac{\mathrm{d}v}{\mathrm{d}t}=-mg-\frac{\mathrm{d}m}{\mathrm{d}t}v_{\mathrm{r}}$$

等式两边同时除以 $m$ 并乘以 d$t$，得

$$\mathrm{d}v=-g\mathrm{d}t-v_{\mathrm{r}}\frac{\mathrm{d}m}{m}$$

将上式积分

$$\int_{v_0}^{v_1}\mathrm{d}v=-\int_0^{\tau}g\mathrm{d}t-\int_{m_0}^{m_1}v_{\mathrm{r}}\frac{\mathrm{d}m}{m}$$

可得

$$v_1=v_0+v_{\mathrm{r}}\ln\left(\frac{m_0}{m_1}\right)-g\tau$$

由上式可知，通过提高燃料的喷射速度 $v_{\mathrm{r}}$ 和比值$\frac{m_0}{m_1}$，可以使火箭获得更大的速度。但是，由于技术条件的限制，$v_{\mathrm{r}}$ 和$\frac{m_0}{m_1}$的取值有一定的限制，有时通过一级火箭的推进不能达到所需的速度，因此需要多级火箭的推进来实现。因此，我国制造了捆绑式长征系列火箭，如图 14-3a 所示，以完成我国的登月、天宫一号空间站的任务。

小结：冬天漂浮冰块的冻结、春天漂浮冰块的融化、喷气式飞机、各种导弹等都是变质量的动力学问题。它们在运动过程中，计算其运动及受力情况，必须按动量定理中的变质量问题进行研究。

### 14.1.3　碰撞现象中的动量定理

在日常生活中，有许多物体在突然受到冲击或遇到障碍时，在很短暂的时间内，其运动状态发生急剧变化的这种物理现象称为碰撞现象。

碰撞

**1. 日常生活中的碰撞现象**　日常中的碰撞问题很多，例如敲锣、打鼓、打铁、钉钉子、汽车碰撞、空中坠物、飞机降落瞬间的起落架着地、空间站对接和返回舱落地，以及两个物体剧烈相互接触的瞬间（时间极短、碰撞力很大）等都属于碰撞问题。

碰撞的时间很短，在此短暂的时间内（约为 0.001s），碰撞力由零急剧增至最大值 $F_{max}$，然后又急剧减到零，如图 14-6 所示。并且由于作用时间短，碰撞力很大，力的时间历程不容易简单描述。所以在解决碰撞问题中，动量定理的微分形式的应用受到限制，一般用积分形式的冲量定理解决。并且一定要注意在碰撞过程中的两个假设，即：非碰撞力的作用和物体的位移略去不计。由于会产生声、光、热、变形等现象，碰撞过程中机械能未必守恒。

为了便于研究，碰撞可按下述方法分类：（1）在碰撞过程中，两个碰撞物体的质心位于接触点的公法线上，称为对心碰撞；否则，称为偏心碰撞。（2）在碰撞过程中，两个碰撞物体接触点的相对速度在接触点的公法线上，称为正碰撞；否则，称为斜碰撞。

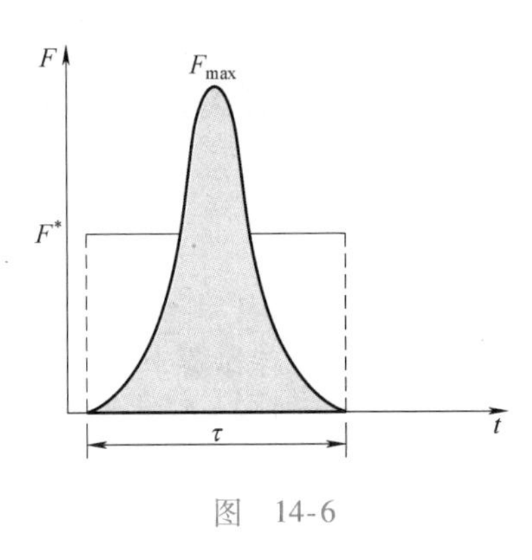

图　14-6

碰撞一般分为两个阶段，如图 14-7 所示。第一阶段，从碰撞开始（图 14-7a），直到两个物体沿碰撞的公法线方向无相对速度时（图 14-7b）为止。在这一阶段中，两球开始接触，相互挤压而产生变形，称为变形阶段。第二阶段，从第一阶段结束时开始，直到碰撞结束时（图 14-7c）为止。在这一阶段中，由于物体具有弹性，它们的变形将恢复或部分地恢复到原来的形状，导致彼此分离，碰撞结束，称为恢复阶段。其恢复的程度用恢复系数 $e$ 来描述：碰撞后两物体接触点沿法向的相对速度 $\boldsymbol{u}_r^n$ 与碰撞前的法向相对速度 $\boldsymbol{v}_r^n$ 之比，即

$$e=\frac{|u_r^n|}{|v_r^n|}$$

由此可知，恢复系数是表示物体在碰撞后相对速度恢复的程度，也表示物体变形恢复的程度。它与碰撞物体的材料、形状等有关。实际材料的恢复系数在 $0<e<1$ 的范围内。当 $e=0$ 时，称为塑性碰撞或非弹性碰撞；当 $e=1$ 时，称为完全弹性碰撞；当 $0<e<1$ 时，称为弹性碰撞。

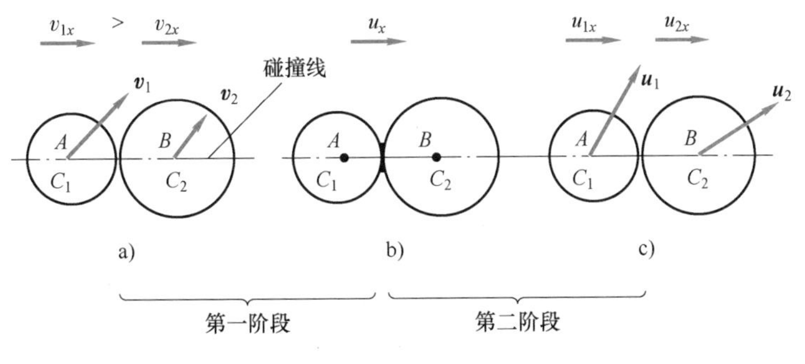

图　14-7

**2. 台球竞技中的碰撞技术** 台球运动，如图14-8a所示，其动力学特性非常丰富，除击打球外，还要考虑球的自由运动轨迹，并且球有四个阶段：（1）击打阶段，（2）自由运动阶段，（3）两球碰撞阶段，（4）两球的自由运动阶段。击打阶段和两球碰撞阶段要应用碰撞理论进行解决；自由运动阶段为滚动运动和又滚又滑阶段；同时要考虑被撞球的进球路径和主动球的返回位置，如图14-8b所示。它是一个即靠智慧又靠经验的高水平竞技运动。

a)

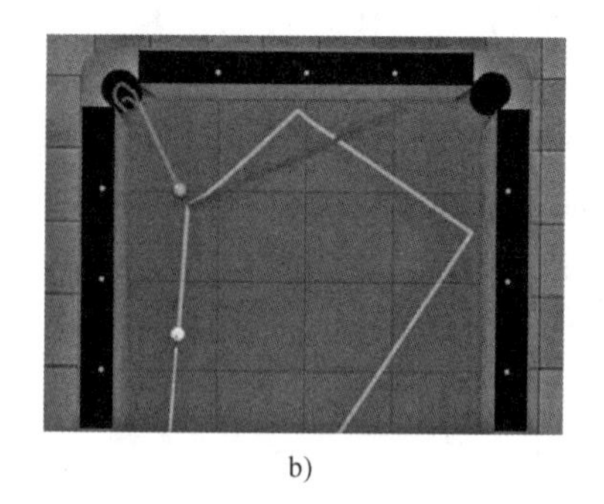

b)

图 14-8

---

**例14-4** 台球比赛中，球员以$A$球速度$v_1=5\text{m/s}$将$B$球击落到角袋中，如图14-9a所示，若恢复系数为$e=0.95$，摩擦略去不计，求碰撞后两球的速度。

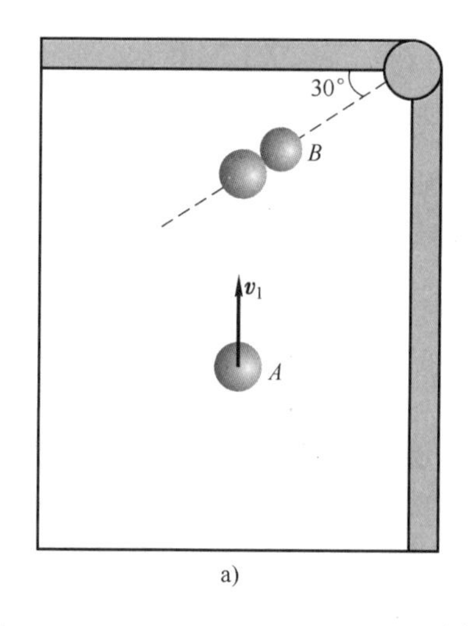


a)

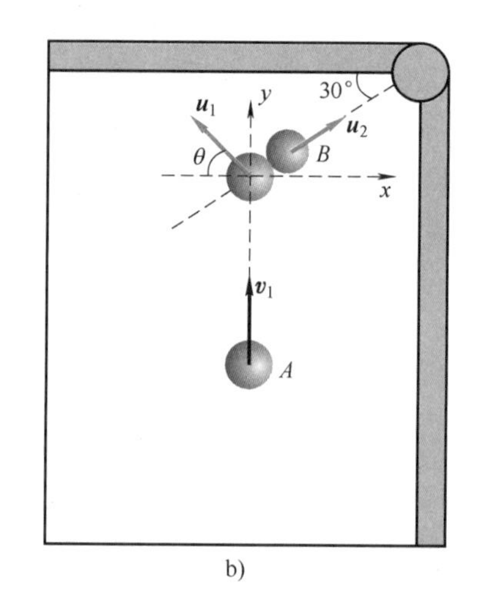


b)

图 14-9

**解：** 以$A$、$B$两球作为一个质点系为研究对象，其速度示意图及坐标方向如图14-9b所示，碰撞冲量为内冲量，则在碰撞前后动量守恒，即

$$x: \quad 0 = mu_2\cos30° - mu_1\cos\theta$$

$$y: \quad mv_1 = mu_2\sin30° + mu_1\sin\theta$$

由恢复系数

$$e = \frac{u_2 + u_1\cos(\theta + 30°)}{v_1\cos60°}$$

解得

$$u_2 = 2.4375\text{m/s}$$
$$\theta = 60.83°$$
$$u_1 = 4.33\text{m/s}$$

方向如图所示。

**例 14-5**　在台球竞技中，在水平面上运动的小球，以方向为 $\alpha_1$、速度为 $\boldsymbol{v}_1$ 碰到墙上，并出现如图 14-10a 所示的两次碰撞情况，且不计摩擦。若恢复系数为 $e$，求 $v_2$ 的大小和方向。

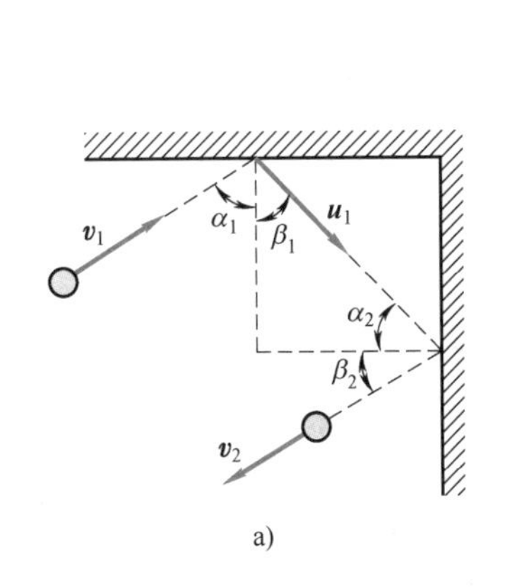

a)

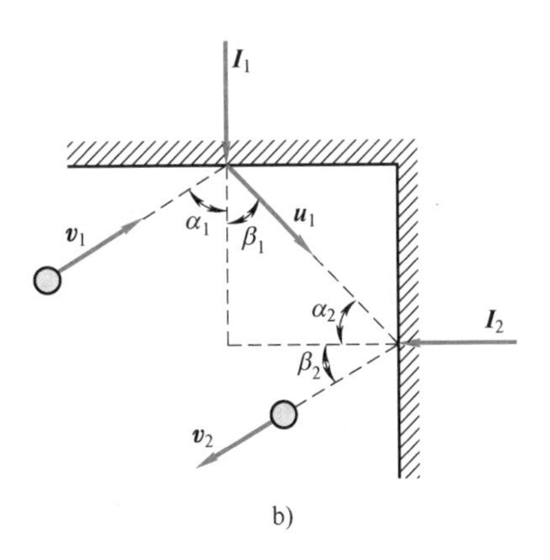

b)

图　14-10

**解：** 以球为研究对象，受力如图 14-10b 所示，根据碰撞恢复系数的定义，第一次碰撞

$$e = \frac{u_1 \cos\beta_1}{v_1 \cos\alpha_1}$$

解得

$$u_1 = e\frac{v_1 \cos\alpha_1}{\cos\beta_1}$$

对于第二次碰撞

$$e = \frac{v_2 \cos\beta_2}{u_1 \cos\alpha_2}$$

解得

$$v_2 = eu_1\frac{\cos\alpha_2}{\cos\beta_2} = e^2 v_1 \frac{\cos\alpha_1}{\cos\beta_1}\frac{\cos\alpha_2}{\cos\beta_2}$$

由恢复系数和几何关系，$\cos\alpha_2 = \sin\beta_1$，解得

$$\beta_2 = \frac{\pi}{2} - \alpha_1$$

$$v_2 = ev_1$$

由此可知，$\boldsymbol{v}_2$ 与 $\boldsymbol{v}_1$ 平行，当方向相反。

---

实际情况是桌面有摩擦，在撞击阶段忽略摩擦，撞击不同部位球的运动不同，如平移、滚动、又滚又滑等；在自由运动阶段要考虑摩擦，既要考虑被撞球的运动方向，又要考虑主

球的返回方向及距离。优秀的运动员可一直按规则要求一杆一球直到取胜结束。

**3. 工程中的碰撞机械**　人们根据碰撞理论，设计制造了打桩机、冲床、锻压机、冲击钻等机械。

---

**例 14-6**　锻压机如图 14-11 所示，汽锤质量 $m_1=1\text{t}$，汽锤从 $h=1\text{m}$ 处静止下落，锻件和砧座的质量 $m_2=15\text{t}$，恢复系数 $e=0.6$。求汽锤的效率。

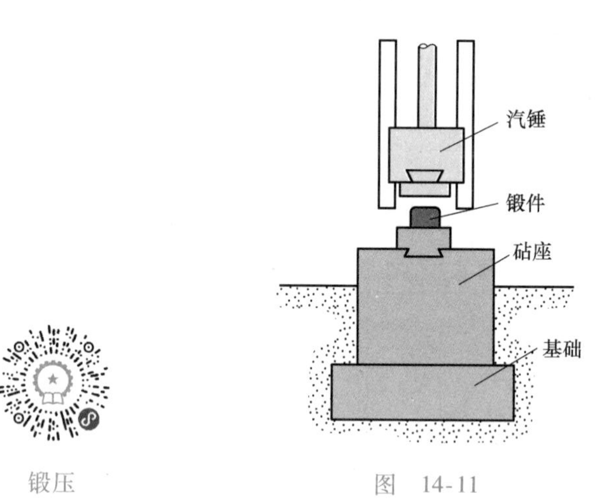


锻压　　图　14-11

**解：** 以汽锤为研究对象，设碰撞前，汽锤速度分别为 $v_0$ 和 $v_1$，由动能定理

$$\frac{1}{2}m_1v_1^2-\frac{1}{2}m_1v_0^2=m_1gh$$

由于汽锤由静止开始下落，则 $v_0=0$，所以，碰撞前的速度为

$$v_1=\sqrt{m_1gh}$$

将汽锤和砧座作为一个质点系来考虑，设碰撞后汽锤、锻件和砧座的速度分别为 $\boldsymbol{u}_1$ 和 $\boldsymbol{u}_2$，此质点系无外碰撞冲量作用，质点系的动量守恒，即

$$m_1\boldsymbol{v}_1+m_2\boldsymbol{v}_2=m_1\boldsymbol{u}_1+m_2\boldsymbol{u}_2$$

根据恢复系数的定义式

$$e=\frac{u_2-u_1}{v_1-v_2}$$

由上两式解得

$$u_1=\frac{1}{m_1+m_2}[(m_1-em_2)v_1+(1+e)m_2v_2]$$

$$u_2=\frac{1}{m_1+m_2}[(1+e)m_1v_1+(m_2-em_1)v_2]$$

则分别代表碰撞前后两个物体的总动能 $T_0$、$T$ 为

$$T_0=\frac{1}{2}m_1v_1^2+\frac{1}{2}m_2v_2^2,\quad T=\frac{1}{2}m_1u_1^2+\frac{1}{2}m_2u_2^2$$

在碰撞前后，这两个物体动能的改变量，亦即动能的损失为

$$\Delta T=T_0-T=\frac{1}{2}m_1(v_1^2-u_1^2)+\frac{1}{2}m_2(v_2^2-u_2^2)$$

化简后，得

$$\Delta T=(1-e^{2})\frac{m_{1}m_{2}}{2(m_{1}+m_{2})}(v_{1}-v_{2})^{2}$$

由此可知，$\Delta T=T_{0}-T$ 永远是正值，即 $T<T_{0}$。这表明，两个物体碰撞时，它们的动能将部分转化为其他形式的能量。

使锻件产生变形的有效功就是碰撞时损失的动能 $\Delta T$。所以，汽锤的效率为

$$\eta=\frac{\text{碰撞过程中动能的损失 }\Delta T}{\text{碰撞开始时的动能 }T_{0}} \tag{a}$$

由于碰撞前锻件和砧座静止，则 $v_{2}=0$，故 $T_{0}=\frac{1}{2}mv_{1}^{2}$，且

$$\Delta T=(1-e^{2})\frac{m_{1}m_{2}}{2(m_{1}+m_{2})}v_{1}^{2}$$

所以

$$\Delta T=(1-e^{2})\frac{m_{2}}{m_{1}+m_{2}}T_{0} \tag{b}$$

代入式（a）有

$$\eta=\frac{\Delta T}{T_{0}}=(1-e^{2})\frac{m_{2}}{m_{1}+m_{2}}$$
$$=(1-e^{2})\frac{1}{1+\frac{m_{1}}{m_{2}}}=0.6$$

由此可知，$e$ 越小，锻压机的效率 $\eta$ 越高。当锻件处于炽热状态时，$e$ 接近于零，此时

$$\eta=\frac{1}{1+\frac{m_{1}}{m_{2}}}=0.94$$

图　14-12

这就是趁热打铁的道理。还可以看出，$m_{1}/m_{2}$ 的比值越小，锻压效率 $\eta$ 也越高，这就是在锻压机中，要求小汽锤配置大砧座的道理，如图 14-12 所示。

**例 14-7**　打桩机锤头质量为 $m_{1}$，桩的质量为 $m_{2}$，如图 4-13 所示。假定锤与桩在碰撞后具有相同的速度，即 $e=0$，求打桩机的效率。

**解：** 打桩过程可看作锤与桩的对心正碰撞。把桩打入地基，要依靠锤与桩相撞后一起运动的动能来克服地基土壤对桩的阻力。因此，希望碰撞结束时的剩余动能 $T_{0}-\Delta T$ 越大越好，或碰撞时的动能损失 $\Delta T$ 越小越好。

打桩

碰撞开始时，桩的速度 $v_{2}=0$，且 $e=0$。动能 $T_{0}$ 等于锤的动能 $\frac{1}{2}m_{1}v_{1}^{2}$。利用上题的结果

$$\Delta T=\frac{m_{2}}{m_{1}+m_{2}}T_{0}$$

于是

$$T_0 - \Delta T = T_0\left(1 - \frac{m_2}{m_1 + m_2}\right) = \frac{m_1}{m_1 + m_2}T_0$$

桩锤的效率为

$$\eta = \frac{T_0 - \Delta T}{T_0} = \frac{m_1}{m_1 + m_2} = \frac{1}{1 + \dfrac{m_2}{m_1}}$$

由此可见，此值 $m_2/m_1$ 越小，打桩效率越高。例如，设锤质量是桩质量的 15 倍，即 $m_2/m_1 = 1/15$，则其效率为 $\eta = 0.94$。这就是大锤打小桩的道理。例如，用锤子敲击钉子，如图 14-14 所示。

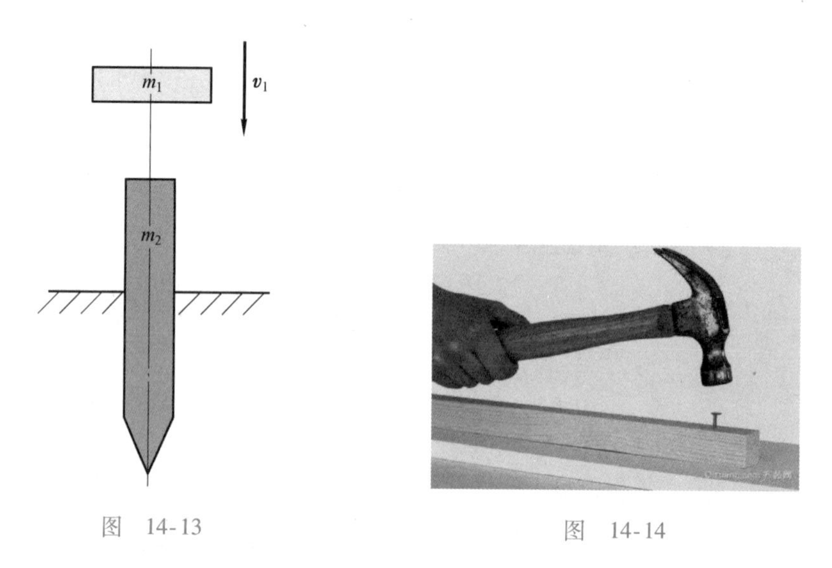


图 14-13

图 14-14

小结：以上是利用碰撞原理设计的机械装备，还有机械冲击试验台、冲击碰撞试验台等，这是对人类有利的一面。但也有有害的一面，如航天器的对接、飞机起落等，要尽量避免或延缓碰撞过程，以免给零部件造成危害。

## 14.2 动量矩定理的应用实例

动量定理解决的是物体的移动问题，动量矩定理解决的是物体的转动问题，相对于动量定理来说，动量矩定理应用起来更加灵活多变，有许多复杂问题和现象均可利用动量矩定理揭示和解决。并且有许多问题是综合问题，要用动能定理、动量定理和动量矩定理联合应用一起解决。

### 14.2.1 弹头中的动量矩定理

例如滑膛枪炮系列，由于弹头受空气阻力及风向的影响，弹头的方向容易受干扰，偏离既定目标，准确性低。为了改善其性能，在枪支枪管内部加工有膛线，又名来复线，如图 14-15a 所示。膛线的作用在于赋予弹头旋转的能力，使弹头在出膛之后能稳定飞行，以保持既定的方向，如图 14-15b 所示。其原理可利用陀螺近似原理来解释。

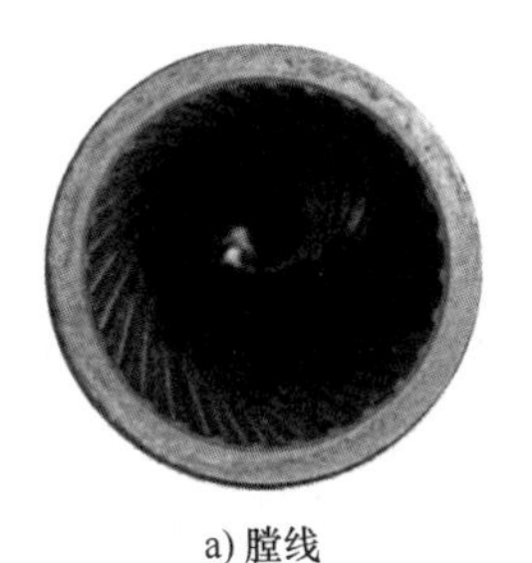
a) 膛线

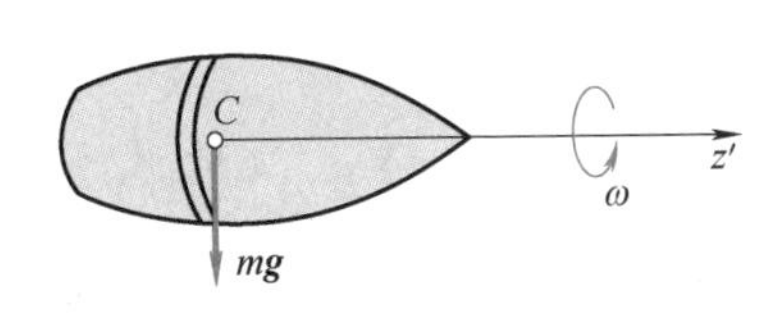

b) 弹头

图　14-15

**例14-8**　如图14-16所示，一个具有对$z'$轴质量对称的刚体，并绕此轴以角速度$\omega$高速旋转，$Oz'$轴分别绕$Oz$轴、$Ox'$轴以极低速$\Omega$、$\dot{\theta}$旋转（即$\omega \gg \Omega + \dot{\theta}$），轴上一点$O$固定不动，重力在$Oy'z'$平面内，如图14-16a所示。试求其运动特性。

**解：** 一般情况下，称具有此特点的刚体为陀螺，设$Oz'$轴称为陀螺自转轴，$\omega$称为自转角速度。自转轴$Oz'$绕$Oz$轴转动称为进动，进动角速度用$\boldsymbol{\Omega}$表示。自转轴$Oz'$绕$Ox'$轴转动称为章动，章动角速度用$\dot{\boldsymbol{\theta}}$表示，则由式（7-12），陀螺的绝对角速度$\boldsymbol{\omega}_a$为

$$\boldsymbol{\omega}_a = \boldsymbol{\omega} + \boldsymbol{\Omega} + \dot{\boldsymbol{\theta}}$$

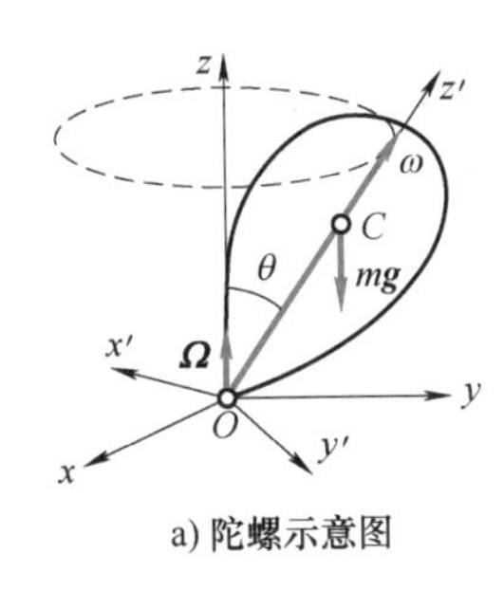

a) 陀螺示意图

b) 陀螺

图　14-16

当自转角速度$\omega$远远大于进动角速度$\Omega$，即$\omega \gg \Omega + \dot{\theta}$时，$\omega_a \approx \omega$，且$I_{x'}$、$I_{y'}$并不明显大于$I_{z'}$时，可以略去进动和章动对陀螺动量矩的影响，认为陀螺的动量矩等于其转动惯量$I_{z'}$与自转角速度$\omega$的乘积，即

$$\boldsymbol{L}_O = I_{z'}\boldsymbol{\omega} = I_{z'}\omega\boldsymbol{k}'$$

由动量矩定理

$$\frac{\mathrm{d}}{\mathrm{d}t}\boldsymbol{L}_O = \sum \boldsymbol{m}_O(\boldsymbol{F}_i^{(e)})$$

刚体的动量矩矢的大小和方向也是随时间变化的。若动量矩矢的大小变化忽略不计，主要以方向变化为主，由泊松公式

$$\frac{\mathrm{d}}{\mathrm{d}t}\boldsymbol{L}_O = \boldsymbol{\Omega} \times \boldsymbol{L}_O = \boldsymbol{\Omega} \times I_{z'}\boldsymbol{\omega} = \sum \boldsymbol{m}_O(\boldsymbol{F}_i^{(e)})$$

它表明，陀螺进动角速度$\Omega$与其动量矩矢$I_{z'}\boldsymbol{\omega}$的矢积等于作用于其上所有主动力对固定点$O$的主矩$M_O$，称为陀螺近似理论的基本方程。

陀螺有三个重要的基本特性：

(1) 若$\sum \boldsymbol{m}_O(\boldsymbol{F}_i^{(e)})=\boldsymbol{0}$，将绕其自转轴永久转动，即$\Omega=0$、$\dot{\theta}=0$，称为定轴性。

(2) 若$\sum m_{Ox'}(\boldsymbol{F}_i^{(e)})\neq 0$，$\sum m_{Oy'}(\boldsymbol{F}_i^{(e)})=0$，陀螺将发生进动，即$\Omega\neq 0$，称为进动性。

(3) 若$\sum m_{Oy'}(\boldsymbol{F}_i^{(e)})\neq 0$，$\sum m_{Ox'}(\boldsymbol{F}_i^{(e)})=0$，陀螺将发生章动，即$\dot{\theta}\neq 0$，称为章动性。

对于本题的陀螺来说，如图14-16所示，自转角速度$\omega$大小不变，由于重力$mg$的作用，对$Ox'$轴的力矩大小为$\sum m_{Ox'}(\boldsymbol{F}_i^{(e)})=OC\cdot mg\sin\theta$，方向沿$Ox'$轴的负方向，其自转轴的运动为进动。

对于如图14-15b所示的弹头，它在重力场中绕自转轴高速转动，重力作用在质心$C$上，则对质心$C$的主矩$M_C=0$，由相对于质心的动量矩定理和陀螺的定轴性，在受到风的干扰后，弹头方向改变也不大，即可提高射击精度。

小结：陀螺理论的应用非常广泛，利用陀螺理论制成的陀螺装置称为陀螺仪，它在科学、技术、军事等领域有着广泛的应用。陀螺仪分为压电陀螺仪、微机械陀螺仪、光纤陀螺仪、激光陀螺仪和手机陀螺仪等，它们都是利用陀螺理论制造的机械电子设备，并且能与其他配件一起做成惯性导航控制系统。

### 14.2.2 体育竞技中的力学奥秘

在体育类竞技中，有许多动作和技巧需要应用力学知识去研究。如体育运动中的跳高、跳水等，在竞技体操方面的自由体操、跳马、吊环、双杠、单杠、高低杠等，冰上运动的冰上舞蹈等，都有部分动作需要应用动力学普遍定理来解决。

**1. 跳高技巧中的力学应用** 跳高运动是由平动和转动两种运动形式完成的一项复杂的空间运动，跳高前要助跑，通过起跳将动能转换为势能，由动能定理，助跑速度越快，获得的动能越多，获得的腾起高度越大。从身体腾空离地的一瞬间，其身体重心在空中的运动轨迹由质心运动定理确定。起跳后如何做到跳得更高，以取得更好的成绩，则主要取决于过杆动作和身体处于杆上的姿势。

一般情况下，没有经过特殊训练的运动员，大多采用“跨越式”跳高，如图14-17a所示。因为它适合于人们平常所保持的体位，其中的一些动作比较轻车熟路，但其重心高度是最高的。一般测算，采用“跨越式”跳高，重心要高出横杆40cm左右，所需要的动能最大，所需助跑速度最快，但提高成绩较难。

在起跳的瞬间，由重力与地面支撑力形成的力偶使身体获得动量矩，通过相对于质心的动量矩定理可知，此时动量矩守恒，但可通过各个肢体的内力改变各自的位置，使其在不同时段通过横杆。“背越式”跳高如图14-17b所示，首先是头和双臂过杆，然后是背、腰、臀部依次移过横杆。为了尽可能利用重心的腾起高度过杆，因此身体某一部分在杆上方时，其他部分肢体需尽量垂于杆下，即主动降低部分肢体，升高另一部分肢体过杆，总重心在空中的位置不变。采用“俯卧式”跳高，重心高出横杆20cm左右即可，如图14-17c所示。

由于人在过杆时身体是弯曲的，重心稍高于横杆即可，故相对来说，采用“背越式”比较理想，如图14-17b所示，跳得最高。当然，过杆时身体重心抛物线轨迹的最高点处在

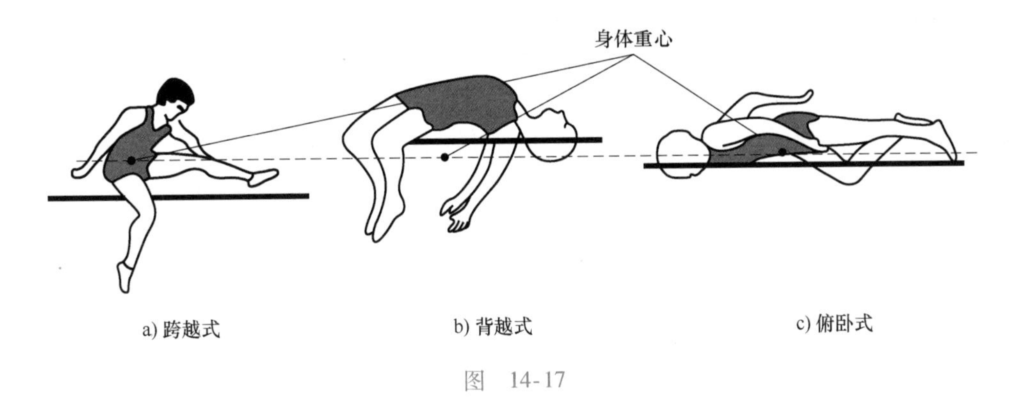


图　14-17

横杆之下是最理想的，而且从理论上讲也是成立的，但在运动实践中由于受身体因素影响较难实现。

为提高跳高成绩，可以应用动能定理、质心运动定理、相对于质心的动量矩定理进行力学分析，也可通过计算机模拟来提高跳高成绩，如图 14-18 所示为提出的肢体动作方案。

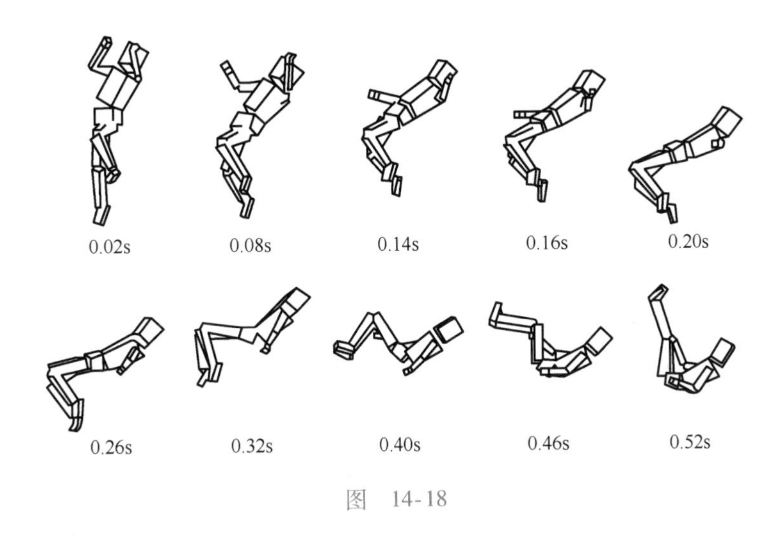


图　14-18

小结：提高跳高成绩，就是在重心相同的情况下跳得更高。通过以上分析，跨越式成绩较差，背越式成绩较好，其方法是在重心不变的条件下，利用不同的时间差翻滚过杆取得好成绩。为了做到这些动作，如何起跳？身体部位在空中如何动作？是教练员和运动员所要研究的内容。

**2. 腾空翻中的动量矩定理**　跳水是一项优美的水上运动，它是从高处（10 米跳台、3 米跳板）用各种姿势跃入水中或是从跳水器械上起跳，在空中完成一定的动作姿势，并以特定动作入水的运动。跳水运动中存在着很多的力学理论，掌握好这些力学原理，运动员能取得更好的成绩。

跳水成绩是由动作难度系数决定的，它表明了运动员完成动作的难易程度。根据动作组别、竞赛项目（跳板、跳台）、器械高度、动作姿势和翻腾、转体的周数等方面的差异来确定其数值。运动员跳水时，动作简单，难度系数就低；动作复杂，难度系数就高。

跳水动作的空中姿势从力学角度可分为如下四类。

（1）直体跳水。这是普通跳水的基本姿势，从起跳到入水都保持一条直线。其中一种是面向水池向前跳，如图 14-19a 表示，另一种是面向跳台向后跳，如图 14-19b 所示。建立连体动坐标系 $Cxyz$，垂直纸面为 $y$ 轴，直体跳水的共同点是从起跳到入水在空中围绕质心 $C$ 的 $y$ 轴转 180°，由于在空中相对于质心的动量矩守恒，即 $L_y=J_{Cy}\omega_y$ 为常数，转动初始角速度 $\omega_y$ 大小与起跳瞬间由重力与跳台支撑力所形成的力偶和每个运动员的转动惯量有关，其目标要保证身体入水时与水面垂直，所激起的水花要小。

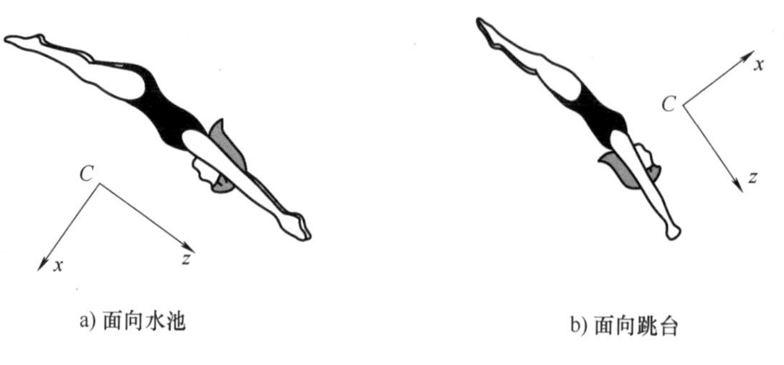


a) 面向水池　　b) 面向跳台

图 14-19

**例 14-9** 已知跳水运动员的直立转动惯量 $J_y=10\text{kg}\cdot\text{m}^2$，上跳至离水面最高高度 $h=10.5\text{m}$，设在最高点身体开始旋转，略去空气阻力，求相对于绕质心 $y$ 轴的动量矩、下落时间 $\tau$ 及绕 $y$ 轴转 $\varphi=180°$时所需的角速度 $\omega_y$ 值。

**解：** 跳水下落是自由落体运动，下落时间为

$$\tau=\sqrt{2h/g}=\sqrt{2\times10.5/9.8}\text{s}=1.428\text{s}$$

因为 $\varphi=\omega_y\tau$，所以所需的角速度 $\omega_y$ 值为

$$\omega_y=\frac{\varphi}{\tau}=\frac{3.14}{1.428}\text{rad/s}=2.199\text{rad/s}$$

相对于绕质心 $y$ 轴的动量矩为

$$L_y=J_y\omega_y=(10\times2.199)\text{kg}\cdot\text{m}^2/\text{s}=21.99\text{kg}\cdot\text{m}^2/\text{s}$$

（2）屈体跳水和抱膝跳水。由于腾空后动量矩守恒，$L_y=J_{Cy}\omega_y$ 为常数，为增加转速 $\omega_y$ 值，通常采取屈体跳水和抱膝跳水的方式，如图 14-20a、b 所示，使转动惯量 $J_{Cy}$ 减到最小，转速 $\omega_y$ 达到最大，从而取得好成绩。

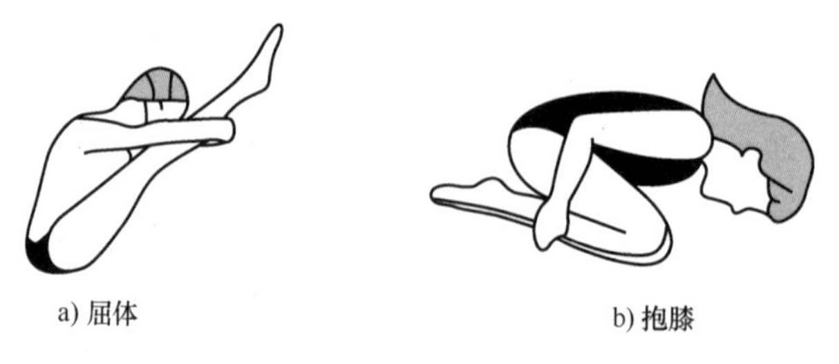

a) 屈体　　b) 抱膝

图 14-20

**例 14-10**　已知运动员的直立转动惯量 $J_{C_1y}=10\text{kg}\cdot\text{m}^2$，上跳至离水面最高高度为 10.5m，设在最高点身体开始旋转，略去空气阻力，采用屈体跳水空翻 $\varphi=540°$，求屈体后绕通过质心 $y$ 轴的转动惯量 $J_{C_2y}$值。

**解：** 由于在空中相对于质心的动量矩守恒，则有

$$L_y=J_{C_1y}\omega_{C_1y}=J_{C_2y}\omega_{C_2y}$$

因为 $\varphi=\omega_y\tau$，由上面例题的数据，所需的角速度 $\omega_{C_2y}$值为

$$\omega_{C_2y}=\frac{\varphi}{\tau}=\frac{3\times3.14}{1.428}\text{rad/s}=6.5966\text{rad/s}$$

屈体后绕通过质心 $y$ 轴的转动惯量 $J_{C_2y}$值为

$$J_{C_2y}=\frac{J_{C_1y}\omega_{C_1y}}{\omega_{C_2y}}=3.334\text{kg}\cdot\text{m}^2$$

由此可知，屈体后绕通过质心 $y$ 轴的转动惯量 $J_{C_2y}$比直立的转动惯量 $J_{C_1y}$小很多。

（3）翻腾兼转体。在体育竞赛中，身体绕横轴 $y$ 转动称为空翻（前空翻、后空翻），身体绕纵轴 $z$ 的转动称为转体或旋转（左旋、右旋）。空翻加转体称为旋空翻。这是较难的一个组合动作。

由于运动员在空中相对于质心的动量矩守恒，得到绕纵轴 $z$ 的角速度有两种方法，一种是需要起跳时由两脚的支撑力形成绕 $z$ 轴的力偶，如图 14-21a 所示，从而获得初始角速度 $\omega_z$，但此方法不容易准确掌握，难度较大。另一种方法是运动员空翻过程中，利用手臂的动作在空中开始旋转，获得角速度 $\omega_z$，且可以自我控制，其优点是动作优美，容易掌握，如图 14-21b、c 所示。

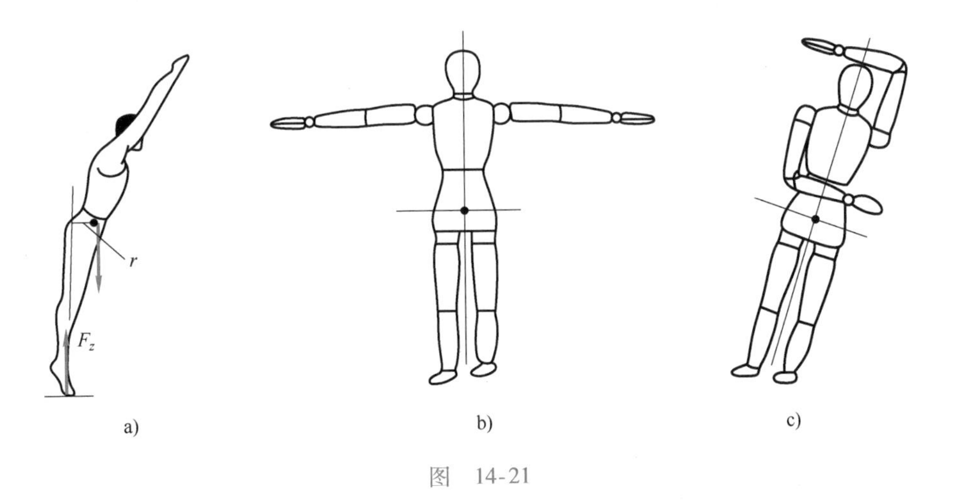


图　14-21

**例 14-11**　已知运动员的质心在 $C$ 点，如图 14-22a 所示，绕 $y$ 轴的转动惯量为 $J_y$，初始动量矩为 $L_x=0$、$L_z=0$、$L_y=J_{Cy}\omega_y$，在腾空翻过程中，运动员挥动双臂，求围绕 $z'$轴的旋转角速度 $\omega_{z'}$。

**解：** 为应用力学普遍定理分析它的力学原理，首先建立两个坐标系，一个坐标系 $Cxyz$

与质心固连随同质心做平移，称为平移坐标系，另一个坐标系 $Cx'y'z'$ 与人体固连称为动坐标系。则初始动量矩为

$$L_y = J_{Cy}\omega_y$$

在完成腾空翻过程中，运动员挥动双臂，如图 14-22b 所示，由于动量矩 $L_x=0$，动作完成后，围绕 $x$ 轴将有一个小角度 $\theta$，于是动量矩矢量 $L$ 在纵轴 $y'z'$ 上就有分量

$$L_{y'} = L_y\cos\theta,\quad L_{z'} = L_y\sin\theta$$

其中

$$\boldsymbol{L}_{y'} = J_{y'}\boldsymbol{\omega}_{y'},\quad \boldsymbol{L}_{z'} = J_{z'}\boldsymbol{\omega}_{z'}$$

此时

$$\boldsymbol{L}_y = \boldsymbol{L}_{y'} + \boldsymbol{L}_{z'}$$

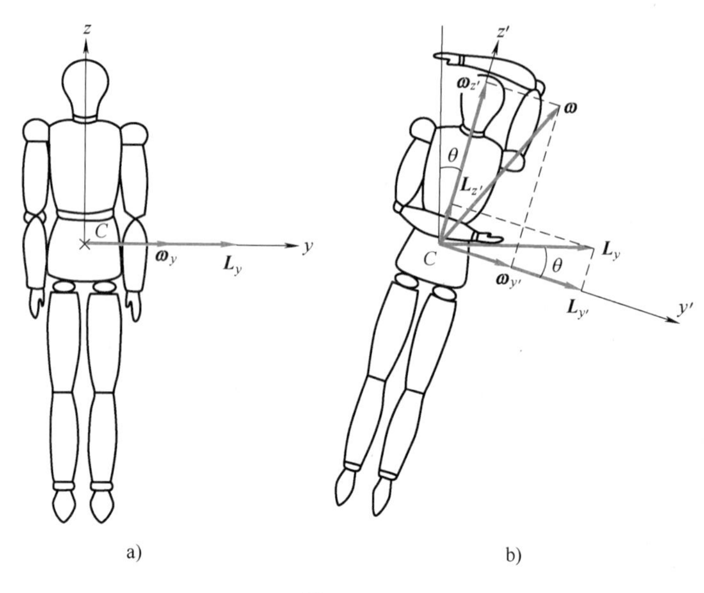


图　14-22

则

$$\boldsymbol{\omega} = \boldsymbol{\omega}_{y'} + \boldsymbol{\omega}_{z'}$$

当运动员直体时，$J_y = 10 \sim 13\text{kg}\cdot\text{m}^2$，$J_z = 1\text{kg}\cdot\text{m}^2$。当运动员直立手臂动作后，$\theta\approx 11°$。计算得

$$\omega_{z'}/\omega_y \approx 2.5$$

**结论**：(1) 通过手臂的运动改变体位，将动量矩 $\boldsymbol{L}_y$ 向 $y'$轴、$z'$轴分解，获得围绕 $z'$轴的角速度，当手臂恢复到原位时动量矩也同时恢复到原位 $\boldsymbol{L}_y$。(2) 虽然 $\boldsymbol{L}_{z'}$ 比 $\boldsymbol{L}_{y'}$ 小，由于转动惯量 $J_{z'}$ 比 $J_{y'}$ 小得更多，所以角速度 $\omega_{z'}$ 比 $\omega_{y'}$ 大很多。(3) 通过手臂动作可以实现“腾空翻”。(4) 旋转角速度可以大于空翻角速度。

**小结**：在竞技体操其他方面：如自由体操、跳马、吊环、双杠、单杠、高低杠等，冰上运动的冰上舞蹈等，都有部分腾空、转体动作，都需要应用质心运动定理、相对于质心的动量矩定理来解决。只要掌握了原理，并进行定量分析，就可帮助教练指导运动员提高成绩。

### 14.2.3　球类竞技中的动量矩定理

体育竞技中的足球、乒乓球、网球、高尔夫球等运动，在击打过程中均属于碰撞范畴，计算它们的击打效果，要应用到有关的许多动力学理论。

在许多球类竞技中，有许多动作和技巧需要应用力学知识去研究设计。它们有一个共同的特点，两个物体接触时间短，力的时间历程不容易准确写出来，只能应用积分形式求解，即要将所有冲量向质心进行简化，得到一个主矢和一个主矩，主矢使球随着质心做平移，主矩使球围绕质心旋转。

**1. 足球中的弧线球奥秘**　在体育竞赛中蕴含着许多动力学原理，如排球中的旋转球、高吊发球，足球中的弧线球等。

在冲量的作用下，球在空中移动、旋转，同时受到空气作用，运动漂浮不定，使对方无法判定球的落点，无法决定接球方式，从而可以得分，例如足球中的弧线球，如图 14-23 所示，就是这样形成的。

图　14-23

---

**例 14-12**　设足球的半径为 $r$，受一冲量 $\boldsymbol{I}$ 作用，如图 14-24a 所示。从静止开始，求冲量作用结束后足球的运动。

**解：** 设一坐标轴 $x$ 与冲量 $\boldsymbol{I}$ 平行，冲量作用结束后足球的直线运动方向为 $x$ 方向，旋转方向为顺时针方向，足球的质量为 $m$，如图 14-24b 所示，设由冲量定理

$$m\boldsymbol{u}-m\boldsymbol{v}=\boldsymbol{I}$$

在 $x$ 方向投影

$$mu=I$$

由冲量矩定理

$$J_C\omega-J_C\omega_1=I(h-r)$$

其中

$$J_C=\frac{2}{3}mr^2\quad \omega_1=0$$

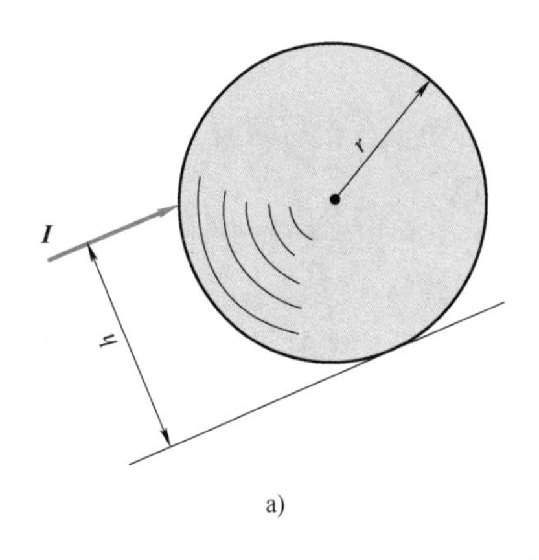

a)

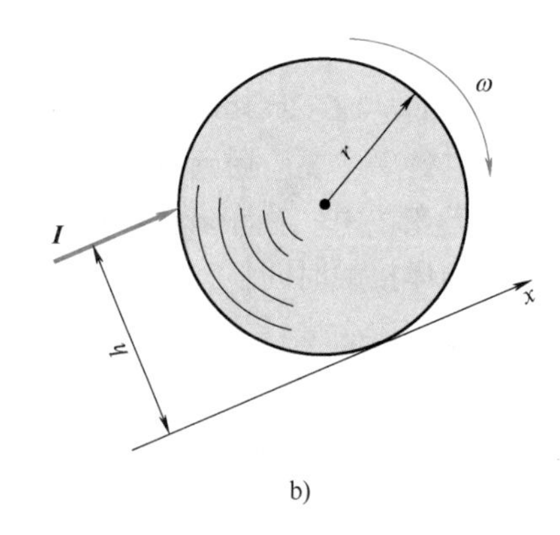

b)

图 14-24

则得

$$\omega=\frac{3I(h-r)}{2mr^2}$$

由此可知，足球的直线运动方向为 $x$ 方向，当 $h>r$ 时旋转方向为顺时针方向，当 $h=r$ 时足球平移没有旋转，当 $h<r$ 时旋转方向为逆时针方向。

怎样激发球让其达到即移动又旋转的目的？激发球的什么位置？如何旋转？旋转角速度多大？这是体育系统的力学工作者所研究的内容。

---

**2. 乒乓球中的上、下旋球** 乒乓球与球拍接触，而球拍总是带有胶皮和海绵的，所以可以认为乒乓球与球拍碰撞的过程中，当用球拍击球时，球拍通过削球、搓球给球一个作用力（正压力和摩擦力），使球旋转以改变球的路径，如乒乓球中的上旋球、下旋球、弧圈球，都是其技巧之一。

---

**例 14-13** 已知乒乓球半径为 $r$，碰撞前球心速度为 $\boldsymbol{v}$，转动角速度为 $\omega_1$，入射角为 $\theta$，如图 14-25a 所示。碰撞后，接触点水平速度突变为零。设恢复系数为 $e$，求碰撞后的反射角 $\beta$。

**解：** 乒乓球所受碰撞冲量如图 14-25b 所示，设撞击后回弹速度为 $\boldsymbol{u}$，角速度为 $\omega$，由冲量定理及冲量矩定理，有

$$mu\sin\beta-mv\sin\theta=-I_x$$

$$J_O\omega-(-J_O\omega_1)=I_xr$$

由于 $A$ 点不打滑，所以有

$$u\sin\beta=\omega r$$

由恢复系数

$$e=\frac{u_{An}}{v_{An}}=\frac{u\cos\beta}{v\cos\theta}$$

式中，$v_{An}$ 和 $u_{An}$ 分别是球上 $A$ 点受碰撞前、后的法向速度。由上列各式可解出

$$\omega=\frac{1}{5r}(3v\sin\theta-2\omega_1r)$$

$$\tan\beta = \frac{1}{5e}\left(3\tan\theta - \frac{2\omega_1 r}{v\cos\theta}\right)$$

$$u = \frac{1}{5\sin\beta}(3v\sin\theta - 2\omega_1 r)$$

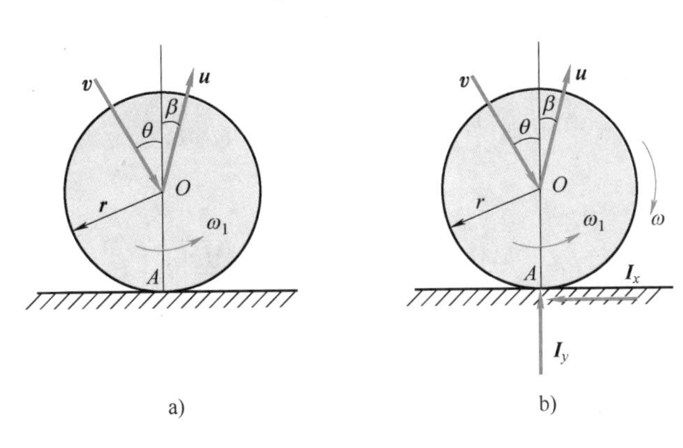


图 14-25

小结：台球、足球、乒乓球和排球等体育项目蕴含着有许多力学原理，要想打好球，必须首先从力学角度出发，利用理论力学中的冲量定理、冲量矩定理进行分析，研究如何接球，如何击球，才能达到目的，这是运动员和教练员需要利用力学知识来研究的课题。

### 14.2.4 碰撞现象中的撞击中心

撞击中心

在工程实际中，具有质量对称平面的刚体绕垂直于该对称平面的轴转动，当刚体受到位于对称平面内的碰撞冲量 $\boldsymbol{I}$ 作用时，刚体的转动角速度会突然发生变化，同时在支撑处会产生相应的约束碰撞冲量。这种力往往是有害的，应该设法消除。刚体上使约束碰撞冲量为零时的碰撞冲量作用点称为撞击中心。

测定材料冲击韧性的摆锤式冲击试验机如图 14-26 所示。开始试验时，摆锤静置于与铅直线成 $\alpha$ 角的位置上，无初速释放，当摆锤摆至铅直位置时，与试件 $A$ 碰撞，随后继续摆至与铅直线成 $\beta$ 角的最高位置。在此过程中，$\beta < \alpha$。这说明，在碰撞中有能量耗损，由此可计算出被测材料的冲击韧性。

冲击试验机

例 14-14 测定材料冲击韧性的摆锤式冲击试验机及原理如图 14-26 所示。设摆锤的质量为 $M$，转动惯量为 $J_O$。质心 $C$ 到转动轴的距离为 $b$，与试件的碰撞点到转动轴的距离为 $h$。试求试件 $A$ 作用于摆锤的碰撞冲量 $\boldsymbol{I}$ 的大小及撞击中心。

解：以摆锤为研究对象，受力如图 14-26b 所示，从无初速释放到碰撞前过程，应用动能定理

$$\frac{1}{2}J_O\omega_1^2 - 0 = Mg[b\sin(\alpha - 90°) + b]$$

得

$$\omega_1 = \sqrt{\frac{2Mgb}{J_O}(1-\cos\alpha)} = 2\sqrt{\frac{Mgb}{J_O}}\sin\frac{\alpha}{2}$$

同理，在碰撞后过程，应用动能定理得

$$0 - \frac{1}{2}J_O\omega_2^2 = -Mgb(1-\cos\beta)$$

得

$$\omega_2 = \sqrt{\frac{2Mgb}{J_O}(1-\cos\beta)} = 2\sqrt{\frac{Mgb}{J_O}}\sin\frac{\beta}{2}$$

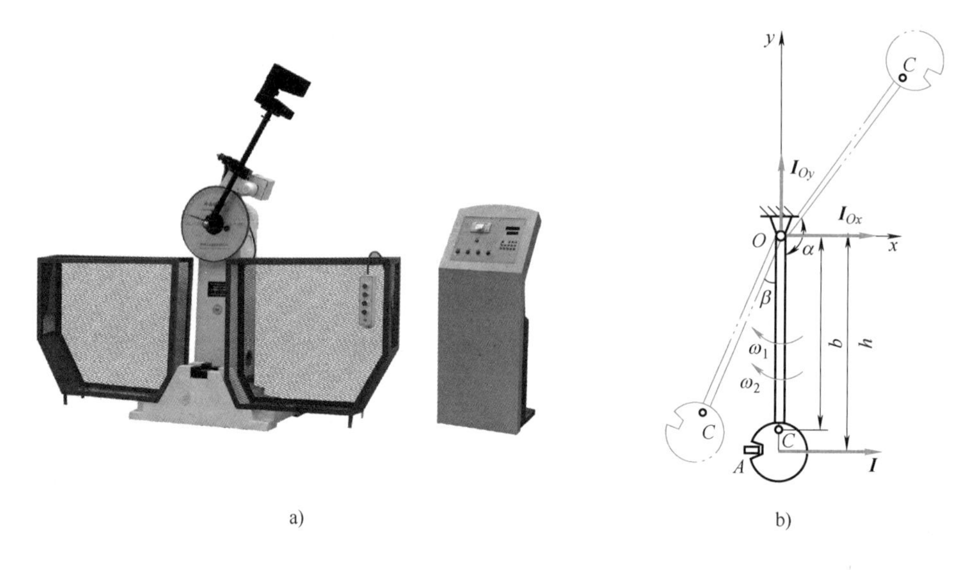


图 14-26

在碰撞过程中，由冲量矩定理，得

$$-J_O(\omega_2 - \omega_1) = Ih$$

碰撞冲量为

$$I = \frac{-J_O(\omega_2 - \omega_1)}{h} = \frac{2J_O}{h}\sqrt{\frac{Mgb}{J_O}}\left(\sin\frac{\alpha}{2} - \sin\frac{\beta}{2}\right)$$

由冲量定理

$$Mu_{Cx} - Mv_{Cx} = I_{Ox} + I$$
$$Mu_{Cy} - Mv_{Cy} = I_{Oy}$$

其中

$$v_{Cx} = -b\omega_1,\ u_{Cx} = -b\omega_2,\ v_{Cy} = 0,\ u_{Cy} = 0$$

得

$$I_{Ox} = -I - Mb(\omega_2 - \omega_1),\ I_{Oy} = 0$$

将碰撞前后的角速度代入，得

$$I_{Ox}=-2\sqrt{\frac{Mgb}{J_O}}\left(\sin\frac{\alpha}{2}-\sin\frac{\beta}{2}\right)\left(\frac{J_O}{h}-Mb\right)$$

若 $A$ 点是撞击中心，即 $I_{Ox}=0$，则得

$$h=\frac{J_O}{Mb}$$

由此可知，若使轴承不受到碰撞冲量作用，作用冲量 $I$ 应与 $y$ 轴垂直，并作用在碰撞中心，即在设计材料冲击试验机的摆锤时，必须把冲击试件的刃口设置在摆锤的撞击中心处，这样可使轴承免受冲击载荷。

**例 14-15**　在棒球比赛中的球棒如图 14-27 所示，其质量为 $m$，击球点为 $E$ 点，质心为 $C$ 点，手握点为 $A$ 点，碰撞的瞬时速度中心为 $B$ 点。撞击前角速度为 $\omega_1$，撞击后角速度为 $\omega_2$，相对于质心的转动惯量为 $J_C$，其他尺寸如图示。求人手的冲量为零时的撞击中心。

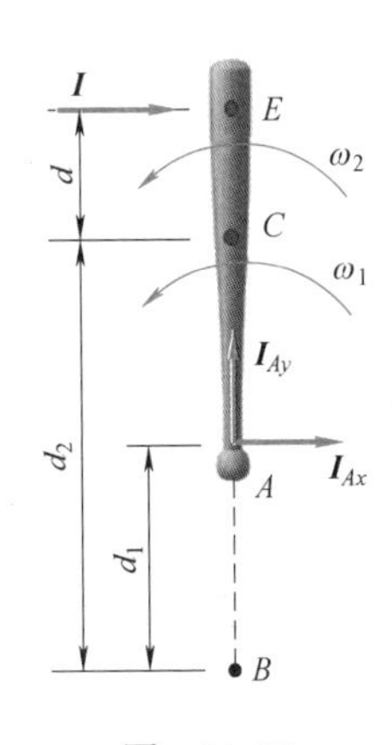


图　14-27

**解：** 以球棒为研究对象，受力图如图 14-27 所示，由冲量定理

$$mu_{Cx}-mv_{Cx}=I_{Ax}+I$$
$$mu_{Cy}-mv_{Cy}=I_{Oy}$$

由相对于质心的冲量矩定理

$$J_C\omega_2-J_C\omega_1=I_{Ax}(d_2-d_1)-Id$$

其中

$$u_{Cx}=-d_2\omega_2,\ v_{Cx}=-d_2\omega_1,\ u_{Cy}=0,\ v_{Cy}=0$$

解得

$$I_{Ax}=-\frac{I(mdd_2-J_C)}{J_C+md_2^2-md_1d_2},\ I_{Ay}=0$$

设 $I_{Ax}=0$，得

$$d=\frac{J_C}{md_2}$$

此处即为球棒的碰撞中心。

若球棒简化为均质质量为 $m$、长为 $l=0.7\text{m}$ 的细长杆，其中 $d_2=l$，则

$$d=\frac{J_C}{md_2}=\frac{\frac{1}{12}ml^2}{ml}=\frac{1}{12}l=\frac{1}{12}\times0.7\text{m}=0.058\text{m}$$

若球棒简化为均质质量为 $m$、长为 $l=0.7\text{m}$、$r_{max}=0.0035\text{m}$ 的圆锥形，其中 $d_2=l$，则

$$d=\frac{J_C}{md_2}=\frac{\frac{3}{80}m(4r^2+l^2)}{ml}=\frac{\frac{3}{80}\times(4\times0.0035^2+0.7^2)}{0.7}\text{m}=0.026\text{m}$$

**小结：** 许多具有旋转性质的物体相互碰撞接触，就有各自的撞击中心，在设计过程中要加以避免和应用，如锤式破碎机，其工作点就是它的撞击中心。

# 14.3 振动工程中的应用实例

振动是日常生活中常见的动力学现象之一，如汽车、火车、洗衣机、电冰箱，所有动力机械一旦起动，就伴随着振动。

## 14.3.1 振动机械

一般来说，对于一些简单的振动问题，可以采用牛顿运动定律、动力学普遍定理、达朗贝尔原理、动力学普遍方程等动力学的基本定律或定理，直接对系统中各质点或物体建立其各自的运动方程，采用这种方法比较直观、简便。但对一些自由度数目较多的系统，合理地选取系统的广义坐标，利用拉格朗日方程式建立方程的方法比较规范，也不易出错。

---

**例 14-16** 质量为 $M$ 的振动电机安装在弹性系数为 $k$ 的弹簧上。由于转子不均衡，产生的偏心距为 $e$，偏心质量为 $m$。转子以匀角速 $\omega$ 转动，设电机运动时受到黏性阻尼的作用，阻尼系数为 $c$，如图 14-28a 所示。试求电机的运动。

**解：** 取电机的平衡位置为坐标原点 $O$，$x$ 轴铅直向下为正。作用在电机上的力有重力 $M\boldsymbol{g}$、弹性力 $\boldsymbol{F}$、阻尼力 $\boldsymbol{F}_{\mathrm{R}}$、虚加的惯性力 $\boldsymbol{F}_{\mathrm{Ie}}$、$\boldsymbol{F}_{\mathrm{Ir}}$，受力图如图 14-28b 所示。

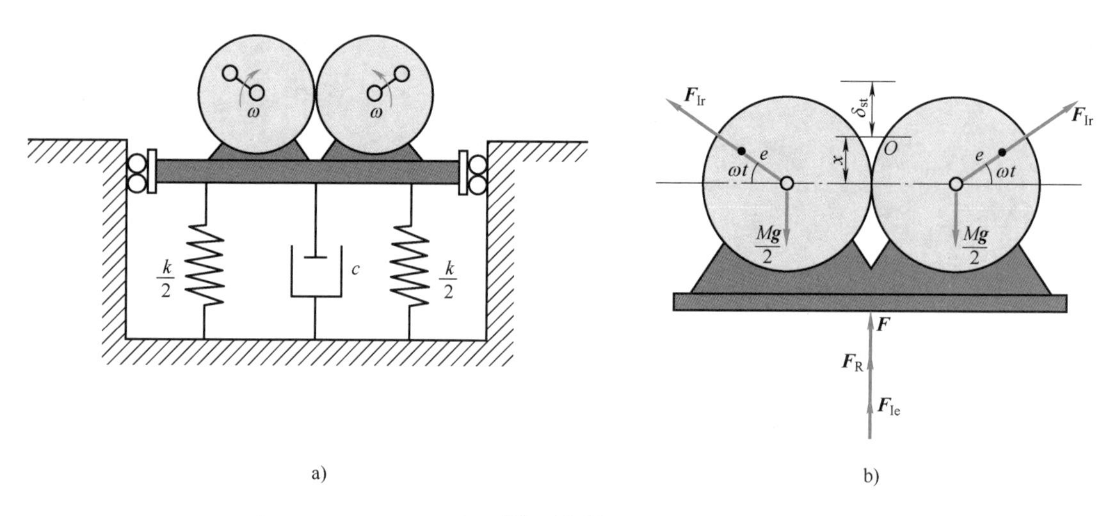


图 14-28

根据达朗贝尔原理，有

$$\sum F_y = 0,\quad -c\dot{x} + Mg - k(x + \delta_{\mathrm{st}}) - M\ddot{x} - me\omega^2\sin\omega t = 0$$

整理得

$$M\ddot{x} + c\dot{x} + kx = -me\omega^2\sin\omega t$$

令 $p_{\mathrm{n}}^2 = \dfrac{k}{M}$，$2n = \dfrac{c}{M}$，则上式可写成

$$\ddot{x} + 2n\dot{x} + p_{\mathrm{n}}^2 x = \frac{m}{M}e\omega^2\sin(\omega t + \pi)$$

因此，电机受迫振动方程的解为

$$x = B\sin(\omega t - \varphi)$$

其中

$$B = \frac{me}{M}\frac{\lambda^2}{\sqrt{(1-\lambda^2)^2 + 4\zeta^2\lambda^2}} = b\,\frac{\lambda^2}{\sqrt{(1-\lambda^2)^2 + 4\zeta^2\lambda^2}}$$

$$\varphi = \arctan\frac{2\zeta\lambda}{1-\lambda^2}$$

其中 $\lambda = \frac{\omega}{p_n}$，$\zeta = \frac{n}{p_n}$，$b = \frac{me}{M}$。令放大系数 $\beta = \frac{B}{b}$，即

$$\beta = \frac{\lambda^2}{\sqrt{(1-\lambda^2)^2 + 4\zeta^2\lambda^2}}$$

画出振动电机的振动响应特性曲线，如图 14-29 所示。由图可见，当阻尼比 $\zeta$ 较小时，在 $\lambda = 1$ 附近，$\beta$ 值急剧增大，振幅出现峰值，即发生共振，此时电机的转速称为临界转速。

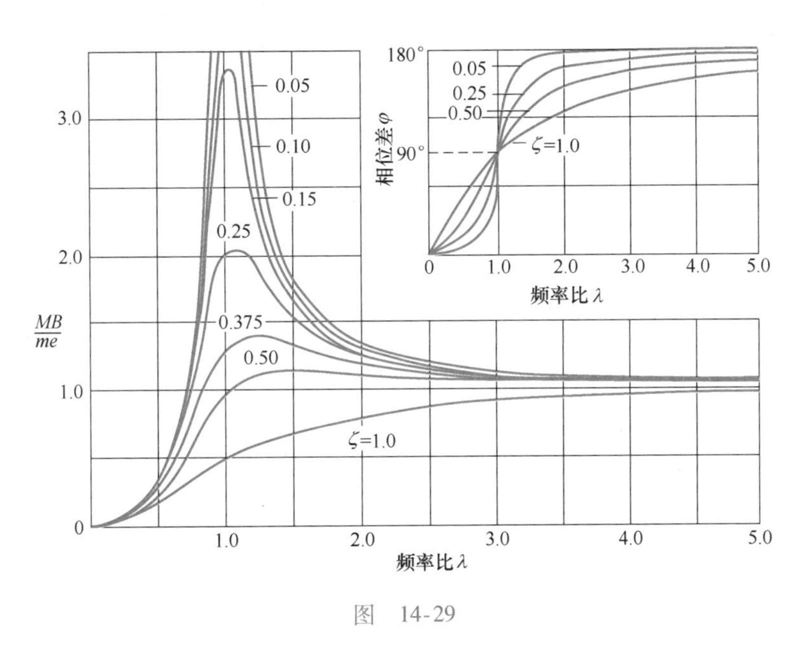


图　14-29

因此，对于转速恒定的振动系统来说，为了避免出现共振现象，务必使其转速远离系统的临界转速。激振力的幅值 $me\omega^2$ 与 $\omega^2$ 成正比，不再是常量。当 $\lambda \to 0$ 时，$\beta \approx 0$，$B \to 0$；当 $\lambda \gg 1$ 时，$\beta \to 1$，$B \to b$，即电机的角速度远远大于振动系统的固有频率时，该系统受迫振动的振幅趋近于 $\frac{me}{M}$。

依据此原理，设计了振动筛、振动打桩机、振动压路机等机械，如图 14-30 所示，这便是利用了共振特性，其工作区域在共振段。

小结：振动有其两面性。例如，生活中的乐器所演奏的音乐，工业中常采用的振动筛选、振动沉桩、振动输送，医学中血压、心电图、脑电波、核磁共振等的检测仪器等，都是依据振动理论设计的。

a) 振动电机　　b) 振动筛

c) 振动打桩机　　d) 振动压路机

图 14-30

### 14.3.2 日常生活中的隔振措施

对于大多数机械和结构，振动是有害的，如具有运动部件的机器、发动机、电动机等。由于加工精度的影响，它们工作时会引起振动，加剧构件疲劳和磨损，并传递到周围影响环境，产生噪声，影响其他精密仪器的性能。当振源来自地基的运动（地震）时，也将对建筑物产生影响甚至产生损坏。为防止或减小振动对周围物体产生的影响和损坏，要采取措施将其隔离。一般隔振措施有三种。

**1. 主动隔振措施**　当存在机械引起的振动时，一般采取主动隔振措施。

**例 14-17**　质量为 $M$ 的振动电机安装在弹性系数为 $k$ 的弹簧上。由于转子不均衡，产生的偏心距为 $e$，偏心质量为 $m$。转子以匀角速 $\omega$ 转动，设电机运动时受到黏性阻尼的作用，阻尼系数为 $c$，如图 14-28a 所示。试求电机工作时对地基的影响。

**解**：以电机为研究对象，受力如图 14-28b 所示，利用例 14-16 的结果，则此时振动电机通过弹簧、阻尼器传到地基上的动压力（图 14-28b）为

$$F_D = F + F_R = -kx - c\dot{x} = -kB\sin(\omega t - \varphi) - cB\omega\cos(\omega t - \varphi)$$

即 $F$ 和 $F_R$ 是相同频率、在相位上相差 $\pi/2$ 的简谐力。根据同频率振动合成的结果，得到传给地基的动压力的最大值为

$$H_T = \sqrt{(kB)^2 + (cB\omega)^2} = kB\sqrt{1 + (2\zeta\lambda)^2}$$

将例 14-16 的结果代入上式，得

$$H_{\mathrm{T}}=k\frac{me}{M}\frac{\lambda^{2}\sqrt{1+(2\zeta\lambda)^{2}}}{\sqrt{(1-\lambda^{2})^{2}+4\zeta^{2}\lambda^{2}}}$$

将激振力的最大值 $H=me\omega^2$ 与动压力相比，得

$$\eta_{\mathrm{a}}=\frac{H_{\mathrm{T}}}{H}=\sqrt{\frac{1+(2\zeta\lambda)^{2}}{(1-\lambda^{2})^{2}+(2\zeta\lambda)^{2}}}$$

此式称为传递率公式，以 $\lambda$ 为横坐标、$\eta_{\mathrm{a}}$为纵坐标，其频响曲线如图 14-31 所示。它表示在各种阻尼情况下（即各种 $\zeta$ 值），$\eta_{\mathrm{a}}$值随频率比 $\lambda$ 变化的规律。当 $\lambda>\sqrt{2}$时，$\eta_{\mathrm{a}}<1$，出现隔振效果，而且 $\lambda$ 值越大，$\eta_{\mathrm{a}}$越小，隔振效果越好。

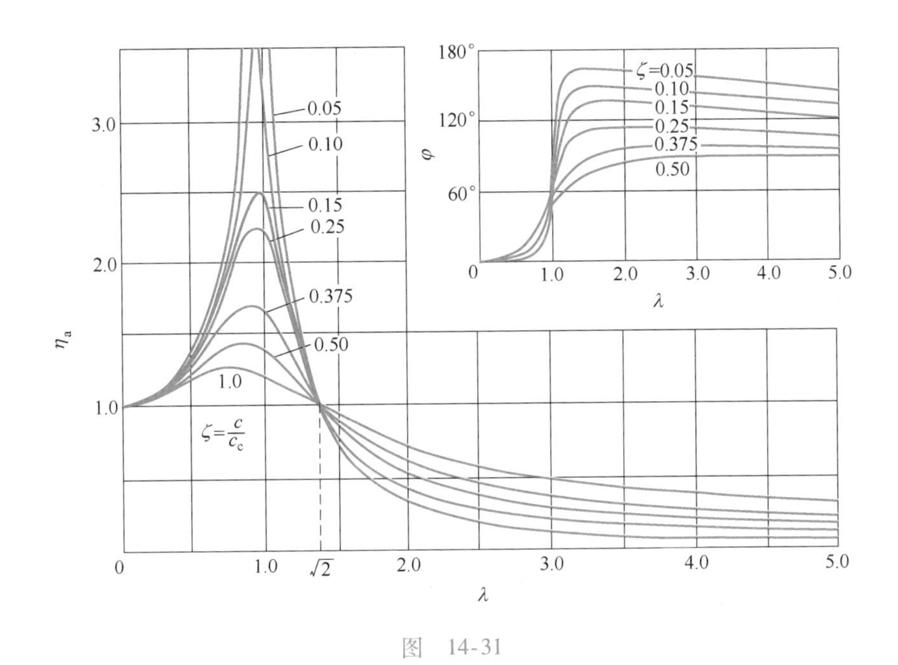


图　14-31

因此，通常将 $\lambda$ 选在 2.5 ~5 的范围内。另外 $\lambda>\sqrt{2}$以后，增加阻尼反而使隔振效果变坏。因此，为了取得较好的隔振效果，系统应当具有较低的固有频率和较小的阻尼。不过阻尼也不能太小，否则振动系统在通过共振区时会产生较大的振动。

所以，在机器或结构振动发生时，为使周围的物体不受影响，即不让振动传出来，一般用软弹簧将振动物体支撑起来，将振动机械与其他物体隔离起来，这种隔离方法即为主动隔振。

小结：存在振动的情况很多，只要有动力机械（旋转）就有振动，为了避免其干扰，就要进行主动隔振。例如，家中的电冰箱、空调、抽油烟机和洗衣机等，其内部和外部都用弹簧（橡胶弹簧）进行了主动隔振安装。

2. 消极隔振措施　当振源来自地基的运动时，为防止或减小地基运动对物体的影响，例如地震甚至引起房屋结构的破坏等，将需要防振的物体与振源隔离，这种隔离方法称为消极隔振。

**例 14-18**　在图 14-32a 所示的系统中，物块受黏性阻尼作用，其阻尼系数为 $c$，物块的质量为 $m$，弹簧的弹性系数为 $k$。设物块和地基只沿铅直方向运动，且地基的运动为 $y(t)=b\sin\omega t$，试求物块的运动规律。

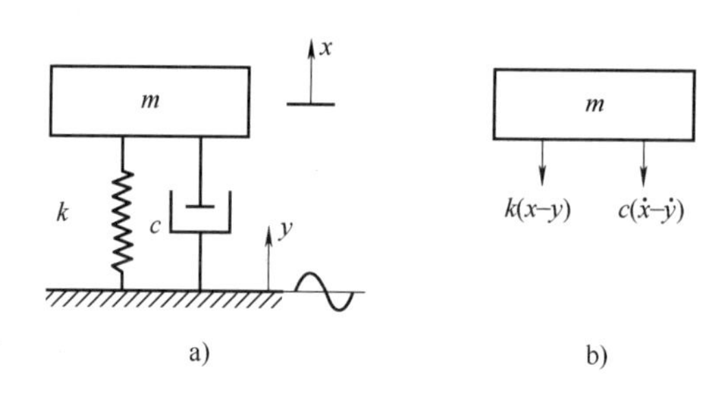


图　14-32

**解：** 选取 $y=0$ 时物块的平衡位置为坐标原点 $O$，建立固定坐标轴 $Ox$ 铅直向上为正。物体的受力图如图 14-32b 所示，物块的运动微分方程为

$$m\ddot{x}+c(\dot{x}-\dot{y})+k(x-y)=0$$

即

$$m\ddot{x}+c\dot{x}+kx=c\dot{y}+ky$$

振动方程为

$$m\ddot{x}+c\dot{x}+kx=cb\omega\cos\omega t+kb\sin\omega t$$

激振力由两部分组成，一部分是由弹簧传递过来的力 $ky$，相位与 $y$ 相同；另一部分是由阻尼器传递过来的力 $c\dot{y}$。

利用复指数法求解，用 $be^{j\omega t}$ 代换 $b\sin\omega t$，并设振动方程的解为

$$x(t)=\overline{B}e^{j\omega t}$$

代入振动方程，得

$$\overline{B}=\frac{k+j\omega c}{k-\omega^2m+j\omega c}b=Be^{-j\varphi}$$

式中，$B$ 为振幅；$\varphi$ 为响应与激励之间的相位差。显然有

$$B=b\sqrt{\frac{1+(2\zeta\lambda)^2}{(1-\lambda^2)^2+(2\zeta\lambda)^2}}$$

$$\tan\varphi=\frac{2\zeta\lambda^3}{1-\lambda^2+4\zeta^2\lambda^2}$$

振动方程的稳态解为

$$x(t)=B\sin(\omega t-\varphi)$$

令放大系数 $\beta=\frac{B}{b}$，即

$$\beta=\eta_a'=\frac{B}{b}=\sqrt{\frac{1+(2\zeta\lambda)^2}{(1-\lambda^2)^2+(2\zeta\lambda)^2}}$$

此式与上一节的传递率公式相似，绘出振动响应特性曲线，如图14-31所示。由图可知，当频率比$\lambda=0$和$\lambda=\sqrt{2}$时，无论阻尼比$\zeta$为多少，振幅$B$恒等于支承运动振幅$b$；当$\lambda>\sqrt{2}$时，振幅$B$小于$b$，增加阻尼反而使振幅$B$增大；当$\lambda=\sqrt{1-2\zeta}$时（若$\zeta$很小，则$\lambda\approx1$），$\beta$出现峰值，发生共振现象。显然，位移传递率$\eta_a'$与力传递率$\eta_a$具有完全相同的形式，隔振效果也相同，不再论述。

依据此原理，设计了房屋消极隔振、桥梁消极隔振等结构建筑的隔振设计，如图14-33所示。它的工作区域选在$\lambda$在2.5~5的范围内。

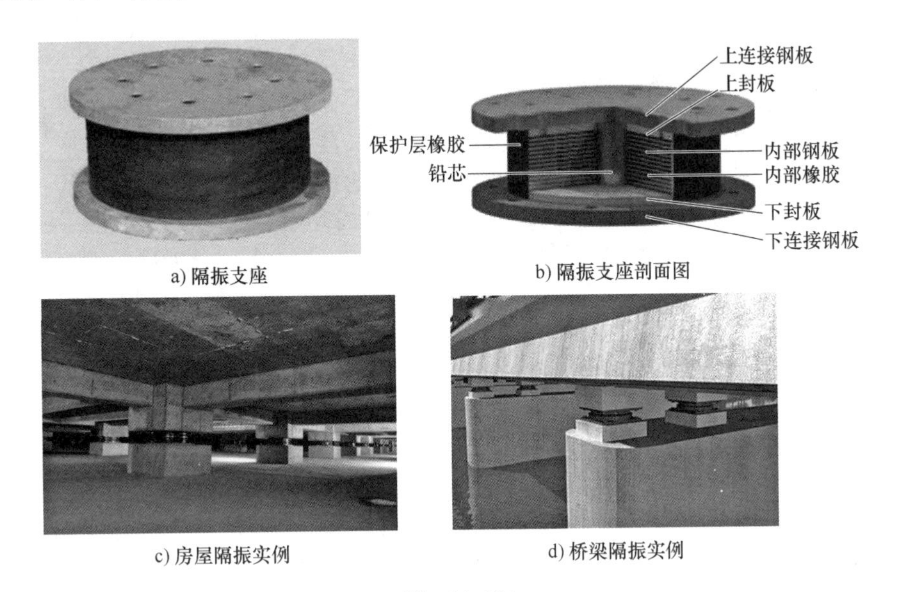


a) 隔振支座　b) 隔振支座剖面图

c) 房屋隔振实例　d) 桥梁隔振实例

图 14-33

小结：地震是无法避免的，也是无法躲避的，迄今为止，许多城市的大型高层建筑采取了利用隔振支座进行消极隔振的隔振结构设计，它不但起到了抗震作用，还保护了人民的财产安全。

**3. 综合隔振措施**　前面的隔振方法是单一固定的，如果既有机械引起的振动，又有地面引起的振动，将采取综合隔振措施。例如，对于移动的火车既有发动机的振动，又有地面凹凸不平引起的振动，是通过转向架来实现隔振的，如图14-34所示，根据实际需要转向架分为许多种，仅以下面三种举例说明。

火车的货车转向架隔振系统和普通客车转向架隔振系统是由钢丝弹簧实现的，如图14-34a、b所示，由于要求低，隔振效果较差。高速列车的隔振系统是由空气弹簧实现的，如图14-34c所示，隔振效果好，所以我们乘坐高铁几乎感觉不到振动。

小结：主动隔振和消极隔振在有振动的地方均可看到，如为了隔离汽车发动机的振动采取的是主动隔振，为了隔离地面引起的振动采取的是消极隔振。通过以上事例说明，振动的形式是多种多样的，对于它们的变化规律和特性要通过具体问题具体分析才能得出正确的解决方法。

a) 货车转向架隔振系统

b) 普通客车转向架隔振系统

c) 高速列车转向架隔振系统

图　14-34

### 14.3.3　中华文物中的振动现象

应用以上单自由度系统的振动理论，可以解决机械振动中的一些问题。但是，实际的物体与工程结构，其质量和弹性是连续分布的，许多问题无法解释和解决。如果将其简化成两个或两个以上自由度，即多自由度的系统，称为离散系统，所建立的振动方程是常微分方程，可利用线性代数方法求解。若是具有连续分布的质量与弹性的系统，称为连续弹性体系统，例如板壳、梁、轴等的物理参数一般是连续分布的，所建立的运动方程是偏微分方程，可利用数学中的分离变量法求解。只有这样才能准确描述其机械振动的主要特征。

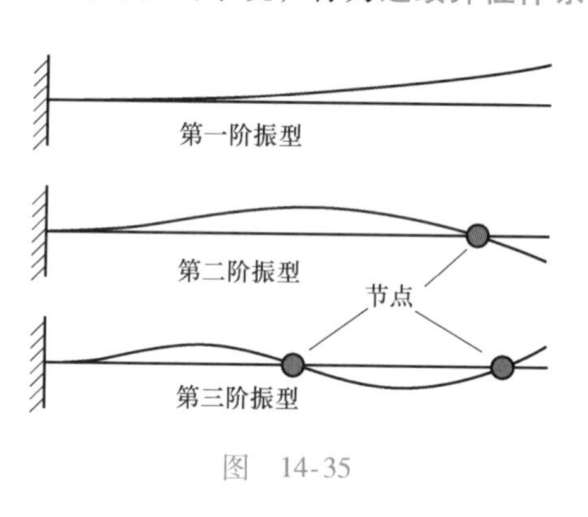


图　14-35

在解决多自由度系统中增加了固有频率、相对应的振型和节点（振动过程中，在此固有频率和相应振型条件下，此处无振动）的概念，有几个自由度就有几个固有频率和振型（在线性代数中称为特征值和特征向量），但在求解过程中只与几个振型有关，所以将其简化为几个振型即可。若要研究悬臂梁的低阶振动，取前三阶振型即可，如图14-35所示，这样做可大幅度减小工作量而不影响精度。

**1. 中华文物编钟的双音特性**[20]　钟文化是民族文化的组成部分，而中国的钟文化更具有特别的魅力。从形体上分类，钟有两类：圆形钟和扁形钟。编钟是扁形钟的一种。

1978年，湖北随州出土了一套中国古代乐钟，也称为编钟，如图14-36所示。这套编钟由65枚钟组成，造型优美，工艺精良，气势雄伟，被评为湖北省博物馆十大镇馆之宝之一。

这套编钟的出土，蕴含着宝贵丰富的历史、文化和科学信息；显示了我国精湛的青铜铸造技术和深奥的力学原理应用；它的出现轰动了中外考古界、音乐史界和科技界，被中外专家称之为“稀世珍宝”。

图　14-36

中华文物编钟现象

编钟最大的特点是：（1）每个钟可发出两个声音；（2）延音短，可演奏旋律快的乐曲。其优越性显而易见，既可扩大演奏功能，又可大大节省材料。

首先分析它的双音功能，运用动力学理论，计算固有频率和振型，其频率决定了它的发音，振型决定了它的双音特性，如图 14-37 所示。

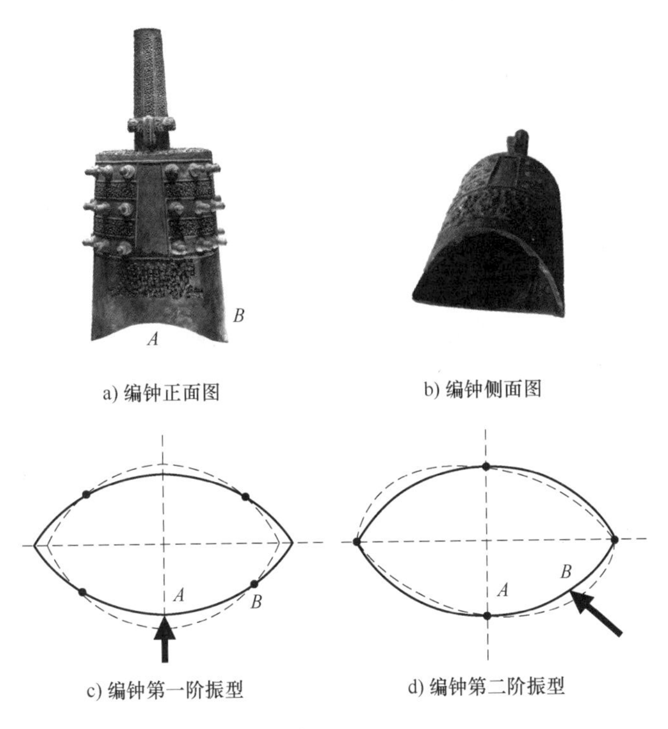


图　14-37

由动力学理论可知，激发点为某振型的节点时，则此振型不被激发。因此，当敲击 $A$ 点时，它是第一阶振型的位移最大点，激振力对第一阶振型做功。它也是第二阶振型的节点，激振力对第二阶振型不做功。所以，只激起了第一阶振型，第二阶振型没有被激发，因此听到的只有第一阶的声音。同理，当敲击 $B$ 点时，只激起了第二阶振型，第一阶振型没有被激发，所以听到的只有第二阶的声音。由此可知，编钟的双音原理主要是 $A$、$B$ 两点互相为两阶振型的最大点和节点形成的。

中华文物编钟，其神奇之处在于公元前400多年前，能精准调整每一个编钟的两个音色，同时满足奏乐的需要，其难度可想而知。

**小结：** 中华文物编钟，不仅以其奇特造型形成了优异的音乐性能，而且其中还含有极深刻的科学道理。这种巧妙的设计，是高度智慧的构思和数千年不懈精雕细琢而成的一块异彩独放的中华文化之瑰宝，蕴含的科学道理也有待进一步探讨和解释。这种精神更值得我们学习发扬光大。

**2. 中华文物龙洗奇异的喷水现象**　龙洗现象在许多旅游景点均可见到。通过研究，发现它不仅有较高的艺术观赏性，更有深刻的科学价值。

龙洗是一种铜浇铸的盆，形状和大小都似洗脸盆，盆边上方有双耳，盆内铸有两条游龙图案（若铸有四条鱼的图案，称为鱼洗），如图14-38a所示。

a) 龙洗

b) 四部位喷水

中华文物龙洗现象

图　14-38

当龙洗内部盛部分水，两耳被搓动摩擦时，会发出悦耳的嗡鸣，水珠从四个部位喷起，可高达一尺有余，加之内壁两条龙的图案及优美的艺术造型，盆内龙的嘴和尾恰好对准这四个点，就像龙喷水一样有趣，如图14-38b所示。它是由摩擦引起的壳-液耦合系统的振动，如图14-39所示。

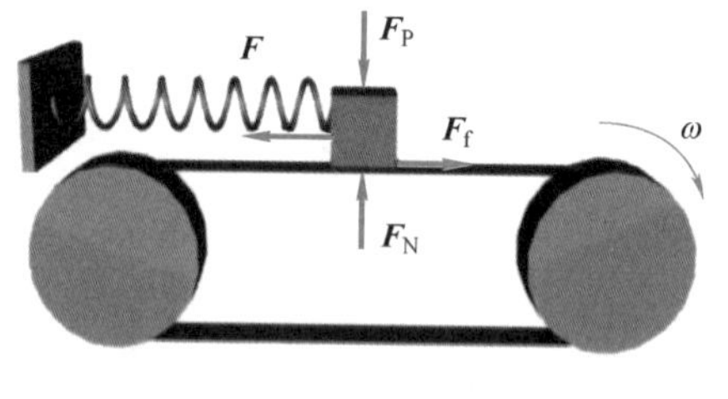


图　14-39

当圆轮以匀速带动传动带移动时，由于摩擦力 $F_f$ 的作用，使物块拉动弹簧随同传动带向前移动（此时为静摩擦），当摩擦力 $F_f$ 达到最大摩擦力 $F_{f\max}$ 时（此时为临界状态），传动带还要向前移动，由于弹簧力 $F$ 的作用，物块不能再向前运动，与传动带发生了滑动（此时为动摩擦），滑动摩擦力 $F'_f$ 小于最大静摩擦力 $F_{f\max}$，弹簧力 $F$ 大于滑动摩擦力 $F'_f$，拉动物块向后运动，弹簧力 $F$ 逐渐变小，当弹簧力 $F$ 小于动摩擦力 $F'_f$ 时，物块又随传动带向前运动。如此反复，物块就形成振动状态。在搓动龙洗时，手类似于传动带，物块类似于龙洗双耳，这是龙洗振动的原因。

龙洗是一个空间物体，有法向振型和切向振型，搓动龙洗是切线方向，所以搓动激发取决于切向振型，由于龙洗的振型较复杂，可能被激发出的法向振型如图 14-40 所示。

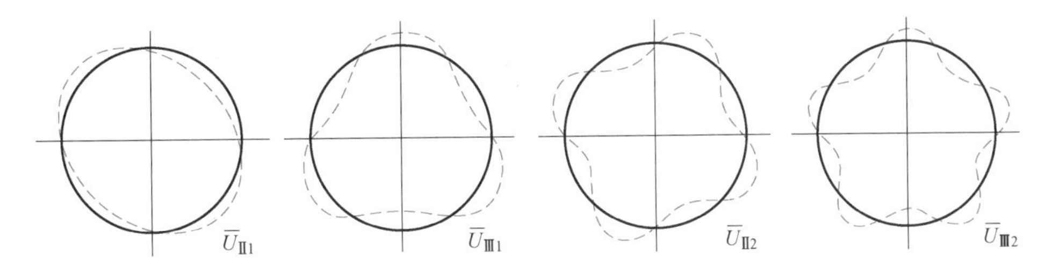


图　14-40

当第一个振型被激发时，它有四个振动的波峰，此处的振动最大，这时水在这些地方振动也最大，而与之交错的节线将水面分成四部分，且节线处振动最小，因此就形成了水珠在四个部位被喷起的景观，出现四个部位跳水；同理，当第二个振型被激发时，出现六个部位跳水；当第三个振型被激发时，出现八个部位跳水；当第四个振型被激发时，出现十个部位跳水；依次类推，可出现十二、十四个部位跳水等，如图 14-41 所示。当然，需要搓动手法与技巧的配合，在适当的搓动下，即手的张紧程度、搓动速度和力度适当时，可激发相应的喷水现象。

a) 六部位喷水　b) 八部位喷水

c) 十部位喷水　d) 十二部位喷水　e) 十四部位喷水

图　14-41

**小结：** 中华文物龙洗是我国古代成功利用干摩擦引起壳-液耦合振动的一个典型范例。通过应用现代科学的理论和实验方法，初步揭示了中国古代科技珍品龙洗现象的力学原理。这个例子表明了，现代科技能揭示古代科技的深层科技信息，是对古代科技的再认识和再发现。有关更深层次的问题，请参考有关文献［21］。

## 14.4 航天工程中的应用实例

力学在航空航天领域的应用非常广泛，当然航空航天也涉及各个学科方面的知识，许多问题是由多个学科综合解决的。力学解决运动轨道、荷载情况和强度计算并提出对其他学科方面的要求，信息学科解决通信问题，自动化解决控制问题等，所以力学是航空航天的绝对主干学科。总而言之，力学主导了航空航天任务的全过程。

### 14.4.1 大型火箭的发射

航空航天事业高速发展，需要大推力火箭，如我国长征五号B火箭，如图14-42所示，高53m，直径5m，起飞推力达1000t，可发射重量超过23t、长度达到17.9m的问天实验舱。发射的过程中，根据不同需要计算确定发射地点及发射窗口期，需要用到动力学知识计算火箭的推力、运动稳定性、火箭飞行的轨道，同时计算每个部件的受力情况和振动问题等。运载火箭飞出大气层后，整流罩将沿箭体纵向分成两半被抛开，此时它们之间的相互影响需要研究，星箭分离过程的力学问题需要研究，入轨后还要用力学的知识计算航天器的运行轨道。

图　14-42

### 14.4.2 空间站的组装

航天器上带有太阳能帆板等挠性附件，如图14-43a所示，这些结构展开过程中会引起振动，需要用动力学理论进行减振。在空间站建设过程及宇航员进入或离开过程中，要不断进行货物的运输和不同舱段的对接，当两个航天器对接的时候，如图14-43a所示，这时它们之间的相对速度并不为零，此时主要关注的问题是碰撞，对碰撞的研究一直都是个难点，不仅要研究碰撞对整体大范围运动的影响，还要研究碰撞力的计算以及最大碰撞力所涉及的强度计算等问题。

a)

b)

图　14-43

在航天器正常运行过程中，要考虑地球的运动和航天器的运动，太阳能帆板对太阳朝向等诸多问题，要用动力学理论调整卫星的运行姿态，力学提出调整要求，控制进行操作，如图14-43b所示。

### 14.4.3　宇航员的返回

保证宇航员平安返回，需要锁定返回的最佳“窗口期”，途中，返回舱（图 14-44）将经历大气层的高温考验，勇闯没有通信信号的“黑障区”，并从万米高空高速坠落到平安着陆。返回可分为四个阶段，每一阶段都是力学中的关键问题。第一个阶段是制动减速阶段，返回舱需要与轨道舱分离，同时返回舱的发动机朝前，进一步降低速度。第二个阶段是自由滑行阶段，分离之后的返回舱进入无动力滑行阶段，返回舱与推进舱分离，调整再入姿态角，准备切入大气层。第三个阶段是再入大气层阶段，此时返回舱接触大气层顶端，飞船周围形成等离子体，即黑障，此时返回舱与地面将失去短暂联系。第四个阶段是回收阶段，从距离地面 10km 高度开始，依次完成打开引导伞、减速伞、主降落伞等操作，最终在距离地面 1m 左右的时候，起动反推发动机，接地速度控制在 3～10m/s。

图　14-44

所有这些计算，都离不开我们所学的质心运动定理、相对于质心的动量矩定理等，力学在航空航天领域其实包含的内容非常多，就不一一列举了。当力学计算提出要求之后，还需要结合通信领域、材料领域等多方面对科技难题进行攻破，所以航空航天领域是一个多学科融合与合作的领域，但凸显出了力学是基础的重要性。

小结：很多力学问题并不只出现在航空航天领域中，而是会在多个不同的工程领域出现。如在航天领域中的火箭部分和导弹有约 95% 的技术是一样的，在重工业中凡是总体设计都是高度依赖力学的，都是在力学基础上进行设计的。

本章只是从日常所见到的一些现象中所举的一些实例，简单叙述了理论力学在这些方面的应用，还有许多新技术是与力学密切相关的，是在力学基础上研发的，就不一一列举了。实际上力学广泛地存在于工农业生产和人类生活中的各个领域，是众多工程科学和技术科学的基础。如何利用力学去研究解决问题，对从事各行各业的人员都是非常重要的。

## 重点提示

（1）本章在举例的基础上，介绍了变质量的动量定理、碰撞、碰撞中心和陀螺的一些概念，若需深入研究可参考书中标注的有关文献和书籍［1］；（2）中华文物编钟和龙洗还有许多现象需要解释，需要了解的同学可参考书中标注的有关文献［20，21］；（3）有关振动和航天问题是学科发展问题，但它们的基础理论均立足于理论力学的基础上。

## 思考题

1. 跳高运动员在起跳后，具有动能和势能，这些能量是由于地面对人脚的作用力做功而产生的吗？
2. 冰上舞蹈运动员在旋转过程中，旋转速度是变化的，为什么？
3. 请查阅有关猫翻身的参考文献，试解释与我们讲的动量矩定理矛盾吗？

# 附　录

## 附录 A　理论力学部分解题思路与技巧

理论力学可分为三部分内容，即静力学、运动学、动力学，它们各部分之间既独立又密切关联。理论力学重在培养解决问题的思维方式，只要深刻理解理论知识的原理和概念，还是比较容易学习的。由于是基础课，其内容在各行各业中都将用到，对于复杂的工程问题，需要进行大量复杂计算才能得到结果。在工程实践中，工程技术人员之间需要阅读资料进行沟通，所以理论力学中的解题步骤和约定是工程技术人员的沟通语言，必须遵守，这样才能保证互相之间进行正常交流。

### A.1　静力学中的几个应注意的问题

解决静力学问题有两种方法，需求解的未知数较多时，一般用列写平衡方程的方法求解；如果求解的未知数较少，应用虚位移原理求解。

**1. 力的计算**　力是矢量，矢量主要是用来进行理论推导的。但是在计算过程中，要利用数学工具进行求解计算，而在数学中一般都是标量式的计算方法，因此在求解力学问题的时候，首先要把矢量变成标量，再进行求解。其方法就是书中所讲的力的投影（$F_e=\boldsymbol{F}\cdot\boldsymbol{e}$）、力对点之矩（$\boldsymbol{M}_O(\boldsymbol{F})=\boldsymbol{r}\times\boldsymbol{F}$）、力对轴之距（$M_e(\boldsymbol{F})=(\boldsymbol{r}\times\boldsymbol{F})\cdot\boldsymbol{e}$）等计算方法，如书中图 1-2、图 1-6 所示，只要坐标轴确定，此方法对于解决几何关系复杂的问题比较有效，如书中习题 1-10。例如图 A.1 所示，若已知各个力的大小和长方体的边长，求对 $OA$ 轴的矩。求解该问题有若干方法，但此方法有利于程序化，适用于大型程序计算。

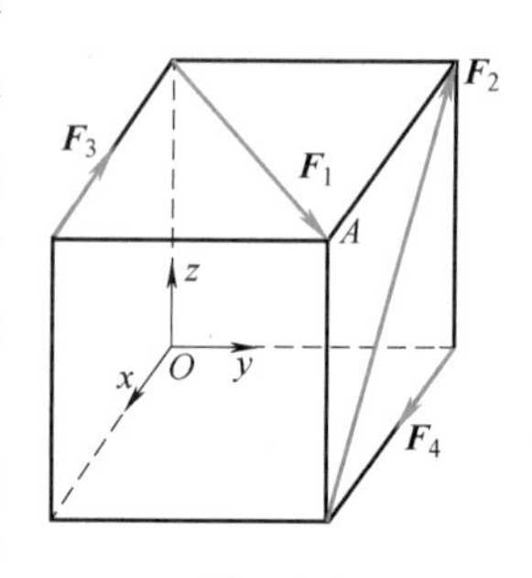


图　A.1

在学习中应注意力的投影和力的分解的区别，力的投影是代数量，而力的分解是矢量。如果分解的时候，坐标轴是直角坐标，投影和分解的分量大小相等；如果坐标轴不垂直，投影和分解得到的大小是不一样的，如书中图 1-3 所示，此时再用力的分解就容易出错。

**2. 连接多体铰链处的受力分析**　画受力图时要注意，三个物体由一个铰链来连接，或铰链上面有作用力，如书中例 1-7，要清楚这个铰链受什么力？这个铰链与哪个物体相连，要注意作用与反作用关系，如书中习题 1-15d、e、f 等。

解决力系的平衡问题要注意，所画的受力图必须正确，受力图画错了，后面就全错了。要按约束类型画约束力，正确判断出二力杆的作用，正确运用作用与反作用定律。在列方程的时候，要巧妙地选取投影轴和取矩中心，要尽量使方程中的未知数少，避免解联立方程。

**3. 摩擦中的自锁现象** 在考虑摩擦时，摩擦力是根据主动力的作用而变化的，如图 A.2 所示，摩擦力的全反力的作用点随着主动力的变化而变化，当作用点移出物体支撑点，物体将翻倒。在作用点移出物体支撑点之前，摩擦力达到最大值，其角度 $\varphi_m$ 为摩擦角，从而形成摩擦锥，如书中图 4-8。主动力作用于摩擦锥内产生自锁现象，如螺旋式的千斤顶（书中图 4-10），又如图 A.3 所示的木螺钉，螺钉、螺母等都是自锁的。生产的破碎机（书中例 4-4）就是利用自锁现象设计的。非自锁实例也很多，如图 A.4 中擦地的半自动脱水拖把、幼儿园的滑梯等。

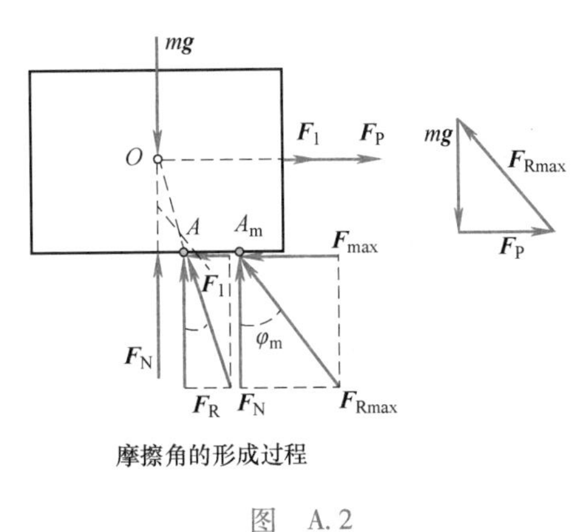


图 A.2

图 A.3

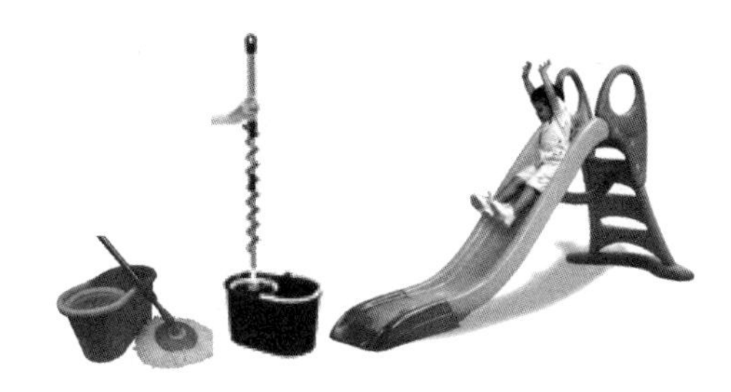

图 A.4

在求解平衡范围时要注意利用附加条件，列写不等式求解，如书中例 3-3、例 4-5、例 4-8、习题 3-9、习题 4-11 等。解不等式就能知道它们的关系（是大于还是小于），如果列等式算出来以后还要进行判断，对于比较复杂的工程问题就不容易了。

**4. 力学性质的转化** 在静力学中的静定和超静定问题，或自锁和非自锁问题是随条件变化的。例如一个桌子放在有摩擦力的平面上，$A$、$B$ 两处摩擦因数相等，并作用有主动力 $\boldsymbol{F}$ 和重力 $\boldsymbol{P}$，如图 A.5 所示。当开始拉动的时候，$A$、$B$ 两处的摩擦力都达到了最大值，这是静定问题。如果作用力 $\boldsymbol{F}$ 较小，物体不动，它就是一个超静定问题。同理，小朋友在幼儿园玩滑梯，很容易就可以滑下来，因为衣服与滑梯之间的摩擦因数比较小（非自锁）；如果穿的衣服很少，以皮肤接触滑梯为主，有时就滑不下来，因为皮肤与滑梯之间的摩擦因数比较大（自锁）。所以说同样一个问题，由于条件的变化，其问题的性质也是可以相互转化的。

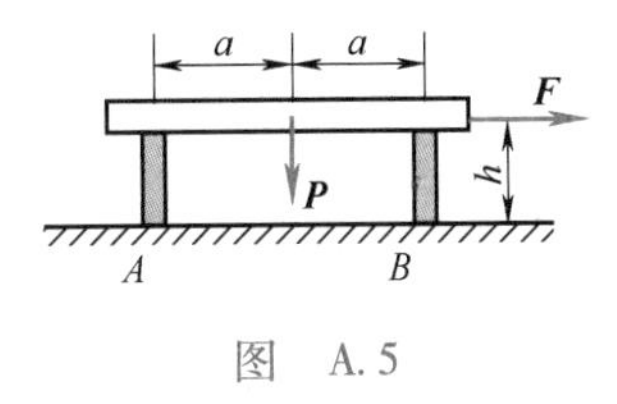


图 A.5

**5. 初学者易错的地方** 静力学相对来说比较简单，但是也容易出错，如画受力图时（见图 A.6），柔性体约束、光滑面约束的约束力容易画错，固定端的约束力偶容易丢失。在受力图上如果把力画多了，就是超静定，力画少了，就不平衡了，因此受力图必须画正确。

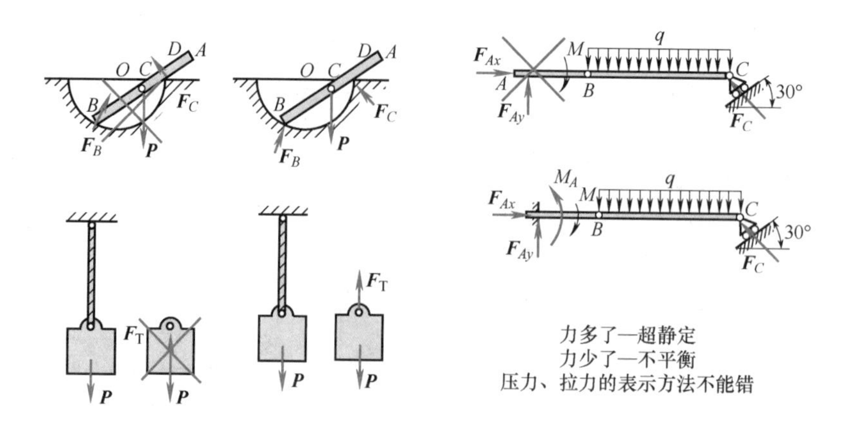


图 A.6

除此之外，列方程要注意要求，如图 A.7 所示，投影式的条件没有写投影轴，取矩的条件没有标明矩心，方程写成了等式，都是不允许的。如图 A.8 所示，对 $C$ 点取矩列写平衡方程，由于此处的约束力在方程中不出现，就错误地认为不画此处的约束力，说明受力图错误，这是初学者容易出错的地方，必须改正。

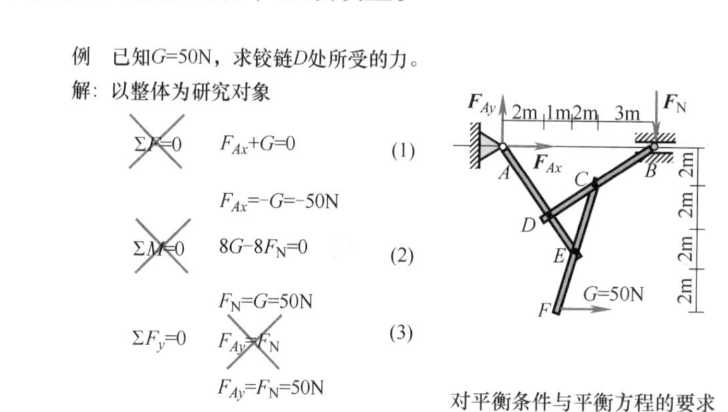


图 A.7

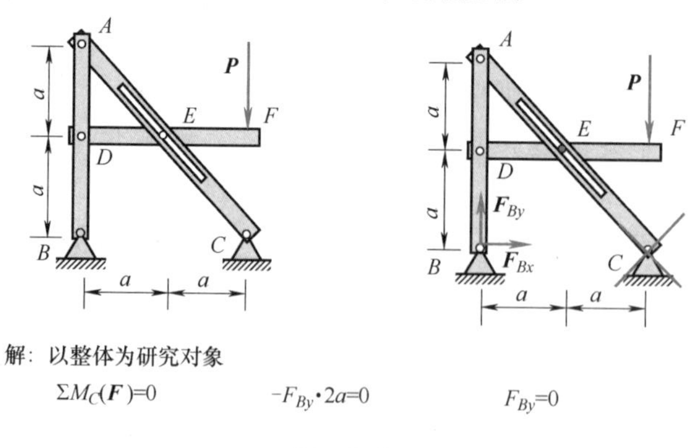


图 A.8

**6. 虚位移原理的应用** 解决静力学问题，除了列写平衡方程外，还有虚位移方法。虚位移原理是利用虚功方程求解，其中列写虚功方程比较容易，其难点是求解各点的虚位移关系。求解有关各点相应的虚位移之间的关系有三种方法。

（a）若系统发生虚位移时，有点的合成运动、刚体的平面运动的物体，则运用虚速度法求解。如书中例 13-1、例 13-5、习题 13-4、习题 13-10 等。

（b）若系统发生虚位移以后，几何关系比较明确，则利用几何法求解，如书中例 13-6、习题 13-12 ~ 习题 13-15 等。

（c）若系统各点的位置能较容易地写出它们的坐标与广义坐标的关系，则应用变分法求解，如书中例 13-3、例 13-4、习题 13-5、习题 13-6 等。

**7. 平衡稳定性** 平衡稳定性问题很常见，如图 A.9 所示，图 A.9a 是稳定平衡，图 A.9b 是不稳定平衡，图 A.9c 是随意平衡，图中可看得很清楚，但从数学上怎么求呢？

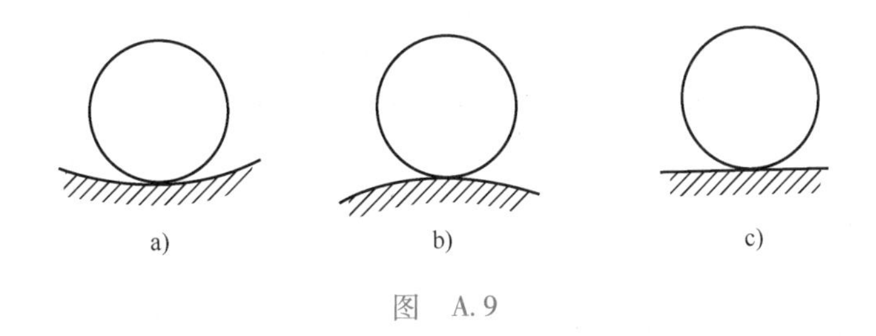


图 A.9

在数学上判定平衡稳定性是用最小势能定理。把这个系统的势能 $V$ 用广义坐标 $q$ 表示，通过求导即可求出。

求一次导数，$\left.\dfrac{\mathrm{d}V}{\mathrm{d}q}\right|_{q=q_0}=0$，可求出其平衡位置。求二次导数，若大于零，即$\left.\dfrac{\mathrm{d}^2V}{\mathrm{d}q^2}\right|_{q=q_0}>0$，是稳定平衡；若小于零，即$\left.\dfrac{\mathrm{d}^2V}{\mathrm{d}q^2}\right|_{q=q_0}<0$，则是不稳定平衡。如果二次导数还等于零，就要接着往下求。如果第四次导数大于零，那么它就是稳定平衡，如果小于零，它就是不稳定平衡，如果连续求导都等于零，它就是随意平衡。

**问题 1** 已知在铅直平面内的弹簧摆杆系统如图 A.10a 所示，均质杆 $OA$ 重 $W$，长 $OA=OB=l$，弹簧 $AB$ 的原长 $l_0=\sqrt{2}l$，弹簧常量为 $k$。试求此系统的平衡位置，并讨论平衡的稳定性。

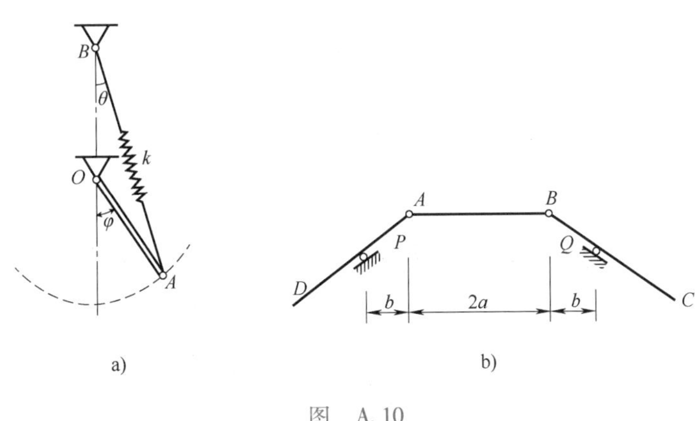


图 A.10

**问题2**　如图 A.10b 所示，三个均质杆的长度相等，均为 $2a$，由铰链 $A$、$B$ 连接。$AD$ 和 $BC$ 各自支在同一水平线上的两个光滑滚柱 $P$ 与 $Q$ 上，并使 $AB$ 杆保持水平，$P$ 与 $Q$ 的距离为 $2(a+b)$ 。试证：若 $2a>3b$，则有两个平衡位置，并指明哪一个位置是稳定的；若 $2a=3b$，证明只有一个平衡位置，且是不稳定的。

以上两个问题均可利用最小势能原理解决。

## A.2　运动学中的几个解题技巧

**1. 曲率半径的求解技巧**　描述点的运动主要有三种表示方法：（1）矢径表示法，主要应用于定性分析及公式推导；（2）直角坐标表示法，解决一般问题的定量分析及解析解；（3）自然坐标表示法，应用于轨迹已知的情形。不管用哪一种坐标形式来表示，点的运动轨迹、速度、加速度都是一样的，所以说在这三个坐标系之间，有一定的转换关系。但在自然坐标中有一个参数比较重要，即曲率半径 $\rho$，它是法向加速度的参数。

**问题1**　已知点 $M$ 做平面曲线运动，$v_x=C=$ 常量，试证：$\rho=v^3/C\rho$，其中 $\rho$ 为曲率半径，$v$ 为 $M$ 点速度值。由此可知，所给条件是直角坐标系中的参数，求证的是自然坐标系的参数。所以首先画出坐标系和运动曲线，如图 A.11a 所示，然后把它们的加速度关系和速度关系画出来，利用两个坐标之间的转换关系即可求解，主要概念是法向加速度与速度方向垂直。

**问题2**　圆环的圆心以匀速 $\boldsymbol{u}$ 做纯滚动，圆环上面有一个点 $A$ 以相对速度 $\boldsymbol{u}$（常数）沿圆环做圆周运动，如图 A.11b 所示，求此瞬时点 $A$ 的曲率半径。根据运动学中的知识点，首先求出此瞬时点 $A$ 的绝对速度和绝对加速度，绝对加速度向垂直于速度的方向投影，得点 $A$ 的法向加速度，经计算即可求出。

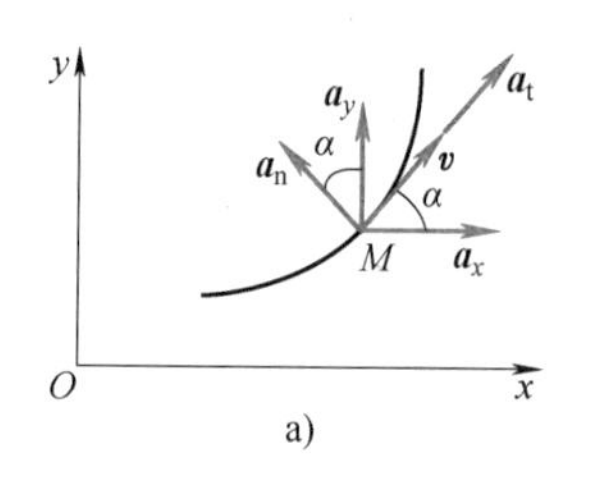


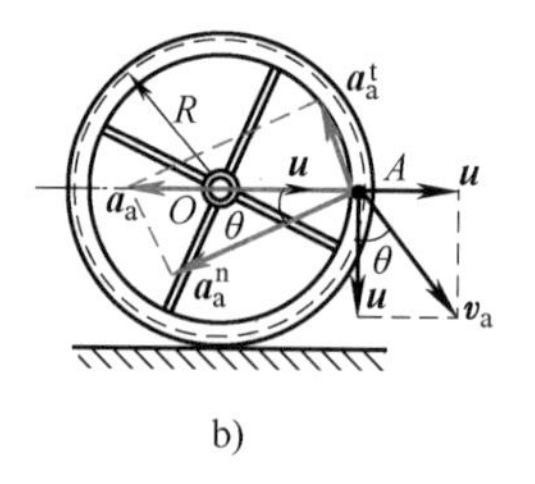


图　A.11

**问题3**　如图 A.12 所示，$OA$ 杆以匀角速度 $\omega$ 旋转，已知杆的尺寸，求此瞬时 $AB$ 杆的中间点 $C$ 的曲率半径。由于 $AB$ 做瞬时平移，所以 $C$ 点的速度大小和方向与点 $A$ 相同，$AB$ 杆的加速度瞬心可确定，$C$ 点的加速度大小和方向即可求出，将点 $C$ 的加速度向垂直于速度的方向投影，得到点 $C$ 的法向加速度，曲率半径即可求出。

**2. 动点、动系的选择技巧**　在点的合成运动中，动点和动坐标系的选择是重要知识点。动点、动坐标系的选择原则是：动点对动坐标系要有相对运动，相对运动的轨迹应该是已知的，或者能直接看出，动点（物理点）在运动过程中是不能改变的。它们的选择分为 5 种情况。

（1）两个物体没有接触的情形。如书中例 6-3、题 6-8 等，分别选雨滴、矿石为动点，动坐标系分别与车、传送带固连即可。

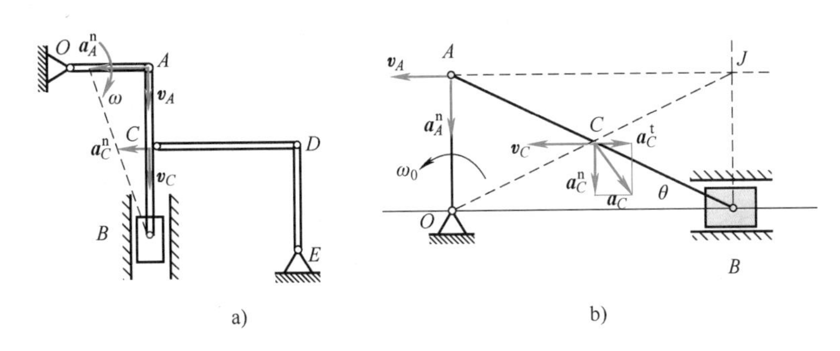


图　A. 12

（2）两个物体有相互接触的情形。如书中例6-2、题6-5等，选择定轴转动杆上的接触点为动点，动系与另一个杆固连。

（3）一个物体和一个圆相接触的情形。如图 A. 13 所示，选 $AB$ 杆上的 $A$ 点为动点，动坐标系与圆盘相固连。如果不容易确定，可假想用小环将接触点套住，选与小环运动相同的点为动点，此法称为辅助小圆环法。

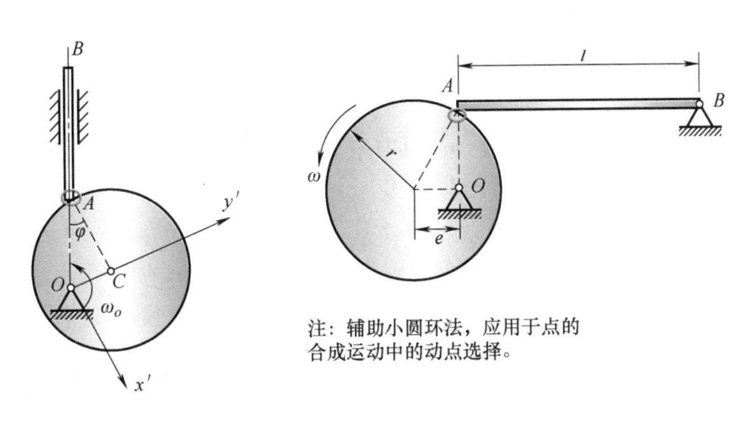


图　A. 13

（4）物体与圆相切的情形。如图 A. 14 所示，两个物体的接触点在运动时都是变化的，一般来讲，如果是求这两个物体的运动，那么选圆心为动点，动坐标系和另一个物体固连，这时圆心的相对运动为直线运动。

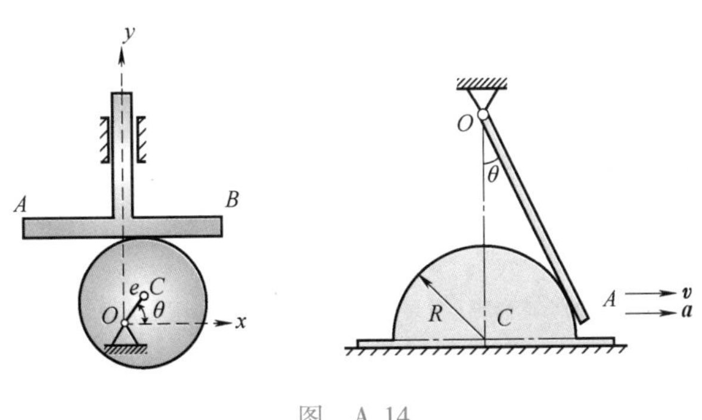


图　A. 14

（5）两个运动物体相互接触，两个物体的接触点在运动时都是变化的。如图 A.15 所示，如果求接触点的运动，可假想用小圆环把它们的接触点套上（辅助小圆环法）。以小圆环为动点，动坐标系分别与两个物体固连，然后利用一个动点两个动坐标系的方法求解。

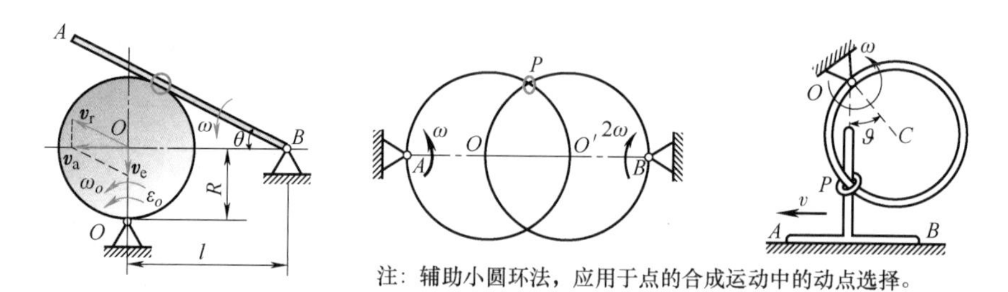


图　A.15

**3. 确定速度瞬心的技巧**　求解刚体平面运动的速度有三种方法。**基点法**是一种通用方法，应用于普遍情况，但要选择速度和加速度已知的点为基点。**投影定理**应用于在同一刚体上两点的速度方向已知，且其中一点的速度大小也已知的情况。**速度瞬心法**应用于通过几何关系容易判定出速度瞬心的情况。速度瞬心是对某一个平面运动刚体来说的，所以必须指出是哪一个刚体的速度瞬心。一般来说，确定刚体两点的速度方向的垂线交点为速度瞬心。

问题 1　如图 A.16a 所示，杆件都是平面运动，$A$ 点的速度方向容易确定，另一点 $C$ 的速度方向沿杆的切线方向，如果判断困难，可加一个套筒将杆套住（辅助小滑套法），套筒旋转，但在 $C$ 点速度等于零，即牵连速度等于零，所以杆上 $C$ 点的绝对速度就是杆在套筒内的相对速度，作垂线即可确定速度瞬心位置。

问题 2　如图 A.16b 所示，杆上 $C$ 点与圆相切，所以 $C$ 的速度方向沿圆的切线方向，作垂线即可确定速度瞬心位置。

问题 3　如图 A.16c 所示，通过 $A$ 点作辅助线垂直 $CD$ 杆，其交点的牵连速度和相对速度相同，所以辅助线与 $C$ 点的速度垂线的交点即为 $DC$ 杆的速度瞬心。

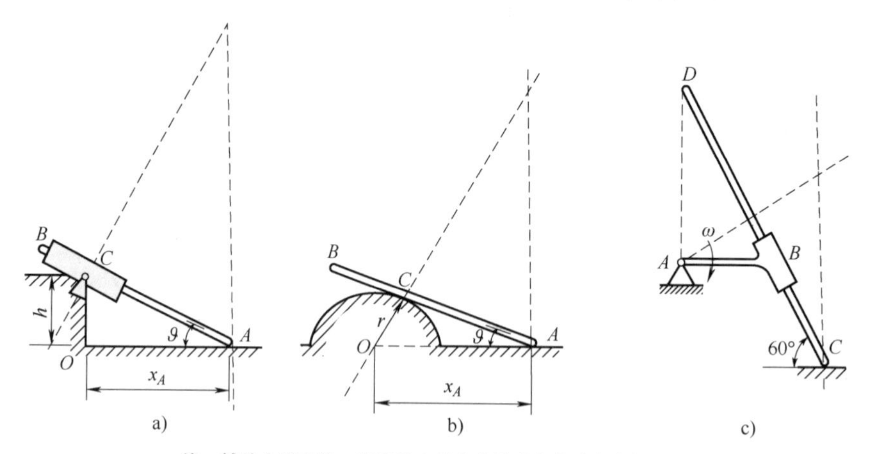


图　A.16

**4. 速度瞬心点的加速度求法**　求速度瞬心的加速度，选哪一点为基点呢？要根据题意进行选择。以圆盘的运动为例，如图 A. 17 所示，由于圆心的加速度容易确定，因此都是选圆盘的圆心为基点，以圆盘的速度瞬心为动点进行求解。

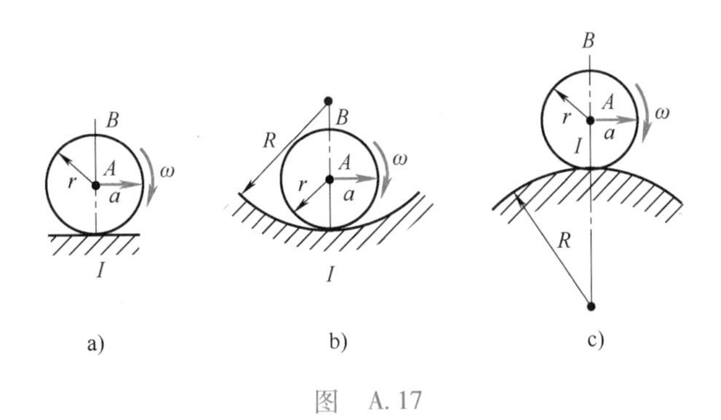


图　A. 17

**5. 点的合成运动与刚体的平面运动的组合应用**　以图 A. 18 所示的机构为例，若 $OA$、$BD$、$OB$ 的尺寸已知，角速度 $\omega$ 为常数，求 $D$ 点的速度和加速度。此题中 $AC$ 杆做平面运动，其上 $B$ 点与 $BD$ 杆是点的合成运动，可用三种求解方法。

第一种方法：以 $A$ 为基点、$AC$ 杆上的 $B$ 点为动点进行求解，杆的角速度、角加速度与套筒的角速度、角加速度相同，可求出 $D$ 点的速度和加速度。

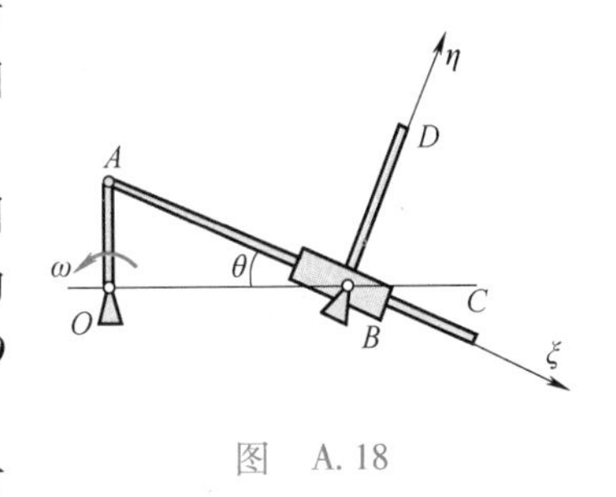


图　A. 18

第二种方法：以套筒为动点，动坐标系和 $AC$ 固连，用点的合成运动求解，这时动点的速度和加速度都等于零。动坐标系（套筒）的角速度和角加速度即可求出。进而求出 $D$ 点的速度和加速度。

第三种方法，以 $A$ 为动点，动坐标系与套筒固连，也可以把 $D$ 点的速度和加速度求出来。

由此可知，只要掌握了运动学的有关概念，解决问题的方法是很多的，但要灵活运用，熟能生巧。

## A. 3　动力学中的几个解题思路

动力学主要包含 5 项内容：(1) 牛顿定律，主要解决简单的质点问题；(2) 动能定理，可以求物体某点的位移、速度和加速度；(3) 动量定理，可求解物体的移动问题；(4) 动量矩定理，可求解物体的转动问题；(5) 达朗贝尔原理，可以求物体某点的加速度。

**1. 运动参量正方向的确定**　利用牛顿定律列写动力学微分方程，首先要确定坐标轴的正方向，则物体的位移、速度、加速度的正方向应与坐标轴的正方向一致，如书中例 8-2。同理，对于如图 A. 19 所示的角位移也是如此，平面运动所确定的角速度

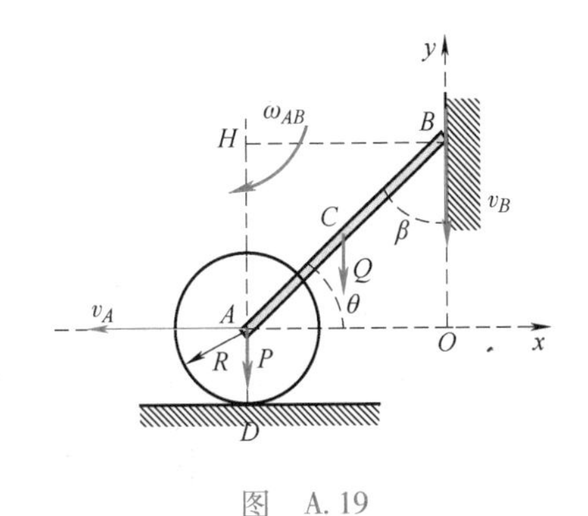


图　A. 19

$\omega_{AB}$与图中角度的导数关系应该为$\frac{d\theta}{dt}=-\omega_{AB}$，$\frac{d\beta}{dt}=\omega_{AB}$，这是由$\theta$与$\beta$所确定的角度增大的正方向所决定的。

**2. 运动学中初始条件的获取**　在运动学中，点的合成运动和刚体的平面运动是在已知系统某一点的速度和加速度的初始条件下，求出这个系统中任意一点的速度和加速度。在动力学中，初始条件可由以下3种方法获得。

（1）**动能定理**。以整体为研究对象，利用动能定理积分形式求速度，用微分形式求加速度，从而求出在主动力作用下系统某一点的位移、速度和加速度，并将其作为初始条件提供给运动学进行整体系统的运动学计算。动能定理的优点是在方程中没有约束力出现，并且只有一个标量形式的方程，所以它只能解决一个自由度问题。但应注意，刚体平面运动的两种动能表达式对动能定理的积分形式都可用，对速度瞬心的动能表达式，$T=\frac{1}{2}J_1\omega^2$；对质心的动能表达式，$T=\frac{1}{2}Mv_C^2+\frac{1}{2}J_C\omega^2$。但对动能定理的微分形式一般用第二式，因为它们的质量和转动惯量为常数，容易对此式求导，对于一些特殊情况，如对瞬心的转动惯量是常数时也可应用第一式。

（2）**动力学普遍方程**。动力学普遍方程是在动力学模型上加上惯性力，然后再让其发生虚位移，从而利用虚功方程$\sum(\boldsymbol{F}_i-m_i\boldsymbol{a}_i)\cdot\delta\boldsymbol{r}_i=0$，求出系统的某一点的位移、速度和加速度。其最大特点是避免了约束力的出现，因此有时对部分动力学问题用动力学普遍方程来解决也是很方便的。

（3）**拉格朗日方程**。对于由$h$个自由度的动力学问题，一般是用拉格朗日方程解决，$\frac{d}{dt}\frac{\partial T}{\partial \dot{q}_h}-\frac{\partial T}{\partial q_h}=Q_h$，这就是拉格朗日方程的一种表达形式，首先将动能和广义力写成广义坐标的形式，代入方程直接求解即可。对于保守系统，引进拉格朗日函数$L=T-V$，将其代入保守系统的拉格朗日方程$\frac{d}{dt}\left(\frac{\partial L}{\partial \dot{q}_h}\right)-\frac{\partial L}{\partial q_h}=0$，该方法同样避免了系统中约束力的出现。$h$个广义坐标可列写$h$个方程，因此在多自由度系统中，拉格朗日方程起到单自由度系统中的动能定理的作用。

**3. 动量定理的应用**　动量定理可解决质点和物系质心的移动问题，其有两个基本形式，一个是微分形式，一个是积分形式，并且只与外力有关，所以在解题过程中选择研究对象很重要，要尽量使外力简单。

质心运动定理有两个表达式，第一个表达式为$M\frac{d^2\boldsymbol{r}_C}{dt^2}=\boldsymbol{F}_R^{(e)}$，该表达式质心坐标容易写出，求导也比较容易；第二个表达式为$\sum_{i=1}^{n}m\boldsymbol{a}_{Ci}=\sum\boldsymbol{F}_i^{(e)}$。由于有时各个物体的加速度不容易判断，容易丢失或出错，因此一般应用第一个表达式。动量定理还有动量守恒、质心不变等情况，应用动量定理的解题思路可参见如图A.20所示的框图。

**4. 动量矩定理的应用**　动量矩定理解决的是物体的转动问题，本书讲了两种情况下的动量矩定理，一个是对于固定点的动量矩定理，数学表达式为$\frac{d\boldsymbol{L}_O}{dt}=\sum_{i=1}^{n}\boldsymbol{M}_O(\boldsymbol{F}_i^{(e)})$；另一个是对于质心的动量矩定理，数学表达式为$\frac{\mathrm{d}\boldsymbol{L}_C}{\mathrm{d}t}=\sum \boldsymbol{M}_C(\boldsymbol{F}_i)$。通过动量矩定理可推导出定轴转动微分方程、动量矩守恒等理论。应用动量矩定理的解题思路可参见如图 A. 21 所示的框图。

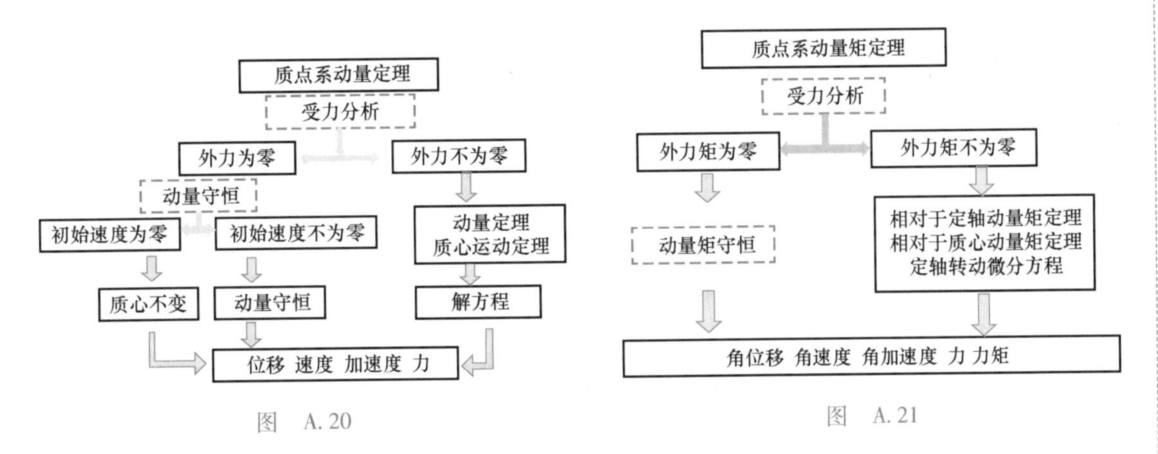


图 A. 20

图 A. 21

**5. 动量定理和动量矩定理的综合应用** 如果存在移动、转动的综合形式的动力学问题，就要用动量定理和动量矩定理的综合形式来解决问题。通过受力分析，移动问题用动量定理列方程，转动问题应用动量矩定理列方程，然后解联立微分方程组。应用动量定理、动量矩定理求解动力学问题的整体思路可参见如图 A. 22 所示的框图。

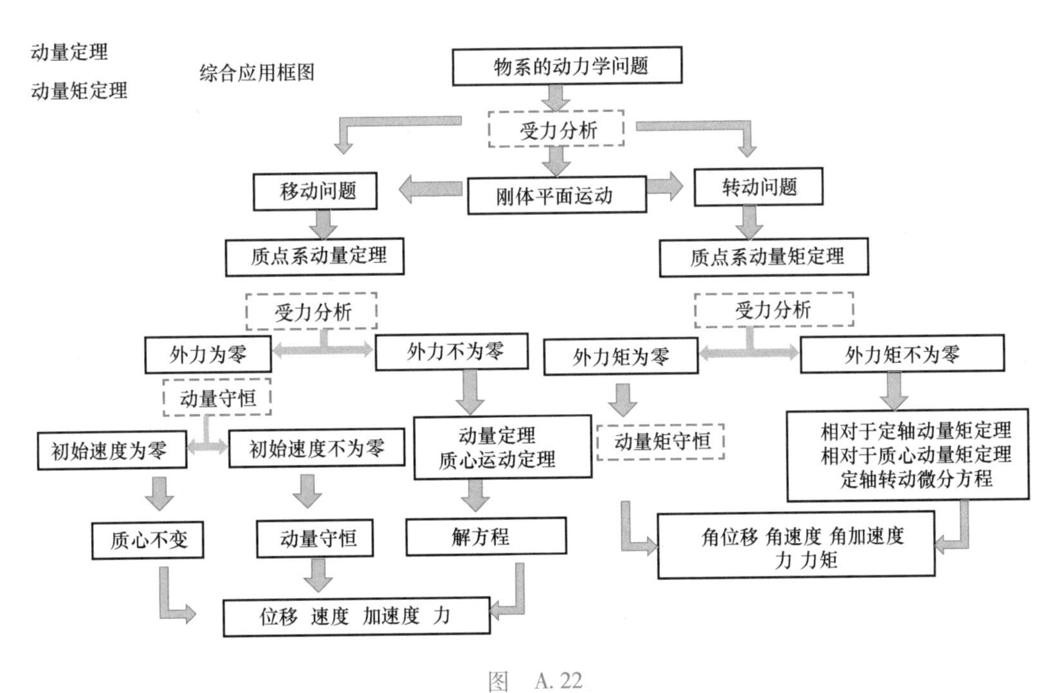


图 A. 22

**6. 动力学普遍定理的应用** 一般来讲，利用动量定理和动量矩定理能够解决所有的动力学问题。若是单个物体的动力学问题，可直接应用动量定理和动量矩定理直接求解；若是物系问题，就要解联立的动力学运动微分方程组，会在解题过程中遇到比较大的困难。如果先应用动能定理和运动学知识，把系统中物体的速度和加速度求出来，再用动量定理、动量矩定理求解物系的约束力和物体之间的相互作用力，所列的运动微分方程就基本解耦了。所以在处理比较复杂的动力学问题时，都是用动力学普遍定理（动能定理、动量定理和动量矩定理）进行求解，这是一种解决复杂问题的基本思路，如图 A.23 所示框图，通过多做练习题将可掌握。

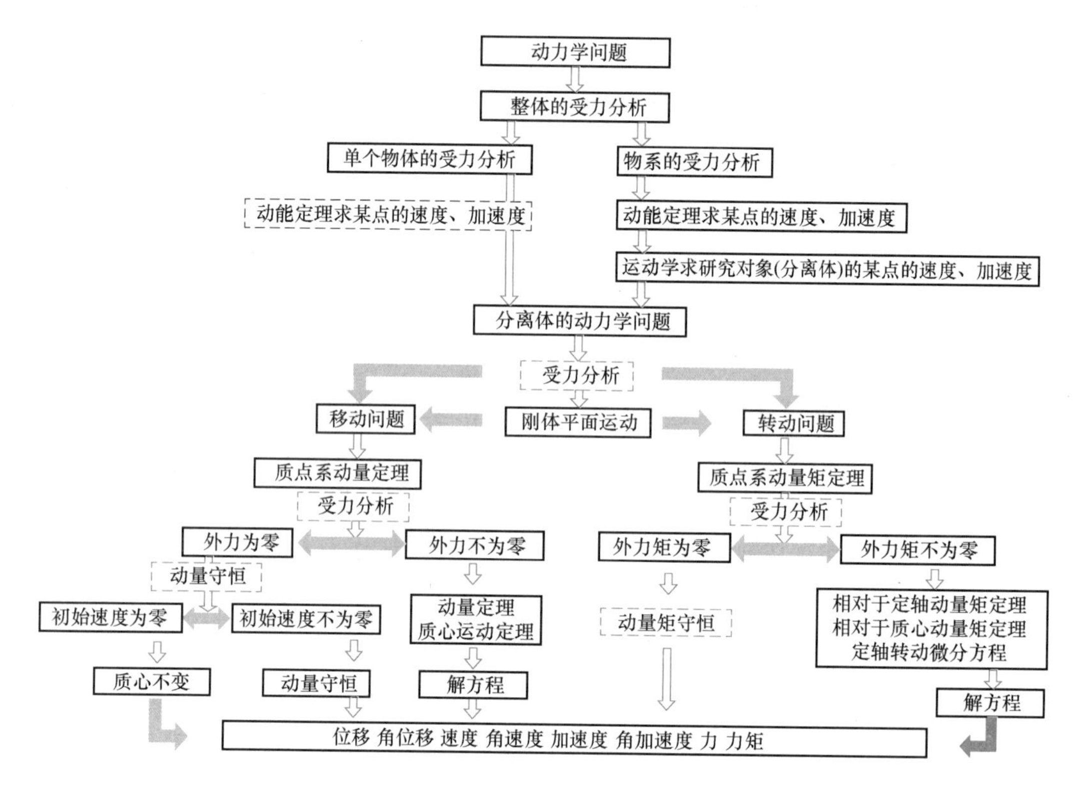


图　A.23

**7. 达朗贝尔原理的应用**　如果将惯性力施加于运动物体之上，可用静力学方法求解，也称为动静法。此法主要知识点是惯性力系的简化，只要施加惯性力正确，利用静力学方法就可得到正确答案，其优点是可以对任意点取矩。但有两点需要强调一下。

（1）对于分布的惯性力无法用已归纳为惯性力系的简化结果时（例 12-3）。可用积分的方法计算惯性力。若惯性力是三角形分布的（例 12-2），可直接简化为一个集中力进行计算，此问题也是一个非对称问题，也可利用惯性积的方法计算。

（2）定轴转动时惯性力的作用点。圆盘若围绕 $O$ 轴旋转，质心在 $C$ 点，如图 A.24 所示。如果惯性力向 $O$ 点进行简化，惯性力 $F_I = Ma_C$，惯性力矩 $M_{IO} = J_O\alpha$，应作用在 $O$ 点，如图 A.24a 所示。如果惯性力向质心 $C$ 点进行简化，惯性力 $F_I = Ma_C$，惯性力矩 $M_{IC} = J_C\alpha$，应作用在 $C$ 点，如图 A.24b 所示。但应注意它们的转动惯量是不同的，向 $O$ 点进行简化，是对 $O$ 点的转动惯量，向 $C$ 点进行简化，是对 $C$ 点的转动惯量。也就是说向哪一点进行简化，那么就是对哪一点的转动惯量乘上它的角加速度，并且作用在简化点上。

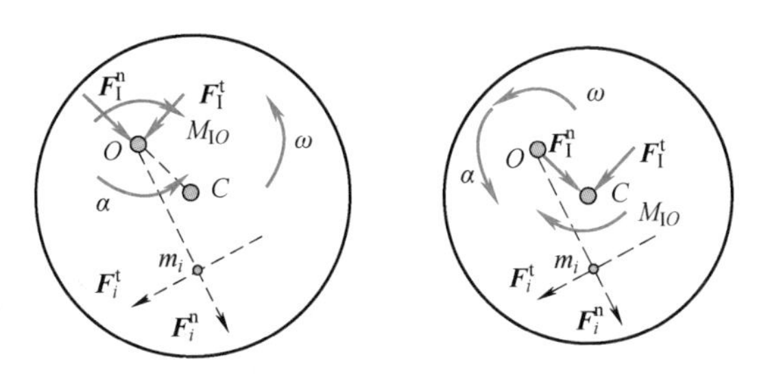


图 A.24

由此可知，理论力学的知识点是前后互相关联的，正确理解它的原理并熟练掌握解题思路与技巧是很重要的。

# 附录 B 典型的约束和约束力

| | 约 束 力 | 约 束 类 型 |
|---|---|---|
| 1 | $F_{Az}$，$A$ | 光滑表面　辊轴支座　绳索　链杆 |
| 2 | $F_{Az}$，$A$，$F_{Ay}$ | 颈轴承　圆柱铰链　铁轨　蝶铰链 |
| 3 | $F_{Az}$，$A$，$F_{Ay}$，$F_{Ax}$ | 球形铰链　推力轴承 |
| 4 | a) $M_{Az}$，$F_{Az}$，$M_{Ay}$，$F_{Ay}$，$A$<br>b) $F_{Az}$，$M_{Ay}$，$F_{Ax}$，$A$，$F_{Ay}$ | 导向轴承 a)　万向接头 b) |

(续)

| | 约束力 | 约束类型 |
|---|---|---|
| 5 | a) $M_{Az}$ $F_{Az}$ $M_{Ax}$ $F_{Ay}$ $F_{Ax}$ A<br>b) $M_{Az}$ $F_{Az}$ $M_{Ay}$ $M_{Ax}$ $F_{Ay}$ A | 带有销子的夹板 a)　导轨 b) |
| 6 | $F_{Az}$ $M_{Az}$ $M_{Ay}$ $F_{Ay}$ $M_{Ax}$ $F_{Ax}$ A | 空间的固定端支座 |
| 7 | $M_A$ $F_{Az}$ $F_{Ay}$ A | 平面固定端支座 |

# 附录C 部分常见材料的摩擦因数

| 材料名称 | 摩擦因数 | | | |
|---|---|---|---|---|
| | 静摩擦因数 $f_s$ | | 动摩擦因数 $f$ | |
| | 无润滑剂 | 有润滑剂 | 无润滑剂 | 有润滑剂 |
| 钢—钢 | 0.15 | 0.1~0.12 | 0.15 | 0.05~0.10 |
| 钢—铸铁 | 0.3 | | 0.18 | 0.05~0.15 |
| 钢—青铜 | 0.15 | 0.1~0.15 | 0.15 | 0.1~0.15 |
| 钢—橡胶 | 0.9 | | 0.6~0.8 | |
| 铸铁—铸铁 | | 0.18 | 0.15 | 0.07~0.12 |
| 铸铁—青铜 | | | 0.15~0.2 | 0.07~0.15 |
| 铸铁—皮革 | 0.3~0.5 | 0.15 | 0.6 | 0.15 |
| 铸铁—橡胶 | | | 0.8 | 0.5 |
| 青铜—青铜 | | 0.10 | 0.2 | 0.07~0.10 |
| 木—木 | 0.4~0.6 | 0.10 | 0.2~0.5 | 0.07~0.15 |

# 附录 D　简单均质刚体的体积与转动惯量

| 名称 | 结构简图与质心坐标 | 体积 | 转动惯量 |
|---|---|---|---|
| 细长杆 | 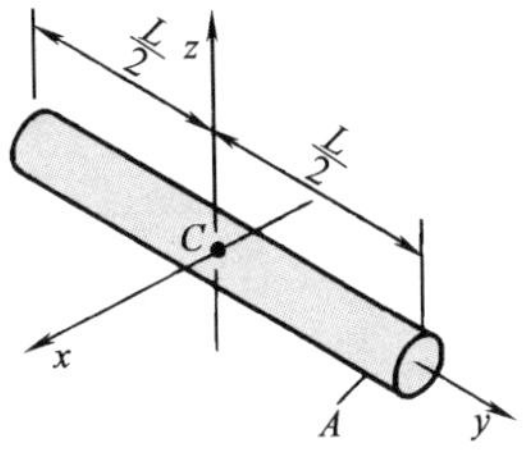 | $V=LA$ | $J_x=J_z=\frac{1}{12}mL^2$<br>$J_y=0$ |
| 矩形板 | 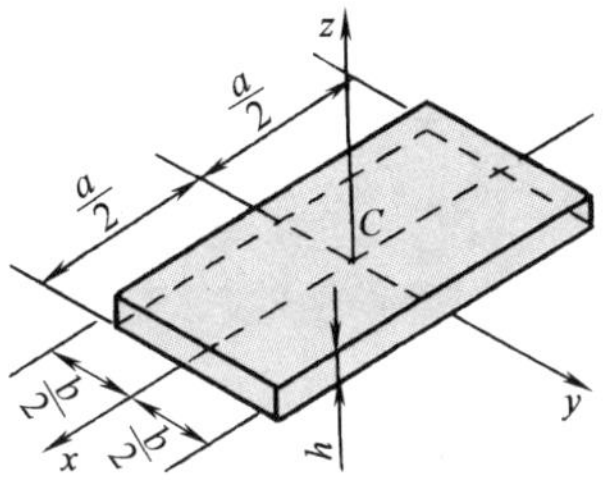 | $V=abh$ | $J_x=\frac{1}{12}mb^2$<br>$J_y=\frac{1}{12}ma^2$<br>$J_z=\frac{1}{12}m(a^2+b^2)$ |
| 矩形立方体 | 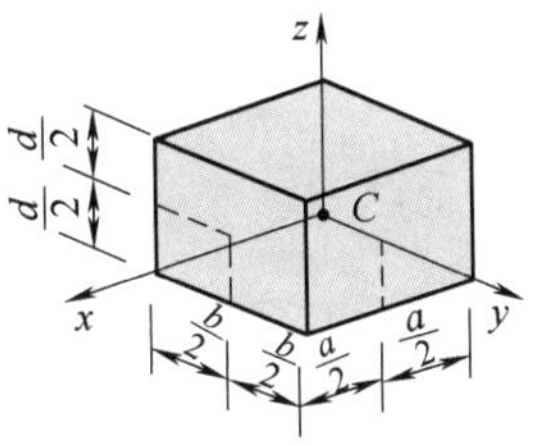 | $V=abd$ | $J_x=\frac{1}{12}m(b^2+d^2)$<br>$J_y=\frac{1}{12}m(a^2+d^2)$<br>$J_z=\frac{1}{12}m(a^2+b^2)$ |
| 细圆环 $R \gg a$ | 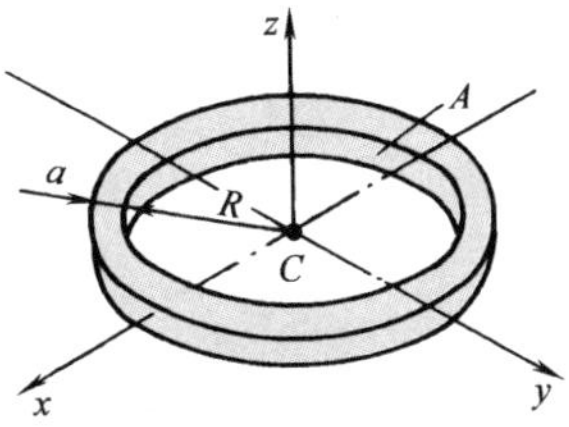 | $V=2\pi RA$ | $J_x=J_y=\frac{1}{2}mR^2$<br>$J_z=mR^2$ |

（续）

| 名称 | 结构简图与质心坐标 | 体积 | 转动惯量 |
| --- | --- | --- | --- |
| 粗圆环 $R>r$ | 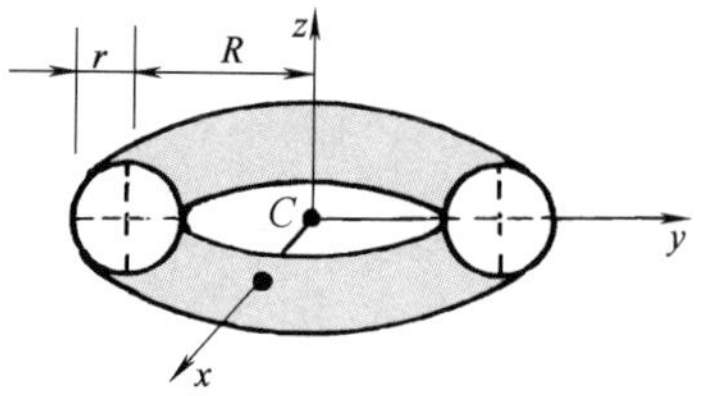  | $V=2\pi^2 Rr^2$ | $J_x=J_y=\frac{1}{12}m\left(R^2+\frac{5}{4}r^2\right)$<br>$J_z=m\left(R^2+\frac{3}{4}r^2\right)$ |
| 薄圆板 | 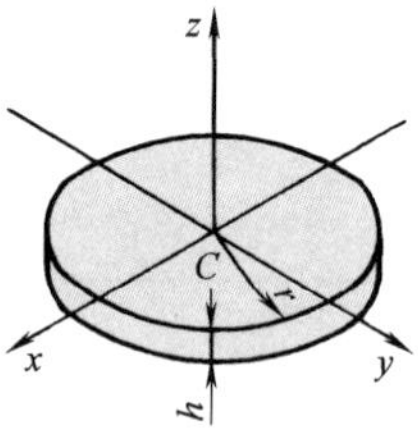  | $V=\pi r^2 h$ | $J_x=J_y=\frac{1}{4}mr^2$<br>$J_z=\frac{1}{2}mr^2$ |
| 1/2 薄圆板 | 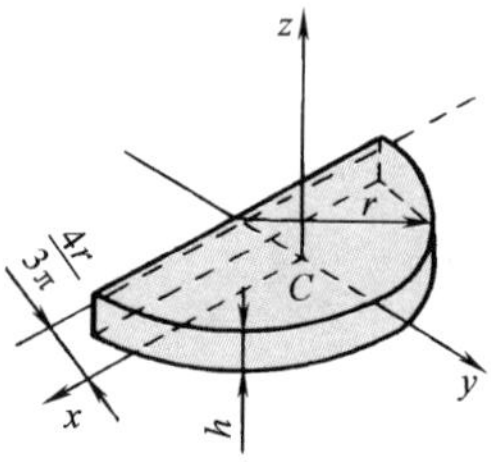  | $V=\frac{1}{2}\pi r^2 h$ | $J_x=\frac{1}{36\pi^2}mr^2(9\pi^2-64)$<br>$J_y=\frac{1}{4}mr^2$<br>$J_z=\frac{1}{18\pi^2}mr^2(9\pi^2-32)$ |
| 1/4 薄圆板 | 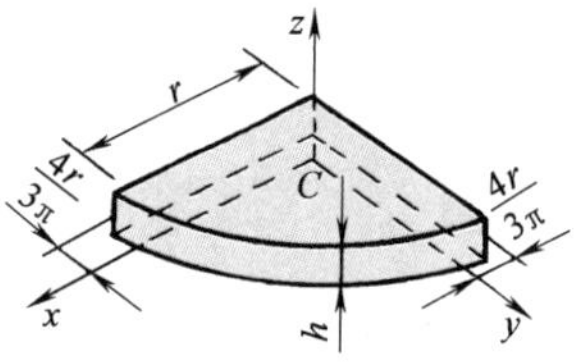  | $V=\frac{\pi}{4}r^2 h$ | $J_x=J_y=\frac{9\pi^2-64}{36\pi^2}mr^2$<br>$J_z=\frac{9\pi^2-64}{18\pi^2}mr^2$<br>$J_{xy}=\frac{9\pi^2-32}{18\pi}mr^2$ |
| 圆锥体 | 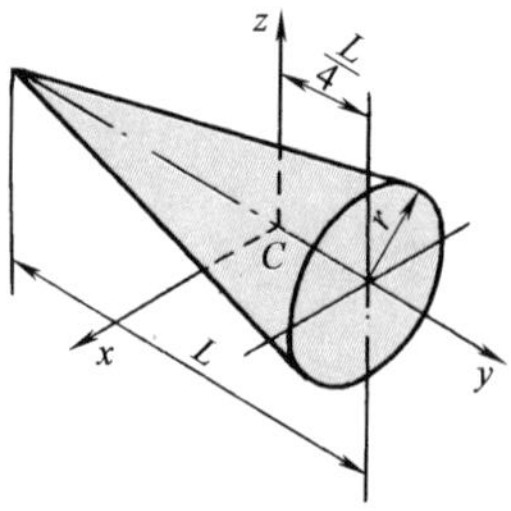  | $V=\frac{1}{3}\pi r^2 L$ | $J_x=J_z=\frac{3}{80}m(4r^2+L^2)$<br>$J_y=\frac{3}{10}mr^2$ |

（续）

| 名称 | 结构简图与质心坐标 | 体积 | 转动惯量 |
|---|---|---|---|
| 半圆锥体 | 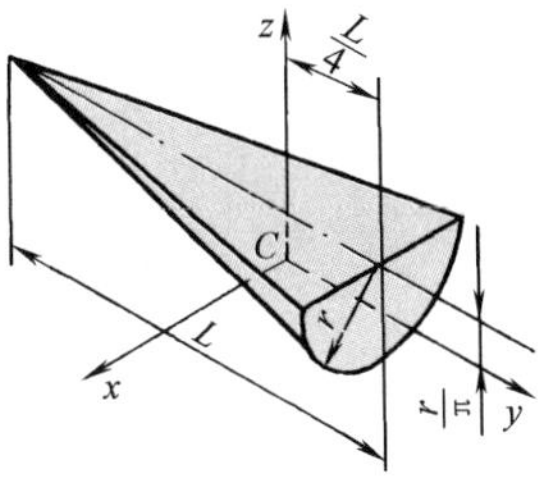 $z$　$\frac{L}{4}$　$C$　$r$　$L$　$x$　$\frac{r}{\pi}$　$y$ | $V=\frac{1}{6}\pi r^2 L$ | $J_x=\left(\frac{3}{20}-\frac{1}{\pi^2}\right)mr^2+\frac{3}{80}mL^2$<br>$J_y=\left(\frac{3}{10}-\frac{1}{\pi^2}\right)mr^2$<br>$J_z=\frac{3}{80}m(4r^2+L^2)$<br>$J_{yz}=-\frac{1}{20\pi}mrL$ |
| 圆柱体 | 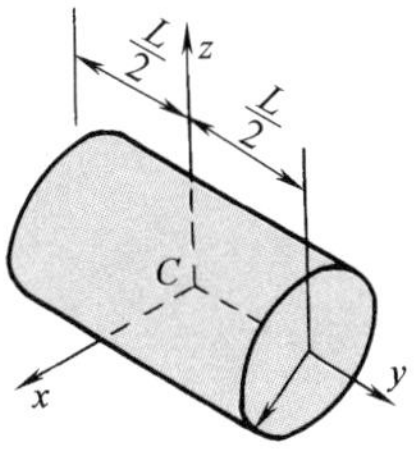 $\frac{L}{2}$　$z$　$\frac{L}{2}$　$C$　$x$　$y$ | $V=\pi r^2 L$ | $J_x=J_z=\frac{1}{12}m(3r^2+L^2)$<br>$J_y=\frac{1}{2}mr^2$ |
| 半圆柱体 | 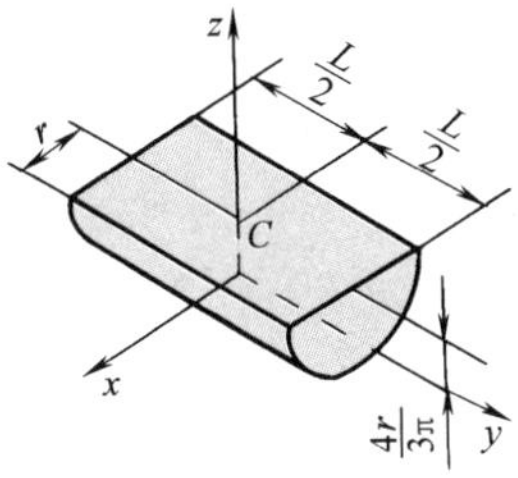 $z$　$\frac{L}{2}$　$r$　$\frac{L}{2}$　$C$　$x$　$\frac{4r}{3\pi}$　$y$ | $V=\frac{1}{2}\pi r^2 L$ | $J_x=J_y\frac{9\pi^2-64}{36\pi^2}mr^2+\frac{1}{12}mL^2$<br>$J_y=\frac{9\pi^2-64}{18\pi^2}mr^2$<br>$J_z=\frac{1}{12}m(3r^2+L^2)$ |
| 球形体 | 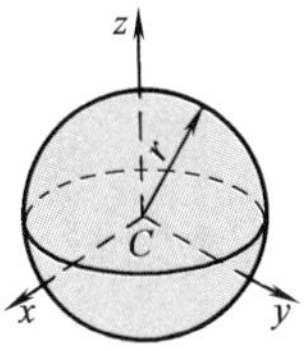 $z$　$r$　$C$　$x$　$y$ | $V=\frac{4}{3}\pi r^3$ | $J_x=J_y=J_z=\frac{2}{5}mr^2$ |
| 半球形体 | 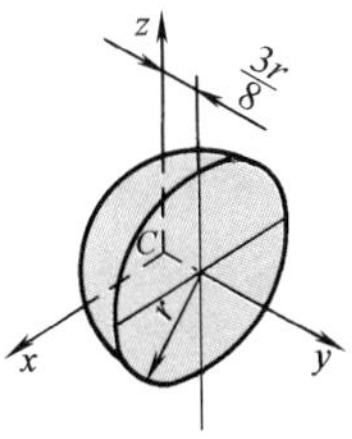 $z$　$\frac{3r}{8}$　$C$　$r$　$x$　$y$ | $V=\frac{2}{3}\pi r^3$ | $J_x=J_z=\frac{83}{320}mr^2$<br>$J_y=\frac{2}{5}mr^2$ |

（续）

| 名称 | 结构简图与质心坐标 | 体积 | 转动惯量 |
|---|---|---|---|
| 半球形壳 | 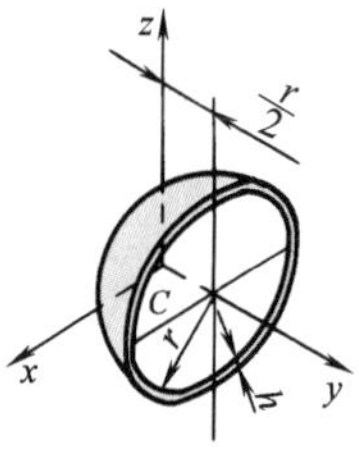  | $V=2\pi r^2 h$ | $J_x=J_z=\frac{5}{12}mr^2$<br>$J_y=\frac{2}{3}mr^2$ |
| 椭圆板 | 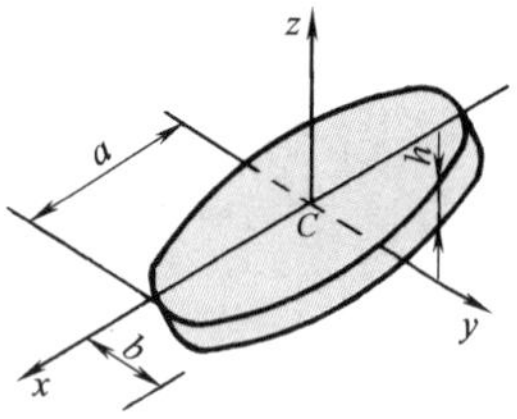  | $V=\pi abh$ | $J_x=\frac{1}{4}mb^2$<br>$J_y=\frac{1}{3}ma^2$<br>$J_z=\frac{1}{4}m(a^2+b^2)$ |
| 1/4椭圆板 | 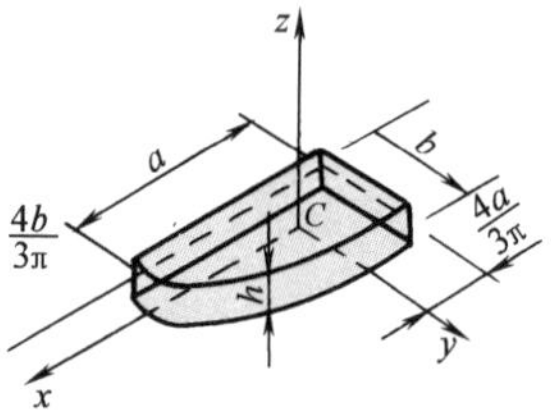  | $V=\frac{1}{4}\pi abh$ | $J_x=\frac{9\pi^2-64}{36\pi^2}mb^2$<br>$J_y=\frac{9\pi^2-64}{36\pi^2}ma^2$<br>$J_z=\frac{9\pi^2-64}{36\pi^2}m(a^2+b^2)$<br>$J_{xy}=\frac{9\pi^2-64}{18\pi^2}mab$ |
| 任意三角形板 | 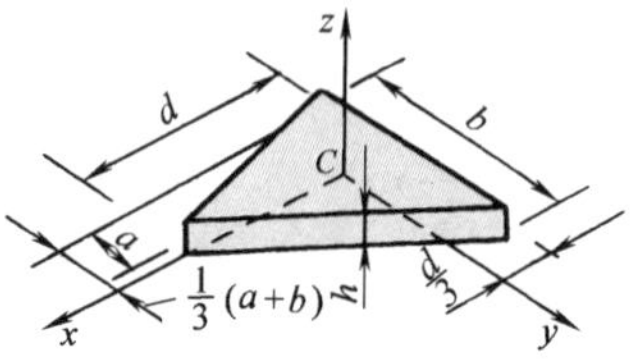  | $V=\frac{1}{2}bdh$ | $J_x=\frac{1}{18}m(a^2+b^2-ab)$<br>$J_y=\frac{1}{18}md^2$<br>$J_z=\frac{1}{18}m(a^2+b^2+d^2-ab)$<br>$J_{xy}=\frac{1}{36}md(2a-b)$ |
| 直角三角形板 | 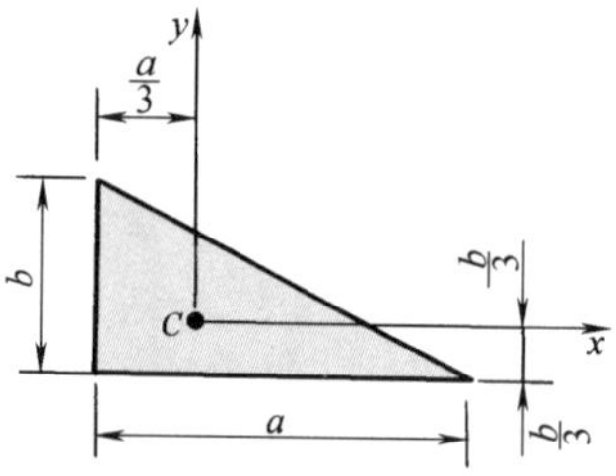  | 面积<br>$A=\frac{1}{2}ab$ | $J_x=\frac{1}{18}mb^2$<br>$J_y=\frac{1}{18}ma^2$<br>$J_z=\frac{1}{18}m(a^2+b^2)$<br>$J_{xy}=-\frac{1}{36}mab$ |

（续）

| 名称 | 结构简图与质心坐标 | 体积 | 转动惯量 |
|---|---|---|---|
| 扇形板 | $\frac{4r}{3\alpha}\sin\frac{\alpha}{2}$；$y$；$\frac{\alpha}{2}$；$\frac{\alpha}{2}$；$C$；$x$；$r$ | $A=\frac{1}{2}\alpha r^2$ | $J_x=\frac{1}{4\alpha}(\alpha-\sin\alpha)mr^2$<br>$J_y=\left[\frac{\alpha+\sin\alpha}{4\alpha}-\frac{8}{9\alpha^2}(1-\cos\alpha)\right]mr^2$<br>$J_z=\frac{mr^2}{\alpha}\left[\frac{\alpha}{2}+\frac{8}{9\alpha}(\cos\alpha-1)\right]$ |

# 附录 E　常用物理量的单位和量纲

| 物　理　量 | 国　际　单　位　制 | | |
|---|---|---|---|
| | 量　纲 | 单位名称 | 符　号 |
| 长　度 | L | 米 | m |
| 质　量 | M | 千克 | kg |
| 时　间 | T | 秒 | s |
| 速　度 | $LT^{-1}$ | 米每秒 | m/s |
| 加速度 | $LT^{-2}$ | 米每二次方秒 | $m/s^2$ |
| 力 | $MLT^{-2}$ | 牛[顿] | N<br>($1N=1kg\cdot m/s^2$) |
| 力　矩<br>力偶矩 | $ML^2T^{-2}$ | 牛[顿]米 | N・m |
| 冲量 | $MLT^{-1}$ | 牛[顿]秒 | N・s |
| 动量 | | 千克米每秒 | kg・m/s |
| 动量矩 | $ML^2T^{-1}$ | 千克二次方米每秒 | $kg\cdot m^2/s$ |
| 能<br>功 | $ML^2T^{-2}$ | 焦[耳] | J<br>($1J=1N\cdot m=1W\cdot s$) |
| 功　率 | $ML^2T^{-3}$ | 瓦[特] | W<br>($1W=1J/s$) |
| 转动惯量<br>惯性矩 | $ML^2$ | 千克二次方米 | $kg\cdot m^2$ |
| 角度 | 1 | 弧度 | rad |
| 角速度 | $T^{-1}$ | 弧度每秒 | rad/s |
| 角加速度 | $T^{-2}$ | 弧度每二次方秒 | $rad/s^2$ |

# 参考文献


[1] 肖龙翔，贾启芬，邓惠和．理论力学［M］．天津：天津大学出版社，1995.

[2] 贾启芬，赵志岗，刘习军．工程静力学［M］．天津：天津大学出版社，1999.

[3] 贾启芬，刘习军．工程动力学［M］．天津：天津大学出版社，1999.

[4] 清华大学理论力学教研组．理论力学：上册［M］．4 版．北京：高等教育出版社，1994.

[5] 清华大学理论力学教研组．理论力学：中册［M］．4 版．北京：高等教育出版社，1994.

[6] 清华大学理论力学教研组．理论力学：下册［M］．4 版．北京：高等教育出版社，1994.

[7] 范钦珊．理论力学［M］．北京：高等教育出版社，2000.

[8] 哈尔滨工业大学理论力学教研室．理论力学：上册［M］．6 版．北京：高等教育出版社，2002.

[9] 哈尔滨工业大学理论力学教研室．理论力学：下册［M］．6 版．北京：高等教育出版社，2002.

[10] 郝桐生．理论力学［M］．2 版．北京：高等教育出版社，1986.

[11] 贾启芬，刘习军，李昀泽．工程静力学、工程动力学辅导与习题解答［M］．天津：天津大学出版社，2001.

[12] 支希哲．理论力学常见题型解析及模拟题［M］．西安：西北工业大学出版社，1997.

[13] 程靳．理论力学试题精选与答题技巧［M］．哈尔滨：哈尔滨工业大学出版社，2000.

[14] 谢传锋．动力学（Ⅰ）［M］．北京：高等教育出版社，1999.

[15] 谢传锋．动力学（Ⅱ）［M］．北京：高等教育出版社，1999.

[16] 李明宝．理论力学［M］．武汉：华中科技大学出版社，2014.

[17] 张居敏，杨侠，许福东．理论力学［M］．北京：机械工业出版社，2009.

[18] 刘延柱，朱本华，杨海兴．理论力学［M］．3 版．北京：高等教育出版社，2009.

[19] 杨凤翔，尚玫．理论力学［M］．北京：高等教育出版社，2012.

[20] 王大钧，陈健，王慧君．中国乐钟的双音特性［J］．力学与实践，2003，04，12-16.

[21] 王大钧，刘习军，周春燕，等．壳-液耦合系统的三类非线性动力学问题——“龙洗现象”研究［C］//2005 全国结构动力学学术研讨会学术论文集．2005.

[22] 程靳．理论力学思考题解与思考题集［M］．哈尔滨：哈尔滨工业大学出版社，2000.

[23] 刘习军，贾启芬．理论力学同步学习辅导与习题全解［M］．北京：机械工业出版社，2018.

[24] 陈明，程燕平，刘喜庆．理论力学习题解答［M］．哈尔滨：哈尔滨工业大学出版社，2000.

[25] 刘习军，贾启芬，张素侠．振动理论及工程应用［M］．北京：机械工业出版社，2018.

[26] 刘习军，张素侠．工程振动测试技术［M］．北京：机械工业出版社，2016.

[27] 刘延柱．趣味振动力学［M］．北京：高等教育出版社，2012.

[28] 刘延柱．趣味刚体动力学［M］．北京：高等教育出版社，2008.

[29] 徐秉业．身边的力学［M］．北京：北京大学出版社，1997.

[30] 贾书慧．漫话动力学［M］．北京：高等教育出版社，2010.

[31] 赵致真．奥运中的科技之光［M］．北京：高等教育出版社，2008.

[32] 高云峰，蒋持平，吴鹤华，等．力学小问题及全国大学生力学竞赛试题［M］．北京：清华大学出版社，2003.

# 教学支持申请表

本书配有多媒体课件、题库及详解（813 题）、试卷及详解（10 套）、课程大纲等，为了确保您及时有效地申请，请您务必完整填写如下表格，加盖系/院公章后扫描或拍照发送至下方邮箱，我们将会在 2～3 个工作日内为您处理。

请填写所需教学资源的开课信息：

<table>
<tr><td>采用教材</td><td colspan="2"></td><td>□中文版 □英文版 □双语版</td></tr>
<tr><td>作　　者</td><td></td><td>出版社</td><td></td></tr>
<tr><td>版　　次</td><td></td><td>ISBN</td><td></td></tr>
<tr><td rowspan="2">课程时间</td><td>始于　　年　月　日</td><td>学生专业及人数</td><td>专业：____________；<br>人数：______。</td></tr>
<tr><td>止于　　年　月　日</td><td>学生层次及学期</td><td>□专科　□本科　□研究生<br>第____学期</td></tr>
</table>

请填写您的个人信息：

<table>
<tr><td>学　　校</td><td colspan="3"></td></tr>
<tr><td>院　　系</td><td colspan="3"></td></tr>
<tr><td>姓　　名</td><td colspan="3"></td></tr>
<tr><td>职　　称</td><td>□助教　□讲师<br>□副教授　□教授</td><td>职　　务</td><td></td></tr>
<tr><td>手　　机</td><td></td><td>电　　话</td><td></td></tr>
<tr><td>邮　　箱</td><td colspan="3"></td></tr>
</table>

系/院主任：__________（签字）

（系/院办公室章）

____年____月____日

100037　北京市西城区百万庄大街 22 号 机械工业出版社高教分社　张金奎

电话：(010) 88379722

邮箱：jinkuizhang@ buaa. edu. cn

网址：www. cmpedu. com

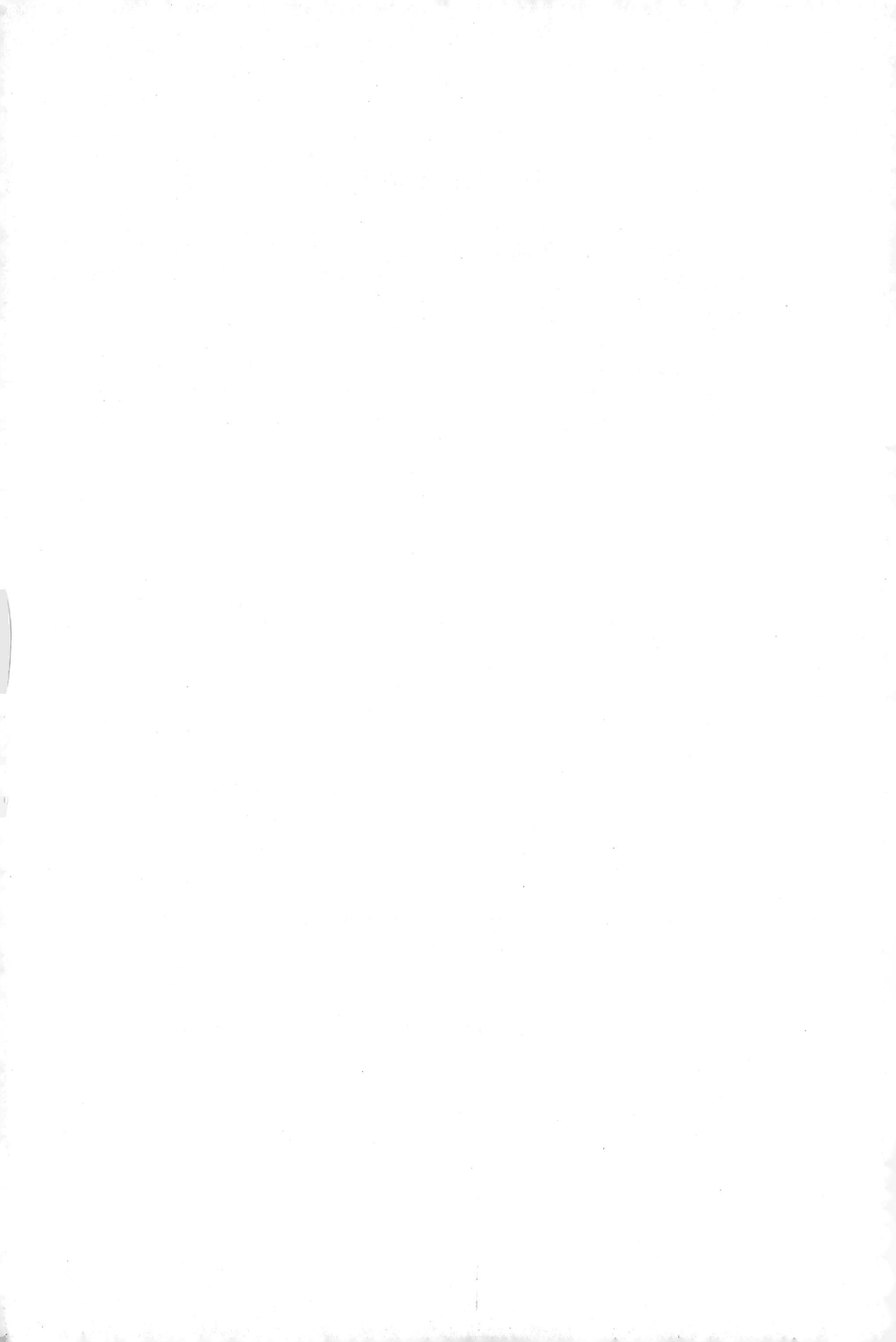